Hegels
Philosophie des
subjektiven
Geistes
BAND 2

Hegel's
Philosophy of
Subjective
Spirit
VOLUME 2

Hegels Philosophie des subjektiven Geistes

HERAUSGEGEBEN UND ÜBERSETZT

MIT EINER EINLEITUNG

UND ERLÄUTERUNGEN

von

M. J. Petry

Professor der Geschichte der Philosophie an der Erasmus Universität in Rotterdam

BAND 2

ANTHROPOLOGIE

D. Reidel Publishing Company

DORDRECHT : HOLLAND / BOSTON : U.S.A.

Hegel's Philosophy of Subjective Spirit

EDITED AND TRANSLATED
WITH AN INTRODUCTION
AND EXPLANATORY NOTES

by

M. J. Petry

Professor of the History of Philosophy,
Erasmus University, Rotterdam

VOLUME 2

ANTHROPOLOGY

D. Reidel Publishing Company
DORDRECHT : HOLLAND / BOSTON : U.S.A.

Library of Congress Cataloging in Publication Data

Hegel, Georg Wilhelm Friedrich, 1770–1831.
Hegel's Philosophie des subjektiven Geistes.

Added t.p.: Hegel's Philosophy of Subjective Spirit.
English and German.
Bibliography, v. 3; p.
Includes indexes.
Contents: Bd. 1. Einleitungen. Bd. 2. Anthropologie. Bd. 3. Phenomenologie und Psychologie.
1. Mind and Body. i. Petry, Michael John. ii. Title. iii. Title: Philosophie des subjektiven Geistes. iv. Title: Philosophy of Subjective Spirit.
B2918.E5P4 1977 128'.2 77-26298
ISBN 90-277-0718-9 (set)
ISBN 90-277-0715-4 (Vol. 1)
ISBN 90-277-0716-2 (Vol. 2)
ISBN 90-277-0717-0 (Vol. 3)

PUBLISHED BY D. REIDEL PUBLISHING COMPANY,
P.O. BOX 17, DORDRECHT, HOLLAND.
SOLD AND DISTRIBUTED IN THE U.S.A., CANADA AND MEXICO
BY D. REIDEL PUBLISHING COMPANY, INC., LINCOLN BUILDING,
160 OLD DERBY STREET, HINGHAM, MASS. 02043, U.S.A.

REPRINTED (WITH CORRECTIONS) 1979

TYPE SET IN ENGLAND BY WILLIAM CLOWES AND SONS LTD., BECCLES
PRINTED IN THE NETHERLANDS

HEGEL'S PHILOSOPHY OF SUBJECTIVE SPIRIT

Volume One

INTRODUCTIONS

Volume Two

ANTHROPOLOGY

Volume Three

PHENOMENOLOGY AND PSYCHOLOGY

INHALTS-ANZEIGE (BAND ZWEI)

CONTENTS (VOLUME TWO)

To Helga

Die Philosophie des Geistes

The Philosophy of Spirit

A.

Anthropologie.

Die Seele.

---

§. 388.

Der Geist ist als die Wahrheit der Natur geworden. Außerdem, daß in der Idee überhaupt diß Resultat die Bedeutung der Wahrheit und vielmehr des Ersten gegen das Vorhergehende hat, hat das Werden oder Uebergehen im Begriff die bestimmtere Bedeutung des freien Urtheils. Der gewordene Geist hat daher den Sinn, daß die Natur an ihr selbst als das Unwahre sich aufhebt, und der Geist so sich als diese nicht mehr in leiblicher Einzelnheit außer-sich-seyende, sondern in ihrer Concretion und Totalität einfache Allgemeinheit voraussetzt, in welcher er Seele, noch nicht Geist ist.

§. 389.

Die Seele ist nicht nur für sich immateriell, sondern die allgemeine Immaterialität der Natur, deren einfaches ideelles Leben. Sie ist die Substanz, so die absolute Grundlage aller Besonderung und Vereinzelung des Geistes, so daß er in ihr allen Stoff seiner Bestimmung hat, und sie die durchdringende, identische Idealität derselben bleibt. Aber in dieser noch abstracten Bestimmung ist sie nur der Schlaf des Geistes; — der passive Nus des Aristoteles, welcher der Möglichkeit nach Alles ist.

47

Die Frage um die Immaterialität der Seele kann nur dann noch ein Interesse haben, wenn die Materie als ein Wahres einerseits, und der Geist als ein Ding andererseits vorgestellt wird. Sogar dem Physiker ist aber in neuern Zeiten die Materie unter den Händen

+

A

Anthropology

The Soul +

---

§ 388

Spirit *has come into being* as the truth of nature. **Apart from this result's having the significance of truth within the Idea in general, and, moreover, being the prius in respect of what precedes it, within the Notion, the becoming or transition has the more** 5
determinate significance of a free judgement. +
Spirit's coming into being means therefore that nature of its own accord sublates itself as being inadequate to truth, and **consequently** that spirit no longer presupposes itself as this *self-externality* of 10
corporeal singularity, but in the concretion **and totality of its** *simple* **universality.** In this it is *soul*, **not yet spirit.** +

§ 389

Not only is the soul for itself immaterial, it is the universal immateriality of nature, the simple ideal 15
nature of the life of nature. It is the *substance*, **that is to say,** the absolute basis of **all** the particularizing and singularizing of spirit, **so that spirit has within it all the material of its determination, and it remains the pervading identical ideality of this** 20
determination. In this still abstract determination it is however only the *sleep* of spirit; **— the passive** nous **of Aristotle, which is the possibility of all things.** +

The question of the immateriality of the soul 25
can still be of interest only if a distinction is drawn in which matter is presented as *true* and spirit as a *thing*. Even **in the hands of the** physicists however, **matter has become subtler** in more recent times,

dünner geworden; sie sind auf **imponderable** Stoffe als Wärme, Licht u. s. f. gekommen, wozu sie leicht auch Raum und Zeit rechnen könnten. Diese Imponderabilien welche die der Materie eigenthümliche Eigenschaft der Schwere, in gewissem Sinne auch die Fähigkeit Widerstand zu leisten verloren, haben jedoch noch sonst ein sinnliches Daseyn, ein Außersichseyn; **der Lebensmaterie** aber, die man auch darunter gezählt finden kann, fehlt nicht nur die Schwere, sondern auch jedes andere Daseyn, wornach sie sich noch zum **Materiellen** rechnen ließe. In der That ist in der Idee des Lebens schon **an sich** das Außersichseyn der Natur aufgehoben und der Begriff, die Substanz des Lebens ist als Subjectivität, jedoch nur so daß die Existenz oder Objectivität noch zugleich an jenes Außersichsein verfallen ist. Aber im Geiste als dem Begriffe, dessen Existenz nicht die unmittelbare Einzelnheit, sondern die absolute Negativität, die Freiheit ist, so daß das Object oder die Realität des Begriffes der Begriff selbst ist, ist das Außersichseyn, welches die Grundbestimmung der Materie ausmacht, ganz zur subjectiven Idealität des Begriffes, zur Allgemeinheit verflüchtigt. Der Geist ist die existirende Wahrheit der Materie, daß die Materie selbst keine Wahrheit hat.

Eine damit zusammenhängende Frage ist die nach der **Gemeinschaft der Seele und des Körpers.** Diese Gemeinschaft war als **Factum** angenommen, und es handelte sich allein darum, wie sie zu **begreifen** sey? Für die gewöhnliche Antwort kann angesehen werden daß sie ein **unbegreifliches** Geheimniß sey. Denn in der That, wenn beide als **absolut Selbstständige** gegeneinander vorausgesetzt werden, sind sie einander eben so undurchdringlich, als jede Materie gegen eine andere undurchdringlich und nur in ihrem gegenseitigen Nichtseyn, ihren Poren, befindlich angenommen wird; wie denn Epikur den Göttern ihren Aufenthalt in den Poren angewiesen, aber consequent ihnen keine Gemeinschaft mit der Welt aufgebürdet hat. — Für gleichbedeutend mit dieser Antwort kann die nicht angesehen werden, welche alle Philosophen gegeben haben, seitdem dieses Ver-

48

for they have hit upon *imponderable* materials such as heat, light etc., to which they have found no difficulty in adding space and time. Although these imponderables have **lost not only gravity, the property peculiar to matter, but also to a certain extent the capacity of offering resistance,** they still have a sensuous determinate being, a self-externality. *Vital matter* however, which may also be found included among them, lacks not only gravity but every other determinate being which might justify its being regarded as *material*. The fact is that in the Idea of life the self-externality of nature is already *implicitly* sublated, but although the Notion, **which is the** substance **of life, also has being there as subjectivity, the existence or objectivity is at the same time still forfeit to the self-externality.** In spirit however, **since** the Notion exists not as immediate singularity but as absolute negativity or freedom, **its object or reality being itself the Notion, self-externality, which constitutes the basic determination of matter, is completely subtilized into the subjective ideality of the Notion, into universality. Spirit is the existent truth of matter, the truth that matter itself has no truth.**

A cognate question is that of the *communion of soul and body*. It was assumed that **the union was a** *fact* and that the only problem was the way in which it was to be *comprehended*. To deem this an *incomprehensible* mystery might be regarded as the ordinary answer here, for if both are presupposed as *absolutely independent* of each other, they are as mutually impenetrable as any two matters, and it is to be presumed that each occurs only in the non-being i.e. the pores of the other. **When Epicurus assigned to the gods their residence in the pores, he was therefore consistent in sparing them any communion with the world. —** There is however no squaring this answer with that given by every philosopher since this relationship has

hältniß zur Frage gekommen ist. Descartes, Malebranche, Spinoza, Leibnitz, haben sämmtlich Gott als diese Beziehung angegeben, und zwar in dem Sinne daß die Endlichkeit der Seele und die Materie nur ideelle Bestimmungen gegen einander sind und keine Wahrheit haben, so daß Gott bei jenen Philosophen, nicht bloß, wie oft der Fall ist, ein anderes Wort für jene Unbegreiflichkeit, sondern vielmehr als die allein wahrhafte Identität derselben gefaßt wird. Diese Identität ist jedoch bald zu abstract, wie die Spinozistische, bald wie die Leibnitzische Monade der Monaden, zwar auch schaffend, aber nur als urtheilend, so daß es zu einem Unterschiede der Seele und des Leiblichen, Materiellen kommt, die Identität aber nur als Copula des Urtheils ist, nicht zur Entwicklung und dem Systeme des absoluten Schlusses fortgeht.

Zusatz. Wir haben in der Einleitung zur Philosophie des Geistes bemerklich gemacht, wie die Natur selber ihre Aeußerlichkeit und Vereinzelung, ihre Materialität als ein Unwahres, dem in ihr wohnenden Begriffe nicht Gemäßes aufhebt, und dadurch zur Immaterialität gelangend in den Geist übergeht. Deßhalb ist in dem obenstehenden Paragraphen der unmittelbare Geist, die Seele als nicht bloß für sich immateriell, sondern als die allgemeine Immaterialität der Natur und zugleich als Substanz, als

49

Einheit des Denkens und des Seyns bestimmt worden. Diese Einheit macht schon die Grundanschauung des Orientalismus aus. Das Licht, das in der Persischen Religion als das Absolute betrachtet wurde, hatte ebenso sehr die Bedeutung eines Geistigen wie die eines Physischen. Bestimmter hat Spinoza jene Einheit als die absolute Grundlage von Allem gefaßt. Wie auch der Geist sich in sich zurückziehen, sich auf die äußerste Spitze seiner Subjectivität stellen mag, so ist er doch an sich in jener Einheit. Er kann aber bei derselben nicht stehen bleiben; zum absoluten Fürsichseyn, zu der ihm vollkommen gemäßen Form gelangt er nur dadurch, daß er auf immanente Weise den in der Substanz noch einfachen Unterschied zu einem wirklichen Unterschiede entwickelt

been a matter of enquiry. *Descartes*, *Malebranche*, *Spinoza*, *Leibniz* have all proffered *God* as constituting the connection, and so implied that the finitude of the soul and matter **are merely mutual determinations of an ideal nature** and devoid of truth. **These philosophers conceive of God therefore,** not **as is often the case** merely **as** another word for this incomprehensibility, but rather **as** the **only** true *identity* of soul and body. The *identity* is however **either too abstract, as in the case of Spinoza, or merely divisive, as in the case of Leibniz, whose monad of monads, although it is certainly creative, gives rise to a difference between the soul and that which is corporeal or material. In the latter case the identity merely resembles the copula of the judgement, and fails to progress into the development and system of the absolute syllogism.**

Addition. The manner in which nature itself sublates its externality and individuation, the lack of truth in its materiality, that within it which is inadequate to the Notion, and by thus achieving immateriality passes over into spirit, has been indicated in the introduction to the Philosophy of Spirit. In the preceding Paragraph therefore, the soul or spirit in its immediacy has been determined not merely as immaterial for itself, but as the universal immateriality of nature, and at the same time as the substance of the unity of thought and being. This unity constitutes the basic intuition even of orientalism. There was as much a spiritual as a physical significance to the light regarded as absolute in the Persian religion. Spinoza, by taking this unity to be the absolute basis of all, has grasped it more determinately. Spirit is *implicit* in this unity regardless of the extent to which it withdraws into itself and places itself at the extreme point of its subjectivity. It cannot remain with this unity however: that which in substance is still a simple difference, is developed by spirit into actuality, led back into

und diesen zur Einheit zurückführt; nur dadurch entreißt er sich dem Zustande des Schlafes, in welchem er sich als Seele befindet; denn in dieser ist der Unterschied noch in die Form der Ununterschiedenheit, folglich der Bewußtlosigkeit eingehüllt. Der Mangel der Spinozistischen Philosophie besteht daher eben darin, daß in derselben die Substanz nicht zu ihrer immanenten Entwicklung fortschreitet, — das Mannigfaltige nur auf äußerliche Weise zur Substanz hinzukommt. Dieselbe Einheit des Gedankens und des Seyns enthält der νοῦς des Anaxagoras; dieser νοῦς ist aber noch weniger als die Spinozistische Substanz zu eigener Entwicklung gekommen. Der Pantheismus geht überhaupt nicht zu einer Gliederung und Systematisirung über. Wo er in der Form der Vorstellung erscheint, ist er ein taumelndes Leben, ein bacchanalisches Anschauen, das die einzelnen Gestalten des Universums nicht gegliedert heraustreten läßt, sondern dieselben immer wieder in das Allgemeine versenkt, in's Erhabene und Ungeheure treibt. Dennoch bildet diese Anschauung für jede gesunde Brust einen natürlichen Ausgangspunkt. Besonders in der Jugend fühlen wir uns durch ein, Alles um uns her wie uns selber beseelendes Leben mit der ganzen Natur verbrüdert und in Sympathie, und haben 50 somit eine Empfindung von der Weltseele, von der Einheit des Geistes und der Natur, von der Immaterialität der Letzteren.

Wenn wir uns aber vom Gefühl entfernen, und zur Reflexion fortgehen, wird uns der Gegensatz der Seele und der Materie, meines subjectiven Ich und der Leiblichkeit desselben zu einem festen Gegensatze und die gegenseitige Beziehung des Leibes und der Seele zu einer Einwirkung Selbstständiger auf einander. Die gewöhnliche physiologische und psychologische Betrachtung weiß die Starrheit dieses Gegensatzes nicht zu überwinden. Da wird dem Ich als dem durchaus Einfachen, Einen — diesem Abgrunde aller Vorstellungen, — die Materie als das Viele, Zusammengesetzte in absoluter Schroffheit gegenübergestellt, und die Beantwortung der Frage, wie dieß Viele mit jenem abstract Einen vereinigt sey, natürlicherweise für unmöglich erklärt.

Die Immaterialität der einen Seite dieses Gegensatzes, nämlich der Seele gibt man leicht zu; die andere Seite desselben aber,

unity, and it is only by carrying this out in an immanent manner that spirit attains to absolute being-for-self, to the form which is completely adequate to it. Through this alone it rouses itself from the somnolent state in which it finds itself as soul, since in this state difference is still shrouded in the form of lack of difference and hence of unconsciousness. The philosophy of Spinoza is then deficient, precisely because within it substance fails to progress to its immanent development, multiplicity only accruing to it in an external manner. The *νοῦς* of Anaxagoras contains the same unity of thought and being, but it has even less development of its own than the Spinozistic substance. Organization and systematization remain entirely alien to pantheism. Where it appears in the form of presentation it is a life tumultuous, an intuiting which is bacchanalian, for instead of allowing the single shapes of the universe to emerge in order, it is perpetually plunging them back into the universal, veering into the sublime and the monstrous. This intuition is however a natural point of departure for every healthy mind. In youth in particular, through a life which animates us and all about us, we feel brotherhood and sympathy for the whole of nature, and we have therefore a sensation of the world-soul, of the unity of spirit and nature, of the immateriality of what is natural.

Once we leave *feeling* behind however, and pass on to *reflection*, we find no way of reconciling the opposition of soul and matter, of my subjective ego and its corporeity, and the reciprocal relation between body and soul becomes an interaction between independent entities. The ordinary physiological and psychological approach is unable to overcome the rigidity of this opposition. The ego, this abyss of all presentations, as what is thoroughly simple, as singleness, is set in absolutely stark opposition to matter i.e. to the many, to what is composite. It is only natural therefore, that the question of how this many is united with this abstract unit, should be declared unanswerable.

One has no difficulty in admitting that the one side of this opposition, the soul, is immaterial; from the standpoint of

das Materielle, bleibt uns auf dem Standpunkt des bloß reflectirenden Denkens als ein Festes, als ein Solches stehen, das wir ebenso gelten lassen, wie die Immaterialität der Seele; so daß wir dem Materiellen dasselbe Seyn wie dem Immateriellen zuschreiben, Beide für gleich substantiell und absolut halten. Diese Betrachtungsweise herrschte auch in der vormaligen Metaphysik. So sehr dieselbe indeß den Gegensatz des Materiellen und Immateriellen als einen unüberwindlichen festhielt, so hob sie denselben doch andererseits bewußtloser Weise dadurch wieder auf, daß sie die Seele zu einem Dinge, folglich zu etwas zwar ganz Abstracten, aber gleichwohl sogleich nach sinnlichen Verhältnissen Bestimmten machte. Dieß that jene Metaphysik durch ihre Frage nach dem Sitz der Seele, — dadurch setzte sie diese in den Raum, — ebenso durch ihre Frage nach dem Entstehen und Verschwinden der Seele, — dadurch wurde diese in die Zeit gesetzt, — und drittens durch die Frage nach den Eigenschaften der Seele; — denn dabei wird die Seele als ein Ruhendes, Festes, als der verknüpfende Punkt dieser Bestimmungen betrachtet. Auch Leibnitz hat die Seele als ein Ding betrachtet, indem er dieselbe, wie alles Uebrige, zur Monade machte; die Monade ist ein ebenso Ruhendes, wie Ding, und der ganze Unterschied zwischen der Seele und dem Materiellen besteht nach Leibnitz nur darin, daß die Seele eine etwas klarere, entwickeltere Monade ist, als die übrige Materie; — eine Vorstellung, durch welche das Materielle zwar erhoben, die Seele aber mehr zu einem Materiellen heruntergesetzt als davon unterschieden wird.

51

Ueber diese ganze bloß reflectirende Betrachtungsweise erhebt uns schon die speculative Logik, indem sie zeigt, daß alle jene auf die Seele angewandten Bestimmungen, — wie Ding, Einfachheit, Untheilbarkeit, Eins — in ihrer abstracten Auffassung nicht ein Wahres sind, sondern in ihr Gegentheil umschlagen. Die Philosophie des Geistes aber setzt diesen Beweis der Unwahrheit solcher Verstandeskategorien dadurch fort, daß sie darthut, wie durch die Idealität des Geistes alle feste Bestimmungen in demselben aufgehoben sind.

Was nun die andere Seite des fraglichen Gegensatzes, näm-

simply reflective thinking however, we find that the material being of the other side remains fixed in such a manner, that we allow it the same validity as the immateriality of the soul, and therefore attribute the same being to both the material and the immaterial, regarding them as equally substantial and absolute. This manner of treatment even used to predominate in metaphysics. To the extent that such metaphysics persisted in regarding the opposition between the material and the immaterial as insuperable however, it inadvertently sublated it, since it treated the soul as a *thing*, and consequently as something which, although of course quite abstract, was at the same time determined in accordance with sensuous relationships. It came to do this through enquiring after the seat of the soul and so positing it in *space*, through questioning its beginning and disappearance and so positing it in *time*, and thirdly, through raising the question of its properties and so treating it as a fixed quiescence, the connecting point of these determinations. Even Leibnitz treated the soul as a thing, since he took it, like everything else, to be a monad. The monad is like a thing in that it is a quiescence, and according to Leibnitz the whole difference between the soul and material being consists merely in the soul's being a somewhat clearer and more developed monad than the rest of matter. Material being is certainly elevated by means of this presentation, but the soul, rather than being distinguished from a material being, tends to be degraded into it.

This manner of interpretation is entirely confined to mere reflection, and we are already raised above it by means of *speculative* logic, which demonstrates that in their abstract conception, all the determinations applied to the soul, — such as thing, simplicity, indivisibility, unit, pass over into their opposite, and are therefore devoid of truth. This proof of the lack of verity in these categories of the understanding is borne out by the philosophy of spirit, which demonstrates that all fixed determinations are sublated within spirit, by means of its ideality.

It has already been observed with regard to matter, the

lich die Materie betrifft, so wird, wie schon bemerkt, die Aeußerlichkeit, Vereinzelung, Vielheit als die feste Bestimmung derselben angesehen, die Einheit dieses Vielen daher nur für ein oberflächliches Band, für eine Zusammensetzung, demnach alles Materielle für trennbar erklärt. Allerdings muß zugegeben werden, daß, während beim Geiste die concrete Einheit das Wesentliche, und das Viele ein Schein ist, bei der Materie das Umgekehrte statt findet; — Etwas, wovon schon die alte Metaphysik eine Ahnung zeigte, indem sie fragte, ob das Eine oder das Viele beim Geiste das Erste sey. Daß aber die Aeußerlichkeit und Vielheit der Materie von der Natur nicht überwunden werden könne, ist eine Voraussetzung, die wir auf unserem Standpunkte, auf dem Standpunkt der speculativen Philosophie, hier längst als eine nichtige im Rücken haben. Die Naturphilosophie lehrt uns, wie 52 die Natur ihre Aeußerlichkeit stufenweise aufhebt, — wie die Materie schon durch die Schwere die Selbstständigkeit des Einzelnen, Vielen widerlegt, — und wie diese durch die Schwere und noch mehr durch das untrennbare, einfache Licht begonnene Widerlegung durch das thierische Leben, durch das Empfindende vollendet wird, da dieses uns die Allgegenwart der Einen Seele in allen Punkten ihrer Leiblichkeit, somit das Aufgehobenseyn des Außereinander der Materie offenbart. Indem so alles Materielle durch den in der Natur wirkenden an-sich-seyenden Geist aufgehoben wird, und diese Aufhebung in der Substanz der Seele sich vollendet, tritt die Seele als die Idealität alles Materiellen, als alle Immaterialität hervor, so daß Alles, was Materie heißt, — so sehr es der Vorstellung Selbstständigkeit vorspiegelt, — als ein gegen den Geist Unselbstständiges erkannt wird.

Der Gegensatz von Seele und Körper muß freilich gemacht werden. Sowie die unbestimmte allgemeine Seele sich bestimmt, sich individualisirt, — sowie der Geist eben dadurch Bewußtseyn wird, — und dazu schreitet er nothwendig fort, — so stellt er sich auf den Standpunkt des Gegensatzes seiner selbst und seines Anderen, — erscheint ihm sein Anderes als ein Reales, als ein ihm und sich selber Aeußerliches, als ein Materielles. Auf diesem Standpunkte ist die Frage nach der Möglichkeit der Ge-

other side of the opposition in question, that externality, singularization, plurality are regarded as its fixed determination, and that the unity of this plural being is therefore said to be a merely superficial bond, a composition, everything material therefore being regarded as divisible. It has to be 5 admitted of course, that whereas in spirit the concrete unity is essential and that which is plural is show, in matter the opposite is the case. The old metaphysics showed some awareness of this in that it asked whether the one or the many constitutes the prius in the case of spirit. From our stand- 10 + point, which is that of speculative philosophy, the presupposition that nature is unable to overcome the externality and plurality of matter is at this juncture long since superseded as a nullity. We learn from the philosophy of nature how nature sublates its externality by stages, how already 15 through *gravity* matter refutes the independence of the singular, of the plural, and how this refutation, initiated through gravity, and to an even greater extent through the indivisible simplicity of *light*, is perfected through the sentient being of animal life, since this reveals the omnipresence of the single 20 soul in all points of its corporeity, and so reveals the sublatedness of the extrinsicality of matter. In that everything ma- + terial is thus sublated through the spirit implicit and operative in nature, and this sublation perfects itself in the substance of the *soul*, the soul comes forth as the ideality of *all* 25 that is material, as constituting *all* immateriality. Consequently, all that is given the name of matter, regardless of the extent to which it simulates independence to presentative thinking, is known to be not independent of spirit.

The opposition between soul and body certainly has to be 30 formulated. Just as the indeterminate universal soul determines and so individualizes itself, just as spirit thereby makes the necessary advance into consciousness, so spirit assumes the standpoint of the opposition between itself and its other, its other appearing to it as a real being, as external and self- 35 external i.e. as a material being. At this standpoint the question of the possibility of the communion of the soul and the

meinschaft der Seele und des Körpers eine ganz natürliche. Sind Seele und Körper, wie das verständige Bewußtseyn behauptet, einander absolut entgegengesetzt, so ist keine Gemeinschaft zwischen Beiden möglich. Nun anerkannte aber die alte Metaphysik diese Gemeinschaft als eine unleugbare Thatsache; es fragte sich daher, wie der Widerspruch, daß absolut Selbstständige, Fürsichseyende doch in Einheit mit einander seyen, gelöst werden könne. Bei solcher Stellung der Frage war die Beantwortung derselben unmöglich. Aber eben diese Stellung muß als eine unstatthafte erkannt werden; denn in Wahrheit verhält sich das Immaterielle zum Materiellen nicht wie Besonderes zu Besonderem, sondern

53 wie das über die Besonderheit übergreifende wahrhaft Allgemeine sich zu dem Besondern verhält; das Materielle in seiner Besonderung hat keine Wahrheit, keine Selbstständigkeit gegen das Immaterielle. Jener Standpunkt der Trennung ist folglich nicht als ein letzter, absolut wahrer zu betrachten. Vielmehr kann die Trennung des Materiellen und Immateriellen nur aus der Grundlage der ursprünglichen Einheit Beider erklärt werden. In den Philosophien des Descartes, Malebranche und Spinoza wird deßhalb auf eine solche Einheit des Denkens und des Seyns, des Geistes und der Materie zurückgegangen und diese Einheit in Gott gesetzt. Malebranche sagte: „Wir sehen Alles in Gott". Diesen betrachtete er als die Vermittlung, als das positive Medium zwischen dem Denkenden und dem Nichtdenkenden, und zwar als das immanente, durchgehende Wesen, in welchem beide Seiten aufgehoben sind, — folglich nicht als ein Drittes gegen zwei Extreme, die selber eine Wirklichkeit hätten; denn sonst entstünde wieder die Frage, wie jenes Dritte mit diesen beiden Extremen zusammen komme. Indem aber die Einheit des Materiellen und Immateriellen von den genannten Philosophen in Gott, der wesentlich als Geist zu fassen ist, gesetzt wird, haben dieselben zu erkennen geben wollen, daß jene Einheit nicht als ein Neutrales, in welches zwei Extreme von gleicher Bedeutung und Selbstständigkeit zusammengingen, betrachtet werden darf, da das Materielle durchaus nur den Sinn eines Negativen gegen den Geist und gegen sich selber hat, oder — wie Plato und andere alte

body arises quite naturally. If, as the understanding consciousness asserts, body and soul are in absolute opposition to one another, no communion between them is possible. Now the old metaphysics acknowledged this communion to be an undeniable fact, and was therefore faced with the problem of resolving the contradiction presented by the unity of two beings, each absolutely independent and each a being-for-self. Posed in this manner the problem was insoluble. It is however precisely the manner of posing it that has to be recognized as inadmissible, for the truth is that the immaterial relates itself to the material not as one particular to another, but in the same manner as the true universal, in its inclusion of particularity, relates itself to the particular. Material being, in its particularization, has, with regard to immaterial being, neither truth nor independence. The standpoint of this division is not, therefore, to be regarded as finally and absolutely true. The separation of the material and the immaterial is, rather, only to be explained on the basis of the original unity of both. This is why, in the philosophies of Descartes, Malebranche and Spinoza, there is a return to such a unity of thought and being, spirit and matter, and why it is posited in God. When he said that, "We see all in God", Malebranche considered God to be the mediation, the positive medium between the thinking and the non-thinking being, and what is more, as the immanent, permeating essence in which both sides are sublated. He did not, therefore, regard God as a third being, opposed to two extremes with an actuality of their own. Had he done so, there would have been a recurrence of the problem of how this third term comes together with the two extremes. By positing the unity of the material and immaterial as being in God, who is to be grasped essentially as spirit, these philosophers have, however, attempted to indicate that since the significance of all material being is merely that of a negative with regard to spirit and itself, to express it as did Plato and

Philosophen sich ausdrückten, — als das „Andere seiner selbst" bezeichnet werden muß, die Natur des Geistes dagegen als das Positive, als das Speculative zu erkennen ist, weil derselbe durch das gegen ihn unselbstständige Materielle frei hindurchgeht, über dieß sein Anderes übergreift, dasselbe nicht als ein wahrhaft Reales gelten läßt, sondern idealisirt und zu einem Vermittelten herabsetzt. *

* *Griesheim Ms.* SS. 70–72; vgl. *Kehler Ms.* SS. 53–54: Der Materialismus ist auch Philosophie aber er hat dieß äußerliche Nebeneinander, aber diese Einheit, daß das Materielle keine Wahrheit habe, dieser spekulative Begriff, der allerdings mehr oder weniger getrübt, mehr oder weniger auf der Oberfläche ist, ist bei Descartes, Malebranche, Leibnitz, Spinoza und auch beim Berkeley Materialismus, da heißt es z.B. wir sehen alle Dinge in Gott. Descartes hat andere Verhältnisse aufgestellt, es sind nämlich Dinge, aber diese ausgedehnt nennt er causa occasionalis, die äußerlichen Dinge wirken nicht auf die Seele auf den Geist, und was eigentlich Empfindung hervorbringt ist Gott, indem unter Gott verstanden wird, diese allgemeine Einheit in der die Materie als ideell gesetzt ist, wie es in Gott, im Denken ist. So ist auch bei Spinoza dieß ein Wahres, die Identität des Ausgedehnten und des Denkens, dem Ausgedehnten ist bei ihm auch keine Realität zugeschrieben. Leibnitz hat der Schwierigkeit so abgeholfen, daß er Hypothesen (71) gemacht hat, diese bestehen nämlich darin eine Grundlage zu machen, so oder so, für diesen bestimmten Zweck. So hat Leibnitz die Atome als Monaden bezeichnet und zwar als vorstellend und daß so eine Monade sich nun in sich reflektirt Alles, jeden Punkt, die Seele hat es nur mit sich zu thun, da ist keine Einwirkung auf Anderes, sondern es bleibt alles innerhalb seiner selbst eingeschlossen, Gott nun ist die Harmonie, die sogenannte preestablirte Harmonie, die Harmonie dieser Evolutionen. Jeder Punkt des Körpers ist für sich, jedes bleibt in sich eingeschlossen, Gott bewirkt die Harmonie, daß indem die Vorstellung in mir entwickelt, sich dieß auch im Andern entwickelt. Auch hier ist beseitigt diese Einwirkung von Seele auf Körper, von Körper auf Seele, so daß es nur die Identität und nur Evolutionen innerhalb ihrer selbst, nicht in einem Fremden sind.

Wir haben hier also das Verhältniß erwähnt unter dem man sich vorzustellen pflegt, wie sich Körper, Materie zum Geist verhält, wir haben erwähnt daß dieß von Descartes, Spinoza, Leibnitz u.s.w. aus spekulativem Grund bestimmt ist und daß dieß nur so sein kann daß das Geistige das Herrschende ist, in welchem das Materielle durch uns nur ist als ein Aufgehobenes, als ein Ideelles. Die Vorstellung, wir haben alle Dinge in Gott, die äußeren Dinge sind nur gelegentlich, Gott vermittelt alles, ist dasselbe als das was oben gesetzt ist. Bei solchen Vorstellungen ist die mangelhafte Methode auszusetzen und besonders daß die Materie und die Seele als beständig und Gott als die Mitte genommen werden, aber Gott ist in der That das Wesen und die beiden Extreme sind nur Formen die nicht das Selbständige sind. Wir haben also ein solches Verhältniß, eine solche Frage

other ancient philosophers, that it has to be regarded as the 'other of itself', this unity is not to be regarded as a neutral + being in which two equally significant and independent extremes coalesce. They have attempted to indicate moreover, that the nature of spirit is to be recognized as that which 5 is positive, speculative, since it freely permeates the material being which is not independent of it, envelops this, its other, idealizes it instead of allowing it true reality, and degrades it into being mediated.*

* *Griesheim Ms.* pp. 70–72; cf. *Kehler Ms.* pp. 53–54: Materialism too is philosophy, concerned though it is with external collaterality. This unity however, which is that of material being's possessing no truth, this speculative Notion, more or less dimmed and superficial though it is, is the materialism of *Descartes*, *Malebranche*, *Leibnitz*, *Spinoza*, as also of *Berkeley*. Here it is + formulated, for instance, as our seeing all things in God. Descartes has adduced other relationships. Although, for him, things are, he calls their being extended *causa occasionalis*, external things having no effect on the soul, on spirit. It is God that brings forth sensation proper, since God is understood to be this universal unity in which matter is posited as being of an ideal nature, as it is in God, in thought. For Spinoza also, the identity of what is + extended and of thought is a true being, and as with *Descartes*, no reality is ascribed to what is extended. *Leibnitz* removed the difficulty by formulating + hypotheses, (71) the specific purpose of which consists in establishing some sort of basis. He took atoms to be monads, presentative monads moreover, a monad itself intro-reflecting all, every point. The soul is concerned only with itself, there being no effect upon another, all remaining enclosed within itself, and God being the harmony, what is called the pre-established harmony, the harmony of these evolutions. The body's every point is for itself, each remaining enclosed within itself. It is God that effects the harmony of the presentation's developing itself within another as it develops itself within me. Here also this effect of soul upon body, of body upon soul, is avoided, all that is being identity and the evolutions, not within anything alien however, but within self. +

Mention has been made here of what is usually presented as being the relationship through which body or matter relates itself to spirit. It has been observed, that *Descartes*, *Spinoza*, *Leibnitz* etc. determine it on a speculative basis, which can only be so in that what is spiritual is that which is in control, and within which material being, through us, has being only as a sublatedness, as being of an ideal nature. The presentation of our having all things in God, of external things being only occasional, of God's mediating all, is the same as that just assessed. The defective method employed in such presenta- + tions has to be exposed, especially that of matter and soul being regarded as subsistent and God as the middle. God is in fact the essence however, the two extremes being merely non-subsistent forms, and we have therefore avoided

Dieser speculativen Auffassung des Gegensatzes von Geist und Materie steht der **Materialismus** gegenüber, welcher das 54 Denken als ein Resultat des Materiellen darstellt, die Einfachheit des Denkens aus dem Vielfachen ableitet. Es gibt nichts Ungenügenderes, als die in den materialistischen Schriften gemachten Auseinandersetzungen der mancherlei Verhältnisse und Verbindungen, durch welche ein solches Resultat wie das Denken hervorgebracht werden soll. Dabei ist gänzlich übersehen, daß, wie die Ursache in der Wirkung, das Mittel im vollführten Zwecke sich aufhebt, — so Dasjenige, dessen Resultat das Denken seyn soll, in diesem vielmehr aufgehoben ist, und daß der Geist als solcher nicht durch ein Anderes hervorgebracht wird, sondern sich selber aus seinem Ansichseyn zum Fürsichseyn, aus seinem Begriff zur Wirklichkeit bringt, und Dasjenige, von welchem er gesetzt seyn soll, zu einem von ihm Gesetzten macht. Dennoch muß man in dem Materialismus das begeisterungsvolle Streben anerkennen, über den, zweierlei Welten als gleich substantiell und wahr annehmenden Dualismus hinauszugehen, diese Zerreißung des ursprünglich Einen aufzuheben. *

---

nach dem Zusammenhang des Leibs und der Seele beseitigt, das Leibliche hat keine Wahrheit für den Geist, sein Betragen aber ist dieß daß er einen Idealismus voraussetzt und er ist nicht zu verstehen ohne daß man sich dieses Idealismus be (72) mächtigt hat.

* *Kehler Ms.* SS. 18–19; vgl. *Griesheim Ms.* SS. 27–28: Der Geist ist wesentlich dies, vermittelst der Natur, vielmehr aber vermittelst des Aufhebens der einseitigen Form, durch die die Idee als Natur ist, (*Griesheim; Kehler*: die Natur als Idee) zu sich selbst zu kommen, zu sein. Dies sein Werden ist das Hervorgehen des Geistes aus der Natur, hier erscheint es als Product, als Resultat, oder dies Uebergehen ist seine Nothwendigkeit, es ist als ein solches gesetzt, das nothwendig fortgeht bis zu dieser Gestalt. Bei diesem Punkt stehen wir; aber dieser Standpunkt ist für sich einseitig überhaupt, wenn er nur so ge- (19) nommen wird, ist er sogar ganz falsch, und es kann sich der Mißverstand dabei anknüpfen, daß er als Product angesehen würde, wie es oft geschehen ist, daß man das Materielle, Sinnliche, Natürliche als das behauptet, was nur real, wahrhaft sei, und den Geist ansieht als eine gewisse Combination von natürli en Verhältnissen, Arrangement von natürlichen Theilen, Thätigkeiten, Kräften, so daß wenn, diese sich verfeinern bis auf einen gewissen Grad, so entstehe das Geistige. Dies ist Vorstellung der Ansicht, die man Materialismus heißt, wenn man das Geistige als bloßes Resultat von Combinationen, Art von Verfeinerung natürlicher

This speculative conception of the opposition of spirit and matter is opposed by *materialism*, which represents thinking as a result of material being, i.e. derives the simplicity of thinking from that which is multiple. There is nothing less satisfactory than the expositions of divers relationships and combinations, encountered in materialistic writings, which are supposed to produce such a result as thought. They completely overlook that thought sublates that of which it is supposed to be the result, just as cause sublates itself in effect, and the means in the completed end, and that thought as such is not brought forth through an other, but brings itself forth from its implicitness into being-for-self, from its Notion into actuality, and itself posits that by which it is supposed to be posited. One must acknowledge however, that materialism makes a spirited attempt to supersede the dualism which recognizes two worlds as being equally substantial and true, to sublate this disseverance of what is originally one.*

---

any such relationship, any such enquiry into the connection between body and soul. What is corporeal has no truth for spirit; its significance is however that spirit presupposes an idealism, and that spirit is ununderstandable unless this idealism (72) is mastered. +

* *Kehler Ms.* pp. 18–19; cf. *Griesheim Ms.* pp. 27–28: Spirit is essentially that which has being through coming to itself by means of nature, or rather by means of the sublation of the onesided form through which the Idea is as nature. (*Griesheim Ms.* p. 27 line 21. *Kehler*, "nature is as Idea".) This becoming is spirit's proceeding forth from nature, and at this juncture it appears as a product, a result, this transition being its necessity in that it is posited as that which necessarily progresses into this shape. We stop at this point; for itself it is a generally onesided standpoint however, and if it is taken only (19) in this way it is moreover wholly false, and can give rise to the mistake of regarding spirit as a product. It has often been asserted for example, that it is only what is material, sensuous, natural, that is real and true. Spirit has been regarded as a certain combination of natural relationships, a certain arrangement of natural parts, activities, forces, it being thought that what is spiritual arises once they have refined themselves to a certain degree. This is what is called materialism, the presenting of what is spiritual as being a mere result of combinations, a kind of refinement of

§. 390.

Die Seele ist zuerst

a. in ihrer unmittelbaren *Naturbestimmtheit*, — die nur *seyende*, *natürliche* Seele;

b. tritt sie als *individuell* in das Verhältniß zu diesem ihrem unmittelbaren Seyn und ist in dessen Bestimmtheiten abstract *für sich* — *fühlende* Seele; *

c. ist dasselbe als ihre Leiblichkeit in sie eingebildet, und sie darin als *wirkliche* Seele.

Zusatz. Der in diesem Paragraphen angegebene, die nur seyende, natürliche Seele umfassende *erste Theil* der Anthropologie zerfällt seinerseits wiederum in *drei Abschnitte*. — In dem *ersten* Abschnitt haben wir es zunächst mit der noch ganz allgemeinen, unmittelbaren Substanz des Geistes, mit dem einfachen Pulsiren, dem bloßen Sich-in-sich-regen der Seele zu thun. In diesem ersten geistigen Leben ist noch kein Unterschied gesetzt, weder von Individualität gegen Allgemeinheit, noch von Seele 55

Kräfte, natürlichen Thätigkeiten. Die Nothwendigkeit des Geistes, aus der Natur hervorzugehen, ist nur eine Seite seines Verhältnisses zur Natur, vielmehr ist das zweite Moment wesentlich zu betrachten. Das Sein des Geistes ist seine Vermittlung, die ausgeht von dem natürlichen, aber das ist die Hauptbestimmung, die aufzunehmen ist, daß dieses Uebergehen der Natur zum Geist ihr Uebergehen ist zu ihrer Wahrheit, so daß, wenn die Natur als das Erste erscheint, das Resultat vielmehr das wahrhafte und ursprüngliche ist; dieses Resultat selbst ist die Wahrheit der Natur, die Widerlegung jenes ersten Verhältnisses; die Vermittlung, wodurch der Geist ist, ist eine solche, daß sie sich selbst aufhebt, wodurch sie sich nur als ein Schein beweist, und die wahrhafte Stellung verwandelt sich in die umgekehrte, daß der Geist das Ursprüngliche, wahrhafte ist, das Erste, absolute Prius, und die Natur nur das Gesetzte. Jene Unmittelbarkeit, daß die Natur das Erste ist, ist nun eine falsche. Unmittelbarkeit, nur der Schein, der Geist ist, den Schein selbst zu setzen, hervorzubringen, aber ihn auch aufzuheben; der Uebergang ist ein Uebergang aus der Nothwendigkeit in die Freiheit, die Freiheit ist, aus der Nothwendigkeit sich hervorzubringen, aber nicht, daß das Nothwendige das Primitive bliebe, sondern das nur zum Schein der Freiheit gegenüber stehe, mit dem sie nur spielt, nur aus diesem Schein und vermittelst desselben für sich selbst zu sein.

* 1827: *träumende* und sich *eingewöhnende* Seele.

§ 390

Initially, the soul is:

a. **natural soul, i.e. immediate, a** *natural determinateness* **which merely is;**

b. **feeling soul,** entering as **an individuality** into **relationship with its immediate being,* within the determinatenesses of which it is abstractly for itself;** 5

c. *actual* **soul, having this immediate being formed within it** as its corporeity.

Addition. This Paragraph outlines the *first part* of anthropology, which comprises the mere being of the natural soul, and falls in its turn into *three sections.* In the *first* section we are concerned initially with what is still the entirely universal, immediate substance of spirit, with the simple pulsation, the mere inner stirring of the soul. In this primary spiritual life there is still no positing of difference, no individuality as opposed to what is natural. This simple life has 10 15

---

natural forces, natural activities. The necessity of spirit's proceeding forth from nature is only one aspect of its relationship to it, and it is rather the second moment that is to be considered essential. Spirit's being is its mediation, which sets out from what is natural. The main determination to be grasped is however that this transition of nature into spirit is the transition of nature into its truth. Consequently, although nature appears to be what is primary, it is rather the result which is what is true and original. This result is itself the truth of nature, the refutation of the first relationship. The mediation whereby spirit has being is such as to sublate itself, to prove itself only a show. The true position therefore turns out to be the opposite one, that of spirit's being what is original, true, the absolute prius, and of nature's only being what is posited. This immediacy of nature's being primary is now a false immediacy, simply show. Spirit itself is the positing, the bringing forth of the show, but also the sublating of it. The transition is a transition from necessity, not, however, so that the necessary being of what is primitive remains, but so that it merely stands over against freedom as a show. Freedom merely plays with this show, and only in order that from out of and by means of it, it may be itself. + +

* 1827: *dreaming* and self-*accustoming* soul.

gegen das Natürliche. Dieß einfache Leben hat seine Explication an der Natur und am Geiste; es selbst als solches ist nur, hat noch kein Daseyn, kein bestimmtes Seyn, keine Besonderung, keine Wirklichkeit. Wie aber in der Logik das Seyn zum Daseyn übergehen muß, so geht auch die Seele nothwendig aus ihrer Unbestimmtheit zur Bestimmtheit fort. Diese Bestimmtheit hat, wie schon früher bemerkt, zunächst die Form der Natürlichkeit. Die Naturbestimmtheit der Seele ist aber als Totalität, als Abbild des Begriffs zu fassen. Das Erste sind daher hier die ganz allgemeinen qualitativen Bestimmungen der Seele. Dahin gehören namentlich die ebenso physischen wie geistigen Racenverschiedenheiten des Menschengeschlechts, so wie die Unterschiede der Nationalgeister.

Diese außereinanderliegenden allgemeinen Besonderungen oder Verschiedenheiten werden dann — und dieß bildet den Uebergang zum zweiten Abschnitt — in die Einheit der Seele zurückgenommen, oder — was dasselbe ist — zur Vereinzelung fortgeführt. Wie das Licht in eine unendliche Menge von Sternen zerspringt, so zerspringt auch die allgemeine Naturseele in eine unendliche Menge von individuellen Seelen; nur mit dem Unterschiede, daß, während das Licht den Schein eines, von den Sternen unabhängigen Bestehens hat, die allgemeine Naturseele bloß in den einzelnen Seelen zur Wirklichkeit kommt. Indem nun die im ersten Abschnitt betrachteten außereinanderfallenden allgemeinen Qualitäten, wie oben gesagt, in die Einheit der einzelnen Seele des Menschen zurückgenommen werden, bekommen sie, statt der Form der Aeußerlichkeit, die Gestalt natürlicher Veränderungen des in ihnen beharrenden individuellen Subjects. Diese ebenfalls zugleich geistigen und physischen Veränderungen treten im Verlauf der Lebensalter hervor. Hier hört der Unterschied auf, ein äußerlicher zu seyn. Zur wirklichen Besonderung, zum reellen Gegensatze des Individuums gegen sich selber wird der Unterschied aber im Geschlechtsverhältniß. Von hier aus tritt die Seele überhaupt in den Gegensatz gegen ihre natürlichen Qualitäten, gegen ihr allgemeines Seyn, welches eben dadurch zu dem Anderen der Seele,

56

its explication in nature and spirit. As such and in itself it merely is, having as yet no determinate, determined or particular being, no actuality. In logic, being must pass over into determinate being however. Similarly, the soul necessarily progresses out of its indeterminateness into determinateness. As has already been noticed above, the initial form of this determinateness is that of naturality. The natural determinateness of the soul is to be grasped as a totality however, as being a likeness of the Notion. At this juncture it is therefore the wholly *universal qualitative* determinations of the soul which constitute what is *primary*. Since they are as physical as they are spiritual, this is the place for the *racial varieties* of mankind and the spiritual differences between nations.

The transition to the *second* section consists of these sundered *universal* particularizations or varieties being taken back into the unity of the soul, or, and it is the same thing, being led on into singularization. Just as light disperses into an infinite multitude of stars, so the universal soul of nature disperses into an infinite multitude of individual souls, the only difference being that whereas light appears to have a subsistence independent of the stars, it is only in individual souls that the universal soul of nature attains actuality. The universal qualities considered in section one fall apart, but as has been noticed above, in that they are taken back into the unity of the individual human soul, they relinquish the form of externality and are shaped by the natural *changes* of the individual subject which persists within them. These changes, which are at the same time both physical and spiritual, occur in the course of the various *stages of life*. Here difference ceases to be external. It is however in the *sex-relationship* that difference becomes *actual* and *particular*, expressing the *real nature* of the individual's *opposition* to itself. From this juncture onwards the soul enters into general opposition to its natural qualities, its universal being. It is precisely on this account that the latter is reduced to the

zu einer bloßen Seite, zu einem vorübergehenden Zustande, nämlich zum Zustande des Schlafs heruntergesetzt wird. So entsteht das natürliche Erwachen, das Sichaufgehen der Seele. Hier in der Anthropologie haben wir aber noch nicht die dem wachen Bewußtseyn zu Theil werdende Erfüllung, sondern das Wachseyn nur insofern zu betrachten, als dasselbe ein natürlicher Zustand ist.

Aus diesem Verhältniß des Gegensatzes oder der reellen Besonderung kehrt nun im dritten Abschnitt die Seele zur Einheit mit sich dadurch zurück, daß sie ihrem Anderen auch die Festigkeit eines Zustandes nimmt, und dasselbe in ihrer Idealität auflöst. So ist die Seele von der bloß allgemeinen und nur ansichseyenden Einzelnheit zur fürsichseyenden wirklichen Einzelnheit, und eben damit zur Empfindung fortgeschritten. Zunächst haben wir es dabei nur mit der Form des Empfindens zu thun. Was die Seele empfindet, ist erst im zweiten Theil der Anthropologie zu bestimmen. Den Uebergang zu diesem Theile macht die Ausdehnung der Empfindung in sich selber zur ahnenden Seele.

a.

Die natürliche Seele.

§. 391.

Die allgemeine Seele muß nicht als Weltseele gleichsam als ein Subject fixirt werden, denn sie ist nur die allgemeine Substanz, welche ihre wirkliche Wahrheit nur * als Einzelnheit, Subjectivität, hat. So zeigt sie sich als einzelne aber unmittelbar nur als seyende Seele, welche Naturbestimmtheiten an ihr hat. Diese haben, so zu 57 sagen, hinter ihrer Idealität freie Existenz, d. i. sie sind für das Bewußtseyn Naturgegenstände, zu denen aber die Seele als solche sich nicht als zu äußerlichen verhält. Sie

* 1827: Als sich *besondernd* tritt sie, vorher nur *innere* Idee, in das *Daseyn*. In diesen Bestimmungen zeigt sie sich als seyende . . .

contrary of the soul, to a mere aspect to a transitory *condition* i.e. that of *sleep*. This gives rise to *natural awakening*, to the opening out of the soul. Here in anthropology however, it is not yet that which fills waking consciousness which has to be considered, but only being awake, in so far as this is a natural condition.

In the *third* section the soul now returns out of this relationship of *opposition* or of *particularizing of a real nature*, into unity with itself. It does this in that in also taking from its other the fixity of a condition, it dissolves it into its own ideality. It is thus that the soul has progressed from simply *universal* and merely *implicit singularity* into the *being-for-self of actual singularity*, and by precisely this, to *sensation*. In this connection we have to deal initially only with the *form* of sensing. *What* the soul senses is to be first determined in the *second* part of anthropology. It is the internal extension of sensation into the *divining* soul which constitutes the *transition* to this part.

a.

The natural soul

§ 391

The **universal** *soul* must not be fixed as *world soul*, **as if it were a subject,** since it simply constitutes that universal *substance* which has **its** actual truth only as *singularity*, **subjectivity.* As such it displays itself as being singular, but in its immediacy it is the mere being of soul, involving natural determinatenesses. These have, so to speak, free existence prior to its ideality i.e. they are natural general objects for consciousness, although the soul as such does not treat**

* 1827: Formerly only *internal* Idea, it enters into *determinate being* in that it is self-*particularizing*. In these determinations it displays itself as being ...

hat vielmehr an ihr selbst diese Bestimmungen als natürliche Qualitäten.

Zusatz. Man kann, gegenüber dem Makrokosmus der gesammten Natur, die Seele als den Mikrokosmus bezeichnen, in welchen jener sich zusammendrängt und dadurch sein Außereinandersevn aufhebt. Dieselben Bestimmungen, die in der äußeren Natur als frei entlassene Sphären, als eine Reihe selbstständiger Gestalten erscheinen, sind daher in der Seele zu bloßen Qualitäten herabgesetzt. Diese steht in der Mitte zwischen der hinter ihr liegenden Natur einerseits, und der aus dem Naturgeist sich herausarbeitenden Welt der sittlichen Freiheit andererseits. Wie die einfachen Bestimmungen des Seelenlebens in dem allgemeinen Naturleben ihr außereinander gerissenes Gegenbild haben, so entfaltet sich Dasjenige, was im einzelnen Menschen die Form eines Subjectiven, eines besonderen Triebes hat, und bewußtlos, als ein Seyn, in ihm ist, im Staate zu einem Systeme unterschiedener Sphären der Freiheit, — zu einer, von der selbstbewußten menschlichen Vernunft geschaffenen Welt. *

α) Natürliche Qualitäten.

§. 392.

Der Geist lebt 1) in seiner Substanz, der natürlichen Seele, das allgemeine planetarische Leben mit, den Unterschied der Klimate, den Wechsel der Jahreszeiten, der Tageszeiten, u. dgl. — ein Naturleben, das in ihm zum Theil nur zu trüben Stimmungen kommt.

* *Griesheim Ms.* S. 77; vgl. *Kehler Ms.* S. 58: Es ist eine alte Vorstellung daß der Mensch der Mikrokosmos sei gegen die unentwickelte Welt als Makrokosmos, so daß dieselben Bestimmungen die in der Natur als Gestaltungen entwickelt sind, als Momente, als einfach qualitative Bestimmtheiten sich an ihm finden; gleichsam wie wir in einem Spiegel eine Landschaft sehen, so sind die Bestimmungen des Weltlebens auch im Geist, aber als einfache Bestimmtheiten. Aber sofern sie unmittelbar natürliche Bestimmtheiten sind, gehören sie zum Bewußtlosen des Geistes, die er noch nicht empfindet, wir sind dieß ohne ein Bewußtsein davon zu haben wozu uns erst die Reflexion führt.

them as being external. They are, rather, determinations which pertain to it as natural qualities. +

Addition. As opposed to the macrocosm of the entirety of nature, the soul may be regarded as the microcosm in which nature concentrates itself and so sublates its juxtaposition. 5
In the soul, those determinations appearing in external nature as spheres freely let forth, as a series of independent shapes, are therefore reduced to mere qualities. The soul + holds the middle between nature, which lies behind it on the one hand, and the world of ethical freedom which extricates 10
itself from natural spirit on the other. As the simple determinations of the life of the soul have their disrupted counterpart in the universal life of nature, so that which in the individual human being has the form of being subjective, of being a particular impulse, and which as a being is in him 15
unconsciously, unfolds itself in the state into a system of various spheres of freedom, into a world created by self-conscious human reason.*

α) *Natural qualities*

§ 392

1) In its substance, which is the natural soul, spirit lives with the universal planetary life, difference of 20
climates, the change of the seasons, the various times of day etc. This natural life is only partly realized within it, as vague moods.

* *Griesheim Ms.* p. 77; cf. *Kehler Ms.* p. 58: There is an ancient presentation of man's being the microcosm opposed to the undeveloped world, the macrocosm, of the same determinations as are developed in nature as formations or moments occurring in him as simple qualitative determinatenesses; just as we see a landscape in a mirror, so the determinations of the life of the world, though as simple determinatenesses, have a further being in spirit. In so far as they are immediate natural determinations however, they pertain to the unconsciousness of spirit, spirit as yet having no sensation of them. Although we are what they are, we are not conscious of it, it being reflection which first makes us so.

Es ist in neuern Zeiten viel vom kosmischen, siderischen, tellurischen Leben des Menschen die Rede geworden. Das Thier lebt wesentlich in dieser Sympathie; dessen specifischer Charakter so wie seine besondern Entwicklungen hängen bei Vielen ganz, immer mehr oder weniger, damit zusammen. Beim Menschen verlieren dergleichen Zusammenhange um so mehr an Be- 58 deutung, je gebildeter er und je mehr damit sein ganzer Zustand auf freie geistige Grundlage gestellt ist. Die Weltgeschichte hängt nicht mit Revolutionen im Sonnensysteme zusammen, so wenig als die Schicksale der Einzelnen mit den Stellungen von Planeten. — Der Unterschied der Klimate enthält eine festere und gewaltigere Bestimmtheit. Aber den Jahreszeiten, Tageszeiten, entsprechen nur schwächere Stimmungen, die in Krankheitszuständen, wozu auch Verrücktheit gehört, in der Depression des selbstbewußten Lebens, sich vornehmlich nur hervorthun können. — Unter dem Aberglauben der Völker und den Verirrungen des schwachen Verstandes finden sich bei Völkern, die weniger in der geistigen Freiheit fortgeschritten und darum noch mehr in der Einigkeit mit der Natur leben, auch einige wirkliche Zusammenhänge und darauf sich gründende wunderbar scheinende + Voraussehungen von Zuständen und den daran sich knüpfenden Ereignissen. Aber mit der tiefer sich erfassenden Freiheit des Geistes verschwinden auch diese wenigen und geringen Dispositionen, die sich auf das Mitleben mit der Natur gründen. Das Thier wie die Pflanze * bleibt dagegen darunter gebunden.

* *Notizen 1820–1822* ('Hegel-Studien' Bd. 7, 1972: Schneider 154a): Der Geist wirft ewig alle Bedingungen ab. Sonnenleben, Erdenleben terrestrisches Leben — heilig und Höher, Divination; Schlachten der Opfer. Epidemien, Krankheiten — Hippokrates anders geheilt als wir. Letzte Willensdetermination.

μαντιχη, Plato a furore; Cicero De Divinatione I.
d) Sympathisches Mitleben mit der Natur. Dem Natürlichen das als absolutes Wesen. Nicht ein *subjectives* Wissen, *Anschauen* in *sich*; sondern in einem

In recent times a good deal has been said of the cosmic, sidereal and telluric life of man. + Animal life is essentially attuned to these factors, the specific character of the animal as well as its particular developments being to a great extent 5 entirely, and always more or less involved with them. In the case of man, the significance of this + involvement lessens as his degree of civilization increases and his whole condition is therefore given more of a freely spiritual basis. World history is as 10 little involved with revolutions in the solar system as are the fates of individuals with the positions of planets. — Difference of climates exercises a more determinate and vigorous influence. The seasons and the times of day only evoke weaker moods 15 however, which generally come into evidence through diseased conditions, including derangement, in which there is a depression of self-conscious life. — Among the popular superstitions and aberrations of the enfeebled understanding rife 20 among peoples more closely attuned to nature in that they are less advanced in spiritual freedom, there are certain instances of actual connections and of apparently miraculous predictions of the resulting situations and related events. But even 25 these rare and trifling dispositions, based as they are upon participation in the life of nature, disappear as the freedom of spirit reaches a profounder comprehension of itself. The animal however, like the plant, remains subject to these in- 30 volvements.*

* *Notes 1820–1822* ('Hegel-Studien' vol. 7, 1972: Schneider 154a): Spirit is perpetually casting off all conditions. Life of the Sun, the Earth, terrestrial life — holy and higher, divination; sacrificial killings. Epidemics, diseases — Hippocrates did not heal as we do. Final determination of the will. +
μαντιχη, Plato a furore; Cicero De Divinatione 1. +
d) Living in sympathy with nature. To what is natural as absolute essence.

Zusatz. Aus dem vorhergehenden Paragraphen und aus dem Zusatze zu demselben erhellt, daß das allgemeine Naturleben auch das Leben der Seele ist, daß diese sympathetisch jenes allgemeine Leben mitlebt. Wenn man nun aber dieß Mitleben der Seele mit dem ganzen Universum zum höchsten Gegenstande der Wissenschaft vom Geiste machen will, so ist dieß ein vollkommner Irrthum. Denn die Thätigkeit des Geistes besteht gerade wesentlich darin, sich über das Befangenseyn in dem bloßen Naturleben zu erheben, sich in seiner Selbstständigkeit zu erfassen, die Welt seinem Denken zu unterwerfen, dieselbe aus dem Begriffe zu erschaffen. Im Geiste ist daher das allgemeine Naturleben nur ein ganz untergeordnetes Moment, die kosmischen und tellurischen Mächte werden von ihm beherrscht, sie können in ihm nur eine unbedeutende Stimmung hervorbringen.

59

Das allgemeine Naturleben ist nun erstens das Leben des Sonnensystems überhaupt, und zweitens das Leben der Erde, in welchem jenes Leben eine individuellere Form erhält.

Was die Beziehung der Seele zum Sonnensystem betrifft, so kann bemerkt werden, daß die Astrologie die Schicksale des Menschengeschlechts und der Einzelnen mit den Figurationen und Stellungen der Planeten in Verbindung setzt; (wie man denn in neuerer Zeit die Welt überhaupt als einen Spiegel des Geistes in dem Sinne betrachtet hat, daß man aus der Welt den Geist

---

äusseren Daseyn. Astrologie und Divination, *Wahrsagen*, *Voraussagen* des Zukünftigen.

Erkennbarkeit des subjectiven Zustandes.

Ritters Siderismus.

Astralgesiter.

a) Pantheismus und Naturdienst bewußtwerden. — Der Dienst als Denken, und Andacht inneres ein *identisch* Gedachtes. b) Im Pantheismus ein Anderes eigentlich, — *Leben* überhaupt, aber Divination bestimmte Beziehung auf menschliche Begenbenheiten. Die *eigene* Natürlichkeit; (in Volks und sittlichen Göttern), aber im Naturdaseyn. Pantheismus Form des Göttlichen das Natürliche als positive Form; nicht als negative geistige. Durch den Dienst eben damit vergeistigt. Alles rauscht von Leben; aber warum können wir nicht die Natur anbeten, was endliche *Subjectivität*, Geistigkeit.

Zur Philosophie der Religion (1)

Addition. It is apparent from § 391 and its Addition, that the universal life of nature also constitutes the life of the soul, which participates sympathetically in this unversal life. It is however a complete mistake to attempt to treat the soul's participation in the life of the whole universe as the supreme object of the science of spirit. Spirit is essentially active precisely in that it raises itself above involvement in the mere life of nature, and in so doing grasps itself in its self-dependence, submitting the world to its thought by creating it out of the Notion. In spirit therefore, the universal life of nature is only a quite subordinate moment. Spirit dominates the cosmic and telluric powers, which are able to elicit from it only an insignificant mood.

Initially therefore, the universal life of nature is the life of the solar system in general; secondly, it is the life of the Earth, within which it maintains a more individual form.

It may be noted, with regard to the relation of the soul to the solar system, that astrology connects the destinies of humanity and of individuals with the configurations and positions of the planets. This is similar to the modern attempt to explain spirit by means of the world by regarding

---

Not a *subjective* knowledge, *intuiting* in *itself*, but in an external determinate being. Astrology and divination, *fortune-telling*, *foretelling* the future.

Cognizability of the subjective condition.

Ritter's Siderism. +

Astral spirits.

a) Becoming conscious, pantheism and serving nature. — The serving as thought, and inner devotion, *identity* of what is thought. b) In pantheism actually an other, — *life* in general, although divination a specific relation to human events. *Own* naturality; (in people's and ethical gods), although in the determinate being of nature. Pantheism a form of what is divine, what is natural as positive form; not as negatively spiritual. Spiritualized precisely by means of serving. The murmuring of life in all; but why can we not worship nature, what finite *subjectivity*, spirituality. +

On the Philosophy of Religion (1) +

erklären könne).* Der Inhalt der Astrologie ist als Aberglaube zu verwerfen; es liegt jedoch der Wissenschaft ob, den bestimmten Grund dieser Verwerfung anzugeben. Dieser Grund muß nicht bloß darein gesetzt werden, daß die Planeten von uns fern und Körper seyen, sondern bestimmter darein, daß das planetarische Leben des Sonnensystems nur ein Leben der Bewegung, — mit anderen Worten — ein Leben ist, in welchem Raum und Zeit das Bestimmende ausmachen; (denn Raum und Zeit sind die Momente der Bewegung). Die Gesetze der Bewegung der Planeten sind allein durch den Begriff des Raumes und der Zeit bestimmt; in den Planeten hat daher die absolut freie Bewegung ihre Wirklichkeit. Aber schon in dem physikalisch Individuellen ist jene abstracte Bewegung etwas durchaus Untergeordnetes; das Individuelle überhaupt macht sich selber seinen Raum und seine Zeit; seine Veränderung ist durch seine concrete Natur bestimmt. Der animalische Körper gelangt zu noch größerer Selbstständigkeit als das bloß physikalisch Individuelle; er hat einen von der Bewegung der Planeten ganz unabhängigen Verlauf seiner Entwicklung, ein nicht von ihnen bestimmtes Maaß der Lebensdauer; seine Gesundheit, wie der Gang seiner Krankheit, hängt nicht von den Planeten ab; die periodischen Fieber, z. B., haben ihr eigenes bestimmtes Maaß; bei denselben ist nicht die Zeit als Zeit,
60 sondern der animalische Organismus das Bestimmende. Vollends für den Geist aber haben die abstracten Bestimmungen von Raum und Zeit, — hat der freie Mechanismus keine Bedeutung und keine Macht; die Bestimmungen des selbstbewußten Geistes sind unendlich gediegener, concreter als die abstracten Bestimmungen des Neben- und des Nacheinander. Der Geist, als verkörpert, ist zwar an einem bestimmten Ort und in einer bestimmten Zeit; dennoch aber über Raum und Zeit erhaben. Allerdings ist das Leben des Menschen bedingt durch ein bestimmtes Maaß der Ent-

* *Notizen 1820–1822* ('Hegel-Studien' Bd. 7, 1972: Schneider 154 a): Astrologie — ihre Stellung ein Abbild — Zeiten der Astrologie von den alten Chaldäern.

Etwas allgemeineres auf Einzelne gezogen — in neuern Zeit Macht des Zufalls.

the world in general as the mirror of spirit.* The content of astrology is to be rejected as superstition. It is however incumbent upon science to indicate the precise reason for this rejection; the basis of it is not merely that the planets are bodies and distant from us. It is, more precisely, that the planetary life of the solar system is simply a life of *motion*, — in other words, a life in which the determining factor consists of space and time, the moments of motion. The laws of planetary motion are determined solely through the Notion of space and time, and it is therefore in the planets that absolutely free motion has its actuality. This abstract motion is however already fairly completely subordinate in physically individual being. Individual being in general constitutes its own space and time, since it changes in accordance with its concrete nature. The animal body attains even greater independence than being which is merely physically individual; a course of its development is completely independent of planetary motion, since the planets do not determine the length of its life. What is more, its health, like the course of its illness, is not dependent upon the planets; periodic fevers have their own specific duration for example. In these cases it is not time as time but the animal organism which constitutes the determining factor. For spirit moreover, there is no significance or power in the abstract determinations of space and time constituting the free mechanism, since the determinations of self-conscious spirit are infinitely more compact and concrete than the abstract determinations of collaterality and succession. Spirit, in that it is embodied, is certainly in a determinate place and a determinate time; but it is nevertheless raised above space and time. The life of man is of course determined by the specific extent of the distance

* *Notes 1820–1822* ('Hegel-Studien' vol. 7, 1972: Schneider 154a): Astrology — its position that of a shadowing forth — periods of Astrology from the ancient Chaldeans.

Something more universal brought to bear upon the singular — in more recent times the power of chance.

fernung der Erde von der Sonne; in größerer Entfernung von der Sonne könnte er ebenso wenig leben, wie in geringerer; weiter jedoch reicht der Einfluß der Stellung der Erde auf den Menschen nicht.

* Auch die eigentlich terrestrischen Verhältnisse, — die in einem Jahre sich vollendende Bewegung der Erde um die Sonne, — die tägliche Bewegung der Erde um sich selbst, — die Neigung der Erdaxe auf die Bahn der Bewegung um die Sonne, — alle diese zur Individualität der Erde gehörenden Bestimmungen sind zwar nicht ohne Einfluß auf den Menschen, für den Geist als solchen aber unbedeutend. Schon die Kirche hat daher den Glauben an eine, von jenen terrestrischen und von den kosmischen Verhältnissen über den menschlichen Geist ausgeübte Macht mit Recht als abergläubisch und unsittlich verworfen. Der Mensch soll sich als frei von den Naturverhältnissen ansehen; in jenem Aberglauben betrachtet er sich aber als Naturwesen. Man muß demnach auch das Unternehmen Derjenigen für nichtig erklären, welche die Epochen in den Evolutionen der Erde mit den Epochen der menschlichen Geschichte in Zusammenhang zu bringen, — den Ursprung der Religionen und ihrer Bilder im astronomischen und dann auch im physikalischen Gebiet zu entdecken sich bemüht haben, und dabei auf den grund- und bodenlosen Einfall gerathen sind, zu meinen: so wie das Aequinoctium aus dem Stiere in den Widder vorgerückt sey, habe auf den Apisdienst das Christenthum, als

61 † die Verehrung des Lammes, folgen müssen. — Was aber den

* *Notizen 1820–1822* ('Hegel-Studien' Bd. 7, 1972: Schneider 154a): Periodisches Leben in Menschen — *Maaß* der Zeiten. Maaß des menschlichen Lebens Zusammenhang mit dem Leben der Erde. Pflanzen, Bäume.

Periode der Weiber, der Krankheiten.

Maaß verkümmert durch die Macht des subjectiven — nur frey am Himmel.

† *Kehler Ms.* SS. 60–61; vgl. *Griesheim Ms.* SS. 80–81: Von einer Menge anderer Feste wissen wir, daß sie heidnisch waren, auf Veränderungen der Natur sich bezogen, aufgenommen, mit veränderter Bedeutung. ... Dupuis hat nach dieser Seite die verschiedenen Religionen untersucht, die Feste, Gottheiten, Gebräuche, mit Naturepochen zusammengestellt; die Verrückung der Nachtgleichen; daß die Sonne im Frühlingsanfang, früher im Stier ausging, um weiter im Widder, nur diesen Uebertritt hat. (61) Daraus hat (Dupuis) witziger Weise erklären wollen, daß die Grundlage sei von dem

between the Earth and the Sun, for he would be as unable to live at a greater distance from the Sun as he would be at a lesser. This, however, constitutes the sum-total of his being influenced by the position of the Earth. +

*Terrestrial relationships properly so called — the annually accomplished motion of the Earth about the Sun, the Earth's diurnal motion about itself, the inclination of the terrestrial axis to the path of the motion about the Sun, — all these determinations, belonging as they do to the individuality of the Earth, are certainly also not without influence on man. They are however of no significance to spirit as such. The Church has therefore certainly been justified in rejecting as superstitious and unethical the belief in a power exercised over the human spirit by these terrestrial and cosmic relationships. Man should regard himself as free of these relationships with nature; on account of his superstitition however, he sees himself as essentially belonging to it. Consequently, no validity must be accorded to the views of those who attempt to establish a connection between the evolutions of the Earth and the epochs of human history, who have searched the field of astronomy and then even physical being in the attempt to trace the origin of religions and religious imagery, and who, on account of this, have come to entertain the unfounded and baseless view that since the equinoctium has proceeded from Taurus into Aries, Apis worship has had its necessary sequence in the Christian adoration of the Lamb.† — At this juncture mention can be +

* *Notes 1820–1822* ('Hegel-Studien' vol. 7, 1972: Schneider 154a): Periodic life in people — *measure* of times. Measure of human life's connection with the life of the Earth. Plants, trees.

Women's periods, those of diseases.

Measure curtailed by the power of what is subjective — free only in the heavens.

† *Kehler Ms.* pp. 60–61; cf. *Griesheim Ms.* pp. 80–81: We know that a number of other festivals which were heathen and related to natural changes, were taken up and given another significance. Dupuis has investigated the various + religions in the light of this, and related festivals, deities, customs to natural epochs. At the beginning of spring the sun formerly rose in Taurus, but through the precession of the equinoxes it has subsequently shifted into rising in Aries. (61) Curiously enough (Dupuis) has attempted to expound

von den terrestrischen Verhältnissen auf den Menschen wirklich ausgeübten Einfluß anbelangt, so kann dieser hier nur nach seinen Hauptmomenten zur Sprache kommen, da das Besondere davon in die Naturgeschichte des Menschen und der Erde gehört. Der Proceß der Bewegung der Erde erhält in den Jahres- und Tageszeiten eine physikalische Bedeutung. Diese Wechsel berühren allerdings den Menschen; der bloße Naturgeist, die Seele, durchlebt die Stimmung der Jahres- so wie der Tageszeiten mit. Während aber die Pflanzen ganz an den Wechsel der Jahreszeiten gebunden sind, und selbst die Thiere durch denselben bewußtlos beherrscht, durch ihn zur Begattung, einige zur Wanderung instinktmäßig getrieben werden; bringt jener Wechsel in der Seele des Menschen keine Erregungen hervor, denen er willenlos unterworfen wäre. * Die Disposition des Winters ist die Dispo-

---

Kultus, den die Aegypter dem Apis erwiesen haben. Später sei sie in den Widder getreten, damit hänge zusammen, daß eine andere Religion gekommen sei, die des Lammes... Solche Zusammenstellungen mehrere, aber die Mächte des Sonnensystems sind Abstraktionen des Raumes und der Zeit, die Mächte des Sonnensystems sind Schattenmächte, keine Mächte für den Geist; der organische Körper macht seine Zeit sich wesentlich sich selbst, Ort sich selbst; der animalische Körper hat seinen Verlauf der Entwicklung, verschiedene Lebensdauer, aber dies ist sein eigenes Maaß, nicht ein Gegenbild von jener Bewegung des Systems des Himmels.

* *Kehler Ms.* S. 80; vgl. *Griesheim Ms.* SS. 110–111: Diese Veränderungen sind also die Stimmungen, die zum Theil hervorgebracht werden durch Jahreszeiten, Tageszeiten, es sind unmittelbare Sympathien, bewußtlose Sympathien des endlichen Seins mit solchem Naturleben. Thiere und Pflanzen sind mehr daran gebunden als der Mensch; die Fische steigen die Flüsse hinauf, um zu leichen, die Thiere haben so Brunftzeiten, die Vögel ziehen, es gehört hierzu beinahe Alles, was man den Instinct der Thiere nennt, ein höchst unbestimmter Ausdruck. Man findet zu gewissen Zeiten in der Leber aller Haasen Eingeweidewürmer, die zu anderen Zeiten nicht vorhanden sind. In der menschlichen Seele als Naturseele ist auch eine solche Sympathie vorhanden, die Stimmungen in den verschiedenen Jahreszeiten sind im Ganzen verschieden, doch sind die gebildeten Menschen weniger an dergleichen Bestimmungen gebunden, als die im Naturleben befangenen Völker. Der alte, sehr geistreiche Prinz de Ligne, welcher große Güter in den Niederlanden besaß, wurde zur Theilnahme an einer Rebellion aufgefordert, und erwiderte: "Im Winter rebellire ich nicht." Im Sommer ist mehr das Herausströmen des Menschen, er ist geneigt zu Reisen und Wanderungen, reiche Leute reisen in die Bäder, das Volk wallfahrtet, und

made only of the main moments of the actual influence exercised by terrestrial relationships upon man, for that which is particular in this influence belongs to the natural history of man and the Earth. The process of the Earth's motion assumes a physical significance in the seasons and the 5 times of day. These changes certainly affect man, since the merely natural spirit, the soul, lives through the mood of both the seasons and the times of day. Plants are completely bound to the change of the seasons, and even animals are unconsciously dominated by it in that it incites their mating 10 instinct and in some cases their migration. The human soul is however never involuntarily subject to the stimulations brought about by these changes.* The disposition of winter

---

this as the basis of the cult dedicated by the Egyptians to Apis. The subsequent shift into Aries he connects with the advent of another religion, that of the Lamb. Various connections of this kind have been indicated. The forces of the solar system are the abstractions of space and time however, they are shadow-forces and not forces of the spirit. In essence, the organic body creates its time for itself, as it does its place. The animal body has its course of development, various spans of life, but this is a measure of its own, not a counterpart of the motion of the celestial system.

* *Kehler Ms.* p. 80; cf. *Griesheim Ms.* pp. 110–111: These changes are therefore the general moods brought forth in part by the seasons and times of day, finite being's unconscious sympathies with this life of nature. Animals and plants are more closely bound to this life than man is; fish move up the rivers in order to spawn, animals have rutting-seasons, birds migrate. What is called animal instinct is very vaguely defined, but nearly everything that is ascribed to it belongs here. At certain times, intestinal worms, which are absent at other times, are to be found in the livers of all hares. Such sym- + pathy is also present in the natural aspect of the human soul. The general feelings in the various seasons of the year are broadly different, although cultured persons are less bound to such determinations than peoples involved in the life of nature. The old Prince de Ligne, a very shrewd person who owned large estates in the Netherlands, when he was urged to take part in a rebellion, replied that he, "did not rebel during the winter." People stream + forth more during the summer, which is the time for journeys and hikes, the time when the wealthy visit the spas and the people go on pilgrimages.

tion des Insichzurückgehens, des Sichsammelns, des Familienlebens, des Verehrens der Penaten. Im Sommer dagegen ist man zu Reisen besonders aufgelegt, fühlt man sich hinausgerissen in's Freie, drängt sich das gemeine Volk zu Wallfahrten. Doch weder jenes innigere Familienleben, noch diese Wallfahrten und Reisen haben etwas bloß Instinktartiges. Die christlichen Feste sind mit dem Wechsel der Jahreszeiten in Zusammenhang gebracht; das Fest der Geburt Christi wird in derjenigen Zeit gefeiert, in welcher die Sonne von Neuem hervorzugehen scheint; die Auferstehung Christi ist in den Anfang des Frühlings, in die Periode des Erwachens der Natur gesetzt. Aber diese Verbindung des Religiösen mit dem Natürlichen ist gleichfalls keine durch Instinkt, sondern eine mit Bewußtseyn gemachte. — Was die Mondveränderungen betrifft, so haben diese sogar auf die physische Natur des Menschen nur einen beschränkten Einfluß. Bei Wahnsinnigen hat sich solcher Einfluß gezeigt; aber in diesen herrscht auch die Naturgewalt, nicht der freie Geist. — Die Tageszeiten ferner führen allerdings eine eigene Disposition der Seele mit sich. Die 62 **Menschen sind des Morgens anders gestimmt als des Abends. Des Morgens herrscht Ernst, ist der Geist noch mehr in Identität mit sich und mit der Natur. Der Tag gehört dem Gegensatze, der Arbeit an. Abends ist die Reflexion und Phantasie vorherrschend. Um Mitternacht geht der Geist aus den Zerstreuungen des Tages in sich, ist mit sich einsam, neigt sich zu Betrachtungen. Nach Mitternacht sterben die meisten Menschen; die menschliche Natur mag da nicht noch einen neuen Tag anfangen. Die Tageszeiten stehen auch in einer gewissen Beziehung zum öffentlichen Leben der Völker. Die Volksversammlungen der, mehr als**

---

obgleich man die Wallfahrten der Unregelmäßigkeit wegen verboten hat, sind die Leute doch dazu geneigt. — Mit dem Monde leben die Menschen auch so zusammen, obgleich es sehr bestritten wird, besonders hat man dies bei den Verschlimmerungen von Krankheiten gemerkt, gerade hier ist es, wo solche Sympathien sich mächtig zeigen, wogegen sie im gesunden Menschen schwach sind. Es gibt Individualitäten, die einen solchen Mitverlauf anzeigen.

Vgl. 'Hegel-Studien' Bd. 7, 1972, Schneider 154a: Verrükte, Mond; — Pinel? läugnet dieses. Oder Reil?

is that of withdrawing inwards, coming to oneself, of family life, of reverence for the Penates. In summer however one is particularly disposed to travel, one feels oneself drawn out into the open air, ordinary people long to go on pilgrimages. Yet neither the greater intimacy of this family life nor these pilgrimages and journeyings are in any way simply instinctive. The Christian feasts are linked with the change of the seasons. The festival of the birth of Christ is celebrated at that time of the year when the Sun seems to go forth again. Christ's resurrection is placed at the beginning of spring, the period of nature's awakening. This connection between religion and nature is consciously contrived however, it is not instinctive. As regards the phases of the Moon, these have only a limited influence even upon the physical nature of man. Such influence has shown itself in lunatics, but in these cases it is the power of nature and not free spirit that is dominant. — A characteristic disposition of the soul is of course brought about by the times of day, for people's morning and evening moods are not the same. In the morning, when spirit is more at one with itself and with nature, seriousness predominates. The day is the time of opposition, of work. Reflection and phantasy prevail in the evening. About midnight spirit retires into itself from the distractions of the day, and being alone with itself, has the inclination to be contemplative. Most people die after midnight, human nature being unable to start another day. There is also a certain relation between the times of day and the public affairs of peoples. The ancients, more drawn to nature than

---

Although the irregularities have led to pilgrimages being forbidden, people still have the urge to take part in them. — People also live thus in relation to the moon, and although this is very much a matter for debate, the connection here with the worsening of diseases has been noticed. It is precisely in diseases that such sympathies display their power; they are weak in a healthy person. Such a corresponding course is also apparent in certain individuals.

Cf. 'Hegel Studien' vol. 7, 1972, Schneider 154a: Deranged, moon; Pinel? denies this. Or Reil?

wir, zur Natur hingezogenen Alten wurden des Morgens abgehalten; die englischen Parlamentsverhandlungen werden dagegen, dem in sich gekehrten Charakter der Engländer gemäß, Abends begonnen und zuweilen bis in die tiefe Nacht fortgesetzt. * Die angegebenen, durch die Tageszeiten hervorgebrachten Stimmungen werden aber durch das Klima modificirt; in heißen Ländern, zum Beispiel, fühlt man sich um Mittag mehr zur Ruhe als zur Thätigkeit aufgelegt. — Rücksichtlich des Einflusses der meteorologischen Veränderungen kann Folgendes bemerkt werden. Bei Pflanzen und Thieren tritt das Mitempfinden jener Erscheinungen deutlich hervor. So empfinden die Thiere Gewitter und Erdbeben vorher, d. h., sie fühlen Veränderungen der Atmosphäre, die noch nicht für uns zur Erscheinung gekommen sind. So empfinden auch Menschen an Wunden Wetterveränderungen, von welchen das Barometer noch nichts zeigt; die schwache Stelle, welche die Wunde bildet, läßt eine größere Merklichkeit der Naturgewalt zu. Was so für den Organismus bestimmend ist, hat auch für schwache Geister Bedeutung und wird als Wirkung empfunden. Ja, ganze Völker, die Griechen und Römer, machten ihre Entschlüsse von Naturerscheinungen abhängig, die ihnen mit meteorologischen Veränderungen zusammen zu hängen schienen. Sie fragten bekanntlich nicht bloß die Priester, sondern auch die Eingeweide und das Fressen der Thiere um Rath in Staatsangelegenheiten. Am Tage

* *Kehler Ms.* SS. 80–81; vgl. *Griesheim Ms.* S. 111: Von den Tageszeiten wissen wir, (81) daß sie verschiedene Stimmungen mit sich führen, von gewissen Geschäften stellt man sich vor, daß sie morgens nicht verrichtet werden können; z.B. mit dem Comödiengehen; es fällt niemand des Morgens ein. — Der Geist ist des Morgens eingehüllt, ruhig, nüchtern, im substanziellen Leben, der Tag gehört der Arbeit, der Abend der Einbildungskraft, der Thätigkeit des Lebendigen, die Mitternacht gehört der Einsamkeit des Lebendigen. Die meisten Menschen sterben nach Mitternacht, die Natur kann keinen Tag mehr machen. Die römischen und griechischen Volksversammlungen waren des Morgens, in China sind die Festlichkeiten, selbst Feuerwerke des Morgens. Die englischen Parlamentssitzungen verziehen sich meist bis auf den Abend, oft spät in die Nacht; ein Umstand, Unterschied, der in der verschiedenen Disposition, verschiedenen Bildung der Reflexion seinen Grund hat.

we are, held their public assemblies in the morning. The English however, in accordance with their introversive character, begin their parliamentary proceedings in the evening, and sometimes continue them deep into the night.* + These moods brought about by the times of day are however 5 modified by the climate. At noon in hot countries for example, one feels disposed more to rest than to activity. — The following observations may be made in respect of the influence of meteorological changes. Plants and animals give distinct evidence of sympathy with these phenomena. 10 Animals for example, in that they feel atmospheric changes as yet unapparent to us, sense the approach of thunder and earthquake. It is in their wounds that people are aware of changes in the weather not indicated by the barometer, the weakness occasioned by the wound being more susceptible 15 to the agency of nature. Thus, that by which the organism is + determined is also of significance for weak spirits, and is experienced as an effect. Whole peoples, the Greeks and Romans for example, even based their decisions upon natural phenomena which seemed to them to have a connection 20 with meteorological changes. It is well known that they sought advice on matters of state by consulting not only the priests but also the entrails of animals and their manner of

* *Kehler Ms.* pp. 80–81; cf. *Griesheim Ms.* p. 111: We know that the times of day (81) give rise to various moods. There are certain activities which one does not regard as being suitable for the morning; for instance, it never occurs to anyone to go to a comedy at that time of the day. In the morning the spirit is involved, calmly and temperately, within the substantiality of life. The day is the time for work, the evening for imagination, the activity of living being, midnight however is the time of its solitude. Most people die after midnight, nature being unable to make another day. The morning was the time for the public assemblies of the Romans and Greeks, as it is in China for festivities, even fireworks. The English Parliamentary sittings usually + continue on into the evening and often deep into the night; this is a situation, a variation, which has its basis in the variegated disposition and cultivation of reflection.

63 der Schlacht bei Platää, z. B., wo es sich um die Freiheit Griechenlands, vielleicht ganz Europa's, um Abwehrung des orientalischen Despotismus handelte, quälte sich Pausanias den ganzen Morgen um gute Zeichen der Opferthiere. Dieß scheint in völligem Widerspruch mit der Geistigkeit der Griechen in Kunst, Religion und Wissenschaft zu stehen, kann aber sehr wohl aus dem Standpunkt des griechischen Geistes erklärt werden. Den Neueren ist eigenthümlich, in Allem, was die Klugheit unter diesen und diesen Umständen als räthlich erscheinen läßt, sich aus sich selbst zu entschließen; die Privatleute sowohl wie die Fürsten fassen ihre Entschlüsse aus sich selber; der subjective Wille schneidet bei uns alle Gründe der Ueberlegung ab, und bestimmt sich zur That. Die Alten hingegen, welche noch nicht zu dieser Macht der Subjectivität, zu dieser Stärke der Gewißheit ihrer selbst gekommen waren, ließen sich in ihren Angelegenheiten durch Orakel, durch äußere Erscheinungen bestimmen, in denen sie eine Vergewisserung und Bewahrheitung ihrer Vorsätze und Absichten suchten. Was nun besonders den Fall der Schlacht betrifft, so kommt es dabei nicht bloß auf die sittliche Gesinnung, sondern auch auf die Stimmung der Munterkeit, auf das Gefühl physischer Kraft an. Diese Disposition war aber bei den Alten von noch weit größerer Wichtigkeit als bei den Neueren, bei welchen die Disciplin des Heeres und das Talent des Feldherrn die Hauptsache sind, während umgekehrt bei den mehr noch in der Einheit mit der Natur lebenden Alten die Tapferkeit der Einzelnen, der immer etwas Physisches zu seiner Quelle habende Muth das Meiste zur Entscheidung der Schlacht beitrug. Die Stimmung des Muthes hängt nun mit anderen physischen Dispositionen, zum Beispiel, mit der Disposition der Gegend, der Atmosphäre, der Jahreszeit, des Klima's zusammen. Die sympathetischen Stimmungen des beseelten Lebens kommen aber bei den Thieren, da diese noch mehr mit der Natur in Einheit leben, sichtbarer zur Erscheinung, als beim Menschen. Aus diesem Grunde ging der Feldherr bei

64 den Griechen nur dann zur Schlacht, wenn er an den Thieren gesunde Dispositionen zu finden glaubte, welche einen Schluß auf gute Dispositionen der Menschen zu erlauben schienen. So opfert

eating. On the day of the battle of Plataeae for example, when the freedom of Greece and perhaps of all Europe, the repulse of oriental despotism was at stake, Pausanias spent the whole morning attempting to obtain propitious signs from animal sacrifices. This attitude appears to stand in complete contradiction to the spirituality of the Greeks in art, religion and science, but it can be quite satisfactorily related to their spiritual standpoint. It is a general characteristic of modern man to make up his own mind with regard to what prudence dictates as being advisable in any given circumstances. Private persons as well as rulers make their own decisions. With us it is therefore the subjective will which eliminates every other basis of consideration and brings about the deed. The ancients however had not yet reached this power of subjectivity, the strength of this self-certainty. They allowed themselves to be determined in their affairs by the oracle, by external phenomena, through which they attempted to ascertain and verify their resolutions and aims. Now particularly in the case of a battle, it is not only ethical conviction, but also the level of morale, the feeling of physical strength that matters. This disposition was however of much greater importance to the ancients than it is to the moderns, for whom the discipline of the army and the skill of the commander are the main factors. In the case of the ancients however, living as they still did in closer unity with nature, that which played the greatest part in deciding a battle was the bravery of the individual, pluck, which always derives from something physical. Now stoutheartedness is connected with other physical dispositions, with the vicinity, the atmosphere, the time of year, the climate for example. Since animals still live in closer unity with nature, it is in them rather than man that the sympathetic moods of animated life become most evident. It was for this reason that the Greek commander only went into battle when he felt justified in concluding, from the sound dispositions he had divined in animals, that he might expect something similar

der in seinem berühmten Rückzug so klug sich benehmende Xenophon täglich, und bestimmt nach dem Ergebniß des Opfers seine militärischen Maaßregeln. Das Aufsuchen eines Zusammenhangs zwischen dem Natürlichen und Geistigen wurde aber von den Alten zu weit getrieben. Ihr Aberglaube sah in den Eingeweiden der Thiere mehr, als darin zu sehen ist. Das Ich gab seine Selbstständigkeit dabei auf, unterwarf sich den Umständen und Bestimmungen der Aeußerlichkeit, machte diese zu Bestimmungen des Geistes.

§. 393.

Das allgemeine planetarische Leben des Naturgeistes 2) besondert sich in die concreten Unterschiede der Erde und zerfällt in die besondern Naturgeister, die im Ganzen die Natur der geographischen Welttheile ausdrücken, und die Racenverschiedenheit ausmachen.

Der Gegensatz der terrestrischen Polarität, durch welchen das Land gegen Norden zusammengedrängter ist und das Uebergewicht gegen das Meer hat, gegen die südliche Hemisphäre aber getrennt in Zuspitzungen auseinander läuft, bringt in den Unterschied der Welttheile zugleich eine Modification, die Treviranus (Biolog. II. Thl.) in Ansehung der Pflanzen und Thiere aufgezeigt hat.

Zusatz. Rücksichtlich der Racenverschiedenheit der Menschen muß zuvörderst bemerkt werden, daß die bloß historische Frage, ob alle menschlichen Racen von Einem Paare oder von mehreren ausgegangen seyen, uns in der Philosophie gar nichts angeht. Man hat dieser Frage eine Wichtigkeit beigelegt, weil man durch die Annahme einer Abstammung von mehreren Paaren die geistige Ueberlegenheit der einen Menschengattung über die andere erklären zu können glaubte, ja zu beweisen hoffte, die Menschen seyen, ihren geistigen Fähigkeiten nach, von Natur so

65

verschieden, daß einige wie Thiere beherrscht werden dürften. Aus der Abstammung kann aber kein Grund für die Berechtigung oder Nichtberechtigung der Menschen zur Freiheit und zur Herrschaft

of his men. Xenophon for example, circumspect as he was, offered daily sacrifice during his famous retreat, and regulated his military measures in accordance with the resulting divinations. The search for a connection between the natural + and the spiritual was however taken too far by the ancients. 5 Their superstition led them to see more in the entrails of animals than is there. This gave rise to the ego's surrendering its independence and submitting to the circumstances and determinations of externality, which it took to be determinations of spirit. 10 +

§ 393

The universal planetary life of the natural spirit 2) **particularizes itself into the concrete** differences of the Earth and separates into the particular *natural spirits*. On the whole, these express the nature of the geographical continents, and constitute *racial variety*. 15

In the opposition of terrestrial polarity, the land is more concentrated to the north, where it preponderates over the sea, while in the southern hemisphere it divides up and tapers away. This 20 opposition also introduces a modification into the difference between the continents, which *Treviranus* ('Biolog.' pt. II) has traced in the flora and fauna. +

Addition. With regard to the racial variety of humanity, it 25 must be observed at the outset that the purely historical question as to whether or not all human races have descended from a single couple or from several, is of no concern whatever to us in philosophy. This question has been regarded as + important, since it has been thought that by assuming descent 30 from several couples one might explain the spiritual superiority of one human species over the other. The hope has even been entertained that one might prove men to be naturally so different in respect of their spiritual aptitudes, that some might be treated as animals. The freedom and 35 + supremacy of men can however derive neither justification nor invalidation from descent. Equal rights for all men are

geschöpft werden. Der Mensch ist an sich vernünftig; darin liegt die Möglichkeit der Gleichheit des Rechtes aller Menschen, — die Nichtigkeit einer starren Unterscheidung in berechtigte und rechtlose Menschengattungen. — Der Unterschied der Menschenracen ist noch ein natürlicher, das heißt, ein zunächst die Naturseele * betreffender Unterschied. Als solcher steht derselbe in Zusammenhang mit den geographischen Unterschieden des Bodens, auf welchem sich die Menschen zu großen Massen sammeln. Diese

* *Kehler Ms.* SS. 64–65; vgl. *Griesheim Ms.* SS. 87–89: Die Racen sind an Locale gebunden, und hängen davon ab, daher kann man nicht einen Schluß machen auf die ursprüngliche Verschiedenheit. Die Frage von der Racenverschiedenheit hat Bezug auf die Rechte, die man den Menschen zutheilen sollte; wenn es mehrfache Racen gibt, so ist die eine edler, die andere muß ihr dienen. Das Verhältnis der Menschen bestimmt sich durch ihre Vernunft, indem die Menschen vernünftig sind, sind sie Menschen, darin haben sie ihre Rechte, weitere Verschiedenheit bezieht sich auf untergeordnete Verhältnisse; die partikuläre Verschiedenheit macht sich überall geltend, dieser Vorzug beschränkt sich aber nur auf die besonderen Verhältnisse, nicht auf das, was die Wahrheit, Würde des Menschen ausmacht. Also eine müßige Frage, ohne inneres Interesse. Die schwarze Farbe durch das Klima, bietet sich gleich dar; die Nachkommen der Portugiesen sind, auch durch Vermischung, schwarz, wie die eingeborenen Neger. Keine Farbe hat einen Vorzug, es ist bloß Gewohnheit; aber man kann vom objektiven Vorzug der Farbe der kaukasischen Race sprechen gegen die der Neger. (65) Kaukasier, Georgier u.s.f. stammen von den Turks; die schönsten Geschlechter finden sich unter diesen Völkern. Die schönste Farbe ist die, wo das Innere am sichtbarsten ist, die von innen heraus animalisch bestimmt ist; die Thiere sind behaart, der Haarwuchs gehört dem vegetativen Proceß an; sind empfindungslos, wachsen fort wie die Pflanzen; wachsen auch stärker und schwächer, nach der Nahrung, wie Bart und Haar durch Pomade. Wo das Animalische auch in der äußeren Oberfläche durch die innere Energie mächtig wird, da verschwindet des Haarwuchses Reichthum; bei den Frauen ist so der Haarwuchs stärker, wie bei den Männern. Die Haut nun für sich, die Oberhaut, ist so zu sagen, eine articulirte animalische Lymphe; ein Durchsichtiges, Durchscheinendes, Farblose, eine weiße Haut...; durch dieses Durchscheinende kündigt sich bei der Fleischfarbe die Lebendigkeit des inneren Organismus an; das rothe Blut der Arterien macht sich sichtbar auf der Haut, oder theilt der Oberhaut seine eigenthümliche Erscheinung mit; dadurch kann das Geistige, Affection, Gemüth, sich um so leichter erkennbar machen. Dieser Umstand, daß das Innere, das Animalische und geistige Innere, sich mehr sichtbar macht, ist der objective Vorzug der weißen Hautfarbe.

possible in that man is implicitly rational, any rigid distinction between those of the human species with rights and those without being nullified by this rationality. — The difference between the human races is still a natural difference in that it relates initially to the natural soul.* As such 5 it is connected with the geographical differences between those environments in which people are gathered together in

* *Kehler Ms.* pp. 64–65: cf. *Griesheim Ms.* pp. 87–89: The races are connected with and dependent upon localities, so that no conclusion can be reached with regard to there being an original difference between them. The question of racial variety bears upon the rights one ought to accord to people; when there are various races, one will be nobler and the other has to serve it. The relationship between people determines itself in accordance with their reason. People are what they are in that they are rational, and it is on account of this that they have their rights, further variety being relevant to subordinate relationships. Particular variety makes itself evident everywhere, but such superiority confines itself solely to particular relationships, not to what constitutes the truth and dignity of man. Enquiry into it is therefore of no import or intrinsic interest. Blackness is the immediate outcome of the climate, the descendants of the Portuguese being as black as the native Negroes, although also on account of mixing. No colour has any superiority, it being + simply a matter of being used to it, although one can speak of the objective superiority of the colour of the Caucasian race as against that of the Negro. (65) Caucasians, Georgians etc. are descended from the Turks, and it is among these peoples that the finest species are to be found. The finest colour is that in which what is internal is most visible, the colour which is determined outwards, in an animal manner, from within. Animals are covered with hair, the growth of which pertains to the vegetative process. Hair is without sensation, grows forth as plants do, and more vigorously or weakly in accordance with nutrition, pomade influencing the growth of the beard and the hair. Where animal being, through internal energy, also becomes powerful on the outer surface, hair ceases to grow with exuberance, which is why the growth of hair in women is more vigorous than it is in men. Now the skin itself, that + is to say, the epidermis, may be regarded as an articulated animal lymph, a transparency, a translucency, a colourlessness, a white skin... In what is flesh-coloured, the liveliness of the inner organism gives evidence of itself through this translucency; the red blood of the arteries makes itself visible in the skin or imparts its own appearance to the epidermis, so that spirituality, affection or disposition are so much the more easily recognizable. It is this condition, that of what is internal, of animal being and spiritual inwardness making itself more visible, which constitutes the objective superiority of the whiteness of the skin. +

Unterschiede des Bodens sind Dasjenige, was wir die Welttheile nennen. In diesen Gliederungen des Erdindividuums herrscht etwas Nothwendiges, dessen nähere Auseinandersetzung in die Geographie gehört. — Die Hauptunterscheidung der Erde ist die in die alte und in die neue Welt. Zunächst bezieht sich dieser Unterschied auf das frühere oder spätere weltgeschichtliche Bekanntwerden der Erdtheile. Diese Bedeutung ist uns hier gleichgültig. Es kommt uns hier auf die den unterscheidenden Charakter der Welttheile ausmachende Bestimmtheit an. In dieser Rücksicht muß gesagt werden, daß Amerika ein jüngeres Ansehen, als die alte Welt, hat und in seiner historischen Bildung gegen diese zurücksteht. Amerika stellt nur den allgemeinen Unterschied des Norden und des Süden mit einer ganz schmalen Mitte beider Extreme dar. Die einheimischen Völker dieses Welttheils gehen unter; die alte Welt gestaltet sich in demselben neu. Diese nun unterscheidet sich von Amerika dadurch, daß sie sich als ein in bestimmte Unterschiede Auseinandergehendes darstellt, in drei Welttheile zerfällt, von welchen der eine, nämlich Afrika, im Ganzen genommen, als eine der gediegenen Einheit angehörende Masse, als ein gegen die Küste abgeschlossenes Hochgebirge erscheint, — der andere, Asien, dem Gegensatze des Hochlandes und großer, von breiten Strömen bewässerter Thäler anheimfällt, — während der dritte, Europa, da hier Berg und Thal nicht, wie in Asien, als große Hälften des Welttheils aneinander gefügt sind, sondern sich beständig durchdringen, die Einheit jener unterschiedslosen Einheit Afrika's und des unvermittelten Gegensatzes Asiens offenbart. Diese drei Welttheile sind durch das Mittelmeer, um welches sie herumliegen, nicht getrennt, sondern verbunden. Nordafrika, bis zum Ende der Sandwüste, gehört, seinem Charakter nach, schon zu Europa; die Bewohner dieses Theiles von Afrika sind noch keine eigentlichen Afrikaner, das heißt, Neger, sondern mit den Europäern verwandt. So ist auch ganz Vorderasien, seinem Charakter nach, zu Europa gehörig; die eigentlich asiatische Race, die mongolische, wohnt in Hinterasien.

Nachdem wir so die Unterschiede der Welttheile als nicht zufällige, sondern nothwendige zu erweisen versucht haben, wollen

great masses. It is these differences of environment that we call continents. There is a necessity governing these divisions of the individuality of the Earth, the more detailed exposition of which is the concern of geography .— Basically, the Earth is divided between the *Old* World and the *New*, the deciding factor in this distinction being the earlier or later period at which the regions become known in world history. At this juncture this is of no significance to us however, concerned as we are with the determinateness constituting the distinctive character of the continents. It must be observed in this connection that *America* has a newer appearance than the Old World, and is less advanced in respect of its being formed historically. It merely exhibits the general difference between northern and southern extremities, linked by a very narrow middle. As the Old World establishes itself there anew, the indigenous peoples of the continent are dying out. This Old World is distinguished from America in that it exhibits deployment into the determinate differences of three continents. Taken as a whole, one of these, *Africa*, appears as a mass, a compact unity as it were, as an area of high mountains inaccessible from the coast. The other, *Asia*, exhibits the opposition of highlands and of vast plains watered by broad rivers. In the third however, in *Europe*, mountain and valley are not juxtaposed as two great halves of the continent as they are in Asia. There is, instead, a continuous compenetration of the one by the other, so that the continent reveals the unity of both the undifferentiated unity of Africa and the unmediated opposition of Asia. The Mediterranean, around which these three continents are situated, does not divide, it unites them. North Africa, to the fringe of the sandy desert, is still European in character. The inhabitants of this part of Africa are not Negroes, true Africans, but are akin to Europeans. In character, the whole of Western Asia also belongs to Europe; the Mongolian, the truly Asiatic race, inhabits the Far East.

After having attempted to exhibit the differences of the continents as being necessary and not contingent, we shall

wir die mit jenen Unterschieden zusammenhängenden Racenverschiedenheiten des Menschengeschlechts in physischer und geistiger Beziehung bestimmen. Die Physiologie unterscheidet in ersterer Beziehung die kaukasische, die äthiopische und die mongolische Race; woran sich noch die malaiische und die amerikanische Race reiht, welche aber mehr ein Aggregat unendlich verschiedener Particularitäten als eine scharf unterschiedene Race bilden. Der physische Unterschied aller dieser Racen zeigt sich nun vorzüglich in der Bildung des Schädels und des Gesichts. Die Bildung des Schädels ist aber durch eine horizontale und eine verticale Linie zu bestimmen, von welchen die erstere vom äußeren Gehörgange nach der Wurzel der Nase, die letztere vom Stirnbein nach der oberen Kinnlade geht. Durch den von diesen beiden Linien gebildeten Winkel unterscheidet sich der thierische Kopf vom menschlichen; bei den Thieren ist dieser Winkel äußerst spitz. Eine andere, bei Festsetzung der Racenverschiedenheiten wichtige, von Blumenbach gemachte Bestimmung betrifft das größere oder geringere Hervortreten der Backenknochen. Auch die Wölbung und die Breite der Stirn ist hierbei bestimmend. *

* *Kehler Ms.* S. 66; vgl. *Griesheim Ms.* S. 90:... man hat gewisse Linien sich gezogen vorgestellt, auf deren Winkel man besonders die Aufmerksamkeit richten muß. Camper hat besondere Beobachtungen gemacht. Linie von der Stirn an die Oberlippe, Nasenwurzel, von da an die Höhlung des Ohrs; dieser Winkel ist bei den Thieren sehr spitz; bei den Menschen zum Theil die Öffnung des rechten Winkels; die schönsten Profile schreibt man den griechischen Naturen zu, bei dieser hat man gefunden, daß diese Linie fast einen rechten Winkel ausmacht. Nach diesem Winkel hat man auch den Unterschied der Racen bemerklich gemacht. Bei den Negern tritt diese untere Partie mehr hervor, wodurch der Winkel mehr von der Neigung des rechten abweicht. Blumenbach hat allerdings bemerklich gemacht, daß dieser Winkel nicht erschöpfen kann, daß noch viele Umstände in Betrachtung gezogen werden müssen. Er hat vornehmlich vorgeschlagen, die Schädel nebeneinander zu stellen, so daß vornehmlich die Backenknochen in eine horizontale Linie miteinander zu stehen kommen; nun sieht er sie von oben herunter, wo sich... die Form des Schädels zeigt, wie der Kiefer hervorsteht gegen die Stirn, und wie die Backenknochen hervor oder zurücktreten. Bei den Negern hervorstehender Mund, die Vorderzähne ragen mehr vorwärts; die Wangenknochen ragen auch hervor; bei der kaukasischen Race sind sie schmäler und treten zurück. An Goethes Brustbildern treten die Jochbeine auffallend zurück gegen andere Physiognomien...

proceed to determine the physical and spiritual aspects of the racial varieties of mankind connected with these differences. With regard to physical differences, physiology distinguishes between the Caucasian, the Ethiopian and the Mongolian races. The Malaysian and the American races take their place here, although rather than being clearly distinguished, they consist of an aggregate of endlessly varied particularities. Now the physical difference of all these races is evident mainly in the formation of the skull and the face. The formation of the skull is to be determined by two lines, a horizontal one passing from the external acoustic ducts to the root of the nose, and a vertical one passing from the frontal bone to the upper jaw-bone. The animal head is distinguished from the human through the angle formed by these two lines, which in the case of animals is extremely acute. The greater or lesser prominence of the cheekbones is, as Blumenbach has noticed, yet another important determination in establishing racial varieties. The arching and the breadth of the brow are also of significance in this respect.*

5

10

15

20

* *Kehler Ms.* p. 66; cf. *Griesheim Ms.* p. 90: Certain imaginary lines have been drawn, the angles of which have been regarded as demanding particular attention. Camper has made specific observations. In the case of the line from the brow to the upper lip or the root of the nose, and from there to the aural cavity, the angle is very sharp in animals. In humans it partly opens out into a right-angle, and the finest profiles are taken to be the Greek, in which the line has been found to be almost a right-angle. It is also in accordance with this angle that difference between races has been brought into evidence. In Negroes this lower part is more protrusive, so that the line deviates more from the right-angle. Blumenbach has pointed out however, + that this angle is not all there is to it, and that many further factors have to be taken into consideration. His main suggestion has been that the skulls should be placed next to one another so that the cheek bones in particular form a horizontal line. By looking down upon them, he can then see . . . from the form of the skull where the jaw protrudes in respect of the brow, and to what extent the cheek bones are protrusive or not. In Negroes the mouth protrudes, the front teeth projecting more to the fore; the zygomata also stand out, whereas in the Caucasian race they are narrower and recede. In the half- + length profiles of Goethe the jugal bones recede noticeably as compared with other physiognomies. +

67 Bei der kaukasischen Race ist nun jener Winkel fast oder ganz ein rechter. Besonders gilt dieß von der italienischen, georgischen und cirkassischen Physiognomie. Der Schädel ist bei dieser Race oben kugelicht, die Stirn sanft gewölbt, die Backenknochen sind zurückgedrängt, die Vorderzähne in beiden Kiefern perpendiculär, die Hautfarbe ist weiß, mit rothen Wangen, die Haare sind lang und weich.

Das Eigenthümliche der mongolischen Race zeigt sich in dem Hervorstehen der Backenknochen, in den enggeschlitzten, nicht runden Augen, in der zusammengedrückten Nase, in der gelben Farbe der Haut, in den kurzen, storren, schwarzen Haaren.

Die Neger haben schmälere Schädel als die Mongolen und Kaukasier, ihre Stirnen sind gewölbt, aber bucklicht, ihre Kiefer ragen hervor, ihre Zähne stehen schief, ihre untere Kinnlade ist sehr hervortretend, ihre Hautfarbe mehr oder weniger schwarz, ihre Haare sind wollig und schwarz.

\+ Die malaiische und die amerikanische Race sind in ihrer physischen Bildung weniger als die eben geschilderten Racen scharf ausgezeichnet; die Haut der malaiischen ist braun, die der amerikanischen kupferfarbig.

In geistiger Beziehung unterscheiden sich die angegebenen Racen auf folgende Weise.

Die Neger sind als eine aus ihrer uninteressirten und interesselosen Unbefangenheit nicht heraustretende Kindernation zu fassen. Sie werden verkauft und lassen sich verkaufen, ohne alle Reflexion darüber, ob dieß recht ist oder nicht. Ihre Religion hat etwas Kinderhaftes. Das Höhere, welches sie empfinden, halten sie nicht fest; dasselbe geht ihnen nur flüchtig durch den Kopf. Sie übertragen dieß Höhere auf den ersten besten Stein, machen diesen dadurch zu ihrem Fetisch, und verwerfen diesen Fetisch, wenn er ihnen nicht geholfen hat. In ruhigem Zustande ganz gutmüthig und harmlos, begehen sie in der plötzlich entstehenden Aufregung die fürchterlichsten Grausamkeiten. Die Fähigkeit

68 zur Bildung ist ihnen nicht abzusprechen; sie haben nicht nur hier und da das Christenthum mit der größten Dankbarkeit angenommen, und mit Rührung von ihrer durch dasselbe nach langer Gei-

Now in the *Caucasian* race this angle is almost entirely a right angle, particularly in the case of the Italian, Georgian and Circassian physiognomy. In this race, the top of the skull is rounded, the brow gently arched, the cheekbones receding, the front teeth in both jaws perpendicular. The colour of the skin is white, with red cheeks, the hair is long and soft.

That which is characteristic of the *Mongolian* race is evident in the prominence of the cheekbones, in the narrow, non-rounded, slit eyes, in the flattened nose, in the yellow colour of the skin, in the short, wiry black hair.

Negroes have narrower skulls than Mongols and Caucasians, their brows are arched but rounded, their jaws protrude, their teeth are set at an angle, their lower jaw-bone is very protruberant, the colour of their skin is more or less black, their hair is woolly and black.

The *Malaysian* and the *American* races are less sharply distinguished in their physical formation than the races just described. The skin of the Malaysian is brown, that of the American copper-coloured.

Spiritually, these races are distinguished in the following manner.

Negroes, uninterested and lacking in interest, in a state of undisturbed naivety, are to be regarded as a nation of children. They are sold and allow themselves to be sold without any reflection as to the rights or wrongs of it. There is something childish about their religion. They fail to hold fast to their more sublime sentiments, this sublimity being, with them, merely a passing thought, which they make into their fetish by transferring to the first likely stone. If it fails to help them, this fetish is then abandoned. Completely good-natured and inoffensive when calm, they commit the most frightful atrocities when suddenly aroused. They cannot be said to be ineducable, for not only have they occasionally received Christianity with the greatest thankfulness and spoken movingly of the freedom they have gained from it

Geskmechtschaft erlangten Freiheit gesprochen, sondern auch in Haiti einen Staat nach christlichen Principien gebildet. Aber einen inneren Trieb zur Kultur zeigen sie nicht. In ihrer Heimath herrscht der entsetzlichste Despotismus; da kommen sie nicht zum Gefühl der Persönlichkeit des Menschen, — da ist ihr Geist ganz schlummernd, bleibt in sich versunken, macht keinen Fortschritt und entspricht so der compacten, unterschiedslosen Masse des afrikanischen Landes.

Die Mongolen dagegen erheben sich aus dieser kindischen Unbefangenheit; in ihnen offenbart sich als das Charakteristische eine unruhige, zu keinem festen Resultate kommende Beweglichkeit, welche sie treibt, sich wie ungeheure Heuschreckenschwärme über andere Nationen auszubreiten, und die dann doch wieder der gedankenlosen Gleichgültigkeit und dumpfen Ruhe weicht, welche jenem Hervorbrechen vorangegangen war. Ebenso zeigen die Mongolen an sich den schneidenden Gegensatz des Erhabenen und Ungeheuren einerseits und des kleinlichsten Pedantismus andererseits. Ihre Religion enthält schon die Vorstellung eines Allgemeinen, das von ihnen als Gott verehrt wird. Aber dieser Gott wird noch nicht als ein unsichtbarer ertragen; er ist in menschlicher Gestalt vorhanden, oder gibt sich wenigstens durch diesen oder jenen Menschen kund. So bei den Tibetanern, wo oft ein Kind zum gegenwärtigen Gott gewählt, und, wenn solcher Gott stirbt, von den Mönchen ein anderer Gott unter den Menschen gesucht wird, alle diese Götter aber nach einander die tiefste Verehrung genießen. Das Wesentliche dieser Religion erstreckt sich bis zu den Indiern, bei denen gleichfalls ein Mensch, der Bramine, als Gott angesehen, und das Sichzurückziehen des menschlichen Geistes in seine unbestimmte Allgemeinheit für das Göttliche, für die unmittelbare Identität mit Gott gehalten wird. In der asiatischen Race beginnt also der Geist allerdings schon zu erwachen, sich von der Natürlichkeit zu trennen. Diese Trennung ist aber noch keine scharfe, noch nicht die absolute. Der Geist erfaßt sich noch nicht in seiner absoluten Freiheit, weiß sich noch nicht als das fürsich-seyende concret Allgemeine, hat sich seinen Begriff noch nicht in der Form des Gedankens zum Gegenstande gemacht. Deß-

69

after prolonged spiritual servitude, but in Haiti they have even formed a state on Christian principles. They show no + inner tendency to culture however. In their homeland the most shocking despotism prevails; there, they have no feeling + for the personality of man, their spirit is quite dormant, 5 remains sunk within itself, makes no progress, and so corresponds to the compact and *undifferentiated* mass of the African terrain.

The *Mongols*, on the contrary, rise above this childish naivety. What reveals itself within them as their characteristic 10 trait is a restless mobility, which achieves no definitive result, and which drives them into spreading over other nations like vast locust-swarms, before falling back into the vacant indifference and dull lethargy which preceded the outburst. Thus, also, the Mongols exhibit the trenchant contrast 15 between the sublime and the gigantic on the one hand and the pettiest pedantry on the other. Their religion already + contains the presentation of a universal which they venerate as God. This god is however not yet borne with as being invisible, for he is present in human form, or at least an- 20 nounces himself in some person or another. In the case of the Tibetans for example, a child is often chosen to be the god present, and when such a god dies the monks search among the people for another. Yet all these gods, one after the other, command the deepest reverence. What is essential in this 25 + religion extends to the Indians, for among these too a man, the Brahmin, is considered to be god, and the human spirit's withdrawing into its indeterminate universality is regarded as the divine, as immediate identity with God. Already in the Asiatic race therefore, there is most certainly the be- 30 ginning of the awakening of spirit, of its separating itself from naturality. This is not yet a clear-cut separation however, not yet absolute. Spirit does not yet apprehend itself + in its absolute freedom, does not yet know itself as the being-for-self of the concrete universal, has not yet treated its 35 Notion, in the form of thought, as a general object. Con-

halb existirt er noch in der ihm widersprechenden Form der unmittelbaren Einzelnheit. Gott wird zwar gegenständlich, aber nicht in der Form des absolut freien Gedankens, sondern in der eines unmittelbar existirenden endlichen Geistes. Damit hängt die hier vorkommende Verehrung der Verstorbenen zusammen. In dieser liegt eine Erhebung über die Natürlichkeit; denn in den Verstorbenen ist die Natürlichkeit untergegangen; die Erinnerung an dieselben hält nur das in ihnen erschienene Allgemeine fest, und erhebt sich somit über die Einzelnheit der Erscheinung. Das Allgemeine wird aber immer nur, einerseits als ein ganz abstract Allgemeines festgehalten, andererseits in einer durchaus zufälligen unmittelbaren Existenz angeschaut. Bei den Indiern zum Beispiel wird der allgemeine Gott als in der ganzen Natur, in den Flüssen, Bergen, so wie in den Menschen gegenwärtig betrachtet. Asien stellt also, wie in physischer so auch in geistiger Beziehung, das Moment des G e g e n s a t z e s, den unvermittelten Gegensatz, das vermittlungslose Zusammenfallen der entgegengesetzten Bestimmungen dar. Der Geist trennt sich hier einerseits von der Natur, und fällt andererseits doch wieder in die Natürlichkeit zurück, da er noch nicht in sich selber, sondern nur in dem Natürlichen zur Wirklichkeit gelangt. In dieser Identität des Geistes mit der Natur ist die wahre Freiheit nicht möglich. Der Mensch kann hier noch nicht zum Bewußtseyn seiner Persönlichkeit kommen, hat in seiner Individualität noch gar keinen Werth und keine Berechtigung, — weder bei den Indiern, noch bei den Chinesen; diese setzen ihre Kinder ohne alles Bedenken aus, oder bringen dieselben geradezu um.

70 Erst in der k a u k a s i s c h e n Race kommt der Geist zur absoluten Einheit mit sich selber, — erst hier tritt der Geist in vollkommnen Gegensatz gegen die Natürlichkeit, erfaßt er sich in seiner absoluten Selbstständigkeit, entreißt er sich dem Herüber- und Hinüberschwanken von Einem Extrem zum anderen, gelangt zur Selbstbestimmung, zur Entwicklung seiner selbst, und bringt dadurch die Weltgeschichte hervor. Die Mongolen haben, wie schon erwähnt, zu ihrem Charakter nur die nach außen stürmende Thätigkeit einer Ueberschwemmung, die sich so schnell, wie sie gekommen ist, wie-

sequently, spirit still exists in the form of immediate singularity, by which it is contradicted. God certainly becomes generally objective, but in the form of an immediately existing finite spirit, not in that of absolutely free thought. The worship of the dead, which occurs here, is connected 5 with this. Since naturality has passed away in the dead, there is in this a rising above naturality. To recollect the dead is to hold fast only to the universal which appeared within them, and such recollection therefore raises itself above the singularity of appearance. While in one respect the 10 universal is always held fast merely as wholly abstract however, in the other, it is intuited in an entirely contingent, immediate existence. Among the Indians for example, the universal God is considered to be present throughout nature, in the rivers and mountains as well as in man. It is 15 therefore in a spiritual as well as a physical respect that Asia constitutes the moment of *opposition*, the unmediated opposition, the coincidence, without mediation, of opposed determinations. In one respect, spirit at this juncture separates itself from nature, while in another it falls back again into 20 naturality, for it has not yet attained actuality in itself, but only in that which is natural. True freedom is not possible within this identity of spirit with nature. Here, man can as yet attain to no consciousness of his personality; neither among the Indians nor among the Chinese has he any worth 25 or entitlement on account of his individuality. These people will expose their children as a matter of course, or not hesitate to destroy them. +

It is in the *Caucasian* race that spirit first reaches absolute unity with itself, It is here that it first enters into complete 30 opposition to naturality, apprehends itself in its absolute independence, disengages from the dispersive vacillation between one extreme and the other, achieves self-determination, self-development, and so brings forth world history. As has already been noticed, the character of the Mongols 35 is merely that of an activity outwards, pouring forth like a flood, flowing away again as quickly as it spreads, creating

der verläuft, bloß zerstörend wirkt, nichts erbaut, keinen Fortschritt der Weltgeschichte hervorbringt. Dieser kommt erst durch die kaukasische Race zu Stande.

In derselben haben wir aber zwei Seiten, die Vorderasiaten und die Europäer zu unterscheiden; mit welchem Unterschiede jetzt der Unterschied von Mahomedanern und Christen zusammenfällt.

Im Mahomedanismus ist das bornirte Princip der Juden, durch Erweiterung zur Allgemeinheit, überwunden. Hier wird Gott nicht mehr, wie bei den Hinterasiaten, als auf unmittelbar sinnliche Weise existirend betrachtet, sondern als die über alle Vielheit der Welt erhabene Eine unendliche Macht aufgefaßt. Der Mahomedanismus ist daher im eigentlichsten Sinne des Wortes die Religion der Erhabenheit. Mit dieser Religion steht der Charakter der Vorderasiaten, besonders der Araber, in völligem Einklang. Dieß Volk ist, in seinem Aufschwunge zu dem Einen Gotte, gegen alles Endliche, gegen alles Elend gleichgültig, mit seinem Leben wie mit seinen Glücksgütern freigebig; noch jetzt verdient seine Tapferkeit und seine Mildthätigkeit unsere Anerkennung. Aber der an dem abstract Einen festhaltende Geist der Vorderasiaten bringt es nicht zur Bestimmung, zur Besonderung des Allgemeinen, folglich nicht zu concreter Bildung. Durch diesen Geist ist zwar hier alles in Hinterasien herrschende Kastenwesen vernichtet, jedes Individuum unter den muhamedanischen Vorderasiaten frei; eigentlicher Despotismus findet unter denselben nicht statt. Das politische Leben kommt jedoch hier noch nicht zu einem gegliederten Organismus, zur Unterscheidung in besondere Staatsgewalten. Und was die Individuen betrifft, so halten dieselben sich zwar einerseits in einer großartigen Erhabenheit über subjective, endliche Zwecke, stürzen sich aber andererseits auch wieder mit ungezügeltem Triebe in die Verfolgung solcher Zwecke, die bei ihnen dann alles Allgemeinen entbehren, weil es hier noch nicht zu einer immanenten Besonderung des Allgemeinen kommt. So entsteht hier, neben den erhabensten Gesinnungen, die größte Rachsucht und Arglist.

71

Die Europäer dagegen haben zu ihrem Princip und Charakter das concret Allgemeine, den sich selbst bestimmenden Ge-

only havoc, building nothing, constituting no advance in world history. It is the Caucasian race which first brings about this progress.

We have however to distinguish between two aspects of this race, the *inhabitants of Western Asia* and the *Europeans*, a difference which now coincides with that between Mohammedans and Christians.

In *Mohammedanism*, the limited principle of the Jews is overcome in that it is extended into universality. Among the inhabitants of the Far East God is regarded as existing in an immediate and sensuous manner, but among the Mohammedans he is apprehended as the one infinite power elevated over all the plurality of the world. Mohammedanism is therefore, in the strictest sense of the word, the religion of sublimity. The character of the western Asiatics and especially that of the Arabs, stands in perfect accord with this religion. In its rising to the one God, this people is indifferent to all that is finite, to all misery, being as prodigal of its life as it is of its belongings. Still today its valour and its liberality deserve our recognition. However, in holding fast to abstract oneness, the spirit of the western Asiatics fails to advance the universal into the determination, the particularization, of concrete formation. This spirit certainly does away with the caste-system which dominates everything in the Far East, so that among the Mohammedans of anterior Asia each individual is free, there being no real despotism among them. In that it is not differentiated into specific governmental powers however, their political life is not yet an articulated organism. With regard to the individuals moreover, although on the one hand there is no denying the magnificent sublimity of their remaining aloof from subjective and finite purposes, one has to recognize that they also indulge in the pursuit of them with unbridled impulsiveness. It is on account of this that their purposes lack all universality, for at this juncture there is as yet no immanent particularization of the universal. Consequently, the most elevated sentiments occur here in conjunction with excessive vindictiveness and guile.

It is, however, the concrete universal, self-determining thought, which constitutes the principle and character of

danken. Der christliche Gott ist nicht bloß der unterschiedslose Eine, sondern der Dreieinige, der den Unterschied in sich enthaltende, der menschgewordene, der sich selbst offenbarende Gott. In dieser religiösen Vorstellung hat der Gegensatz des Allgemeinen und des Besonderen, — des Gedankens und des Daseyns — die höchste Schärfe, und ist gleichwohl zur Einheit zurückgeführt. So bleibt das Besondere hier nicht so ruhig in seiner Unmittelbarkeit belassen, wie im Mahomedanismus; vielmehr ist dasselbe durch den Gedanken bestimmt, wie umgekehrt das Allgemeine sich hier zur Besonderung entwickelt. Das Princip des europäischen Geistes ist daher die selbstbewußte Vernunft, die zu sich das Zutrauen hat, daß Nichts gegen sie eine unüberwindliche Schranke seyn kann, und die daher Alles antastet, um sich selber darin gegenwärtig zu werden. Der europäische Geist setzt die Welt sich gegenüber, macht sich von ihr frei, hebt aber diesen Gegensatz wieder auf, nimmt sein Anderes, das Mannigfaltige, in sich, in seine Einfachheit zurück. Hier herrscht daher dieser unendliche Wissensdrang, der den anderen Racen fremd ist. Den Europäer interessirt die Welt, er will sie erkennen, sich das ihm gegenüberstehende Andere aneignen, in den Besonderungen der Welt die Gattung, das Gesetz, das Allgemeine, den Gedanken, die innere Vernünftigkeit sich zur Anschauung bringen. — Ebenso wie im Theoretischen strebt der europäische Geist auch im Praktischen nach der zwischen ihm und der Außenwelt hervorzubringenden Einheit. Er unterwirft die Außenwelt seinen Zwecken mit einer Energie, welche ihm die Herrschaft der Welt gesichert hat. Das Individuum geht hier in seinen besonderen Handlungen von festen allgemeinen Grundsätzen aus; und der Staat stellt in Europa mehr oder weniger die der Willkür eines Despoten entnommene Entfaltung und Verwirklichung der Freiheit durch vernünftige Institutionen dar.

72

In Betreff aber endlich der ursprünglichen A m e r i k a n e r haben wir zu bemerken, daß dieselben ein verschwindendes schwaches Geschlecht sind. In manchen Theilen Amerika's fand sich zwar zur Zeit der Entdeckung desselben eine ziemliche Bildung; diese war jedoch mit der europäischen Kultur nicht zu vergleichen, und ist

Europeans. The Christian God is not simply the One which is devoid of difference, it is the Triunity, that which holds difference within itself, God become man, revealing himself. In this religious presentation, the opposition of universal and particular, of thought and determinate being, is heightened 5 to its extreme and yet led back into unity. Consequently, that which is particular is not left in its immediacy in so undisturbed a state as it is in Mohammedanism. It is determined here by thought, just as, conversely, the universal develops itself into particularization. It is therefore self- 10 conscious reason which constitutes the principle of the European spirit. This reason carries with it the conviction that nothing can present it with an insuperable barrier, and therefore deals with everything in order to become present to itself within it. The European spirit opposes the world to it- 15 self, and while freeing itself from it, sublates this opposition by taking back into the simplicity of its own self the manifoldness of this its other. This accounts for the dominance of the European's infinite thirst for knowledge, which is alien to other races. The world interests the European, he wants 20 to get to know it, to possess the other with which he is confronted, to bring into intuition the inner rationality of the particularities of the world, of the genus, the law, the universal, of thought. In what is practical, as in what is theoretical, the European spirit strives to bring forth unity between 25 itself and the external world. It subdues the external world to its purposes with an energy which has ensured for it the mastery of the world. Here, the individual enters upon his particular activities on the basis of firmly universal principles. In Europe, moreover, the state exhibits an unfolding and 30 actualization of freedom, by means of rational institutions, which is more or less free from the licence of despotic rule.

Finally, we have however to observe with regard to the original *Americans*, that they constitute a vanishing and feeble species. It is true that a fair degree of organization was 35 + to be found in several parts of America at the time of its discovery. It was not however to be compared with European +

mit den Ureinwohnern verschwunden. Außerdem gibt es dort die stumpfesten Wilden, z. B. die Pescherä's und die Eskimo's. Die ehemaligen Karaiben sind fast ganz ausgestorben. Mit Brantwein und Gewehr bekannt gemacht, sterben diese Wilden aus. In Südamerika sind es die Kreolen, welche sich von Spanien unabhängig gemacht haben; die eigentlichen Indier wären dazu unfähig gewesen. In Paraguay waren dieselben wie ganz unmündige Kinder, und wurden wie solche auch von den Jesuiten behandelt. Die Amerikaner sind daher offenbar nicht im Stande, sich gegen die Europäer zu behaupten. Diese werden auf dem von ihnen dort eroberten Boden eine neue Kultur beginnen. *

* *Griesheim Ms.* SS. 84–86; vgl. *Kehler Ms.* SS. 62–63: Im Ganzen zeigt sich die amerikanische Race als ein schwächeres Geschlecht, das durch die Europäer erst hohe Bildung erreicht hat. Pferde und Eisen haben in Amerika gefehlt. Mehr oder weniger ist die amerikanische Race mannigfaltig verschieden, die Sprachen sind dieß auf's höchste, zeigen sich auf kleine Völkerschaften beschränkt und nach diesen Völkerschaften finden wieder ganz verschiedene Sprachen statt. Amerika zeigt sich mehr als ein Ablagerungsplatz der europäischen Nationen worüber die Einheimischen mehr oder weniger zu Grunde gehen. Die westindischen Bewohner kann man als zu Grunde gegangen betrachten. Die Ureinwohner existiren entweder gar nicht mehr oder als vermischt mit den Eingewanderten, ebenso ist es in Nordamerika, das durch die Engländer und andern Völker als Kolonien in Besitz genommen ist. Die Ureinwohner sind von den Eingewanderten gleichsam vernichtet und existiren nur noch zerstreut in kleinen Völkerschaften und wo sie so noch eigenes Bestehen haben, sind sie sehr wenig zahlreich. Die Europäer, besonders die Engländer stehen mit ihnen in Verbindung wegen des Handels, aber diese ungeheuren bewaldeten Flächen bewohnt eine sehr geringe Anzahl Menschen, sie sind etwas Unbedeutendes. Was im nördlichen Amerika etablirt ist sind Europäer, im südlichen Amerika sind die eigentlichen Amerikaner oder Indianer allerdings zahlreicher, bestehend aus mehreren Millionen und es finden sich gegen den Südpol zu zwar Nationen von robustem Körper und besonderer Thätigkeit, aber was man von ihnen hat kennenlernen ist im Ganzen z.B. in Brasilien, dumpfe, stumpfsinnige und unthätige Menschen. Man hat in unserer Zeit Brasilianer nach (85) Europa gebracht aber sie haben sich dumpfsinnig und ungebildet gezeigt, (*Kehler*: wie die Exemplare beweisen, die der Prinz von Neuwied und Spix und Martius mitgebracht haben) ihre lange Verbindung mit Spanien und Portugal hat sie sehr wenig vorwärts gebracht. Die interessante Reisebeschreibung eines Engländers der 10 bis 12 Jahre in Brasilien lebte, Güte daselbst hatte und eine sehr specielle Kenntniß des Landes besitzt giebt an, daß es eine ganze Menge Neger giebt die Aerzte, Künstler, Geistliche und Handwerker sind und sich geschickt zeigen, sich europäische Kentnisse

culture, and it has disappeared together with the original inhabitants. What is more, there are over there the most fatuous savages, the Pescherois for example, and the Eskimos. + The Caribs of earlier times are almost entirely extinct. These savages die out when brought into contact with brandy and 5 guns. In South America it is the Creoles who have made + themselves independent of Spain. The Indians themselves could never have done this: in Paraguay they resembled + irresponsible children, and were also treated as such by the Jesuits. It is clear therefore that the Americans are unable to 10 hold their own against the Europeans, who will initiate a new American culture in the land they have conquered from the natives.*

* *Griesheim Ms.* pp. 84–86; cf. *Kehler Ms.* pp. 62–63: On the whole, the American race is quite evidently a weaker species, which has attained to a higher culture only through the Europeans. It exhibits a more or less multifarious variety, especially in respect of language, for although its languages are confined to small tribes, these tribes in their turn also possess completely different tongues. America displays itself as a dumping ground for the na- + tions of Europe, as a result of which the natives are being more or less destroyed. The inhabitants of the West Indies may be regarded as already destroyed, for the original population either no longer exists at all, or only as mixed with the immigrants. It is the same in North America, which the English and other peoples have taken over and colonized. The original inhabitants have been as good as annihilated by the immigrants, and only continue to exist in small tribes. Where they pursue their own way of life, their numbers are very small; Europeans, and especially the English, have entered into contact with them for trading purposes, but very few people inhabit the vast forested areas, and they are of little significance. In North America it is the Europeans who are established. In South America however, the true Americans or Indians are more numerous. There are several millions of them, and toward the south pole there are moreover nations which are active and physically robust. On the whole however, what one has been + able to discover of South American Indians, especially in Brazil, indicates that they are dull, stupid and indolent. Brazilians have recently been (85) brought to Europe, but they have shown themselves to be dull-witted and ill-bred, (*Kehler*: witness the examples brought back by the Prince of Neuwied and Spix and Martius) their long connection with Spain and Portugal having + hardly brought them on at all. An Englishman who lived for ten or twelve years in Brazil, where he owned estates and of which he has a very good knowledge, in an interesting account he has given of his residence there, says that there are quite a number of Negro physicians, artists, clergymen and craftsmen, that Negroes show themselves to be capable of acquiring European

§. 394.

Dieser Unterschied geht in die Particularitäten hinaus, die man Localgeister nennen kann, und die sich in der äußerlichen Lebensart, Beschäftigung, körperlicher Bildung und Disposition, aber noch mehr in innerer Tendenz und Befähigung des intelligenten und sittlichen Charakters der Völker zeigen.

73 **So weit die Geschichte der Völker zurückreicht, zeigt sie das Beharrliche dieses Typus der besondern Nationen.**

Zusatz. Die im Zusatz zum Paragraph 393 geschilderten Racenverschiedenheiten sind die wesentlichen, — die durch den Begriff bestimmten Unterschiede des allgemeinen Naturgeistes. Bei dieser seiner allgemeinen Unterscheidung bleibt aber der Naturgeist nicht stehen; die Natürlichkeit des Geistes hat nicht die Macht, sich als den reinen Abdruck der Bestimmungen des Begriffs zu behaupten; sie geht zu weiterer Besonderung jener allgemeinen

---

anzueignen, aber von Indianern hört man so nichts und einer der Geistlicher geworden, ist in der Jugend schon gestorben, es sind wenig Beispiele anzuführen wo sie sich geschickt gezeigt haben. Im Inneren von Brasilien haben sich in Paraguai vornehmlich Jesuiten angesiedelt und daselbst ein Reich gestiftet, sie führen eine väterliche Regierung über die Indianer und nach allem zu urtheilen ist dieß das Beste was man ihnen gewähren kann. Diese Mönche machen die Väter aus, so daß die Einwohner verpflichtet sind für sie zu arbeiten, Baumwolle zu pflanzen, das Land zu bauen u.s.w. Die Produkte dieser Arbeit werden in Magazine geliefert und von da ausgegeben was zur Subsistenz der Einwohner nothwendig ist. Es scheint dieß die angemessenste Weise zu sein, denn alle Beschreibungen können nicht genug davon sprechen daß die Indianer nicht zu einer Vorsorge, auch nur für den folgenden Tag zu bewegen sind, sondern durchaus nur für den Augenblick leben wie die Thiere. Alles was Thätigkeit, Ordnung, Vorsorge für die Zukunft u.s.w. betrifft, thun sie nur indem es ihnen aufgetragen ist; der Tag ist eingetheilt zum Gottesdienst und zur bestimmten Arbeit und es fand sich sogar nöthig des Nachts um 12 Uhr die Glocken zu läuten um sie zur Erfüllung der ehelichen Pflichten anzuleiten. Die Völker die in spanischen Ländern die Unabhängigkeit erringen sind Nachkommen von Europäern, Kreolen, von einem Europäer und einer indischen Frau, oder von einem Indier und einer europäischen Frau. Für sich selbst sind die Amerikaner für eine (86) geistig schwache Nation anzusehen, die mehr oder weniger das Schicksal gehabt hat, sich nicht zu europäischer Kultur erheben zu können, sondern sie nicht aushalten und vertragen kann und so weichen mußte.

§ 394

This difference expresses itself in **particularities** i.e. in spirits which may be said to be *localized* and which are apparent in the external way of life, occupation, bodily build and disposition of peoples, but to even greater extent internally, in the propensity and capacity of their intellectual and ethical character. 5 +

The history of peoples, as far back as it may be traced, exhibits the persistence of this type in particular nations. + 10

Addition. The racial varieties delineated in the Addition to the previous Paragraph are the essential ones, — the differences of the universal natural spirit determined by the Notion. Natural spirit does not remain in this its universal differentiation however. The naturality of spirit is unable to maintain itself as the pure copy of the determinations of the Notion, progresses into the further particularization of these 15

---

skills. One does not hear this of the Indians however. One became a clergyman, but he died young, and there are very few examples of their having shown an aptitude for anything. In the interior of Brazil, in Paraguay, the settlers have been mainly Jesuits, and have founded a country. They rule the Indians in a paternal manner, which by all accounts is the best way of doing so. These monks are the fathers, and the inhabitants are duty bound to work for them, to plant cotton, cultivate the land etc. The products of this labour are stored in magazines, from which whatever is necessary for the subsistence of the inhabitants is distributed. This is evidently the most appropriate way of doing things, for all accounts emphasize time and again that the Indians are not to be motivated into taking care even for the following day, but live entirely for the moment, like animals. It is only when they are enjoined to, that they will do anything involving activity, orderliness, care for the future etc. The day is divided between divine worship and specific jobs, and it has even been found necessary to ring the bells at about twelve o'clock at night in order to induce the fulfilment of matrimonial duties. The peoples who are assuming independence in the Spanish territories are the descendants of the Europeans, the Creoles, those born of a European and an Indian wife or of an Indian and a European wife. The Americans themselves are to be regarded as a (86) spiritually weak nation, which has more or less had the fate of being unable to rise to European culture, and on account of its having been unable to hold out against and bear it, of having had to give way to it. + + +

Unterschiede fort, und verfällt so in die Mannigfaltigkeit der Local- oder Nationalgeister. Die ausführliche Charakteristik dieser Geister gehört theils in die Naturgeschichte des Menschen, theils in die Philosophie der Weltgeschichte. Die erstere Wissenschaft schildert die durch die Natur mitbedingte Disposition des Nationalcharakters, die körperliche Bildung, die Lebensart, die Beschäftigung, sowie die besonderen Richtungen der Intelligenz und des Willens der Nationen. Die Philosophie der Geschichte dagegen hat zu ihrem Gegenstande die weltgeschichtliche Bedeutung der Völker, — das heißt, — wenn wir die Weltgeschichte im umfassendsten Sinne des Wortes nehmen, — die höchste Entwicklung, zu welcher die ursprüngliche Disposition des Nationalcharakters gelangt, — die geistigste Form, zu welcher der in den Nationen wohnende Naturgeist sich erhebt. Hier in der philosophischen Anthropologie können wir uns auf das Detail nicht einlassen, dessen Betrachtung den ebengenannten beiden Wissenschaften obliegt. Wir haben hier den Nationalcharakter nur in sofern zu betrachten, als derselbe den Keim enthält, aus welchem die Geschichte der Nationen sich entwickelt.

Zuvörderst kann bemerkt werden, daß der Nationalunterschied ein eben so fester Unterschied ist, wie die Racenverschiedenheit der Menschen, — daß zum Beispiel die Araber sich noch jetzt überall eben so zeigen, wie sie in den ältesten Zeiten geschildert werden. Die Unveränderlichkeit des Klima's, der ganzen Beschaffenheit des 74 Landes, in welchem eine Nation ihren bleibenden Wohnsitz hat, trägt zur Unveränderlichkeit des Charakters derselben bei. Eine Wüste, die Nachbarschaft des Meeres oder das Entferntseyn vom Meere, — alle diese Umstände können auf den Nationalcharakter Einfluß haben.* Besonders ist hierbei der Zusammenhang mit dem

* *Kehler Ms.* SS. 66–67; vgl. *Griesheim Ms.* S. 91: Europa (67) hat in sich auch viele Unterschiede; das Naturell ist etwas so bestimmt Verschiedenes, das durchaus an den Boden sich gebunden zeigt. Die alten Gallier, wie sie Cäsar schildert, und die neueren Franzosen, trotz der Veränderung, fast dieselbe Natur. Die Araber sind noch immer dieselben; volle Freiheit, Unabhängigkeit, Mangel an Cultur, Großmuth, Gastfreiheit, räuberisch, listig. Ihre Religion hat keine Veränderung in die Art und Weise ihres Naturells gebracht.

universal differences, and so falls apart into the multiplicity of local or national spirits. The detailed characterization of these belongs partly to the natural history of man and partly to the philosophy of world history. The first of these sciences is concerned with the disposition of national character as it is naturally determined, and deals with the bodily build, the manner of living and occupation of nations, as well as with their particular intellectual and volitional propensities. It is however the world-historical significance of peoples that constitutes the subject matter of the philosophy of history. This significance, when we take the word 'world-history' in its widest sense, will be the highest development attained by the original disposition of the national character, the most spiritual form achieved by the natural spirit residing within the nations. Here in philosophical anthropology we cannot enter into the detail to be dealt with by the two sciences just mentioned. At this juncture we have to take national character into consideration only in so far as it contains the germ out of which the history of the nations develops. +

It can be noticed in the first instance that national difference is as unchangeable as the racial variety of men. The Arabs of today for example, still answer completely to the earliest descriptions of them. + The changelessness of the climate and the general state of the countryside in which a nation has its permanent habitat, contributes to the settledness of its character. A desert, the proximity or remoteness of the sea, are all circumstances which can influence national character.* Access to the sea is, in this respect, particularly

* *Kehler Ms.* pp. 66–67; cf. *Griesheim Ms.* p. 91. In Europe (67) there are also many differences; the distinct variety of natural disposition in the continent displays itself everywhere as bound to the soil. Despite the change that has taken place, the nature of the ancient Gauls as described by Caesar and of the French of more recent times, is almost the same. The Arabs are the same as + they have always been; completely free, independent, lacking in culture, generous, hospitable, rapacious, cunning. Their religion has wrought no change in their nature and manner of life.

Meere, wichtig. In dem von hohen Gebirgen dicht am Gestade umgebenen und auf diese Weise vom Meere, — diesem freien Elemente, — abgesperrten Inneren des eigentlichen Afrika bleibt der Geist der Eingebornen unaufgeschlossen, fühlt keinen Freiheitstrieb, erträgt ohne Widerstreben die allgemeine Sclaverei. Die Nähe des Meeres kann jedoch für sich allein den Geist nicht frei machen. Dieß beweisen die Indier, die sich dem seit frühester Zeit bei ihnen bestehenden Verbot der Beschiffung des von der Natur für sie geöffneten Meeres sclavisch unterworfen haben, und so durch den Despotismus von diesem weiten freien Element, — von diesem natürlichen Daseyn der Allgemeinheit, — geschieden, keine Kraft verrathen, sich von der die Freiheit tödtenden Verknöcherung der Standesabtheilungen zu befreien, welche in dem Kastenverhältniß statt findet, und die einer aus eigenem Antriebe das Meer beschiffenden Nation unerträglich seyn würde.

Was nun aber den bestimmten Unterschied der Nationalgeister betrifft, so ist derselbe bei der afrikanischen Menschenrace im höchsten Grade unbedeutend, und tritt selbst bei der eigentlich asiatischen Race viel weniger, als bei den Europäern hervor, in welchen der Geist erst aus seiner abstracten Allgemeinheit zur entfalteten Fülle der Besonderung gelangt. Wir wollen deßhalb hier nur von dem in sich verschiedenen Charakter der europäischen Nationen sprechen, und unter denselben auch diejenigen Völker, welche sich hauptsächlich durch ihre weltgeschichtliche Rolle von einander unterscheiden, — nämlich die Griechen, die Römer und die Germanen, — nicht in ihrer gegenseitigen Beziehung charakterisiren; dieß Geschäft haben wir der Philosophie der Geschichte zu überlassen. Dagegen können hier die Unterschiede angegeben werden, 75 welche sich innerhalb der griechischen Nation, und unter den mehr oder weniger von germanischen Elementen durchdrungenen christlichen Völkern Europa's hervorgethan haben.

Was die Griechen anbelangt, so unterscheiden sich die in der Periode ihrer vollen weltgeschichtlichen Entwicklung unter ihnen besonders hervorragenden Völker, — die Lacedämonier, die Thebaner und die Athener, — auf folgende Weise von einander. — Bei den Lacedämoniern ist das gediegene, unterschiedslose Leben

important. In the interior of Africa proper, cut off as it is from the free element of the sea in that it is surrounded by high mountains close to the coast, the spirit of the natives is unexpressed, feels no impulse towards freedom, suffers universal slavery without resistance. Spirit cannot however be liberated solely by the proximity of the sea. The Indians are evidence of this, for since the earliest times, although they have had natural access to it, they have slavishly observed the law which forbids them to navigate. Cut off by despotism from this wide, free element, from universality in this its natural existence, they consequently display no capacity for liberating themselves from the ossification of social divisions intrinsic to the caste relationship. This ossification is fatal to freedom, and would not be tolerated by a nation given to the free navigation of the sea.

That which is involved in the determinate difference of national spirits is of least significance among the human race of Africa, and even among the truly Asiatic race it is much less in evidence than it is among Europeans, in whom spirit first emerges from its abstract universality into the developed fullness of particularization. Here, therefore, we shall make mention only of the variations in character among the European nations and of those of their peoples mutually distinguished primarily on account of their world-historical role i.e. the Greeks, the Romans and the Germans. We shall not characterize the relation in which they stand to one another, since this is an undertaking we have to leave to the philosophy of history. At this juncture mention may however be made of the differences which have become apparent within the Greek nation, and among the Christian peoples of Europe which are more or less permeated by Germanic elements.

Among the *Greeks*, during the maturity of their world-historical development, three particularly prominent peoples, the Lacedaemonians, the Thebans and the Athenians, distinguish themselves from one another in the following manner. Among the Lacedaemonians, since it is the life of solid

in der sittlichen Substanz vorherrschend: daher kommen bei ihnen das Eigenthum und das Familienverhältniß nicht zu ihrem Rechte. — Bei den Thebanern dagegen tritt das entgegengesetzte Princip hervor; bei denselben hat das Subjective, das Gemüthliche, — so weit dieß überhaupt schon den Griechen zugesprochen werden kann, — das Uebergewicht. Der Hauptlyriker der Griechen, Pindar, gehört den Thebanern an. Auch der unter den Thebanern entstandene Freundschaftsbund von Jünglingen, die auf Leben und Tod mit einander verbunden waren, gibt einen Beweis von dem in diesem Volke vorherrschenden Sichzurückziehen in die Innerlichkeit der Empfindung. — Das atheniensische Volk aber stellt die Einheit dieser Gegensätze dar; in ihm ist der Geist aus der thebanischen Subjectivität herausgetreten, ohne sich in die spartanische Objectivität des sittlichen Lebens zu verlieren; die Rechte des Staats und des Individuums haben bei den Athenern eine so vollkommene Vereinigung gefunden, als auf dem griechischen Standpunkt überhaupt möglich war. Wie aber Athen durch diese Vermittlung des spartanischen und des thebanischen Geistes die Einheit des nördlichen und des südlichen Griechenlands bildet; so sehen wir in jenem Staate auch die Vereinigung der östlichen und der westlichen Griechen, in sofern Plato in demselben das Absolute als die Idee bestimmt hat, in welcher sowohl das in der jonischen Philosophie zum Absoluten gemachte Natürliche, als der das Princip der italischen Philosophie bildende ganz abstracte Gedanke zu Momenten herabgesetzt sind. — Mit diesen 76 Andeutungen in Betreff des Charakters der Hauptvölker Griechenlands müssen wir uns hier begnügen; durch eine weitere Entwicklung des Angedeuteten würden wir in das Gebiet der Weltgeschichte, und namentlich auch der Geschichte der Philosophie übergreifen. *

* *Griesheim Ms.* SS. 92–93; *Kehler Ms.* S. 67: So ist die ionische Philosophie die Naturphilosophie, das Absolute ist da als das Natürliche als Wasser und als die materiellen Atome bestimmt. In der italisch pythagoräischen Philosophie war das Innere des Subjekts aufgefaßt, so daß Zahlenformen das Prinzip wurden in welchem sie die Gedankenbestimmungen faßten. Bei den Athenern ist dagegen die philosophische Idee in ihrer geistigen Einheit und Eigenthümlichkeit hervorgetreten, zwischen jenem bloß formellen und

conformity with the ethical substance which predominates, there is no proper appreciation of property and the family relationship. Among the Thebans however, it is the contrary principle, the subjective, the sentimental — in so far as this is at all attributable to the Greeks — which preponderates. 5 Pindar, the greatest of Greek lyricists, was a Theban. It was among the Thebans that young men formed the league of amity, binding themselves to one another through life and death — a further indication of this people's propensity for withdrawing into the inner life of sentiment. In the people of 10 Athens however, these contrasts are combined, for in them spirit has emerged from Theban subjectivity without losing itself in the objectivity of Spartan ethical life. Among the Athenians the rights of the state and of the individual are as completely reconciled as it was possible for them to be at the 15 Greek level of culture. By thus mediating between the spirit of Sparta and that of Thebes, the state of Athens constitutes the unity of northern and southern Greece. It also evinces the unification of the eastern and western Greeks however, in so far as it was there that Plato determined the absolute as 20 the Idea; for within the Idea both the natural being treated as absolute in the Ionic philosophy and the wholly abstract thought constituting the principle of the Italic philosophy are reduced to moments. — At this juncture we have to rest content with thus indicating the character of the main 25 peoples of Greece. A further exposition of what has been touched upon would take us into the domain of world history, and what is more, into the history of philosophy.* +

* *Griesheim Ms.* pp. 92–93; cf. *Kehler Ms.* p. 67: The Ionic philosophy is the philosophy of nature, the absolute within it being what is natural, what is determined as water and as the material atoms. In the Italic Pythagorean philosophy the inwardness of the subject was grasped, numerical forms being the principle by which the thought determinations were comprehended. Among the Athenians on the contrary, the philosophic Idea emerged in its spiritual unity and peculiarity, mediating between the extreme of mere

Eine noch weit größere Mannigfaltigkeit des Nationalcharakters erblicken wir bei den christlichen Völkern Europa's. Die Grundbestimmung in der Natur dieser Völker ist die überwiegende Innerlichkeit, die in sich feste Subjectivität. Diese modificirt sich hauptsächlich nach der südlichen oder nördlichen Lage des von diesen Völkern bewohnten Landes. Im Süden tritt die Individualität unbefangen in ihrer Einzelnheit hervor. Dieß gilt besonders von den Italienern; da will der individuelle Charakter nicht anders seyn, als er eben ist; allgemeine Zwecke stören seine Unbefangenheit nicht. Solcher Charakter ist der weiblichen Natur gemäßer, als der männlichen. Die italienische Individualität hat sich daher als weibliche Individualität zu ihrer höchsten Schönheit ausgebildet; nicht selten sind italienische Frauen und Mädchen, die in der Liebe unglücklich waren, in Einem Augenblick vor Schmerz gestorben; so sehr war ihre ganze Natur in das individuelle Verhältniß eingegangen, dessen Bruch sie vernichtete. — Mit dieser Unbefangenheit der Individualität hängt auch das starke Geberdenspiel der Italiener zusammen; ihr Geist ergießt sich ohne Rückhalt in seine Leiblichkeit. Denselben Grund hat die Anmuth ihres Benehmens. — Auch im politischen Leben der Italiener zeigt sich das nämliche Vorherrschen der Einzelnheit, des Individuellen. Wie schon vor der römischen Herrschaft, so auch nach deren Verschwinden, stellt sich uns Italien als in eine Menge kleiner Staaten zerfallen dar. Im Mittelalter sehen wir dort die vielen einzelnen Gemeinwesen überall von Factionen so zerrissen, daß die Hälfte der Bürger solcher Staaten fast immer in der Verbannung lebte. Das allgemeine Interesse des Staats konnte vor dem überwiegenden Parteigeist nicht aufkommen. Die Indi-

---

diesem anderen Extreme der natürlichen Weise und Form. Ebenso findet diese auch in Europa selbst im Umkreise eines Volkes statt, so ist in Deutschland im Norden mehr die Philosophie des Innerlichen, Fichte ist in der Lausitz geboren, Kant in Koenigsberg, das Prinzip der subjektiven Reflexion formeller Innerlichkeit; im südlichen (93) Deutschland dagegen bestand diese Form der Philosophie nicht. Dieß sind solche Züge die man mannigfaltig aufzeigen kann, Partikularitäten, Verschiedenheiten des Naturells die aber als Grundbestimmung den Zusammenhang der Nothwendigkeit enthalten.

The national characters of the *Christian* peoples of Europe present us with an even greater variety. The basic determination in the nature of these peoples is their prevailing inwardness, their self-assured subjectivity, and this is modified mainly in accordance with the southern or northern 5 location of the lands they inhabit. In the south it is unconstrained singularity which comes to the fore, particularly in the *Italians*, among whom the individual character wants to be precisely as it is, its unconstrainedness being undisturbed by general purposes. Such a character befits the 10 nature of the female rather than that of the man, and it is therefore in feminine individuality that the individuality of the Italians flowers at its finest. It is not uncommon for Italian women and girls, when unhappy in love, to suffer sudden death from the pangs of it. Their whole nature be- 15 came so involved in the individual relationship that its disruption destroyed them. — The forceful gesturing of the + Italians is also connected with this lack of constraint in their individuality; their spirit pours itself unreservedly into its corporeity. This is also the source of their charm of manner. 20 — This predominance of singularity, of that which is individual, is also apparent in their political life. Before the dominance of Rome, as after its demise, we find Italy split up into a multitude of tiny states. In the middle ages we find the numerous individual communities there so ubiquitously 25 torn by factions, that half the citizens of these states lived in almost perpetual banishment. The preponderant partisanship stifled the general interest of the state. The individuals

---

formality and that of natural mode and form. The same also occurs in Europe itself within the compass of a single people. In Germany for example, the philosophy of the north is more that of inner being, of the principle of subjective reflection, formal inwardness, Fichte being born in Lausitz and Kant in Königsberg. In southern (93) Germany, on the contrary, this form of philosophy has never gained ground. Although numerous tendencies such + as these may be cited, particularities, variations of natural disposition, they contain the connectedness of necessity as their basic determination.

77 viduen, die sich zu alleinigen Vertretern des Gemeinwohls aufwarfen, verfolgten selber vorzugsweise ihr Privatinteresse, und zwar mitunter auf höchst tyrannische, grausame Weise. Weder in diesen Alleinherrschaften, noch in jenen vom Parteienkampf zerrissenen Republiken vermochte das politische Recht sich zu fester, vernünftiger Gestaltung auszubilden. Nur das römische Privatrecht wurde studirt, und der Tyrannei der Einzelnen wie der Vielen als ein nothdürftiger Damm entgegengestellt.

Bei den Spaniern finden wir gleichfalls das Vorherrschen der Individualität; dieselbe hat aber nicht die italienische Unbefangenheit, sondern ist schon mehr mit Reflexion verknüpft. Der individuelle Inhalt, der hier geltend gemacht wird, trägt schon die Form der Allgemeinheit. Deßhalb sehen wir bei den Spaniern besonders die Ehre als treibendes Princip. Das Individuum verlangt hier Anerkennung, nicht in seiner unmittelbaren Einzelnheit, sondern wegen der Uebereinstimmung seiner Handlungen und seines Benehmens mit gewissen festen Grundsätzen, die nach der Vorstellung der Nation für jeden Ehrenmann Gesetz seyn müssen. Indem aber der Spanier sich in allem seinem Thun nach diesen über die Laune des Individuums erhabenen und von der Sophistik des Verstandes noch nicht erschütterten Grundsätzen richtet, kommt er zu größerer Beharrlichkeit, als der Italiener, welcher mehr den Eingebungen des Augenblicks gehorcht, und mehr in der Empfindung, als in festen Vorstellungen lebt. Dieser Unterschied beider Völker tritt besonders in Beziehung auf die Religion hervor. Der Italiener läßt sich durch religiöse Bedenklichkeiten nicht sonderlich in seinem heiteren Lebensgenuß stören. Der Spanier hingegen hat bisher mit fanatischem Eifer am Buchstaben der Lehren des Katholicismus festgehalten, und durch die Inquisition die von diesem Buchstaben abzuweichen Verdächtigen Jahrhunderte lang mit afrikanischer Unmenschlichkeit verfolgt. Auch in politischer Beziehung unterscheiden sich beide Völker auf eine ihrem angegebenen Charakter gemäße Weise. Die schon von

78 Petrarca sehnlich gewünschte staatliche Einheit Italiens ist noch jetzt ein Traum; dieß Land zerfällt noch immer in eine Menge von Staaten, die sich sehr wenig um einander bekümmern. In

who put themselves forward as the sole champions of the public good were themselves motivated primarily by their private interest, and on occasions certainly pursued it in a highly tyrannical and cruel manner. Neither in these autocracies nor in these republics torn by party strife, was political law able to develop a settled and rational form. Only Roman civil law was studied, and used as a somewhat ineffective dam against the tyranny of individuals and of the multitude. 5

This predominance of individuality is also to be found among the *Spaniards*; in their case however it lacks the unconstrainedness of the Italians and already has more of an affinity with reflection. The individual content asserted here already has the form of universality. Thus we find that the Spaniards are prompted particularly by the principle of honour. The individual seeks recognition here not in his immediate singularity, but on account of his actions and behaviour conforming to certain fixed principles, which according to the usage of the country are binding upon every man of honour. Yet since the Spaniard regulates everything he does in accordance with such principles, which are not subject to the moods of the individual and are as yet unchallenged by the sophistry of the understanding, he is capable of a greater constancy than the Italian, who responds more to the dictates of the moment, and is involved in sensation rather than fixed presentations. This difference between these peoples is particularly apparent with regard to religion. The Italian does not allow religious scruples to disturb his cheerful enjoyment of life to any great extent. The Spaniard on the other hand has hitherto held fast with fanatical zeal to the letter of Catholic doctrine, and for centuries, by means of the Inquisition, persecuted with African inhumanity those suspected of deviating from it. These peoples also differ politically in a manner consistent with the character ascribed to them. The political unity of Italy, already earnestly desired by Petrarch, is still a dream; the land remains divided into a multitude of states which take very little

10 15 20 25 30 + 35 +

Spanien dagegen, wo, wie gesagt, das Allgemeine zu einiger Herrschaft über das Einzelne kommt, sind die einzelnen Staaten, die früher in diesem Lande bestanden, bereits zu Einem Staate zusammengeschmolzen, dessen Provinzen allerdings noch eine zu große Selbstständigkeit zu behaupten suchen.

Während nun in den Italienern die Beweglichkeit der Empfindung, — in den Spaniern die Festigkeit des vorstellenden Denkens überwiegend ist, zeigen die Franzosen sowohl die Festigkeit des Verstandes als die Beweglichkeit des Witzes. Von jeher hat man den Franzosen Leichtsinn vorgeworfen; ebenso Eitelkeit, Gefallsucht. Durch das Streben zu gefallen, haben sie es aber zur höchsten Feinheit der gesellschaftlichen Bildung gebracht, und eben dadurch sich auf eine ausgezeichnete Weise über die rohe Selbstsucht des Naturmenschen erhoben; denn jene Bildung besteht gerade darin, daß man über sich selber den Anderen, mit welchem man zu thun hat, nicht vergißt, sondern denselben beachtet und sich gegen ihn wohlwollend bezeigt. Wie dem Einzelnen, so auch dem Publikum beweisen die Franzosen, — seyen sie Staatsmänner, Künstler oder Gelehrte, — in allen ihren Handlungen und Werken die achtungsvollste Aufmerksamkeit. Doch ist diese Beachtung der Meinung Anderer allerdings mitunter in das Streben ausgeartet, um jeden Preis, — selbst auf Kosten der Wahrheit, — zu gefallen. Auch Ideale von Schwätzern sind aus diesem Streben entstanden. Was aber die Franzosen für das sicherste Mittel, allgemein zu gefallen, ansehen, ist Dasjenige, was sie esprit nennen. Dieser esprit beschränkt sich in oberflächlichen Naturen auf das Combiniren einander fern liegender Vorstellungen, wird aber in geistreichen Männern, wie z. B. Montesquieu und Voltaire, durch das Zusammenfassen des vom Verstande Getrennten zu einer genialen Form des Vernünftigen; denn das Vernünftige hat eben dieß Zusammenfassen zu seiner wesentlichen Bestimmung. Aber diese Form des Vernünftigen ist noch nicht die des begreifenden Erkennens; die tiefen, geistreichen Gedanken, die sich bei solchen Männern, wie die genannten, vielfältig finden, werden nicht aus Einem allgemeinen Gedanken, aus dem Begriff der Sache entwickelt, sondern nur wie Blitze hingeschleudert. Die

79

account of one another. In Spain however, where, as has been noticed, there is a certain predominance of the universal over the singular, the separate states into which the country was formerly divided have already been welded into a single unit. It has to be admitted however that the provinces still attempt to assert too great an independence. 5

Now whereas changeableness of sensation predominates with the Italians and fixity of presentative thought with the Spaniards, the *French* display both firmness of understanding and nimbleness of wit. They have always been accused of frivolity, just as they have of vanity and of an excessive desire to please. It is however precisely on account of their seeking to please that they have raised their social culture to the height of refinement, and so elevated themselves in such an admirable manner above the crude selfishness of man in his natural state. The essence of this culture is that one does not neglect to consider the other person on account of oneself, but that one takes him into consideration and shows oneself to be well disposed. The French, be they statesmen, artists or scholars, concerned with the individual or the public, are most respectfully obliging in everything they do and undertake. It cannot be denied however, that this deferring to the opinion of others occasionally deteriorates into seeking to please at any price, even at the expense of truthfulness. The desire to please is also the beau ideal of gossipers. It is however what they call esprit that the French regard as being the surest means of pleasing everyone. In superficial dispositions this is confined to the combining of intrinsically incongruous presentations, but in persons of wit, Montesquieu and Voltaire for example, it becomes an inspired form of rationality in that it brings together that which is separated by the understanding. It is indeed precisely this bringing together which constitutes the essential determination of that which is rational. The rational in this form is not yet that of Notional cognition however. The profoundly ingenious thoughts we encounter so often in the writings of men such as those just mentioned are not developed from a single universal thought, from the Notion of the matter, but are simply emitted like flashes of lightning. The clarity and precision +

Schärfe des Verstandes der Franzosen offenbart sich in der Klarheit und Bestimmtheit ihres mündlichen und schriftlichen Ausdrucks. Ihre den strengsten Regeln unterworfene Sprache entspricht der sicheren Ordnung und Bündigkeit ihrer Gedanken. Dadurch sind die Franzosen zu Mustern der politischen und juristischen Darstellung geworden. Aber auch in ihren politischen Handlungen läßt sich die Schärfe ihres Verstandes nicht verkennen. Mitten im Sturm der revolutionären Leidenschaft hat sich ihr Verstand in der Entschiedenheit gezeigt, mit welcher sie die Hervorbringung der neuen sittlichen Weltordnung gegen den mächtigen Bund der zahlreichen Anhänger des Alten durchgesetzt, — alle Momente des zu entwickelnden neuen politischen Lebens nach einander in deren extremster Bestimmtheit und Entgegengesetztheit verwirklicht haben. Gerade, indem sie jene Momente auf die Spitze der Einseitigkeit trieben, — jedes einseitige politische Princip bis zu seinen letzten Consequenzen verfolgten, — sind sie durch die Dialektik der weltgeschichtlichen Vernunft zu einem politischen Zustande geführt worden, in welchem alle früheren Einseitigkeiten des Staatslebens aufgehoben erscheinen.

Die Engländer könnte man das Volk der intellectuellen Anschauung nennen. Sie erkennen das Vernünftige weniger in der Form der Allgemeinheit, als in der der Einzelnheit. Daher stehen ihre Dichter weit höher, als ihre Philosophen. Bei den Engländern tritt die Originalität der Persönlichkeit stark hervor. Ihre Originalität ist aber nicht unbefangen und natürlich, sondern entspringt aus dem Gedanken, aus dem Willen. Das Individuum will hier in jeder Beziehung auf sich beruhen, sich nur durch seine Eigenthümlichkeit hindurch auf das Allgemeine beziehen. Aus diesem Grunde hat die politische Freiheit bei den Engländern vornehmlich die Gestalt von Privilegien, von hergebrachten, nicht aus allgemeinen Gedanken abgeleiteten Rechten. Daß die einzelnen englischen Gemeinen und Grafschaften Deputirte in's Parlament schicken, beruht überall auf besonderen Privilegien, nicht auf allgemeinen, consequent durchgeführten Grundsätzen. Allerdings ist der Engländer auf die Ehre und die Freiheit seiner ganzen Nation stolz; aber sein Nationalstolz hat vornehmlich das

80

with which the French express themselves in speech and writing reveals the keenness of their understanding. Their language, subject as it is to the strictest of rules, accords with the assured orderliness and conciseness of their thoughts. It is on account of this that they have set the tone in political 5 and juristic exposition. Their sharpness of understanding is, moreover, also apparent in their political activity. In the midst of the storm of revolutionary passion their understanding displayed itself in the resolution with which, in order to bring into being the new ethical world-order, they 10 forced their way against the powerful alliance of the many who were still supporting the old — in the manner in which they have brought about, one after the other and in their most sharply defined and challenging forms, all the moments of the new political life that is to be developed. It is precisely 15 on account of their having driven these moments to the limit of onesidedness, on account of their having pursued each lopsided political principle to its ultimate consequences, that the dialectic of world-historical reason has led them into a political state of affairs in which there appears to be a sub- 20 lation of all the multiple onesidedness of previous political life.

The *English* might be said to be the people of intellectual intuition. They recognize the rational less in the form of universality than in that of singularity. Their poets are there- 25 fore much more distinguished than their philosophers. Per- + sonal originality is most pronounced among the English. This originality is not unconstrained and natural however, but has its source in thought, in volition. The individual here attempts to rely upon himself in every respect, to relate him- 30 self to the universal only by means of his own peculiar dis- position. It is because of this that political freedom among the English consists mainly of privileges, of rights which are simply established rather than derived from general prin- ciples. In sending deputies to Parliament the various English 35 boroughs and counties always act according to particular privileges, not general and consistently applied principles. + The Englishman is certainly proud of the reputation and liberty of his nation as a whole, but the basis of his national

Bewußtseyn zur Grundlage, daß in England das Individuum seine Besonderheit festhalten und durchführen kann. Mit dieser Zähigkeit der zwar dem Allgemeinen zugetriebenen, aber in ihrer Beziehung auf das Allgemeine an sich selber festhaltenden Individualität hängt die hervorstechende Neigung der Engländer zum Handel zusammen.

Der *Deutschen* gedenken die Deutschen gewöhnlich zuletzt, entweder aus Bescheidenheit, oder weil man das Beste für das Ende aufspart. Wir sind als tiefe, jedoch nicht selten unklare Denker bekannt; wir wollen die innerste Natur der Dinge und ihren nothwendigen Zusammenhang begreifen; daher gehen wir in der Wissenschaft äußerst systematisch zu Werke; nur verfallen wir dabei mitunter in den Formalismus eines äußerlichen, willkürlichen Construirens. Unser Geist ist überhaupt mehr, als der irgend einer anderen europäischen Nation, nach innen gekehrt. Wir leben vorzugsweise in der Innerlichkeit des Gemüths und des Denkens. In diesem Stillleben, in dieser einsiedlerischen Einsamkeit des Geistes beschäftigen wir uns damit, bevor wir handeln, erst die Grundsätze, nach denen wir zu handeln gedenken, sorgfältigst zu bestimmen. Daher kommt es, daß wir etwas langsam zur That schreiten, — mitunter in Fällen, wo schneller Entschluß nothwendig ist, unentschlossen bleiben, — und, bei dem aufrichtigen Wunsche, die Sache recht gut zu machen, häufig gar Nichts zu Stande bringen. Man kann daher mit Recht das
81
französische Sprüchwort: le meilleur tue le bien, auf die Deutschen anwenden. Alles, was gethan werden soll, muß bei denselben durch Gründe legitimirt seyn. Da sich aber für Alles Gründe auffinden lassen, wird dieß Legitimiren oft zum bloßen Formalismus, bei welchem der allgemeine Gedanke des Rechts nicht zu seiner immanenten Entwicklung kommt, sondern eine Abstraction bleibt, in die das Besondere von Außen sich willkürlich eindrängt. Dieser Formalismus hat sich bei den Deutschen auch darin gezeigt, daß sie zuweilen Jahrhunderte hindurch damit zufrieden gewesen sind, gewisse politische Rechte bloß durch Protestationen sich zu bewahren. Während aber auf diese Weise die Unterthanen sehr wenig für sich selbst thaten, haben sie anderer-

pride is the knowledge that in England the individual is able to retain and exercise his particularity. This tenacity of an individuality which although it certainly has a tendency towards the universal holds fast to itself in its relation to it, is associated with the prominence of the English as a trading people.

The *Germans* usually consider the Germans last, either out of modesty or because one keeps the best until the end. We are known as profound and yet not infrequently obscure thinkers. We want to comprehend the innermost nature and necessary connection of things, and in science we therefore set to work in a signally systematic manner. On occasions however this leads us into the formalism of construing in an external and arbitrary way. Our spirit is generally more introvert than that of any other European nation. We live mainly in inwardness of disposition and thought. Before undertaking anything, we concern ourselves, in this quiet life, in this sequestered solitude of spirit, with preparing for the contemplated action by carefully determining the principles it involves. It is on account of this that we are somewhat slow in acting, that sometimes, in instances when a quick decision is necessary, we remain undecided, and that the honest desire to do something really well often results in our accomplishing nothing. The French saying, "le meilleur tue le bien" can therefore be very well applied to the Germans. The Germans require that everything done should be legitimized, that reasons should always be given. Since reasons are to be found for everything however, this legitimizing often becomes a mere formalism, in which the universal thought of what is right, instead of attaining its immanent development, remains an abstraction penetrated arbitrarily from without by the particular. The Germans have also given evidence of this formalism in that they have been content to preserve certain political rights on and off for centuries, merely by means of protestations. What is more, although this resulted in the subjects doing very little for them-

seits oft auch äußerst wenig für die Regierung gethan. In der Innerlichkeit des Gemüthes lebend, haben die Deutschen zwar immer sehr gern von ihrer Treue und Redlichkeit gesprochen, sind aber oft nicht zur Bewährung dieser ihrer substantiellen Gesinnung zu bringen gewesen, sondern haben gegen Fürsten und Kaiser die allgemeinen staatsrechtlichen Normen nur zur Verhüllung ihrer Ungeneigtheit, etwas für den Staat zu thun, unbedenklich und unbeschadet ihrer vortrefflichen Meinung von ihrer Treue und Redlichkeit, gebraucht. Obgleich aber ihr politischer Geist, ihre Vaterlandsliebe meistentheils nicht sehr lebendig war, so sind sie doch seit früher Zeit von einem außerordentlichen Verlangen nach der Ehre einer amtlichen Stellung beseelt und der Meinung gewesen, das Amt und der Titel mache den Mann, nach dem Unterschied des Titels könne die Bedeutsamkeit der Personen und die denselben schuldige Achtung fast in jedem Fall mit vollkommener Sicherheit abgemessen werden; wodurch die Deutschen in eine Lächerlichkeit verfallen sind, die in Europa nur an der Sucht der Spanier nach einer langen Liste von Namen eine Parallele findet.

§. 395.

82 Die Seele ist 3) zum individuellen Subjecte vereinzelt. Diese Subjectivität kommt aber hier nur als Vereinzelung der Naturbestimmtheit in Betracht. Sie ist als der Modus des verschiedenen Temperaments, Talents, Charakters, Physiognomie und anderer Dispositionen und Idiosyncrasien von Familien oder den singulären Individuen.

Zusatz. Wie wir gesehen haben, geht der Naturgeist zuerst in die allgemeinen Unterschiede der Menschengattungen auseinander, und kommt in den Volksgeistern zu einem Unterschiede, welcher die Form der Besonderung hat. Das Dritte ist, daß der Naturgeist zu seiner Vereinzelung fortschreitet, und als individuelle Seele sich selber sich entgegensetzt. Der hier entstehende Gegensatz ist aber noch nicht derjenige Gegensatz, welcher zum Wesen des Bewußtseyns gehört. Die Einzelnheit oder Individualität der

selves, it often also resulted in their doing next to nothing for the government. Dwelling in an inwardness of disposition, the Germans have, it is true, always been ready to profess their loyalty and integrity. They could, however, not often be brought to give proof of this their substantial conviction. 5
On the contrary, they have used the general norms of state law against princes and emperor merely in order to disguise their disinclination to do anything for the state while not compromising or prejudicing their excellent opinion of their own loyalty and integrity. Although for the most part their 10
political awareness, their love of their country, was not very lively, there is a goodly tradition of their being animated by an excessive desire for the prestige of an official position, and of their entertaining the opinion that since the office and the title make the man, the importance of persons and 15
the respect due to them may nearly always be gauged with complete certainty by means of their various titles. It is on account of this that the Germans have lapsed into a ridiculousness which has its parallel in Europe only in the Spaniards' mania for a long string of names. 20 +

§ 395

The soul is 3) singularized into the *individual subject*. At this juncture however, this subjectivity is considered only as the singularization of a *natural determinateness*. Its *mode* of being is the special temperament, talent, character, physiog- 25
nomy and other dispositions **and idiosyncrasies,** of families or singular individuals.

Addition. As we have seen, natural spirit first divides into the *universal* differences of the human species. In the spirits of the various peoples it attains a difference having the form 30
of *particularization*. In the third instance, it progresses into its *singularization*, and sets itself in opposition to itself as individual soul. The opposition which occurs here is however not that of the essence of consciousness. Here in anthropology,

Seele kommt hier in der Anthropologie nur als Naturbestimmtheit in Betracht.

Zunächst muß nun über die individuelle Seele bemerkt werden, daß in derselben die Sphäre des Zufälligen beginnt, da nur das Allgemeine das Nothwendige ist. Die einzelnen Seelen unterscheiden sich von einander durch eine unendliche Menge von zufälligen Modificationen. Diese Unendlichkeit gehört aber zur schlechten Art des Unendlichen. Man darf daher die Eigenthümlichkeit der Menschen nicht zu hoch anschlagen. Vielmehr muß man für ein leeres, in's Blaue gehendes Gerede die Behauptung erklären, daß der Lehrer sich sorgfältig nach der Individualität jedes seiner Schüler zu richten, dieselbe zu studiren und auszubilden habe. Dazu hat er gar keine Zeit. Die Eigenthümlichkeit der Kinder wird im Kreise der Familie geduldet; aber mit der Schule beginnt ein Leben nach allgemeiner Ordnung, nach einer, Allen gemeinsamen Regel; da muß der Geist zum Ablegen seiner Absonderlichkeiten, zum Wissen und Wollen des Allgemeinen, zur Aufnahme der vorhandenen allgemeinen Bildung gebracht werden. Dieß Umgestalten der Seele — nur Dieß heißt Erziehung. Je gebildeter ein Mensch ist, desto weniger tritt in seinem Betragen etwas nur ihm Eigenthümliches, daher Zufälliges hervor

83 Die Eigenthümlichkeit des Individuums hat nun aber verschiedene Seiten. Man unterscheidet dieselbe nach den Bestimmungen des Naturells, des Temperaments und des Charakters.

Unter dem Naturell versteht man die natürlichen Anlagen im Gegensatze gegen Dasjenige, was der Mensch durch seine eigene Thätigkeit geworden ist. Zu diesen Anlagen gehört das Talent und das Genie. Beide Worte drücken eine bestimmte Richtung aus, welche der individuelle Geist von Natur erhalten hat. Das Genie ist jedoch umfassender als das Talent: das letztere bringt nur im Besonderen Neues hervor, wogegen das Genie eine neue Gattung erschafft. Talent und Genie müssen aber, da sie zunächst bloße Anlagen sind, — wenn sie nicht verkommen, sich verlüderlichen, oder in schlechte Originalität ausarten sollen, — nach allgemeingültigen Weisen ausgebildet werden. Nur durch diese Ausbildung bewähren jene Anlagen ihr Vorhandenseyn, ihre

the singularity or individuality of the soul comes under consideration only as a natural determinateness.

With regard to the individual soul, it has firstly to be observed that since it is only the universal that is necessary, it is in this soul that the sphere of contingency is initiated. Individual souls are distinguished from one another by an endless multitude of contingent modifications. Since this is however a spurious kind of infinity, one ought not to overrate the peculiarity of people. The assertion that the teacher has carefully to adapt to, study and develop the individuality of each of his pupils, must moreover be treated as empty and ill-considered talk. He has not the time to do so. The peculiarity of children is tolerated in the family circle, but at school they are initiated into the general order, into living in conformity with a rule which applies to everyone. In school, spirit has to be brought to abandon its irregularities for knowledge of and desire for the universal, to assimilate the general culture about it. It is this reshaping of the soul, and this alone, that constitutes education. The more educated a person is, the less will his behaviour exhibit anything contingent and simply peculiar to him. +

There are however various aspects to the peculiarity of the individual. These are distinguished according to the determinations of what is *natural*, of *temperament* and of *character*.

What is *natural* is understood to consist of natural endowments as distinct from whatever the person has become by means of his own activity. These endowments include *talent* + and *genius*. Both these words express a certain bent which the + individual spirit has derived from nature. Genius embraces more than talent however, for whereas talent can only bring forth something new in the particular, genius creates a new genre. Since both are primarily nothing but endowments + however, they have to be schooled in accordance with generally accepted procedures if they are not to be wrecked, run to ruin, or degenerate into spurious originality. It is only by means of this schooling that such endowments give proof

Macht und ihren Umfang. Vor dieser Ausbildung kann man sich über das Daseyn eines Talentes täuschen; frühe Beschäftigung mit Mahlen, zum Beispiel, kann Talent zu dieser Kunst zu verrathen scheinen, und dennoch diese Liebhaberei Nichts zu Wege bringen. Das bloße Talent ist daher auch nicht höher zu schätzen, als die durch ihre eigene Thätigkeit zur Erkenntniß ihres Begriffs gekommene Vernunft, — als das absolut freie Denken und Wollen. In der Philosophie führt das bloße Genie nicht weit; da muß sich dasselbe der strengen Zucht des logischen Denkens unterwerfen; nur durch diese Unterwerfung gelangt dort das Genie zu seiner vollkommenen Freiheit. Was aber den Willen betrifft, so kann man nicht sagen, daß es ein Genie zur Tugend gebe; denn die Tugend ist etwas Allgemeines, von allen Menschen zu Forderndes, und nichts Angebornes, sondern etwas in dem Individuum durch dessen eigene Thätigkeit Hervorzubringendes. Die Unterschiede des Naturells haben daher für die Tugendlehre gar keine Wichtigkeit; dieselben würden nur — wenn wir uns so ausdrücken dürfen — in einer Naturgeschichte des Geistes zu betrachten seyn.

84 Die mannigfaltigen Arten des Talents und des Genies unterscheiden sich von einander durch die verschiedenen geistigen Sphären, in welchen sie sich bethätigen. Der Unterschied der Temperamente dagegen hat keine solche Beziehung nach außen. Es ist schwer zu sagen, was man unter Temperament verstehe. Dasselbe bezieht sich nicht auf die sittliche Natur der Handlung, noch auf das in der Handlung sichtbar werdende Talent, noch endlich auf die immer einen bestimmten Inhalt habende Leidenschaft. Am besten wird man daher das Temperament als die ganz allgemeine Art und Weise bestimmen, wie das Individuum thätig ist, sich objectivirt, sich in der Wirklichkeit erhält. Aus dieser Bestimmung geht hervor, daß für den freien Geist das Temperament nicht so wichtig ist, wie man früherhin gemeint hat. In der Zeit größerer Bildung verlieren sich die mannigfaltigen, zufälligen Manieren des Benehmens und Handelns, und damit die Temperamentsverschiedenheiten, — gerade so, wie in solcher Zeit die bornirten Charaktere der in einer ungebildeteren Epoche entstandenen Lustspiele, — die vollkommen Leichtsinnigen, die lächerlich

of their existence, power and scope. Prior to this schooling the existence of a talent can be misassessed. While a young person's painting might, for example, appear to give evidence of his having artistic ability, the hobby may still not result in his accomplishing anything. Consequently, talent as such is not to be regarded as superior to reason which has come to recognize its Notion by means of its own activity. It is indeed inferior to this absolute freedom of thinking and willing. Genius alone does not get far in philosophy, where it must submit itself to the strict discipline of logical thinking; it is only by doing so that it can attain to complete freedom in this sphere. With regard to the will moreover, it cannot be said to harbour a genius for virtue, since virtue is not innate but is something universal, which is to be required of everyone, and brought forth within the individual by means of its own activity. The differences in what is natural are therefore of no significance to the doctrine of virtue, and would have to be considered only in what one might call a natural history of spirit.

The various kinds of talent and genius distinguish themselves from one another in accordance with the different spiritual spheres within which they are active. The difference between the *temperaments* has however no such external involvement. It is difficult to say what one means by temperament, for it is involved in neither the ethical nature of action, nor the talent which reveals itself in action, nor, finally, in passion, which always has a specific content. It is therefore best to define it as the completely universal mode and manner in which the individual is active in objectivizing itself by comporting itself within actuality. From this determination it follows that temperament is not so important to free spirit as it was formerly thought to be. In a period of superior culture there is a gradual disappearance of various accidental mannerisms of conduct and action, and hence of varieties of temperament. In such a period there is also a corresponding change in the comedies, the onesided characters of a less sophisticated epoch, the completely scatter-brained, the ludicrously absent-minded, the tight-

Zerstreuten, die filzig Geizigen, — viel seltener werden. Die versuchten Unterscheidungen des Temperaments haben etwas so Unbestimmtes, daß man von denselben wenig Anwendung auf die Individuen zu machen weiß, da in diesen die einzeln dargestellten Temperamente sich mehr oder weniger vereinigt finden. Bekanntlich hat man, — ebenso, wie man die Tugend in vier Haupttugenden unterschied, — vier Temperamente — das cholerische, das sanguinische, das phlegmatische und das melancholische — angenommen. Kant spricht über dieselben weitläuftig. Der Hauptunterschied dieser Temperamente beruht darauf, daß — entweder der Mensch sich in die Sache hineinbegibt, — oder es ihm mehr um seine Einzelnheit zu thun ist. Der erstere Fall findet bei den Sanguinischen und Phlegmatischen, der letztere bei den Cholerischen und Melancholischen statt. Der Sanguinische vergißt sich über der Sache, und zwar bestimmter so, daß er vermöge seiner oberflächlichen Beweglichkeit sich in einer Mannigfaltigkeit von Sa- 85
chen herumwälzt; wogegen der Phlegmatische sich beharrlich auf Eine Sache richtet. Bei den Cholerischen und Melancholischen aber ist, wie schon angedeutet, das Festhalten an der Subjectivität überwiegend; diese beiden Temperamente unterscheiden sich jedoch von einander wieder dadurch, daß in dem Cholerischen die Beweglichkeit, in dem Melancholischen die Unbeweglichkeit das Uebergewicht hat; so daß in dieser Beziehung das Cholerische dem Sanguinischen, das Melancholische dem Phlegmatischen entspricht. *

* *Kehler Ms.* S. 69; *Griesheim Ms.* SS. 94–96: Man kann nicht von einem Individuum sagen, daß es bestimmt von diesem Temperament sei; aber die Hauptsache ist, in einem gebildeten vernünftigen Zustand treten diese Particularitäten zurück. Der Phlegmatiker wird nach allen Seiten erregt, muß sich um vieles bekümmern, das Substanzielle hat sich in sehr viele besondere Formen und Verhältnisse getheilt, um die er sich interessieren muß; er wird durch belebten Weltzustand vielseitig angefaßt und erregt. Einem sanguinischen Menschen wird die Nothwendigkeit auferlegt, auch zu beharren in diesem Geschäft, Amt, Pflicht; der Melancholiker wird aus sich herausgetrieben, das Brüten der Empfindsamkeit in sich duldet der gebildete Zustand nicht. Der Choleriker muß so Ausbrüche mässigen, seine Thätigkeit, Wirksamkeit den Gesetzen, Verhältnissen, dem was als Sitte gilt, angemessen machen. In einer gebildeten Nation schwinden die Besonderheiten zu unbedeutenden Eigenthümlichkeiten herunter. Eine Menge von Eigenthümlichkeiten sind Sache der Angewohnheit, Nachlässigkeit der

fisted skinflint, become much rarer. The attempts made to define differences of temperament are so unsatisfactory that it is scarcely possible to apply them to individuals; whereas the temperaments are presented as being distinct, in the individual itself they are more or less united. As is well known, virtue has been divided into the four cardinal virtues, corresponding to the *choleric*, the *sanguin*, the *phlegmatic* and the *melancholic* — the four temperaments. Kant has a lot to say about these. Their principal difference arises from a person's either involving himself in the matter in hand or having more to do with his own singularity. The former is the case with the sanguin and phlegmatic, the latter with the choleric and melancholic temperaments. Sanguinity forgets itself for the matter in hand, and largely on account of its superficial versatility, thrashes around in a variety of things. Phlegmatism on the contrary concentrates persistently upon a single object. As has already been indicated, it is concentration upon subjectivity that is predominant in choler and melancholy. These are however also distinguished from one another in that in the former there is a predominance of versatility and in the latter of the opposite characteristic. In this respect therefore, choler corresponds to sanguinity and melancholy to phlegmatism.*

* *Kehler Ms.* p. 69; *Griesheim Ms.* pp. 94–96: One cannot say that an individual is determined by this particular temperament; the main thing is however, that in a cultured and rational environment these particularities become less prominent. The phlegmatic person is stimulated on all sides, has to concern himself with a multitude of things, his substantial being having divided itself into a great host of particular forms and relationships in which he has to interest himself; he is gripped and stimulated in many ways by the lively business of the world. Necessity is imposed upon a sanguin person, who also has to stick to a particular business, job, duty. The melancholy person is driven into snapping out of himself, sensitivity's inner broodings not being tolerated by a cultivated milieu. The choleric person has to check his outbursts, adapt his activity, his effectiveness, to the laws, the relationships of prevailing custom. In a cultured nation therefore, particular traits dwindle into insignificant peculiarities. Many peculiarities are a matter of confirmed

Wir haben bereits bemerkt, daß der Unterschied des Temperaments seine Wichtigkeit in einer Zeit verliert, wo die Art und Weise des Benehmens und der Thätigkeit der Individuen durch die allgemeine Bildung festgesetzt ist. Dagegen bleibt der Charakter Etwas, das die Menschen immer unterscheidet. Durch ihn kommt das Individuum erst zu seiner festen Bestimmtheit. Zum Charakter gehört erstlich das Formelle der Energie, mit welcher der Mensch, ohne sich irre machen zu lassen, seine Zwecke und Interessen verfolgt, und in allen seinen Handlungen die Uebereinstimmung mit sich selber bewahrt. Ohne Charakter kommt der Mensch nicht aus seiner Unbestimmtheit heraus, oder fällt aus einer Richtung in die entgegengesetzte. An jeden Menschen ist daher die Forderung zu machen, daß er Charakter zeige. Der charaktervolle Mensch imponirt Anderen, weil sie wissen, was sie an ihm haben. Zum Charakter gehört aber, außer der formellen Energie, zweitens ein gehaltvoller, allgemeiner Inhalt des Willens. Nur durch Ausführung großer Zwecke offenbart der Mensch einen großen, ihn zum Leuchthurm für Andere machenden Charakter; und seine Zwecke müssen innerlich berechtigte seyn, wenn sein Charakter die absolute Einheit des Inhalts und der formellen

---

\+ Erziehung, z.B. das Stottern, es kann natürlich sein, aber vornemlich ist es Trägheit sich zu exponiren, die inne hält, sich besinnt, stehen bleibt und endlich dazu kommt daß es feste Gewohnheit wird. Es giebt eine unendliche Menge von natürlichen Besonderheiten, die Kinder lernen viel von ihren Aeltern, besonders ist dieß in Demokratien (*Kehler*: Reichstädten) und Aristokratien der Fall, wie z.B. in Bern, da hat jede Familie ihren eigenthümlichen Charakter und ihre eigenthümliche Richtung gehabt und fort gewirkt. Die Eine hat sich mehr auf Politik, auf das Recht, die andere auf Reichthümer, hohe Würden u.s.w. gelegt und hat sich darin erhalten. So haben sich auch die Zünfte leichter fortgeerbt, indem die Kinder gerne bei der Zunft der Aeltern blieben, auf diese Weise haben (96) sich immer gewisse Geschmäcke, Eigenthümlichkeiten fortgeerbt, dieß ist einerseits Naturanlage, andererseits Resultat bestimmter Verhältnisse und es kann leicht sein, daß so etwas vollkommen fest wird. Man kann sich vorstellen, daß bei Kindern die einem europäischen Volke angehören schon eine gewisse Regsamkeit statt findet gegen Kinder eines wilden Stammes, so daß man versichert daß ein Kind aus einem gebildeten Volke mit einem Naturell das dem gebildeten Zustand angemessen ist, unter einem wilden Stamm versetzt, sich unter ihm auszeichnet, sein Naturell geltend macht.

We have already noticed that difference of temperament is less important during a period in which the mode and manner in which individuals behave and act are decided by the general culture. People are always distinguished on account of their *character* however, by means of which the firm de- 5 terminateness of the individual first comes into play. The primary factor in character is the formal one of the energy with which the person pursues his purposes and interests regardless of distraction, and preserves self-consistency in all that he does. A person without character will either fail to 10 assume determinateness or shift from one direction to the opposite. It is therefore to be required of everyone that they should give evidence of character. A man of character impresses others because they know what they are dealing with. The second factor in character, as distinct from that of formal 15 energy, is however the substantial general content of the will. It is only through the accomplishment of great designs that a person reveals the greatness of character that makes him a beacon to others. Yet if his character is to possess the perfect veracity of exhibiting the absolute unity of content and for- 20

---

habit, of having been carelessly brought up; stuttering for example, which can be natural, but which is usually a sluggishness in expressing oneself. This sluggishness holds back, deliberates, does nothing, and finally reaches the state of being a fixed habit. There is an infinite number of natural traits. + Children learn a great deal from their parents, especially in democracies (*Kehler*: 'imperial cities') and aristocracies. In Berne for example, each family acted in accordance with its particular character and propensity, one concerning itself more with politics, the law, the other with wealth, social standing etc., and they kept to this. Crafts were also passed on more easily from one generation to another if children wanted to carry on the trade practised by their parents, and it has always been by means of (96) this that certain manners, peculiarities, have been passed on. On the one hand this is a natural aptitude, while on the other it is the result of certain relationships, and it can easily become something completely fixed. One can well under- + stand that there should already be a certain responsiveness about the children of a European people which is lacking in those of a savage tribe, so that one hears that a child from a civilized people with a natural disposition proper to a civilized state, will distinguish itself and make this disposition evident if it is transferred to a savage tribe.

Thätigkeit des Willens darstellen und somit vollkommene Wahrheit haben soll. Hält dagegen der Wille an lauter Einzelnheiten, an Gehaltlosem fest, so wird derselbe zum Eigensinn. Dieser hat vom Charakter nur die Form, nicht den Inhalt. Durch den Eigensinn, — diese Parodie des Charakters, — erhält die Individualität des Menschen eine die Gemeinschaft mit Anderen störende Zuspitzung.

86

Noch individuellerer Art sind die sogenannten Idiosynkrasien, die sowohl in der physischen wie in der geistigen Natur des Menschen vorkommen. So wittern, zum Beispiel, manche Menschen in ihrer Nähe befindliche Katzen. Andere werden von gewissen Krankheiten ganz eigen afficirt. Jacob I. von England ward ohnmächtig, wenn er einen Degen sah. Die geistigen Idiosynkrasien zeigen sich besonders in der Jugend, z. B., in der unglaublichen Schnelligkeit des Kopfrechnens einzelner Kinder. Uebrigens unterscheiden sich durch die oben besprochenen Formen der Naturbestimmtheit des Geistes nicht bloß die Individuen, sondern mehr oder weniger auch Familien von einander, besonders da, wo dieselben sich nicht mit Fremden, sondern nur unter einander verbunden haben, wie z. B. in Bern und in manchen deutschen Reichsstädten der Fall gewesen ist.

Nachdem wir hiermit die drei Formen der qualitativen Naturbestimmtheit der individuellen Seele, — das Naturell, das Temperament und den Charakter, — geschildert haben, bleibt uns hierbei noch übrig, die vernünftige Nothwendigkeit anzudeuten, warum jene Naturbestimmtheit gerade diese drei und keine anderen Formen hat, und warum diese Formen in der von uns befolgten Ordnung zu betrachten sind. Wir haben mit dem Naturell, — und zwar bestimmter, mit dem Talent und dem Genie, — angefangen, weil in dem Naturell die qualitative Naturbestimmtheit der individuellen Seele überwiegend die Form eines bloß Seyenden, eines unmittelbar Festen und eines Solchen hat, dessen Unterscheidung in sich selber sich auf einen außer ihm vorhandenen Unterschied bezieht. — Im Temperament dagegen verliert jene Naturbestimmtheit die Gestalt eines so Festen; denn während in dem Individuum entweder Ein Talent ausschließlich herrscht,

mal activity, his designs must be inwardly justified. Character becomes *caprice* if the will fastens on to patent singularities, to what is frivolous. Caprice is merely the form of character, not its content. It is a parody on character, and a person's individuality will be less congenial to others in that it is perverted by it.

So-called *idiosyncrasies*, which occur in the physical as well as the spiritual nature of man, are of a still more individual kind. Some people, for example, will scent nearby cats. Others are affected in a completely peculiar way by certain illnesses. James I of England used to swoon at the sight of a sword. Spiritual idiosyncrasies are particularly evident in youth, in, for example, the incredible rapidity of certain children in mental arithmetic. Incidentally, not only individuals but also families are more or less distinguished in accordance with the above-mentioned forms of the natural determinations of spirit, particularly where outsiders have been excluded and they have simply inter-married, as has been the case in Berne for example, and in many of the free cities of Germany.

We have now delineated the three forms of the qualitative natural determinateness of the individual soul i.e. what is natural, temperament and character. In this connection we have however still to indicate the rational necessity of there being precisely these three forms of this determinateness and no others, and of their being considered in the order we have followed. We have begun with what is natural, more precisely with talent and genius, since in what is natural the predominant form of the qualitative natural determinateness of the individual soul is that of mere being, of a firm immediacy, of that which has an inner differentiation relating to the difference present outside it. — In temperament on the contrary, the natural determinateness loses this firmness of shape, for it is either one talent that dominates the indi-

oder in ihm mehrere Talente ihr ruhiges, übergangsloses Bestehen
87 neben einander haben, kann Ein und dasselbe Individuum von jeder Temperamentsstimmung in die andere übergehen, so daß keine in ihm ein festes Seyn hat. Zugleich wird in den Temperamenten der Unterschied der fraglichen Naturbestimmtheit aus der Beziehung auf etwas außer der individuellen Seele Vorhandenes in das Innere derselben reflectirt. — Im Charakter aber sehen wir die Festigkeit des Naturells mit der Veränderlichkeit der Temperamentsstimmungen, — die in dem Ersteren vorwaltende Beziehung nach außen mit dem in den Temperamentsstimmungen herrschenden Insichreflectirtseyn der Seele vereinigt. Die Festigkeit des Charakters ist keine so unmittelbare, so angeborene, wie die des Naturells, sondern eine durch den Willen zu entwickelnde. Der Charakter besteht in etwas Mehrerem, als in einem gleichmäßigen Gemischtseyn der verschiedenen Temperamente. Gleichwohl kann nicht geleugnet werden, daß derselbe eine natürliche Grundlage hat, — daß einige Menschen zu einem starken Charakter von der Natur mehr disponirt sind, als Andere. Aus diesem Grunde haben wir das Recht gehabt, hier in der Anthropologie vom Charakter zu sprechen, obgleich derselbe seine volle Entfaltung erst in der Sphäre des freien Geistes erhält.

β) Natürliche Veränderungen.

§. 396.

An der Seele als Individuum bestimmt, sind die Unterschiede als Veränderungen an ihm, dem in ihnen beharrenden Einen Subjecte und als Entwicklungsmomente desselben. Da sie in Einem physische und geistige Unterschiede sind, so wäre für deren concretere Bestimmung oder Beschreibung die Kenntniß des gebildeten Geistes zu anticipiren.

Sie sind 1) der natürliche Verlauf der Lebensalter, von dem Kinde an, dem in sich eingehüllten Geiste, durch den entwickelten Gegensatz, die Spannung einer selbst noch subjectiven Allgemeinheit, Ideale, Einbildungen, Sol-
88 len, Hoffnungen u. s. f., gegen die unmittelbare Einzeln-

vidual exclusively, or several that subsist in it side by side without disturbing or influencing one another, while one and the same individual can sustain transition from any temperamental mood into any other, no one of them being fixed within it. At the same time, the difference of the natural determinateness in question is, in the temperaments, reflected from the relation to something present outside the individual soul, into the soul's interior. — In character however, we find the firmness of what is natural, together with its prevailing relation outwards, united with the changeableness of general temperamental moods and the predominant intro-reflectedness of the soul which these entail. Firmness of character is developed by means of the will; it is not so innate as that which is natural, and lacks the immediacy of natural firmness. Character consists of something more than a proportionable melange of the various temperaments. Nevertheless, it cannot be denied that it has a *natural* basis — that certain people are by nature more disposed to strength of character than others. It is on account of this that we have made mention of character in dealing with anthropology. It is however in the sphere of free spirit that character first unfolds to its full extent. +

β) *Natural changes*

§ 396

In the soul determined as an individual, differences occur as changes within the individual, which is the single permanent subject within them, and as moments in the development of this subject. Since they are at once both physical and spiritual differences, a more concrete determination or description of them would anticipate acquaintance with mature spirit.

These changes constitute 1) the natural *course of the stages of life*. **Spirit is enveloped within itself in the child. In the youth there is the developed opposition of the tension between the ideals, imaginings, reformings, hopes etc. of a universality which is itself still**

heit, d. i. gegen die vorhandene denselben nicht angemessene Welt und die Stellung des auf der andern Seite noch unselbstständigen und in sich unfertigen Individuums in seinem Daseyn zu derselben (Jüngling), zu dem wahrhaften Verhältniß, der Anerkennung der objectiven Nothwendigkeit und Vernünftigkeit der bereits vorhandenen fertigen Welt, an deren sich an und für sich vollbringendem Werke das Individuum seiner Thätigkeit eine Bewährung und Antheil verschafft, dadurch Etwas ist, wirkliche Gegenwart und objectiven Werth hat (Mann), — bis zur Vollbringung der Einheit mit dieser Objectivität, welche Einheit als reell in die Unthätigkeit abstumpfender Gewohnheit übergeht, als ideell die Freiheit von den beschränkten Interessen und Verwicklungen der äußerlichen Gegenwart gewinnt, — (Greis.)

Zusatz. Indem die zuerst vollkommen allgemeine Seele auf die von uns angegebene Weise sich besondert und zuletzt zur Einzelnheit, zur Individualität sich bestimmt, so tritt sie in den Gegensatz gegen ihre innere Allgemeinheit, gegen ihre Substanz. Dieser Widerspruch der unmittelbaren Einzelnheit und der in derselben an sich vorhandenen substantiellen Allgemeinheit begründet den Lebensproceß der individuellen Seele, — einen Proceß, durch welchen deren unmittelbare Einzelnheit dem Allgemeinen entsprechend gemacht, dieses in jener verwirklicht, und so die erste, einfache Einheit der Seele mit sich zu einer durch den Gegensatz vermittelten Einheit erhoben, die zuerst abstracte Allgemeinheit der Seele zur concreten Allgemeinheit entwickelt wird. Dieser Entwicklungsproceß ist die Bildung. Schon das bloß animalisch Lebendige stellt auf seine Weise jenen Proceß an sich dar. Aber, — wie wir früher gesehen haben, — hat dasselbe nicht die Macht, wahrhaft die Gattung in sich zu verwirklichen; seine unmittelbare, seyende, abstracte Einzelnheit bleibt immer im Widerspruche mit seiner Gattung, schließt dieselbe nicht weniger von sich aus, als in sich ein. Durch diese seine Unfähigkeit zur vollkommenen Darstellung der Gattung geht das nur Lebendige zu Grunde. Die Gattung erweist sich an ihm als eine Macht, vor welcher dasselbe verschwinden muß. Im Tode des Individuums kommt daher die Gattung

89

subjective, and immediate singularity; on the one side there is the world which is inadequate to the yearnings, on the other the attitude to this world of an individual whose existence is still lacking in independence and inner maturity. The man attains to the true relationship; he recognizes the objective necessity and rationality of the implemented world with which he is confronted, and by obtaining a confirmation of and a place for his activity in the being-in-and-for-self with which the works of this world are accomplished, the individual becomes somebody, an actual presence with an objective value. Unity with this objectivity is finally consummated in old age, during which, in that it is of a real nature, it declines into the inactivity of habit, while in that it is of an ideal nature, it gains the freedom of having limited interests and of avoiding involvement with what is present externally.

Addition. In that it particularizes itself in the manner indicated, and fully individualizes itself by determining itself into singularity, the initially completely universal soul enters into opposition to its inner universality, its substance. This contradiction between immediate singularity and the substantial universality implicitly present within it, gives rise to the life-process of the individual soul. In this process, the immediate singularity of the soul is made to correspond to the universal, in that the latter is actualized in the former. The soul's primary and simple unity with itself is therefore sublated into a unity mediated by opposition, i.e. the universality of the soul is developed into concreteness from its initial abstraction. This process of development constitutes the formation of the soul. Certain implicit evidence of the process is already present in merely animal being. As we have already seen however, it is beyond the power of such being, to truly actualize the genus within itself; the immediacy, the being, the abstraction of its singularity remain in contradiction to its genus, which is excluded by it to no less an extent than it is included. It is an account of this inability to give complete expression to the genus that simply living being perishes. The genus exhibits itself within it as a power before which it must vanish. In the death of the individual

nur zu einer Verwirklichung, die ebenso abstract, wie die Einzelnheit des bloß Lebendigen, ist, und dieselbe ebenso ausschließt, wie die Gattung von der lebendigen Einzelnheit ausgeschlossen bleibt. — Wahrhaft verwirklicht sich dagegen die Gattung im Geiste, im Denken, — diesem ihr homogenen Elemente. Im Anthropologischen aber hat diese Verwirklichung, — da dieselbe am natürlichen individuellen Geiste stattfindet, — noch die Weise der Natürlichkeit. Sie fällt deßhalb in die Zeit. So entsteht eine Reihe von unterschiedenen Zuständen, welche das Individuum als solches durchläuft, — eine Folge von Unterschieden, die nicht mehr die Festigkeit der in den verschiedenen Menschenracen und in den Nationalgeistern herrschenden unmittelbaren Unterschiede des allgemeinen Naturgeistes haben, sondern an Einem und demselben Individuum als fließende, als in einander übergehende Formen erscheinen.

Diese Folge von unterschiedenen Zuständen ist die Reihe der Lebensalter.

Dieselbe beginnt mit der unmittelbaren, noch unterschiedslosen Einheit der Gattung und der Individualität, — mit dem abstracten Entstehen der unmittelbaren Einzelnheit, mit der Geburt des Individuums, und endigt mit der Einbildung der Gattung in die Einzelnheit, oder dieser in jene, — mit dem Siege der Gattung über die Einzelnheit, mit der abstracten Negation der letzteren, — mit dem Tode.

Was am Lebendigen als solchem die Gattung ist, das ist am Geistigen die Vernünftigkeit; denn die Gattung hat schon die dem Vernünftigen zukommende Bestimmung der inneren Allgemeinheit. In dieser Einheit der Gattung und des Vernünftigen liegt der Grund, daß die im Verlauf der Lebensalter hervortretenden geistigen Erscheinungen den in diesem Verlauf sich entwickelnden physischen Veränderungen des Individuums entsprechen. Die Uebereinstimmung des Geistigen und Physischen ist hier eine bestimmtere, als bei den Racenverschiedenheiten, wo wir es nur mit den allgemeinen festen Unterschieden des Naturgeistes und mit ebenso festen physischen Unterschieden der Menschen zu thun haben, während hier die bestimmten Veränderungen der in-

90

therefore, the genus attains to an actualization which is no less abstract than the singularity of merely living being, and which excludes this singularity in precisely the same way as the genus remains excluded from living singularity. It is, on the contrary, in spirit, in thought, i.e. in its homogeneous element, 5 that the genus truly actualizes itself. In that which is an- + thropological the mode of this actualization is still that of naturality however, since it occurs in natural and individual spirit. It is on account of this that it falls within time. Thus, the individual as such passes through a series of different 10 conditions. The differences of the resultant sequence no longer possess the fixity of the immediate differences of the universal natural spirit which prevail in the various races and national spirits. They occur fluidly, as forms which pass over into one another in one and the same individual. 15

This sequence of different conditions is the series constituting the *stages of life*.

It begins with the still undifferentiated unity of genus and individuality, with the abstract emergence of immediate singularity, with the birth of the individual. It ends with the 20 including of the genus within singularity, or of singularity within the genus, with singularity's being vanquished by the genus, — with the abstract negation of the former, — with death.

Since the determination of inner universality in that which 25 is rational already occurs in the *genus*, the genus is to living being what *rationality* is to that which is spiritual. This unity of the genus with that which is rational contains the basis of the correspondence between the spiritual phenomena which occur in the course of the stages of life, and the physical 30 changes in the individual which develop in the course of these stages. In considering racial varieties one is concerned only + with the fixed and universal differences of natural spirit and with the similarly fixed physical differences of people. At this juncture however, the determinate changes of the individual 35 soul and of its corporeity have to be considered, and there is therefore a more determinate accord between what is

dividuellen Seele und ihrer Leiblichkeit zu betrachten sind. Man darf aber andererseits nicht so weit gehen, in der physiologischen Entwicklung des Individuums das markirte Gegenbild der geistigen Entfaltung desselben zu suchen; denn in der letzteren hat der sich darin hervorthuende Gegensatz und die aus demselben zu erzeugende Einheit eine viel höhere Bedeutung, als im Physiologischen. Der Geist offenbart hier seine Unabhängigkeit von seiner Leiblichkeit dadurch, daß er sich früher, als diese, entwickeln kann. Häufig haben Kinder eine geistige Entwicklung gezeigt, welche ihrer körperlichen Ausbildung weit vorangeeilt war. Vornehmlich ist Dieß bei entschiedenen künstlerischen Talenten, namentlich bei musikalischen Genies, der Fall gewesen. Auch in Bezug auf leichtes Auffassen von mancherlei Kenntnissen, besonders im mathematischen Fache, so wie in Bezug auf ein verständiges Räsonnement, sogar über sittliche und religiöse Gegenstände, hat sich solche Frühreife nicht selten gezeigt. Im Allgemeinen muß jedoch zugestanden werden, daß der Verstand nicht vor den Jahren kommt. Fast nur bei den künstlerischen Talenten hat die Frühzeitigkeit ihrer Erscheinung eine Vorzüglichkeit angekündigt. Dagegen ist die bei manchen Kindern sich zeigende vorzeitige Entwicklung der Intelligenz überhaupt in der Regel nicht der Keim eines im Mannesalter zu großer Ausgezeichnetheit gelangenden Geistes gewesen.

Der Entwicklungsproceß des natürlichen menschlichen Individuums zerfällt nun in eine Reihe von Processen, deren Verschiedenheit auf dem verschiedenen Verhältniß des Individuums zur Gattung beruht, und den Unterschied des Kindes, des Mannes und des Greises begründet. Diese Unterschiede sind Darstellungen der Unterschiede des Begriffs. Daher ist das Kindesalter die Zeit der natürlichen Harmonie, des Friedens des Subjects mit sich und mit der Welt, — der ebenso gegensatzlose Anfang, wie das Greisenalter das gegensatzlose Ende ist. Die im Kindesalter etwa hervortretenden Gegensätze bleiben ohne tieferes Interesse. Das Kind lebt in Unschuld, ohne dauernden Schmerz, in Liebe zu den Eltern, und im Gefühl, von ihnen geliebt zu seyn. — Diese unmittelbare, daher ungeistige, bloß natürliche Einheit des Individuums mit seiner Gattung und mit der Welt über-

91

spiritual and what is physical. On the other hand, one ought not to go so far as to search the individual's physiological development for the express image of its spiritual expression, for the opposition which distinguishes itself in this expression, like the unity which is to be engendered from the opposition, 5 is of a much higher significance than it is in that which is physiological. Spirit here shows that it is independent of its corporeity in that it is able to develop itself earlier. Children have often displayed a spiritual development far in advance of their bodily maturity, particularly in the case of pre- 10 dominantly artistic talents such as musical geniuses. Precociousness of this kind has also been evident, and by no means infrequently, in the facility with which various skills have been mastered, especially in the field of mathematics, in respect of reasoning according to the understanding, and 15 + even with regard to ethical and religious matters. It has to be admitted however, that understanding usually comes in due course. It is almost exclusively in artistic talents that its early + appearance has preceded excellence. As a general rule, the precocious development of general intelligence apparent in 20 some children has not given rise to spiritual achievement of high distinction in adult life. +

The process of development in the natural human individual now falls apart into a series of processes, the variety of which rests upon the variegated relationship of the indi- 25 vidual to the genus, and is the basis of the difference between the *child*, the *adult* and the *elderly*. These differences are representations of the differences of the Notion. Thus, *childhood* is the time of natural harmony, of the subject's being at peace with itself and the world, this beginning being 30 as devoid of opposition as the end, old age. The oppositions that can occur in childhood remain devoid of deeper interest. The child lives in a state of innocence, with no lasting sorrow, in the love it has for its parents, and in the feeling that it is loved by them. This immediate and consequently unspiritual 35 or merely natural unity of the individual with its genus and

haupt muß aufgehoben werden; — das Individuum muß dazu fortschreiten, sich dem Allgemeinen, als der an-und-für-sich-seyenden, fertigen und bestehenden Sache, gegenüber zu stellen, sich in seiner Selbstständigkeit zu erfassen. — Zunächst aber tritt diese Selbstständigkeit, — dieser Gegensatz in einer ebenso einseitigen Gestalt auf, wie im Kinde die Einheit des Subjectiven und Objectiven. Der Jüngling löst die in der Welt verwirklichte Idee auf die Weise auf, daß er sich selber die zur Natur der Idee gehörende Bestimmung des Substantiellen, — das Wahre und Gute, — der Welt dagegen die Bestimmung des Zufälligen, Accidentellen zuschreibt. — Bei diesem unwahren Gegensatze darf nicht stehen geblieben werden; der Jüngling hat sich vielmehr über denselben zu der Einsicht zu erheben, daß im Gegentheil die Welt als das Substantielle, das Individuum hingegen nur als ein Accidenz zu betrachten ist, — daß daher der Mensch nur in der fest ihm gegenüberstehenden, selbstständig ihren Lauf verfolgenden Welt seine wesentliche Bethätigung und Befriedigung finden kann, und daß er sich deßhalb die für die Sache nöthige Geschicklichkeit verschaffen muß. — Auf diesen Standpunkt gelangt, ist der Jüngling zum Manne geworden. In sich selber fertig, betrachtet der Mann auch die sittliche Weltordnung als eine nicht erst von ihm hervorzubringende, sondern als eine im Wesentlichen fertige. So ist er für-, nicht gegen die Sache thätig, hat für-, nicht gegen die Sache ein Interesse, steht somit über die einseitige Subjectivität des Jünglings erhaben, auf dem Standpunkt der objectiven Geistigkeit. — Das Greisenalter dagegen ist der Rückgang zur Interesselosigkeit an der Sache; der Greis hat sich in die Sache hineingelebt, und gibt eben wegen dieser, den Gegensatz verlierenden Einheit mit der Sache die interessevolle Thätigkeit für die letztere auf.

92

Den hiermit im Allgemeinen angegebenen Unterschied der Lebensalter wollen wir jetzt näher bestimmen.

Das Kindesalter können wir wieder in drei, oder, — wenn wir das ungeborne, mit der Mutter identische Kind in den Kreis unserer Betrachtung ziehen wollen, — in vier Stufen unterscheiden.

with the world in general, has to be sublated. The individual has to progress into placing itself in opposition to the universal as complete and subsistent being-in-and-for-self, into apprehending itself in its independence. In the first instance however, this independence or opposition occurs in a shape which is as onesided as the unity of the subjective and the objective in the child. The *youth* breaks down the Idea actualized in the world in that he attributes to himself the determination belonging to the nature of the Idea, i.e. that of the substantial, the true and the good, while ascribing to the world the determination of being contingent, accidental. This imperfect opposition is not to be maintained. The youth has rather to raise himself into realizing that it is, on the contrary, the world that is to be regarded as substantial, and that it is the individual that is merely an accident — that, consequently, it is only in the world, which follows its course independently and in firm opposition to him, that man can find that which is essential both to proving himself practically and to his satisfaction, and that he must therefore equip himself with the ability to do so. When this standpoint has been attained, the youth has reached *manhood*. Since he is himself inwardly accomplished, the man regards the ethical world-order not as having to be first brought forth by him, but as being essentially accomplished. He therefore acts in accordance with the matter, not contrary to it, being interested in promoting rather than countering it. Since his standpoint is that of objective spirituality, it is superior to the onesided subjectivity of the youth. — *Old age*, on the contrary, is reversion into lack of interest in the matter. The old person has become accustomed to it, and precisely on account of this abandons the opposition-dispelling unity with it, the interested activity, for lack of interest. +

We shall now define more precisely this general difference between the stages of life.

Within *childhood* we can, once again, distinguish *three* stages — or *four* if we want to include in our sphere of consideration the unborn child, which is identical with the mother.

Das ungeborne Kind hat noch gar keine eigentliche Individualität, — keine Individualität, die sich auf particuläre Weise zu particulären Objecten verhielte, — die ein Aeußerliches an einem bestimmten Punkte ihres Organismus einzöge. Das Leben des ungebornen Kindes gleicht dem Leben der Pflanze. Wie diese keine sich unterbrechende Intussusception, sondern eine continuirlich strömende Ernährung hat, so ernährt sich auch das Kind zuerst durch ein fortdauerndes Saugen, und besitzt noch kein sich unterbrechendes Athmen.

Indem das Kind aus diesem vegetativen Zustande, in welchem es sich im Mutterleibe befindet, zur Welt gebracht wird, geht dasselbe zur animalischen Weise des Lebens über. Die Geburt ist daher ein ungeheurer Sprung. Durch denselben kommt das Kind aus dem Zustande eines völlig gegensatzlosen Lebens in den Zustand der Absonderung, — in das Verhältniß zu Licht und Luft, und in ein immer mehr sich entwickelndes Verhältniß zu vereinzelter Gegenständlichkeit überhaupt, und namentlich zu vereinzelter Nahrung. Die erste Weise, wie das Kind sich zu einem Selbstständigen constituirt, ist das Athmen, — das die elementarische Strömung unterbrechende Einziehen und Ausstoßen der Luft an einem einzelnen Punkte seines Leibes. Schon gleich nach der Geburt des Kindes zeigt sich dessen Körper fast vollständig organisirt; nur Einzelnes ändert sich an demselben; so z. B. schließt sich erst später das sogenannte foramen ovale. Die Hauptveränderung des Körpers des Kindes besteht im Wachsen. In Bezug auf diese Veränderung haben wir kaum nöthig, daran zu erinnern, daß beim animalischen Leben überhaupt, — im Gegensatze gegen das vegetabilische Leben, — das Wachsen kein Außersichkommen, kein über-sich-Hinausgerissenwerden, kein Hervorbringen neuer Gebilde, sondern nur eine Entwicklung des Organismus ist, und einen bloß quantitativen, formellen Unterschied hervorbringt, welcher sich sowohl auf den Grad der Stärke wie auf die Extension bezieht. Ebenso wenig brauchen wir hier, — was schon in der Naturphilosophie an gehöriger Stelle geschehen, — weitläufig auseinander zu setzen, daß jenes der Pflanze fehlende, erst im thierischen Organismus zu Stande kommende Fertigseyn

93

The unborn *child* is still entirely devoid of any individuality of its own, i.e. individuality which relates itself to particular objects in a particular manner, which imbibes an externality at a specific point in its organism. The life of the unborn child resembles that of the plant. The plant has no intermittent intussusception, its nutrition being a continuous flow, and in the first instance the child, too, nourishes itself by continual suction and does not yet possess rhythmic respiration. +

By being brought into the world, the child passes from its vegetative state within the womb into the mode of animal life. Birth therefore constitutes a prodigious change. When it is born, the child quits the condition of life in which opposition is completely absent, for that of separation. It enters into relationship with light and air, into an ever more involving relationship with singularized objectivity in general, and especially with singularized nutrition. The child's first way of making itself independent is by *breathing*, i.e. by interrupting the elementary flow through the inhalation and exhalation of air at a specific point in its body. The practically complete organization of the child's body is already apparent at birth; only particular features alter, the so-called foramen ovale for example, which takes some time to close. *Growth* constitutes the main change in the child's body. With regard to this change, we hardly need to observe that in animal life in general, as opposed to vegetable life, growth is not a coming forth from itself, a being drawn beyond itself, a production of new formations, but is only a development of the organism, and produces a merely quantitative, formal difference, which is relative to the degree of strength as well as to extension. Nor is there any need for us to expound at + length what has already been dealt with at the requisite juncture in the Philosophy of Nature, namely, that the ground of the emergence of self-awareness in the animal, and therefore also of its emergence in the child, is this completeness of corporeity, which is lacking in the plant, and which first occurs in the animal organism, i.e. this referring

der Leiblichkeit, — diese Zurückführung aller Glieder zur negativen, einfachen Einheit des Lebens der Grund des im Thiere — also auch im Kinde — entstehenden Selbstgefühles ist. Dagegen haben wir hier hervorzuheben, daß im Menschen der thierische Organismus zu seiner vollkommensten Form gelangt. Selbst das vollendetste Thier vermag nicht, diesen fein organisirten, unendlich bildsamen Körper aufzuzeigen, den wir schon an dem eben geborenen Kinde erblicken. Zunächst erscheint indeß das Kind in einer weit größeren Abhängigkeit und Bedürftigkeit, als die Thiere. Doch offenbart sich seine höhere Natur auch bereits hierbei. Das Bedürfniß kündigt sich in ihm sogleich ungebehrdig, tobend, gebieterisch an. Während das Thier stumm ist, oder nur durch Stöhnen seinen Schmerz ausdrückt, äußert das Kind das Gefühl seiner Bedürfnisse durch Schreien. Durch diese ideelle Thätigkeit zeigt sich das Kind sogleich von der Gewißheit durchdrungen, daß es von der Außenwelt die Befriedigung seiner Bedürfnisse zu fordern ein Recht habe, — daß die Selbstständigkeit der Außenwelt gegen den Menschen eine nichtige sey.

94 Was nun die geistige Entwicklung des Kindes in diesem ersten Stadium seines Lebens betrifft, so kann man sagen, daß der Mensch nie mehr lerne, als in dieser Zeit. Das Kind macht sich hier mit allen Specificationen des Sinnlichen allmählich vertraut. Die Außenwelt wird ihm hier ein Wirkliches. Es schreitet von der Empfindung zur Anschauung fort. Zunächst hat das Kind nur eine Empfindung vom Lichte, durch welches ihm die Dinge manifestirt werden. Diese bloße Empfindung verleitet das Kind, nach dem Entfernten, als nach einem Nahen, zu greifen. Durch den Sinn des Gefühls orientirt sich aber das Kind über die Entfernungen. So gelangt es zum Augenmaaß, wirft es überhaupt das Aeußere aus sich hinaus. Auch daß die Außendinge Widerstand leisten, lernt das Kind in diesem Alter. *

* *Griesheim Ms.* SS. 102–103; vgl. *Kehler Ms.* SS. 73–74: Beim Kind ist vornehmlich die natürliche Unschuld, Lieblichkeit, Schönheit, die uns anzieht und man kann oft hören daß das Kind das Ideal des Menschen sei, wir schauen darin die ungetrennte Einheit seiner Natur, dessen was sein soll und dessen was das Subjekt ist, eine Einheit die sich ebenso in der Pflanze findet,

of all members back to the negative, simple unity of life. Here however, it has to be emphasized that it is in man that the animal organism attains its most perfect form. Even the most perfect animal is unable to exhibit the finely organized and infinitely supple body which is already to be perceived in the newly born child. In the first instance however, the child displays a far greater degree of dependence and need than the animal. Yet in this respect also, its higher nature already reveals itself. From the very first, its need is made known in an unruly, boisterous, peremptory manner. The animal is either dumb or simply expresses its pain by groans, but the child expresses its feeling of its needs by *crying*. Through this activity, which is of an ideal nature, it shows itself to be already imbued with the certainty of its having a right to exact from the external world the satisfaction of its needs, — with the certainty that with regard to man the independence of the external world is a nullity.

It is true to say of the spiritual development of the child at this first stage of its life, that at no period does a person learn more. It is at this time that the child gradually becomes acquainted with all the specifications of the sensible world. It is at this juncture that the external world becomes something actual for it. It progresses from sensation to intuition. At first, the child merely senses the light by means of which things are made manifest to it. This simple sensation gives rise to its grasping for that which is distant as if it were close. Through the sense of touch however, it orientates itself with regard to distances. It is thus that it comes to measure by means of its eyes, and to project from itself externality in general. It is also at this age that the child learns that external things offer resistance.*

* *Griesheim Ms.* pp. 102–103; cf. *Kehler Ms.* pp. 73–74: It is mainly the natural innocence, loveableness and beauty of the child that attracts us, and one often hears it said that the child is the ideal of the man. We see within the child the undivided unity of its nature, of that which ought to be and that which the subject is, a unity which also occurs not only in the plant but also

Der Uebergang vom Kindes- zum **Knabenalter** ist darin zu setzen, daß sich die Thätigkeit des Kindes gegen die Außenwelt entwickelt, — daß dasselbe, indem es zum Gefühl der Wirklichkeit der Außenwelt gelangt, selbst zu einem wirklichen Menschen zu werden und sich als solchen zu fühlen beginnt, damit aber in die praktische Tendenz, sich in jener Wirklichkeit zu versuchen, übergeht. Zu diesem praktischen Verhalten wird das Kind dadurch befähigt, daß es **Zähne** bekommt, **stehen**, **gehen** und **sprechen** lernt. Das Erste, was hier gelernt werden muß, ist das Aufrechtstehen. Dasselbe ist dem Menschen eigenthümlich und kann nur durch seinen Willen hervorgebracht werden; der Mensch steht nur, insofern er stehen will; wir fallen zusammen, so wie wir nicht mehr stehen wollen; das Stehen ist daher die Gewohnheit des Willens zum Stehen. Ein noch freieres Verhältniß zur Außenwelt erhält der Mensch durch das Gehen; durch dasselbe hebt er das Außereinander des Raumes auf, und gibt sich selber seinen Ort. Die Sprache aber befähigt den Menschen, die Dinge als allgemeine aufzufassen, zum Bewußtseyn seiner eigenen Allgemeinheit, zum Aussprechen des Ich zu gelangen. Dieß Erfassen seiner Ichheit ist ein höchst wichtiger Punkt in der geistigen
95 Entwicklung des Kindes; mit diesem Punkt beginnt dasselbe, aus

---

wie auch im Thiere, beide sind was sie sein sollen, ihr Begriff und das was sie als Subjekt sind ist nicht verschieden. Aber diese Unschuld muß aufhören, denn der Mensch muß nicht von Natur was er sein soll, sein Zweck, seine Bestimmung, sein Substantielles muß durch seinen Willen sein, muß Gegenstand seines Bewußtseins sein und er muß diese Einheit seiner Subjektivität und dessen was an und für sich ist, durch sein Bewußtsein, seinen Willen hervorgebracht haben, weil er geistiger, nicht animalischer Natur ist. Das Kind ist in dieser Einheit weil es nicht nach Zwecken handelt, nicht das Bewußtsein hat vom Allgemeinen, vom Substantiellen, nicht im Gegensatz vor beiden steht, nicht Erkenntniß des Guten und Bösen hat, der Mensch ist aber nur Geist insofern er diese kennt, indem er kennt was an und für sich sein soll und das Partikulaire. Das Kind ist noch im Paradiese aber dieß muß verloren gehen. Die Schlange im Pa (103) radiese sagte den ersten Menschen:
\+ Ihr werdet Gott gleich werden wenn ihr die Erkenntniß habt, und Gott zeiht sie nicht Lügen denn er sagt: Siehe Adam ist worden wie unser einer denn er hat die Erkenntniß des Guten und Bösen. Dieß ist das was dem Geistigen angehört. Das Kind ist noch nicht zur geistigen Existenz gekommen, die Unschuld muß daher verloren gehen.

The transition from childhood to *boyhood* is to be distinguished by the development of the child's activity with regard to the external world. By acquiring a feeling for the actuality of the external world, the child begins itself to be an actual person, to feel itself as such, and so to assume the practical propensity for trying itself out within this actuality. The child is equipped for this practical conduct in that it acquires its *teeth*, and learns to *stand*, *walk* and *speak*. The first of these to be learnt is to stand upright. To do so is peculiar to man, and it is only by means of his will that he can manage it. Man stands only in so far as he wills it. If we do not will it, we fall. Standing is therefore the habit of willing to stand. By walking, man maintains an even freer relationship with the external world, for he sublates the extrinsicality of space and determines his place for himself. It is however speech which enables man to conceive of things as being universal, to attain to consciousness of his own universality, to expression of the ego. This apprehending of its egoity is a supremely important point in the spiritual development of the child; at this point it begins, from its

---

in the animal, both of which are what they ought to be, there being no difference between their Notion and that which they are as subject. This innocence has to cease however, for it is not on account of nature that man must be what he ought to be. By nature he is spiritual not animal, so that his purpose, his determination, his substantial being has to have being through his will, has to be the general object of his consciousness, and he has to have brought forth this unity of his subjectivity and of what is in and for itself by means of his consciousness, his will. The child is within this unity because it does not pursue purposes, has no awareness of what is universal, what is substantial, and does not stand in opposition to these, has no knowledge of what is good and what is evil. Man is only spirit however in that he knows this, in that he knows what ought to be in and for itself and what is particular. The child is still in Paradise, but Paradise must be lost. The serpent in (103) Paradise spoke as follows to the first men, "Ye shall be as God when you have this knowledge," and God did not give it the lie for He said, "Behold, Adam is become as one of us, for he has knowledge of good and evil." This belongs to what is spiritual. Since the child has not yet reached spiritual existence, the innocence has to be lost.

seinem Versenktseyn in die Außenwelt sich in sich zu reflectiren. Zunächst äußert sich diese beginnende Selbstständigkeit dadurch, daß das Kind mit den sinnlichen Dingen spielen lernt. Das Vernünftigste aber, was die Kinder mit ihrem Spielzeug machen können, ist, daß sie dasselbe zerbrechen.

Indem das Kind vom Spielen zum Ernst des Lernens übergeht, wird es zum Knaben. In dieser Zeit fangen die Kinder an, neugierig zu werden, besonders nach Geschichten; es ist ihnen um Vorstellungen zu thun, die sich ihnen nicht unmittelbar darbieten. Die Hauptsache aber ist hier das in ihnen erwachende Gefühl, daß sie noch nicht sind, was sie seyn sollen, — und der lebendige Wunsch, zu werden, wie die Erwachsenen sind, in deren Umgebung sie leben. Daraus entsteht die Nachahmungssucht der Kinder. Während das Gefühl der unmittelbaren Einheit mit den Eltern die geistige Muttermilch ist, durch deren Einsaugung die Kinder gedeihen, zieht das eigene Bedürfniß der letzteren, groß zu werden, dieselben groß. Dieß eigene Streben der Kinder nach Erziehung ist das immanente Moment aller Erziehung. Da aber der Knabe noch auf dem Standpunkt der Unmittelbarkeit steht, erscheint ihm das Höhere, zu welchem er sich erheben soll, nicht in der Form der Allgemeinheit oder der Sache, sondern in der Gestalt eines Gegebenen, eines Einzelnen, einer Autorität. Es ist dieser und jener Mann, welcher das Ideal bildet, das der Knabe zu erkennen und nachzuahmen strebt; nur in dieser concreten Weise schaut auf diesem Standpunkt das Kind sein eigenes Wesen an. Was der Knabe lernen soll, muß ihm daher auf- und mit Autorität gegeben werden; er hat das Gefühl, daß dieß Gegebene gegen ihn ein Höheres ist. Dieß Gefühl ist bei der Erziehung sorgfältig festzuhalten. Deßhalb muß man für eine völlige Verkehrtheit die spielende Pädagogik erklären, die das Ernste als Spiel an die Kinder gebracht wissen will, und an die Erzieher die Forderung macht, sich zu dem kindischen Sinne der Schüler herunterzulassen, anstatt diese zum Ernste der Sache heraufzuheben. Diese spielende Erziehung kann für das ganze Leben des Knaben die Folge haben, daß er Alles mit verächtlichem Sinne betrachtet. Solch trauriges Resultat kann auch durch

immersion in the external world, to reflect itself into itself. This incipient independence first expresses itself in the child's learning to *play* with tangible things. The most rational thing children can do with their playthings is however to smash them.

The child becomes the boy in that it gives up play for the seriousness of *learning*. It is at this time that children start wanting to know things, particularly stories: they are concerned with presentations of which they have no immediate experience. The main thing here is however that they are beginning to feel that they *ought* to be something which, as yet, they *are* not, — and their keen desire to be like the adults in whose company they live. It is this that gives rise to their imitativeness. Spiritually, the mother's milk on which children thrive is the feeling of immediate unity with their parents, although they grow up on account of their own need to do so. This, their own striving toward education, is the moment immanent to all education. Since the boy is still at the standpoint of immediacy however, the height to which he is to raise himself appears to him not in the form of universality or of the matter in hand, but in the shape of something given, a single person, an authority. The boy strives to appreciate and emulate some person or another constituting the ideal. At this standpoint it is only in this concrete manner that the child perceives his own essence. What the boy has to learn must therefore be presented to him on and with authority. He feels that that with which he is presented is superior to him, and in education this feeling is to be carefully cultivated. Play pedagogy, which will have that which is serious presented to children as a game, and which demands of the educator that he should lower himself to the childish outlook of the pupils rather than raise them to the seriousness of the matter, is therefore to be treated as completely preposterous. Education of this kind can give rise to the boy's regarding everything with contempt for the rest of his life. Such a miserable result can also be brought

ein von unverständigen Pädagogen empfohlenes beständiges Aufreizen der Kinder zum Räsonniren herbeigeführt werden; dadurch erhalten diese leicht etwas Naseweises. Allerdings muß das eigene Denken der Kinder geweckt werden; aber man darf die Würde der Sache ihrem unreifen, eitelen Verstande nicht Preis geben.

Was näher die eine Seite der Erziehung — die Zucht — betrifft, so ist dem Knaben nicht zu gestatten, daß er sich seinem eigenen Belieben hingebe; er muß gehorchen, um gebieten zu lernen. Der Gehorsam ist der Anfang aller Weisheit; denn durch denselben läßt der das Wahre, das Objective noch nicht erkennende und zu seinem Zwecke machende, deßhalb noch nicht wahrhaft selbstständige und freie, vielmehr unfertige Wille den von außen an ihn kommenden vernünftigen Willen in sich gelten, und macht diesen nach und nach zu dem seinigen. Erlaubt man dagegen den Kindern zu thun, was ihnen beliebt, — begeht man noch obenein die Thorheit, ihnen Gründe für ihre Beliebigkeiten an die Hand zu geben; so verfällt man in die schlechteste Weise der Erziehung, — so entsteht in den Kindern ein beklagenswerthes Sicheinhausen in besonderes Belieben, in absonderliche Gescheidtheit, in selbstsüchtiges Interesse, — die Wurzel alles Bösen. Von Natur ist das Kind weder böse noch gut, da es anfänglich weder vom Guten noch vom Bösen eine Erkenntniß hat. Diese unwissende Unschuld für ein Ideal zu halten und zu ihr sich zurückzusehnen würde läppisch seyn; dieselbe ist ohne Werth und von kurzer Dauer. Bald thut sich im Kinde der Eigenwille und das Böse hervor. Dieser Eigenwille muß durch die Zucht gebrochen, — dieser Keim des Bösen durch dieselbe vernichtet werden.

In Bezug auf die andere Seite der Erziehung — den Unterricht, ist zu bemerken, daß derselbe vernünftigerweise mit dem Abstractesten beginnt, das vom kindlichen Geiste gefaßt werden kann. Dieß sind die Buchstaben. Dieselben setzen eine Abstraction voraus, zu welcher ganze Völker, zum Beispiel, sogar die Chinesen nicht gekommen sind. Die Sprache überhaupt ist dieß luftige Element, dieß sinnlich-Unsinnliche, durch dessen sich erweiternde Kenntniß der Geist des Kindes immer mehr über das Sinnliche, Einzelne zum Allgemeinen, zum Denken erhoben wird.

97

about if, as is recommended by certain incompetent pedagogues, the children are constantly incited into facile reasoning. This readily makes little wiseacres of them. Children must of course be brought to think for themselves. Their immature and frivolous understanding ought not however to decide the value of the matter. 5 +

It has also to be observed, with regard to the *disciplined conduct* constituting one aspect of education, that the boy is not to be allowed to abandon himself to his own inclination. He must obey if he is to learn to command. Obedience is the beginning of all wisdom, for it is by means of it that the will which does not yet recognize and take as its purpose that which is true, objective, and which is therefore still defective rather than truly independent and free, will tolerate within itself the rational will which comes to it from without, and gradually appropriate it. If children are allowed to do as they please however, and one is foolish enough to follow this up by furnishing them with justifications for their whims, one falls into the worst kind of education. The children will exhibit a deplorably limiting preoccupation with their particular penchant, their peculiar cleverness, their egocentric interest. This is the root of all evil. The child is by nature neither evil nor good, for in the first instance it knows nothing of either good or evil. It would be ridiculous to regard this ignorant innocence as an ideal, and to yearn for one's return to it. It has no worth, and is of short duration. Self-will and evil soon become evident in the child. Discipline has to break this self-will, to destroy this germ of evil. 10 + 15 20 25 +

It has to be observed with regard to *instruction*, the other aspect of education, that its rational beginning is the most abstract factor the childish spirit is able to grasp. It begins therefore with letters, which presuppose an abstraction to which whole peoples have not attained, even the Chinese for example. The spirit of the child, by the extension of its knowledge of language in general, of this aerial element, this sensuous-nonsensuousness, is raised to an even greater extent above what is sensuous or singular, to what is uni- 30 35

Dieß Befähigtwerden zum Denken ist der größte Nutzen des ersten Unterrichts. Der Knabe kommt jedoch nur zum vorstellenden Denken; die Welt ist nur für seine Vorstellung; er lernt die Beschaffenheiten der Dinge, wird mit den Verhältnissen der natürlichen und geistigen Welt bekannt, interessirt sich für die Sachen, erkennt indeß die Welt noch nicht in ihrem inneren Zusammenhange. Zu dieser Erkenntniß kommt erst der Mann. Aber ein unvollkommenes Verständniß des Natürlichen und Geistigen kann dem Knaben nicht abgesprochen werden. Man muß daher als einen Irrthum die Behauptung bezeichnen: der Knabe verstehe noch gar nichts von Religion und von Recht, man habe ihn deßhalb mit diesen Gegenständen nicht zu behelligen, müsse ihm überhaupt nicht Vorstellungen aufdrängen, sondern ihm eigene Erfahrungen verschaffen, und sich damit begnügen, ihn von dem sinnlich Gegenwärtigen erregt werden zu lassen. Schon das Alterthum hat den Kindern nicht lange beim Sinnlichen zu verweilen gestattet. Der moderne Geist aber enthält eine noch ganz andere Erhebung über das Sinnliche, — eine viel größere Vertiefung in seine Innerlichkeit, als der antike Geist. Die übersinnliche Welt muß daher jetzt schon früh der Vorstellung des Knaben nahe gebracht werden. Dieß geschieht durch die Schule in weit höherem Grade, als in der Familie. In der letzteren gilt das Kind in seiner unmittelbaren Einzelnheit, wird geliebt, sein Betragen mag gut oder schlecht seyn. In der Schule dagegen verliert die Unmittelbarkeit des Kindes ihre Geltung; hier wird dasselbe nur insofern geachtet, als es Werth hat, als es etwas leistet; — hier wird es nicht mehr bloß geliebt, sondern nach allgemeinen Bestimmungen kritisirt und gerichtet, nach festen Regeln durch die Unterrichtsgegenstände gebildet, überhaupt einer allgemeinen Ordnung unterworfen, welche vieles an sich Unschuldige verbietet, weil nicht gestattet werden kann, daß Alle Dieß thun. So bildet die Schule den Uebergang aus der Familie in die bürgerliche Gesellschaft. Zu dieser hat jedoch der Knabe nur erst ein unbestimmtes Verhältniß; sein Interesse theilt sich noch zwischen Lernen und Spielen.

98

Zum Jüngling reift der Knabe, indem beim Eintritt der

versal, to thought. The acquisition of this ability to think is the greatest benefit to be derived from primary instruction. The boy only manages to think in a *presentative* manner however: the world has being only for his presentation. He learns of the constitution of things, becomes acquainted with the relationships of the natural and spiritual world, takes an interest in matters, but he does not yet cognize the world in its inner connectedness. This is first achieved by the man. The boy is not however devoid of an imperfect understanding of what is natural and spiritual. One has therefore to treat as erroneous the assertion that he still understands nothing at all of religion and right, and that one should not therefore bother him with these general objects, that instead of presenting him with presentations one should enrich his own experiences, and rest content with allowing him to be stimulated by what is sensuously present. Already in antiquity, children were not allowed to linger for long over what is sensuous. Modern spirit differs from that of antiquity moreover, since it is raised above what is sensuous in a further and quite distinct manner, — through the greater profundity of its inwardness. Nowadays therefore, the boy must already be made aware of the supersensuous world at an early stage. This is accomplished by the *school* to a much greater extent than it is in the family. In the latter the child is of significance in its immediate singularity, and is loved be its conduct good or bad. At school however it loses its significance as an immediacy, and is assessed only according to its worth, according to what it accomplishes. At school the child is no longer merely loved, but is criticised and judged in accordance with general determinations, formed by general objects of instruction involving fixed rules, wholly subject to a general order which, since everyone cannot be allowed to do certain things, forbids much that is in itself harmless. It is thus that the school forms the transition from the family to civil society. In the first instance however, the boy is only loosely related to the latter; his interest is still divided between learning and play. +

The boy matures into the *youth* with the onset of puberty,

Pubertät das Leben der Gattung in ihm sich zu regen und Befriedigung zu suchen beginnt. Der Jüngling wendet sich überhaupt dem substantiellen Allgemeinen zu; sein Ideal erscheint ihm nicht mehr, wie dem Knaben, in der Person eines Mannes, sondern wird von ihm als ein von solcher Einzelnheit unabhängiges Allgemeines aufgefaßt. Dieß Ideal hat aber im Jüngling noch eine mehr oder weniger subjective Gestalt; möge dasselbe als Ideal der Liebe und der Freundschaft, oder eines allgemeinen Weltzustandes in ihm leben. In dieser Subjectivität des substantiellen Inhalts solchen Ideals liegt nicht nur dessen Gegensatz gegen die vorhandene Welt, sondern auch der Trieb, durch Verwirklichung des Ideals diesen Gegensatz aufzuheben. Der Inhalt des Ideals flößt dem Jüngling das Gefühl der Thatkraft ein; daher wähnt dieser sich berufen und befähigt, die Welt umzugestalten, oder wenigstens die ihm aus den Fugen gekommen scheinende Welt wieder einzurichten. Daß das in seinem Ideal enthaltene substantielle Allgemeine, seinem Wesen nach, in der Welt bereits zur Entwicklung und Verwirklichung gelangt ist, wird vom schwärmenden Geiste des Jünglings nicht eingesehen. Ihm scheint die Verwirklichung jenes Allgemeinen ein Abfall von demselben. Deßhalb fühlt er sowohl sein Ideal als seine eigene Persönlichkeit von der Welt nicht anerkannt. So wird der Friede, in welchem das Kind mit der Welt lebt, vom Jüngling gebrochen. Wegen
99 dieser Richtung auf das Ideale hat die Jugend den Schein eines edleren Sinnes und größerer Uneigennützigkeit, als sich in dem für seine besonderen, zeitlichen Interessen sorgenden Manne zeigt. Dagegen muß aber bemerklich gemacht werden, daß der Mann nicht mehr in seinen besonderen Trieben und subjectiven Ansichten befangen, und nur mit seiner persönlichen Ausbildung beschäftigt ist, sondern sich in die Vernunft der Wirklichkeit versenkt hat, und für die Welt thätig sich erweist. Zu diesem Ziele kommt der Jüngling nothwendig. Sein unmittelbarer Zweck ist d e r, sich zu bilden, um sich zur Verwirklichung seiner Ideale zu befähigen. In dem Versuch dieser Verwirklichung wird er zum M a n n e.

Anfangs kann dem Jünglinge der Uebergang aus seinem idealen Leben in die bürgerliche Gesellschaft als ein schmerzhafter

as the life of the *genus* begins to work and seek satisfaction within him. The youth turns, in general, to that which is substantially universal. Unlike the boy, he no longer recognizes his ideal in the person of a man, but takes it up as a universal which is independent of such singularity. As it is entertained by the youth however, this ideal still has a more or less subjective shape, whether it be an ideal of love and friendship or of a universal state of the world. In this subjectivity of the substantial content of such an ideal lies not only its opposition to the extant world, but also the drive to sublate this opposition by actualizing it. The youth, infused with the feeling of the power to act by the content of the ideal, imagines himself to be called to and capable of, reshaping the world, or at least of righting that of it that he considers to be out of joint. The visionary spirit of the youth is unaware that the essence of the substantially universal contained within his ideal has already achieved development and actualization within the world. To the youth, the actualization of this universal seems to be a falling away from it. It is for this reason that he feels that his ideal as well as his true personality are unrecognized by the world. Thus does the youth break the peace in which the child lives with the world. Through this idealistic tendency, the youth gives apparent evidence of a nobler attitude of mind and of greater disinterestedness than the man, concerned as the man is with his particular, temporal interests. It should not be overlooked however, that the man is no longer confined to his particular drives and subjective views and occupied exclusively with his personal development, but that he has immersed himself in the reason of actuality and shown himself to be positively active in the world. The youth comes of necessity to this goal. His immediate purpose is to *so* train himself that he may bring about the actualization of his ideals. In making this attempt at actualization he becomes a *man*.

To the youth, the transition from his ideal life into civil society can seem at first to be a painful shift into philistinism.

Uebergang in's Philisterleben erscheinen. Bis dahin nur mit allgemeinen Gegenständen beschäftigt und bloß für sich selber arbeitend, soll der zum Manne werdende Jüngling, indem er in's praktische Leben tritt, für Andere thätig seyn und sich mit Einzelnheiten befassen. So sehr Dieß nun in der Natur der Sache liegt, — da, wenn gehandelt werden soll, zum Einzelnen fortgegangen werden muß, — so kann dem Menschen die beginnende Beschäftigung mit Einzelnheiten doch sehr peinlich seyn, und die Unmöglichkeit einer unmittelbaren Verwirklichung seiner Ideale ihn hypochondrisch machen. Dieser Hypochondrie, — wie unscheinbar sie auch bei Vielen seyn mag, — entgeht nicht leicht Jemand. Je später der Mensch von ihr befallen wird, um desto bedenklicher sind ihre Symptome. Bei schwachen Naturen kann sich dieselbe durch das ganze Leben hindurchziehen. In dieser krankhaften Stimmung will der Mensch seine Subjectivität nicht aufgeben, vermag den Widerwillen gegen die Wirklichkeit nicht zu überwinden, und befindet sich eben dadurch in dem Zustande relativer Unfähigkeit, die leicht zu einer wirklichen Unfähigkeit wird. Will daher der Mensch nicht untergehen, so muß er die Welt als eine selbstständige, im Wesentlichen fertige anerkennen, — die von derselben ihm gestellten Bedingungen annehmen, und ihrer Sprödig- 100 keit Dasjenige abringen, was er für sich selber haben will. Zu dieser Fügsamkeit glaubt sich der Mensch in der Regel nur aus Noth verstehen zu müssen. In Wahrheit aber muß diese Einheit mit der Welt nicht als ein Verhältniß der Noth, sondern als das vernünftige Verhältniß erkannt werden. Das Vernünftige, Göttliche besitzt die absolute Macht, sich zu verwirklichen, und hat sich von jeher vollbracht; es ist nicht so ohnmächtig, daß es erst auf den Beginn seiner Verwirklichung warten müßte. Die Welt ist diese Verwirklichung der göttlichen Vernunft; nur auf ihrer Oberfläche herrscht das Spiel vernunftloser Zufälle. Sie kann daher wenigstens mit ebensoviel und wohl noch mit größerem Rechte, als das zum Manne werdende Individuum, die Prätension machen, für fertig und selbstständig zu gelten; und der Mann handelt deßhalb ganz vernünftig, indem er den Plan einer gänzlichen Umgestaltung der Welt aufgibt, und seine persönlichen

Previously, he has only been generally concerned with objects in general and has worked only for himself. In that he enters into practical life by passing from youth to manhood however, he has to be active on account of others and to concern himself with singularities. Now although this lies 5 in the nature of things, for if anything is to be done what is *singular* will have to be dealt with, occupation with details can in the first instance be extremely irksome to a person, and the impossibility of an immediate actualization of his ideals can make him hypochondriac. No one finds its easy to 10 avoid this hypochondria, although it may not be apparent in many. The later it attacks a person the more serious are its symptoms. Feeble natures may be affected by it for life. In this distempered frame of mind the person will not relinquish his subjectivity, is unable to overcome his aversion to 15 actuality, and so finds himself in that condition of relative incapacity which easily becomes actual incapacity. If, therefore, the person does not want to perish, he has to recognize the world as being independent, as being essentially *complete*. He has to accept the conditions with which it presents him, 20 and to wrest from its intractability what he wants for himself. As a rule, the man believes that it is only out of *necessity* that he has to acquiesce in this submission. The truth is however that this unity with the world has to be recognized as the rational relationship, not as a relationship of necessity. 25 What is rational, divine, possesses the absolute power of actualizing itself, and has always consummated itself; it is not so impotent that it had first to bide the beginning of its actualization. The world is this actualization of divine reason; the predominance of the play of irrational accidents 30 is only on its surface. The world has therefore at least as much, and perhaps even more right to the pretension of being regarded as complete and independent as the individual entering upon manhood. Consequently, the man is acting completely rationally when he gives up the plan of 35 entirely reshaping the world, and confines his attempt to

Zwecke, Leidenschaften und Interessen nur in seiner Anschließung an die Welt zu verwirklichen strebt. Auch so bleibt ihm Raum zu ehrenvoller, weitgreifender und schöpferischer Thätigkeit übrig. Denn, obgleich die Welt als im Wesentlichen fertig anerkannt werden muß, so ist sie doch kein Todtes, kein absolut Ruhendes, sondern, — wie der Lebensproceß, — ein sich immer von Neuem Hervorbringendes, ein, — indem es sich nur erhält, — zugleich Fortschreitendes. In dieser erhaltenden Hervorbringung und Weiterführung der Welt besteht die Arbeit des Mannes. Wir können daher einerseits sagen, daß der Mann nur Das hervorbringt, was schon da ist. Andererseits muß jedoch durch seine Thätigkeit auch ein Fortschritt bewirkt werden. Aber das Fortrücken der Welt geschieht nur in ungeheuren Massen und fällt erst in einer großen Summe des Hervorgebrachten auf. Wenn der Mann nach funfzigjähriger Arbeit auf seine Vergangenheit zurückblickt, wird er das Fortschreiten schon erkennen. Diese Erkenntniß, sowie die Einsicht in die Vernünftigkeit der Welt befreit ihn von der Trauer über die Zerstörung seiner Ideale. Was in diesen Idealen wahr ist, erhält sich in der praktischen Thätigkeit; nur das Unwahre, die leeren Abstractionen muß sich der Mann abarbeiten. Der Umfang und die Art seines Geschäfts kann sehr verschieden seyn; aber das Substantielle ist in allen menschlichen Geschäften Dasselbe, — nämlich das Rechtliche, das Sittliche und das Religiöse. Die Menschen können daher in allen Sphären ihrer praktischen Thätigkeit Befriedigung und Ehre finden, wenn sie überall Dasjenige leisten, was in der besonderen Sphäre, welcher sie durch Zufall, äußerliche Nothwendigkeit oder freie Wahl angehören, mit Recht von ihnen gefordert wird. Dazu ist vor allen Dingen nothwendig, daß die Bildung des zum Manne werdenden Jünglings vollendet sey, daß derselbe ausstudirt habe, und zweitens, daß er sich entschließe, selber für seine Subsistenz dadurch zu sorgen, daß er für Andere thätig zu werden beginnt. Die bloße Bildung macht ihn noch nicht zu einem vollkommen fertigen Menschen; dieß wird er erst durch die eigene verständige Sorge für seine zeitlichen Interessen; — gleichwie auch Völker erst dann als mündig erscheinen, wenn sie es dahin gebracht haben, von der Wahrnehmung

101

actualize his personal objectives, passions and interests, to joining in with it. He will still find scope for activity that is honourable, far-reaching and creative, for although the world has to be recognized as being complete in what is essential, it is not dead, not absolutely inert, but is, like the life-process, perpetually bringing itself forth anew, and merely on account of its conserving itself it is a progressiveness. The work of the man consists of this conservation, this bringing forth, this advancing of the world. In one respect we can say therefore that the man only brings forth what is already there. Yet the converse of this is that his activity must also bring about a certain progress. The world only advances on a vast scale however, and its doing so is first apparent in a sum-total of what is brought forth. When the man looks back on his past after fifty years of work, he will readily recognize the progress that has been made. This recognition, as well as insight into the rationality of the world, frees him from grieving over the destruction of his ideals. What is true in them preserves itself in practical activity; it is only what is untrue, the empty abstractions, that the man has to work out of himself. The extent and nature of what he is occupied with can vary considerably. In all human occupations however, that which is substantial is the same, — it is what is right, what is ethical and what is religious. People can therefore find satisfaction and honour in all spheres of their practical activity, if they carry out what is justly required of them in the particular sphere in which chance, external necessity or free choice has placed them. In this connection it is of prime necessity that the education of the youth should be completed as he enters upon manhood, that he should have finished his studies, and secondly that he should decide to make provision for his subsistence by beginning to act for others. Education itself does not make a fully complete person of him; he first becomes one by intelligently concerning himself with his temporal interests. It is the same with peoples, who only show themselves to be mature in that they have advanced to not being

ihrer materiellen und geistigen Interessen nicht durch eine sogenannte väterliche Regierung ausgeschlossen zu seyn.

Indem nun der Mann in's praktische Leben übergeht, kann er wohl über den Zustand der Welt verdrüßlich und grämlich seyn, und die Hoffnung auf ein Besserwerden desselben verlieren; trotz dessen haust er sich aber in die objectiven Verhältnisse ein, und lebt in der Gewohnheit an dieselben und an seine Geschäfte. Die Gegenstände, mit welchen er sich zu beschäftigen hat, sind zwar einzelne, wechselnde, in ihrer Eigenthümlichkeit mehr oder weniger neue. Zugleich aber haben diese Einzelnheiten ein Allgemeines, eine Regel, etwas Gesetzmäßiges in sich. Je länger der Mann nun in seinem Geschäfte thätig ist, desto mehr hebt sich ihm dieß Allgemeine aus allen Besonderheiten heraus. Dadurch kommt er dahin, in seinem Fache völlig zu Hause zu seyn, sich in seine Bestimmung vollkommen einzuleben. Das Wesentliche in allen Gegenständen seines Geschäfts ist ihm dann ganz geläufig, und nur das Individuelle, Unwesentliche kann mitunter etwas für ihn Neues enthalten. Gerade dadurch aber, daß seine Thätigkeit seinem Geschäfte so vollkommen gemäß geworden ist, — daß dieselbe an ihren Objecten keinen Widerstand mehr findet, — gerade durch dieß vollendete Ausgebildetseyn seiner Thätigkeit erlischt die Lebendigkeit derselben; denn zugleich mit dem Gegensatze des Subjects und des Objects verschwindet das Interesse des Ersteren an dem Letzteren. So wird der Mann durch die Gewohnheit des geistigen Lebens ebenso, wie durch das Sichabstumpfen der Thätigkeit seines physischen Organismus, zum Greise.

Der Greis lebt ohne bestimmtes Interesse, da er die Hoffnung, früher gehegte Ideale verwirklichen zu können, aufgegeben hat, und ihm die Zukunft überhaupt nichts Neues zu versprechen scheint, er vielmehr von Allem, was ihm etwa noch begegnen mag, schon das Allgemeine, Wesentliche zu kennen glaubt. So ist der Sinn des Greises nur diesem Allgemeinen und der Vergangenheit zugewendet, welcher er die Erkenntniß dieses Allgemeinen verdankt. Indem er aber so in der Erinnerung an das Vergangene und an das Substantielle lebt, verliert er für das Einzelne der Gegenwart und für das Willkürliche, zum Beispiel

excluded from looking after their material and spiritual interests by a so-called paternal government. +

The man, in that he now makes the transition into practical life, may well be troubled and grieved by the state of the world, and cease to hope for its improvement. He 5 immerses himself in objective relationships in spite of this however, and lives in these and in what occupies him as a matter of habit. He certainly has to deal with general objects which are singular, mutable, and which, on account of their peculiarity, are more or less new. At the same time 10 however, these singularities have in them a universal, a rule, something which conforms to law. Now the longer the man occupies himself with his business, the more is he aware of this universal in all particularities. It is by this means that he comes to be completely at home in his profession, entirely 15 accustomed to his position. He is then perfectly familiar with what is essential to all that he has to deal with, and it is only what is individual, inessential, that can present him with anything new. It is however precisely on account of his activity's having *conformed* so completely to his occupation 20 that it no longer meets with any resistance from its objects. This completely accomplished activity *loses* its vitality moreover, for the subject's interest in an object disappears at the same time as the opposition between them. It is, therefore, through his spiritual life's becoming a habit, as well as 25 through the blunting of the activity of his physical organism, that the man enters upon *old age.*

An *elderly person* lives without determinate interest, for he has given up hope of actualizing ideals formerly cherished, and the future seems to hold no promise at all of anything 30 new for him. On the contrary, he regards himself as already acquainted with the universal, the essential principle of anything he might still encounter. The mind of the elderly person is therefore directed solely toward this universal, and to the past from which he derives his knowledge of it. In thus 35 living in recollection of what is past and of what is substantial, he loses his remembrance of present singularities and of what is arbitrary. He forgets names for example. On the

für die Namen, das Gedächtniß ebenso sehr, wie er umgekehrt die weisen Lehren der Erfahrung in seinem Geiste festhält, und Jüngeren zu predigen sich für verpflichtet hält. Diese Weisheit aber, — dieß leblose vollkommene Zusammengegangenseyn der subjectiven Thätigkeit mit ihrer Welt, — führt zur gegensatzlosen Kindheit nicht weniger zurück, als die zur proceßlosen Gewohnheit gewordene Thätigkeit seines physischen Organismus zur abstracten Negation der lebendigen Einzelnheit, — zum Tode — fortgeht.

So schließt sich der Verlauf der Lebensalter des Menschen zu einer durch den Begriff bestimmten Totalität von Veränderun-
103
gen ab, die durch den Proceß der Gattung mit der Einzelnheit hervorgebracht werden.

Wie bei der Schilderung der Racenverschiedenheiten der Menschen, und bei der Charakterisirung des Nationalgeistes, haben wir auch, um von dem Verlauf der Lebensalter des menschlichen Individuums auf eine bestimmte Weise sprechen zu können, die Kenntniß des in der Anthropologie noch nicht zu betrachtenden concreten Geistes, — da derselbe in jenen Entwicklungsproceß eingeht, — anticipiren, und von dieser Kenntniß für die Unterscheidung der verschiedenen Stufen jenes Processes Gebrauch machen müssen.

§. 397.

2) Das Moment des reellen Gegensatzes des Individuums gegen sich selbst, so daß es sich in einem andern Individuum sucht und findet; — das Geschlechtsverhältniß, ein Naturunterschied einerseits der Subjectivität, die mit sich einig in der Empfindung der Sittlichkeit, Liebe u. s. f. bleibt, nicht zum Extreme des Allgemeinen in Zwecken, Staat, Wissenschaft, Kunst u. s. f. fortgeht, andererseits der Thätigkeit, die sich in sich zum Gegensatz allgemeiner, objectiver Interessen gegen die vorhandene, seine eigene und die äußerlich-weltliche, Existenz spannt, und jene in dieser zu einer erst hervorgebrachten Einheit verwirklicht. Das Geschlechtsverhältniß erlangt in der Familie seine geistige und sittliche Bedeutung und Bestimmung.

other hand his mind is correspondingly tenacious of the wise precepts of experience, and he takes it to be his duty to preach them to those who are younger. This wisdom is however subjective activity's complete and lifeless capitulation to its world. In that it effects a return to oppositionless childhood, it closely resembles the processless habit into which the activity of the elderly person's physical organism subsides, and which effects a return to the abstract negation of living singularity. It is precursive of *death*. +

The course of the stages of human life is therefore completed in a totality of Notionally determined changes, which are brought forth through the process of the genus with singularity. +

In delineating the racial varieties of humanity and in characterizing national spirit, we have to anticipate knowledge of concrete spirit, which is not yet to be considered in anthropology. We have to do the same in order to speak in a determinate manner of the course taken by the human individual's stages of life, for concrete spirit also enters into this process of development. We have also to make use of this knowledge in order to distinguish the different stages of this process.

§ 397

2) The moment in which the individual's opposition to itself is of a real nature, so that it seeks and finds itself in another individual; — the sex-relationship. In one respect the sex-relationship is a natural difference of subjectivity, a subjectivity which remains at one with itself in the sensation of what is ethical, of love etc.; its other aspect is that it is a natural difference of activity which, by inwardly tensing itself into the opposition between universal, objective interests and the existence both of itself and of the external world, first actualizes these interests and this existence into an established unity. The sex-relationship acquires its spiritual and ethical significance and determination in the family. + +

§. 398.

104

3) Das Unterscheiden der Individualität als *Für-sich-seyender* gegen sich als nur *Seyender*, als unmittelbares *Urtheil* ist das *Erwachen* der Seele, welches ihrem in sich verschlossenen Naturleben zunächst als Naturbestimmtheit und *Zustand*, einem Zustande, dem *Schlafe* gegenübertritt. — Das Erwachen ist nicht nur *für uns* oder äußerlich vom Schlafe unterschieden; es selbst ist das *Urtheil* der individuellen Seele, deren Fürsichseyn für sie die Beziehung dieser ihrer Bestimmung auf ihr Seyn, das Unterscheiden ihrer selbst von ihrer noch ununterschiedenen Allgemeinheit ist. In das Wachseyn fällt überhaupt alle selbstbewußte und vernünftige *Thätigkeit* des für sich seyenden Unterscheidens des Geistes. — Der Schlaf ist Bekräftigung dieser Thätigkeit nicht als blos negative Ruhe von derselben, sondern als Rückkehr aus der Welt der *Bestimmtheiten*, aus der Zerstreuung und dem Festwerden in den Einzelnheiten, in das allgemeine Wesen der Subjectivität, welches die Substanz jener Bestimmtheiten und deren absolute Macht ist.

Der Unterschied von Schlaf und Wachen pflegt zu einer der *Vexirfragen*, wie man sie nennen könnte, an die Philosophie gemacht zu werden (— auch *Napoleon* richtete bei einem Besuch der Universität zu Pavia diese Frage an die Classe der Ideologie). Die im §. angegebene Bestimmtheit ist abstract, in sofern sie zunächst das Erwachen als natürliches betrifft, worin das geistige allerdings implicite enthalten, aber noch nicht als *Daseyn* gesetzt ist. Wenn concreter von diesem Unterschiede, der in seiner Grundbestimmung derselbe bleibt, gesprochen werden sollte, so müßte das Fürsichseyn der individuellen Seele schon bestimmt als Ich des Bewußtseyns und als verständiger Geist genommen werden. Die Schwierigkeit, welche man dem Unterscheiden von jenen beiden Zuständen erregt, entsteht eigentlich erst, in sofern man das Träumen im Schlafe hinzunimmt

§ 398

3) Individuality, distinguished from the mere being of its immediate and primary component as being-for-self, constitutes the awakening of the soul, which first confronts its self-absorbed natural life as a natural determinateness, **as one state confronting another i.e. sleep. —** It *is* not merely *for us,* or externally, that waking is distinguished from sleep; it is itself the *primary component* of the individual soul, **the being-for-self of which is, for it, the relation of this its determination to its being,** the distinguishing of itself from its still undifferentiated universality. Generally, the waking state includes all the self-conscious and rational *activity* of spirit's **distinguishing itself as a being-for-self. —** Sleep invigorates this activity, not **simply negatively,** as rest from it, but as withdrawal from the world of *determinateness*, from the diversion of becoming fixed in singularities, into the universal essence of subjectivity, which **constitutes the substance and the** absolute power **of these determinatenesses.**

The difference between sleep and waking is one of the posers as they might be called, often put to philosophy. Napoleon, for example, while visiting the University of Pavia, put the question to the Ideology Class. The determinateness given in the § is abstract in so far as it touches primarily upon what is natural in waking. What is spiritual is certainly contained implicitly here, but it is not yet posited as determinate being. In its basic determination this difference remains the same, but if it is to be spoken of in a more concrete manner, the being-for-self of the individual soul has to be taken as already determined as the ego of consciousness and the spirit of understanding. Actually, the difficulty encountered in distinguishing between these two states first arises in so far as one also considers the dreaming in sleep, and then

und dann die Vorstellungen des wachen, besonnenen Bewußtseyns auch nur als Vorstellungen, was die Träume gleichfalls seyen, bestimmt. In dieser oberflächlichen Bestimmung von Vorstellungen kommen freilich beide Zustände überein, d. h. es wird damit über den Unterschied derselben hinweggesehen; und bei jeder angegebenen Unterscheidung des wachen Bewußtseyns läßt sich zu der trivialen Bemerkung, daß diß doch auch nur Vorstellungen enthalte, zurückkehren. — Aber das Fürsichseyn der wachen Seele concret aufgefaßt ist Bewußtseyn und Verstand, und die Welt des verständigen Bewußtseyns ist ganz etwas anderes als ein Gemälde von bloßen Vorstellungen und Bildern. Diese letztern als solche hängen vornehmlich äußerlich, nach den sogenannten Gesetzen der sogenannten Ideen-Association, auf unverständige Weise zusammen, wobei sich freilich auch hie und da Kategorien einmischen können. Im Wachen aber verhält sich wesentlich der Mensch als concretes Ich, als Verstand; durch diesen steht die Anschauung vor ihm concrete Totalität von Bestimmungen, in welcher jedes Glied, jeder Punkt seine durch und mit allen andern zugleich bestimmte Stelle einnimmt. So hat der Inhalt seine Bewährung nicht durch das bloße subjective Vorstellen und Unterscheiden des Inhalts als eines Aeußern von der Person, sondern durch den concreten Zusammenhang, in welchem jeder Theil mit allen Theilen dieses Complexes steht. Das Wachen ist das concrete Bewußtseyn dieser gegenseitigen Bestätigung jedes einzelnen Momentes seines Inhalts durch alle übrigen des Gemäldes der Anschauung. Diß Bewußtseyn hat dabei nicht nöthig deutlich entwickelt zu seyn, aber diese umfassende Bestimmtheit ist im concreten Selbstgefühl enthalten und vorhanden. — Um den Unterschied von Träumen und Wachen zu erkennen, braucht man nur den Kantischen Unterschied der Objectivität der Vorstellung (ihres Bestimmtseyns durch Kategorien) von der Subjectivität derselben überhaupt vor Augen zu haben; zugleich muß man wissen, was so eben bemerkt worden, daß was im Geiste wirklich vorhanden ist, darum nicht auf explicite Weise in

105

takes the presentations of waking and self-possessed consciousness to be like dreams, mere presentations. In this superficial determination of presentations, both states certainly coincide, since the difference between them is overlooked; and the specification of any distinguishing feature of waking consciousness may be countered by the trivial remark that this also still contains nothing but presentations. — Yet the being-for-self of the waking soul, taken up concretely, is consciousness and understanding, and the world of the understanding consciousness is something quite different from a tableau of mere presentations and images. As such, the images cohere in a predominantly external and ununderstandable manner, according to the so-called laws of the so-called association of ideas, although categories may very well be sporadically involved here. In waking however, the person's behaviour is essentially that of the concrete ego, of the understanding. It is on account of the understanding that intuition stands before him as a concrete totality of determinations, within which each member, each point, assumes its place as at the same time determined through and with all the rest. Consequently, the content of intuition is confirmed not by its simply being presented subjectively and distinguished as external to the person, but by the concrete connectedness in which each part stands to all parts of this complex. To be awake is to be concretely conscious of each single moment of the content of this state's being reciprocally confirmed by all the other moments of the tableau of intuition. The distinct development of this consciousness is unnecessary, but this comprehensive determinateness is contained and present within concrete self-awareness. — In order to know the difference between dreaming and waking one has only to bear in mind the Kantian distinction between the objectivity of presentation (its being determined through categories) and its subjectivity, and to be aware of what has already been observed i.e. that what is actually present in spirit, because it is

seinem Bewußtseyn gesetzt zu seyn nöthig hat, so wenig als die Erhebung des etwa fühlenden Geistes zu Gott in Form der Beweise vom Daseyn Gottes vor dem Bewußtseyn zu stehen nöthig hat, ungeachtet wie früher auseinandergesetzt worden, diese Beweise ganz nur den Gehalt und Inhalt jenes Gefühls ausdrücken.

106

Zusatz. Durch das Erwachen tritt die natürliche Seele des menschlichen Individuums zu ihrer Substanz in ein Verhältniß, das als die Wahrheit, — als die Einheit der beiden Beziehungen betrachtet werden muß, welche, einerseits in der den Verlauf der Lebensalter hervorbringenden Entwicklung, andererseits im Geschlechtsverhältniß, zwischen der Einzelnheit und der substantiellen Allgemeinheit oder der Gattung des Menschen statt finden. Denn während in jenem Verlauf die Seele als das beharrende Eine Subject erscheint, die an ihr hervortretenden Unterschiede aber nur Veränderungen, folglich nur fließende, nicht bestehende Unterschiede sind, — und während dagegen im Geschlechtsverhältniß das Individuum zu einem festen Unterschiede, zum reellen Gegensatze gegen sich selber kommt, und die Beziehung des Individuums auf die an ihm selber thätige Gattung zu einer Beziehung auf ein Individuum entgegengesetzten Geschlechtes sich entwickelt, — während also dort die einfache Einheit, hier der feste Gegensatz vorherrscht, — sehen wir in der erwachenden Seele eine nicht bloß einfache, vielmehr eine durch den Gegensatz vermittelte Beziehung der Seele auf sich, in diesem Fürsichseyn der Seele aber den Unterschied weder als einen so fließenden, wie im Verlauf der Lebensalter, noch als einen so festen, wie im Geschlechtsverhältniß, sondern als den an Einem und demselben Individuum sich hervorbringenden dauernden Wechsel der Zustände des Schlafens und Wachens. Die Nothwendigkeit des dialektischen Fortgangs vom Geschlechtsverhältniß zum Erwachen der Seele liegt aber näher darin, daß, indem jedes der zu einander in geschlechtlicher Beziehung stehenden Individuen, kraft ihrer an-sich-seyenden Einheit, in dem anderen sich selber wiederfindet, die Seele aus ihrem Ansichseyn zum Fürsichseyn, — das heißt eben, — aus ihrem Schlaf zum Erwachen gelangt. Was im

so present, need not be explicitly posited in its consciousness; just as there is no need for spirit to stand before consciousness in the form of proofs of God's existence when it somehow feels itself to be exalted to God, although as has already been indicated, these proofs only serve to express the capacity and content of this feeling. 5

+

Addition. By *waking*, the natural soul of the human individual enters into a relationship with its substance which has to be regarded as the truth or unity of two relations, — that 10 occurring in the development giving rise to the course of the *stages of life*, and that of the *sex-relationship*, which involves both the singularity and the substantial universality or genus of man. In the course of these stages, the soul simply appears as the single persistent subject, the differences emerging 15 within it being only changes, and consequently not constant but *fluid*. In the sex-relationship on the contrary, the individual attains to a *firm* difference, to an opposition to itself which is of a real nature, the relation of the individual to the genus which is active within it developing into a relation to 20 an individual of the opposite sex. In the former case therefore, it is *simple unity* which predominates, while in the latter case it is *firm opposition.* In the awakening soul however, we see the soul relating itself not merely simply, but through the mediation of opposition. In this being-for-self of the soul 25 difference is neither so fluid as in the course of the stages of life, nor so firm as in the sex-relationship, but consists of the *constant* alternation of the states of sleeping and waking bringing itself forth in one and the same individual. More precisely however, the necessity of the dialectical progres- 30 sion from the sex-relationship to the awakening of the soul lies in each of the sexually related individuals, on account of their implicit unity, finding itself in the other, so that the soul passes from its implicitness to being-for-self, which is precisely the passage from its sleep to waking. In that two 35

Geschlechtsverhältniß an zwei Individuen vertheilt ist, — nämlich eine mit ihrer Substanz in unmittelbarer Einheit bleibende, und eine in den Gegensatz gegen diese Substanz eingehende Subjectivität, — Das ist in der erwachenden Seele vereinigt, hat somit
107
die Festigkeit seines Gegensatzes verloren, und jene Flüssigkeit des Unterschieds erhalten, durch welche Dasselbe zu bloßen Zuständen wird. Der Schlaf ist der Zustand des Versunkenseyns der Seele in ihre unterschiedslose Einheit, — das Wachen dagegen der Zustand des Eingegangenseyns der Seele in den Gegensatz gegen diese einfache Einheit. Das Naturleben des Geistes hat hier noch sein Bestehen; denn obgleich die erste Unmittelbarkeit der Seele bereits aufgehoben und nun zu einem bloßen Zustande herabgesetzt ist, so erscheint doch das durch die Negation jener Unmittelbarkeit zu Stande gekommene Fürsichseyn der Seele gleichfalls noch in der Gestalt eines bloßen Zustandes. Das Fürsichseyn, die Subjectivität der Seele ist noch nicht mit ihrer an-sich-seyenden Substantialität zusammengefaßt; beide Bestimmungen erscheinen noch als einander ausschließende, sich abwechselnde Zustände. Allerdings fällt in das Wachseyn die wahrhaft geistige Thätigkeit, — der Wille und die Intelligenz; in dieser concreten Bedeutung haben wir jedoch das Wachseyn hier noch nicht zu betrachten, sondern nur als Zustand, folglich als etwas vom Willen und von der Intelligenz wesentlich Unterschiedenes. Daß aber der in seiner Wahrheit als reine Thätigkeit zu fassende Geist die Zustände des Schlafens und Wachens an sich hat, rührt davon her, daß derselbe auch Seele ist, und als Seele sich zu der Form eines Natürlichen, eines Unmittelbaren, eines Leidenden herabsetzt. In dieser Gestalt erleidet der Geist nur sein Fürsichwerden. Man kann daher sagen, das Erwachen werde dadurch bewirkt, daß der Blitz der Subjectivität die Form der Unmittelbarkeit des Geistes durchschlage. Zwar kann sich der freie Geist auch zum Erwachen bestimmen; hier in der Anthropologie betrachten wir aber das Erwachen nur in sofern, als es ein Geschehen, und zwar dieß noch ganz unbestimmte Geschehen ist, daß der Geist sich selber und eine ihm gegenüberstehende Welt überhaupt findet; — ein Sichfinden, das zunächst nur zur Empfindung fortschreitet, aber

individuals are sexually related, they have a subjectivity which remains in immediate unity with their substance while entering into opposition to it, distributed between them. In the awakening soul, what is here distributed is united so as to lose the firmness of its opposition while preserving the 5 fluidity through which the difference here merely becomes that of certain *states*. In the state of *sleep* the soul is immersed in its undifferentiated unity, while in the state of + *waking* it has entered into opposition to this simple unity. Here the natural life of spirit still persists, for although the 10 primary immediacy of the soul has already been overcome and is now reduced to a mere state, the being-for-self of the soul established through the negation of this immediacy also continues to appear in the shape of a mere state. The + being-for-self of the subjectivity of the soul is not yet com- 15 bined with its implicit being of its substantiality, both determinations still appearing as mutually excluding and alternating states. The truly spiritual activity of will and intelligence occurs in waking of course. We do not yet have to consider waking in this concrete sense however, for here 20 we are only concerned with it as a state and consequently as something essentially different from will and intelligence. + Spirit, which is to be grasped in its truth as pure activity, has the states of sleeping and waking implicit within it however, for it is also *soul*, and as such reduces itself to the form of a 25 natural or immediate being. In this shape spirit merely *endures* its becoming being-for-self. One can therefore say that awakening is brought about by the lightning stroke of subjectivity breaking through the form of spirit's immediacy. + Free spirit is also able to determine itself into awakening of 30 course; here in Anthropology however, we consider awakening only in so far as it is something which happens, and which still does so moreover in the wholly indeterminate manner of spirit's general discovery of itself and of the world confronting it. At this juncture therefore, awakening is a *self-discovery* 35 which in the first instance only progresses into sensation, and

von der concreten Bestimmung der Intelligenz und des Willens noch weit entfernt bleibt. Daß die Seele, indem sie erwacht, sich und die Welt, — diese Zweiheit, diesen Gegensatz, — bloß findet, darin besteht eben hier die Natürlichkeit des Geistes.

108

Die im Erwachen erfolgende Unterscheidung der Seele von sich selbst und von der Welt hängt nun, wegen ihrer Natürlichkeit, mit einem physikalischen Unterschiede, nämlich mit dem Wechsel von Tag und Nacht zusammen. Es ist natürlich für den Menschen, bei Tage zu wachen, und bei Nacht zu schlafen; denn wie der Schlaf der Zustand der Ununterschiedenheit der Seele ist, so verdunkelt die Nacht den Unterschied der Dinge; und wie das Erwachen das Sichvonsichselberunterscheiden der Seele darstellt, so läßt das Licht des Tages die Unterschiede der Dinge hervortreten.

Aber nicht nur in der physikalischen Natur, sondern auch im menschlichen Organismus findet sich ein Unterschied, welcher dem Unterschiede des Schlafens und Wachens der Seele entspricht. Am animalischen Organismus ist wesentlich die Seite seines Insichbleibens von der Seite seines Gerichtetseyns gegen Anderes zu unterscheiden. Bichat hat die erstere Seite das organische Leben, die letztere das animalische Leben genannt. Zum organischen Leben rechnet er das Reproductionssystem, — die Verdauung, den Blutumlauf, die Transpiration, das Athmen. Dieß Leben dauert im Schlafe fort; es endigt nur mit dem Tode. Das animalische Leben dagegen, — zu welchem nach Bichat das System der Sensibilität und der Irritabilität, die Thätigkeit der Nerven und Muskeln gehört, — dieß theoretische und praktische nach außen Gerichtetseyn hört im Schlafe auf; weßhalb schon die Alten den Schlaf und den Tod als Brüder dargestellt haben. Die einzige Weise, wie sich der animalische Organismus im Schlafe noch auf die Außenwelt bezieht, ist das Athmen, dieß ganz abstracte Verhältniß zum unterschiedslosen Elemente der Luft. Zur particularisirten Aeußerlichkeit hingegen steht der gesunde Organismus des Menschen im Schlafe in keiner Beziehung mehr. Wenn daher der Mensch im Schlafe nach außen thätig wird, so ist er krank. Dieß findet bei den Schlafwandlern statt. Dieselben bewegen sich

109

which still remains far removed from the concrete determination of intelligence and will. It is precisely spirit's simply *discovering* the duality and opposition of itself and the world in its awakening, which here constitutes its naturality. +

Now it is on account of its naturality that the differentiation of the soul from itself and from the world brought about through awakening is connected with a physical difference, that is to say with the alternation of day and night. It is natural for man to wake by day and sleep by night, for just as sleep is the soul in the state of undifferentiation, so night obscures the difference between things, and just as waking displays the soul distinguishing itself from itself, so the light of day allows the differences between things to emerge. +

It is not only in physical nature however, but also in the human organism that there is a difference corresponding to that between the sleeping and waking of the soul. It is essential to distinguish between two aspects of the animal organism, its remaining within itself and its being orientated outwards. *Bichat* has called the former the *organic* and the latter the *animal* life. Within the organic life he includes the reproductive system, — digestion, the circulation of the blood, transpiration, breathing, a life which continues in sleep and ends only with death. Animal life however, which *Bichat* takes to include the system of sensibility and irritability, the activity of the nerves and muscles, and which theoretically and practically is orientated outwards, ceases during sleep. This is why already in antiquity we find sleep + and death represented as brothers. Breathing, a wholly + abstract relationship with the undifferentiated element of air, is the only means by which the animal organism still relates to the external world in sleep. When sleeping, the healthy human organism maintains no further connection with particularized externality. It is therefore only when the + sleeping person is ill that he is outwardly active, as are sleep-walkers for example, who will move about with the greatest

mit der größten Sicherheit; einige haben Briefe geschrieben und gesiegelt. Doch ist im Schlafwandeln der Sinn des Gesichts paralysirt, das Auge in einem kataleptischen Zustande.

In Demjenigen, was Bichat das animalische Leben nennt, herrscht also ein Wechsel von Ruhe und Thätigkeit, — somit, — wie im Wachen, — ein Gegensatz, während das in jenen Wechsel nicht eingehende organische Leben der im Schlafe vorhandenen Unterschiedslosigkeit der Seele entspricht.

Außer jenem Unterschied der Thätigkeit des Organismus ist aber auch in der Gestaltung der Organe des inneren und des nach außen gerichteten Lebens ein dem Unterschied des Schlafens und des Wachens gemäßer Unterschied zu bemerken. Die äußeren Organe, — die Augen, die Ohren, — sowie die Extremitäten, die Hände und die Füße, sind symmetrisch verdoppelt, und — beiläufig gesagt — durch diese Symmetrie fähig, Gegenstand der Kunst zu werden. Die inneren Organe dagegen zeigen entweder gar keine, oder wenigstens nur eine unsymmetrische Verdoppelung. Wir haben nur Einen Magen. Unsere Lunge hat zwar zwei Flügel, wie das Herz zwei Kammern hat; aber sowohl das Herz, wie die Lunge, enthalten auch schon die Beziehung des Organismus auf ein Entgegengesetztes, auf die Außenwelt. Zudem sind weder die Lungenflügel, noch die Herzkammern so symmetrisch, wie die äußeren Organe.

Was den geistigen Unterschied des Wachens vom Schlafen betrifft, so kann außer dem in obigem Paragraphen darüber Gesagten noch Folgendes bemerkt werden. Wir haben den Schlaf als denjenigen Zustand bestimmt, in welchem die Seele sich weder in sich selbst noch von der Außenwelt unterscheidet. Diese an und für sich nothwendige Bestimmung wird durch die Erfahrung bestätigt. Denn wenn unsere Seele immer nur Ein und Dasselbe empfindet oder sich vorstellt, wird sie schläfrig. So kann 110 die einförmige Bewegung des Wiegens, eintöniges Singen, das Gemurmel eines Baches Schläfrigkeit in uns hervorbringen. Dieselbe Wirkung entsteht durch die Faselei, durch unzusammenhängende, gehaltlose Erzählungen. Unser Geist fühlt sich nur dann vollkommen wach, wenn ihm etwas Interessantes, etwas zugleich

certainty and on occasions have even written and sealed letters. In sleep-walking the sense of sight is paralyzed however, the eye being in a cataleptic state.

Thus, while what *Bichat* calls *animal* life is similar to waking in that it is dominated by an opposition, by the *alternation* of rest and activity, the *organic* life which does not enter into this alternation corresponds to the *undifferentiation* of the soul present in sleep.

Apart from this difference in the activity of the organism however, the *formation* of the organs of the inner and of the outwardly orientated life also exhibits a difference corresponding to that between sleeping and waking. The *exterior* organs, the eyes and ears, like the extremities, the hands and feet, are symmetrically *duplicated.* It may be observed in passing, that it is on account of this that they are a worthy object of art. If the *inner* organs exhibit any duplication at all however, it is asymmetrical. We have only one stomach. The lung certainly has two lobes and the heart has two ventricles, but both these organs are already involved in the organism's relation to the opposition of the external world. What is more, neither the lobes of the lung nor the ventricles of the heart are as symmetrical as the exterior organs.

With regard to the *spiritual* difference between waking and sleeping, the following may be added to what has already been said in the preceding Paragraph. We have determined sleep as that state in which the soul distinguishes itself neither internally nor from the external world. This determination, which is necessary in and for itself, is confirmed by experience, for if our soul simply senses or presents the same thing to itself over and over again, it will become sleepy. The regular motion of the cradle, monotonous singing, the murmuring of a brook, will all tend to make us sleepy. Desipience, a disconnected and pointless narrative, will have the same effect. Our spirit only feels itself to be fully awake when it is presented with something interesting, something

Neues und Gehaltvolles, etwas verständig in sich Unterschiedenes und Zusammenhängendes geboten wird; denn in solchem Gegenstande findet er sich selber wieder. Zur Lebendigkeit des Wachseyns gehört also der Gegensatz und die Einheit des Geistes mit dem Gegenstande. Findet dagegen der Geist in dem Anderen die in sich unterschiedene Totalität, welche er selber ist, nicht wieder, so zieht er sich von dieser Gegenständlichkeit in seine unterschiedslose Einheit mit sich zurück, langweilt sich und schläft ein. — In dem eben Bemerkten ist aber schon enthalten, daß nicht der Geist überhaupt, sondern bestimmter das verständige und das vernünftige Denken durch den Gegenstand in Spannung gesetzt werden muß, wenn das Wachseyn in der ganzen Schärfe seiner Unterschiedenheit vom Schlafe und vom Träumen vorhanden seyn soll. Wir können uns im Wachen, — wenn wir das Wort im abstracten Sinne nehmen, — sehr langweilen; und umgekehrt ist es möglich, daß wir uns im Traume lebhaft für Etwas interessiren. Aber im Traume ist es nur unser vorstellendes, nicht unser verständiges Denken, dessen Interesse erregt wird.

Ebenso wenig aber, wie die unbestimmte Vorstellung des Sichinteressirens für die Gegenstände zur Unterscheidung des Wachens vom Träumen hinreicht, kann auch die Bestimmung der Klarheit für jene Unterscheidung genügend erscheinen. Denn erstlich ist diese Bestimmung nur eine quantitative; sie drückt nur die Unmittelbarkeit der Anschauung, folglich nicht das Wahrhafte aus; Dieß haben wir erst vor uns, wenn wir uns überzeugen, daß das Angeschaute eine vernünftige Totalität in sich ist. Und zweitens wissen wir sehr wohl, daß das Träumen sich nicht einmal immer als das Unklarere vom Wachen unterscheidet, sondern im Gegentheil oft, namentlich bei Krankheiten und bei Schwärmern, klarer ist, als das Wachen. 111

Endlich würde auch dadurch keine genügende Unterscheidung gegeben werden, daß man ganz unbestimmt sagte, nur im Wachen denke der Mensch. Denn das Denken überhaupt gehört so sehr zur Natur des Menschen, daß derselbe immer, auch im Schlafe, denkt. In allen Formen des Geistes, — im Gefühl, in der Anschauung, wie in der Vorstellung, — bleibt das Denken die Grund-

which has both novelty and meaning, something with an understandable, varied and coherent content, the reason being that in such a general object it rediscovers itself. The liveliness of the waking state therefore involves spirit's opposition to and unity with the general object. However, if spirit does not rediscover in the other the same internally differentiated totality which it is itself, it withdraws from this general objectivity into its undifferentiated unity with itself, becomes bored and falls asleep. — Now it is already implied in what has just been said, that if waking is to be present in the full distinctness of its difference from sleeping and dreaming, the general object has to capture the attention not of spirit *in general*, but more specifically of the thinking involved in understanding and reason. We can be awake, to use the word in its abstract significance, and also extremely bored. Conversely, it is possible for us to take a lively interest in something while we are dreaming. In the dream however, the thought stimulated into interest is simply presentative, it is not that of our understanding.

Although the vague presentation of interesting oneself in general objects is therefore inadequate to marking the distinction between waking and dreaming, the determination of *clarity* would appear to be no less so. In the first place, this is merely a quantitative determination and simply expresses the immediacy of intuition, not, therefore, the truth of it, which we only have before us when we convince ourselves that what is intuited is in itself a rational totality. What is more, we know very well that far from always distinguishing itself from waking on account of its lack of clarity, during illnesses and in the case of visionaries, dreaming is often more vivid than waking.

Finally, no satisfactory distinction would be indicated by the completely vague statement that man only *thinks* when he is awake. Thinking *in general* is so inherent in the nature of man, that he is always thinking, even in sleep. Thinking

lage. Dasselbe wird daher, in sofern es diese unbestimmte Grundlage ist, von dem Wechsel des Schlafens und des Wachens nicht berührt, macht hier nicht ausschließlich Eine Seite der Veränderung aus, sondern steht als die ganz allgemeine Thätigkeit über beiden Seiten dieses Wechsels. Anders verhält sich hingegen die Sache in Bezug auf das Denken, in sofern dasselbe als eine unterschiedene Form der geistigen Thätigkeit den anderen Formen des Geistes gegenübertritt. In diesem Sinne hört das Denken im Schlafe und im Traume auf. Verstand und Vernunft — die Weisen des eigentlichen Denkens — sind nur im Wachen thätig. Erst im Verstande hat die der erwachenden Seele zukommende abstracte Bestimmung des Sichselbstunterscheidens vom Natürlichen, von ihrer unterschiedslosen Substanz und von der Außenwelt, ihre intensive, concrete Bedeutung, da der Verstand das unendliche Insichseyn ist, welches sich zur Totalität entwickelt und eben dadurch sich von der Einzelnheit der Außenwelt frei gemacht hat. Wenn aber das Ich in sich selber frei ist, macht es auch die Gegenstände von seiner Subjectivität unabhängig, betrachtet es dieselben gleichfalls als Totalitäten und als Glieder einer sie alle umfassenden Totalität. Am Aeußerlichen ist nun die Totalität nicht als freie Idee, sondern als Zusammenhang der Nothwendigkeit. Dieser objective Zusammenhang ist Dasjenige, wodurch sich die Vorstellungen, die wir im Wachen haben, wesentlich von denen unterscheiden, die im Traume entstehen. Begegnet mir daher im Wachen Etwas, dessen Zusammenhang mit dem übrigen 112 Zustande der Außenwelt ich noch nicht zu entdecken vermag, so kann ich fragen: wache ich oder träume ich? Im Traume verhalten wir uns nur vorstellend; da werden unsere Vorstellungen nicht von den Kategorien des Verstandes beherrscht. Das bloße Vorstellen reißt aber die Dinge aus ihrem concreten Zusammenhange völlig heraus, vereinzelt dieselben. Daher fließt im Traume Alles auseinander, durchkreuzt sich in wilder Unordnung, verlieren die Gegenstände allen nothwendigen, objectiven, verständigen, vernünftigen Zusammenhang, und kommen nur in eine ganz oberflächliche, zufällige, subjective Verbindung. So geschieht es, daß wir Etwas, das wir im Schlafe hören, in einen ganz anderen

remains the basis of spirit in all its forms, in feeling and intuition as well as in presentation. In so far as it is this indeterminate basis therefore, it is unaffected by the alternation of sleeping and waking, and rather than constituting one aspect of the change while excluding the other, it stands above this alternation as the wholly general activity of both. The situation with regard to thought is different however in so far as it *stands opposed* to other forms of spirit as an undifferentiated form of spiritual activity, for as such it ceases during sleep and dreaming. Understanding and reason, the modes of thought *proper*, are only active in the waking state. It is in the understanding that the abstract determination in which the awakening soul distinguishes itself from what is natural, from its undifferentiated substance and from the external world, first assumes its *intensive*, concrete significance, for the understanding is infinite being-in-itself which has developed itself into totality, and precisely by this means freed itself from the singularity of the external world. Although it is in itself that the ego is free however, it also renders the general objects free of its subjectivity, while also considering them as totalities and as members of a totality which includes all of them. Now the totality is what is external not as free Idea but as the connectedness of *necessity*, and this objective connectedness is that whereby our waking presentations are essentially distinguished from those which occur in dreaming. If I encounter something while I am awake, and I am still unable to discover its connection with the rest of the external world, I can therefore ask whether I am waking or dreaming. When dreaming we merely conduct ourselves presentatively, and our presentations are not dominated by the categories of the understanding. Mere presenting singularizes things and tears them entirely out of their concrete connectedness however, so that in dreaming everything disintegrates and criss-crosses in wild confusion. General objects shed all necessary, objective, understandable, rational connection, and only enter into a wholly superficial, contingent, subjective combination. This is why we bring what we hear in sleeping into a connection which is quite

Zusammenhang bringen, als dasselbe in der Wirklichkeit hat. Man hört z. B. eine Thüre stark zuschlagen, glaubt, es sey ein Schuß gefallen, und mahlt sich nun eine Räubergeschichte aus. Oder man empfindet im Schlaf auf der Brust einen Druck, und erklärt sich denselben durch den Alp. Das Entstehen solcher falschen Vorstellungen im Schlafe ist deßhalb möglich, weil in diesem Zustande der Geist nicht die für-sich-seyende Totalität ist, mit welcher derselbe im Wachen alle seine Empfindungen, Anschauungen und Vorstellungen vergleicht, um aus der Uebereinstimmung oder Nichtübereinstimmung der einzelnen Empfindungen, Anschauungen und Vorstellungen mit seiner für-sich-seyenden Totalität die Objectivität oder Nichtobjectivität jenes Inhalts zu erkennen. Auch wachend kann zwar der Mensch sich in der Faselei ganz leeren, subjectiven Vorstellungen überlassen; wenn er aber den Verstand nicht verloren hat, weiß er zugleich, daß diese Vorstellungen nur Vorstellungen sind, weil sie mit seiner präsenten Totalität in Widerspruch stehen.

Bloß hier und da findet sich im Traume Einiges, das einen ziemlichen Zusammenhang mit der Wirklichkeit hat. Namentlich gilt Dieß von den Träumen vor Mitternacht; in diesen können die Vorstellungen noch einigermaaßen von der Wirklichkeit, mit welcher wir uns am Tage beschäftigt haben, in Ordnung zusammengehalten werden. Um Mitternacht ist, wie die Diebe sehr gut wissen, der Schlaf am festesten; da hat sich die Seele von aller Spannung gegen die Außenwelt in sich zurückgezogen. Nach Mitternacht werden die Träume noch willkürlicher, als vorher. Mitunter fühlen wir jedoch im Traume Etwas voraus, das wir in der Zerstreuung des wachenden Bewußtseyns nicht bemerken. So kann schweres Blut im Menschen das bestimmte Gefühl einer Krankheit erregen, von welcher er im Wachen noch gar nichts geahnt hat. Ebenso kann man durch den Geruch eines schwelenden Körpers im Schlafe zu Träumen von Feuersbrünsten angeregt werden, die erst einige Tage nachher zum Ausbruch kommen, und auf deren Vorzeichen wir im Wachen nicht geachtet haben. *

113

* *Griesheim Ms.* S. 129; vgl. *Kehler Ms.* S. 95: Im Allgemeinen ist dieß der Zusammenhang der Träume; der besonnene Mensch träumt auch, aber wenn

distinct from that pertaining to it in actuality. One hears a door slam to for example, takes it for a shot, and elaborates this into a tale of robbers. Or one senses when one is sleeping that there is a pressure on one's chest, and takes it to be the nightmare. Waking spirit is the being-for-self of that totality with which it compares all the singularity of its sensations, intuitions and presentations in order to know from the agreement or disagreement between them whether this content is objective or not. In sleep this totality is absent from spirit, — hence the occurrence of these false presentations. A desipient person can also abandon himself to wholly empty subjective presentations when waking of course, but if he still has understanding, he knows at the same time that since these presentations are in contradiction with his present totality, they are only presentations.

Only here and there is there anything in dreaming which has much of a connection with actuality. What is dreamt before midnight might have such a connection however, for in such dreams presentations can still derive some sort of order from the actuality with which we have concerned ourselves during the day. As thieves know well, it is around midnight that sleep is soundest, the soul no longer paying any attention to the outer world, having withdrawn into itself. After midnight dreams become even more capricious than before. Sometimes however, we have a presentiment of something while dreaming which we do not notice amid the diversion of waking consciousness. Thick-bloodedness can evoke in a person the distinct feeling of an illness of which he was entirely unaware when awake. When we are sleeping, the smell of something smouldering can also stimulate us into dreaming about conflagrations which only break out several days later, and of whose warning signs we remained oblivious while awake.*

* *Griesheim Ms.* p. 129; cf. *Kehler Ms.* p. 95: This is the general connection in dreams; the self-possessed person also dreams, but he is none the wiser when

Schließlich ist noch zu bemerken, daß das Wachen, als natürlicher Zustand, als eine natürliche Spannung der individuellen Seele gegen die Außenwelt, eine Grenze, ein Maaß hat, — daß daher die Thätigkeit des wachenden Geistes ermüdet und so den Schlaf herbeiführt, der seinerseits gleichfalls eine Grenze hat und zu seinem Gegentheil fortgehen muß. Dieser doppelte Uebergang ist die Weise, wie in dieser Sphäre die Einheit der an-sich-seyenden Substantialität der Seele mit deren für-sich-seyender Einzelnheit zur Erscheinung kommt.*

---

er wacht weiß er nichts davon, und es ist nichts langweiliger als das Erzählen der Träume. Jean Paul schläfert sich ein und so auch Kinder indem er ihnen einen tollen Roman vor macht, ohne allen Zusammenhang, Bilder ohne Verstand, Zufälligkeiten, an diesen Bildern die so sind wie die des Traumes geht er fort, macht man sich da hinein, so giebt man seine Besonnenheit mit Willen auf und bringt sich so zum Schlaf. Kinder kann man leicht so unterhalten und einschläfern. Man kann dieß so an sich beobachten, kann ein doppeltes, ein waches und ein schlafendes Bewußtsein haben und so dem Taumel so zu sagen zusehen.

* *Kehler Ms.* S. 96; vgl. *Griesheim Ms.* SS. 130–132: Das Leben ist ein Proceß, der in sich seinen Verlauf hat, zu diesem gehören die Organe, und das andere ist das animalische Leben, äußere Gliedmaßen, Sinneswerkzeuge; im Wachen sind wir in der Differenz gegen Andere, aber wir sind selbst das Differente, es sind zweierlei Foci des Lebens, der organische Kreislauf, und die Thätigkeit nach außen. Wir sind in uns als bewußter Geist ein Reichthum von Vorstellungen, von diesem Charakter. Dieses sind wir, abgetrennt von der Weise, wie wir uns zu den einzelnen Gegenständen verhalten und zerstreuen; der Schlaf ist dies, daß diese beiden Mittelpunkte, Kreise in Eins zusammenfallen, daß diese Trennung aufhört, und die nach außen gehende Richtung in das Substanzielle zurückgenommen wird. Dies Zurückgenommensein ist es, worin das Bekräftigende, Stärkende beruht... Kraft, Stärkung hat das Bestimmte das mit sich Identische, das Starke ist das mit sich zusammenhaltende, was nicht von einem Äußeren abhängt, und die Stärke ist der Zusammenhalt in sich zu beweisen, manifestiren gegen Andere. Dieser Zusammenhalt in sich wird im Schlaf hervorgebracht, wiederhergestellt, und dieß ist die Bekräftigung, die im Schlaf liegt, die Erholung von der Arbeit, sich in sich zusammengehen zu lassen von dieser Spannung. Hat man sich geistig angestrengt, zerstreut sich mit Anderen und kommt wieder dahin zurück, so findet man das viel leichter, die Schwierigkeiten schwächer, der Geist hat leichtere Arbeit, als wenn er seine Beschäftigung etwa fortgesetzt hätte. Dies ist die natürliche Rückkehr aus der Differenz, Spannung, Bethätigung des Wachseins; es ist die Rückkehr zum Anfang, der Natürlichkeit überhaupt, und das was natürlich ist, ist der langweilige Kreislauf anzufangen, wo man schon gewesen ist. Die Rückkehr im Begriff zur Identität, die Rückkehr

Finally, it also has to be observed that as a natural state, as a natural tensing of the individual soul against the external world, waking has a *limit*, a measure, — that the activity of waking spirit tires and so induces sleep, which also has a limit and has in its turn to progress into its opposite. 5
This double *transition* is the way in which the unity of the soul's implicit substantiality with the being-for-self of its singularity makes its appearance in this sphere.*

---

he awakes, and there is nothing more tedious than the recounting of dreams. Jean Paul will lull himself and children to sleep by spinning a strange tale without any bearing, images without significance, chance sequences. The images in which he indulges are as they are in dreams, and if one enters into them, one is wilfully abandoning self-possession and giving oneself over to sleep. This is an easy way to entertain children and to get them to sleep. One can observe it in oneself, have a double consciousness, a waking and a sleeping one, and in this way, watch the revelry as it were. +

* *Kehler Ms.* p. 96: cf. *Griesheim Ms.* pp. 130–132: Life is a process which has its course within itself, and the organs pertain to this course; its other aspect is the animal life, the external members, the organs of sense. Although we are differentiated from what is other than we are when we are awake, we are ourselves the differential, for there are two foci to life, the organic circulation and the activity outwards. Within ourselves, as conscious spirit, we are a + wealth of presentations of this kind, and we are this regardless of the way in which we engage and dissipate ourselves in respect of the singularity of general objects. Sleep is the merging into one of these two foci or circles so that there is no longer a division, so that the orientation outwards is withdrawn into the substantial being. It is through this withdrawal that sleep envigorates and strengthens... Vigour, strengthening, has that which is self-identical as its determinate being, what is strong being that which keeps to itself, that which is not dependent upon an external being. Strength consists of giving proof of being inwardly collected, of manifesting it in the face of an other. This inner collectedness is brought forth in sleep, and constitutes the envigorating power of it, recovery after work, returning into oneself, disengaging from the tension. If one taxes oneself spiritually, dissipates oneself within what is other than oneself, and then returns once more to sleep, the task will subsequently be much easier, the difficulties less challenging, the work of spirit lighter than it would have been had it simply persisted in its involvement. This is the natural return from out of the differentiation, tension, occupation of the waking condition; it is the return to the beginning, of naturality in general, it being natural to begin the tedious circulation from where one has already been. Return to identity within the Notion, implicit

γ) Empfindung.

§. 399.

Schlafen und Wachen sind zunächst zwar nicht bloße Veränderungen, sondern wechselnde Zustände, (Progreß ins Unendliche). In diesem ihrem formellen negativen Verhältniß ist eben so sehr das affirmative vorhanden. In dem Fürsichseyn der wachen Seele ist das Seyn als ideelles Moment enthalten; sie findet so die Inhalts-Bestimmtheiten ihrer schlafenden Natur, welche als in ihrer Substanz an sich in derselben sind, in sich selbst und zwar für sich. Als Bestimmtheit ist diß Besondere von der Identität des Fürsichseyns mit sich, unterschieden und zu-
114 gleich in dessen Einfachheit einfach enthalten, — Empfindung.

Zusatz. Was den dialektischen Fortgang von der erwachenden Seele zur Empfindung betrifft, so haben wir darüber Folgendes zu bemerken. Der nach dem Wachen eintretende Schlaf ist die natürliche Weise der Rückkehr der Seele aus der Differenz zur unterschiedslosen Einheit mit sich. In soweit der Geist in den Banden der Natürlichkeit befangen bleibt, stellt diese Rückkehr nichts dar, als die leere Wiederholung des Anfangs, — einen langweiligen Kreislauf. An sich, oder dem Begriffe nach, ist aber in jener Rückkehr zugleich ein Fortschritt enthalten. Denn der Uebergang des Schlafs in das Wachen und des Wachens in den Schlaf hat für uns das ebenso positive wie negative Resultat, daß sowohl das im Schlafe vorhandene ununterschiedene substantielle Seyn der Seele, wie das im Erwachen zu Stande kommende noch ganz abstracte, noch ganz leere Fürsichseyn der-

---

an sich, ist aber ein Fortgang, weitere Bestimmung. Der Begriff ist das Aufgehobensein, die Einheit dieser beiden, von denen das eine das natürliche war, Schlafen, natürliche Seele, natürliche Weise, der Begriff ist das Aufheben der beiden einseitigen Bestimmungen, darin liegt, daß auch diese Bestimmung der natürlichen Weise aufgehoben ist, da ist dann diese Identität nicht ein Rückfall, aus dem Erwachen in den Schlaf, sondern die natürliche Weise ist selbst eines der Momente, welches im Begriff sich aufhebt.

γ) *Sensation*

§ 399

Initially, sleeping and waking constitute the infinite progression of alternating states, and are certainly not mere changes. Present within this their formal, negative relationship, is the corresponding affirmative relationship. The being in the being-for-self of the waking soul is contained there as a moment which is of an ideal nature; consequently, it is within itself and indeed for itself that the waking soul finds the content-determinatenesses of its dormant nature, determinatenesses which are implicit within this nature as within their substance. As determinateness, this particular being differs from the self-identity of the being-for-self and is at the same time simply contained in its simplicity. This is *sensation*.   5 + + 10

Addition. We shall now comment upon the dialectical progression from the *awakening* soul to *sensation*. The sleep which follows waking is the natural manner in which the soul returns from differentiation into undifferentiated unity with itself. In so far as spirit remains bound by the bonds of naturality, this return exhibits nothing but the empty *repetition* of the beginning, — a monotonous circulation. At the same time however, and *implicitly* or in accordance with the Notion, this return contains a *progress*, since *for us* the transition of sleep into waking and of waking into sleep has a result which is as positive as it is negative. In their separation, both the undifferentiated substantial being of the soul present in sleep, and the still entirely empty being-for-self of it which occurs in waking, prove themselves to be one-sided,   15 20 25

---

return, is however a progression, a further determination. The Notion is the sublated being, the unity of these two aspects, the one of which was natural, sleep, the natural soul, the natural mode. Since the Notion is the sublating of both onesided determinations, this natural mode of determination is also sublated. Rather than this identity being then a relapse out of waking into sleep, the natural mode is itself one of the moments which sublates itself within the Notion. +

selben sich in ihrer Getrenntheit als einseitige, unwahre Bestimmungen erweisen, und ihre concrete Einheit als ihre Wahrheit hervortreten lassen. In dem sich wiederholenden Wechsel von Schlaf und Wachen streben diese Bestimmungen immer nur nach ihrer concreten Einheit, ohne dieselbe jemals zu erreichen; jede dieser Bestimmungen fällt da aus ihrer eigenen Einseitigkeit immer nur in die Einseitigkeit der entgegengesetzten Bestimmung. Zur Wirklichkeit aber kommt diese, in jenem Wechsel immer nur erstrebte Einheit in der empfindenden Seele. Indem die Seele empfindet, hat sie es mit einer unmittelbaren, seyenden, noch nicht durch sie hervorgebrachten, sondern von ihr nur vorgefundenen, innerlich oder äußerlich gegebenen, also von ihr nicht abhängenden Bestimmung zu thun. Zugleich ist aber diese Bestimmung in die Allgemeinheit der Seele versenkt, wird dadurch in ihrer Unmittelbarkeit negirt, somit ideell gesetzt. Daher kehrt die empfindende Seele in diesem ihrem Anderen, als in dem Ihrigen, zu sich selber zurück, ist in dem Unmittelbaren, Seyenden, welches
115 sie empfindet, bei sich selber. So bekommt das im Erwachen vorhandene abstracte Fürsichseyn durch die Bestimmungen, welche an sich in der schlafenden Natur der Seele, in deren substantiellem Seyn enthalten sind, seine erste Erfüllung. Durch diese Erfüllung verwirklicht, vergewissert, bewährt die Seele sich ihr Fürsichseyn, ihr Erwachtseyn, — ist sie nicht bloß für sich, sondern setzt sie sich auch als für-sich-seyend, als Subjectivität, als Negativität ihrer unmittelbaren Bestimmungen. So erst hat die Seele ihre wahrhafte Individualität erreicht. Dieser subjective Punkt der Seele steht jetzt nicht mehr abgesondert, gegenüber der Unmittelbarkeit derselben, sondern macht sich in dem Mannigfaltigen geltend, das in jener Unmittelbarkeit, der Möglichkeit nach, enthalten ist. Die empfindende Seele setzt das Mannigfaltige in ihre Innerlichkeit hinein, sie hebt also den Gegensatz ihres Fürsichseyns oder ihrer Subjectivität, und ihrer Unmittelbarkeit oder ihres substantiellen Ansichseyns auf, — jedoch nicht auf die Weise, daß, wie beim Rückgang des Erwachens in den Schlaf, ihr Fürsichseyn seinem Gegentheil, jenem bloßen Ansichseyn, Platz machte, sondern so, daß ihr Fürsichseyn in der Veränderung, in

untrue determinations, and allow their concrete *unity* to emerge as their truth. In the self-repeating alternation of sleep and waking, these determinations constantly strive exclusively toward their concrete unity. They never reach it however, for each determination is always simply shifting out of its own one-sidedness into that of its opposite. In the *sentient* soul however, the unity which is always merely striven for in this alternation, achieves *actuality*. In that it senses, the soul is dealing with an immediate determination, with a being which is not yet brought forth by it, but which it merely finds before it as something which is given either internally or externally, and which does not therefore depend upon it. This determination is *at the same time* immersed in the soul's universality however, by which it is negated in its immediacy and so posited as of an ideal nature. It is thus that the sentient soul returns to itself in this other as into its own, being with itself in the immediacy of the being it senses. It is therefore through the determination contained implicitly in the dormant nature of the soul, in its substantial being, that the *abstract* being-for-self of the soul present in waking obtains its initial fulfilment. It is through being actualized and so confirmed by this fulfilment that the soul proves its being-for-self, its having awakened, not merely *being* for itself, but also *positing* itself as such, as subjectivity, as the negativity of its immediate determinations. It is thus that it has first attained its *true* individuality. This subjective point of the soul now no longer stands opposed to and separated from the soul's immediacy, but asserts itself within the manifoldness which has the possibility of being contained there. The sentient soul posits the manifoldness in its inwardness, and so sublates the opposition between its being-for-self or subjectivity, and its immediacy or substantial and implicit being. In the relapse from waking into sleep the being-for-self of the sentient soul gave way to its opposite, to that merely implicit being. In *this* case however, its being-for-self maintains itself in the alteration, in the

dem Anderen sich erhält, sich entwickelt und bewährt, die Unmittelbarkeit der Seele aber von der Form eines neben jenem Fürsichseyn vorhandenen Zustandes zu einer nur in jenem Fürsichseyn bestehenden Bestimmung, folglich zu einem Schein herabgesetzt wird. Durch das Empfinden ist somit die Seele dahin gekommen, daß das ihre Natur ausmachende Allgemeine in einer unmittelbaren Bestimmtheit für sie wird. Nur durch dieß Fürsichwerden ist die Seele empfindend. Das Nichtanimalische empfindet eben deßhalb nicht, weil in demselben das Allgemeine in die Bestimmtheit versenkt bleibt, in dieser nicht für sich wird. Das gefärbte Wasser, zum Beispiel, ist nur für uns unterschieden von seinem Gefärbtseyn und von seiner Ungefärbtheit. Wäre Ein und dasselbe Wasser zugleich allgemeines und gefärbtes Wasser, so würde diese unterscheidende Bestimmtheit für das Wasser selber seyn, dieses somit Empfindung haben; denn Empfindung hat Etwas dadurch, daß dasselbe in seiner Bestimmtheit sich als ein Allgemeines erhält.

116

In obiger Auseinandersetzung des Wesens der Empfindung ist schon enthalten, daß, wenn im Paragraph 398 das Erwachen ein Urtheil der individuellen Seele hat genannt werden dürfen, — weil dieser Zustand eine Theilung der Seele in eine für-sich-seyende und in eine nur seyende Seele, und zugleich eine unmittelbare Beziehung ihrer Subjectivität auf Anderes hervorbringt, — wir in der Empfindung das Vorhandenseyn eines Schlusses behaupten, und daraus die vermittelst der Empfindung erfolgende Vergewisserung des Wachseyns ableiten können. Indem wir erwachen, finden wir uns zunächst in einem ganz unbestimmten Unterschiedenseyn von der Außenwelt überhaupt. Erst, wenn wir anfangen zu empfinden, wird dieser Unterschied zu einem bestimmten. Um daher zum völligen Wachseyn und zur Gewißheit desselben zu gelangen, öffnen wir die Augen, fassen wir uns an, untersuchen wir, mit Einem Wort, ob etwas bestimmtes Anderes, ein bestimmt von uns Unterschiedenes für uns ist. Bei dieser Untersuchung beziehen wir uns auf das Andere nicht mehr geradezu, sondern mittelbar. So ist, z. B., die Berührung die Vermittlung zwischen mir und dem Anderen, da sie, von die-

other, develops and proves itself. The immediacy of the soul is however reduced from the form of a state present *alongside* that being-for-self, to a determination which merely subsists *within* it, and hence to a *show*. Through sensing therefore, the soul progresses in that the universal which constitutes its nature becomes an immediate determinateness for it. It is only through this coming to be for itself that the soul is sentient. Non-animal being is not sentient precisely because within it what is general remains immersed in determinateness within which it does not assume being-for-self. It is only *for us* that coloured water, for example, is distinguished from its being coloured or colourless. If one and the same water were simultaneously both water in general and coloured, this differentiated determinateness would be for the water itself, and the water would therefore have sensation; for anything which maintains itself in its determinateness as a generality or universal possesses sensation. +

It is already implied in the foregoing discussion of the essence of sensation, that if awakening may be called a *primary component* of the individual soul (§ 398) on account of this state's eliciting a *division* of the soul in which it has being-for-self as well as mere being, while at the same time its *subjectivity* is *immediately* related to *something else*, we can say that a *syllogism* is present within sensation, and that the confirmation of the waking state resulting from sensation can be derived from it. When we first awake, we find ourselves in a + state in which we only differ from the external world in an entirely indeterminate manner. It is only when we begin to sense that this difference becomes *determinate*. In order to ascertain that we are fully awake we therefore open our eyes and take hold of ourselves i.e. we find out if there is for us a definite other, something definite which is distinct from us. By finding this out we relate ourselves to the other, no longer directly but *mediatively*. *Touch*, for example, is the mediation between me and the other, for although it is

sen beiden Seiten des Gegensatzes verschieden, doch zugleich beide vereinigt. Hier also, wie bei der Empfindung überhaupt, schließt die Seele vermittelst eines zwischen ihr und dem Anderen Stehenden in dem empfundenen Inhalte sich mit sich selber zusammen, reflectirt sich aus dem Anderen in sich, scheidet sich von demselben ab, und bestätigt sich dadurch ihr Fürsichseyn. Diese Zusammenschließung der Seele mit sich selber ist der Fortschritt, welchen die im Erwachen sich theilende Seele durch ihren Uebergang zur Empfindung macht.

§. 400.

117

Die Empfindung ist die Form des dumpfen Webens des Geistes in seiner bewußt- und verstandlosen Individualität, in der alle Bestimmtheit noch unmittelbar ist, nach ihrem Inhalte wie nach dem Gegensatze eines Objectiven gegen das Subject unentwickelt gesetzt, als seiner besondersten, natürlichen Eigenheit angehörig. Der Inhalt des Empfindens ist eben damit beschränkt und vorübergehend, weil er dem natürlichen, unmittelbaren Seyn, dem qualitativen also und endlichen angehört.

Alles ist in der Empfindung, und wenn man will, Alles, was im geistigen Bewußtseyn und in der Vernunft hervortritt, hat seine Quelle und Ursprung in derselben; denn Quelle und Ursprung heißt nichts anders, als die erste unmittelbarste Weise, in der etwas erscheint. Es genüge nicht, daß Grundsätze, Religion u. s. f. nur im Kopfe seyen, sie müssen im Herzen, in der Empfindung seyn. In der That, was man so im Kopfe hat, ist im Bewußtseyn überhaupt, und der Inhalt demselben so gegenständlich, daß eben so sehr als er in Mir, dem abstracten Ich, überhaupt gesetzt ist, er auch von Mir nach meiner concreten Subjectivität entfernt gehalten werden kann; in der Empfindung dagegen ist solcher Inhalt Bestimmtheit meines ganzen, obgleich in solcher Form dumpfen Fürsichseyns; er ist also als mein eigenstes gesetzt. Das Eigene ist das

distinct from both sides of the opposition, it at the same time unites them. Here therefore, as in sensation generally, it is by means of something standing between itself and the other that the soul coincides with itself in the content sensed, reflecting itself out of the other into itself, separating itself from it, and thereby assuring itself of its being-for-self. It is by thus coinciding with itself that the soul which divides itself in awakening makes the progress of its transition into sensation.

§ 400

In sensation, spirit has the form of a subdued stirring in its unconscious and ununderstanding individuality, in which all determinateness is still immediate, posited as as undeveloped in respect of its content as it is in respect of the opposition of an objective being to the subject, as pertaining to its most particularized and characteristic natural property. The content of sensation is therefore limited and transient, since it pertains to natural, immediate being i.e. to what is qualitative and finite.

Everything is in sensation; one might also say that it is in sensation that everything emerging into spiritual consciousness and reason has its source and origin, for the source and origin of something is nothing other than the primary and most immediate manner in which it appears. Principles, religion etc. must be in the heart, they must be sensed, it is not enough that they should be only in the head. In fact what one has thus, only in one's head, is in consciousness in general, the content being so generally objective to consciousness, that to the same extent as it is generally posited within me, within the abstract ego, it may also be kept apart from me in accordance with my concrete subjectivity. In sensation however, despite the subdued nature of being-for-self in such a form, content such as this is a determinateness of my entire being-for-self, and is therefore posited as my most characteristic property. That which is

vom wirklichen concreten Ich ungetrennte, und diese unmittelbare Einheit der Seele mit ihrer Substanz und dem bestimmten Inhalte derselben ist eben diß Ungetrenntseyn, insofern es nicht zum Ich des Bewußtseyns, noch weniger zur Freiheit vernünftiger Geistigkeit bestimmt ist. Daß übrigens Wille, Gewissen, Charakter, noch eine ganz andere Intensität und Festigkeit des Mein-eigenseyns besitzen, als die Empfindung überhaupt und der Complex derselben, das Herz, liegt auch in den gewöhnlichen Vorstellungen. — Es ist freylich richtig zu sagen, daß vor allem das Herz gut seyn müsse. Daß aber die Empfindung und das Herz nicht die Form sey, wodurch etwas als religiös, sittlich, wahr, gerecht u. s. f. gerechtfertigt sey, und die Berufung auf Herz und Empfindung entweder ein nur nichts sagendes oder vielmehr schlechtes-sagendes sey, sollte für sich nicht nöthig seyn erinnert zu werden. Es kann keine trivialere Erfahrung geben als die, daß es wenigstens gleichfalls böse, schlechte, gottlose, niederträchtige u. s. f. Empfindungen und Herzen gibt; ja daß aus den Herzen nur solcher Inhalt kommt, ist in den Worten ausgesprochen: Aus dem Herzen kommen hervor arge Gedanken, Mord, Ehebruch, Hurerei, Lästerung u. s. f. In solchen Zeiten, in welchen das Herz und die Empfindung zum Kriterium des Guten, Sittlichen und Religiösen von wissenschaftlicher Theologie und Philosophie gemacht wird, — wird es nöthig an jene triviale Erfahrung zu erinnern, eben so sehr als es auch heutigetags nöthig ist, überhaupt daran zu mahnen, daß das Denken das Eigenste ist, wodurch der Mensch sich vom Vieh unterscheidet, und daß er das Empfinden mit diesem gemein hat.

118

Zusatz. Obgleich auch der dem freien Geiste angehörige, eigenthümlich menschliche Inhalt die Form der Empfindung annimmt, so ist diese Form als solche doch eine der thierischen und der menschlichen Seele gemeinsame, daher jenem Inhalt nicht gemäße. Das Widersprechende zwischen dem geistigen Inhalt und der Empfindung besteht darin, daß jener ein an-und-für-sich Allgemeines, Nothwendiges, wahrhaft Objectives, — die Empfin-

its own is inseparate from the actual concrete ego, and this immediate unity of the soul with its substance and the determinate content of the same constitutes this inseparability precisely in so far as the ego is not determined as the ego of consciousness, and certainly not as the freedom of rational spirituality. Ordinary presentations also make it evident moreover, that the intensity and firmness with which I *possess* will, conscience and character, differ entirely from the intensity and firmness with which I possess sensation in general or the complex of sensation in the *heart*. — One is of course justified in saying that a *good heart* is more important than anything else. One should not have to be reminded however, that what is religious, ethical, true, just etc. is not *justified* by the form of sensation and of the heart, and that an appeal in this context to the heart or to sensation is either simply meaningless or downright pernicious. Any experience at all will make it evident that sensations and hearts are also evil, bad, godless, base etc. It has been said moreover, that the heart alone is the source of such a content: "Out of the *heart* proceed evil thoughts, murder, adultery, fornication, blasphemy etc." During periods in which scientific theology and philosophy make sensation and the heart the criterion of what is good, ethical and religious, it becomes necessary to call attention to this elementary lesson of experience. Nowadays however, it is also necessary to remind people that while man's *thinking* is the *most characteristic property* distinguishing him from beasts, he has sensation in common with them.

Addition. Although the peculiarly human content pertaining to free spirit also assumes the form of sensation, this form as such is inadequate to that content, since it is common to the animal as well as the human soul. The contradictoriness of *spiritual* content and sensation consists in the former's being a universal which is in and for itself, necessary, truly objective, while the latter is something singular-

dung dagegen etwas Vereinzeltes, Zufälliges, einseitig Subjectives ist. In wiefern die letztgenannten Bestimmungen von der Empfindung ausgesagt werden müssen, Das wollen wir hier kurz erläutern. Wie schon bemerkt, hat das Empfundene wesentlich die Form eines Unmittelbaren, eines Seyenden, — gleichviel, ob dasselbe aus dem freien Geiste, oder aus der Sinnenwelt herstamme. Die Idealisirung, welche das der äußeren Natur Angehörende durch das Empfundenwerden erfährt, ist eine noch ganz oberflächliche, von dem vollkommenen Aufheben der Unmittelbarkeit dieses Inhalts fern bleibende. Der an sich diesem seyenden

119

Inhalt entgegengesetzte geistige Stoff aber wird in der empfindenden Seele zu einem in der Weise der Unmittelbarkeit Existirenden. Da nun das Unvermittelte ein Vereinzeltes ist, so hat alles Empfundene die Form eines Vereinzelten. Dieß wird von den Empfindungen des Aeußerlichen leicht zugegeben, muß aber auch von den Empfindungen des Innerlichen behauptet werden. Indem das Geistige, das Vernünftige, das Rechtliche, Sittliche und Religiöse in die Form der Empfindung tritt, erhält es die Gestalt eines Sinnlichen, eines Außereinanderliegenden, eines Zusammenhangslosen, — bekommt es somit eine Aehnlichkeit mit dem äußerlich Empfundenen, das zwar nur in Einzelnheiten, z. B. in einzelnen Farben, empfunden wird, jedoch, wie das Geistige, an sich ein Allgemeines, z. B. Farbe überhaupt, enthält. Die umfassendere, höhere Natur des Geistigen tritt daher nicht in der Empfindung, sondern erst im begreifenden Denken hervor. In der Vereinzelung des empfundenen Inhalts ist aber zugleich seine Zufälligkeit und seine einseitig subjective Form begründet. Die Subjectivität der Empfindung muß nicht unbestimmterweise darin gesucht werden, daß der Mensch durch das Empfinden Etwas in sich setzt, — denn auch im Denken setzt er etwas in sich, — sondern bestimmter darin, daß er Etwas in seine natürliche, unmittelbare, einzelne, — nicht in seine freie, geistige, allgemeine Subjectivität setzt. Diese natürliche Subjectivität ist eine sich noch nicht selbst bestimmende, ihrem eigenen Gesetze folgende, auf nothwendige Weise sich bethätigende, sondern eine von außen bestimmte, an diesen Raum und an diese Zeit gebundene, von

ized, contingent, one-sidedly subjective. We now propose to give a summary explication of the extent to which the last-mentioned determinations have to be predicted of sensation. As we have already noticed, the essential form of what is sensed, regardless of its stemming from free spirit or from the sensible world, is that of an immediacy, a being. By being sensed, that which belongs to *external* nature undergoes an idealization which is still wholly superficial, far removed from the complete sublation of the immediacy of this content. In the sentient soul however, the *spiritual* material implicitly opposed to the being of this content becomes an existent being in the mode of immediacy. Now since what is unmediated is a singularization, everything sensed has the form of a *singularity*. This will be readily admitted of the sensations of what is external, but it has also to be maintained with regard to the sensations of what is internal. In that what is spiritual, rational, lawful, ethical and religious enters into the form of sensation, it assumes the shape of a sensuous being, an arranged extrinsicality, a disconnectedness. It therefore acquires a similarity to what is sensed externally, which although it is only sensed in singularities, in single colours for example, resembles what is spiritual by *implicitly* containing a universal, colour in general for example. This is why the more comprehensive, the higher nature of what is spiritual, first occurs not in sensation but in Notional thinking. At the same time however, the *contingency* and the one-sided subjective form of the sensed content are also grounded in its singularization. The *subjectivity* of sensation must be sought not indeterminately in man's positing something *within himself* through sensing, for he also does this in thinking, but more precisely in his positing something not in his free, spiritual, universal subjectivity, but in his natural, immediate, singular subjectivity. This *natural* subjectivity is not yet a self-determining one, pursuing its own laws, activating itself in a necessary manner, but a subjectivity determined from without, bound to *this* space and *this* time, dependent upon contingent circumstances.

zufälligen Umständen abhängige. Durch Versetzung in diese Subjectivität wird daher aller Inhalt zu einem zufälligen, und erhält Bestimmungen, die nur diesem einzelnen Subjecte angehören. Es ist deßhalb durchaus unstatthaft, sich auf seine bloßen Empfindungen zu berufen. Wer Dieß thut, der zieht sich von dem, Allen gemeinsamen Felde der Gründe, des Denkens und der Sache, in seine einzelne Subjectivität zurück, in welche, — da dieselbe
120 ein wesentlich Passives ist, — das Unverständigste und Schlechteste ebenso gut, wie das Verständige und Gute, sich einzudrängen vermag. Aus allem Diesem erhellt, daß die Empfindung die schlechteste Form des Geistigen ist, und daß dieselbe den besten Inhalt verderben kann. — Zugleich ist in dem Obigen schon enthalten, daß der bloßen Empfindung der Gegensatz eines Empfindenden und eines Empfundenen, eines Subjectiven und eines Objectiven noch fremd bleibt. Die Subjectivität der empfindenden Seele ist eine so unmittelbare, so unentwickelte, eine so wenig sich selbst bestimmende und unterscheidende, daß die Seele, in sofern sie *nur* empfindet, sich noch nicht als ein einem Objectiven gegenüberstehendes Subjectives erfaßt. Dieser Unterschied gehört erst dem *Bewußtseyn* an, tritt erst dann hervor, wenn die Seele zu dem abstracten Gedanken ihres Ichs, ihres unendlichen Fürsichseyns gekommen ist. Von diesem Unterschiede haben wir daher erst in der Phänomenologie zu sprechen. Hier in der Anthropologie haben wir nur den durch den *Inhalt* der Empfindung gegebenen Unterschied zu betrachten. Dieß wird im folgenden Paragraphen geschehen.

§. 401.

* Was die empfindende Seele in sich findet, ist einerseits das natürliche Unmittelbare, als in ihr ideell und ihr zueigen gemacht. Andererseits wird umgekehrt das ursprüng-

* 1827: Wird auf die aus der Einheit, welche Empfindung ist, nachher sich entwickelnden Unterschiede vom *unmittelbaren Seyn* der Seele und ihrem *Fürsichseyn* Rücksicht genommen, so wird letzteres als in sich vertieft Ich des Bewußtseyns und freier Geist, hingegen das erstere zur natürlichen *Leiblichkeit* bestimmt. Hienach unterscheidet sich...

Through being transposed into this subjectivity therefore, all content becomes contingent, and is endowed with determinations pertaining only to this single subject. It is therefore quite inadmissable to refer to nothing but sensations. Whoever does so withdraws from what is common to all, the field of reasons, thought and the matter in hand, into his singular subjectivity. Since this subjectivity is essentially passive, what is most ununderstandable and worthless is able to enter there as well as what is understandable and worthwhile. It is evident from all this that sensation is the unworthiest form of what is spiritual, and that the best content can be marred by it. — At the same time it is already implied in the above, that the opposition between what senses and what is sensed, between what is subjective and what is objective, still remains alien to mere sensation. The subjectivity of the sentient soul is so immediate, so undeveloped, so minimal in its self-determination and differentiation, that in so far as it *merely* senses, the soul is not yet aware of itself as a subjective confronting an objective being. This difference first pertains to *consciousness*, first emerges once the soul has attained to the abstract thought of its ego, its infinite being-for-self. It is therefore in Phenomenology that we first have to speak of this difference. Here in Anthropology we only have to consider the difference presented by the *content* of sensation, and we shall do so in the following Paragraph.

§ 401

*** One aspect of what the sentient soul finds within itself is the natural immediacy which is in it as of an ideal nature and which it appropriates. The other aspect however, that originally pertaining to the**

* 1827: If one takes into consideration the differences which subsequently develop out of the unity constituted by sensation, those between the *immediate being* of the soul and its *being-for-self*, the latter is determined as inwardly deepened, as the ego of consciousness and free spirit, while the latter is determined into natural *corporeity*. It is on account of this...

lich dem Fürsichseyn, das ist, wie es weiter in sich vertiefst Ich des Bewußtseyns und freier Geist ist, Angehörige, zur natürlichen Leiblichkeit bestimmt und so empfunden. Hienach unterscheidet sich eine Sphäre des Empfindens, welches zuerst Bestimmung der Leiblichkeit (des Auges u. s. f. überhaupt jedes körperlichen Theils) ist, die dadurch Empfindung wird, daß sie im Fürsichseyn der Seele innerlich gemacht, erinnert wird, — und eine andere Sphäre der im Geiste entsprungenen ihm angehörigen Bestimmtheiten, die um als gefundene zu seyn, um empfunden zu werden, verleiblicht werden. So ist die Bestimmtheit im Subject als in der Seele gesetzt. Wie die weitere Specification jenes Empfindens in dem Systeme der Sinne vorliegt, so systematisiren sich nothwendig auch die Bestimmtheiten des Empfindens, die aus dem Innern kommen, und deren Verleiblichung, als in der lebendigen concret entwickelten Natürlichkeit gesetzt, führt sich nach dem besondern Inhalt der geistigen Bestimmung in einem besondern Systeme der Organe des Leibes aus.

121

Das Empfinden überhaupt ist das gesunde Mitleben des individuellen Geistes in seiner Leiblichkeit. Die Sinne sind das einfache System der specificirten Körperlichkeit; a) die physische Idealität zerfällt in zwei, weil

* 1827: (Daß der Inhalt ferner im geistigen Bewußtseyn zur Anschauung einer objectiven Welt u.s.f. wird, gehört noch nicht hieher.) Auf der andern Seite wird die im Geiste entsprungene, ihm zuerst angehörige Bestimmtheit, um empfunden zu seyn, *verleiblicht*. So als Empfindung ist sie in dem Subject als unmittelbarer, natürlicher Einheit mit sich, in ihm als Seele gesetzt. (Daß der geistige Inhalt ferner vom geistigen Bewußtseyn zu seiner vernünftigen Objectivität bestimmt wird, fällt gleichfalls in spätere Entwicklung.) Zunächst solcher Inhalt auf jene Weise verleiblicht und zu einem *Unmittelbaren* gemacht, erscheint er so als Bestimmtheit der Empfindung dem Bewußtseyn zunächst als ein *Vorgefundenes*, *Gegebenes*. Aber die Verleiblichung ist als in der lebendigen concret entwickelten Natürlichkeit selbst concret, und nach dem *besondern* Inhalt der geistigen Bestimmung führt sie sich in einem *besondern* Systeme oder Organe des Leibes aus.

† Der Rest des Paragraphen erstmals 1830.

being-for-self which when further deepened within itself is the ego of consciousness and free spirit, is determined as natural *corporeity* and therefore sensed. It is on account of this that while one sphere of sentience distinguishes itself principally as the determination of corporeity (of the eye etc., of the parts of the body in general), and becomes sensation in that it is *recollected, internalized* within the being-for-self of the soul,* — another distinguishes itself as the determinatenesses which have originated in and pertain to spirit, and which are *embodied* in order to be as if they had been found, or sensed. It is thus that determinateness is posited in the subject as in the soul. Just as the further specification of this sentience is to be seen in the system of the senses, so also is there a necessary systematization in the determinatenesses of sentience which proceed from within. As posited within living and concretely developed naturality, their embodiment works itself out, in accordance with the *particular* content of the spiritual determination, in a *particular* system or organ of the body.

In general, sentience is the individual spirit living in healthy partnership **with its corporeity.† The senses are the simple system of specified corporeality. 1) Since physical *ideality* is immediate**

* 1827: (Subsequently, the content becomes the intuition of an objective world etc., but this is not yet the place for this). Nevertheless, the determinateness which has arisen in spirit, and which at first belongs to it, is *corporealized* in order that it may be sensed, and it is thus that as sensation it is posited within the subject as immediate, natural self-unity, as soul. (It also falls within later development that the spiritual content should be further determined by spiritual consciousness into its rational objectivity.) Initially therefore, such content, as corporealized in this manner and made into an *immediate being*, appears as a determinateness of sensation, and to consciousness as something *encountered*, *given*. In that it is within living, concrete, developed naturality however, the corporealization is itself concrete however, and in accordance with the *particular* content of the spiritual determination, works itself out within a *particular* system or organ of the body.

† Rest of the Paragraph first published 1830.

in ihr als unmittelbarer noch nicht subjectiver Idealität der Unterschied als **Verschiedenheit** erscheint, die + Sinne des bestimmten **Lichts** (vergl. §. 817. ff.) und des **Klangs** (§. 300.). b) Die differente Realität ist sogleich für sich eine gedoppelte, — die Sinne des Geruchs und Geschmacks (§. 321. 322.); c) der Sinn der gediegenen Realität, der schweren Materie, der Wärme (§. 303.), der Gestalt (§. 310.). Um den Mittelpunkt der empfindenden Individualität ordnen sich diese Specificationen einfacher, als in der Entwicklung der natürlichen Körperlichkeit.

Das **System** des innern Empfindens in seiner sich verleiblichenden **Besonderung** wäre würdig in einer eigenthümlichen Wissenschaft, — **einer psychischen** * **Physiologie**, ausgeführt und abgehandelt zu werden. Etwas von einer Beziehung dieser Art enthält schon die Empfindung der Angemessenheit oder Unangemessenheit einer unmittelbaren Empfindung zu dem für sich bestimmten sinnlichen **Innern**, — das **Angenehme** oder **Unangenehme**; wie auch die **bestimmte** Vergleichung im **Symbolisiren** der Empfindungen z. B. von Farben, Tönen, Gerüchen u. s. f. Aber es würde die interessanteste Seite einer psychischen Physiologie seyn, nicht die bloße Sympathie sondern bestimmter die **Verleiblichung** zu betrachten, welche sich geistige Bestimmungen insbesondere als **Affecte** geben. Es wäre der Zu- 122 sammenhang zu begreifen, durch welchen der Zorn und Muth in der Brust, im Blute, im irritabeln Systeme, wie Nachdenken, geistige Beschäftigung im Kopfe dem Centrum des sensibeln Systemes empfunden wird. Es wäre ein gründlicheres Verständniß als bisher über die bekanntesten Zusammenhänge zu fassen, durch welche von der Seele heraus die Thräne, die Stimme überhaupt, näher die Sprache, Lachen, Seufzen, und dann noch

* 1827: Die *äußern* Sinne werden längst für sich als Beziehungen *leiblicher Gebilde* auf ihre besondern *Empfindungen*, betrachtet, nämlich auf deren unmittelbaren Inhalt, z.B. Licht, Farbe, Ton u.s.f. Ein Anderes ist die weitere zunächst oberflächliche Vergleichung und Empfindung der Angemessenheit...

and not yet subjective, difference appears in it as variety, and it falls apart into the two senses of determinate light (cf. § 317 ff.) and of sound (§ 300). 2) For itself, the differentiable reality is directly duplicated as the senses of smell and taste (§§ 321, 322). 3) There is also the sense of solid reality, of weighted matter, of heat (§ 303) and of shape (§ 310). These specifications arrange themselves around the centre of sentient individuality more simply than they do in the development of natural corporeality.

It would be worth treating and developing the system of inner sentience in its self-embodying particularization as a distinct science, as a psychic physiology.* Already in the sense of what is pleasant or unpleasant, of the correspondence or otherwise of an immediate sensation with sensuous internality determined for itself, there is something of a relation of this kind, as there is in the determinate comparison involved in the symbolization of sensations, in that of colours, tones, smells for example. However, the most interesting aspect of a psychic physiology would be not the consideration of mere sympathy, but the more specific investigation of the embodiment assumed by spiritual determinations, especially as affections. One would have to comprehend the connectedness involved in anger and courage being sensed in the breast, the blood, the system of irritability, in the same way as meditation, spiritual activity, is sensed in the head, the centre of the system of sensibility. One would have to establish a more thorough understanding of the best known of the connections in accordance with which tears, the voice in general and more especially language,

* 1827: It is long since that the *external* senses have been considered for themselves as relations of *bodily formations* to their particular sensations, that is to say to their immediate content, e.g. light, colour, sound etc. Another factor is the further and initially superficial comparison and sensation of the correspondence...

viele andere Particularisationen sich bilden, die gegen das Pathognomische und Physiognomische zu liegen. Die Eingeweide und Organe werden in der Physiologie als Momente nur des animalischen Organismus betrachtet, aber sie bilden zugleich ein System der Verleiblichung des Geistigen, und erhalten hiedurch noch eine ganz andere Deutung.

Zusatz. Der Inhalt der Empfindung ist entweder ein aus der Außenwelt stammender, oder ein dem Inneren der Seele angehöriger; die Empfindung also entweder eine äußerliche oder eine innerliche. Die letztere Art der Empfindungen haben wir hier nur in sofern zu betrachten, als dieselben sich verleiblichen; nach der Seite ihrer Innerlichkeit fallen sie in das Gebiet der Psychologie. Dagegen sind die äußerlichen Empfindungen ausschließlich Gegenstand der Anthropologie.

Das Nächste, was wir über die Empfindungen der letztgenannten Art zu sagen haben, — ist, daß wir dieselben durch die verschiedenen Sinne erhalten. Das Empfindende ist hierbei von außen bestimmt, — das heißt, — seine Leiblichkeit wird von etwas Aeußerlichem bestimmt. Die verschiedenen Weisen dieses Bestimmtseyns machen die verschiedenen äußeren Empfindungen aus. Jede solche verschiedene Weise ist eine allgemeine Möglichkeit des Bestimmtwerdens, ein Kreis von einzelnen Empfindungen. So enthält, zum Beispiel, das Sehen die unbestimmte Möglichkeit vielfacher Gesichtsempfindungen. Die allgemeine Natur des beseelten Individuums zeigt sich auch darin, daß dasselbe in 123 den bestimmten Weisen des Empfindens nicht an etwas Einzelnes gebunden ist, sondern einen Kreis von Einzelnheiten umfaßt. Könnte ich hingegen nur Blaues sehen, so wäre diese Beschränkung eine Qualität von mir. Aber da ich, im Gegensatze gegen die natürlichen Dinge, das in der Bestimmtheit bei sich selber seyende Allgemeine bin, so sehe ich überhaupt Farbiges, oder vielmehr die sämmtlichen Verschiedenheiten des Farbigen.

Die allgemeinen Weisen des Empfindens beziehen sich auf die in der Naturphilosophie als nothwendig zu erweisenden verschiedenen physikalischen und chemischen Bestimmtheiten des Na-

laughter and sighs, as well as many other particularizations bordering upon the subject matter of pathognomy and physiognomy, form themselves from the soul. In physiology the intestines and organs are treated only as moments of the animal organism, but they also constitute a systematic embodying of what is spiritual, and so come in for quite another interpretation. +

Addition. Since the content of sensation either stems from the external world or pertains to the inwardness of the soul, sensation is either *exterior* or *interior*. Here we have to consider sensations of the latter kind only in so far as they *embody* themselves; in their inward aspect they fall within the domain of psychology. Exterior sensations are, however, exclusively the subject-matter of Anthropology.

The first thing to be observed of sensations of the latter kind is that we receive them through the various *senses*. That which senses is therefore determined from without, which means that its corporeity is determined by something external. The various modes of being thus determined constitute the various exterior sensations. Each such various mode is a general possibility of being determined, a cycle of single sensations. Sight, for example, contains the indeterminate possibility of a multiplicity of visual sensations. The universal nature of the animated individual also displays itself in that in the specific modes of sentience it is not bound to something singular, but embraces a cycle of singularities. If I could only see what is blue however, this limitation would be a quality of my being. But in contrast to natural things, I am the universal which is with itself in determinateness, and I therefore see what is coloured in general, or rather the whole variegated range of what is coloured.

The general modes of sentience are mediated by the various sense-organs, and relate to the various physical and chemical determinatenesses of what is natural, the necessity

türlichen, und sind durch die verschiedenen Sinnesorgane vermittelt. Daß überhaupt die Empfindung des Aeußerlichen in solche verschiedene, gegen einander gleichgültige Weisen des Empfindens auseinander fällt, — Das liegt in der Natur ihres Inhalts, da dieser ein sinnlicher, das Sinnliche aber mit dem Sichselbstäußerlichen so synonym ist, daß selbst die innerlichen Empfindungen durch ihr einander Aeußerlichseyn zu etwas Sinnlichem werden.

Warum wir nun aber gerade die bekannten fünf Sinne, — nicht mehr und nicht weniger, und eben diese so unterschiedenen — haben, davon muß in der philosophischen Betrachtung die vernünftige Nothwendigkeit nachgewiesen werden. Dieß geschieht, indem wir die Sinne als Darstellungen der Begriffsmomente fassen. Dieser Momente sind, wie wir wissen, nur drei. Aber die Fünfzahl der Sinne reducirt sich ganz natürlich auf drei Klassen von Sinnen. Die erste wird von den Sinnen der physischen Idealität, — die zweite von denen der realen Differenz gebildet; in die dritte fällt der Sinn der irdischen Totalität.

Als Darstellungen der Begriffsmomente müssen diese drei Klassen, jede in sich selber, eine Totalität bilden. Nun enthält aber die erste Klasse den Sinn des abstract Allgemeinen, des abstract Ideellen, also des nicht wahrhaft Totalen. Die Totalität kann daher hier nicht als eine concrete, sondern nur als eine außereinanderfallende, als eine in sich selber entzweite, an zwei abstracte Momente vertheilte vorhanden seyn. Deßwegen umfaßt die erste Klasse zwei Sinne, — das Sehen und das Hören. Für das Sehen ist das Ideelle als ein einfach sich auf sich Beziehendes, — für das Gehör als ein durch die Negation des Materiellen sich Hervorbringendes. — Die zweite Klasse stellt, als die Klasse der Differenz, die Sphäre des Processes, der Scheidung und Auflösung der concreten Körperlichkeit dar. Aus der Bestimmung der Differenz folgt aber sogleich eine Doppelheit der Sinne dieser Klasse. Die zweite Klasse enthält daher den Sinn des Geruchs und des Geschmacks. Jener ist der Sinn des abstracten, — dieser der Sinn des concreten Processes. Die dritte Klasse endlich begreift nur Einen Sinn, — das Gefühl, — weil das Gefühl der Sinn der concreten Totalität ist.

124

of which has to be demonstrated in the Philosophy of Nature. +
It is on account of its content's being of a sensuous nature that the sensation of what is external generally falls apart into such various and mutually indifferent modes of sentience. What is sensuous is synonymous with what is self-external 5 to such an extent however, that even the interior sensations, in that they are mutually external, become somewhat sensuous.

Now although it is known that we have precisely *five* senses, and that neither more nor less are to be distinguished, 10 philosophical consideration demands the demonstration of the rational necessity of this, which is demonstrated in that we grasp the senses as representing moments of the Notion. Although there are, as we know, only *three* such moments, the quintuplicity of the senses reduces itself quite naturally 15 to three classes. The first of these is formed by the senses of physical *ideality*, the *second* by those of *real differentiation*, while the sense of *terrestrial totality* falls into the *third*.

As representations of the moments of the Notion, each of these three classes must in itself form a *totality*. Now the first 20 class contains the sense of that which is abstractly universal, which is abstractly of an ideal nature, and which is therefore not truly total. Consequently, what is total can be present here not as a concrete but only as a disintegrating totality, which is internally divided and distributed between *two* 25 *abstract* moments. The first class therefore embraces two senses, — *sight* and *hearing*. That which is of an ideal nature has being for sight as a simple self-relation, and for hearing as something bringing itself forth through the negation of what is material. — The *second* class is that of differentiation, 30 and so represents the sphere of *process*, of the separation and dissolution of concrete corporeality. On account of the differential determination, the senses of this class are directly duplicated. The second class contains the sense of *smell* and *taste*, the former being the sense of the abstract the latter that 35 of the concrete process. Finally, the third class includes only + *one* sense, that of *feeling*, since this is the sense of *concrete* totality. +

Betrachten wir jetzt die einzelnen Sinne etwas näher.

Das Gesicht ist der Sinn desjenigen physischen Ideellen, welches wir das Licht nennen. Von diesem können wir sagen, daß dasselbe gleichsam der physikalischgewordene Raum sey. Denn das Licht ist, wie der Raum, ein Untrennbares, ein ungetrübt Ideelles, die absolut bestimmungslose Extension, ohne alle Reflexion in sich, — in sofern ohne Innerlichkeit. Das Licht manifestirt Anderes, — dieß Manifestiren macht sein Wesen aus; — aber in sich selber ist es abstracte Identität mit sich, das innerhalb der Natur selber hervortretende Gegentheil des Außereinanderseyns der Natur, also die immaterielle Materie. Darum leistet das Licht keinen Widerstand, hat es keine Schranke in sich, dehnt es sich nach allen Seiten in's Ungemessene aus, ist es absolut leicht, imponderabel. Nur mit diesem ideellen Elemente, und mit dessen Trübung durch das Finstere, — das heißt — mit der Farbe, hat das Gesicht es zu thun. Die Farbe ist das Gesehene, das Licht das Mittel des Sehens. Das eigentlich Materielle der Körperlichkeit dagegen geht uns beim Sehen noch nichts an. Die Gegenstände, die wir sehen, können daher fern von uns seyn. Wir verhalten uns dabei zu den Dingen gleichsam nur theoretisch, noch nicht praktisch; denn wir lassen dieselben beim Sehen ruhig als ein Seyendes bestehen, und beziehen uns nur auf ihre ideelle Seite. Wegen dieser Unabhängigkeit des Gesichts von der eigentlichen Körperlichkeit kann man dasselbe den edelsten Sinn nennen. Andererseits ist das Gesicht ein sehr unvollkommener Sinn, weil durch denselben der Körper nicht als räumliche Totalität, nicht als Körper, sondern immer nur als Fläche, nur nach den beiden Dimensionen der Breite und Höhe unmittelbar an uns kommt, und wir erst dadurch, daß wir uns gegen den Körper verschiedene Standpunkte geben, denselben nach einander in allen seinen Dimensionen, in seiner totalen Gestalt zu sehen bekommen. Ursprünglich erscheinen, — wie wir an den Kindern beobachten können, — dem Gesichte, eben weil es die Tiefe nicht unmittelbar sieht, die entferntesten Gegenstände mit den nächsten auf Einer und derselben Fläche. Erst, indem wir bemerken, daß der durch das Gefühl wahrgenommenen Tiefe ein

Let us now consider the single senses more closely.

Sight is the sense of *light*, that is, of a physical being which is of an ideal nature. Light may be said to be physicalized *space* as it were, for like space it is indivisible, being of an ideal nature and undimmed, being extension absolutely devoid of determination, without any intro-reflection, and to this extent devoid of internality. That which is other than light is made manifest by it, and it is this manifesting which constitutes the essence of light; in itself it is however immaterial matter, abstract self-identity, the opposite of nature's juxtaposition emerging within nature itself. This is why light offers no resistance, has within itself no limit, extends illimitably in all directions, is absolute levity, imponderable. Sight is involved only with the ideal nature of this element and with the dimming of it by means of *darkness*, in other words with *colour*. Colour is what is seen, light is the medium of vision. In vision however, we are not yet concerned with the proper material being of corporeality. The general objects we see can therefore be remote from us, so that we relate ourselves to things merely theoretically as it were, and not yet practically; for when we see things we leave them alone as a subsistent being and merely relate ourselves to that aspect of them which is of an ideal nature. It is on account of sight's being thus independent of corporeality proper, that it may be said to be the noblest of the senses. On the other hand, it is a very imperfect sense, because by means of it the body always presents itself to us merely in accordance with the two dimensions of breadth and height, that is, as a surface, and not as the spatial totality of a *body*. It is only by assuming various standpoints in respect of the body, by seeing it successively in all its dimensions, that we get a view of its total shape. It may be observed in children that in the first instance, and precisely because seeing is not immediately seeing in *depth*, the most distant general objects appear with the nearest on one and the same surface. It is only in that we notice that the depth we are aware of

Dunkeles, ein Schatten entspricht, kommen wir dahin, daß wir da, wo uns ein Schatten sichtbar wird, eine Tiefe zu sehen glauben. Damit hängt zusammen, daß wir das Maaß der Entfernung der Körper nicht unmittelbar durch das Gesicht wahrnehmen, sondern nur aus dem Kleiner- oder Größererscheinen der Gegenstände erschließen können.

Dem Gesicht, als dem Sinne der innerlichkeitslosen Idealität, steht das Gehör als der Sinn der reinen Innerlichkeit des Körperlichen gegenüber. Wie sich das Gesicht auf den physikalisch gewordenen Raum, — auf das Licht, — bezieht, so bezieht sich das Gehör auf die physikalisch gewordene Zeit, — auf den Ton. Denn der Ton ist das Zeitlichgesetztwerden der Körperlichkeit, die Bewegung, das Schwingen des Körpers in sich selber, — ein Erzittern, eine mechanische Erschütterung, bei welcher der Körper, ohne seinen relativen Ort, als ganzer Körper, verändern zu müssen, nur seine Theile bewegt, seine innere Räumlichkeit zeitlich setzt, also sein gleichgültiges Außereinanderseyn 126 aufhebt, und durch diese Aufhebung seine reine Innerlichkeit hervortreten läßt, aus der oberflächlichen Veränderung, welche er durch die mechanische Erschütterung erlitten hat, sich jedoch unmittelbar wieder herstellt. Das Medium aber, durch welches der Ton an unser Gehör kommt, ist nicht bloß das Element der Luft, sondern, in noch höherem Maaße, die zwischen uns und dem tönenden Gegenstande befindliche concrete Körperlichkeit, zum Beispiel, die Erde, an welche gehalten, das Ohr mitunter Kanonaden vernommen hat, die durch die bloße Vermittlung der Luft nicht gehört werden konnten.

Die Sinne der zweiten Klasse treten in Beziehung zur reellen Körperlichkeit. Sie haben es aber mit dieser noch nicht in sofern zu thun, als dieselbe für sich ist, Widerstand leistet, sondern nur in sofern diese sich in ihrer Auflösung befindet, in ihren Proceß eingeht. Dieser Proceß ist etwas Nothwendiges. Allerdings werden die Körper zum Theil durch äußerliche, zufällige Ursachen zerstört; aber außer diesem zufälligen Untergange gehen die Körper durch ihre eigene Natur unter, verzehren sie sich selber, — jedoch so, daß ihr Verderben den Schein hat, von au-

through feeling corresponds to a darkness or *shadow*, that we begin to visualize depth where we see shadow. It follows from this that we do not perceive the extent of a body's distance immediately, through sight, but can only infer distance from what appears to be the relative size of objects in general.

In contrast to sight, which is the sense of ideality without internality, *hearing* is the sense of the pure inwardness of corporality. Just as sight relates to light or physicalized space, so hearing relates to *tone*, or physicalized *time*. For in tone, corporeality becomes posited temporally as motion, as an internal oscillation of the body, a vibration, as a mechanical shock through which the body as a whole moves only its parts without having to alter its relative place, sublates its indifferent juxtaposition by positing its inner spatiality temporally, and by this sublation allows its pure inwardness to emerge from the superficial alteration brought about by the mechanical shock, before immediately restoring itself. However, the medium through which tone reaches our hearing is not simply the element of air, but to a still greater extent the concrete corporeality situated between us and the sounding object. It has sometimes happened for example, that by holding the ear to the ground, cannonades which have been inaudible through the mediation of the air alone, have been detected by means of the earth.

The senses of the *second* class enter into relation to corporeality which is *of a real nature*. They are involved with it only in so far as it is dissolving and entering into its *process* however, and not yet in so far as it is for itself and offers resistance. This process is a matter of necessity. To some extent, of course, bodies are destroyed by external, contingent causes. Apart from this contingent destruction however, they also perish by their own nature, by consuming themselves, while seeming however to derive their dissolution from without. The process by which vegetable and

ßen an sie heranzukommen. So ist es die Luft, durch deren Einwirkung der Proceß des stillen, unmerkbaren Sichverflüchtigens aller Körper, das Verduften der vegetabilischen und der animalischen Gebilde entsteht. Obgleich nun sowohl der Geruch wie der Geschmack zu der sich auflösenden Körperlichkeit in Beziehung stehen, so unterscheiden sich diese beiden Sinne von einander doch dadurch, daß der Geruch den Körper in dem abstracten, einfachen, unbestimmten Processe der Verflüchtigung oder Verduftung empfängt, — der Geschmack hingegen auf den realen concreten Proceß des Körpers und auf die in diesem Proceß hervortretenden chemischen Bestimmtheiten des Süßen, des Bitteren, des Kalichten, des Saueren und des Salzigen sich bezieht. Beim Geschmack wird ein unmittelbares Berühren des Gegenstandes nöthig, während selbst noch der Geruchssinn einer solchen Berührung nicht 127 bedarf, dieselbe aber beim Hören noch weniger nöthig ist, und beim Sehen gar nicht stattfindet.

Die dritte Klasse enthält, wie schon bemerkt, nur den Einen Sinn des Gefühls. In sofern dieses vornehmlich in den Fingern seinen Sitz hat, nennt man dasselbe auch den Tastsinn. Das Gefühl ist der concreteste aller Sinne. Denn seine unterschiedene Wesenheit besteht in der Beziehung, — weder auf das abstract allgemeine oder ideelle Physikalische, noch auf die sich scheidenden Bestimmtheiten des Körperlichen, — sondern auf die gediegene Realität des Letzteren. Erst für das Gefühl ist daher eigentlich ein für sich bestehendes Anderes, ein für sich seyendes Individuelles, gegenüber dem Empfindenden als einem gleichfalls für sich seyenden Individuellen. In das Gefühl fällt deßhalb die Affection der Schwere, — das heißt, — der gesuchten Einheit der für sich beharrenden, nicht in den Proceß der Auflösung eingehenden, sondern Widerstand leistenden Körper. Ueberhaupt ist für das Gefühl das materielle Fürsichseyn. Zu den verschiedenen Weisen dieses Fürsichseyns gehört aber nicht nur das Gewicht, sondern auch die Art der Cohäsion, — das Harte, das Weiche, das Steife, das Spröde, das Rauhe, das Glatte. Zugleich mit der beharrenden, festen Körperlichkeit ist jedoch für das Gefühl auch die Negativität des Materiellen als eines für sich Bestehen-

animal formations transpire, the gradual and indiscernible self-volatilization of all bodies, is brought about through the action of air. Now although both *smell* and *taste* relate to self-dissolving corporeality, these senses are distinct from one another in that whereas smell is susceptible to the *abstract*, simple, indeterminate process of the body's volatilization, or transpiration, taste involves itself with the *real*, concrete process of the body, and with the chemical determinatenesses of sweetness, bitterness, alkalinity, acidity and saltiness occurring within this process. Taste necessarily involves immediate contact with the general object; even in the case of smell there is no need for such contact however, and while it is still less of a necessity in hearing, it is quite absent in sight. +

As has already been observed, the *third* class contains only the one sense, that of *feeling*, which in so far as it is located principally in the fingers, is also called touch. Feeling is the most concrete of all the senses. It is essentially distinct in that it relates neither to the abstractly universal nor to the ideal nature of what is physical, nor yet to the self-separating determinateness of corporality, but rather to the solid reality of the latter. Strictly speaking, therefore, it is only for touch that there is a self-subsistent other, an individual being-for-self confronting the corresponding being-for-self of the sentient individual. This is why feeling is affected by *gravity*, that is, by the unity sought by the body which persists in its being-for-self, and offers resistance instead of entering into the process of dissolution. In general, feeling is concerned with material being-for-self. The various modes of this being-for-self involve not only weight but also *cohesion* of various kinds, — hardness, softness, rigidity, brittleness, roughness, smoothness. Feeling is concerned not only with firm and + persistent corporeality however, but also with *heat*, which is the negativity of material being as a subsistent being-for-

den, — nämlich die Wärme. Durch diese wird die specifische Schwere und die Cohäsion der Körper verändert. Diese Veränderung betrifft somit Dasjenige, wodurch der Körper wesentlich Körper ist. In sofern kann man daher sagen, daß auch in der Affection der Wärme die gediegene Körperlichkeit für das Gefühl sey. Endlich fällt noch die Gestalt nach ihren drei Dimensionen dem Gefühl anheim; denn ihm gehört überhaupt die mechanische Bestimmtheit vollständig an.

Außer den angegebenen qualitativen Unterschieden haben die Sinne auch eine quantitative Bestimmung des Empfindens, eine Stärke oder Schwäche desselben. Die Quantität erscheint hier
128
nothwendig als intensive Größe, weil die Empfindung ein Einfaches ist. So ist, zum Beispiel, die Empfindung des von einer bestimmten Masse auf den Gefühlssinn ausgeübten Druckes etwas Intensives, obgleich dieß Intensive auch extensiv, — nach Maaßen, Pfunden u. s. w. — existirt. Die quantitative Seite der Empfindung bietet aber der philosophischen Betrachtung, selbst in sofern kein Interesse dar, als jene quantitative Bestimmung auch qualitativ wird, und dadurch ein Maaß bildet, über welches hinaus die Empfindung zu stark und daher schmerzlich, — und unter welchem sie unmerkbar wird.

Wichtig für die philosophische Anthropologie wird dagegen die Beziehung der äußeren Empfindungen auf das Innere des empfindenden Subjects. Dieß Innere ist nicht ein durchaus Unbestimmtes, Ununterschiedenes. Schon darin, daß die Größe der Empfindung eine intensive ist und ein gewisses Maaß haben muß, liegt eine Beziehung der Affection auf ein An- und- für- sich- Bestimmtseyn des Subjects, — eine gewisse Bestimmtheit der Empfindsamkeit desselben, — eine Reaction der Subjectivität gegen die Aeußerlichkeit, — somit der Keim oder Beginn der inneren Empfindung. Durch diese innerliche Bestimmtheit des Subjects unterscheidet sich bereits das äußere Empfinden des Menschen mehr oder weniger von dem der Thiere. Diese können zum Theil in gewissen Verhältnissen Empfindungen von etwas Aeußerlichem haben, das für die menschliche Empfindung noch nicht vorhanden ist. So sollen, zum Beispiel, die Kameele schon meilenweit Quellen und Ströme riechen.

self. Since heat alters the specific gravity and cohesion of bodies, this is an alteration which affects that which is essential to the body as a body, so that even in the affection of heat, feeling may be said to be involved to some extent with *solid* corporeality. Lastly, three dimensional *shape* also falls to the lot of feeling, for feeling alone is concerned with general mechanical determinateness. 5 + +

Besides these *qualitative* differences, the senses also have a *quantitative* determination in respect of the strength or weakness of sentience. Since sensation is a simple factor, quantity necessarily appears here as *intensive* magnitude. For example, the sensation of the pressure exerted by a specific mass on the sense of feeling is a matter of intensity, although this intensiveness also exists extensively as measures, pounds etc. The quantitative aspect of sensation is of no interest to philosophic consideration however, even when this quantitative determination also becomes qualitative and so forms a *measure* beyond which sensation becomes too strong and therefore painful, and below which it becomes indiscernible. 10 15 +

On the other hand, the relation of exterior sensations to the inwardness of the sentient subject does have an importance for philosophic Anthropology. This inwardness is not entirely indeterminate, undifferentiated. The very fact that the magnitude of sensation is intensive and must have a certain measure involves the relation of affection to a determinedness of the subject which is in-and-for-itself, a certain determinateness of the subject's sensitivity, a reaction of subjectivity to externality, and, therefore, the germ or initiation of internal sensation. It is on account of this internal determinateness of the subject that man's exterior sensing is already more or less distinguished from that of the animal. There are animals which in certain relationships can have sensations of something external which is as yet not present to human sensation. Camels, for example, are said to scent wells and streams which are still miles away. 20 25 + 30 35 +

Mehr aber, als durch jenes eigenthümliche Maaß der Empfindsamkeit wird die äußere Empfindung durch ihre Beziehung auf das *geistige* Innere zu etwas eigenthümlich Anthropologischem. Diese Beziehung hat nun mannigfaltige Seiten, die jedoch noch nicht alle hier schon in unsere Betrachtung gehören. Ausgeschlossen von dieser bleibt hier namentlich die Bestimmung der Empfindung als einer angenehmen oder unangenehmen, — dieß mehr 129 oder weniger mit Reflexion durchflochtene Vergleichen der äußeren Empfindung mit unserer an und für sich bestimmten Natur, deren Befriedigung oder Nichtbefriedigung durch eine Affection diese im ersten Fall zu einer *angenehmen*, im zweiten zur *unangenehmen* macht. — Ebenso wenig kann hier schon die Erweckung der *Triebe* durch die Affectionen in den Kreis unserer Untersuchung gezogen werden. Diese Erweckung gehört in das, uns hier noch fern liegende Gebiet des praktischen Geistes. Was wir an dieser Stelle zu betrachten haben, — Das ist einzig und allein das *bewußtlose* Bezogenwerden der äußeren Empfindung auf das geistige Innere. Durch diese Beziehung entsteht in uns Dasjenige, was wir *Stimmung* nennen; — eine Erscheinung des Geistes, von welcher sich zwar, (so wie von der Empfindung des Angenehmen oder Unangenehmen, und von der Erweckung der Triebe durch die Affectionen), bei den Thieren ein Analogon findet, — die jedoch, (wie die eben genannten anderen geistigen Erscheinungen), zugleich einen eigenthümlich menschlichen Charakter hat, — und die ferner, in dem von uns angegebenen engeren Sinne, zu etwas Anthropologischem dadurch wird, daß sie etwas vom Subject noch nicht mit vollem Bewußtseyn Gewußtes ist. Schon bei Betrachtung der noch nicht zur Individualität fortgeschrittenen natürlichen Seele haben wir von Stimmungen derselben zu reden gehabt, die einem Aeußerlichen entsprechen. Dieß Aeußerliche waren aber dort noch ganz allgemeine Umstände, von welchen man eben wegen ihrer unbestimmten Allgemeinheit eigentlich noch nicht sagen kann, daß sie empfunden werden. Auf dem Standpunkt hingegen, bis zu welchem wir bis jetzt die Entwicklung der Seele fortgeführt haben, ist die äußerliche Empfindung selber das die Stimmung Erregende. Diese Wirkung wird aber von der äußer-

It is, however, more on account of its relation to *spiritual* inwardness than through this peculiar measure of sensitivity, that exterior sensation becomes something which is peculiarly anthropological. Now although this relation has a multiplicity of aspects, not all of them have already to be brought under consideration at this juncture. For example, this is not the place for considering sensation's being determined as either *pleasant* or *unpleasant*, in which instance there is a comparing of exterior sensation, more or less interwoven with reflection, with our inherently self-determined nature, the satisfaction or non-satisfaction of which makes the sensation either pleasant or unpleasant. — Nor can we yet bring the awakening of *impulses* by affections within the scope of our investigation, for this awakening belongs to the field of practical spirit, which still lies far ahead of us. What we have to consider here is purely and simply exterior sensation's being *unconsciously* related to spiritual inwardness. It is this relation that gives rise in us to what we call *mood*. Like the sensation of what is pleasant or unpleasant and like the awakening of impulses by affections, this is an appearance of spirit which certainly has an analogue in animals. Nevertheless, it also resembles these other spiritual appearances in that it has at the same time a peculiarly human character. What is more, since it is something known of which the subject is not yet fully conscious, it is something anthropological in our stricter sense of the word. Even while considering the natural soul which has not yet progressed to individuality, we have had to speak of moods of the soul corresponding to what is external. There however, externality consisted of circumstances which were still entirely universal, and strictly speaking it is precisely on account of their indeterminate universality that they still cannot be said to be sensed. From the standpoint to which we have now brought the development of the soul however, exterior sensation itself is that which stimulates the mood, although it is in

lichen Empfindung in sofern hervorgebracht, als sich mit dieser unmittelbar, — das heißt, — ohne daß dabei die bewußte Intelligenz mitzuwirken brauchte, eine innere Bedeutung verknüpft. Durch diese Bedeutung wird die äußerliche Empfindung zu etwas

130 Symbolischem. Dabei ist jedoch zu bemerken, daß hier noch nicht ein Symbol in der eigentlichen Bedeutung dieses Wortes vorhanden ist; denn, streng genommen, gehört zum Symbol ein von uns unterschiedener äußerlicher Gegenstand, in welchem wir uns einer innerlichen Bestimmtheit bewußt werden, oder den wir überhaupt auf eine solche Bestimmtheit beziehen. Bei der durch eine äußerliche Empfindung erregten Stimmung verhalten wir uns aber noch nicht zu einem von uns unterschiedenen äußerlichen Gegenstande, sind wir noch nicht Bewußtseyn. Folglich erscheint, wie gesagt, hier das Symbolische noch nicht in seiner eigentlichen Gestalt.

Die durch die symbolische Natur der Affectionen erregten geistigen Sympathieen sind nun etwas sehr wohl Bekanntes. Wir erhalten dergleichen von Farben, Tönen, Gerüchen, Geschmäcken, und auch von Demjenigen, was für den Gefühlssinn ist. — Was die Farben betrifft, so gibt es ernste, fröhliche, feurige, kalte, traurige und sanfte Farben. Man wählt daher bestimmte Farben als Zeichen der in uns vorhandenen Stimmung. So nimmt man für den Ausdruck der Trauer, der inneren Verdüsterung, der Umnachtung des Geistes die Farbe der Nacht, des vom Licht nicht erhellten Finsteren, das farblose Schwarz. Auch die Feierlichkeit und Würde wird durch Schwarz bezeichnet, weil in demselben das Spiel der Zufälligkeit, Mannigfaltigkeit und Veränderlichkeit keine Stelle findet. Das reine, lichtvolle, heitere Weiß entspricht dagegen der Einfachheit und Heiterkeit der Unschuld.* Die eigentlichen Farben haben, so zu sagen, eine concretere Bedeutung als Schwarz und Weiß. So hat das Purpurroth von jeher für die königliche Farbe gegolten; denn dasselbe ist die machtvollste, für das Auge angreifendste Farbe, — die Durch-

* *Griesheim Ms.* S. 151; vgl. *Kehler Ms.* S. 108: ... daß das Weiße etwas einfaches ist davon hat man ein bestimmtes Gefühl trotz Newton, der weiß aus sieben Farben macht.

so far as inner meaning links up with it immediately, that is to say, without relying upon the co-operation of conscious intelligence, that it produces this effect. Although this meaning gives exterior sensation a *symbolic* significance, it has to be observed that what is present here is not a symbol 5 in the true sense of the word, for strictly speaking a symbol is a general object which is external and distinct from us, within which we generally relate to such a determinateness, whereas in a mood stimulated by an exterior sensation we are not yet relating ourselves to a general external object which 10 is distinct from us, we are not yet consciousness. As has been observed therefore, the symbolic does not yet appear in its proper shape at this juncture. +

The spiritual sympathies stimulated by the symbolic nature of affections are very well known. We acquire them 15 + from colours, tones, smells, tastes, as well as from that which has being for the sense of feeling. — Since *colours* can be sombre, gay, blazing, cold, sad and soothing, we select certain of them in order to indicate our inner mood. In order to express grief for instance, inner gloom, spirit be- 20 nighted, one makes use of the nocturnal colour, of darkness unillumined by light, of colourless *black*. Since the play of contingency, multiplicity and mutability finds no place within it, black also signifies solemnity and dignity. *White* on the other hand, which is pure, full of light, serene, answers to 25 the simplicity and serenity of innocence.* The colours proper may be said to have a more concrete significance than black and white. *Purple*, for example, since it is the most powerful of the colours, the most striking to the eye, the interpenetra-

* *Griesheim Ms.* p. 151; cf. *Kehler Ms.* p. 108: One has a definite feeling that white is something simple, and not composed of seven colours as Newton maintains.

dringung des Hellen und des Dunkelen in der ganzen Stärke ihrer Einheit und ihres Gegensatzes. Das Blau hingegen, als die dem passiven Dunkelen sich zuneigende einfache Einheit des Hellen und Dunkelen ist das Symbol der Sanftmuth, der Weiblichkeit, der Liebe und der Treue; weßhalb denn auch die Mahler

131

die Himmelskönigin fast immer in blauem Gewande gemahlt haben. Das Gelb ist nicht bloß das Symbol einer gewöhnlichen Heiterkeit, sondern auch des gelbsüchtigen Neides. Allerdings kann bei der Wahl der Farbe für die Bekleidung viel Conventionelles herrschen; zugleich offenbart sich jedoch, wie wir bemerklich gemacht haben, in jener Wahl ein vernünftiger Sinn. Auch der Glanz und die Mattigkeit der Farbe haben etwas Symbolisches; jener entspricht der in glänzenden Lagen gewöhnlich heiteren Stimmung des Menschen, — das Matte der Farbe hingegen der prunkverschmähenden Einfachheit und Ruhe des Charakters. Am Weißen selbst findet sich ein Unterschied des Glanzes und der Mattigkeit, je nachdem es, zum Beispiel, an Leinewand, an Baumwolle oder an Seide erscheint; und für das Symbolische dieses Unterschiedes trifft man bei vielen Völkern ein bestimmtes Gefühl.

Außer den Farben sind es besonders die Töne, welche eine entsprechende Stimmung in uns hervorbringen. Vornehmlich gilt Dieß von der menschlichen Stimme; denn diese ist die Hauptweise, wie der Mensch sein Inneres kund thut; was er ist, Das legt er in seine Stimme. In dem Wohlklange derselben glauben wir daher die Schönheit der Seele des Sprechenden, — in der Rauhigkeit seiner Stimme ein rohes Gefühl mit Sicherheit zu erkennen. So wird durch den Ton in dem ersteren Falle unsere Sympathie, in dem letzteren unsere Antipathie erweckt. Besonders aufmerksam auf das Symbolische der menschlichen Stimme sind die Blinden. Es wird sogar versichert, daß dieselben die körperliche Schönheit des Menschen an dem Wohlklange seiner Stimme erkennen wollen, — daß sie selbst die Pockennarbigkeit an einem leisen Sprechen durch die Nase zu hören vermeinen.

So viel über die Beziehung der äußerlichen Empfindungen auf das geistige Innere. Schon bei Betrachtung dieser Beziehung haben wir gesehen, daß das Innere des Empfindenden kein

tion of brightness and darkness in the full force of their unity and their opposition, has ranked from time immemorial as the royal colour. *Blue*, on the contrary, as the simple unity of brightness and darkness tending towards the passivity of what is dark, is the symbol of gentleness, womanliness, love and faithfulness, which is why artists have nearly always portrayed the Queen of Heaven in a blue raiment. *Yellow* is not only the symbol of a vulgar jollity but also of jaundiced envy. In the case of clothing, the choice of colours can of course be very largely determined by convention, although as we have indicated, the selectiveness also has a rational significance. The *lustre* and mat of a colour are also somewhat symbolic, the former corresponding to the mood of gaiety usual to people in scintillating circumstances, while a *mat* colour answers to unostentatious simplicity and quietness of character. In white itself there is a difference of lustre and mat depending upon whether it appears in linen, cotton or silk for example, and in many peoples one comes across a definite feeling for the symbolic significance of this difference.

Besides colours, it is *tones* in particular which evoke in us a corresponding mood. This is especially so in respect of the human *voice*. It is primarily through his voice that a person makes known his inwardness, for he puts into it what he is. This is why we take it for granted that a pleasant voice indicates fineness of soul and a rough one crudity of feeling. In the first case the tone awakens our sympathy, and in the latter our antipathy. The blind are particularly attentive to what is symbolized in the human voice. What is more, they are said to believe themselves capable of recognizing a person's physical beauty in the euphony of the voice, or even of detecting pockiness in a slightly nasal way of speaking.

So much for the *exterior* sensations relating to spiritual inwardness. Consideration of this relation has already made it evident to us that the inwardness of the sentient being, far

durchaus Leeres, kein vollkommen Unbestimmtes, sondern vielmehr ein an und für sich Bestimmtes ist. Dieß gilt schon von der
132 thierischen Seele, in unvergleichlich höherem Maaße jedoch vom menschlichen Inneren. In diesem findet sich daher ein Inhalt, der für sich nicht ein äußerlicher, sondern ein innerlicher ist. Zum Empfundenwerden dieses Inhalts ist aber einerseits eine äußerliche Veranlassung, andererseits eine Verleiblichung des innerlichen Inhalts, also eine Verwandlung oder Beziehung desselben nothwendig, die das Gegentheil von derjenigen Beziehung ausmacht, in welche der von den äußerlichen Sinnen gegebene Inhalt durch seine symbolische Natur gebracht wird. Wie die äußeren Empfindungen sich symbolisiren, — das heißt, — auf das geistige Innere bezogen werden, so entäußeren, verleiblichen sich die inneren Empfindungen nothwendigerweise, weil sie der natürlichen Seele angehören, folglich seyende sind, — somit ein unmittelbares Daseyn gewinnen müssen, in welchem die Seele für sich wird. Wenn wir von der inneren Bestimmung des empfindenden Subjects, — ohne Beziehung auf deren Verleiblichung, — sprechen, so betrachten wir dieß Subject auf die Weise, wie dasselbe nur für uns, aber noch nicht für sich selber in seiner Bestimmung bei sich ist, sich in ihr empfindet. Erst durch die Verleiblichung der inneren Bestimmungen kommt das Subject dahin, dieselben zu empfinden; denn zu ihrem Empfundenwerden ist nothwendig, daß sie sowohl von dem Subject unterschieden, als mit demselben identisch gesetzt werden; Beides geschieht aber erst durch die Entäußerung, durch die Verleiblichung der inneren Bestimmungen des Empfindenden. Das Verleiblichen jener mannigfaltigen inneren Bestimmungen setzt einen Kreis von Leiblichkeit, in welchem dasselbe erfolgt, voraus. Dieser Kreis, diese beschränkte Sphäre ist mein Körper. Derselbe bestimmt sich so als Empfindungssphäre, sowohl für die inneren, wie für die äußeren Bestimmungen der Seele. Die Lebendigkeit dieses meines Körpers besteht darin, daß seine Materialität nicht für sich zu seyn vermag, mir keinen Widerstand leisten kann, sondern mir unterworfen, von meiner Seele überall durchdrungen und für dieselbe ein Ideelles ist. Durch
133 diese Natur meines Körpers wird die Verleiblichung meiner Em-

from being entirely empty or completely indeterminate, is determined in and for itself. This is already the case with the animal soul, and is so to an incomparably higher degree in human inwardness. Human inwardness therefore has a content which for itself is *internal*, not external. Necessary to 5 the sensing of this content is, however, on the one hand an external activation, and on the other an *embodiment*, that is to say, a transformation or relating of the internal content. This relating constitutes the opposite of that into which the content provided by the exterior senses is brought by its 10 symbolic nature. Just as the *exterior* sensations symbolize themselves in that they are related to spiritual *inwardness*, so the *interior* sensations necessarily *exteriorize* or embody themselves on account of their pertaining to the natural soul and so possessing being; for as being they must acquire an 15 immediate determinate being within which the soul assumes being-for-self. When we speak of the inner determination of the sentient subject without reference to its embodiment, we are as yet only considering how this subject is *for us*, and not how it is for itself and with itself in its 20 determination, how it senses itself within its determination. It is only through the embodying of inner determinations that the subject comes to sense them; for necessary to their being sensed is that they should be posited as both distinct from the subject and identical with it, both of which only 25 occur through exteriorization, through the embodying of the sentient being's inner determinations. The embodying of these manifold inner determinations presupposes a circle of corporeity within which it takes place. This circle, this restricted sphere, is my body, which therefore determines 30 itself as the sphere of sensation for both the interior and exterior determinations of the soul. My body is alive because its materiality is incapable of being-for-self, of offering me resistance, because it is subject to me, ubiquitously pervaded by my soul, for which it is of an ideal nature. It is this, 35 the nature of my body, which makes the embodying of my

pfindungen möglich und nothwendig, — werden die Bewegungen meiner Seele unmittelbar zu Bewegungen meiner Körperlichkeit.

Die inneren Empfindungen sind nun von doppelter Art:

Erstens solche, die meine, in irgend einem besonderen Verhältnisse oder Zustande befindliche unmittelbare Einzelnheit betreffen; — dahin gehören, zum Beispiel, Zorn, Rache, Neid, Scham, Reue;

Zweitens solche, die sich auf ein an und für sich Allgemeines, — auf Recht, Sittlichkeit, Religion, auf das Schöne und Wahre, — beziehen.

Beide Arten der inneren Empfindungen haben, wie schon früher bemerkt, das Gemeinsame, daß sie Bestimmungen sind, welche mein unmittelbar einzelner, — mein natürlicher Geist in sich findet. Einerseits können beide Arten sich einander nähern, indem entweder der empfundene rechtliche, sittliche und religiöse Inhalt immer mehr die Form der Vereinzelung erhält, oder umgekehrt die zunächst das einzelne Subject betreffenden Empfindungen einen stärkeren Zusatz von allgemeinem Inhalt bekommen. Andererseits tritt der Unterschied beider Arten der inneren Empfindungen immer stärker hervor, je mehr sich die rechtlichen, sittlichen und religiösen Gefühle von der Beimischung der zufälligen Besonderheit des Subjects befreien, und sich dadurch zu reinen Formen des an und für sich Allgemeinen erheben. In eben dem Maaße aber, wie in den inneren Empfindungen das Einzelne dem Allgemeinen weicht, vergeistigen sich dieselben, verliert somit ihre Aeußerung an Leiblichkeit der Erscheinung.

Daß der nähere Inhalt der innerlichen Empfindung hier in der Anthropologie noch nicht Gegenstand unserer Auseinandersetzung seyn kann, — Das haben wir bereits oben ausgesprochen. Wie wir den Inhalt der äußeren Empfindungen aus der uns hier im Rücken liegenden Naturphilosophie als einen daselbst in seiner vernünftigen Nothwendigkeit erwiesenen aufgenommen haben; so müssen wir den Inhalt der inneren Empfindungen als einen erst im dritten Theile der Lehre vom subjectiven Geiste seine eigentliche Stelle findenden hier, so weit es nöthig ist, anticipiren. Unser Gegenstand ist für jetzt nur die Verleib-

sensations both possible and necessary, and through which the motions of my soul find immediate expression in my corporality.

Now inner sensations are *double* in kind. *Firstly*, there are those which concern my immediate *singularity* in some particular relationship or condition, such as *anger*, *vengeance*, *envy*, *shame*, *remorse* etc. *Secondly*, there are those which relate to that which, in and for itself, is a *universal*, to right, to the ethical, to religion, to the beautiful and the true.

As has already been observed, inner sensations of both kinds have a common factor in that they are both determinations which my immediately singular or natural spirit finds within itself. On the one hand each of these kinds can approximate to the other, for there is either a constant increase in the singularization of form assumed by the content sensed, be it a matter of right, ethics or religion, or the converse occurs, and the sensations which in the first instance concern the single subject are supplemented and imbued with more strength by the universal content. On the other hand however, the difference between the two kinds of inner sensation is constantly becoming more pronounced as feelings of what is right, ethical and religious free themselves ever more completely from the admixture of the subject's contingent particularity, and so raise themselves into pure forms of the universal which is in and for itself. It is however precisely to the extent that the singular yields to the universal in inner sensations that the sensations spiritualize themselves, so that their expression gives less evidence of their bodily nature.

We have already observed that here in Anthropology, the *preciser* content of inner sensation cannot yet be the general object of our exposition. Just as we have taken up the content of exterior *sensations* as demonstrated in its rational necessity within the Philosophy of Nature, which at this juncture lies behind us, so, now, it is to some extent necessary that we should anticipate the content of *inner* sensations, which first finds its proper place in the *third* part of the doctrine of subjective spirit. Our subject-matter at this juncture is simply the *embodying* of inner sensations,

lichung der inneren Empfindungen, und zwar bestimmter, — die unwillkürlich erfolgende, — nicht die von meinem Willen abhängende Verleiblichung meiner Empfindungen vermittelst der Geberde. Die letztere Art der Verleiblichung gehört noch nicht hierher, weil dieselbe voraussetzt, daß der Geist schon über seine Leiblichkeit Herr geworden sei, — dieselbe mit Bewußtseyn zu einem Ausdrucke seiner innerlichen Empfindungen gemacht habe; — Etwas, das hier noch nicht stattgefunden hat. An dieser Stelle haben wir, wie gesagt, nur den unmittelbaren Uebergang der innerlichen Empfindung in die leibliche Weise des Daseyns zu betrachten; welche Verleiblichung zwar auch für Andere sichtbar werden, sich zu einem Zeichen der inneren Empfindung gestalten kann, aber nicht nothwendig, — und jedenfalls ohne den Willen des Empfindenden, — zu einem solchen Zeichen wird.

Wie nun der Geist für die in Bezug auf Andere geschehende Darstellung seines Inneren vermittelst der Geberde die Glieder seines nach außen gerichteten, seines — wie Bichat sich ausdrückt — animalischen Lebens, — das Gesicht, die Hände und die Füße, — gebraucht; so müssen dagegen die Glieder des nach innen gekehrten Lebens, die sogenannten edlen Eingeweide, vorzugsweise als die Organe bezeichnet werden, in welchen für das empfindende Subject selber, aber nicht nothwendig für Andere, die inneren Empfindungen desselben auf unmittelbare, unwillkürliche Weise sich verleiblichen.

Die Haupterscheinungen dieser Verleiblichung sind einem Jeden schon durch die Sprache bekannt, die darüber Manches enthält, das für tausendjährigen Irrthum nicht wohl erklärt werden kann. Im Allgemeinen mag bemerkt werden, daß die inneren Empfindungen sowohl der Seele als dem ganzen Leibe, theils

135 zuträglich, theils schädlich und sogar verderblich seyn können. Heiterkeit des Gemüths erhält, Kummer untergräbt die Gesundheit. Die durch Kummer und Schmerz in der Seele entstehende, sich auf leibliche Weise zur Existenz bringende Hemmung kann, — wenn dieselbe plötzlich erfolgt und ein gewisses Uebermaaß erreicht, — den Tod, oder den Verlust des Verstandes herbeiführen. Ebenso gefährlich ist zu große plötzliche Freude; durch die-

and more specifically the embodying of my sensations by means of *gestures*, which takes place involuntarily, for it is not dependent upon my will. The last kind of embodiment is not yet to be considered at this juncture, since it presupposes that spirit is already master of its bodily nature, has consciously made it an expression of its inner sensations, whereas this is something which has not yet taken place. As has been observed, at this juncture we only have to consider the immediate transition of inner sensation into the corporeal mode of determinate being. By shaping itself into a *sign* of inner sensation, this embodying can certainly become visible to *others* also, but its becoming such a sign is not a necessity, and is in no respect dependent upon the will of the sentient being.

Spirit uses the face, hands and feet, the members of its *outwardly* orientated, what *Bichat* calls its animal life, in order to exhibit its inwardness to others by means of *gestures*. Conversely therefore, the members of the *inwardly* orientated life, what are called the vital intestines, have to be regarded as the organs in which the inner sensations of the sentient subject embody themselves in an unmediate, involuntary manner for the subject *itself*, and with no necessary reference to other subjects.

Every one of us is already familiar with the main phenomena of this embodiment on account of language, which contains much that is relevant and cannot very well be explained away as an age-old error. Speaking generally, it may be said that in respect of both the soul and the body as a whole, the inner sensations can be partly beneficial and partly harmful or even destructive. Cheerfulness of disposi-position preserves health, anxiety undermines it. Death or loss of understanding can ensue if sorrow and pain give rise to a

selbe entsteht, wie durch übermächtigen Schmerz, für die Vorstellung ein so schneidender Widerspruch zwischen den bisherigen und den jetzigen Verhältnissen des empfindenden Subjects, — eine solche Entzweiung des Inneren, daß deren Verleiblichung die Zersprengung des Organismus, den Tod, — oder die Verrücktheit zur Folge zu haben vermag. Der charaktervolle Mensch ist jedoch solchen Einwirkungen viel weniger ausgesetzt, als Andere, da sein Geist sich von seiner Leiblichkeit weit freier gemacht, und in sich eine viel festere Haltung gewonnen hat, als ein an Vorstellungen und Gedanken armer, natürlicher Mensch, der nicht die Kraft besitzt, die Negativität eines plötzlich hereinbrechenden gewaltigen Schmerzes zu ertragen.

Selbst aber, wenn diese Verleiblichung in keinem vernichtenden Grade excitirend oder deprimirend wirkt, wird sie doch mehr oder weniger unmittelbar den ganzen Organismus ergreifen, da in demselben alle Organe und alle Systeme in lebendiger Einheit mit einander sich befinden. Gleichwohl ist nicht zu leugnen, daß die inneren Empfindungen, nach der Verschiedenheit ihres Inhalts, zugleich ein besonderes Organ haben, in welchem sie sich zunächst und vorzugsweise verleiblichen. Dieser Zusammenhang der bestimmten Empfindung mit ihrer besonderen leiblichen Erscheinungsweise kann durch einzelne, wider die Regel laufende Fälle nicht widerlegt werden. Solche, der Ohnmacht der Natur zur Last fallende Ausnahmen berechtigen nicht, jenen Zusammenhang für einen rein zufälligen zu erklären, und etwa zu meinen, der Zorn könne ganz ebenso gut, wie im Herzen, auch im Unterleibe oder im Kopfe gefühlt werden. Schon die Sprache hat so viel Verstand, daß sie Herz für Muth, Kopf für Intelligenz, und nicht etwa Herz für Intelligenz gebraucht. Der Wissenschaft aber liegt es ob, die nothwendige Beziehung zu zeigen, welche zwischen einer bestimmten innerlichen Empfindung und der physiologischen Bedeutung des Organes herrscht, in welchem dieselbe sich verleiblicht. Wir wollen die allgemeinsten, diesen Punkt betreffenden Erscheinungen hier kurz berühren. — Es gehört zu den ausgemachtesten Erfahrungen, daß der Kummer, — dieß ohnmächtige Sich-in-sich-Vergraben der Seele, — vornehmlich

136

sudden and excessive inhibiting of the soul bringing itself into existence in a bodily manner. Sudden and excessive joy is equally dangerous, for like overwhelming pain, it confronts presentation with such a violent contrast between the former and present circumstances of the sentient subject, 5 gives rise to such a sundering of inwardness, that the embodying of it is capable of bringing about the disruption of the organism, death, — or derangement. A man of character is much less exposed to such effects than others however, for his spirit has liberated itself to a much greater extent from 10 his bodily nature, and he has therefore gained much greater certainty of inner deportment than has a natural person, who is poor in presentations and thoughts, and who does not possess the strength to endure the negativity of a sudden and violent attack of pain. 15

Even when this embodiment does not have a destructively exciting or depressing effect however, it will attack the *whole* organism more or less immediately on account of the living unity subsisting within it between all its organs and systems. It is not to be denied however, that in accordance with the 20 variety of their content, the inner sensations have at the same time a *particular* organ within which their primary and predominant embodiment takes place. This connection between the specific sensation and the particular mode of its bodily appearance cannot be disproved by single instances 25 which do not bear out the rule. Such exceptions are to be + attributed to the impotence of nature. They do not justify our regarding this connection as purely fortuitous and so presuming, for instance, that anger might just as well be felt in the abdomen or the head as in the heart. Even language 30 has enough understanding to equate *heart* with courage, *head* with intelligence, and not to equate heart and intelligence for example. It is, however, incumbent upon science + to indicate the necessary relation prevailing between a specific inner sensation and the physiological significance of 35 the organ in which it embodies itself. We propose here to touch briefly upon the most general appearances involved in this. It is one of the most generally recognized of experiences that *sorrow*, this impotent burying of the soul within itself,

als Unterleibskrankheit, also im Reproductionssysteme, folglich in demjenigen Systeme sich verleiblicht, welches die negative Rückkehr des animalischen Subjectes zu sich selber darstellt. — Der Muth und der Zorn dagegen, — dieß negative Nach-außen-Gerichtetseyn gegen eine fremde Kraft, gegen eine uns empörende Verletzung, — hat seinen unmittelbaren Sitz in der Brust, im Herzen, dem Mittelpunkte der Irritabilität, des negativen Hinaustreibens. Im Zorne schlägt das Herz, wird das Blut heißer, steigt dieß in's Gesicht, und spannen sich die Muskeln. Dabei, — besonders beim Aerger, wo der Zorn mehr innerlich bleibt, als kräftig sich austobt, — kann allerdings die schon dem Reproductionssysteme angehörende Galle überlaufen, und zwar in dem Grade, daß Gelbsucht entsteht. Es muß aber darüber bemerkt werden, daß die Galle gleichsam das Feurige ist, durch dessen Ergießung das Reproductionssystem, so zu sagen, seinen Zorn, seine Irritabilität an den Speisen ausläßt, dieselben, unter Mitwirkung des von der Pankreas ausgeschütteten animalischen Wassers auflöst und verzehrt. — Die mit dem Zorn nahverwandte Scham verleiblicht sich gleichfalls im Blutsystem. Sie ist ein beginnender, ein bescheidener Zorn des Menschen über sich selber; denn sie enthält eine Reaction gegen den Widerspruch meiner Erscheinung mit Dem, was ich seyn soll und seyn will, — also eine Vertheidigung meines Inneren gegen meine unan-

137 gemessene Erscheinung. Dieß geistige Nach-außen-Gerichtetseyn verleiblicht sich dadurch, daß das Blut in das Gesicht getrieben wird, daß somit der Mensch erröthet und auf diese Weise seine Erscheinung ändert. Im Gegensatz gegen die Scham äußert sich der Schrecken, — dieß Insichzusammenfahren der Seele vor einem ihr unüberwindlich scheinenden Negativen, — durch ein Zurückweichen des Blutes aus den Wangen, durch Erblassen, sowie durch Erzittern. Wenn dagegen die Natur die Verkehrtheit begeht, einige Menschen zu schaffen, die vor Scham erbleichen, und vor Furcht erröthen; so darf die Wissenschaft sich durch solche Inconsequenzen der Natur nicht verhindern lassen, das Gegen-

\+ theil dieer Unregelmäßigkeiten als Gesetz anzuerkennen. — Auch das Denken endlich, in sofern es ein Zeitliches ist und der un-

embodies itself mainly as an abdominal illness, and hence in the reproductive system, the system which displays the animal subject's negative return to itself. — *Courage* and *anger* however, which are orientated outwards in negation of an alien power, an offensiveness which raises our indignation, have their immediate seat in the breast and the heart, which constitute the centre of irritability and of the negative, outward-going impulse. In anger the heart thumps, the blood heats up and mounts to the face, the muscles are tensed. It may well be the case that in annoyance, where anger remains internal rather than exhausting itself in a fit of rage, the *bile* overflows to such an extent that jaundice sets in. Although the bile also belongs to the reproductive system, it has to be observed that it is as it were the *igneous matter* which the reproductive system discharges in order to vent its anger, its irritability on the food, dissolving and consuming it with the help of the animal *juice* secreted by the pancreas. — *Shame* is closely akin to anger and also embodies itself in the system of the blood. To some extent, to be ashamed of oneself is to begin to be angry with oneself, for shame involves reacting against the contradiction between what I appear to be and what I should and want to be. It is therefore a defending of my inwardness against the inadequacy of my appearance. This spiritual orientation outwards embodies itself in the blood's being flushed into the face, so that the person alters his appearance by blushing. In *fear*, the soul withdraws into itself in the face of what it takes to be an unvanquishable negative. In contrast to shame, fear expresses itself in the blood's draining from the cheeks, in the person's turning pale and trembling. If nature is perverse enough to create some people who pale when ashamed and blush when afraid however, science must not let these natural inconsistencies prevent it from acknowledging that it is the opposite of these irregularities which constitutes the law.—Finally, even *thinking* appears in the body in so far as it takes time and

mittelbaren Individualität angehört, — hat eine leibliche Erscheinung, wird empfunden, und zwar besonders im Kopfe, im Gehirn, überhaupt im System der Sensibilität, des einfachen allgemeinen Insichseyns des empfindenden Subjects.

In allen so eben betrachteten Verleiblichungen des Geistigen findet nur dasjenige Aeußerlichwerden der Seelenbewegungen statt, welches zum Empfinden dieser letzteren nothwendig ist, oder zum Zeigen des Inneren dienen kann. Jenes Aeußerlichwerden vollendet sich aber erst dadurch, daß dasselbe zur Entäußerung, zur Wegschaffung der innerlichen Empfindungen wird.

Eine solche entäußernde Verleiblichung des Inneren zeigt sich im Lachen, noch mehr aber im Weinen, im Aechzen und Schluchzen, überhaupt in der Stimme, schon noch ehe diese articulirt ist, noch ehe sie zur Sprache wird.

Den Zusammenhang dieser physiologischen Erscheinungen mit den, ihnen entsprechenden Bewegungen der Seele zu begreifen, macht nicht geringe Schwierigkeit.

Was die geistige Seite jener Erscheinungen betrifft, so wissen wir in Bezug auf das Lachen, daß dasselbe durch einen sich unmittelbar hervorthuenden Widerspruch, — durch etwas sich sofort
138 in sein Gegentheil Verkehrendes, — somit durch etwas unmittelbar sich selbst Vernichtendes erzeugt wird, — vorausgesetzt, daß wir in diesem nichtigen Inhalte nicht selbst stecken, ihn nicht als den unserigen betrachten; denn fühlten wir durch die Zerstörung jenes Inhalts uns selber verletzt, so würden wir weinen. Wenn, zum Beispiel, ein stolz Einherschreitender fällt, so kann darüber Lachen entstehen, weil Jener an seiner Person die einfache Dialektik erfährt, daß mit ihm das Entgegengesetzte Dessen geschieht, was er bezweckte.* Das Lachenerregende wahrhafter Komödien

* *Kehler Ms.* SS. 107–108; vgl. *Griesheim Ms.* S. 150: Dies Negative in uns empfinden wir als Schmerz. Das Gefühl der Vernichtung eines Theils unserer Welt; fühlen wir diese Welt verletzt, so weinen wir, es ist eine Forderung unserer Existenz, eine Regel, es soll dies sein, es ist dies angekündigt, und es ist mit einer Weise ausgeführt, daß es durch die Art der Ausführung zerstört wird. Das ist auch bei der scherzhaften Empfindung. Wir lachen, wenn wir solche Zerstörung, Inhalt als etwas betrachten, was außer uns sei, dies vor uns haben, aushalten können, daß sich dieß zerstört. Darauf kommt

pertains to immediate individuality; for it is sensation, particularly of the head, the brain, the system of sensibility in general, which is the simple and general being-in-self of the sentient subject. +

In all the embodyings of the spiritual just considered, the only exteriorization of the motions of the soul to take place is that which is necessary to their being sensed, which can serve to indicate inwardness. This exteriorization only completes itself however in that it becomes an *expulsion*, in that it gets rid of inner sensations.

Such an expulsive embodying of inwardness appears in *laughter*, and to an even greater extent in *weeping*, sighing and sobbing. It appears in the voice in *general*, even before this is articulated into *language*.

It is no easy matter to comprehend the connection between these physiological appearances and the motions of the soul corresponding to them.

With regard to the spiritual aspect of these appearances, we know in respect of *laughter* that it is produced by an immediately obvious contradiction, by something which twists instantaneously into its opposite and is therefore immediately self-annihilating. It presupposes however, that we ourselves are not involved in this annihilable content, do not regard it as our own, for if we did, we should ourselves feel injured by the devastation, and *weep*. Someone who is strutting about conceitedly trips up. If we laugh in such a case, it is because the character involved experiences in his own person the simple dialectic of undergoing the opposite of what he had reckoned with.* True *comedies* are +

* *Kehler Ms.* pp. 107–108; cf. *Greisheim Ms.* p. 150: Within ourselves, we sense this negative as pain, as the feeling of the annihilation of a part of our world. We cry if we feel this world to be violated. Our existence demands something, there is a rule, this has to be, something is augured and then comes about so that it is destroyed through the manner in which it occurs. The case is the same when we have the sensation of something comic. We laugh if we consider such destruction, such content, to be external to us, (108) if we have it before us as something which can be annihilated without affecting us. It is

liegt daher auch wesentlich in dem unmittelbaren Umschlagen eines an sich nichtigen Zweckes in sein Gegentheil; wogegen in der *Tragödie* es substantielle Zwecke sind, die sich in ihrem Gegensatze gegeneinander zerstören. Bei jener, dem komischen Gegenstande widerfahrenden Dialektik kommt die Subjectivität des Zuschauers oder Zuhörers zum ungestörten und ungetrübten Genuß ihrer selbst, da sie die absolute Idealität, — die unendliche Macht über jeden beschränkten Inhalt, — folglich die reine Dialektik ist, durch welche eben der komische Gegenstand vernichtet wird. Hierin ist der Grund der Heiterkeit enthalten, in die wir durch das Komische versetzt werden. — Mit diesem Grunde steht aber die *physiologische* Erscheinung jenes Heiterseyns, die uns hier besonders interessirt, im Einklange; denn im *Lachen* verleiblicht sich die zum ungetrübten Genuß ihrer selbst gelangende Subjectivität, — dieß reine Selbst, — dieß geistige Licht, — als ein sich über das Antlitz verbreitender Glanz, und erhält zugleich der geistige Act, durch welchen die Seele das Lächerliche von sich stößt, in dem gewaltsam unterbrochenen Ausstoßen des Athems einen leiblichen Ausdruck. — Uebrigens ist das Lachen zwar etwas der natürlichen Seele Angehöriges, — somit Anthropologisches, — durchläuft aber von dem gemeinen, sich ausschüttenden, schallenden Gelächter eines leeren oder rohen Menschen bis zum sanften Lächeln der edelen Seele, — dem Lächeln in der Thräne, — eine Reihe vielfacher Abstufungen, in welchen es sich immer mehr von

139

seiner Natürlichkeit befreit, bis es im Lächeln zu einer *Geberde*, also zu etwas vom freien Willen Ausgehenden wird. Die verschiedenen Weisen des Lachens drücken daher die Bildungsstufe der Individuen auf eine sehr charakteristische Art aus. Ein ausgelassenes, schallendes Lachen kommt einem Manne von Reflexion niemals, oder doch nur sehr selten an; *Perikles*, zum Beispiel, soll, nachdem er sich den öffentlichen Geschäften gewidmet hatte,

---

es an, als ob der Mensch weint oder lacht, er lacht, wenn er diesen Inhalt nicht als den seinigen (108) hat, sondern aber diesen Verlust als eine äußere Geschichte ansieht. Der ist freier, der mehr lacht, der Verlust berührt ihn nicht, weil er nicht darin ist. Thiere können weinen, Pferde, Kamele, Elephanten, lachen kann nur der Mensch, der Affe kann grinsen.

no different, for the essence of what gives rise to laughter is the immediate conversion of an intrinsically idle purpose into its opposite, whereas in *tragedy* substantial purposes destroy themselves in mutual conflict. This dialectic undergone by + the comic object enables the subjectivity of the spectator or 5 listener to enjoy itself untroubled and undisturbed, for this subjectivity is absolute ideality, holds infinite sway over every contingency of content, and is therefore pure dialectic, that whereby the comic object is itself annihilated. In this lies the basis of the good humour induced in us by what is 10 comical. — The *physiological* appearance of this good + humour, which is our particular concern at this juncture, accords with this basis. This is because in *laughter* the pure self, the spiritual light of a subjectivity attaining undisturbed self-enjoyment, embodies itself in the face as a 15 pervading radiance, while at the same time the spiritual act by which the soul expels from itself what is laughable, finds a bodily expression in the vigorous and intermittent expulsion of the breath. — Incidentally, although laughter is certainly + an anthropological phenomenon in that it pertains to the 20 natural soul, it ranges from the loud, vulgar, rollicking guffaw of an empty-headed or boorish person, to the gentle smile of a noble mind, to smiling through tears, falling into + a series of gradations through which it frees itself to an ever greater extent from its naturality, until in smiling it becomes 25 a *gesture*, a matter of free will. The various kinds of laughter are therefore indicative in an extremely characteristic manner of an individual's level of culture. A reflective person will hardly ever laugh in a loud and unrestrained manner; it is said of *Pericles* for example, that he never laughed after he 30 had dedicated himself to public affairs. Laughing with +

---

this that decides whether a person laughs or cries, — he laughs when the content is not part of him, when he regards the loss as something in which he is not involved. To laugh more is to have more freedom, one is not concerned at a loss because one is not involved in it. Animals such as horses, camels, elephants can cry, but although the monkey can grin only man can laugh. +

gar nicht mehr gelacht haben. Das viele Lachen hält man mit Recht für einen Beweis der Fadheit, eines thörichten Sinnes, welcher für alle großen, wahrhaft substantiellen Interessen stumpf ist, und dieselben als ihm äußerliche und fremde betrachtet.

Dem Lachen ist bekanntlich das *Weinen* entgegengesetzt. Wie in jenem die auf Kosten des lächerlichen Gegenstandes empfundene Zusammenstimmung des Subjects mit sich selber zu ihrer Verleiblichung kommt; so äußert sich im Weinen die durch ein Negatives bewirkte innerliche *Zerrissenheit* des Empfindenden, — der *Schmerz*. Die Thränen sind der kritische Ausschlag, — also nicht bloß die Aeußerung, sondern zugleich die Entäußerung des Schmerzes; sie wirken daher bei vorhandenem bedeutendem Seelenleiden auf die Gesundheit ebenso wohlthätig, wie der nicht in Thränen zerfließende Schmerz für die Gesundheit und das Leben verderblich werden kann. In der Thräne wird der Schmerz, — das Gefühl des in das Gemüth eingedrungenen zerreißenden Gegensatzes zu Wasser, zu einem Neutralen, zu einem Indifferenten; und dieß neutrale Materielle selbst, in welches sich der Schmerz verwandelt, wird von der Seele aus ihrer Leiblichkeit ausgeschieden. In dieser Ausscheidung, wie in jener Verleiblichung liegt die Ursache der heilsamen Wirkung des Weinens. — Daß aber gerade die *Augen* dasjenige Organ sind, aus welchem der in Thränen sich ergießende Schmerz hervordringt, — Dieß liegt darin, daß das Auge die doppelte Bestimmung hat, einerseits das Organ des Sehens, also des Empfindens äußerlicher Gegenstände, und zweitens der Ort zu seyn, an welchem sich die Seele auf die
140
einfachste Weise offenbart, da der Ausdruck des Auges das flüchtige, gleichsam hingehauchte Gemälde der Seele darstellt; — weßhalb eben die Menschen, um sich gegenseitig zu erkennen, einander zuerst in die Augen sehen. Indem nun der Mensch durch das im Schmerz empfundene Negative in seiner Thätigkeit gehemmt, zu einem Leidenden herabgesetzt, die Idealität, das *Licht* seiner Seele getrübt, die feste Einheit derselben mit sich mehr oder weniger aufgelöst wird; so verleiblicht sich dieser Seelenzustand durch eine Trübung der Augen, und noch mehr durch ein Feuchtwerden derselben, welches auf die Function des Sehens, auf diese

excessive frequency is rightly considered as evidence of insipidity, of a simplemindedness which since it has no sense of any great or truly substantial interests, considers them to be external and alien to itself.

Weeping is recognized as the opposite of laughter, for whereas in the latter the subject's sense of self-accord is embodied at the expense of the laughable object, the former is expressive of a negative bringing about the inner *disruption* of the sentient being, — of *pain*. Tears are the critical outburst, and are therefore not merely the expression but also the expulsion of pain. Consequently, when the soul is seriously disturbed, tears can be beneficial to health, and conversely, when pain does not flow in tears, it can be harmful to both health and life. The feeling of disrupting opposition, having penetrated the disposition as pain, turns in tears into the neutral undifferentiation of water, and this neutral material into which pain transforms itself is itself excreted by the soul from its corporeity. In this excretion, as in this embodying, lies the cause of the healing effect of weeping. — Why should just the *eyes* be the organ through which pain forces itself forth in tears? The reason for this is that the eye has the double determination of being both the organ of sight, of the sensing of external objects in general, and the place in which the soul reveals itself in the *simplest* manner, the expression in the eye exhibiting the changing portrait of the soul, the canvas onto which it is breathed as it were. And it is precisely because of this that people who are sizing one another up start by looking one another in the eye. A person's activity is therefore inhibited through the negative sensed in pain, he is reduced to a sufferer, the ideality or *light* of his soul is dimmed, the soul's firm unity with itself is more or less dissolved; this state of the soul embodies itself in the dimming of his eyes and more markedly in their moistening, which can so inhibit the function of sight,

ideelle Thätigkeit des Auges so hemmend einwirken kann, daß dieses das Hinaussehen nicht mehr auszuhalten vermag.

Eine noch vollkommnere Verleiblichung und zugleich Wegschaffung der innerlichen Empfindungen, als durch das Lachen und durch das Weinen erfolgt, wird durch die Stimme hervorgebracht. Denn in dieser wird nicht, — wie beim Lachen, — ein vorhandenes Aeußerliches bloß formirt, oder wie beim Weinen, — ein real Materielles hervorgetrieben, sondern eine ideelle, eine — so zu sagen — unkörperliche Leiblichkeit, also ein solches Materielles erzeugt, in welchem die Innerlichkeit des Subjects durchaus den Charakter der Innerlichkeit behält, — die für-sich-seyende Idealität der Seele eine ihr völlig entsprechende äußerliche Realität bekommt, — eine Realität, die unmittelbar in ihrem Entstehen aufgehoben wird, da das Sichverbreiten des Tones ebenso sehr sein Verschwinden ist. Durch die Stimme erhält daher die Empfindung eine Verleiblichung, in welcher sie nicht weniger schnell dahinstirbt, als sich äußert. Dieß ist der Grund der in der Stimme vorhandenen höheren Kraft der Entäußerung des innerlich Empfundenen. Die mit dieser Kraft wohlbekannten Römer haben daher bei Leichenbegängnissen absichtlich von Weibern Klagegeschrei erheben lassen, um den in ihnen entstandenen Schmerz zu etwas ihnen Fremdem zu machen.

Die abstracte Leiblichkeit der Stimme kann nun zwar zu 141 einem Zeichen für Andere werden, welche dieselbe als ein solches erkennen; sie ist aber hier, auf dem Standpunkte der natürlichen Seele, noch nicht ein vom freien Willen hervorgebrachtes Zeichen, — noch nicht die durch die Energie der Intelligenz und des Willens articulirte Sprache, sondern nur ein von der Empfindung unmittelbar hervorgebrachtes Tönen, das, obgleich dasselbe der Articulation entbehrt, sich doch schon vielfacher Modificationen fähig zeigt. Die Thiere bringen es in der Aeußerung ihrer Empfindungen nicht weiter, als bis zur unarticulirten Stimme, bis zum Schrei des Schmerzes oder der Freude; und manche Thiere gelangen auch nur in der höchsten Noth zu dieser ideellen Aeußerung ihrer Innerlichkeit. Der Mensch aber bleibt nicht bei dieser thierischen Weise des Sichäußerns stehen; er schafft die arti-

the ideal nature of the eye's activity, that it is no longer able to sustain the sight of externality.

The embodiment and simultaneous elimination of internal sensations brought about by the *voice* is even more complete than that brought about by laughing and weeping. *Laughing* simply involves the forming of an external presence, *weeping* the production of a real material being, but the voice involves an embodying which is of an ideal nature, which is incorporeal so to speak. It therefore engenders a material being within which the inwardness of the subject never relinquishes the character of inwardness, within which the being-for-self of the soul's ideality gets a fully correspondent external reality, a reality which is sublated as soon as it occurs, the propagation and dying of a tone being inseparable. In its being embodied in the voice therefore, sensation dies away as fast as it is uttered. This is the reason for there being present in the voice a greater capacity for expelling what is sensed inwardly. The Romans were well aware of this power, and they therefore made a point of allowing women to wail at funerals in order that the pain which had arisen internally might be transformed into something alien to them.

Now although the abstract corporeity of the voice can certainly become a sign for others, who know it as such, here at the standpoint of the natural soul it is not yet a sign brought forth by free will, not yet speech articulated by the energy of intelligence and will but simply an intonation, the immediate product of sensation. Although it is without articulation however, it already shows itself to be capable of various modifications. Animals remain inarticulate in the expression of their sensations, not progressing beyond a cry of pain or pleasure. What is more, many animals only achieve the ideal nature of this expression of their inwardness when in extreme need. Man does not stop short at this animal manner of self-expression however, for he creates the *articu-*

culirte Sprache, durch welche die innerlichen Empfindungen zu Worte kommen, in ihrer ganzen Bestimmtheit sich äußern, dem Subjecte gegenständlich, und zugleich ihm äußerlich und fremd werden. Die articulirte Sprache ist daher die höchste Weise, wie der Mensch sich seiner innerlichen Empfindungen entäußert. Deßhalb werden bei Todesfällen mit gutem Grunde Leichenlieder gesungen, Condolationen gemacht, die, — so lästig dieselben auch mitunter scheinen oder seyn mögen, — doch das Vortheilhafte haben, daß sie durch das wiederholentliche Besprechen des stattgehabten Verlustes den darüber gehegten Schmerz aus der Gedrungenheit des Gemüthes in die Vorstellung herausheben, und somit zu einem Gegenständlichen, zu etwas dem schmerzerfüllten Subject Gegenübertretenden machen. Besonders aber hat das Dichten die Kraft, von bedrängenden Gefühlen zu befreien; wie denn namentlich Göthe seine geistige Freiheit mehrmals dadurch wieder hergestellt hat, daß er seinen Schmerz in ein Gedicht ergoß. *

Von der durch die articulirte Sprache erfolgenden Aeußerung und Entäußerung der innerlichen Empfindungen haben wir jedoch hier, in der Anthropologie, nur anticipirend sprechen können.

Was an diesem Ort noch zu erwähnen bleibt, — Das ist die physiologische Seite der Stimme. [142] Rücksichtlich dieses Punktes wissen wir, daß die Stimme, — diese einfache Erzitterung des animalisch Lebendigen, — im Zwerchfell ihren Anfang nimmt, dann aber auch mit den Organen des Athmens in nahem Zusammenhange steht, und ihre letzte Bildung durch den Mund erhält, der die doppelte Function hat, einmal die unmittelbare Verwandlung der Speise in Gebilde des lebendigen animalischen Organismus zu beginnen, und andererseits, im Gegensatze gegen diese Verinnerlichung des Aeußerlichen, die in der Stimme geschehende Objectivirung der Subjectivität zu vollenden.

* *Kehler Ms.* S. 107; vgl. *Griesheim Ms.* S. 149: Wenn einer sehr betrübt ist, und bringt es dazu, daß er Gedichte darüber gemacht, so ist vieles gewonnen. Göthe sagt, wenn er in Schmerz gewesen, Verlassenheit, habe er Gedichte darauf gemacht, und dann sei der Schmerz vergangen. So waren Werthers Leiden, die er schrieb, um seinen eigenen Schmerz zu überwinden, vielen empfindsamen Seelen Ursache, daß sie sich das Leben nehmen wollten, glaubten, Göthe sei ebenso gestimmt, während er darüber hinaus und guter Dinge war.

late speech by which inner sensations become *words*, express themselves in their entire determinateness, and become generally objective and at the same time external and alien to his subjectivity. Articulate speech is therefore the highest mode in which man expels from himself his inner sensations. 5 When someone dies, though the singing of funeral hymns and the conveying of condolences may occasionally seem to be wearisome, or may actually be so, there is good reason for them, for they have the advantage of enabling the pain of the bereavement to be raised by reiterative talk from the 10 confines of the disposition into a presentation, and so generally objectified as something distinct from the subject who is suffering the pain. It is however particularly poetry which + has the power to liberate from the confinements of feeling. *Goethe*, for example, has often regained his spiritual freedom 15 by pouring his pain into a poem.* +

Here in Anthropology however, we can only speak by anticipation of the expression and expulsion of internal sensations through articulate speech.

The physiological aspect of the voice also has to be mentioned at this juncture. 20 The voice is the simple vibration of animal life, and we know in respect of its physiology that it has its origin in the diaphragm, that it is closely connected with the respiratory organs, and that it receives its final formulation in the mouth. The mouth has a dual function, 25 + for while on the one hand it inwardizes what is external by initiating the immediate conversion of the food into the formations of the living animal organism, it also counters this by completing the objectification of subjectivity in the voice. 30 +

* *Kehler Ms.* p. 107; cf. *Griesheim Ms.* p. 149: When a person is very disturbed, a great deal is gained if he manages to turn his disturbance into poetry. Goethe says he has rid himself of affliction, forlornness, by making poetry out of it. He wrote 'The Sorrows of Werther' for example, in order to overcome a personal affliction. It brought many sensitive souls to the point of committing suicide, since they thought Goethe was also disposed to this, but he surmounted the crisis and cheered up. +

§. 402.

Die Empfindungen sind, um ihrer Unmittelbarkeit und des Gefundenseyns willen, einzelne und vorübergehende Bestimmungen, Veränderungen in der Substantialität der Seele, gesetzt in ihrem mit derselben identischen Fürsichseyn. Aber* dieses Fürsichseyn ist nicht bloß ein formelles Moment des Empfindens; die Seele ist an sich reflectirte Totalität desselben — Empfinden der totalen Substantialität, die sie an sich ist, in sich, — fühlende Seele.

Für Empfindung und Fühlen gibt der Sprachgebrauch eben nicht einen durchdringenden Unterschied an die Hand; doch sagt man etwa nicht wohl Empfindung des Rechts, Selbstempfindung u. dgl., sondern Gefühl des Rechts, Selbstgefühl; mit der Empfindung hängt die Empfindsamkeit zusammen; man kann daher dafür halten, daß die Empfindung mehr die Seite der Passivität, des Findens, d. i. der Unmittelbarkeit der Bestimmtheit im Fühlen, hervorhebt, das Gefühl zugleich mehr auf die Selbstischkeit, die darin ist, geht.

Zusatz. Durch Dasjenige, was im vorhergehenden Paragraphen gesagt worden ist, haben wir den ersten Theil der Anthropologie vollendet. Wir hatten es in diesem Theile zuerst mit der ganz qualitativ bestimmten Seele, oder mit der Seele in ihrer unmittelbaren Bestimmtheit zu thun. Durch den immanen- 143 ten Fortgang der Entwicklung unseres Gegenstandes sind wir zuletzt zu der, ihre Bestimmtheit ideell setzenden, darin zu sich selber zurückkehrenden und für sich werdenden, — das heißt, — zur empfindenden individuellen Seele gekommen. Hiermit ist der Uebergang zu dem ebenso schwierigen wie interessanten zweiten Theile der Anthropologie gegeben, in welchem die Seele sich ihrer

* 1827... die Wahrheit des Einzelnen und Vorübergehenden ist das Allgemeine; die empfindende Seele ist in sich reflectirte Totalität des Empfindens, — Empfinden der totalen Substantialität, die sie an sich ist.

§ 402

Sensations, on account of their immediacy and their being found, are *single* and *transient* determinations, alterations in the substantiality of the soul posited within its being-for-self, a being-for-self which is identical with this substantiality.* This being-for-self is not merely a formal moment of sensing however, for the soul is implicitly a reflected totality of sensing, and in that it senses *within itself* the total substantiality of what it is *implicitly*, it *feels*.

Linguistic practice happens to provide us with no thoroughgoing distinction between sensation and feeling. Nevertheless, we do tend to speak not of a sensation of right, self and suchlike, but of a feeling for what is right, of self-awareness. Sensation involves sensitivity, and there is reason for maintaining therefore, that while sensation puts more emphasis upon the passive aspect of feeling, upon *finding*, i.e. upon the immediacy of feeling's determinateness, feeling refers more to the selfhood involved here.

Addition. With what has been said in the preceding Paragraph we have completed the *first* part of Anthropology. In this part we had first to deal with the soul determined wholly *qualitatively*, the soul in its immediate determinateness. Through the immanent progression in the development of our subject matter, we have finally reached the individual *sentient* soul, that is to say, the soul which returns to itself and becomes for itself in positing its determinateness as *of an ideal nature*. This yields the transition to the *second* part of Anthropology. In this part, which is as difficult as it is interesting,

* 1827: ... the truth of the singular and transitory is the universal; the sentient soul is the intro-reflected totality of sensing, — the sensing of the total substantiality which it is implicitly.

Substantialität entgegenstellt, sich selber gegenübertritt, in ihren bestimmten Empfindungen zugleich zum Gefühl ihrer selbst, oder zu dem noch nicht objectiven, sondern nur subjectiven Bewußtseyn ihrer Totalität gelangt, und somit, — da die Empfindung als solche an das Einzelne gebunden ist, — bloß empfindend zu seyn aufhört. In diesem Theile werden wir die Seele, weil sie hier auf dem Standpunkt ihrer Entzweiung mit sich selber erscheint, im Zustande ihrer Krankheit zu betrachten haben. Es herrscht in dieser Sphäre ein Widerspruch der Freiheit und Unfreiheit der Seele; denn die Seele ist einerseits noch an ihre Substantialität gefesselt, durch ihre Natürlichkeit bedingt, während sie andererseits schon sich von ihrer Substanz, von ihrer Natürlichkeit zu trennen beginnt, und sich somit auf die Mittelstufe zwischen ihrem unmittelbaren Naturleben und dem objectiven, freien Bewußtseyn erhebt. In wiefern die Seele jetzt diese Mittelstufe betritt, wollen wir hier kurz erläutern.

Die bloße Empfindung hat es, wie eben bemerkt, nur mit Einzelnem und Zufälligem, mit unmittelbar Gegebenem und Gegenwärtigem zu thun; und dieser Inhalt erscheint der empfindenden Seele als ihre eigene concrete Wirklichkeit. — Indem ich mich dagegen auf den Standpunkt des Bewußtseyns erhebe, verhalte ich mich zu einer mir äußeren Welt, zu einer objectiven Totalität, zu einem in sich zusammenhängenden Kreise mannigfaltiger und verwickelter, mir gegenübertretender Gegenstände. Als objectives Bewußtseyn habe ich wohl zunächst eine unmittelbare Empfindung, zugleich ist dieß Empfundene aber für mich ein Punkt in dem allgemeinen Zusammenhange der Dinge, somit ein über seine sinnliche Einzelnheit und unmittelbare Gegenwart Hinausweisendes. An die sinnliche Gegenwart der Dinge ist das objective Bewußtseyn so wenig gebunden, daß ich auch von Demjenigen wissen kann, was mir nicht sinnlich gegenwärtig ist, wie, zum Beispiel, ein mir nur durch Schriften bekanntes fernes Land. Das Bewußtseyn bethätigt aber seine Unabhängigkeit von dem Stoffe der Empfindung dadurch, daß es ihn aus der Form der Einzelnheit in die Form der Allgemeinheit erhebt, an demsel-

144

the soul, in opposing itself to its substantiality, standing over against itself, attains in its determinate sensations to self-awareness, or rather to an as yet not objective but only subjective consciousness of its *totality*. Sensation as such is bound to what is single, and the soul therefore ceases to be merely sentient. Since at this standpoint it appears as at variance with itself, we shall have to consider it in its *diseased* state. A contradiction between the freedom and restraint of the soul is predominant in this sphere, for while on the one hand it is still fettered to its substantiality, conditioned on account of its naturality, it is already beginning to separate itself from its substance, its naturality, and so to raise itself to the stage between its immediate natural life and objective free consciousness. We now propose to give a brief explication of the extent to which it now enters upon this *intermediate* stage. +

As has just been observed, *mere sensation* is concerned only with what is *single* and *contingent*, with what is *immediately given* and *present*, this content appearing to the sentient soul as its *own* concrete actuality. — In that I raise myself to the standpoint of *consciousness* however, I relate myself to a world *external* to me, to an *objective totality*, to an inwardly *connected cycle* of manifold and complex general objects which come to stand in opposition to me. Although as objective consciousness I certainly start with immediate sensation, for me what is sensed is at the same time a point in the *universal connectedness* of things, and so *intimates* the limitedness of its *sensuous singularity* and immediate presence. The sensuous presence of things has so light a hold upon objective consciousness, that I can also know of what is not sensuously present to me. I can, for example, be familiar with a distant country merely through what has been written about it. It is, however, by raising it from the form of *singularity* into that of *universality*,

ben, mit Weglassung des rein Zufälligen und Gleichgültigen, das *Wesentliche* festhält; durch welche Verwandlung das Empfundene zu einem *Vorgestellten* wird. Diese vom abstracten Bewußtseyn vorgenommene Veränderung ist etwas *Subjectives*, das bis zum *Willkürlichen* und *Unwirklichen* fortgehen, — Vorstellungen erzeugen kann, die ohne eine ihnen entsprechende Wirklichkeit sind. — Zwischen dem *vorstellenden Bewußtseyn* einerseits und der *unmittelbaren Empfindung* andererseits steht nun die im *zweiten Theile* der *Anthropologie* zu betrachtende, sich selber in ihre Totalität und *Allgemeinheit* fühlende oder *ahnende* Seele in der *Mitte*. Daß das *Allgemeine* empfunden werde, scheint ein Widerspruch; denn die Empfindung, als solche, hat, wie wir wissen, nur das Einzelne zu ihrem Inhalte. Dieser Widerspruch trifft aber nicht Dasjenige, was wir die *fühlende* Seele nennen; denn diese ist weder in der *unmittelbaren sinnlichen Empfindung* befangen und von der *unmittelbaren sinnlichen Gegenwart* abhängig, noch bezieht sie sich umgekehrt auf das nur durch die Vermittlung des reinen *Denkens* zu erfassende *ganz Allgemeine*, sondern hat vielmehr einen Inhalt, der noch nicht zur Trennung des Allgemeinen und des Einzelnen, des Subjectiven und des Objectiven fortentwickelt ist. Was ich auf diesem Standpunkt empfinde, Das *bin* ich, und was ich bin, Das empfinde ich. Ich bin hier *unmittelbar gegenwärtig* in dem Inhalte, der mir erst nachher, wenn ich objectives *Bewußtseyn* werde, als eine gegen mich *selbstständige* Welt erscheint. Zur fühlenden Seele verhält sich dieser Inhalt noch wie die Accidenzen zur Substanz; jene erscheint noch als das Subject und der Mittelpunkt aller Inhaltsbestimmungen, — als die Macht, welche über die Welt des Fühlens auf unmittelbare Weise herrscht.

145

Der *Uebergang* zu dem *zweiten* Theil der Anthropologie macht sich nun bestimmter auf die folgende Weise. Zuvörderst muß bemerkt werden, daß der von uns im vorigen Paragraphen betrachtete Unterschied von äußerlichen und innerlichen Empfindungen nur für *uns*, das heißt, für das reflectirende

by leaving behind what is purely contingent and indifferent and holding fast to what is *essential* in it, that consciousness effects its independence of the material of sensation. Through this transformation, what is sensed becomes a *presented being*. Undertaken by abstract consciousness, this transformation is a *subjective* something which can drift into being *arbitrary* and *devoid of actuality*, into engendering presentations which have no corresponding actuality. — Now the *second part of Anthropology* has to deal with the *soul* which holds the *middle* between *presentative consciousness* on the one hand and *immediate sensation* on the other, which *feels* or *divines* itself in its *totality* and *universality*. The *sensing* of the *universal* seems to involve a contradiction, for as we know, sensation as such has as its content only that which is single. What we call the *feeling* soul does not involve this contradiction however, for it is neither confined to the *immediate sensuousness* of *sensation* and dependent upon the *immediate sensuousness* of what is *present*, nor does it relate itself to the *wholly universal being* which can be grasped only through the mediation of pure *thought*. It has, on the contrary, a content which has not yet developed into the separation of the universal and the singular, the subjective and the objective. At this standpoint what I sense I *am*, and what I am I sense. Here I am *immediately present* in the content, which only later, when I become objective *consciousness*, appears to me as a confronting, *independent* world. This content still relates itself to the feeling soul as accidences do to substance; the soul still appears as the subject and central point of all determinations of content, as the power which dominates the world of feeling in an immediate manner.

Now the *transition* to the *second* part of Anthropology formulates itself more specifically in the following manner. It has to be observed first of all, that the difference between external and internal sensations considered by us in the preceding Paragraph is only for *us*, which means that as yet it is

Bewußtseyn, aber durchaus noch nicht für die Seele selber ist: Die *einfache Einheit* der Seele, ihre ungetrübte Idealität erfaßt sich noch nicht in ihrem Unterschiede von einem Aeußerlichen. Obgleich aber die Seele über diese ihre ideelle Natur noch kein Bewußtseyn hat; so ist sie nichtsdestoweniger die *Idealität* oder *Negativität* aller der mannigfaltigen Arten von Empfin- + dungen, die in ihr jede für sich und gleichgültig gegen einander zu sein scheinen. Wie die objective Welt sich für unsere *Anschauung* nicht als ein in *verschiedene* Seiten *Getrenntes*, sondern als ein *Concretes* darstellt, das sich in unterschiedene Objecte theilt, welche wiederum, jedes für sich, ein *Concretes*, ein *Convolut* der verschiedensten Bestimmungen sind; — so ist die Seele selber eine *Totalität* unendlich vieler unterschiedener Bestimmtheiten, die in ihr in Eins zusammengehen; so daß die Seele in ihnen, *an sich*, unendliches *Fürsichseyn* bleibt. In dieser Totalität oder Idealität, — in dem zeitlosen indifferenten Inneren der Seele, — verschwinden jedoch die einander verdrängenden Empfindungen nicht absolut spurlos, sondern bleiben darin als *aufgehobene*, — bekommen darin ihr Bestehen als ein zunächst nur *möglicher* Inhalt, der erst dadurch, daß er *für* die Seele, oder daß diese in ihm *für sich* 146 wird, von seiner *Möglichkeit* zur *Wirklichkeit* gelangt. Die Seele behält also den Inhalt der Empfindung, wenn auch nicht *für sich*, — so doch *in sich*. Dieß nur auf einen *für sich innerlichen* Inhalt, auf eine Affection meiner, auf die bloße Empfindung sich beziehende *Aufbewahren* steht der *eigentlichen Erinnerung* noch fern, da diese von der Anschauung eines zu einem Innerlichen zu machenden *äußerlich* gesetzten Gegenstandes ausgeht, welcher, — wie bereits bemerkt, — hier für die Seele noch nicht existirt.

Die Seele hat aber noch eine *andere* Seite der Erfüllung, als den bereits in der Empfindung *gewesenen* Inhalt, von welchem wir zunächst gesprochen haben. Außer diesem Stoffe sind wir, als wirkliche Individualität, *an sich* noch eine Welt von concretem Inhalt mit unendlicher Peripherie, — haben wir in uns eine zahllose Menge von Beziehungen und Zusammen-

only for reflecting consciousness, and certainly not for the soul itself. The *simple unity* of the soul, its undimmed ideality, does not yet apprehend itself as distinct from what is external. Yet although the soul is still not in possession of a consciousness transcending this its ideal nature, it is none the less the *ideality* or *negativity* of all the manifold kinds of sensations, each of which appears within it to be for itself and indifferent to the others. Just as the objective world displays itself for our *intuition* not as *divided* into *various aspects* but as a *concrete being* dividing itself into various objects, each of which is in its turn a *concrete being*, a *convolution* of the most various determinations; — so with the soul itself, which is a *totality* of infinitely numerous and differing determinatenesses, so *united* by concurring within it, that it remains *implicit* within them as infinite *being-for-self*. The sensations which drive one another out do not absolutely disappear however, leaving no trace in this totality or ideality, in the timeless undifferentiated inwardness of the soul, for they remain *sublated* there, obtaining their subsistence as what is initially only a *possible* content, as that which first advances from its *possibility* into *actuality* in that it becomes *for* the soul, or in that the soul becomes *for itself* within it. The soul therefore retains the content of sensation *within itself*, even if not *for itself*. This *retention*, which relates only to a content having *inner being-for-self*, to an affection of what is mine, to mere sensation, is still remote from *recollection proper*, originating as this does in the intuition of an *externally* posited general object which has to be made into an internal being. As has already been observed, such a general object does not yet exist for the soul at this juncture.

We began by discussing that content of the soul which has already *been* in sensation. The filling of the soul has yet *another* aspect however, for apart from this material, as an actual individuality we are also *implicitly* a *world* of concrete content with an infinite periphery, and have within us a multitude of numberless relations and connections, which

hängen, die immer in uns ist, wenn dieselbe auch nicht in unsere Empfindung und Vorstellung kommt, und die, — wie sehr jene Beziehungen sich immerhin, selbst ohne unser Wissen, verändern können, — dennoch zum concreten Inhalt der menschlichen Seele gehört; so daß die Letztere, wegen des unendlichen Reichthums ihres Inhalts, als Seele einer *Welt*, als *individuell bestimmte Weltseele* bezeichnet werden darf. Weil die Seele des Menschen eine *einzelne*, eine nach allen Seiten hin bestimmte und somit *beschränkte* ist; so verhält sich dieselbe auch zu einem nach ihrem *individuellen* Standpunkt bestimmten Universum. Dieß der Seele Gegenüberstehende ist nicht ein derselben Aeußerliches. Die Totalität der Verhältnisse, in welchen die individuelle menschliche Seele sich befindet, macht vielmehr deren wirkliche Lebendigkeit und Subjectivität aus, und ist sonach mit derselben ebenso fest verwachsen, wie — um ein Bild zu gebrauchen — mit dem Baume die Blätter, die, obgleich sie einerseits ein von demselben Unterschiedenes sind, dennoch so wesentlich zu ihm gehören, daß er abstirbt, wenn jene ihm wiederholentlich abgerissen

147

werden. Allerdings vermögen die zu einem thaten- und erfahrungsreichen Leben gelangten selbstständigeren menschlichen Naturen den Verlust eines Theiles Desjenigen, was ihre Welt ausmacht, bei Weitem besser zu ertragen, als Menschen, die in einfachen Verhältnissen aufgewachsen und keines Weiterstrebens fähig sind; das Lebensgefühl der Letzteren ist mitunter so fest an ihre Heimath gebunden, daß sie in der Fremde von der Krankheit des Heimweh's befallen werden und einer Pflanze gleichen, die nur auf diesem bestimmten Boden gedeihen kann. Doch auch den stärksten Naturen ist zu ihrem concreten Selbstgefühl ein gewisser Umfang äußerer Verhältnisse, — so zu sagen, — ein hinreichendes Stück Universum nothwendig; denn ohne eine solche individuelle Welt würde, wie gesagt, die menschliche Seele überhaupt keine Wirklichkeit haben, nicht zur bestimmt unterschiedenen Einzelnheit gelangen. Die Seele des Menschen hat aber nicht bloß *Naturunterschiede*, sondern sie *unterscheidet sich in sich selber*, trennt ihre *substanzielle Totalität*, ihre individuelle Welt von sich ab, setzt dieselbe sich als dem Subjectiven gegen-

even if it does not enter into our sensation and representation is always within us, and still belongs to the concrete content of the human soul regardless of the extent to which these relations are able to change constantly even without our knowing of it. On account of its infinite wealth of content, the human soul may therefore be said to be the soul of a world, the *individually* determined *world-soul*. Since the human soul is a *singularity*, determined in all its aspects and therefore *limited*, it also relates itself to a universe determined in accordance with its *individual* standpoint. That by which the soul is confronted is by no means a being external to it, for the totality of relationships within which the individual human soul finds itself is rather the actual life and subjectivity of this universe. Speaking pictorially, we may say that it has grown together with it as inseparably as leaves which grow with a tree, and which although they differ from the tree, belong to it so essentially that it dies if repeatedly stripped of them. Those who have attained a more independent human nature through a life rich in activity and experience, are of course better able to bear the loss of a part of that which constitutes their world than those who have grown up in simple circumstances and are incapable of striving beyond them. Sometimes the latters' feeling for life is so inextricably involved in their own locality, that they suffer from homesickness when away from it, and are like a plant which can only thrive in a particular soil. Yet a certain range of external relationships, an adequate part of the universe so to speak, is also necessary to the concrete self-awareness of even the strongest of natures; for as has been observed, without such an individual world the human soul would have no actuality at all, would attain to no specifically distinct singularity. The human soul does not merely entail *natural differences* however, but *differentiates itself within itself*, separating from itself its *substantial totality*, its individual world, which it posits over against its own subjective being.

über. Ihr Zweck ist dabei der, daß für sie, oder für den Geist werde, was derselbe an sich ist, — daß der an sich im + Geiste enthaltene Kosmos in das Bewußtseyn desselben trete Auf dem Standpunkt der Seele, des noch nicht freien Geistes findet aber, wie gleichfalls schon bemerkt, kein objectives Bewußtseyn, kein Wissen von der Welt als einer wirklich aus mir herausgesetzten statt. Die fühlende Seele verkehrt bloß mit ihren innerlichen Bestimmungen. Der Gegensatz ihrer selbst und Desjenigen, was für sie ist, bleibt noch in sie eingeschlossen. Erst wenn die Seele den mannigfaltigen, unmittelbaren Inhalt ihrer individuellen Welt negativ gesetzt, ihn zu einem Einfachen, zu einem abstract Allgemeinen gemacht hat, — wenn somit ein ganz Allgemeines für die Allgemeinheit der Seele ist und diese sich eben dadurch zu dem für sich selbst seyenden, sich selbst gegenständlichen Ich, diesem sich 148 auf sich beziehenden vollkommen Allgemeinen, entwickelt hat, — eine Entwicklung, welche der Seele als solcher noch fehlt, — erst also nach Erreichung dieses Zieles kommt die Seele aus ihrem subjectiven Fühlen zum wahrhaft objectiven Bewußtseyn; denn erst das für sich-selbst-seyende, von dem unmittelbaren Stoff zunächst wenigstens auf abstracte Weise befreite Ich läßt auch dem Stoffe die Freiheit des Bestehens außer dem Ich. Was wir daher bis zur Erreichung dieses Zieles zu betrachten haben, das ist der Befreiungskampf, welchen die Seele gegen die Unmittelbarkeit ihres substanziellen Inhalts durchzufechten hat, um ihrer selbst vollkommen mächtig und ihrem Begriff entsprechend zu werden, — um sich zu Dem zu machen, was sie an sich oder ihrem Begriffe nach ist, nämlich zu der im Ich existirenden sich auf sich beziehenden einfachen Subjectivität. Die Erhebung zu diesem Entwicklungspunkt stellt eine Folge von drei Stufen dar, die hier versicherungsweise im Voraus angegeben werden können.

Auf der ersten Stufe sehen wir die Seele in dem Durchträumen und Ahnen ihres concreten Naturlebens befangen. Um das Wunderbare dieser in neuerer Zeit allgemein beachteten Seelenform zu begreifen, müssen wir festhalten, daß

Its *purpose* in doing so is that spirit should become *for soul* or spirit what it is *implicitly*, that the cosmos contained *implicitly* in spirit should enter into spirit's *consciousness*. It has already been observed however, that at the standpoint of the soul, of spirit which is still not free, there is no *objective* consciousness, no knowledge of the world as of something actually *posited from out of myself*. The *feeling* soul has intercourse only with its *inner* determinations. The opposition between itself and that which has being for it still remains enveloped within it. The soul first leaves its *subjective feeling* for truly *objective consciousness*, once it has reached the goal of positing the manifold, immediate content of its individual world negatively, of making it into a simple, *abstract universal*, that is to say, once a *wholly universal being* is for the *universality* of the soul, and the soul has developed itself, by precisely this means, into a perfect self-relating universal, into the ego which is *for itself* in *standing over against itself*. This is a development which the soul still lacks however. It is only the ego in its being-for-self, the ego which from the first is at least freed from the immediate material in an abstract manner, which also allows the material freedom of subsistence *outside* the ego. Prior to the reaching of this goal, we therefore have to consider the struggle for liberation which the soul has to wage against the immediacy of its substantial content in order to complete its self-mastery and become adequate to its *Notion*, in order to make itself into what it is *implicitly* or in accordance with its Notion i.e. the *simple* self-relating *subjectivity* existing within the ego. The elevation to this point of development exhibits a sequence of *three* stages, the formulation of which can here be affirmed in advance.

In the *first* stage we see the soul involved in *dreaming away* and *divining* its *concrete natural life*. In order to grasp the wonder of this form of it, which has recently attracted general attention, we have to bear in mind that at this

die Seele hier noch in unmittelbarer, unterschiedsloser Einheit mit ihrer Objectivität sich befindet.

Die zweite Stufe ist der Standpunkt der Verrücktheit, das heißt, der mit sich selber entzweiten, einerseits ihrer schon mächtigen, andererseits ihrer noch nicht mächtigen, sondern in einer einzelnen Besonderheit festgehaltenen, darin ihre Wirklichkeit habenden Seele.

Auf der dritten Stufe endlich wird die Seele über ihre Naturindividualität, über ihre Leiblichkeit Meister, setzt sie diese zu einem ihr gehorchenden Mittel herab, und wirft den nicht zu ihrer Leiblichkeit gehörigen Inhalt ihrer substanziellen Totalität als objective Welt aus sich heraus. Zu diesem Ziele gelangt, tritt die Seele in der abstracten Freiheit des Ich hervor und wird damit Bewußtseyn.

149

Ueber alle die ebenangeführten Stufen haben wir aber zu bemerken, was wir schon bei den früheren Entwicklungsstadien der Seele zu bemerken hatten, daß auch hier Thätigkeiten des Geistes, die erst später in ihrer freien Gestalt betrachtet werden können, vorweg erwähnt werden müssen, weil dieselben bereits durch die fühlende Seele hindurchwirken.

b.

* Die fühlende Seele.

§. 403.

† Das fühlende Individuum ist die einfache Idealität, Subjectivität des Empfindens. Es ist darum zu thun, daß es seine Substantialität, die nur an sich seyende Erfüllung als Subjectivität setzt, sich in Besitz nimmt, und als die Macht seiner selbst für sich wird. Die Seele ist als fühlende nicht mehr blos natürliche, sondern innerliche Individualität; diß ihr in der nur substantiellen Totalität

* 1827: *Die träumende Seele.*
† 1827: empfindende.

juncture it still occurs in *immediate, undifferentiated unity* with its objectivity.

The *second* stage is the standpoint of *derangement*, that is to say of the soul *at variance with itself*; although master of its own in one respect, for the rest it is not yet so, being fixed in a *single particularity*, within which it has its actuality. 5

In the *third* stage the soul finally becomes master of its *natural individuality*, its *corporeity*, reducing it to a subservient *means* and projecting *out of* itself as an *objective* world the content of its substantial totality *not* belonging to its corporeity. Having reached this goal, the soul emerges into the abstract freedom of the *ego* and so becomes *consciousness*. 10

What has already had to be observed of the earlier stages of the soul's development also applies to every one of the stages just mentioned, namely, that spiritual activities which can only be considered in their free shape at a later stage, have to be alluded to in anticipation on account of their already being effective throughout the feeling soul. 15 +

b.

*The feeling soul**

§ 403

The feeling† individual is simple ideality, subjectivity of sensation. Consequently, the task here is for it to posit the simply implicit filling of its substantiality as subjectivity, to take possession of itself and assume the being-for-self of self-mastery. In that it feels, the soul is inwardly and no longer merely naturally individualized; this being-for-self of the soul, which in the merely substantial totality is 20 25

* 1827: *The dreaming soul.*
† 1827: sentient.

erst formelle Fürsichseyn ist zu verselbstständigen und zu befreien.

Nirgend so sehr als bei der Seele und noch mehr beim Geiste ist es die Bestimmung der Idealität, die für das Verständniß am wesentlichsten festzuhalten ist, daß die Idealität Negation des Reellen, dieses aber zugleich aufbewahrt, virtualiter erhalten ist, ob es gleich nicht existirt. Es ist die Bestimmung, die wir wohl in Ansehung der Vorstellungen, des Gedächtnisses, vor uns haben. Jedes Individuum ist ein unendlicher Reichthum von Empfindungsbestimmungen, Vorstellungen, Kenntnissen, Gedanken u. s. f.; aber Ich bin darum doch ein ganz einfaches, — ein bestimmungsloser Schacht, in welchem alles dieses aufbewahrt ist ohne zu existiren. Erst wenn Ich mich an eine Vorstellung erinnere, bringe Ich sie aus jenem Innern heraus zur Existenz vor das Bewußtseyn. In Krankheiten
150
geschieht, daß Vorstellungen, Kenntnisse wieder zum Vorschein kommen, die seit vielen Jahren vergessen heißen, weil sie in so langer Zeit nicht ins Bewußtseyn gebracht wurden. Wir waren nicht in ihrem Besitz, kommen etwa auch durch solche in der Krankheit geschehene Reproduction nicht fernerhin in ihren Besitz, und doch waren sie in uns und bleiben noch fernerhin in uns. So kann der Mensch nie wissen, wie viele Kenntnisse er in der That in sich hat, ob er sie gleich vergessen habe; — sie gehören nicht seiner Wirklichkeit, nicht seiner Subjectivität als solcher, sondern nur seinem an sich seyenden Seyn an. Diese einfache Innerlichkeit ist und bleibt die Individualität in aller Bestimmtheit und Vermittlung des Bewußtseyns, welche später in sie gesetzt wird. Hier ist diese Einfachheit der Seele zunächst als fühlende, in der die Leiblichkeit enthalten ist, und gegen die Vorstellung dieser Leiblichkeit, welche für das Bewußtseyn und den Verstand eine außer einander und außer ihr seyende Materialität ist, festzuhalten. So wenig die Mannichfaltigkeit der vielen Vorstellungen ein Außereinander und reale Vielheit in dem

at first formal, has to be made independent and liberated.

Nowhere is it so evident as in consideration of the soul, and to an even greater extent spirit, that if *ideality* is to be understood, it is most essential to grasp the point that while it is the *negation* of that which is of a real nature, that which is negated is at the same time *preserved*, virtually maintained, even though it does not exist. It is indeed this determination that we have before us in the case of presentations or memory. Every individual constitutes an infinite wealth of determinate sensations, presentations, knowledge, thoughts etc.; and yet the *ego* is completely *indivisible*, — a featureless mine, in which all this is preserved without existing. It is only when I recollect a presentation that I bring it out of that interior into conscious existence. It sometimes happens during illnesses, that there is a reappearance of presentations and things known that have been regarded as forgotten for years on account of their not having been consciously recalled for so long. We neither possessed them prior to their being produced during the illness nor do we retain them afterwards, and yet they were within us throughout and continue to reside there. Consequently, a person who has once forgotten the things he has learnt can never know the true extent of the knowledge he *possesses*; — these things are simply implicit in what he is, and do not pertain to his actuality, his subjectivity as such. This *simple inwardness* constitutes individuality, and it persists throughout all the determinateness and mediation of consciousness subsequently posited within it. At this juncture, the *simplicity* of the soul has to be grasped primarily as the feeling which comprises corporeity; and corporeity is not to be regarded, as it is by consciousness and the understanding, as an extrinsicality and a materiality external to the soul. The *multiplicity* of numerous *presentations* provides no foundation for an extrinsicality and real plurality in the *ego*; and simi-

Ich begründet, so wenig hat das reale Auseinander der Leiblichkeit eine Wahrheit für die fühlende Seele. Empfindend ist sie unmittelbar bestimmt, also natürlich und leiblich, aber das Außereinander und die sinnliche Mannichfaltigkeit dieses Leiblichen gilt der Seele eben so wenig als dem Begriffe als etwas Reales und darum nicht für eine Schranke; die Seele ist der existirende Begriff, die Existenz des Speculativen. Sie ist darum in dem Leiblichen einfache allgegenwärtige Einheit; wie für die Vorstellung der Leib Eine Vorstellung ist, und das unendlich Mannichfaltige seiner Materiatur und Organisation zur Einfachheit eines bestimmten Begriffes durchdrungen ist, so ist die Leiblichkeit und damit alles das, was als in ihre Sphäre gehöriges Außereinander fällt, in der fühlenden Seele zur Idealität, der Wahrheit der natürlichen Mannichfaltigkeit, reducirt. 151 Die Seele ist an sich die Totalität der Natur, als individuelle Seele ist sie Monade; sie selbst ist die gesetzte Totalität ihrer besondern Welt, so daß diese in sie eingeschlossen, ihre Erfüllung ist, gegen die sie sich nur zu sich selbst verhält.

§. 404.

Als individuell ist die Seele ausschließend überhaupt und den Unterschied in sich setzend. Das von ihr unterschieden werdende ist noch nicht ein äußeres Object wie im Bewußtseyn, sondern es sind die Bestimmungen ihrer empfindenden Totalität. Sie ist in diesem Urtheile Subject überhaupt, ihr Object ist ihre Substanz, welche zugleich ihr Prädicat ist. Diese Substanz ist nicht der Inhalt ihres Naturlebens, sondern als Inhalt der individuellen von Empfindung erfüllten Seele; da sie aber darin zugleich besondere ist, ist er ihre besondere Welt, insofern diese auf implicite Weise in der Idealität des Subjects eingeschlossen ist.

Diese Stufe des Geistes ist für sich die Stufe seiner Dunkelheit, indem sich ihre Bestimmungen nicht zu be-

larly, the real extrinsicality of corporeity has no truth for the feeling soul. Although the feeling soul in its *immediate* determination is natural and corporeal, the extrinsicality and the sensuous multiplicity of this corporeal being has no more validity for the soul as something real than it has for the Notion, so that the soul cannot be limited by it. The soul is the *existent* Notion, the existence of what is speculative, and it therefore constitutes a simple unity *omnipresent* within corporeal being. For presentation the body constitutes a *single* presentation, the infinite manifoldness of its materiature and organization being permeated by the *simplicity* of a determinate Notion; just as, in the case of corporeity, the feeling soul reduces all the extrinsicality proper to its sphere to *ideality*, to the *truth* of natural multiplicity. The soul in its *implicitness* is the totality of nature, and as the individual soul it is a monad. The soul is itself the posited totality of its *particular* world, which is included within it, which constitutes its filling, in the face of which it relates only to itself.

§ 404

In that it is *individual*, the soul is entirely *exclusive*, and posits difference *within* itself. That which becomes differentiated from it is not yet an external object, as it is in consciousness, but constitutes the determinations of its sentient totality. In this basic division, the soul is subject in general, its object being its *substance*, which is at the same time its predicate. This substance is not the content of its natural life, but has being as the content of the individual soul, filled as this is with sensation. However, since this is not only a contained but also a *particularized* substance, what the soul contains constitutes its particular world in so far as this world is enclosed in an implicit manner within the ideality of the subject.

Considered as it is for itself, this stage is that of the darkness of spirit, for its determinations de-

wußtem und verständigem Inhalt entwickelt; sie ist in sofern überhaupt formell. Ein eigenthümliches Interesse erhält sie, in sofern sie als Form ist, und damit als Zustand erscheint (§. 380.), in welchen die schon weiter zu Bewußtseyn und Verstand bestimmte Entwicklung der Seele wieder herab versinken kann. Die wahrhaftere Form des Geistes in einer untergeordnetern abstractern existirend, enthält eine Unangemessenheit, welche die **Krankheit** ist. Es sind in dieser Sphäre einmal die abstracten Gestaltungen der Seele für sich, das andremal dieselben auch darum als die Krankheitszustände des Geistes zu betrachten, weil diese ganz allein aus jenen zu verstehen sind.

α. Die fühlende Seele in ihrer Unmittelbarkeit.

§. 405.

αα) Die fühlende Individualität zunächst ist zwar ein monadisches Individuum, aber als unmittelbar noch nicht als Es selbst, nicht in sich reflectirtes Subject und darum passiv. Somit ist dessen selbstische Individualität ein von ihm verschiedenes Subject, das auch als anderes Individuum seyn kann, von dessen Selbstischkeit es als eine Substanz, welche nur unselbstständiges Prädicat ist, durchzittert und auf eine durchgängig widerstandslose Weise bestimmt wird; diß Subject kann so dessen Genius genannt werden.

152

Es ist diß in unmittelbarer Existenz das Verhältniß des Kindes im Mutterleibe, — ein Verhältniß das weder blos leiblich noch blos geistig, sondern psychisch ist, — ein Verhältniß der Seele. Es sind zwei Individuen, und doch in noch ungetrennter Seeleneinheit; das eine ist noch kein Selbst, noch nicht undurchdringlich, sondern ein widerstandloses; das andere ist dessen Subject, das einzelne Selbst beider. — Die Mutter ist der Genius des Kindes, denn unter Genius pflegt man die selbstische Totalität des Geistes zu verstehen, in so-

velop into no conscious and understandable content. Although it is therefore entirely formal, it is of particular interest in so far as it has being as form, and so appears as a state (§ 380) into which the development of the soul may relapse after having advanced to the determination of consciousness and understanding. It is the incongruity involved in the truer existing in a subordinate and more abstract form of spirit which constitutes illness. In this sphere it is only after one has considered the abstract formations of the soul for themselves that one can go on to consider them as states of spiritual illness, for the latter may only be explained from the former. +

α) *The feeling soul in its immediacy*

§ 405

1) Initially, feeling individuality is certainly a monadic individual, but it is so immediately, not yet as it is itself as an intro-reflected subject, and it is therefore passive. Consequently, the selfhood of its individuality is a subject which differs from it and which can also be another individual. As it is a substance which is merely a dependent predicate, it is thoroughly and vibrantly determined by the selfhood of this individual, to which it offers no resistance. This subject may therefore be said to be its genius.

In its immediate existence this is the relationship of the child in its mother's womb. It is a relationship exclusive neither to corporeality nor to spirituality, for it is psychic, — a relationship of the soul. Although there are two individuals here, the unity of the soul is as yet undisturbed, for the one is still not a self, being as yet permeable and unresistant, and the other is its subject, the single self of both. — The mother is the child's genius, a genius being understood here in the usual way as the selfhood and totality of spirit in so far as it

fern sie **für sich** existire, und die subjective Substantialität eines Andern, das nur äußerlich als Individuum gesetzt ist, ausmache; Letzteres hat nur ein formelles Fürsichseyn. Das Substantielle des Genius ist die ganze Totalität des Daseyns, Lebens, Charakters nicht als bloße Möglichkeit oder Fähigkeit oder Ansich, sondern als Wirksamkeit und Bethätigung, als concrete Subjectivität.

Bleibt man bei dem Räumlichen und Materiellen stehen, nach welchem das Kind als Embryo in seinen besondern Häuten u. s. f. existirt, und sein Zusammenhang mit der Mutter durch den Nabelstrang, Mutterkuchen u. s. f. vermittelt ist, so kommt nur die äußerliche anatomische und physiologische Existenz in sinnlichen und reflectirenden Betracht; für das Wesentliche, das psychische Verhältniß hat jenes sinnliche und materielle Außereinander und Vermitteltseyn keine Wahrheit. Es sind bei diesem Zusammenhange nicht blos die in Ver-
153 wunderung setzenden Mittheilungen von Bestimmungen, welche sich im Kinde durch heftige Gemüthsbewegungen, Verletzungen u. s. f. der Mutter fixiren, vor Augen zu haben, sondern das ganze psychische **Urtheil** der Substanz, in welches die weibliche Natur wie im Vegetativen, die Monocotyledonen, in sich entzweibrechen kann, und worin das Kind so Krankheits- als die weitern Anlagen der Gestalt, Sinnesart, Charakters, Talents, Idiosinkrasien u. s. f. nicht **mitgetheilt** bekommen, sondern ursprünglich in sich empfangen hat.

Von diesem **magischen** Verhältniß kommen anderwärts im Kreise des bewußten, besonnenen Lebens sporadische Beispiele und Spuren, etwa zwischen Freunden, insbesondere nervenschwachen Freundinnen (— ein Verhältniß, das sich zu den magnetischen Erscheinungen ausbilden kann), Eheleuten, Familiengliedern vor.

* Die Gefühls-Totalität hat zu ihrem Selbst eine von

* Das Ganze bis zum Ende der Anmerkung erstmals 1830.

exists *for itself* and constitutes the subjective substantiality of another which is only posited externally as an individual, and which has only a formal being-for-self. The substantial being of genius is the entire totality of determinate being, life and character, not merely as a possibility, aptitude or implicitness, but as effectiveness and activation, as concrete subjectivity.

If one remains preoccupied with nothing more than what is spatial and material, the existence of the child as an embryo in its particular membranes etc., its connection with its mother through the intermediary of the umbilical cord and the placenta etc., the outcome will be nothing more than a sensuous and reflective consideration of an external anatomical and physiological existence. But the sensuousness and materiality of this extrinsicality and mediation is in no respect the truth of the psychic relationship, which is what is essential here. In the case of this connectedness, attention has to be paid not simply to the sensational accounts of determinations which fix themselves in the child on account of the violent dispositional disturbances and injuries etc. experienced by the mother, but to the entire *basic* psychic *division* of substance into which the female nature, like the monocotyledons in the vegetable world, can resolve itself, and within which the child assumes its predisposition to illness, as well as its further endowments in respect of bodily shape, temper, character, talent, idiosyncrasies etc. It does not have them *communicated* to it, for they originate in its conception.

Sporadic examples and traces of this *magic* relationship occur elsewhere in the sphere of conscious and self-possessed life, between friends, and especially in a relationship which may develop magnetic phenomena, that of female friends with delicate nerves, between husband and wife, between members of a family.

*This totality of feeling has its self in a subject-

* Rest of Remark first published 1830.

ihr verschiedene Subjectivität, welche in der angeführten Form unmittelbarer Existenz dieses Gefühllebens auch ein anderes Individuum gegen dasselbe ist. Aber die Gefühls-Totalität ist bestimmt, ihr Fürsichseyn aus ihr selbst in Einer und derselben Individualität zur Subjectivität zu erheben; diese ist das ihr dann inwohnende besonnene, verständige, vernünftige Bewußtseyn. Für dieses ist jenes Gefühlsleben das nur ansichseyende substantielle Material, dessen vernünftiger selbstbewußter bestimmender Genius, die besonnene Subjectivität geworden ist. Jener Kern des Gefühls-Seyns aber enthält nicht nur das für sich bewußtlose Naturell, Temperament u. s. f., sondern erhält auch (in der Gewohnheit s. nachher) alle weitern Bande und wesentlichen Verhältnisse, Schicksale, Grundsätze, — überhaupt alles, was zum Charakter gehört und an dessen Erarbeitung die selbstbewußte Thätigkeit ihren wichtigsten Antheil gehabt hat, — in seine einhüllende Einfachheit; das Gefühls-Seyn ist so in sich vollkommen

154 bestimmte Seele. Die Totalität des Individuums in dieser gedrungenen Weise ist unterschieden von der existirenden Entfaltung seines Bewußtseyns, dessen Weltvorstellung, entwickelter Interessen, Neigungen u. s. f. Gegen dieses vermittelte Außereinander ist jene intensive Form der Individualität der Genius genannt worden, der die letzte Bestimmung im Scheine von Vermittlungen, Absichten, Gründen, in welchen das entwickelte Bewußtseyn sich ergeht, giebt. Diese concentrirte Individualität bringt sich auch zur Erscheinung in der Weise, welche das Herz oder Gemüth genannt wird. Man sagt von einem Menschen, er habe kein Gemüth, insofern er mit besonnenem Bewußtseyn nach seinen bestimmten Zwecken, seyen sie substantielle große Zwecke oder kleinliche und unrechte Interessen, betrachtet und handelt; ein gemüthlicher Mensch, heißt mehr, wer seine wenn auch beschränkte Gefühls-Individualität walten läßt, und in deren Particularitäten sich mit dieser ganzen Individualität befindet und von denselben völlig ausgefüllt ist. — Man kann aber von solcher Gemüthlichkeit sagen, daß sie weniger der Genius selbst, als das Indulgere genio ist.

ivity which differs from it, and which in the immediate existence of this life of feeling which has just been mentioned, is also present as another distinct individual. Totality of feeling is so constituted however, that it raises its being-for-self out of itself into the subjectivity of one and the same individuality; this is the self-possessed, understanding, reasoning consciousness which then dwells within it. For this consciousness, the life of feeling is only the implicit substantial material, the reasoning, self-conscious, deciding genius of which is now the self-possessed subjectivity. Nevertheless, it is the being of this germ of feeling which, in its enveloping simplicity, contains not only what is in itself unconscious, natural disposition, temperament etc., but also maintains, through habit (see §§ 409, 410), all further bonds and essential relationships, fates, principles — everything that pertains to character, and in the elaboration of which self-conscious activity has played its most important role. Feeling being therefore constitutes a complete internal determination of soul. The totality of the individual in this compact condition is not the same as the unfolding of its consciousness into existence, its view of the world, developed interests, inclinations etc. By genius one means that intensive form of individuality which stands opposed to this mediated extrinsicality, and which constitutes the final deciding factor in the show of arrangements, intentions and reasons which occupies developed consciousness. This concentrated individuality also reveals itself as what is called the heart or disposition. A person is said to be inconsiderate if his effective attitude when pursuing his particular aims and interests, be they great and substantial or petty and sordid, is consciously self-possessed. A person is said to be good-hearted or considerate if in spite of the limitedness of the individuality of his feelings, he trusts to it and is possessed and completely occupied by the range of particularities it involves. — It can however be said of such considerateness that it is the 'Indulgere genio' rather than the genius itself.

Zusatz. Was wir im Zusatz zu §. 402 als die im Durchträumen und Ahnen ihrer individuellen Welt befangene Seele bezeichnet haben, das ist in der Ueberschrift zu obenstehendem Paragraphen „die fühlende Seele in ihrer Unmittelbarkeit" genannt worden. Diese Entwicklungsform der menschlichen Seele wollen wir hier noch bestimmter darstellen, als es in der obigen Anmerkung geschehen ist. Bereits in der Anmerkung zu §. 404 wurde gesagt, daß die Stufe des Träumens und Ahnens zugleich eine Form bildet, zu welcher, als zu einem Krankheitszustande, der schon zu Bewußtsein und Verstand entwickelte Geist wieder herabsinken kann. Beide Weisen des Geistes, — das gesunde, verständige Bewußtseyn einerseits, das Träumen und Ahnen andererseits, — können nun auf der hier in Rede stehenden ersten Entwicklungsstufe der fühlenden Seele als mehr oder weniger sich durcheinanderziehend existi-
155
ren; da das Eigenthümliche dieser Stufe eben darin besteht, daß hier das dumpfe, subjective oder ahnende Bewußtseyn noch nicht, — wie auf der zweiten Stufe der fühlenden Seele, auf dem Standpunkt der Verrücktheit, — in directen Gegensatz gegen das freie, objective oder verständige Bewußtseyn gesetzt ist, sondern vielmehr zu demselben nur das Verhältniß eines Verschiedenen, also eines mit dem verständigen Bewußtseyn Vermischbaren hat. Der Geist existirt somit auf dieser Stufe noch nicht als der Widerspruch in sich selber; die in der Verrücktheit miteinander im Widerspruch gerathenden beiden Seiten stehen hier noch in unbefangener Beziehung zu einander. Dieser Standpunkt kann das magische Verhältniß der fühlenden Seele genannt werden; denn mit diesem Ausdruck bezeichnet man ein der Vermittlung entbehrendes Verhältniß des Inneren zu einem Aeußeren oder Anderen überhaupt; eine magische Gewalt ist diejenige, deren Wirkung nicht nach dem Zusammenhange, den Bedingungen und Vermittlungen der objectiven Verhältnisse bestimmt ist; eine solche vermittlungslos wirkende Gewalt ist aber „die fühlende Seele in ihrer Unmittelbarkeit."

Zum Verständniß dieser Entwicklungsstufe der Seele wird es nicht überflüssig seyn, hier den Begriff der Magie näher zu

Addition. In the heading to the above Paragraph, what we have characterized in the Addition to §402 as the soul involved in the *dreaming away* and *divining* of its individual world, has been designated '*the feeling soul in its immediacy*'. We now propose to give this developmental form of the human soul a more specific exposition than that contained in the above Remark. We have already observed (§ 404 Remark), that the stage of dreaming and divining is also a form in which spirit which has already developed into consciousness and understanding, may relapse as into a state of illness. In the *primary* developmental stage of the feeling soul now under discussion, both modes of spirit, healthy understanding consciousness as well as dreaming and divining, can now exist as more or less *mutually pervasive*, for the precise peculiarity of this stage consists in the fact that subdued, subjective or divining consciousness is not yet posited in *direct opposition* to free, objective or understanding consciousness, as it is from the standpoint of *derangement* at the *second* stage of the feeling soul. Here its relationship to it is merely that of being *different*, and so of its being able to *intermingle* with understanding consciousness. At this stage therefore, spirit does not yet exist as an *internal contradiction*; here, the two sides which enter into mutual contradiction in derangement stand in a relation to one another which is as yet *unconstrained.* This standpoint may be called the *magical* relationship of the feeling soul, for by this expression we mean a relationship of inner to outer or to something else generally, which dispenses with mediation. A power is magical when its operation is not determined by the connectedness, the conditions and mediations of objective relationships, and '*the feeling soul in its immediacy*' is such an unmediatedly operative power.

In order to facilitate the understanding of this stage in the development of the soul, it will not be out of place to ex-

erläutern. Die absolute Magie wäre die Magie des Geistes als solchen. Auch dieser übt an den Gegenständen eine magische Infection aus, wirkt magisch auf einen anderen Geist. Aber in diesem Verhältniß ist die Unmittelbarkeit nur ein Moment; die durch das Denken und die Anschauung, wie durch die Sprache und die Gebehrde erfolgende Vermittlung bildet darin das andere Moment. Das Kind wird allerdings auf eine überwiegend unmittelbare Weise von dem Geiste der Erwachsenen inficirt, von welchen es sich umgeben sieht; zugleich ist jedoch dieß Verhältniß durch Bewußtseyn und durch die beginnende Selbstständigkeit des Kindes vermittelt. Unter den Erwachsenen übt ein überlegener Geist eine magische Gewalt über den

156

schwächeren aus; so, zum Beispiel, Lear über Kent, der sich zu dem unglücklichen Könige unwiderstehlich hingezogen fühlt, weil dieser ihm in seinem Gesicht Etwas zu haben scheint, das er,

*

wie er sich ausdrückt, „gern Herr nennen möchte." So antwortete auch eine Königin von Frankreich, als sie an ihrem Gemahl Zauberei verübt zu haben angeklagt wurde, sie habe gegen denselben keine andere magische Gewalt gebraucht, als diejenige, welche dem stärkeren Geiste über den schwächeren von Natur verliehen sey.

Wie in den angeführten Fällen die Magie in einer unmittelbaren Einwirkung des Geistes auf einen anderen Geist besteht, so hat überhaupt bei der Magie oder Zauberei, — selbst wenn diese sich auf bloß natürliche Gegenstände, wie Sonne und Mond bezog, — immer die Vorstellung vorgeschwebt, daß die Zauberei wesentlich durch die unmittelbar wirkende Gewalt des Geistes geschehe, — und zwar nicht durch die Macht des göttlichen,

* *Notizen 1820–1822* ('Hegel — Studien' Bd. 7, 1972: Schneider 158d):
a) primitiver Zustand des Menschen
Empfindung das Allgemeine —
b) *Natürliches* Verhältniß unentwickelt
α) Zutrauen, Glauben — Sympathie — Gefühl der Freundschaft — Instinctartig. Hingezogen — *magisch.* Etwas das ich meinen Herrn nennen möchte — Imponirend — Liebe Geschlechterliebe.
β) Kinder — Ahnden der ältern Menschen —.
γ) Ansteckung der Vorstellung — Epidemie des Wahnsinns. Magische Zeit der Bildung des *Hexenwesens* s. Helmont.

amine the Notion of *magic* more closely. *Absolute* magic would be the *magic of spirit as such*. Spirit also subjects general objects to a magical infection, acts magically upon another spirit. Immediacy is merely one *moment* of this relationship however, the other consisting of mediation by means of thought and intuition, as well as language and gesture. It is indeed in a predominantly *immediate* manner that the child is infected by the general attitude of the adults it sees around it, although this relationship is at the same time *mediated*, both consciously and by the incipient independence of the child. Among adults, a superior mind exercises a magical power over those that are weaker, as did *Lear* over *Kent* for example, who felt himself to be irresistibly drawn to the unfortunate king because he seemed to him to have something in his countenance which, as he puts it, he 'would fain call master.'* A Queen of France, on being accused of having practised sorcery on her husband, answered to the effect that she had used no magical power against him other than that by which nature enables the stronger mind to dominate the weaker.

In cases such as these the magic consists in one mind exercising immediate influence upon another, and even when magic or sorcery involved itself with simply general natural objects such as the sun and the moon, there was always the vague idea that its essential effectiveness lay in the immediate operation of the mind, that this potency is not

* *Notes 1820–1822* ('Hegel-Studien' vol. 7, 1972: Schneider 158d):

a) Primitive state of man.
Sensation, the universal —

b) Undeveloped *natural* relationship.
  α) Confidence, faith — sympathy — feeling of friendship — instinctive. Drawn, *magically*. Something I would fain call my master — Impressive — Love, sexual love.
  β) Children — apprehending of older people — .
  γ) A presentation is catching — epidemic insanity.
  The performing of *witchcraft* in the time of magic, see Helmont.

sondern durch die des teuflischen Geistes; so daß in eben demselben Maaße, wie Jemand Zauberkraft besitze, er dem Teufel unterthänig sey.

Die vermittlungsloseste Magie ist nun näher diejenige, welche der individuelle Geist über seine eigene Leiblichkeit ausübt, indem er dieselbe zum unterwürfigen, widerstandslosen Vollstrecker seines Willens macht. Aber auch gegen die Thiere übt der Mensch eine höchst vermittlungslose magische Gewalt aus, da jene den Blick des Menschen nicht zu ertragen vermögen.

Außer den so eben angeführten wirklich stattfindenden magischen Bethätigungsweisen des Geistes hat man dagegen fälschlich dem Menschengeschlecht einen primitiven magischen Zustand zugeschrieben, in welchem der Geist des Menschen, ohne entwickeltes Bewußtseyn, ganz unmittelbar, die Gesetze der äußeren Natur und sein eigenes wahrhaftes Wesen, so wie die Natur Gottes, auf eine viel vollkommnere Weise, als jetzt, erkannt habe. Diese ganze Vorstellung ist ebenso sehr der Bi-157 bel wie der Vernunft zuwider; denn im Mythus vom Sündenfall spricht die Bibel ausdrücklich aus, daß das Erkennen des Wahren erst durch das Zerreißen jener ursprünglichen paradiesischen Einheit des Menschen mit der Natur diesem zu Theil geworden sey. Was von großen astronomischen und sonstigen Kenntnissen der primitiven Menschen gefabelt wird, das schwindet bei näherer Betrachtung zu einem Nichts zusammen. Von den Mysterien läßt sich allerdings sagen, daß sie Trümmer einer früheren Erkenntniß enthalten; — Spuren der instinktartig wirkenden Vernunft finden sich in den frühesten und rohesten Zeiten. Aber solche der Form des Gedankens ermangelnde instinktartige Productionen der menschlichen Vernunft dürfen nicht für Beweise einer primitiven wissenschaftlichen Erkenntniß gelten; sie sind vielmehr nothwendigerweise etwas durchaus Unwissenschaftliches, bloß der Empfindung und der Anschauung Angehöriges, da die Wissenschaft nicht das Erste, sondern nur das Letzte seyn kann.

So viel über das Wesen des Magischen überhaupt. Was aber näher die Weise betrifft, wie dasselbe in der Sphäre

divine but *diabolical*, and that a person therefore possesses magical power precisely to the extent of his being subject to the Devil. +

The most *unmediated* magic is however that which the individual mind exercises upon its *own* corporeity by making 5 it the submissive, unresisting executor of its will. Man also exercises a highly unmediated magical power over *animals* however, for they are unable to stand his gaze.

We have practical proof of the *actual* occurrence of the magical powers just mentioned, but the human race has 10 also been *unjustifiably* credited with a *primitive magical state* in which the human spirit, though devoid of developed consciousness and entirely unmediated, is supposed to have had cognizance in a much more complete manner than at present, of the laws of external nature, of its own true essence 15 and of the nature of God. This whole presentation is as contrary to the *Bible* as it is to reason, for it is explicit in the Biblical myth of the Fall that man only came to know what is true through the *disruption* of his original unity with nature in Paradise. The great knowledge of astronomy and of other 20 + matters often attributed to primitive man, turns out to be a complete fable once the matter is more closely considered. It can of course be said that the *mysteries* contain the remnants of an earlier knowledge, for even the earliest and rudest of epochs will exhibit traces of the instinctive activity 25 of reason. However, such instinctive productions of human reason, devoid as they are of the form of thought, are not to be taken as proofs of a *primitive scientific knowledge*. On the contrary, they are of necessity thoroughly *unscientific*, simply the outcome of sensation and intuition, for it is not the *initial* 30 but only the *final* stage that can be scientific. +

So much for the *essence* of magic *in general*. With regard to the precise manner in which it appears in the sphere of

der Anthropologie erscheint, so haben wir hier zweierlei Formen des magischen Verhältnisses der Seele zu unterscheiden.

Die erste dieser Formen kann als die formelle Subjectivität des Lebens bezeichnet werden. Formell ist diese Subjectivität, weil sie sich Dasjenige, was dem objectiven Bewußtseyn angehört, so wenig anmaaßt, daß sie vielmehr selber ein Moment des objectiven Lebens ausmacht. Aus diesem Grunde ist sie ebenso wenig, wie, zum Beispiel, das Zähnebe- + bekommen, etwas Nichtseynsollendes, etwas Krankhaftes, sondern vielmehr etwas auch dem gesunden Menschen nothwendig Zukommendes. In der formellen Natur, in der unterschiedslosen Einfachheit dieser Subjectivität liegt aber zugleich, daß, abgesehen von dem hierbei noch gänzlich ausgeschlossenen, erst in der Verrücktheit herrschenden directen Gegensatze des 158 subjectiven Bewußtseyns gegen das objective Bewußtseyn, hierbei auch nicht einmal von einem Verhältnisse zweier selbstständiger Persönlichkeiten zu einander die Rede seyn kann; — ein solches Verhältniß wird sich uns erst bei der zweiten Form des magischen Zustandes der Seele darbieten.

Die zunächst zu besprechende erste Form dieses Zustandes enthält ihrerseits dreierlei Zustände,

1. das natürliche Träumen,
2. das Leben des Kindes im Mutterleibe und
3. das Verhalten unseres bewußten Lebens zu unserm geheimen inneren Leben, zu unserer bestimmten geistigen Natur, oder zu Demjenigen, was man den Genius des Menschen genannt hat.

1. Das Träumen.

Schon bei dem im §. 398 abgehandelten Erwachen der individuellen Seele, und zwar näher, bei Festsetzung des bestimmten Unterschieds zwischen Schlafen und Wachen, haben wir vorweggreifend vom natürlichen Träumen sprechen müssen, weil dasselbe ein Moment des Schlafes ist und von einer oberflächlichen Ansicht als Beweis der Einerleiheit des Schlafens und des Wachens angesehen werden kann; gegen welche Ober-

Anthropology, we have to distinguish here between *two* forms of the soul's magical relationship.

The *first* of these forms can be called the *formal subjectivity* of life. It is *formal* subjectivity because it is so far from assuming what pertains to objective consciousness, that in itself it is rather a *moment* of objective life. It is for this reason that it is something necessarily pertaining to a healthy person, and no more a matter of *illness*, of what *ought not to be*, than is dentition for example. At the same time however, the formal nature, the undifferentiated simplicity of this subjectivity, implies that even a relationship between *two independent* personalities is out of the question here, let alone the *direct opposition* of subjective consciousness, which first predominates in derangement and which in this context is still completely excluded. Such a relationship will first present itself in the *second* form of the magical state of the soul.

It is the first form of this state which has now to be discussed, and it falls, in its turn, into *three* states:

1. *natural dreaming*;
2. *the life of the child in its mother's womb*;
3. *the relation of our conscious to our private inner life* to our specific spiritual nature, to what has been called the *genius* of man.

1. *Dreaming*

When dealing with the *awakening* of the individual soul in § 398, and more especially when determining the precise difference between *sleeping* and *waking*, we had to anticipate and make mention of *natural dreaming*, since this is a moment of sleep, and if considered superficially can be regarded as furnishing proof that sleeping and waking are identical.

flächlichkeit der wesentliche Unterschied dieser beiden Zustände auch in Bezug auf das Träumen festgehalten werden mußte. Die eigentliche Stelle für die Betrachtung der letztgenannten Seelenthätigkeit findet sich aber erst bei dem im §. 405 gemachten Beginn der Entwicklung der in dem Durchträumen und Ahnen ihres concreten Naturlebens befangenen Seele. Indem wir nun hier auf Dasjenige verweisen, was schon in der Anmerkung und im Zusatz zu §. 398 über die durchaus subjective, der verständigen Objectivität entbehrende Natur der Träume gesagt worden ist; haben wir nur noch hinzuzufügen, daß im Zustande des Träumens die menschliche Seele nicht bloß von vereinzelten Affectionen erfüllt wird, sondern mehr, als in den Zerstreuungen der wachen Seele gewöhnlich der Fall ist, zu einem tiefen, mächtigen Gefühle ihrer ganzen individuellen Natur, des gesammten Umkreises ihrer Vergangenheit, Gegenwart und Zukunft gelangt, und daß dieses Empfundenwerden der individuellen Totalität der Seele eben der Grund ist, weßhalb das Träumen bei Betrachtung der sich selbst fühlenden Seele zur Sprache kommen muß.

159

2. Das Kind im Mutterleibe.

Während im Träumen das zum Gefühl seiner selbst gelangende Individuum in einfacher unmittelbarer Beziehung auf sich befangen ist und dieses sein Fürsichseyn durchaus die Form der Subjectivität hat; zeigt uns dagegen das Kind im Mutterleibe eine Seele, die noch nicht im Kinde, sondern nur erst in der Mutter wirklich für sich ist, sich noch nicht für sich tragen kann, vielmehr nur von der Seele der Mutter getragen wird; so daß hier, statt jener im Träumen vorhandenen einfachen Beziehung der Seele auf sich, eine ebenso einfache, unmittelbare Beziehung auf ein anderes Individuum existirt, in welchem die in ihr selber noch selbstlose Seele des Fötus ihr Selbst findet. Dieß Verhältniß hat für den die Einheit des Unterschiedenen zu begreifen unfähigen Verstand etwas Wunderbares; denn hier sehen wir ein unmittelbares Ineinanderleben, eine ungetrennte Seeleneinheit zweier Individuen, von wel-

This superficial view has to be countered by not losing sight of the essential difference between these two states, even in respect of dreaming. Primarily however, the proper place for considering the last-named activity of the soul is at the beginning of the development in which it is involved in the dreaming away and divining of its concrete natural life (§ 405). Bearing in mind what was said in the Remark and Addition to § 398 about the entirely *subjective* nature of dreams, their lack of any understandable objectivity, all we now have to add is that the human soul in the state of dreaming is not merely filled with *single* affections, but that more than is commonly the case amid the diversions of the waking soul, it attains to a profound and powerful feeling of the *entirety* of its *individual* nature, of the *complete compass* of its past, present and future, and that it is precisely on account of this sensing of the *individual totality* of the soul that mention has to be made of dreaming when the self-awareness of the soul is being considered.

2. *The child in its mother's womb*

The individual which has attained to an awareness of itself in *dreaming* is constrained within a simple and *immediate self-relation*, and this its being-for-self has throughout the form of subjectivity. In the *unborn child* however, we find a soul which in the first instance only has actual being-for-self in the mother, not in the child, which is as yet unable to sustain its own self, and which therefore tends to be simply borne by the soul of the mother. In this case therefore, instead of the *simple self-relation of the soul* which occurs in dreaming, we have the existence of an equally simple and immediate relation to *another* individual, in whom the as yet internally selfless soul of the foetus finds itself. Since the understanding is incapable of grasping unity in difference, it finds this relationship somewhat astonishing; for we have here one living immediately in the other, an undivided union of soul, of two individuals, one of which is the *actual*

chen das eine ein *wirkiches*, für-sich-selbst-seyendes Selbst ist, während das andere wenigstens ein *formelles* Fürsich-seyn hat und sich dem wirklichen Fürsichseyn immer mehr annähert. Für die philosophische Betrachtung enthält diese ungetrennte Seeleneinheit aber um so weniger etwas Unbegreifliches, als das Selbst des Kindes dem Selbst der Mutter noch gar keinen Widerstand entgegenzusetzen vermag, sondern dem unmittelbaren Einwirken der Seele der Mutter völlig geöffnet ist. Diese
160 Einwirkung offenbart sich in denjenigen Erscheinungen, welche man *Muttermale* nennt. Manches, was man dahin gerechnet hat, kann allerdings eine *bloß organische* Ursache haben. Rücksichtlich vieler physiologischer Erscheinungen darf aber nicht gezweifelt werden, daß dieselben durch die Empfindung der Mutter gesetzt sind, daß ihnen also eine *psychische* Ursache zu Grunde liegt. So wird, zum Beispiel, berichtet, daß Kinder mit beschädigtem Arm zur Welt gekommen sind, weil die Mutter sich entweder wirklich den Arm gebrochen, oder wenigstens denselben so stark gestoßen hatte, daß sie ihn gebrochen zu haben fürchtete, — oder endlich, — weil sie durch den Anblick des Armbruchs
* eines Anderen erschreckt worden war. Aehnliche Beispiele sind

* *Kehler Ms.* S. 114; vgl. *Griesheim Ms.* SS. 158–159. Dies ist constatirt, wenn ein erwachsener Mensch über solchen Unglücksfall erschrickt, hat er dies Gefühl der Verletzung in diesem Schrecken, der wird aber kein Armbruch, aber das Kind im Mutterleibe ist so schwach, daß bei der Mutter sich dieser Schreck nicht so verleiblicht, aber am Kinde. Die Mutter ist in diesem Verhältnis nicht fähig, diese Empfindung nicht leiblich werden zu lassen, weil sie ein zweifaches, verdoppeltes Leben ist. Ein merkwürdiges Beispiel ist das zweier Geschwister, ein junger Arzt, den Hegel kannte, der ein Kakerlak war... (*Griesheim*: Ein Kakerlak ist bekanntlich ein Mensch der eine besondere Schwäche der Iris hat, sein Auge ist roth, die Haare weiß u.s.w.)... hat in seiner Dissertation dies beschrieben, und gibt an, wie er und seine Schwester dazu gekommen ist, seine Eltern waren gesund, sein Vater war protestantischer Geistlicher in Steiermark, seine Mutter, eine gesunde Frau, im siebten Monat, als im Winter die Gegend mit Schnee bedeckt war, und die Sonne schien, trat sie in eine Scheune, die finster war, in dem einen Winkel befand sich ein Haase, so daß durch eine Ritze im Dach ein heller Sonnenstrahl auf das Auge des Haasen fiel, heftiges Dunkel, und in dem erblickt sie helles, glänzendes Auge; diesem Blick schrieb sie, und ihr Sohn mit Recht zu, daß er als ein Kakerlak geboren ist; später geborene Kinder, (die nächste Tochter noch etwas) waren vollkommener gesunder Leibbeschaffenheit gewesen.

being-for-self of a self, whereas the other has at least a *formal* being-for-self, which it is in the process of actualizing. It is, however, precisely because the child's self is as yet incapable of offering resistance to that of its mother, because it is still completely open to the unmediated influence of the mother's soul, that philosophic consideration finds this undivided union of soul particularly easy to grasp. This influence manifests itself in the phenomena that go by the name of *birthmarks*. Much that has been included under this heading may well have a *simply organic* cause. There are however many physiological phenomena which, since they have quite evidently been brought about through the sensation of the mother, undoubtedly have a basically *psychic* cause. One hears, for example, of children coming into the world with an injured arm, either because the mother had actually broken hers or at least had knocked it so severely that she feared she had done so, or indeed on account of her having been frightened by the sight of someone else's broken arm.*

* *Kehler Ms.* p. 114; cf. *Griesheim Ms.* pp. 158–159: It is evident that when an adult person is frightened by such an accident, he has the feeling of the injury in the shock without breaking his arm. The unborn child is so weak however, that although the shock is not corporealized in the mother, it is in the child. In this relationship, the mother is unable to allow the sensation to remain uncorporealized on account of her being a geminate, a duplicated life. There is a strange case of two siblings. A young doctor Hegel knew was an albino... (*Griesheim*: As is well known, this is a person with a particular weakness in the iris, his eye is red, his hair white etc.). This doctor has described the state in his Dissertation, in which he gives an account of how he and his sister came by it. Both his parents were healthy. His father was a Protestant clergyman in Styria. When in her seventh month his mother, who was in good health, went into a barn. It was winter, snow had fallen in the area, and although the sun was shining, it was dark in the barn. In one corner there was a hare, and a beam of bright sunlight fell upon its eye from a crack in the roof. In the dark depths of the barn she caught sight of a bright and gleaming eye, and she and her son quite rightly take this to account for his having been born an albino. Although the child born next, a girl, also had something of the albino about her, all the children born after this were completely normal.

zu bekannt, als daß deren viele hier angeführt zu werden brauchten. Eine solche Verleiblichung der inneren Affectionen der Mutter wird einerseits durch die widerstandslose Schwäche des Fötus, andererseits dadurch erklärbar, daß in der durch die Schwangerschaft geschwächten, nicht mehr ein vollkommen selbstständiges Leben für sich habenden, sondern ihr Leben auf das Kind verbreitenden Mutter die Empfindungen einen, diese selbst überwältigenden ungewöhnlichen Grad der Lebhaftigkeit und Stärke erhalten. Dieser Macht der Empfindung der Mutter ist selbst der Säugling noch sehr unterworfen; unangenehme Gemüthsbewegungen der Mutter verderben bekanntlich die Milch derselben und wirken somit nachtheilig auf das von ihr gesäugte Kind. In dem Verhältniß der Eltern zu ihren erwachsenen Kindern dagegen hat sich zwar etwas Magisches in sofern gezeigt, als Kinder und Eltern, die lange getrennt waren und einander nicht kannten, unbewußt eine gegenseitige Anziehung fühlten; man kann jedoch nicht sagen, daß dieß Gefühl etwas Allgemeines und Nothwendiges sey; denn es giebt Beispiele, daß Väter ihre Söhne, und Söhne ihre Väter in der Schlacht unter Umständen getödtet haben, wo sie diese Tödtung zu vermeiden im Stande gewesen
161
wären, wenn sie von ihrem gegenseitigen natürlichen Zusammenhange etwas geahnt hätten.

3. *Das Verhältniß des Individuums zu seinem Genius.*

Die *dritte* Weise, wie die menschliche Seele zum Gefühl ihrer Totalität kommt, ist das Verhältniß des Individuums zu seinem *Genius*. Unter dem Genius haben wir die, in allen Lagen und Verhältnissen des Menschen über dessen Thun und Schicksal entscheidende *Besonderheit* desselben zu verstehen. Ich bin nämlich ein *Zwiefaches* in mir, — einerseits Das, als was ich mich nach meinem *äußerlichen* Leben und nach meinen *allgemeinen* Vorstellungen weiß, — und andererseits Das, was ich in meinem auf *besondere* Weise bestimmten *Inneren* bin. Diese Besonderheit meines Inneren macht mein *Verhängniß* aus; denn sie ist das Orakel, von dessen Aus-

This sort of thing is too well-known for it to be necessary to enumerate instances of it. Such an embodiment of the mother's inner affections is to be explained partly by the weakness and lack of resistance of the foetus, and partly by the weakness occasioned in the mother by her pregnancy. 5
In this state, since her life extends to the child, she no longer has a completely independent life of her own, and she herself is overpowered by the extraordinary degree of vigour and intensity acquired by the sensations within her. Even the child at breast is by no means indifferent to the power of its 10
mother's sensation; it is well known that unpleasant dispositional disturbances will spoil the mother's milk, and so have a detrimental effect upon the child she is suckling. In the relationship of parents with their grown-up children however, something that is undoubtedly magical has re- 15
vealed itself in so far as children and parents who had been long separated and did not know each other, have unconsciously felt an attraction for one another. Nevertheless, it cannot be said that there is anything universal and necessary about this feeling, for there have been encounters in which 20
fathers have slain their sons and sons their fathers, and in which the killing could have been avoided had they divined anything of their natural relationship. +

3. *The relationship of the individual to its genius*

The *third* mode in which the human soul attains to a feeling of its totality is the relationship of the individual 25
to its *genius*. By genius we are to understand the determining *particularity* of man, that which, in all situations and relationships, decides his action and his fate. This is to say that there is a *duality* within me, for on the one hand there is what I know myself to be in accordance with my 30
outward life and *general* presentations, and on the other what I am *inwardly*, determined in a *particular* manner. It is the particularity of this inwardness which constitutes my *destiny*, for all resolutions made by the individual depend

spruch alle Entschließungen des Individuums abhangen; sie bildet das Objective, welches sich, von dem Inneren des Charakters heraus, geltend macht. Daß die Umstände und Verhältnisse, in denen das Individuum sich befindet, dem Schicksal desselben gerade diese und keine andere Richtung geben, — dieß liegt nicht bloß in ihnen, in ihrer Eigenthümlichkeit, noch auch bloß in der allgemeinen Natur des Individuums, sondern zugleich in dessen Besonderheit. Zu den nämlichen Umständen verhält dieß bestimmte Individuum sich anders, als hundert andere Individuen; auf den Einen können gewisse Umstände magisch wirken, während ein Anderer durch dieselben nicht aus seinem gewöhnlichen Geleise herausgerissen wird. Die Umstände vermischen sich also auf eine zufällige, besondere Weise mit dem Inneren der Individuen; so daß diese, theils durch die Umstände und durch das Allgemeingültige, theils durch ihre eigene besondere innere Bestimmung zu Demjenigen werden, was aus ihnen wird. Allerdings bringt die Besonderheit des Individuums für dessen

162

Thun und Lassen auch Gründe, also allgemeingültige Bestimmungen herbei; aber sie thut dieß, da sie sich dabei wesentlich als fühlend verhält, immer nur auf eine besondere Art. Selbst das wache verständige, in allgemeinen Bestimmungen sich bewegende Bewußtseyn wird folglich von seinem Genius auf eine so übermächtige Weise bestimmt, daß dabei das Individuum in einem Verhältniß der Unselbstständigkeit erscheint, welches mit der Abhängigkeit des Fötus von der Seele der Mutter, oder mit der passiven Art verglichen werden kann, wie im Träumen die Seele zur Vorstellung ihrer individuellen Welt gelangt. Das Verhältniß des Individuums zu seinem Genius unterscheidet sich aber andererseits von den beiden vorher betrachteten Verhältnissen der fühlenden Seele dadurch, daß es deren Einheit ist, — daß es das im natürlichen Träumen enthaltene Moment der einfachen Einheit der Seele mit sich selber, und das im Verhältniß des Fötus zur Mutter vorhandene Moment der Doppelheit des Seelenlebens in Eins zusammenfaßt, da der Genius einerseits, — wie die Seele der Mutter gegen den Fötus, — ein selbstisches Anderes gegen das Individuum ist,

upon the pronouncement made by this oracle, that which arises from the *inwardness* of character to make itself effective objectively. That the fate of the individual should take just *this* and no other turn on account of the circumstances and relationships in which he finds himself, is neither solely the 5 result of them, their peculiarity, nor of this the *general* nature of the individual, but also derives from the individual's particularity. In given circumstances, this specific individual will behave differently from a hundred others; certain circumstances can work magically on one, while they will fail 10 to draw another out of his normal course. Since circumstances therefore combine with the inwardness of individuals in a contingent, particular manner, what individuals become is the outcome partly of circumstances and general norms, and partly of the particularity of their own inner 15 determination. The particularity of the individual will of course bring forward *reasons* or *universally valid* determinations for what it does and does not do; but in that its being involved in this is essentially a matter of *feeling*, it will always do so in a merely *particular* manner. Even consciousness, 20 which consists of an alert understanding moving in universal determinations, is therefore determined by its genius in such an overpowering manner, that the individual's relationship here appears to be that of a dependence which might be compared with the reliance of the foetus upon the soul of the 25 mother, or the passive manner in which the soul acquires a presentation of its individual world in dreaming. Yet on the other hand, the relationship of the individual to its genius also distinguishes itself from both the relationships of the feeling soul considered previously, for it is their *unity*. It 30 draws together into *one* both the moment of the soul's *simple unity* with itself contained in *natural dreaming*, and that of the *duality* in the life of the soul present in the relationship of the *foetus* to the mother; for while in one respect the genius stands in relation to the individual as a *distinct selfhood*, and so 35 resembles the soul of the mother as related to the foetus, it

und andererseits mit dem Individuum eine ebenso untrennbare Einheit bildet, wie die Seele mit der Welt ihrer Träume.

§. 406.

ββ) Das Gefühlsleben als Form, Zustand des selbstbewußten, gebildeten, besonnenen Menschen ist eine Krankheit, in der das Individuum sich unvermittelt zu dem concreten Inhalte seiner selbst verhält, und davon sein besonnenes Bewußtseyn seiner und des verständigen Weltzusammenhangs als einen davon unterschiedenen Zustand hat, — magnetischer Somnambulismus und mit ihm verwandte Zustände.

163

In dieser encyclopädischen Darstellung kann nicht geleistet werden, was für den Erweis der gegebenen Bestimmung des merkwürdigen durch den animalischen Magnetismus vornehmlich hervorgerufenen Zustands zu leisten wäre, daß nämlich die Erfahrungen entsprechend seyen. Hiefür müßten zuförderst die in sich so mannigfaltigen und von einander so sehr verschiedenen Erscheinungen unter ihr allgemeine Gesichtspunkte gebracht werden. Wenn das Factische vor allem der Bewährung bedürftig scheinen könnte, so würde eine solche doch wieder für diejenigen überflüssig seyn, um deren willen es einer solchen bedürfte, weil sie sich die Betrachtung dadurch höchst leicht machen, daß sie die Erzählungen, so unendlich zahlreich und so sehr sie durch die Bildung, Charakter u. s. f. der Zeugen beglaubigt sind, kurzweg für Täuschung und Betrug ausgeben und in ihrem à priorischen Verstande so fest sind, daß nicht nur gegen denselben alle Beglaubigung nichts vermag, sondern daß sie auch schon das geleugnet haben, was sie mit Augen gesehen. + Um auf diesem + Felde selbst das, was man mit diesen Augen sieht, zu glauben und noch mehr es zu begreifen, dazu ist die Grundbedingung, nicht in den Verstandeskategorien befangen zu seyn. — Die Hauptmomente, auf welche es ankommt, mögen hier angegeben werden.

also forms a *unity* with the individual which is as *indivisible* as that of the soul with the world of its dreams.

§ 406

2) As *form*, as a *state* of the self-conscious, cultured, self-possessed person, the life of feeling is a disease in which the individual relates itself *without mediation* to the concrete content of itself, and retains its self-possessed consciousness of what pertains to it and of the understandable connectedness of the world, as a distinct state, — this is *magnetic somnambulism* and the conditions related to it.

This remarkable state is elicited mainly by animal magnetism. The determination of it provided here should be demonstrated as corresponding to what is experienced, but this would involve bringing such manifold and extremely various phenomena under their general headings, that it is out of the question in an encyclopaedic exposition such as this. Confirmation of the factual aspect could appear to be the primary need. For those for whom it might be required it would be superfluous however, since they simplify their consideration of the matter by dismissing accounts of it, infinitely numerous though they are, and accredited by the professionalism and character etc. of the witnesses, as delusion and imposture. They are so set in their a priori understanding, that it is not only immune to all evidence, but they have even denied what they have seen with their own eyes. In this field, even believing what one sees, let alone comprehending it, has freedom from the categories of the understanding as its basic condition. — At this juncture we can specify the main moments involved.

α) Zum concreten Seyn eines Individuums gehört die Gesammtheit seiner Grundinteresse, der wesentlichen und particulären, empirischen Verhältnisse, in denen es zu andern Menschen und mit der Welt überhaupt steht. * Diese Totalität macht seine Wirklichkeit so aus, daß sie ihm immanent und vorhin sein Genius genannt worden ist. Dieser ist nicht der wollende und denkende freie Geist; die Gefühlsform, in deren Versinken das Individuum hier betrachtet wird, ist vielmehr das Aufgeben seiner Existenz als bei sich selbst seyender Geistigkeit. Die nächste Folgerung aus der aufgezeigten Bestimmung in Beziehung auf den Inhalt ist, daß im Somnambulismus nur der Kreis der individuell bestimmten Welt, particulären Interessen und beschränkten Verhältnisse ins Bewußtseyn tritt. Wissenschaftliche Erkenntnisse 164 oder philosophische Begriffe und allgemeine Wahrheiten erfordern einen andern Boden, das zum freien Bewußtseyn aus der Dumpfheit des fühlenden Lebens entwickelte Denken; es ist thöricht, Offenbarungen über Ideen vom somnambulen Zustand zu erwarten.

β) Der Mensch von gesundem Sinne und Verstand weiß von dieser seiner Wirklichkeit, welche die concrete Erfüllung seiner Individualität ausmacht, auf selbstbewußte, verständige Weise; er weiß sie wach in der Form des Zusammenhangs seiner mit den Bestimmungen derselben als einer von ihm unterschiedenen äußern Welt, und er weiß von dieser als einer eben so verständig in sich zusammenhängenden Mannichfaltigkeit. In seinen subjectiven Vorstellungen, Planen hat er eben so diesen verständigen Zusammenhang seiner Welt und die Vermittlung seiner Vorstellungen und Zwecke mit den in sich durchgängig vermittelten objectiven Existenzen vor Augen (vrgl. §. 398. Anm.). — Dabei hat diese Welt,

* 1827: ... daß sie ihm *immanent* ist; und zwar nicht blos als die abstracte Concentration, welche dessen Charakter, Bildung u.s.f. heißt, sondern diese seine allgemeine Bestimmtheit als concret, identisch mit der lebendigen *innern* Subjectivität, wie auch mit seinen empirischen Particularitäten, — der *Genius*, wie es vorhin genannt worden ist...

αα) The concrete being of an individual involves the entirety of its basic interests, of the essential and particular empirical relationships in which he stands to other people and the world at large. This totality so constitutes his actuality,* that it is immanent within him, and has previously been called his genius. This is not spirit in its freedom, willing and thinking, for the form of feeling considered here constitutes the surrender of the individual's existence as a self-communing spirituality, the individual being immersed in it. The first conclusion to be drawn from the determination indicated with regard to the content, is that somnambulism simply fills consciousness with the range of the individually determined world of particular interests and limited relationships. Scientific cognitions or philosophic notions and general truths require another foundation. They require thought developed out of the stupor of the life of feeling into free consciousness, and it is therefore foolish to expect the somnambulist state to provide revelations about ideas.

ββ) A person of sound sense and understanding knows of this actuality which constitutes the concrete filling of his individuality in a self-conscious and understanding manner. When he is awake, he knows of it in the form of the connection between what is his and the determinations of it as an external world distinct from himself, and he knows this world as a multiplicity which also has an intelligible inner connectedness. In his subjective presentations and plans he also has before his eyes both this understandable connectedness of his world and the mediating of his presentations and purposes with objective existences which are themselves thoroughly mediated internally (cf. § 398 Rem.). — This world outside him

* 1827: ... which is *immanent*; and moreover not only as the abstract concentration which is called its character its formation etc., but as this its universal determinateness as concrete, as identical with living *internal* subjectivity as well as with its empirical particularities, — *genius*, as it has previously been called...

\+ die außer ihm ist, ihre Fäden so in ihm, daß was er für sich wirklich ist, aus denselben besteht; so daß er auch in sich so abstürbe, wie diese Aeußerlichkeiten verschwinden, wenn er nicht ausdrücklicher in sich durch Religion, subjective Vernunft und Charakter selbstständig und davon unabhängig ist. In diesem Falle ist er der Form des Zustandes, von dem hier die Rede, weniger fähig. — Für die Erscheinung jener Identität kann an die Wirkung erinnert werden, die der Tod von geliebten Verwandten, Freunden u. s. f. auf Hinterbliebene haben kann, daß mit dem einen das andere stirbt oder abstirbt, (so konnte auch Cato nach dem Untergange der römischen Republik nicht mehr leben, seine innere Wirklichkeit war nicht weiter noch höher, als sie) — Heimweh u. dgl.

γ) Indem aber die Erfüllung des Bewußtseyns, die Außenwelt desselben und sein Verhältniß zu ihr, eingehüllt und die Seele somit in Schlaf, (im magnetischen 165 Schlafe, Katalepsie, andern Krankheiten, z. B. der weiblichen Entwicklung, Nähe des Todes u. s. f.) versenkt wird, so bleibt jene immanente Wirklichkeit des Individuums dieselbe substantielle Totalität als ein Gefühlsleben, das in sich sehend, wissend ist. Weil es das entwickelte, erwachsene, gebildete Bewußtseyn ist, das in jenen Zustand des Fühlens herabgesetzt ist, behält es mit seinem Inhalte zwar das Formelle seines Fürsichseyns, ein formelles Anschauen und Wissen, das aber nicht bis zum Urtheil des Bewußtseyns fortgeht, wodurch sein Inhalt als äußere Objectivität für dasselbe ist, wenn es gesund und wach ist. So ist das Individuum die seine Wirklichkeit in sich wissende Monade, das Selbstanschauen des Genius. In diesem Wissen ist daher das Charakteristische, daß derselbe Inhalt, der als verständige Wirklichkeit objectiv für das gesunde Bewußtseyn ist, um den zu wissen es als besonnenes der verständigen Vermittlung in ihrer ganzen realen Ausbreitung bedarf, in dieser Immanenz unmittelbar von ihm gewußt, geschaut werden kann. Diß Anschauen ist insofern ein

therefore has its threads within him in such a way, that *they* constitute what he actually is *for himself*. Consequently, he too would die internally, just as these externalities disappear, if within himself, through religion, subjective reason and character, he is not more expressly self-subsistent and independent of them. In that he is however, he is less liable to the form of the condition now being discussed. — One might cite as an appearance of this identity the effect that the death of beloved relatives, friends etc. can have on those left behind, when the one dies or pines away for the loss of the other. It was the same with *Cato*, whose inner actuality was neither more extensive nor sublimer than the Roman republic, and who was therefore unable to outlive its downfall. Homesickness and the like also belong here.

γγ) That which fills consciousness is its external world and its relationship with it. In that this content is enshrouded, the soul being immersed in a sleep such as magnetic somnolence, catalepsy, other diseases incident to the development of the woman, the approach of death etc., the individual's *immanent actuality* remains the same substantial totality, although it is now a *life of feeling* which sees and knows inwardly. Since it is the developed, adult, cultured consciousness which is degraded to this state of feeling, it retains along with its content the formal factor of its being-for-self. Yet this *formal* intuiting and knowing does not progress to the judgement through which consciousness, when it is healthy and awake, takes its content to be an external objectivity. The individual is therefore the monad which knows inwardly of its actuality, the self-intuiting of the genius. Characteristic of this knowledge is therefore that consciousness in this immanence should have *immediate* knowledge, since it can *view* the same content as that which for the healthy consciousness is objective as an understandable actuality, and if it is to be known self-possessedly involves the whole real extent of its understandable *mediation*. This intuiting is a *clairvoyance* in so far as it knows

Hellsehen, als es Wissen in der ungetrennten Substantialität des Genius ist, und sich im Wesen des Zusammenhangs befindet, daher nicht an die Reihen der vermittelnden, einander äußerlichen Bedingungen gebunden ist, welche das besonnene Bewußtseyn zu durchlaufen hat und in Ansehung deren es nach seiner eigenen äußerlichen Einzelnheit beschränkt ist. Diß Hellsehen ist aber, weil in seiner Trübheit der Inhalt nicht als verständiger Zusammenhang ausgelegt ist, aller eigenen Zufälligkeit des Fühlens, Einbildens u. s. f. preisgegeben, außerdem daß in sein Schauen fremde Vorstellungen (s nachher) eintreten. Es ist darum nicht auszumachen, ob dessen, was die Hellsehenden richtig schauen, Mehr ist, oder dessen, in dem sie sich täuschen.— Abgeschmackt aber ist es, das Schauen dieses Zustandes für eine Erhebung des Geistes und für einen wahrhaftern, in sich allgemeiner Erkenntnisse fähigen Zustand zu halten *).

166

*) Plato hat das Verhältniß der Prophezeihung überhaupt zum Wissen des besonnenen Bewußtseyns besser erkannt, als viele Moderne, welche an den platonischen Vorstellungen vom Enthusiasmus leicht eine Autorität für ihren Glauben an die Hoheit der Offenbarungen des somnambulen Schauens zu haben meynten. Plato sagt im Timäus ed. Steph. III. p. 71. f) „damit auch der unvernünftige Theil der Seele einigermaßen der Wahrheit theilhaftig werde, habe Gott die Leber geschaffen und ihr die Manteia, das Vermögen Gesichte zu haben, gegeben. Daß Gott der menschlichen Unvernunft diß Weissagen gegeben, davon, fügt er hinzu, ist diß ein hinreichender Beweis, daß kein besonnener Mensch eines wahrhaften Gesichtes theilhaftig wird, sondern es sey, daß im Schlafe der Verstand gefesselt oder durch Krankheit oder einen Enthusiasmus außer sich gebracht ist. Richtig ist schon vor Alters gesagt worden, „zu thun und zu kennen das Seinige und sich selbst, steht nur den Besonnenen zu." Plato bemerkt sehr richtig, sowohl das Leibliche solches Schauens und Wissens als die Möglichkeit der Wahrheit der Gesichte, aber das Untergeordnete derselben unter das vernünftige Bewußtseyn.

through the undivided substantiality of the genius and finds itself within the essence of the connectedness. It is therefore not bound to the series of mediating, mutually external conditions which has to be traversed by self-possessed consciousness, and in respect of which this consciousness is limited to its own external singularity. Yet since its turbid nature precludes the content's being displayed as an understandable connectedness, this clairvoyance is exposed to all the contingency incident to feeling, imagining etc., not to mention the alien presentations which intrude upon its vision (see later). It is therefore impossible to make out whether what clairvoyants see correctly, preponderates over their self-deception. — It is however absurd to regard the envisionings of this state as an elevation of spirit, and as a condition of heightened truth capable of conveying cognition of universal validity.*

**Hegel's footnote*: *Plato's* cognition of the relationship between *prophecy* generally and what is known of self-possessed consciousness, was superior to that of many of the moderns, who have supposed that the Platonic presentations of *enthusiasm* might provide a ready authority for their belief in the sublimity of the revelations of somnambulistic vision. In the 'Timaeus' (ed. Steph. III, p. 71f.), *Plato* says that God has created the *liver* and endowed it with *manteia*, the faculty of divination, in order that the *irrational* part of the soul might also participate to some extent in truth. He adds, that God's endowing *human irrationality* with this predictiveness is sufficient proof that no self-possessed person will take part in a true divination, since the understanding is then shackled in sleep or transported out of itself by *illness* or enthusiasm. "The ancients were correct when they said that it is given only to he who is self-possessed to conduct and know his affairs and himself." *Plato* notes, very correctly, not only the bodily involvement of such envisionings and knowing, and the possibility of the divinations' being true, but also the subordination of these divinations to rational consciousness.

+

δ) Eine wesentliche Bestimmung in diesem Gefühlsleben, dem die Persönlichkeit des Verstandes und Willens mangelt, ist diese, daß es ein *Zustand der Passivität* ist, ebenso wie der des Kindes im Mutterleibe. Das kranke Subject kommt daher und steht nach diesem Zustande *unter der Macht eines Andern*, des Magnetiseurs, so daß in diesem psychischen Zusammenhange beider das selbstlose nicht als persönlich wirkliche Individuum zu seinem subjectiven Bewußtseyn das Bewußtseyn jenes besonnenen Individuums hat, daß diß Andere dessen gegenwärtige subjective Seele, dessen Genius ist, der es auch mit Inhalt erfüllen kann. Daß das somnambule Individuum Geschmäcke, Gerüche, die in dem, mit welchem es Rapport ist, vorhanden sind, in sich selbst empfindet, daß es von dessen sonstigen gegenwärtigen Anschauungen und innern Vorstellungen, aber als den seinigen, weiß, zeigt diese *substantielle Identität*, in welcher die Seele, als die auch als concrete wahrhaft

167 immateriell ist, mit einer andern zu seyn fähig ist. In dieser substantiellen Identität ist die Subjectivität des Bewußtseyns nur Eine, und die Individualität des Kranken zwar ein Fürsichseyn, aber ein leeres, sich nicht präsentes, wirkliches; diß formelle Selbst hat daher seine Erfüllungen an den Empfindungen, Vorstellungen des Andern, sieht, riecht, schmeckt, liest, hört auch im Andern. Zu bemerken ist in dieser Beziehung noch, daß der Somnambule auf diese Weise in ein Verhältniß zu zwei Genien und zweifachem Inhalt zu stehen kommt, zu seinem eigenen und zu dem des Magnetiseurs. Welche Empfindungen oder Gesichte dieses formelle Vernehmen nun aus seinem eigenen Innern oder aus dem Vorstellen dessen, mit dem es in Rapport steht, erhält, anschaut und zum Wissen bringt, ist unbestimmt. Diese Unsicherheit kann die Quelle von vielen Täuschungen seyn, begründet

* 1827: Die nähere Modification, daß dem Somnambulen dagegen wieder das Sprechen dessen, mit dem er im Rapport ist, *äußerlich* ist, und dasselbe hört, wie auch anderer — aber nur derselben, die mit eben diesem Andern in Rapport gesetzt sind, — übergehe ich. — Aber zu bemerken ist noch, daß…

δδ) This life of feeling lacks the personality of the understanding and the will, and has the essential determination of being a passive state like that of the child in the womb. In this state therefore, the diseased subject comes to be dominated by the distinct power of the magnetizer, so that in this psychic connection between them the personally unactualized selfless individual has as its subjective consciousness the consciousness of this self-possessed individual, which constitutes its presence, its subjective soul, its genius, and is also able to impart content to it. The soul is truly immaterial, even in its concreteness, and proof that it is capable of this substantial identity with another is to be found in the somnambulant individual's sensing within itself the tastes and smells present within the individual to whom it is thus related, in its knowing of the presence of this individual's other intuitions and inner presentations as if they were its own. In this substantial identity, consciousness has only one subjectivity. The individuality of the patient is certainly a being-for-self, but it is vacant, and to itself it is devoid of presence and actuality. This formal self therefore derives what fills it from the sensations, the presentations of the other, in whom it also sees, smells, tastes, reads, hears.* It has also to be observed in this connection that the somnambulist is brought, in this way, to stand in relationship to two geniuses and a double content, his own and that of the magnetizer. Now in this formal perceiving, it is uncertain which sensations or predictions are derived, intuited and brought to knowledge from his own inwardness, and which from the presenting of the person with whom he stands in relation. This uncertainty can give rise to various delusions. Among other things, it accounts for the

* 1827: I pass over the more specific modification of the speech of the other with whom the somnambulant is in rapport also being *external* to him, and of his hearing it, as he does that of others, although only of those who are set in rapport with precisely this person. It has also to be observed however...

unter anderm auch die nothwendige Verschiedenheit, die unter den Ansichten der Somnambulen aus verschiedenen Ländern und unter dem Rapport zu verschieden gebildeten Personen, über Krankheitszustände und deren Heilungsweisen, Arzneimittel, auch wissenschaftliche und geistige Kategorien, u. s. f. zum Vorschein gekommen ist.

ε) Wie in dieser fühlenden Substantialität der Gegensatz zum äußerlich Objectiven nicht vorhanden ist, so ist innerhalb seiner selbst das Subject in dieser Einigkeit, in welcher die Particularitäten des Fühlens verschwunden sind, so daß, indem die Thätigkeit der Sinnesorgane eingeschlafen ist, dann das Gemeingefühl sich zu den besondern Functionen bestimmt und mit den Fingern — insbesondere der Herzgrube, Magen — gesehen, gehört u. s. f. wird.

Begreifen heißt für die verständige Reflexion, die Reihe der Vermittlungen zwischen einer Erscheinung und anderem Daseyn, mit welchem sie zusammenhängt, erkennen, den sogenannten natürlichen Gang, d. h. nach Verstandes-Gesetzen und Verhältnissen (z. B. der Causalität, des Grundes u. s. f.) einsehen. Das Gefühlsleben, auch wenn es noch das nur formelle Wissen, wie in den erwähnten Krankheitszuständen, beibehält, ist gerade diese Form der Unmittelbarkeit, in welcher die Unterschiede vom Subjectiven und Objectiven, verständiger Persönlichkeit gegen eine äußerliche Welt, und jene Verhältnisse der Endlichkeit zwischen denselben, nicht vorhanden sind. Das Begreifen dieses verhältnißlosen und doch vollkommen erfüllten Zusammenhangs macht sich selbst unmöglich durch die Voraussetzung selbstständiger Persönlichkeiten gegen einander und gegen den Inhalt als eine objective Welt, und durch die Voraussetzung der Absolutheit des räumlichen und materiellen Auseinanderseyns überhaupt.

168

Zusatz. Im Zusatz zu §. 405 haben wir gesagt, daß zweierlei Formen des magischen Verhältnisses der fühlenden Seele zu unterscheiden seyen, und daß die erste dieser Formen die formelle Subjectivität des Lebens genannt werden

necessary diversity that has become apparent in the views of somnambulists from different countries and in respect of people of different culture, with regard to states of disease, ways of healing them, means of curing them, as well as scientific and spiritual categories etc.

εε) Since there is no objection in this feeling substantiality to what is externally objective, the subject *in itself* is within this unity in which the particularities of feeling have disappeared. Consequently, since the activity of the sense-organs is dormant, self-awareness specifies itself into the particular functions through the procardium and the stomach.

***Comprehension*, for understanding reflection, consists of knowing the series of *mediations* between an appearance and another determinate being with which it is connected, of insight into what is called the natural sequence, in accordance with the laws and relationships of the understanding i.e. causality, ground etc. The life of feeling, even when it still retains only the formal manner of knowing incident to the diseased states mentioned, constitutes precisely this form of *immediacy*, which is devoid of the differences between what is subjective and objective, an understanding personality and an external world, and of the aforementioned finite relationships between them. Although this is a completely filled connection it is without relationship, and comprehension of it is impossible in so far as one presupposes personalities independent of one another and of the content as an objective world, and assumes spatial and material juxtaposition to be generally absolute.**

Addition. We have said in the Addition to § 405, that a distinction has to be drawn between *two* forms of the *magical* relationship of the *feeling soul*, and that the *first* of these forms might be called the *formal* subjectivity of life. The con-

könne. Die Betrachtung dieser ersten Form ist in dem ebenerwähnten Zusatz zum Schluß gekommen. Jetzt haben wir daher die zweite Form jenes magischen Verhältnisses zu betrachten, nämlich die reale Subjectivität der fühlenden Seele. Real nennen wir diese Subjectivität, weil hier, statt der im Träumen, so wie im Zustande des Fötus und im Verhältniß des Individuums zu seinem Genius herrschenden ungetrennten substantiellen Seeleneinheit, ein wirklich zwiefaches, seine beiden Seiten zu eigenthümlichem Daseyn entlassendes Seelenleben hervortritt. Die erste dieser beiden Seiten ist das unvermittelte Verhältniß der fühlenden Seele zu deren individueller Welt und substantieller Wirklichkeit; die zweite Seite dagegen ist die vermittelte Beziehung der Seele zu ihrer in objectivem Zusammenhange stehenden Welt. Daß diese beiden Seiten auseinandertreten, zu gegenseitiger Selbstständigkeit gelangen, — dieß muß als Krankheit bezeichnet werden, da dieß Außereinandertreten, im Gegensatze gegen die im Zusatz zu

169 §. 405 betrachteten Weisen der formellen Subjectivität, kein Moment des objectiven Lebens selbst ausmacht. Gleichwie die leibliche Krankheit in dem Festwerden eines Organes oder Systems gegen die allgemeine Harmonie des individuellen Lebens besteht, und solche Hemmung und Trennung mitunter so weit fortschreitet, daß die besondere Thätigkeit eines Systems sich zu einem, die übrige Thätigkeit des Organismus in sich concentrirenden Mittelpunkt, zu einem wuchernden Gewächse macht; — so erfolgt auch im Seelenleben Krankheit, wenn das bloß Seelenhafte des Organismus, von der Gewalt des geistigen Bewußtseyns unabhängig werdend, sich die Function des letzteren anmaaßt, und der Geist, indem er die Herrschaft über das zu ihm gehörige Seelenhafte verliert, seiner selbst nicht mächtig bleibt, sondern selber zur Form des Seelenhaften herabsinkt und damit das dem gesunden Geiste wesentliche objective, — das heißt, — durch Aufhebung des äußerlich Gesetzten vermittelte Verhältniß zur wirklichen Welt aufgiebt. Daß das Seelenhafte gegen den Geist selbstständig wird und sogar dessen Function an sich reißt, — davon liegt die Möglichkeit darin, daß dasselbe vom Geiste ebenso

sideration of this first form is concluded in the Addition mentioned. Consequently, we have now to consider the *real* subjectivity of the feeling soul, the *second form* of this magical relationship. We call this subjectivity *real* since at this juncture, instead of the *undivided substantial unity of the soul* predominant in dreams as well as in the foetal state and the individual's relationship with its genius, a life of the soul emerges which is *actually twofold* in that it allows *distinct existence* to *both* its *aspects*. The first of these aspects is the feeling soul's unmediated relationship with its individual world and substantial actuality, the second is the soul's mediated relation with its world of objective connectedness. The *separation* of these two aspects into *mutual independence* has to be regarded as a *disease*, since unlike the modes of formal subjectivity considered in the Addition to § 405, this separation is in no respect a moment of objective life itself. *Bodily* disease consists of the fixation of an organ or system in opposition to the general harmony of the individual life. Such obstruction and division sometimes progresses so far, that the particular activity of a system establishes itself as a centre, a rampant growth, concentrating into itself the entire activity of the organism. Similarly, disease occurs in the *life of the soul* when the merely *soul-like* aspect of the organism appropriates the function of *spiritual* consciousness by freeing itself from it. Spirit then fails to remain in control of itself, since by losing control of the soul-like element belonging to it, it sinks itself to the form of being soul-like, and so abandons that relationship with the actual world which for healthy spirit is essential, and objective i.e. mediated by the sublation of that which is posited externally. Since it is as *different* from as it is implicitly *identical* with spirit, that which is soul-like has the possibility of becoming independent of it,

unterschieden, wie an sich mit ihm identisch ist. Indem das Seelenhafte sich vom Geiste trennt, sich für sich setzt, giebt dasselbe sich den Schein, Das zu seyn, was der Geist in Wahrheit ist, — nämlich, die in der Form der Allgemeinheit fürsich-selbst-seyende Seele. Die durch jene Trennung entstehende Seelenkrankheit ist aber mit leiblicher Krankheit nicht bloß zu vergleichen, sondern mehr oder weniger mit derselben verknüpft, weil bei dem Sichlosreißen des Seelenhaften vom Geiste, die dem letzteren sowohl als dem ersteren zur empirischen Existenz nothwendige Leiblichkeit sich an diese zwei außereinandertretenden Seiten vertheilt, sonach selber zu etwas in sich Getrenntem, also Krankhaftem wird.

Die Krankheitszustände, in welchen solche Trennung des Seelenhaften vom geistigen Bewußtseyn hervortritt, sind nun sehr mannigfaltiger Art; fast jede Krankheit kann bis zu dem Punkte jener Trennung fortgehen. Hier in der philosophischen Betrachtung unseres Gegenstandes haben wir aber nicht jene unbestimmte Mannigfaltigkeit von Krankheitsformen zu verfolgen, sondern nur das sich in ihnen auf verschiedene Weise gestaltende Allgemeine nach seinen Hauptformen festzusetzen. Zu den Krankheiten, in welchen dieß Allgemeine zur Erscheinung kommen kann, gehört das Schlafwandeln, die Katalepsie, die Entwicklungsperiode der weiblichen Jugend, der Zustand der Schwangerschaft, auch der Veitstanz, ebenso der Augenblick des herannahenden Todes, wenn derselbe die in Rede stehende Spaltung des Lebens in das schwächer werdende gesunde, vermittelte Bewußtseyn und in das immer mehr zur Alleinherrschaft kommende seelenhafte Wissen herbeiführt; — namentlich aber muß hier derjenige Zustand, welchen man den animalischen Magnetismus genannt hat, untersucht werden, sowohl in sofern derselbe sich von selber in einem Individuum entwickelt, als in sofern er in diesem durch ein anderes Individuum auf besondere Weise hervorgebracht wird. Auch durch geistige Ursachen, besonders durch religiöse und politische Exaltation, kann der fragliche Zustand der Trennung des Seelenlebens herbeigeführt werden. So zeigte sich, zum Beispiel, im

170

and even of appropriating its function. It gives itself the appearance of being the truth of spirit, that is to say, the soul which is for itself in the form of *universality*, by dividing itself from it and positing its own being-for-self. Although the *disease of the soul* which occurs on account of this division is not merely to be *compared* with *bodily* disease, it is more or less *linked* to it, for since what is soul-like tears itself away from spirit, the corporeity which is as necessary to the empirical existence of spirit as it is to that which is soul-like divides itself in two with them, and since it is thus divided within itself, itself becomes diseased.

Now this division of what is soul-like from spiritual consciousness occurs in diseased states of an extremely varied kind; nearly every disease can progress to the point of this division. Here in the philosophical consideration of our subject matter however, we do not have to pursue the forms of the disease into their indefinite multiplicity, but merely to establish the *principal forms* of the *universal* which in various ways shapes itself within them. *Sleep-walking*, *catalepsy*, the *period of development* in *girls*, the state of *pregnancy*, as well as *St. Vitus's dance*, are diseases within which this universal can appear, as also in the moment of approaching *death*, when this brings about this disintegration of life into the enfeeblement of the healthy mediated consciousness, and the ever-increasing ascendency of soul-like awareness. At this juncture it is however principally the state that has been called *animal magnetism* which has to be investigated, both in so far as it develops *spontaneously* in an individual, and in so far as it is elicited there in a particular manner by *another* individual. This state, in which the life of the soul is divided, can also be brought about by *spiritual* causes such as religious and political exaltation. In the Cevennes War for example, the free

Sevennerkriege das frei hervortretende Seelenhafte als eine bei Kindern, Mädchen und zumal bei Greisen in hohem Grade vorhandene Sehergabe. Das merkwürdigste Beispiel solcher Exaltation ist aber die berühmte Jeanne d'Arc, in welcher einerseits die patriotische Begeisterung einer ganz reinen, einfachen Seele, andererseits eine Art von magnetischem Zustande sichtbar wird.

Nach diesen vorläufigen Bemerkungen wollen wir hier die einzelnen Hauptformen betrachten, in denen ein Außereinandertreten des Seelenhaften und des objectiven Bewußtseyns sich zeigt. Wir haben hierbei kaum nöthig, an Dasjenige zu erinnern, was

171

schon früher über den Unterschied jener beiden Weisen des Verhaltens des Menschen zu seiner Welt gesagt worden ist, — daß nämlich das objective Bewußtseyn die Welt als eine ihm äußerliche, unendliche mannigfache, aber in allen ihren Punkten nothwendig zusammenhangende, nichts Unvermitteltes in sich enthaltende Objectivität weiß, und sich zu derselben auf eine ihr entsprechende, das heißt, ebenso mannigfache, bestimmte, vermittelte und nothwendige Weise verhält, daher zu einer bestimmten Form der äußerlichen Objectivität nur durch ein bestimmtes Sinnesorgan in Beziehung zu treten, — zum Beispiel nur mit den Augen zu sehen vermag; wohingegen das Fühlen oder die subjective Weise des Wissens die dem objectiven Wissen unentbehrlichen Vermittlungen und Bedingungen ganz oder wenigstens zum Theil entbehren, und unmittelbar, zum Beispiel ohne die Hülfe der Augen und ohne die Vermittlung des Lichtes, das Sehbare wahrnehmen kann.

1. Dies unmittelbare Wissen kommt zuvörderst in den sogenannten Metall- und Wasserfühlern zur Erscheinung. Darunter versteht man Menschen, die in ganz wachem Zustande, ohne die Vermittlung des Gesichtssinnes, unter dem Erdboden befindliches Metall oder Wasser bemerken. Das nicht seltene Vorkommen solcher Menschen unterliegt keinem Zweifel. Amoretti hat, nach seiner Versicherung, an mehr als vierhundert,

emergence of what was soul-like was apparent in the capacity for prophesying present to such a high degree in the children, the girls and especially the elderly. *Joan of Arc* is however the most famous and remarkable example of such exaltation; both aspects are apparent in her, the patriotic enthusiasm of a wholly pure and simple soul, and a kind of magnetic state.

After these preliminary remarks, we shall now consider severally the main forms within which a separation of what is soul-like from objective consciousness displays itself. In doing so, it will hardly be necessary for us to repeat what has already been said about the difference between these two modes of man's relation to his world. *Objective consciousness* knows the world as an objectivity which is *external* to man, which is infinitely *various*, though at all points *necessarily interconnected*, and which contains *nothing* that is *unmediated*. Since it relates itself to it in a correspondingly *various*, *specific*, *mediated* and *necessary* manner, it enters into relation with a *specific* form of external objectivity only by means of a *specific* sense-organ. It is able to see, for example, only by means of the *eyes*. The mediations and conditions indispensable to objective knowledge are however wholly or at least partly dispensable in the case of *feeling* or the *subjective* mode of knowing, which is able to perceive what is visible immediately, without the aid of eyes and the mediation of light for example.

1. The initial appearance of this immediate knowing is in the so-called *metal* and *water-diviners*. These are people who, while wide awake, and without the mediation of sight, will detect underground metal or water. It is well confirmed that people of this kind are by no means uncommon. *Amoretti* informs us that he has discovered this peculiarity of feeling in

zum Theil ganz gesunden Individuen diese Eigenthümlichkeit des Fühlens entdeckt. Außer dem Metall und Wasser wird von manchen Menschen auch Salz auf ganz vermittlungslose Weise empfunden, indem das letztere, wenn es in großer Menge vorhanden ist, in ihnen Uebelbefinden und Beängstigung erregt. Beim Aufsuchen verborgner Gewässer und Metalle, so wie des Salzes wenden Individuen gedachter Art auch die Wünschelruthe an. Dieß ist eine, die Gestalt einer Gabel habende Haselgerte,

172 welche an der Gabel mit beiden Händen gehalten wird, und sich mit ihrer Spitze nach den eben erwähnten Gegenständen hinunterbiegt. Es versteht sich dabei von selbst, daß diese Bewegung des Holzes nicht in diesem selber irgendwie ihren Grund hat, sondern allein durch die Empfindung des Menschen bestimmt

* wird; gleichwie auch bei dem sogenannten Penduliren, — ob-

* *Kehler Ms.* SS. 83–85; vgl. *Griesheim Ms.* SS. 113–115: In neuerer Zeit haben besonderes Aufsehen erregt Campetti, aus der Gegend des Lago Maggiore und Pennet aus Mailand, die von wissenschaftlichen Männern beobachtet wurden. Ritter ist besonders auf den ersteren aufmerksam gewesen, hat ihn auf Antrieb der Akademie mit nach München gebracht, diese hat sich jedoch der Sache nicht weiter angenommen. Ritter hat diese Erscheinung *Siderismus* genannt, und genaue Versuche an beiden zeigen überhaupt, daß wenn solche Individuen über Wasser oder Metall gehen, sie eine eigene Empfindung haben, sie fühlen eine Schwere in den Beinen, so daß sie Mühe haben, weiter fort zu gehen. Die Empfindungen gehören eigentlich noch nicht hierher, aber die Stimmungen können Empfindungen werden, die Empfindung der Schwere hat ihren Grund in der Empfindung, und so ist es ein Zusammenhang, der hierher gehört. Obgleich man bei den Versuchen alle mögliche Vorsicht gebrauchte, so haben die genannten Individuen doch Metalle aufgefunden, die man verborgen hatte. Ritter hat am Lago di Garda (84) lange Gräben machen lassen, und nur an verschiedenen Stellen darin Metalle verborgen, der Graf Salis in Mailand versteckte Metalle in einem frisch umgegrabenen Garten, und sie fanden sie augenblicklich. Ritter bemerkt, daß Campetti leichter Wasser finde, als Metall, und wieder oxidirbares leichter als anderes. Man hat zwar diese Versuche vielfach angegriffen, aber Ritter und Salis sind verständige Männer. Campetti ist gesund, und von guter Leibesbeschaffenheit, doch hat die Witterung auf ihn bedeutenden Einfluß; besonders ist die körperliche Disposition wesentliche Bedingung. Sonst sind Personen dieser Art im ganzen schwächlich, besonders ist Nervenschwäche nicht zu verkennen. Es ist nicht eine höhere Gabe als das, was der Mensch im gesunden Zustand vermag, es ist eine Depression des Geistes, die das Körperliche zugänglich macht der

more than four hundred individuals, a good proportion of whom were quite healthy. Apart from metal and water, some people will also have a completely unmediated sensation of salt, on account of their being indisposed and unsettled by the presence of a great quantity of it. When searching for hidden water and metals and also when searching for salt, these individuals will also make use of the divining rod, which is a fork-shaped hazel switch. The prongs are held with both hands, and the end dips in the direction of the general objects mentioned. It goes without saying that the wood moves solely on account of the person's sensation, and not on account of some virtue residing within it.* The person's

5 +

10

* *Kehler Ms.* pp. 83–85; cf. *Griesheim Ms.* pp. 113–115: Of recent times, Campetti, who came from the Lago Maggiore area, and Pennet who came from Milan, have attracted particular attention, and have been observed by scientists. Ritter made a study of them, particularly the first, but although he brought the fellow back at the instigation of the Academy, this body has encouraged no further research into the matter. Ritter called the phenomenon *siderism*, and careful experiments with both men have made it pretty evident that such individuals have a distinct sensation when they are walking over water or metal. They feel a heaviness in their legs, so that they have difficulty in walking any further. Strictly speaking, this is not the place for sensations, but general feelings can become sensations, and since it is in sensation that the sensation of heaviness has its ground, it is a connection which belongs here. Although every precaution was taken during the experiments, these individuals still located hidden metals. Near Lago di Garda, Ritter (84) had long trenches dug and only concealed metals in them at certain points. In Milan, Count Salis concealed metals in a newly dug garden and they discovered them immediately. Ritter noticed that Campetti located water more easily than he did metal, and oxidizable metal more easily than any other. These experiments have certainly been called in question for various reasons, but Ritter and Salis are capable people. Campetti is healthy and well-built, although he is particularly susceptible to the weather. Bodily disposition is an essential condition here, and on the whole persons of this kind are generally weakly, nervous debility being particularly noticeable. The gift is nothing higher than what a healthy person is capable of, but is a depression of spirit which makes what is corporeal accessible to the strength

gleich dabei, im Fall der Anwendung mehrerer Metalle, zwischen diesen eine gewisse Wechselwirkung stattfinden kann, — die Empfindung des Menschen immer das hauptsächlich Bestimmende ist; denn hält man, zum Beispiel, einen goldenen Ring über einem Glas Wasser, und schlägt der Ring an den Rand des Glases so oft an, als die Uhr Stunden zeigt; so rührt Dieß einzig daher, daß, wenn, zum Beispiel, der elfte Schlag kommt, und ich weiß, daß es elf Uhr ist, dieß mein Wissen hinreicht, den Pendel festzuhalten. — Das mit der Wünschelruthe bewaffnete Fühlen soll sich aber mitunter auch weiter, als auf das Entdecken todter Naturdinge erstreckt, und namentlich zur Auffindung von Dieben und Mördern gedient haben. So viel Charlanterie in den über diesen Punkt vorhandenen Erzählungen immerhin seyn mag, so scheinen einige hierbei erwähnte Fälle doch Glauben zu verdienen, — besonders, zum Beispiel, der Fall, wo ein im siebenzehnten Jahrhundert lebender, des Mordes verdächtiger französischer Bauer, in den Keller, in welchem der Mord verübt worden war, geführt und daselbst in Angstschweiß gerathend, von den Mördern ein Gefühl bekam, kraft dessen er die von denselben auf ihrer Flucht eingeschlagenen Wege und besuchten Aufenthaltsorte auffand, im südlichen Frankreich einen der Mörder in einem Ge-

---

Stärke solcher Zusammenhänge. Man hat beobachtet, daß Epileptische, Nervenschwache eine Fähigkeit haben, dergleichen zu fühlen. Beim thierischen Magnetismus wird die große Wirksamkeit des Metalls, des Eisens, vorkommen. Der gesunde Mensch, der gesunde menschliche Organismus und das Bewußtsein hat sich von der Natur und von der Erde auf bestimmte Weise losgerissen. Daß im Menschen eine sympathische Stimmung ist mit Naturveränderungen, mit solchen elementarischen Unterschieden, wie Wasser und Metall, dies die Gegenstände sind, für welche sich eine solche Empfindlichkeit zeigt, ist Factum. Wasser ist das nicht-vereinzelte, nicht-individualisirte, unter den individualisirten Körpern aber ist das Metall das Gediegene. Dies ist also im Allgemeinen die Natur solcher Veränderungen. Bei den Thieren ist dies noch stärker, die Pferde wittern den Nil auf viele Meilen; Affen und Hunde empfinden Quellen auf halbe Tagereisen, besonders ist dies aber bei dem Schiff der Wüste, dem Kamel, der Fall. So haben die Thiere auch eine Vorausempfindung des Wetters, sie fühlen Erdbeben, obgleich sich in der Athmosphäre und dem Boden nichts erkennen ließ; + Herden laufen dabei auseinander, Pferde und Stiere stemmen sich gegen die Erde. Solche Empfindungen charakterisiren sich als sympathetisches Mitgefühl von einem, was in der Erde vorgeht. (85)

sensation is always the primary determining factor, although in the case of what is called pendulation the use of various metals can give rise to a certain reciprocal action between them. One holds a gold ring over a glass of water for example, and the ring strikes the edge of the glass as often as the clock strikes the hour. The sole reason for this is, that if I know it to be eleven o'clock for example, my knowing will suffice to stop the pendulum at the eleventh stroke. — On occasions, feeling, armed with the divining-rod, is however supposed not simply to have served in the discovery of inanimate natural things, but to have led to the tracking down of thieves and murderers. Although there is undoubtedly a deal of charlatanry in the current accounts of this sort of thing, certain cases do appear to warrant belief. There is, for example, the seventeenth century case of a French peasant who was suspected of murder. When he was conducted to the cellar in which the murder had taken place he broke out into a cold sweat, and a feeling he had with regard to the murderers enabled him to trace the routes they had taken in their flight and the places at which they had stopped. He found one of the murderers in a prison in southern France and pur-

---

of such connections. It has been observed that epileptics and those with nervous debilities are capable of the same sort of feeling. The great efficacy of metal, or iron, will be considered in the treatment of animal magnetism. The healthy person, the healthy human organism and consciousness, has torn itself away from nature and the Earth in a particular manner. It is a fact that there is in man a general mood of sympathy with natural changes, with such elementary differences as water and metal, and that these are the general objects to which such sensitiveness responds. Water is what is not singularized, not individualized, but among individualized bodies metal is what is compact. In general, therefore, this is the nature of such changes. This is even more pronounced in the case of animals. Horses scent the Nile many miles off, monkeys and dogs sense springs a half day's journey away. The capacity is, however, most pronounced in the ship of the desert, the camel. Animals also have premonitions of the weather. They will feel earthquakes when nothing can be detected in the atmosphere and the ground; herds will break up and scatter in all directions as horses and steers bear up against the Earth. Such sensations give evidence of themselves as a sympathetic (95) community of feeling with what is going on in the Earth.

fängniß entdeckte und den zweiten bis nach der spanischen Grenze verfolgte, wo er umzukehren gezwungen wurde. Solch' Individuum hat eine so scharfe Empfindung, wie ein die Spur seines Herren meilenweit verfolgender Hund.

2. Die zweite hier zu betrachtende Erscheinung des un-

173

mittelbaren oder fühlenden Wissens hat mit der eben besprochenen ersten Dieß gemein, daß in beiden ein Gegenstand ohne die Vermittlung des specifischen Sinnes, auf welchen derselbe sich vornämlich bezieht, empfunden wird. Zugleich unterscheidet sich aber diese zweite Erscheinung von der ersten dadurch, daß bei ihr nicht ein so ganz vermittlungsloses Verhalten, wie bei jener ersten stattfindet, sondern der betreffliche specifische Sinn, entweder durch den vorzugsweise in der Herzgrube thätigen Gemeinsinn, oder durch den Tastsinn, ersetzt wird. Solches Fühlen zeigt sich sowohl in der Katalepsie überhaupt, — einem Zustande der Lähmung der Organe, — als namentlich beim Schlafwandeln, einer Art von kataleptischem Zustande, in welchem das Träumen sich nicht bloß durch Sprechen, sondern auch durch Herumgehen äußert und sonstige Handlungen entstehen läßt, denen ein vielfach richtiges Gefühl von den Verhältnissen der umgebenden Gegenstände zu Grunde liegt. Was das Eintreten dieses Zustandes betrifft, so kann derselbe, bei einer bestimmten Disposition dazu, durch rein äußerliche Dinge, zum Beispiel, durch gewisse des Abends gegessene Speisen hervorgebracht werden. Ebenso bleibt die Seele, nach dem Eintritt dieses Zustandes, von den Außendingen abhängig; so hat, zum Beispiel, in der Nähe der Schlafwandler ertönende Musik dieselben dazu veranlaßt, ganze Romane im Schlaf zu sprechen. Rücksichtlich der Thätigkeit der Sinne in diesem Zustande ist aber zu bemerken, daß die eigentlichen Schlafwandler wohl hören und fühlen; daß dagegen ihr Auge, gleichviel, ob es geschlossen oder offen sey, starr ist; daß somit derjenige Sinn, für welchen vornämlich die Gegenstände in die zum wahrhaften Verhältniß des Bewußtseyns nöthige Entfernung von mir treten, in diesem Zustande der nichtvorhandenen Trennung des Subjectiven und Objectiven thätig

sued the second to the Spanish border, where he was forced to turn back. An individual such as this senses as sharply as a dog which follows its master's tracks for miles. +

2. The *second* appearance of the immediate or feeling knowledge to be considered here resembles the first, in that 5 in both cases a general object is sensed without the mediation of the *specific* sense to which it mainly relates. At the same time however, this second appearance distinguishes itself from the first in that its relatedness is not so completely unmediated, the specific sense concerned being replaced either 10 by the *general sense*, which is especially active in the *procardium*, or by the *sense of touch*. Feeling of this kind displays + itself not only in general *catalepsy*, a condition in which the organs are paralyzed, but also in *sleep-walking*. This latter is a kind of cataleptic state in which dreaming expresses itself not 15 only in speech but also in walking about, and allows other actions to take place based upon an in many ways correct awareness of the relationships between the surrounding objects. It is to be observed with regard to the occurrence of this state, that in a person disposed in a specific manner it 20 can be brought about by purely external things, by what has been eaten on a certain evening for example. What is more, + the soul is still dependent upon external things after it has entered into this state. By the sound of music nearby for example, sleepwalkers have been induced to recite whole 25 romances in their sleep. In respect of the senses in this condition, it has however to be observed that although actual + sleepwalkers certainly *hear* and *feel*, their eyes are fixed, regardless of their being open or closed. In this state therefore, in which the *division* between the subjective and the 30

zu seyn aufhört. Wie schon bemerkt, wird im Schlafwandeln das erlöschende Gesicht durch den Gefühlssinn vertreten; — eine Vertretung, die bei den eigentlichen Blinden nur in geringerem Umfange erfolgt, übrigens in beiden Fällen nicht so verstanden werden darf, als ob durch Abstumpfung des einen Sinnes dem anderen Sinne auf rein physischem Wege eine Verschärfung zu Theil würde, da diese vielmehr bloß dadurch entsteht, daß die Seele sich mit ungetheilter Kraft in den Gefühlssinn hineinwirft. Dieser leitet die Schlafwandler jedoch ganz und gar nicht immer richtig; die zusammengesetzten Handlungen derselben sind etwas Zufälliges; solche Personen schreiben im Schlafwandeln wohl mitunter Briefe; oft werden sie jedoch durch ihr Gefühl betrogen, indem sie, zum Beispiel, auf einem Pferde zu sitzen glauben, während sie in der That auf einem Dache sind. Außer der wunderbaren Verschärfung des Gefühlssinnes kommt aber, wie gleichfalls schon bemerkt, in den kataleptischen Zuständen auch der Gemeinsinn vorzüglich in der Herzgrube zu einer dermaaßen erhöhten Thätigkeit, daß er die Stelle des Gesichts, des Gehörs, oder auch des Geschmacks vertritt. So behandelte ein französischer Arzt in Lyon, zu der Zeit, wo der thierische Magnetismus noch nicht bekannt war, eine kranke Person, welche nur an der Herzgrube hörte und las, und die in einem Buche lesen konnte, welches in einem anderen Zimmer Jemand hielt, der, mit dem an der Herzgrube der kranken Person stehenden Individuum, auf Veranstaltung des Arztes, durch eine Kette dazwischen befindlicher Personen in Verbindung gesetzt war. Solches Fernsehen ist übrigens von Denjenigen, in welchen es entstand, auf verschiedene Weise beschrieben worden. Häufig sagen Dieselben, daß sie die Gegenstände innerlich sehen; oder sie behaupten, es scheine ihnen, als ob Strahlen von den Gegenständen ausgingen. Was aber die oben erwähnte Vertretung des Geschmacks durch den Gemeinsinn anbelangt, so hat man Beispiele, daß Personen die Speisen geschmeckt haben, die man ihnen auf den Magen legte. *

174

* *Kehler Ms.* S. 124; vgl. *Griesheim Ms.* S. 171: ...man nennt dies auch Sinnesversetzungen, aber es ist dies nicht ein eigentlicher Sinn, sondern das

objective is *absent*, that sense for which, in the main, general objects assume the *distance* from one necessary to the true relationship of consciousness, ceases to be active. As has already been remarked, the *sight* that lapses in sleepwalking is replaced by the *sense of feeling*. In those who are actually blind this replacing only takes place to a more limited extent. It is not to be thought in respect of either of these cases however, that a dulling of one sense gives rise in a purely physical fashion to a corresponding sharpening of the other. The sharpening is brought about simply by the soul's casting itself with undivided force into the sense of feeling. This sense is by no means a completely reliable guide for the sleepwalker however, so that chance plays its part in the sequence of his actions. It is true that such persons will occasionally write a letter while sleepwalking. Their feeling often deceives them however, so that they will believe themselves to be mounted on a horse for example, when they are in fact on a roof. As has already been observed, there is not only this remarkable sharpening of the sense of feeling in cataleptic states, but also such a pitch of heightened activity in respect of the *general sense*, especially in the *procardium*, that it replaces *sight*, *hearing*, or even *taste*. A French physician, at the time when animal magnetism was still unknown at Lyon, treated a diseased person of this kind. This person heard and read only in the procardium, and was able to read a book held by someone in another room who was, by the physician's arrangement, put in communication with the individual standing next to the patient's procardium through a connecting chain of persons. Incidentally, such sight at a distance has been described in different ways by those who have experienced it. They often say that they see the general objects *internally*; or they maintain that it seems to them as though these objects emitted rays. With regard to the above-mentioned replacing of *taste* by the *general sense*, there are moreover examples of person's having tasted the foods placed upon their stomachs.*

* *Kehler Ms.* p. 124; cf. *Griesheim Ms.* p. 171: Although these are also said to be transpositions of the senses, they do not involve a proper sense. Feeling

3. **Die dritte Erscheinung des unmittelbaren Wissens ist**
175 die, daß, ohne die Mitwirkung irgend eines *specifischen* Sinnes, und ohne das an einem einzelnen Theile des Leibes erfolgende Thätigwerden des *Gemeinsinnes*, aus einer *unbestimmten Empfindung*, ein *Ahnen* oder *Schauen*, eine *Vision* von etwas nicht *sinnlich Nahem*, sondern im *Raume* oder in der *Zeit Fernem*, von etwas *Zukünftigem* oder *Vergangenem* entsteht. Obgleich es nun oft schwierig ist, die *bloß subjectiven*, auf *nicht vorhandene* Gegenstände bezüglichen Visionen von denjenigen Visionen zu unterscheiden, die etwas Wirkliches zu ihrem Inhalt haben; so ist dieser Unterschied hier doch festzuhalten. Die *erstere* Art der Visionen kommt zwar auch im Somnambulismus, vornämlich aber in einem überwiegend physischen Krankheitszustande, zum Beispiel, in der Fieberhitze, selbst bei wachem Bewußtseyn, vor. Ein Beispiel solcher subjectiven Vision ist Fr. Nicolai, der, im wachen Zustande auf der Straße andere Häuser, als die wirklich daselbst vorhandenen mit vollkommner Deutlichkeit sah, und dennoch wußte, daß Dieß nur Täuschung war. Der vorherrschend physische Grund dieser poetischen Illusion jenes sonst stockprosaischen Individuums offenbarte sich dadurch, daß dieselbe durch das Ansetzen von Blutigeln
* an den Mastdarm beseitigt wurde.

Gefühl ist ganz was allgemeines, wir sehen mit dem Auge alle diese Besonderheiten, so ist das Gefühl überhaupt das Allgemeine, die besonderen Gefühle sind dann realisirt in besonderen Organen, particularisirt, aber das Gefühl bleibt darum doch das Allgemeine, so daß für das Gemeingefühl auch sein kann das besondere Gefühl, das sonst nur ist für besondere Theile, und der Allgemeinheit entzogen ist.

* *Kehler Ms.* SS. 124–125; vgl. *Griesheim Ms.* SS. 172–173: Das fühlende Subject, der Genius, fühlt nicht Etwas, sondern sich selbst, Selbstgefühl des Genius, Inhalt der einem besonnenen Menschen im wachen Bewußtsein gegeben sein muß, der ihn vor sich haben muß in dem eigentlichen Zusammenhang der verständingen Dinge. Aber indem der Genius sich selbst fühlt, so ist das besonnene Bewußtsein aufgehoben; es gehören Visionen und dergleichen hierher, doch sind Visionen ausgeschlossen, die nur täuschend sind, leere Täuschung der Einbildung, die jedoch zugleich bis zur Weise des Gefühls, der gewöhnlichen Sinnesaffection fort geht. Solche Erscheinungen gehören bloß einer Krankheit überhaupt an, wir können unsere Einbildungskraft spielen lassen, im Wachen und Schlafen, dergleichen

3. The *third* appearance of immediate knowing is that which occurs without the assistance of any one *specific* sense, and without the consequent activity of the *general sense* in a specific part of the body. It arises out of an *indeterminate sensation, divining* or *sighting*, a vision of something not *sensibly near* but *distant* in *space* or *time*, of something either *future* or *past*. Now although it is often difficult to distinguish between *purely subjective* visions related *to* objects *not present*, and those which have something actual as their content, this is a distinction which has to be maintained at this juncture. Although visions of the *first* kind certainly occur in somnambulism, they belong in the main to a predominantly physical state of disease, such as the heat of a fever, even in waking consciousness. Fr. Nicolai provides an example of such a subjective vision. While awake, he had a perfectly distinct view of other houses along the street than those that were actually there, and yet was aware that this was simply a delusion. That this otherwise entirely prosaic individual's poetical illusion had a predominantly physical basis became apparent through its being dispelled by the application of leeches to his rectum.*

5 10 + 15 20 +

---

is something wholly general. When we see all these particulars with the eye, it is feeling as such which is the general factor. Despite the particular feelings then being realized or particularized in particular organs, feeling still remains what is general to them. Consequently, the particular feeling, which otherwise only has being for particular parts and is withdrawn from what is general, can also replace the general feeling.

* *Kehler Ms.* pp. 124–125: cf. *Griesheim Ms.* pp. 172–173: The feeling subject, the genius, feels itself, not something else. The genius's self-awareness is a content with which the wakingly conscious self-possessed person has to be provided, which he has to have before him in the proper connection of understandable things. In that genius feels itself however, self-possessed consciousness is sublated. Although visions and suchlike belong here, the merely delusory visions of an empty delusion of the imagination, despite their progressing into the mode of feeling, of an ordinary affection of the senses, do not. Such appearances are merely the general side effects of an illness, and although we can give free play to our imagination when waking and sleeping, this is not (125) the place for this either. Such imaginings might be

In unserer anthropologischen Betrachtung haben wir aber vorzugsweise die zweite Art der Visionen, — diejenigen, welche sich auf wirklich vorhandene Gegenstände beziehen, — in's Auge zu fassen. Um das Wunderbare der hieher gehörigen Erscheinungen zu begreifen, kommt es darauf an, in Betreff der Seele folgende Gesichtspunkte festzuhalten.

Die Seele ist das Allesdurchdringende, nicht bloß in einem besonderen Individuum Existirende; denn, wie wir bereits früher gesagt haben, muß dieselbe als die Wahrheit, als die Idealität alles Materiellen, als das ganz Allgemeine gefaßt werden, in welchem alle Unterschiede nur als ideelle sind, und welches nicht einseitig dem Anderen gegenübersteht,
176 sondern über das Andere übergreift. Zugleich aber ist die Seele individuelle, besonders bestimmte Seele; sie hat daher mannigfache Bestimmungen oder Besonderungen in sich; dieselben

---

gehört nicht (125) hierher; man könnte glauben, daß diese hierher gehörten, + das nicht Träumerei bliebe, sondern Einbildungen, die als Gesichter erscheinen, als wären sie wirklich. (*Griesheim*: aber diese Einbildungen gehören nicht dem Genius, dem wirklichen Subjekt an, daß in sich als fühlend concentriert ist.) Nicolai hat dergleichen Visionen gehabt und sein Geistesverwandter Kriegsrath Scheffner, haben Bewußtsein gehabt, zum Fenster hinausgesehen, und Menschen gegrüßt, und dergleichen, haben gewußt, daß dies bloß Phantome sind, in Ansehung der Gegenwärtigkeit des Sehens konnten sie nichts einwenden, aber ihrer Besonnenheit, dem Zusammenhang widersprachen diese Erscheinungen, sie sahen ihnen zu mit dem richtigen Bewußtsein, daß sie nur Einbildungen sind. Oder innerlich haben wir eine Vorstellung vor uns, dies Vorsichhaben ist ein Moment der Leiblichkeit, und diese kann durch Krankheit gesteigert werden, daß ein förmliches Sehen wird. Das Auge wird starr, hat zu wenig Kräftigkeit, und unterscheidet nicht mehr das Wirkliche von dem Vorgestellten. Die Katzen sehen bei Nacht; es gibt Umstände, daß Menschen mit dem Licht ihrer Augen sich bei Nacht die Gegenstände umher erleuchten. Der Geheimerath Schulz hat diese Seite sehr studiert, nimmt an, es sei ein Phosphor im Auge, und es gibt Umstände, daß dieser Phosphor, der sonst nur schwach ist, gesteigert wird, um nach außen zu leuchten. — Nicolai bei seiner Verständigkeit, Gelehrsamkeit hatte nur bestimmte Zwecke, Philosophie..., Poesie, waren der Prosa seiner Natur entgegen, da ist die Poesie an ihn gekommen, Nicolai ist curirt worden durch Blutigel an dem Podex, da ist ihm die Poesie abgezapft worden. (*Griesheim*: Goethe erwähnt dieß in seinem Faust.)

Siehe auch *Notizen 1820–1822* ('Hegel-Studien' Bd. 7, 1972: Schneider 151c).

It is however mainly visions of the *second* kind, those relating to general objects *actually* present, that have to be treated in an anthropological consideration such as this. In order to comprehend the miraculous in phenomena of this kind, the following points of view have to be maintained with regard to the soul. 5

The soul is *all-pervasive*, and is not simply that which exists in a particular individual. As we have observed earlier on, it has to be grasped as the truth, the ideality of *all material being*, as the *wholly universal*, within which all differences are only *of an ideal nature*, and which *includes the other* rather than *standing onesidedly opposed to it*. At the same time however, the soul is *individual*, *specifically* determined, and on account of this has within itself various determinations or particulariza- 10

---

thought to belong here, to be no longer reverie but evident apparitions and apparently actual. (*Griesheim:* but they do not belong to the genius, the actual subject, which is concentrated internally as feeling.) Nicolai has had such visions, as has his kindred spirit Scheffner, a clerk at the War Office. + While conscious, they have looked out of the window and greeted people etc. and yet known that these people were mere phantoms. Although they could take no exception to what was present to them visually, their self-possession contradicted the context of the appearances, and their conscious observation of them was therefore correct, — they knew them to be mere imaginings. We have before us an internal presentation of something, what is there being a moment of corporeity, and through illness this presence can be so worked up that it assumes a visual form. The eye becomes fixed, does not have the requisite power, and no longer distinguishes between what is actual and what is presented. Cats see at night, and under certain conditions people at night illumine the general objects about them with the light of their eyes. Privy Councillor Schultz, who has made a close study of this, suggests that the eyes contain a phosphorus, and that although it is usually weak, there are conditions under which it is worked up in order to illumine what is external. — + Nicolai's understanding and erudition were only orientated to specific purposes. Yet in spite of philosophy and poetry being alien to the prose of his nature, he turned poetic, and was cured by having a leech applied to his podex; poetry was tapped out of him. (*Griesheim:* Goethe makes mention of this in his Faust.) +

See also *Notes 1820–1822* ('Hegel-Studien' vol. 7, 1972: Schneider 151c).

erscheinen, zum Beispiel, als Triebe und Neigungen. Diese Bestimmungen sind, obgleich von einander unterschieden, dennoch für sich nur etwas Allgemeines. In mir, als bestimmtem Individuum, erhalten dieselben erst einen bestimmten Inhalt. So wird, zum Beispiel, die Liebe zu den Eltern, Verwandten, Freunden u. s. w. in mir individualisirt; denn ich kann nicht Freund u. s. w. überhaupt seyn, sondern bin nothwendigerweise mit diesen Freunden dieser, an diesem Ort, in dieser Zeit und in dieser Lage lebende Freund. Alle die in mir individualisirten und von mir durchlebten allgemeinen Seelenbestimmungen machen meine Wirklichkeit aus, sind daher nicht meinem Belieben überlassen, sondern bilden vielmehr die Mächte meines Lebens und gehören zu meinem wirklichen Seyn ebenso gut, wie mein Kopf oder meine Brust zu meinem lebendigen Daseyn gehört. Ich bin dieser ganze Kreis von Bestimmungen: dieselben sind mit meiner Individualität verwachsen; jeder einzelne Punkt in diesem Kreise, — zum Beispiel, der Umstand, daß ich jetzt hier sitze, — zeigt sich der Willkür meines Vorstellens dadurch entnommen, daß er in die Totalität meines Selbstgefühls als Glied einer Kette von Bestimmungen gestellt ist, oder — mit anderen Worten — von dem Gefühl der Totalität meiner Wirklichkeit umfaßt wird.* Von dieser meiner Wirklichkeit, von dieser meiner Welt weiß ich aber, in sofern ich nur erst fühlende Seele, noch nicht waches, freies Selbstbewußtseyn bin, auf ganz unmittelbare, auf ganz abstract positive Weise, da ich, wie schon bemerkt, auf diesem

* *Griesheim Ms.* SS. 174–175; vgl. *Kehler Ms.* S. 126: Der Mensch hat Aeltern, Geschwister, sonstige Verwandte, Freunde u.s.w., alle diese gehören zu seiner Wirklichkeit, sind nicht nur Menschen draußen, außer ihm, sondern sie, dieser Inhalt macht seine konkrete Wirklichkeit, sein wirkliches Herz aus. Wenn solche Menschen (175) sterben, so stirbt ihm ein Theil seiner Wirklichkeit, er kann ein festes starkes Herz haben daß sich in dem Verluste erhält, ihn nur empfindet, die Wunde aber vernarbt: aber es kann auch sein daß diese Kreise so fest zu seiner Wirklichkeit gehören, daß wenn ein Theil davon verloren geht, er in der That einen Theil seiner Lebendigkeit, Kraft, verliert. Die Hauptsache ist, dieß sich bestimmt vorzustellen daß das was als äußerer Kreis meiner Wirklichkeit erschient, wesentlich Wirklichkeit meiner selbst ist.

Siehe auch *Notizen 1820–1822* ('Hegel-Studien' Bd. 7, 1972: Schneider 158 d): *Innige* Einheit — Verlust der *Geliebten* durch *den Tod*.

tions, which appear for example as drives and inclinations. Although these determinations differ from one another, they are for themselves merely a *universal being*. It is in me as a *determinate* individual that they first receive a determinate content. It is in me for example, that love of parents, relatives, friends etc. becomes individualized, for I cannot be friend etc. in *general*, but am necessarily *this* friend of *these* friends, in *this* place, at *this* time and in *this* situation. My actuality consists of all the universal determinations of the soul lived and individualized within me. Far from being left to my discretion, these determinations therefore constitute the powers of my life, and belong to my actual being to the same extent as my head or chest belongs to my living existence. I *am* this whole cycle of determinations, they have grown into my individuality. Each particular point in this circle, the circumstances of my sitting here for example, shows itself to be withdrawn from the wilfulness of my presentation in that it is situated in the totality of my self-awareness as a link in a chain of determinations, or in other words in that it is embraced within the feeling of totality incident to my actuality.* Initially however, in so far as I am simply feeling soul, and not yet awake and liberated self-consciousness, I am only aware of this my actuality, my world, in a *wholly immediate* and *abstractly positive* manner. As

5

10

15

20

* *Griesheim Ms.* pp. 174–175; cf. *Kehler Ms.* p. 126: A person has parents, siblings, other relations, friends etc., all of whom pertain to his actuality, and are not merely people out there, external to him, but constitute this content, his concrete actuality, the actual heart of him. When such people (175) die, a part of his actuality dies. He can be so firm and powerful of heart that the wound heals, and he merely senses the loss without being broken by it; these circles can also be so firmly a part of his actuality however, that when a part of them passes away he does in fact lose part of his liveliness, his strength. The main thing is the clear presentation that the actuality which appears as my external circle is essentially my own. +

See also *Notes 1820–1822* ('Hegel-Studien' vol. 7, 1972; Schneider 158d): *Inner* unity — loss of *loved ones* through *death*.

Standpunkt die Welt noch nicht von mir abgetrennt, noch nicht als ein Aeußerliches gesetzt habe, mein Wissen von derselben somit noch nicht durch den Gegensatz des Subjectiven und Objectiven und durch Aufhebung dieses Gegensatzes vermittelt ist.

177 Den Inhalt dieses schauenden Wissens müssen wir nun näher bestimmen.

(1) Zuerst giebt es Zustände, wo die Seele von einem Inhalte weiß, den sie längst vergessen hat, und den sie im Wachen sich nicht mehr in's Bewußtseyn zu bringen vermag. Diese Erscheinung kommt in mancherlei Krankheiten vor. Die auffallendste Erscheinung dieser Art ist die, daß Menschen in Krankheiten eine Sprache reden, mit welcher sie sich zwar in früher Jugend beschäftigt haben, die sie aber im wachen Zustande zu sprechen nicht mehr fähig sind. Auch geschieht es, daß gemeine Leute, die sonst nur plattdeutsch mit Leichtigkeit zu sprechen gewohnt sind, im magnetischen Zustande ohne Mühe hochdeutsch sprechen.* Nicht weniger unzweifelhaft ist der Fall, daß Menschen in solchem Zustande den niemals von ihnen auswendig gelernten, aus ihrem wachen Bewußtseyn entschwundenen Inhalt einer vor geraumer Zeit von ihnen durchgemachten Lectüre mit vollkommener Fertigkeit hersagen. So recitirte, zum Beispiel, Jemand aus Young's Nachtgedanken eine lange Stelle, von welcher er wachend nichts mehr wußte. Ein besonders merkwürdiges Beispiel ist auch

* *Kehler Ms.* SS. 125–126; vgl. *Griesheim Ms.* SS. 173–174: Bekannte Erscheinung, daß Fieberkranke im Stande sind, fremde Sprachen zu sprechen, Kenntnisse zeigen, die man ihnen ganz und gar nicht zugetraut hat, und die sie nicht fähig wären, im gesunden, besonnenen Zustand zu äußern. Man hat ganz auffallende Geschichten z.B. ein Bauer ist in späten Jahren krank geworden, hat hebräisch gesprochen, als er gesund war, kam es heraus, daß er als ein Junge öfter einem Unterricht in hebräischer Sprache beigewohnt; aber er hatte es complett vergessen, erst in diesem Zustand fiel es ihm ein. Es ist also der Fall, daß wir hier von etwas wissen können, wovon wir nicht wissen nach der verständigen Weise, der Vermittlung des Bewußtseins; wir haben solche Kenntniß im Schacht unseres Innern niedergelegt, aber haben sie nicht, indem wir nicht Meister darüber sind. (126) Doch bringt sich dies wie zum Dasein, ohne die Weise der Vermittlung, vermöge der ich solche Kenntnisse in meinem Bewußtsein habe. In der Krankheit kommen oft Erinnerungen (*Griesheim:* der Jugendzeit) vor, die in unserem Inneren geschlafen haben.

has already been observed, this is because from this standpoint I have not yet separated the world from myself, not yet posited it as an externality, so that my knowledge of it is not yet *mediated* by the opposition between what is subjective and what is objective and by the sublation of their opposition. 5

We now have to determine more closely the *content* of this intuitive knowing.

(1) In the *first* instance there are states in which the soul is aware of a content it has long since *forgotten*, and which when awake it is no longer able to recall consciously. This occurs 10 in the case of various illnesses. The most remarkable phenomenon of this kind is that in which people with these illnesses talk in a language with which they have been concerned in early youth, but which they are no longer able to speak when awake. It also happens that ordinary people, who in the 15 usual way are only used to speaking Low German, will speak High German without difficulty when in the magnetic state.* There is the equally well confirmed case of people + who, having no waking recollection of a lesson they have had a long time previously, and having never learnt the content 20 of it by heart, will repeat the substance of it with complete fluency when in the magnetic state. There was, for example, the person who recited a long passage from Young's 'Night Thoughts', of which he knew nothing when he was awake. + Another particularly remarkable example is that of a boy 25

* *Kehler Ms.* pp. 125–126; cf. *Griesheim Ms.* pp. 173–174: There is the well known phenomenon of people who are suffering from fever being able to speak foreign languages, displaying knowledge one would never have credited them with, and which in a healthy and self-possessed condition they could never have given expression to. There are certain remarkable cases of this, such as that of the farmer who in his later years fell ill and spoke Hebrew. When he recovered, it turned out that in his youth he had often been present at Hebrew lessons, although he had completely forgotten this and only called it to mind on account of his illness. There is therefore the case of our being able to know something not known to us by means of the understanding and through the mediation of consciousness. Although we have deposited such knowledge in the abyss of our inner being, we have no power over this, and are therefore not in possession of it. (126) It is on account of my having such knowledge within my consciousness however, that it dispenses with the mode of mediation in bringing itself forth into determinate being as it were. Recollections (*Griesheim*: of our youth) which have gone to sleep in our inner being, often come forth during illness.

ein Knabe, der, in frühster Jugend durch Fallen am Gehirn verletzt und deßhalb operirt, nach und nach das Gedächtniß so sehr verlor, daß er nach Einer Stunde nicht mehr wußte, was er gethan hatte, — und der, in magnetischen Zustand versetzt, das Gedächtniß vollkommen wieder erhielt; dergestalt, daß er die Ursache seiner Krankheit und die bei der erlittenen Operation gebrauchten Instrumente, sowie die dabei thätig gewesenen Personen angeben konnte. *

(2) Noch wunderbarer, als das eben betrachtete Wissen von einem schon in das Innere der Seele niedergelegten Inhalt, kann das vermittlungslose Wissen von Begebenheiten erscheinen, die dem fühlenden Subject noch äußerlich sind. Denn rücksichtlich dieses zweiten Inhalts der schauenden Seele wissen wir, daß die Existenz des Aeußerlichen an Raum und Zeit gebunden, 178 und unser gewöhnliches Bewußtseyn durch diese beiden Formen des Außereinander vermittelt ist.

Was zuerst das räumlich uns Ferne betrifft, so können wir von demselben, in sofern wir waches Bewußtseyn sind, nur unter der Bedingung wissen, daß wir die Entfernung auf eine vermittelte Weise aufheben. Diese Bedingung ist aber für die schauende Seele nicht vorhanden. Der Raum gehört nicht der Seele, sondern der äußerlichen Natur an; und indem dieß Aeußerliche von der Seele erfaßt wird, hört dasselbe auf, räumlich zu seyn, da es, durch die Idealität der Seele verwandelt, weder sich selber noch uns äußerlich bleibt. Wenn daher das freie, verständige Bewußtseyn zur Form der bloß fühlenden Seele herabsinkt, so ist das Subject nicht mehr an den Raum gebunden. Beispiele dieser Unabhängigkeit der Seele vom Raume sind in großer Menge vorgekommen. Wir müssen hierbei zwei Fälle unterscheiden. Entweder sind die Begebenheiten dem schauenden Subjecte absolut äußerlich und werden ohne alle Vermittlung von ihm gewußt, — oder sie haben im Gegentheil für

* *Kehler Ms.* S. 126; vgl. *Griesheim Ms.* S. 174: Puysegur behandelte einen Jungen, der gefallen war, und stumpfsinnig, daß er im Stande war, die Umstände seines Falls zu erzählen, nach und nach so ihm die frühere Erinnerungen gekommen sind.

who had had to be operated upon in early youth on account of his having injured his brain by falling, and who gradually lost his memory to such an extent that he no longer knew what he had done an hour before. Put into the magnetic state, he recovered his memory so completely, that he was able to give an account not only of the cause of his illness and of the instruments used at the operation he had undergone, but also of the persons who had taken part in it.* +

(2) The unmediated knowledge of events still *external* to the feeling subject can appear to be even more wonderful than this knowledge of a content already lodged *within* the soul, for we know with regard to this *second* content of the envisioning soul, that the existence of what is external is bound to *space* and *time*, and that our *ordinary consciousness* is mediated by these two forms of extrinsicality.

With regard, *firstly*, to what is *spatially* distant from us, in so far as we are conscious and awake, we can only know something of it on condition that we sublate the distance in a *mediated* manner. The *envisioning soul* is not bound by this condition however. Space is of *external nature*, not of the *soul*, and in that it is apprehended by the soul this externality ceases to be *spatial*, for it is no longer external either to itself or us once the ideality of the soul has transformed it. Consequently, when free and understanding consciousness sinks into that form of the soul which is mere feeling, the subject is no longer bound to space. There are many instances of the soul's independence of space. Here we have to distinguish *two* cases. In the one the events are *absolutely external* to the envisioning subject, who knows of them without any media-

* *Kehler Ms.* p. 126; cf. *Griesheim Ms.* p. 174: A youth who had become dull-witted on account of a fall, was so treated by Puysegur that he was able to give an account of the way in which he had fallen, and by and by to recover earlier recollections.

dasselbe schon die Form eines Innerlichen, also eines ihm Nichtfremden, eines Vermittelten dadurch zu erhalten angefangen, daß sie auf ganz objective Art von einem anderen Subjecte gewußt werden, zwischen welchem und dem schauenden Individuum eine so vollständige Seeleneinheit besteht, daß Dasjenige, was in dem objectiven Bewußtseyn des Ersteren ist, auch in die Seele des Letzteren eindringt. Die durch das Bewußtseyn eines anderen Subjects vermittelte Form des Schauens haben wir erst später, bei dem eigentlichen magnetischen Zustande, zu betrachten. Hier dagegen müssen wir uns mit dem ersterwähnten Fall des durchaus vermittlungslosen Wissens von räumlich fernen äußerlichen Begebenheiten beschäftigen.

Beispiele von dieser Weise des Schauens kommen in älteren Zeiten, — in Zeiten eines mehr seelenhaften Lebens, — viel häufiger vor, als in der neueren Zeit, wo die Selbstständigkeit des verständigen Bewußtseyns sich weit mehr entwickelt hat. Die nicht frischweg des Irrthums oder der Lüge zu zeihenden alten Chroniken erzählen manchen hierher gehörigen Fall. Bei dem Ahnen des im Raum Entfernten kann übrigens, bald ein dunkleres, bald ein helleres Bewußtseyn stattfinden. Dieser Wechsel in der Klarheit des Schauens zeigte sich, zum Beispiel, an einem Mädchen, die, ohne daß sie im wachen Zustande Etwas davon wußte, einen Bruder in Spanien hatte, und die in ihrem Hellsehen, anfangs nur undeutlich, dann aber deutlich diesen Bruder in einem Spitale sah, — darauf denselben todt und geöffnet, — nachher jedoch wieder lebendig zu erblicken glaubte, — und — wie sich später ergab — darin richtig gesehen hatte, daß ihr Bruder wirklich zur Zeit jenes Schauens in einem Spital in Valladolid gewesen war; — während sie sich dagegen darin, daß sie denselben todt zu sehen meinte, geirrt hatte, da nicht dieser Bruder, sondern eine andere Person neben demselben zu jener Zeit gestorben war. — In Spanien und Italien, wo das Naturleben des Menschen allgemeiner ist, als bei uns, sind solche Gesichte, wie das eben erwähnte, namentlich bei Frauen und Freunden, in Bezug auf entfernte Freunde und Gatten, etwas Nichtseltenes.

Ebenso, wie über die Bedingung des Raumes, erhebt sich

179

tion. In the other however, the subject has already come to know them in the form of a being which is *internal* and therefore *not alien* to it. This being is mediated in that it is known in a wholly *objective* manner by *another* subject, between which and the envisioning individual there is so complete a union of soul, that that which is in the objective consciousness of the first also penetrates into the soul of the latter. This form of vision, mediated as it is by the consciousness of *another* subject, has first to be dealt with later, in our consideration of the magnetic state proper. At this juncture however, we have to concern ourselves with the *first* of these cases, with entirely *unmediated* knowledge of spatially distant external events.

Examples of this kind of envisioning are much commoner from earlier times, when the life of the soul was more predominant, than they are at present, at a time when the understanding consciousness is so much more developed. Many a case of this kind is to be found in the old chronicles, which are not to be too readily charged with error or falsehood. Incidentally, there can be a vacillation in the lucidity of consciousness when it is divining what is distant in space. This variability in the clarity of the vision was apparent for example in the case of a girl who had a brother in Spain. When she was awake she knew nothing of this, but in her clairvoyance, indistinctly at first, but then clearly, she saw him in hospital. She saw him dead and dissected, but then thought she caught a glimpse of him alive again. It later turned out that she had seen correctly. At the time of her vision her brother had in fact been in hospital in Valladolid. She had erred in thinking that she had seen him dead, but another person next to him had died at the same time. — In Spain and Italy, where the natural life of man is more general than it is with us, divinations such as this are by no means infrequent. In these countries it is in the main women and friends who are in rapport with absent friends and husbands.

In the *second* instance, the envisioning soul raises itself

aber die schauende Seele zweitens über die Bedingung der Zeit. Schon oben haben wir gesehen, daß die Seele, im Zustande des Schauens, etwas durch die verflossene Zeit aus ihrem wachen Bewußtseyn völlig Entferntes sich wieder gegenwärtig machen kann. Interessanter ist jedoch für die Vorstellung die Frage, ob der Mensch auch das durch die zukünftige Zeit von ihm Getrennte klar zu wissen vermöge. Auf diese Frage haben wir Folgendes zu erwiedern. Zuvörderst können wir sagen, daß, wie das vorstellende Bewußtseyn sich irrt, wenn dasselbe das vorher besprochene Schauen einer durch ihre räumliche Entfernung dem leiblichen Auge gänzlich entrückten Einzelnheit für etwas Besseres als das Wissen von Vernunftwahrheiten hält, — so die Vorstellung

180

in gleichem Irrthum befangen ist, indem sie meint, ein vollkommen sicheres und verständig bestimmtes Wissen des Zukünftigen würde etwas sehr Hohes seyn, und man habe sich für das Entbehren eines solchen Wissens nach Trostgründen umzusehen. Umgekehrt muß vielmehr gesagt werden, daß es zum Verzweifeln langweilig seyn würde, seine Schicksale mit völliger Bestimmtheit vorher zu wissen und dieselben dann, der Reihe nach, sammt und sonders durchzuleben. Ein Vorauswissen dieser Art gehört aber zu den Unmöglichkeiten; denn Dasjenige, was nur erst ein Zukünftiges, also ein bloß An-sich-seyendes ist, — Das kann gar nicht Gegenstand des wahrnehmenden, verständigen Bewußtseyns werden, da nur das Existirende, das zur Einzelnheit eines sinnlich Gegenwärtigen Gelangte wahrgenommen wird. Allerdings vermag der menschliche Geist sich über das ausschließlich mit der sinnlich gegenwärtigen Einzelnheit beschäftigte Wissen zu erheben; die absolute Erhebung darüber findet aber nur in dem begreifenden Erkennen des Ewigen statt; denn das Ewige wird nicht, wie das sinnlich Einzelne, von dem Wechsel des Entstehens und Vergehens ergriffen, ist daher weder ein Vergangenes noch ein Zukünftiges, sondern das über die Zeit erhabene, alle Unterschiede derselben als aufgehobene in sich enthaltende absolut Gegenwärtige. Im magnetischen Zustande dagegen kann bloß eine bedingte Erhebung über das Wissen des unmittelbar Gegenwärtigen erfolgen; das in diesem

above the determination of *time* just as it does above that of *space*. We have already seen that the soul in the visionary state can recall something which is completely removed from its waking consciousness through the *lapse* of time. Presentative thinking is however more interested in the question of man's also being able to know clearly what is separated from him by *future* time. We can elucidate this question as follows. Firstly, it is to be observed in connection with the previously mentioned vision of a singularity wholly removed from the corporeal eye through its distance in *space*, that presentative thinking deludes itself by regarding this as in some way superior to knowledge of the truths of reason, and, similarly, that it is involved in the same error when it is of the opinion that a completely certain and understandably determined knowledge of the *future* would be in some way immensely sublime, and that one has to look around for consolations on account of one's not being in possession of it. On the contrary, it has to be observed that it would be frightfully boring to have exact foreknowledge of one's fate and then proceed to live out the course of each and every detail of it. Foreknowledge of *this* kind is in any case an impossibility, for what is still a mere *futurity* and hence a mere *implicitness* is quite incapable of being the general object of the *perceiving* and *understanding consciousness*, since what is perceived is simply what is *existing*, i.e. what has achieved the *singularity* of being *sensuously present*. It is true that the human spirit is able to raise itself above knowledge concerned exclusively with the singularity of what is sensuously present, but it is only in the *Notional cognition* of the *eternal* that this elevation is *absolute*. Unlike the sensuously singular, the eternal is not affected by the vicissitude of arising and passing away, and is therefore neither a past nor a future. It is, rather, the *absolute* present, raised above time, and containing all the differences of time as sublated within it. In the magnetic state however, there can be no more than a *conditioned* rising above knowledge of what is immediately

Zustande sich offenbarende Vorauswissen bezieht sich immer nur auf den *einzelnen* Kreis der Existenz des Hellsehenden, besonders auf dessen individuelle Krankheitsdisposition, und hat, — was die Form betrifft, — nicht den *nothwendigen Zusammenhang* und die *bestimmte Gewißheit* des objectiven, verständigen Bewußtseyns. Der Hellsehende ist in einem *concentrirten* Zustande und schaut dieß sein eingehülltes, prägnantes Leben auf *concentrirte* Weise an. In der *Bestimmtheit* dieses Concentrirten sind auch die Bestimmungen des *Raumes* 181 und der *Zeit* als *eingehüllte* enthalten. Für sich selber jedoch werden diese Formen des Außereinander von der in ihre Innerlichkeit versunkenen Seele des Hellsehenden nicht erfaßt; Dieß geschieht nur von Seiten des seine Wirklichkeit sich als eine äußerliche Welt gegenüberstellenden objectiven Bewußtseyns. Da aber der Hellsehende *zugleich* ein *Vorstellendes* ist, so muß er jene in sein concentrirtes Leben *eingehüllten* Bestimmungen auch *herausheben*, oder — was Dasselbe ist — seinen Zustand in die Formen des *Raumes* und der *Zeit hinaussetzen*, denselben überhaupt nach der Weise des wachen Bewußtseyns auslegen. Hieraus erhellt, in welchem Sinne das ahnende Schauen eine Vermittlung der Zeit in sich hat, während dasselbe andererseits dieser Vermittlung nicht bedarf und eben deßwegen fähig ist, in die Zukunft vorzudringen. Das *Quantum* der in dem angeschauten Zustande liegenden zukünftigen Zeit ist aber nicht etwas für sich Festes, sondern eine Art und *Weise* der *Qualität* des geahnten Inhalts, — etwas zu dieser Qualität ebenso Gehöriges, wie, zum Beispiel, die Zeit von drei oder vier Tagen zur Bestimmtheit der Natur des *Fiebers* gehört. Das Herausheben jenes Zeitquantums besteht daher in einem entwickelnden Eingehen in das Intensive des Geschauten. Bei dieser Entwicklung ist nun unendliche Täuschung möglich. Niemals wird die Zeit von den Hellsehenden genau angegeben, meistentheils werden vielmehr die auf die Zukunft sich beziehenden Aussagen solcher Menschen zu Schanden; zumal, wenn diese Schauungen zu ihrem Inhalt Ereignisse haben, die vom freien Willen anderer Personen abhängen. Daß die Hellsehenden in dem fragli-

present. The foreknowledge which reveals itself in this condition never relates to anything beyond the clairvoyant's singular sphere of existence, and is often a matter of his individual disposition in respect of illness. In its form it lacks the *necessary connectedness* and *determinate certainty* of the objective and understanding consciousness. The clairvoyant is in a state of *concentration*, and it is in a concentrated manner that he intuites the veiled potentialities of his life. The determinations of *space* and *time* are also held *enveiled* within the *determinateness* of this concentration. Immersed in its inwardness however, the clairvoyant's soul does not apprehend these forms of extrinsicality for themselves. This is accomplished only through objective consciousness, which posits its actuality over against itself as an external world. Since the clairvoyant is *also presentative* however, he too has to *bring out* the determinations *enveiled* within his concentrated life, in other words, to *set out* his condition in the forms of *space* and *time*, and so to assume the manner of waking consciousness in his general exposition of it. From this it is evident, that although in a certain sense a divining vision involves a temporal mediation, it is precisely because it is also able to dispense with it, that it is able to penetrate into the future. In itself however, the *quantum* of future time involved in the intuited situation is not fixed in any way, but is a *qualitative mode* of the content divined, something pertaining to this quality. A period of three or four days, for example, pertains to the determinate nature of a *fever*. In order to bring out this quantum of time, the intensive nature of what is intuited has to be developed by means of investigation, and in this development there is every possibility of deception. The clairvoyant will never give the precise time, and the assertions of such people with regard to the future tend for the most part to discredit them, particularly when the content of these envisionings depends upon the free will of other persons. It is only natural that clairvoyants should so frequently delude

chen Punkt sich so oft täuschen, ist ganz natürlich; denn sie schauen ein Zukünftiges nur nach ihrer ganz unbestimmten, unter diesen Umständen so, unter anderen Umständen anders bestimmten zufälligen Empfindung an, und legen dann den geschauten Inhalt auf ebenso unbestimmte und zufällige Weise aus. Andererseits kann allerdings jedoch das Vorkommen sich wirklich bestätigender

182 hieher gehöriger, höchst wunderbarer Ahnungen und Visionen durchaus nicht geleugnet werden. So sind Personen durch die Ahnung des nachher wirklich erfolgenden Einsturzes eines Hauses oder einer Decke aufgeweckt und zum Verlassen des Zimmers oder des Hauses getrieben worden. So sollen zuweilen auch Schiffer von dem nichttäuschenden Vorgefühl eines Sturmes befallen werden, von welchem das verständige Bewußtseyn noch gar kein Anzeichen bemerkt. Auch wird behauptet, daß viele Menschen die Stunde ihres Todes vorher gesagt haben. Vorzüglich in den schottischen Hochlanden, in Holland und in Westphalen finden sich häufige Beispiele von Ahnungen des Zukünftigen. Besonders bei den schottischen Gebirgsbewohnern ist das Vermögen des sogenannten zweiten Gesichts (second sight) noch jetzt nichts Seltenes. Mit diesem Vermögen begabte Personen sehen sich doppelt, erblicken sich in Verhältnissen und Zuständen, in denen sie erst später seyn werden. Zur Erklärung dieses wunderbaren Phänomens kann Folgendes gesagt werden. Wie man bemerkt hat, ist das second sight in Schottland früherhin

* viel häufiger gewesen, als jetzt. Für das Entstehen desselben scheint

* *Kehler Ms.* S. 128; vgl. *Griesheim Ms.* SS. 176–177: Ahndung im Voraus, des eigenen Todes, des Todes von Freunden, Vorahndung aber auch vom Tode anderer Personen, die ganz gleichgültig, dies kommt noch vor an Individuen in Westschottland und den Hebriden, und früher häufiger, das zweite Gesicht genannt, auch kam dies in Westphalen vor. Engländer haben dies untersucht, alle Data sorgfältig gesammelt, in Kiesers Archiv Auszüge. Bei diesem zweiten Gesicht wird bemerkt die Erscheinung, daß die Augenlider des Sehenden aufgerissen sind und seine Augen ganz starr sind, so lange er das Gesicht hat, es sind aber nur ganz einzelne Individuen, die dies haben, sie sehen einen Leichenzug, oder eine Leiche auf einem Tisch... (*Griesheim*: u.s.w. Es wird ein Fall erzählt wo ein solcher Seher) 13 Lichte auf einem Kirchhof (sah), und nach einem Sturm ist ein Schiffscapitän mit 12 Mann todt an den Strand geworfen und da begraben worden, die also nicht

themselves in this respect, for it is only in accordance with their entirely indeterminate and fortuitous sensation that they visualize a futurity, and since this sensation is variously determined according to the various circumstances, they then proceed to give a similarly indeterminate and fortuitous exposition of the envisioned content. It cannot be denied however that very remarkable divinations and visions of this kind have actually been fulfilled. People have, for example, felt compelled to leave a room or a house after waking up with the premonition of a collapsing ceiling or building, and the collapse has then actually occurred. Skippers are said to be surprised on occasions by the foreboding of an approaching storm, when the understanding consciousness still sees no signs of it. Many people are also reputed to have predicted the hour of their death. There are numerous instances of the future having been divined, most of them deriving from the Highlands of Scotland, Holland and Westphalia. Even today, and particularly among the inhabitants of the Scottish Highlands, the faculty of what is *called* the *second sight* is still quite common. Persons gifted with this faculty see themselves *double*, glimpse themselves in relationships and situations in which they will only find themselves later on. One might attempt to explain this remarkable phenomenon as follows. It has been noticed that the *second sight* was formerly much commoner in Scotland than it is today.* It

* *Kehler Ms.* p. 128; cf. *Griesheim Ms.* pp. 176–177: Certain individuals in the west of Scotland and the Hebrides have premonition of their own death, of that of friends, and even of persons who are a matter of complete indifference to them. This is called second sight, and used also to be commoner in Westphalia. The English have investigated it and carefully collected all the data, extracts from which are to be found in Kieser's Archive. It has been noticed of people who are actually in possession of it that their eyelids are wide apart and their eyes quite fixed. Only a very few individuals possess it however. They might see a funeral procession or a corpse on a table (*Griesheim:* etc. There is a case on record of one who saw) thirteen lights in a churchyard, and after a storm a ship's captain and twelve men were washed ashore and

sonach ein eigenthümlicher Standpunkt der geistigen Entwicklung
+ othwendig zu seyn, — und zwar ein vom Zustande der Rohheit wie von dem Zustande großer Bildung gleichmäßig entfernter Standpunkt, auf welchem die Menschen keine allgemeinen Zwecke verfolgen, sondern sich nur für ihre individuellen Verhältnisse interessiren, — ihre zufälligen, besonderen Zwecke, ohne gründliche Einsicht in die Natur der zu behandelnden Verhältnisse, in träger Nachahmung des Althergebrachten ausführen, — somit, um die Erkenntniß des Allgemeinen und Nothwendigen unbekümmert, sich nur mit Einzelnem und Zufälligem beschäftigen. Gerade durch diese Versunkenheit des Geistes in das Einzelne und Zufällige scheinen die Menschen zum Schauen einer noch in der Zukunft verborgenen einzelnen Begebenheit, besonders, wenn diese ihnen nicht gleichgültig ist, oft befähigt zu
183 werden. — Es versteht sich indeß bei dieser, wie bei ähnlichen Erscheinungen, von selber, daß die Philosophie nicht darauf ausgehen kann, alle einzelnen, häufig nicht gehörig beglaubigten, im Gegentheil äußerst zweifelhaften Umstände erklären zu wollen; wir müssen uns vielmehr in der philosophischen Betrachtung, wie wir im Obigen gethan haben, auf die Hervorhebung der bei den fraglichen Erscheinungen festzuhaltenden Hauptgesichtspunkte beschränken.

(3) Während nun bei dem unter Nummer (1) betrachteten Schauen die in ihre Innerlichkeit verschlossene Seele nur einen ihr schon angehörigen Inhalt sich wieder gegenwärtig macht, — und während dagegen bei dem unter Nummer (2) besprochenen Stoffe die Seele in das Schauen eines einzelnen äußerlichen Umstandes versenkt ist, — kehrt dieselbe drittens in dem schauenden Wissen von ihrem eigenen Inneren, von ihrem Seelen- und Körperzustande, aus jener Beziehung auf ein Aeußerliches, zu sich selber zurück. Diese Seite des Schauens hat

---

in den Umkreis gehörten, der ihm besonders nahe lag. Dies Vorauswissen von Zufälligem ist merkwürdig; die Voremfindung des Todes, des eigenen oder des Todes der Fremden, ist durch eine Menge von Beispielen constatirt. Winkelmann, der 1769 bei Triest ermordet wurde, (*Griesheim*: (hat) in Briefen geäußert (daß) er) hat die Vorempfindung gehabt, es war ihm nicht wohl, er hat es nicht aushalten können, hat geahndet, daß ihm etwas bevorstehe.

seems therefore as though a peculiar standpoint of spiritual development, as removed from the primitive state as it is from that of advanced culture, is necessary to its occurrence. + Rather than pursuing *universal* purposes people are interested only in their *individual* relationships, and follow out their 5 *contingent* and *particular* purposes by indolently conforming with time-honoured practices, and failing to acquire any radical insight into the nature of the relationships to be dealt with. Untroubled by knowledge of what is universal and necessary, they busy themselves only with what is *singular* 10 and *contingent*. It is precisely on account of this immersion of spirit in what is singular and contingent, that people often seem to be able to envision a *singular* event still concealed within the future, particularly if it is not a matter of indifference to them. — Nevertheless, in this case, as in that 15 of similar appearances, it goes without saying, that philosophy cannot attempt to explain all the individual circumstances, many of which are insufficiently attested or even highly suspect. In philosophical consideration we have to proceed as we have above, and to confine ourselves to 20 bringing out the main points to be kept to in respect of the appearances in question. +

(3) In the envisioning considered in the first section, the soul is still confined to its internality, and simply brings up before itself a content *already belonging* to it. In the material 25 dealt with in the second section on the contrary, it is immersed in the envisioning of a certain *external* situation. In the *third* instance it abandons this relation to an externality and returns to itself, to visionary knowledge of its *own inwardness*, of the state of its body and soul. This aspect of 30

---

buried there. They see people, therefore, who do not belong to their immediate circle. This foreknowledge of what is contingent is curious; the presentiment of death, of one's own or that of strangers, is confirmed by a host of instances. *Winkelmann*, who was murdered near Trieste in 1769, sensed it beforehand; he (*Griesheim*: said in his letters that he) did not feel well, was unable to bear the situation, and had a premonition that something was about to happen to him. +

einen sehr weiten Umfang und kann zugleich zu einer bedeutenden Klarheit und Bestimmtheit gelangen. Etwas vollkommen Bestimmtes und Richtiges werden jedoch die Hellsehenden über ihren körperlichen Zustand nur dann anzugeben vermögen, wenn dieselben medicinisch gebildet sind, somit in ihrem wachen Bewußtseyn eine genaue Kenntniß der Natur des menschlichen Organismus besitzen. Von den nicht medicinisch gebildeten Hellsehenden dagegen darf man keine anatomisch und physiologisch völlig richtigen Angaben erwarten; solchen Personen wird es im Gegentheil äußerst schwer, die concentrirte Anschauung, die sie von ihrem Körperzustand haben, in die Form des verständigen Denkens zu übersetzen; und sie können das von ihnen Geschaute doch immer nur in die Form *ihres*, — das heißt, — eines mehr oder weniger unklaren und unwissenden wachen Bewußtseyns erheben. — So wie aber bei den verschiedenen hellsehenden Individuen das unmittelbare Wissen von ihrem *Körperzustand* ein sehr verschiedenes ist, so herrscht auch in dem schauenden Erkennen ihres *geistigen* Inneren, sowohl in Bezug auf die Form, als in Betreff des Inhalts, eine große Verschiedenheit. *Edlen* Naturen wird im Hellsehen, — da dieß ein Zustand des Hervortretens der Substantialität der Seele ist, — eine Fülle edlen Empfindens, ihr wahres Selbst, der bessere Geist des Menschen aufgeschlossen und erscheint ihnen oft als besonderer Schutzgeist. *Niedrige* Menschen hingegen offenbaren in jenem Zustande ihre Niedrigkeit und überlassen sich derselben ohne Rückhalt. Individuen von *mittlerem* Werthe endlich bestehen während des Hellsehens häufig einen sittlichen Kampf mit sich selber, da in diesem neuen Leben, in diesem ungestörten inneren Schauen, das Bedeutendere und Edlere der Charaktere hervortritt und sich gegen das Fehlerhafte derselben vernichtend kehrt.

184

4. Dem schauenden Wissen von dem *eigenen* geistigen und körperlichen Zustande reiht sich als eine *vierte* Erscheinung das hellsehende Erkennen eines fremden Seelen- und Körperzustandes an. Dieser Fall ereignet sich besonders im magnetischen Somnambulismus, wenn durch den Rapport, in welchen das in die-

envisioning has a very wide range, and can at the same time attain to considerable clarity and distinctness. However, clairvoyants are only able to give a completely distinct and correct account of their bodily condition when they have had a medical training, when in their conscious and waking state they have an exact knowledge of the nature of the human organism. Completely correct anatomical and physiological accounts are not to be expected from clairvoyants with no medical training. On the contrary, such persons will have the greatest difficulty in transposing the concentrated intuition they have of their bodily condition into the form of understandable thought. They are confined simply to raising what they have envisioned into the form of their *own* awakened consciousness, which is more or less confused and uninformed. — However, just as the individual clairvoyants vary greatly in their immediate knowledge of their *bodily condition*, so also do they differ widely, both with regard to form and content, in their intuitive knowledge of their *spiritual* inwardness. Since the substantiality of the soul is manifest in the state of clairvoyance, in *noble* natures it reveals a wealth of noble sentiments, the true self, the better spiritual side, and often appears to them as a special guardian spirit. It is a state in which *base* natures reveal their baseness however, and abandon themselves to it unreservedly. Finally, *mediocre* individuals, in a state of clairvoyance, are often ethically at odds with themselves, since in this new life, this serene inner vision, there is an emergence of the more important and nobler aspect of their character, which turns destructively upon their failings.

4. Visionary knowledge of one's *own* spiritual and bodily state includes as a *fourth* appearance the clairvoyant cognition of someone else's state of body and soul. This case is particularly incident to magnetic somnambulism, when

sem Zustande befindliche Subject mit einem anderen Subjecte gesetzt worden ist, die beiderseitigen Lebenssphären derselben gleichsam zu einer einzigen geworden sind.

5. Erreicht endlich dieser Rapport den höchsten Grad der Innigkeit und Stärke, so kommt fünftens die Erscheinung vor, daß das schauende Subject nicht bloß von, sondern in einem anderen Subjecte weiß, schaut und fühlt, ohne directe Aufmerksamkeit auf das andere Individuum alle Begegnisse desselben unmittelbar mitempfindet, die Empfindungen der fremden Individualität als seine eigenen in sich hat. Von dieser Erscheinung finden sich die auffallendsten Beispiele. So behandelte ein französischer Arzt zwei sich gegenseitig sehr liebende Frauen, die in bedeutender Entfernung die beiderseitigen Krankheitszustände in 185 * einander empfanden. Hierher kann auch der Fall gerechnet werden, wo ein Soldat die Angst seiner von Räubern gebundenen Mutter, trotz einer ziemlichen Entfernung von ihr, in solcher Stärke unmittelbar mitempfand, daß er ohne Weiteres zu ihr zu eilen sich unwiderstehlich gedrungen fühlte.

Die im Obigen besprochenen fünf Erscheinungen sind die Hauptmomente des schauenden Wissens. Dieselben haben sämmtlich die Bestimmung mit einander gemein, daß sie sich immer auf die individuelle Welt der fühlenden Seele beziehen. Diese Beziehung begründet jedoch unter ihnen keinen so untrennbaren Zusammenhang, daß sie immer alle in Einem und demselben Subjecte hervortreten müßten. Zweitens ist jenen Erscheinungen auch Dieß gemeinsam, daß dieselben sowohl in Folge physischer Krank-

* *Griesheim Ms.* S. 176; vgl. *Kehler Ms.* S. 127: Beispiele finden sich in der Geschichte des animalischen Magnetismus sehr häufig, der Geheimerath *Kluge* giebt viele dergleichen an. Ein alter Freund hat mir ein Beispiel von einem jungen wahrheitsliebenden Arzt mitgetheilt, der mit seiner Schwester in so enger Verbindung des Gemüths gestanden, daß ihn entfernt von ihr Angst und Unruhe überfiel sobald sie krank wurde und ihn mit Sehnsucht herbei wünschte. *Descottes* hat zwei junge Frauen behandelt die sich sehr liebten, von denen jede das Schicksal der anderen, ihre eigenen Krankheitserscheinungen und die der anderen auf mehrere Tage vorauswußte. Dergleichen Fälle kommen besonders im Zustande des magnetischen Somnambulismus häufig vor.

through the rapport in which the subject in this state stands to another, there is as it were a merging of the respective spheres of life.

5. The *fifth* and final appearance occurs when this rapport reaches the highest degree of intimacy and strength and consists of the envisioning subject's not only knowing *of* another subject, seeing and sensing it, but of its knowing *within* it, having an *immediate sympathy* with all that happens in respect of this other individual, experiencing its sensations, as its *own*, without paying any direct attention to it. There are some most remarkable instances of this. A French doctor, for example, treated two women who were very fond of one another, and who experienced one another's illnesses when a considerable distance apart.* Another case that might be instanced here is that of the soldier whose sympathetic experience of his mother's anguish at being tied up by robbers was so immediate and so strong, in spite of his being some distance away, that he instantaneously felt irresistably compelled to hurry to her.

The *five* appearances mentioned above constitute the *principal moments* of visionary knowledge. The determination of their always relating to the *individual* world of the feeling soul is common to all of them. The connection between them based upon this relation is not however so indivisible that they must all invariably occur in one and the same subject. Also common to these appearances is their being able to occur, both as a result of physical illness and in otherwise

* *Griesheim Ms.* p. 176; cf. *Kehler Ms.* p. 127: Examples of this are legion in the history of animal magnetism, and Privy Councillor *Kluge* has collected a great number of them. An old friend told me of a young and veracious doctor who was dispositionally so close to his sister, that when separated from her he was troubled and disturbed as soon as she fell ill and longed for his presence. *Descottes* had under his care two young women who were very much attached to one another, and each of whom knew several days ahead what the fate of the other, as well as the features of her own and the other's illness would be. Cases such as this are by no means uncommon, particularly in a state of magnetic somnambulism.

heit, als auch, bei sonst gesunden Personen, vermöge einer gewissen besonderen Disposition entstehen können. In beiden Fällen sind jene Erscheinungen unmittelbare Naturzustände; nur als solche haben wir sie bisher betrachtet. Sie können aber auch absichtlich hervorgerufen werden. Wenn dieß geschieht, bilden sie

den eigentlichen animalischen Magnetismus,

mit welchem wir uns jetzt zu beschäftigen haben.

Was zunächst den Namen „animalischer Magnetismus" betrifft, so ist derselbe ursprünglich daher entstanden, daß Mesmer damit angefangen hat, mit Magneten den magnetischen Zustand zu erwecken. Nachher hat man jenen Namen beibehalten, weil auch im thierischen Magnetismus eine unmittelbare gegenseitige Beziehung zweier Existenzen, wie im unorganischen Magnetismus, stattfindet. Außerdem ist der fragliche Zustand hie und da Mesmerismus, Solarismus, Tellurismus genannt worden. Unter diesen drei Benennungen hat jedoch die ersterwähnte für sich nichts Bezeichnendes; und die beiden letzteren beziehen sich auf eine durchaus andere Sphäre, als auf die des thierischen Magnetismus; die geistige Natur, welche bei diesem in Anspruch genommen wird, enthält noch ganz Anderes in sich, als bloß solarische und tellurische Momente, — als diese ganz abstracten Bestimmungen, die wir bereits §. 392 an der noch nicht zum individuellen Subject entwickelten natürlichen Seele betrachtet haben.

186

Erst durch den eigentlichen animalischen Magnetismus ist das allgemeine Interesse auf die magnetischen Zustände gerichtet worden, da man durch denselben die Macht erhalten hat, alle möglichen Formen dieser Zustände herauszubilden und zu entwickeln. Die auf diesem Wege absichtlich hervorgebrachten Erscheinungen sind jedoch nicht verschieden von den schon besprochenen, auch ohne Concurrenz des eigentlichen animalischen Magnetismus erfolgenden Zuständen; durch ihn wird nur gesetzt, was sonst als unmittelbarer Naturzustand vorhanden ist.

1. Um nun zuvörderst die Möglichkeit einer absichtlichen Hervorbringung des magnetischen Zustandes zu begreifen, brauchen wir uns nur an Dasjenige zu erinnern, was wir als den

healthy persons, by virtue of a certain particular disposition. In both cases they are *immediate* and natural states, and hitherto we have only considered them as such. They can also be evoked *deliberately* however. When they are, they constitute *animal magnetism properly so called*, and it is with this that we now have to concern ourselves. 5

Firstly, something about the name '*animal magnetism*', which originated in the first instance in *Mesmer*'s having begun to induce the magnetic state by means of *magnets*. The name was subsequently retained, since in *animal* as in *inorganic* magnetism there is an immediately reciprocal relation between two existences. On occasions the state in question has also been called *mesmerism*, *solarism*, *tellurism*. The first of these designations is in itself of no significance, and the other two refer to a sphere completely *different* from that of animal magnetism. The content of the spritual nature involved in animal magnetism does not consist merely of *solar* and *telluric* moments, of the *completely abstract* determinations already considered in connection with the natural soul, which is not yet developed into the individual subject (§ 392). 10 + 15 20 +

It was through animal magnetism *properly so called* that general interest in magnetic states was first awakened, for it was this that facilitated the eliciting and developing of these states in all their possible forms. The appearances deliberately brought forth in this way do not however differ from the states already dealt with, which will also occur without the concurrence of animal magnetism properly so called. Animal magnetism simply *posits* what is otherwise present as an *immediate* and natural state. 25 30

1. Now first of all, in order to comprehend the *possibility* of deliberately inducing the magnetic state, we have only to remind ourselves of the Notion we have adduced as being

Grundbegriff dieses ganzen Standpunkts der Seele angegeben haben. Der magnetische Zustand ist eine Krankheit; denn, wenn überhaupt das Wesen der Krankheit in die Trennung eines besonderen Systems des Organismus von dem allgemeinen physiologischen Leben gesetzt werden muß, und wenn eben dadurch, daß sich ein besonderes System jenem allgemeinen Leben entfremdet, der animalische Organismus sich in seiner Endlichkeit, Ohnmacht und Abhängigkeit von einer fremden Gewalt darstellt; — so bestimmt sich jener allgemeine Begriff der Krankheit in Bezug auf den magnetischen Zustand näher auf die Weise, daß in dieser eigenthümlichen Krankheit zwischen meinem seelenhaften und meinem wachen Seyn, zwischen meiner fühlenden Naturlebendigkeit und meinem vermittelten, verständigen Bewußtseyn ein Bruch entsteht, der, — da jeder Mensch die ebengenannten beiden Seiten in sich schließt, — auch in dem gesundesten Menschen allerdings der Möglichkeit nach enthalten ist, aber nicht in allen Individuen, sondern nur in den-

187

jenigen, welche dazu eine besondere Anlage haben, zur Existenz kommt, und erst, in sofern er aus seiner Möglichkeit in die Wirklichkeit tritt, zu etwas Krankhaftem wird. Wenn sich aber mein seelenhaftes Leben von meinem verständigen Bewußtseyn trennt und dessen Geschäft übernimmt, büße ich meine, im verständigen Bewußtseyn wurzelnde Freiheit ein, verliere ich die Fähigkeit, mich einer fremden Gewalt zu verschließen, werde dieser vielmehr unterwürfig. Wie nun der von selber entstehende magnetische Zustand in die Abhängigkeit von einer fremden Gewalt ausschlägt; so kann auch umgekehrt von einer äußerlichen Gewalt der Anfang gemacht, und, — indem dieselbe mich bei der an sich in mir vorhandenen Trennung meines fühlenden Lebens und meines denkenden Bewußtseyns erfaßt, — dieser Bruch in mir zur Existenz gebracht, somit der magnetische Zustand künstlich bewirkt werden. Jedoch können, wie bereits angedeutet, nur diejenigen Individuen, in welchen eine besondere Disposition zu diesem Zustande schon vorhanden ist, leicht und dauernd Epopten werden; wogegen Menschen, die nur durch besondere Krankheit in jenen Zustand kommen, nie vollkommene Epopten sind. Die

fundamental to the whole of this standpoint of the soul. The magnetic state is an *illness*, for the essence of disease *in general* has to be posited as residing in the dividing off of a particular system from the general physiological life of the organism. It is precisely on account of one particular system *alienating* itself from this general life, that the animal organism exhibits itself in its finitude, impotence and dependence upon an *alien* power. Consequently, the more precise determination of this *general* Notion of disease with regard to the *magnetic* state is that in that this is a disease, there is a *breach* between my *soul-like* and my *waking* being, between the *life* and *feeling* of my *natural being* and the *mediated understanding* of my *consciousness*. Since these two aspects are common to everyone, it is *possible* for this breach to occur in even the healthiest of people. However, it is not in all individuals, but only in those who have a *particular* endowment, that it comes into existence, and it is only in so far as it passes from possibility into actuality that it becomes an illness. The freedom rooted in my understanding consciousness is however lost to me when my soul-like life divides off from this consciousness and assumes its functions, and by losing the ability to disengage from an *alien* power, I become subject to it. The *self-producing* magnetic state may be *initiated* by an *external* power, just as it *gives rise* to dependence upon an alien one. In the former case the magnetic state is produced *artificially*, in that the external power brings the breach into existence by laying hold of me through the separation of feeling life and thinking consciousness *implicitly* present within me. As has already been indicated however, only individuals particularly predisposed to this condition can easily become confirmed epopts. People who only fall into it on account of a particular illness are never perfect epopts. *Another subject* is

fremde Gewalt aber, welche den magnetischen Somnambulismus in einem Subjecte erzeugt, ist hauptsächlich ein *anderes Subject*; indeß sind auch *Arzneimittel*, vorzüglich *Bilsenkraut*, — auch *Wasser* oder *Metall*, — im Stande, jene Gewalt auszuüben. Das zum magnetischen Somnambulismus disponirte Subject vermag daher sich in denselben zu versetzen, indem es sich in Abhängigkeit von solchem Unorganischen oder Vegetabilischem begibt*). — Unter den Mitteln zur Hervorbringung des magne- 188 tischen Zustandes ist besonders auch das *Baquet* zu erwähnen. Dasselbe besteht in einem Gefäße mit eisernen Stangen, welche von den zu magnetisirenden Personen berührt werden, und bildet das Mittelglied zwischen dem Magnetiseur und jenen Personen. Während überhaupt *Metalle* zur *Erhöhung* des magnetischen Zustandes dienen, bringt umgekehrt *Glas* und *Seide* eine *isolirende* Wirkung hervor. † — Uebrigens wirkt die Kraft des Magnetiseurs nicht nur auf Menschen, sondern auch auf Thiere, zum Beispiel, auf Hunde, Katzen und Affen; denn es ist *ganz allgemein* das *seelenhafte*, — und zwar *nur das seelenhafte*, — Leben, welches in den magnetischen Zustand versetzt werden kann, gleichviel, ob dasselbe einem *Geiste* angehöre, oder nicht.

2. Was *zweitens* die *Art* und *Weise* des Magnetisirens betrifft, so ist dieselbe verschieden. Gewöhnlich wirkt der Magnetiseur durch Berührung. Wie im Galvanismus die Metalle durch

*) Davon haben schon die *Schamanen* der *Mongolen* Kenntniß; sie bringen sich, wenn sie weissagen wollen, durch gewisse Getränke in magnetischen Zustand. Dasselbe geschieht zu dem nämlichen Zweck noch jetzt bei den Indiern. Etwas Aehnliches hat wahrscheinlich auch bei dem Orakel zu Delphi stattgefunden, wo die Priesterin, über eine Höhle auf einen Dreifuß gesetzt, in eine oft milde, zuweilen aber auch heftige Ekstase gerieth und in diesem Zustande mehr oder weniger articulirte Töne ausstieß, welche von den, in der Anschauung der substantiellen Lebensverhältnisse des griechischen Volkes lebenden Priestern ausgelegt wurden.

† *Kehler Ms.* S. 136; vg. *Griesheim Ms.* S. 188: Puysegur und andere (*Griesheim*: Franzosen) sind in Ansehung eines solchen Apparats so weit gegangen, daß er Bäume magnetisirt hat, Stricke davon ausgehend, mehrere 100 Kranke haben sie in die Hand genommen, sind zum Theil in Schlaf verfallen, andere nicht, aber an vielen hat sich der Verlauf der magnetischen Kur durchgemacht.

usually the alien power which engenders magnetic somnambulism in a subject, although *medicament*, especially *henbane*, and *water* or *metal*, are also able to exercise this power. The subject disposed to magnetic somnabulism is therefore able to get itself into this state by resorting to such inorganic or vegetable substances.* — In respect of the means used for bringing about the magnetic state, special mention must also be made of the *baquet*. This consists of a vessel, with iron rods which are touched by the persons to be magnetized, and constitutes the intermediary between them and the magnetizer. While *metals* in general serve to *heighten* the magnetic state, *glass* and *silk* have the opposite effect of being *insulators*.† — Incidentally, the power of the magnetizer acts not only on man but also on animals, dogs, cats and monkeys for instance. This is because it is *quite generally* life which is *soul-like*, and what is more *only* such life, and regardless of its belonging to a *spirit* or not, which can be put into the magnetic state.

2. It is to be observed in the *second* instance, that there are various *methods* and *means* of magnetizing. The magnetizer usually employs touch. Just as in galvanism the metals work

* *Hegel's footnote*: Even the *Mongolian shamans* know this; when they want to prophesy they get themselves into the magnetic state by means of certain potions. The Indians still do this, and to the same purpose. Something similar probably also took place with the Oracle at Delphi, where the priestess, placed over a cave on a tripod, fell into what was often a mild but sometimes also a violent ecstasy. In this state she emitted more or less articulate sounds, and these were interpreted by the priests, who were intuitively alive to the substantial relationships in the life of the Greek people.

† *Kehler Ms.* p. 136; cf. *Griesheim Ms.* p. 188: *Puysegur* and others (*Griesheim*: Frenchmen) have gone so far in respect of such an apparatus as to magnetize trees, fixing lines to them which several hundred patients have taken into their hands. Some of them fell into a sleep and others did not, but the magnetic cure ran its course in many of them.

unmittelbaren Contact auf einander wirken, so auch der Magnetiseur auf die zu magnetisirende Person. Das in sich geschlossene, seinen Willen an sich zu halten fähige magnetisirende Subject kann jedoch mit Erfolg nur unter der Bedingung operiren, daß dasselbe den entschiedenen Willen hat, seine Kraft dem in den magnetischen Zustand zu bringenden Subjecte mitzutheilen, — die dabei gegen einander stehenden zwei animalischen Sphären durch den Act des Magnetisirens gleichsam in Eine zu setzen.

Die nähere Weise, wie der Magnetiseur operirt, ist vornämlich ein Bestreichen, das indeß kein wirkliches Berühren zu seyn braucht, sondern so geschehen kann, daß dabei die Hand des Magnetiseurs von dem Körper der magnetischen Person etwa einen Zoll entfernt bleibt. Die Hand wird vom Kopfe nach der Magengrube, und von da nach den Extremitäten hinbewegt; wobei das Zurückstreichen sorgfältig zu vermeiden ist, weil durch dasselbe

189 sehr leicht Krampf entsteht. Zuweilen kann jene Handbewegung in viel größerer Entfernung, als in der angegebenen, — nämlich in der Entfernung von einigen Schritten, — mit Erfolg gemacht werden; besonders, wenn der Rappert schon eingeleitet ist; in welchem Falle die Kraft des Magnetiseurs in nächster Nähe oft zu groß seyn und deßhalb nachtheilige Wirkungen hervorbringen würde. Ob der Magnetiseur in einer bestimmten Entfernung noch wirksam ist, — das fühlt derselbe durch eine gewisse Wärme in seiner Hand. Nicht in allen Fällen ist aber das in größerer oder geringerer Nähe erfolgende Bestreichen nöthig; vielmehr kann durch bloßes Auflegen der Hand, namentlich auf den Kopf, auf den Magen oder die Herzgrube, der magnetische Rapport eingeleitet werden; oft bedarf es dazu nur eines Handdrucks; (weßhalb man denn auch mit Recht jene wunderbaren Heilungen, die in den verschiedensten Zeiten von Priestern und von anderen Individuen durch Handauflegung zu Wege gebracht seyn sollen, auf den animalischen Magnetismus bezogen hat). Mitunter ist auch ein einziger Blick und die Aufforderung des Magnetiseurs zum magnetischen Schlaf hinreichend, diesen zu bewirken. Ja, der bloße Glaube und Wille soll diese Wirkung zuweilen in großer Entfernung gehabt haben. Hauptsächlich kommt es bei diesem magischen

on one another through immediate contact, so too does the magnetizer upon the person to be magnetized. Since the magnetizing subject is self-contained, capable of remaining in possession of its will, it can operate effectively only on *condition* of its being able to determine volitionally the communication of its power to the subject to be brought into the magnetic state, — for it is thus that the act of the magnetizer posits the unity as it were of the two distinct animal spheres involved.

To be more precise, the magnetizer operates principally by means of *stroking*, although there is no need for any actual touching to occur, since he can work by keeping his hand about an inch from the body of the magnetic person. He moves his hand from the head to the pit of the stomach, and from there to the extremities. Stroking backwards is to be carefully avoided, since this can very easily give rise to cramp. On occasions this movement of the hand can be effective at a much greater distance than that mentioned. It can work at a distance of several paces for example, especially when the rapport is already established. In this case the power of the magnetizer at close quarters would often be too great, and would therefore give rise to harmful effects. The magnetizer knows from a certain warmth in his hand whether or not he is still effective at a certain distance. This procedure of stroking at some distance or another is not necessary in every case however, for magnetic rapport can be established merely by placing the hand on the head for example, or on the stomach or the procardium. Simply pressing the hand is often enough, and it is therefore justifiable to regard animal magnetism as connected with those miraculous cures which in almost every age are said to have been effected by priests and other individuals through the laying on of hands. Sometimes merely a single glance and a command from the magnetizer is enough to induce magnetic sleep. Faith and will alone are even supposed to have occasionally produced this effect at a great distance. The main feature of this magical

Verhältniß darauf an, daß ein Subject auf ein ihm an Freiheit und Selbstständigkeit des Willens nachstehendes Individuum wirke. Sehr kräftige Organisationen üben daher über schwache Naturen die größte, — oft eine so unwiderstehliche Gewalt aus, daß die letzteren, sie mögen wollen oder nicht, durch die ersteren zum magnetischen Schlaf gebracht werden können. Aus dem eben angegebenen Grunde sind starke Männer zum Magnetisiren weiblicher Personen besonders geeignet. *

* *Kehler Ms.* SS. 133–134; vgl. *Griesheim Ms.* SS. 183–185: Die Hervorrufung dieses Zustandes durch einen Anderen, wie ist sie zu fassen? Diese Stimmung muß angesehen werden als diese Tendenz so in sich zusammenzufallen, zusammenzugehen, die Energie, Differenz des Bewußtseins so in sich zusammenfallen zu lassen. Wenn diese Tendenz vorhanden ist, so ist sie näher so zu bestimmen, daß wenn sie zum Dasein kommt, das Individuum sich befindet in der Weise einer substanziellen Einheit mit sich, in sich concentrirt ist. Am Organismus haben wir zu unterscheiden, die Animalität überhaupt, die animalische Lymphe, dies animalische Wasser, das die Quelle aller besonderen Gebilde ist, die sich darin unterscheiden lassen, in die sie alle zurückgehen, und aus der sich alle nähren. Das Individuum ist so (*Griesheim*: nun) in der Disposition zu dieser Neutralität seines Bewußtseins und seines physischen Zustandes, gleichsam die Weise eines Duftes, Schattens, wie man sich Gespenster vorstellt, Erscheinendes, sich Vermittelndes, und doch Ununterbrochenes, Körperloses in sich, Atmosphäre, das ist dann die Weise der Existenz, die Disposition dazu ist vorhanden, und wird durch das Magnetisiren nicht hervorgebracht, sondern nur hervorgerufen, zur allgemeinen Weise des Daseins gebracht. Der Duft diese physische Seelenhaftigkeit ist vorhanden, und der Magnetiseur setzt sich nur mit dieser in Beziehung. Er selbst ist als lebendiges Individuum an sich, auf substanzielle Weise diese fühlende Identität mit sich, die ununterbrochene Einheit seiner Körperlichkeit (134) worin ebenso sein geistiges Bewußtsein vorhanden ist. Das ist das Gemeinsame zwischen beiden, das Allgemeine, die ununterbrochene Continuität der Animalität. Der Magnetiseur stellt sich in diese Athmosphäre hinein, das fließt zusammen, denn es sind Ununterbrochene, das nur sich zu berühren braucht, um Eine Einheit auszumachen. Was das Nähere betrifft in Ansehung der Vermittlung, so kann dies sehr mannigfaltig sein, zu Mesmers Zeit, und sonst auch hat man den eigentlichen Magnet gebraucht, und es gibt Dispositionen, wo die Application eines Magneten dies stille Insichsein hervorruft. Der Magnet, das Metall ist das Gediegene, sich selbst Gleiche, nicht Organisirte;... (*Griesheim*: gleichsam die Schwere für sich, es ist das Schwere, das Unorganische, nicht in sich Differenzierte. Alles andere ist schon zur Differenz) materielles Fürsichsein, Discretion gekommen. Die Application des Metalls, und das magnetische Eisen insbesonders ist homogen mit der Art der Disposition, die angegeben ist; aber die eigentliche magnetische Manipulation ist nichts als das Nahekommen einer

relationship is that a subject works upon an individual *inferior* to it in respect of freedom and independence of will. It is therefore the extremely powerful organizations which exercise the greatest influence upon weak natures, and this influence is often so irresistable that the latter can be put into 5 a magnetic sleep by the former regardless of their willing it or not. It is for this reason that strong men are especially adept at magnetizing female persons.*

* *Kehler Ms.* pp. 133–134; cf. *Griesheim Ms.* pp. 183–185: How is the calling forth of this condition by means of another person to be grasped? The general mood has to be regarded as this subsiding or withdrawing inwards, as thus allowing the energy, the differentiation or consciousness to subside into itself. This tendency is to be determined more precisely when it is present, as the attaining of determinate being, as the individual's finding itself in substantial unity with itself, as concentrated into itself. In the organism, we have to distinguish general animality, the animal lymph or water, the source + of all the particular formations which allow themselves to be distinguished there, that into which they all return and out of which they all nourish themselves. It is thus that in this disposition the individual (*Griesheim*: now) has being in respect of this neutrality of its consciousness and its physical condition, in the mode of an aura as it were, a shade, as ghosts are imagined to be, as something appearing, self-mediating, and yet uninterrupted, in itself incorporeal, an atmosphere. This is then the mode of existence, the + disposition to it being present, not elicited by the magnetizer but merely called forth, brought into the general mode of determinate being. The aura, this physical soul-like being, is present, and the magnetizer merely sets himself in relation to it. As a living individual, he himself is implicitly the substantial mode of this feeling self-identity, the uninterrupted unity of his corporeality, (134) within which his spiritual consciousness is also present. It is this that the two have in common, that is general, that constitutes the uninterrupted continuity of animality. The magnetizer immerses himself in this atmosphere, which flows together, for there is present an uninterruptedness which only has to be touched in order to constitute a unity.

There is a great variety in respect of the more precise nature of the mediation. An actual magnet was used in Mesmer's time, and has been since, and there are dispositions from which this still being-for-self is called forth by the application of a magnet. The metal of the magnet is compact, homogeneous, + without organization;... (*Griesheim*: gravity for itself as it were, for it is gravity, what is inorganic, lacking in inner differentiation. Everything else has already assumed differentiation), material being-for-self, discretion. Although there is homogeneity in the application of the metal, and particularly of magnetic iron, to the disposition already mentioned, the magnetic manipulation itself is nothing but the mutual approaching of both

3. Der dritte hier zu besprechende Punkt betrifft die durch das Magnetisiren hervorgebrachten Wirkungen. Rücksichtlich dieser ist man, nach den vielfachen hierüber gemachten Erfahrungen, jetzt so vollständig im Reinen, daß das Vorkommen wesentlich

190 neuer Erscheinungen dabei nicht mehr zu erwarten steht. Will man die Erscheinungen des thierischen Magnetismus in ihrer Naivität betrachten, so muß man sich vornämlich an die älteren Magnetiseure halten. Unter den Franzosen haben sich Männer von edelster Gesinnung und größter Bildung mit dem thierischen Magnetismus beschäftigt und denselben mit reinem Sinn betrachtet. Vorzüglich verdient unter diesen Männern der General-Lieutenant Puysegure genannt zu werden. Wenn die Deutschen sich häufig über die mangelhaften Theorien der Franzosen lustig machen, so kann man wenigstens in Bezug auf den animalischen Magnetismus behaupten, daß die bei Betrachtung desselben von den Franzosen gebrauchte naive Metaphysik etwas viel Erfreulicheres ist, als das nicht seltene Geträume und das ebenso schiefe wie lahme Theoretisiren deutscher Gelehrten. Eine brauchbare äußerliche Classification der Erscheinungen des thierischen Magnetismus hat Kluge gegeben. Von van Ghert, einem zuverlässigen und zugleich gedankenreichen, in der neuesten Philosophie gebildeten Manne, sind die magnetischen Kuren in Form eines

* Tagebuchs beschrieben worden. Auch Karl Schelling, ein Bruder des Philosophen, hat einen Theil seiner magnetischen Erfah-

---

Athmosphäre und des Anderen; es braucht sehr wenig um diese Einheit zu erhalten, Hände auf den Kopf legen, oder die Herzgrube, Striche von oben nach unten, ohne daß Berührung nötig ist...

* *Griesheim Ms.* SS. 192–193; *Kehler Ms.* S. 139: (*Griesheim*: Ein Freund von mir, einer meiner ehemaligen Zuhörer, jetzt ein angesehener Staatsmann im Königreich der Niederlande, hat mehreres darüber bemerkt was man auch in
\+ Kiesers Journal findet.). (Er) erzählt, er hat während des Schlafs der Patientin, ohne daß die Patientin es sehen konnte, eine Prise Tabak genommen,
\+ hat langsam hinuntergeschnupft, sie hat genißt aufs heftigste, über Prickeln der Nase geklagt; oder ein Pfefferminzküchelchen; auch ein Glas Genèvre, den anderen Tag, sagte er ist sehr unangenehm, dieser bittere Genèvre den ich im Munde habe, und nach dem Erwachen hat sie nicht davon gewußt, aber noch den Geschmack davon. Man gab ihr ein anderes Pfefferminzküchelchen, was sie viel zu scharf fand. Auch sonst schmeckte sie mit ihm — wenn er aß.

3. The *third* point to be discussed here is that of the *effects* produced by magnetization. As a result of the variety of experiments that have been made, the effects of magnetization have been so completely explored, that the occurrence of essentially new appearances is no longer to be expected. 5 If one wants to consider the appearances of animal magnetism in their naivety, one has to keep mainly to the older + magnetizers. Among the French the most noble-minded and highly cultured of men have concerned themselves with animal magnetism, and brought clearness of mind to their 10 consideration of it. Of these men, Lieutenant General *Puysegure* in particular deserves to be mentioned by name. If + the Germans frequently make merry over the defective theories of the French, it can be affirmed of animal magnetism at least, that there is much more to be said for the naive 15 metaphysics the French employ in their consideration of it, than there is for the inveterate dreaming of German savants, whose theorizing is not infrequently as warped as it is lame. + *Kluge* has drawn up a superficial but usable classification of the appearances of animal magnetism. *Van Ghert*, a reliable 20 + as well as ingenious man, versed in the new philosophy, has described magnetic cures in the form of a diary.* *Charles* + *Schelling*, a brother of the philosopher, has also made known a

---

atmospheres. Very little is needed in order to maintain this unity, the placing of the hands upon the head or the procardium, stroking downwards without touching being enough... +

* *Griesheim Ms.* pp. 192–193: *Kehler Ms.* p. 139: (*Griesheim*: A friend of mine, he attended my lectures some time ago, and is now an eminent statesman in the Kingdom of the Netherlands, has made many observations, which are also to be found in Kieser's Journal). He tells how, while a female patient was sleeping, he slowly took a pinch of snuff without her being able to see him do so, and she sneezed violently and complained of a tickling in her nose. On another occasion he did the same with a peppermint-drop and a glass of Hollands geneva. She said that the bitter taste of the geneva she had in her mouth was very unpleasant, but although she still had the taste, she knew nothing about this after she had awakened. She was given another peppermint drop and found it far too sharp. She also tasted other things with him when he ate.

rungen bekannt gemacht. — So viel über die auf den thierischen Magnetismus bezügliche Litteratur und über den Umfang unserer Kenntniß desselben.

Nach diesen Vorläufigkeiten wenden wir uns jetzt zu einer kurzen Betrachtung der magnetischen Erscheinungen selber. Die nächste allgemeine Wirkung des Magnetisirens ist das Versinken der magnetischen Person in den Zustand ihres eingehüllten, unterschiedslosen Naturlebens, — das heißt, — in den Schlaf. Das Eintreten desselben bezeichnet den Beginn des magnetischen Zustandes. Jedoch ist der Schlaf hierbei nicht durchaus nothwendig; auch ohne ihn können magnetische Kuren ausgeführt werden. Was hier nothwendig stattfinden muß, — Das ist nur das Selbstständigwerden der empfindenden Seele, 191 die Trennung derselben von dem vermittelten, verständigen Bewußtseyn. Das Zweite, was wir hier zu betrachten haben, betrifft die physiologische Seite oder Basis des magnetischen Zustandes. Hierüber muß gesagt werden, daß in jenem Zustande die Thätigkeit der nach außen gerichteten Organe an die inneren Organe übergeht, — daß die im Zustande des wachen und verständigen Bewußtseyns vom Gehirn ausgeübte Thätigkeit während des magnetischen Somnambulismus dem Reproductionssystem anheimfällt, weil in diesem Zustande das Bewußtseyn zur einfachen, in sich ununterschiedenen Natürlichkeit des Seelenlebens heruntergesetzt wird, — dieser einfachen Natürlichkeit, diesem eingehüllten Leben aber die nach außen gehende Sensibilität widerspricht; wogegen das nach innen gekehrte, in den einfachsten animalischen Organisationen vorherrschende und die Animalität überhaupt bildende Reproductionssystem von jenem eingehüllten Seelenleben durchaus untrennbar ist. Aus diesem Grunde fällt also während des magnetischen Somnambulismus die Wirksamkeit der Seele in das Gehirn des reproductiven Systems, — nämlich in die Ganglien, diese vielfach verknoteten Unterleibsnerven. Daß Dem so sey, hat van Helmont empfunden, nachdem er sich mit Salbe von Bilsenkraut eingerieben und Saft von diesem Kraute eingenommen hatte. Seiner Beschreibung nach, war ihm zu Muthe, als gehe

part of his magnetic experiments. — So much for the literature relating to animal magnetism, and for the extent of our knowledge of the subject.

After these preliminaries we shall now turn to a consideration of the magnetic appearances themselves. The first general *effect* of magnetization is that the magnetized person is *immersed* in that state in which he is *enveloped* in his *undifferentiated natural life*, in other words, falls *asleep*. It is falling asleep which indicates the beginning of the magnetic state. Sleep is not absolutely necessary to it however, for magnetic cures can be brought about without it. At this juncture it is simply necessary that the sentient soul should *become independent*, that it should be *separated* from mediated, understanding consciousness. The second factor to be considered here is that of the *physiological* aspect or basis of the magnetic state. It is to be observed that in this state the *internal* organs assume the activity of those directed *outwards*, that the activity which in a state of waking and understanding consciousness is exercised by the *brain*, devolves during magnetic somnambulism upon the *reproductive system*, since in this state consciousness is degraded to the *simple*, *inwardly undifferentiated naturality of the life of the soul*. Whereas *outward-going sensibility* contradicts this *simple naturality*, this *enveloped* life however, the *inwardly* directed *reproductive system*, which predominates in the most elementary animal organizations and constitutes animality in *general*, is completely inseparable from this enveloped life of the soul. It is for this reason that during magnetic somnambulism the activity of the soul descends into the *cerebrum of the reproductive system*, into the *ganglia*, the variously nodulated abdominal nerves. *Van Helmont* discovered this to be so after he had rubbed himself with ointment of *henbane* and taken the juice of this plant. According to his description it was as if his thinking con-

sein denkendes Bewußtseyn aus dem Kopfe in den Unterleib, namentlich in den Magen, und es schien ihm, als ob sein Denken bei dieser Versetzung an Schärfe gewinne und mit einem besonders angenehmen Gefühl verbunden sey.* Diese Concentration des Seelenlebens im Unterleibe betrachtet ein berühmter französischer Magnetiseur als abhängig von dem Umstande, daß während des magnetischen Somnambulismus das Blut in der Gegend der Herzgrube sehr flüssig bleibe, auch wenn dasselbe in den übrigen Theilen äußerst verdickt sey. — Die im magnetischen Zustande erfolgende ungewöhnliche Erregung des Reproductionssystems zeigt sich aber nicht nur in der geistigen Form des Schauens, sondern auch in der sinnlicheren Gestalt des mit größerer oder geringerer Lebhaftigkeit, besonders bei weiblichen Personen, erwachenden Geschlechtstriebes.

192

Nach dieser vornämlich physiologischen Betrachtung des animalischen Magnetismus haben wir näher zu bestimmen, wie dieser Zustand rücksichtlich der Seele beschaffen ist. Wie in den früher betrachteten, von selber eintretenden magnetischen Zuständen, — so auch in dem absichtlich hervorgebrachten animalischen Magnetismus, — schaut die in ihre Innerlichkeit versunkene Seele ihre individuelle Welt nicht außer sich, sondern in sich selber an. Dieß Versinken der Seele in ihre Innerlichkeit kann, wie schon bemerkt, — so zu sagen, — auf halbem Wege stehen bleiben; — dann tritt kein Schlaf ein. Das Weitere ist aber, daß das Leben nach außen durch den Schlaf gänzlich abgebro-

* *Kehler Ms.* SS. 122–123; vgl. *Griesheim Ms.* SS. 169–170: Solche Zustände sind die, die durch Gehirn betäubende Mittel hervorgebracht werden können. Zaubertränke und Zaubermittel, narkotische Getränke, schwarzes Bilsenkraut, Hexensalbe, mit denen sich solche Leute in Zustand einer äußeren Erstarrung setzen, wodurch die innere Vorstellung, die sonst in + ihnen fixiert war, beweglich wurde. Van Helmont hat Versuche an ihm selber angestellt; er hat Absud von Digitalis ver-(123)schluckt, und beschreibt, es sei ihm gewesen, als ob sein ganzes wesentliches Denken vom Kopf in die Brust und dann in den Magen gegangen sei; er habe die klare Vorstellung gehabt, er denke in der Gegend des Magens, und mit einem besonders angenehmen Gefühl.

Siehe auch *Notizen 1820–1822* ('Hegel-Studien' Bd. 7, 1972: Schneider 158 d).

sciousness passed from his head to his abdomen, namely to his stomach. This displacement also seemed to him to sharpen his thinking and to be accompanied by a particularly pleasant feeling.* A famous French magnetizer has taken this concentration of the life of the soul in the abdomen to be dependent upon the fact that during magnetic somnambulism the blood in the region of the procardium remains extremely fluid, even when its incrassation in the other parts is excessive. — The unusual stimulation of the reproductive system which accompanies the magnetic state displays itself not only in the *spiritual* form of *vision* however, but also in the *more sensuous* shape of the *sex-drive*, which becomes more or less active, particularly in female persons.

After this predominantly *physiological* consideration of animal magnetism, we have to determine more precisely how the condition is constituted with regard to the *soul*. In the spontaneously occurring magnetic states considered previously, as in animal magnetism which is deliberately induced, the soul is immersed in its internality, and intuites its individual world *within itself*, not *outside*. As has already been observed, this immersion of the soul in its internality can stop half way so to speak, and not give rise to *sleep*. This can go *further* however, so that the life involved with exter-

* *Kehler Ms.* pp. 122–123; cf. *Griesheim Ms.* pp. 169–170: These are conditions which can be elicited by brain-numbing substances, magic draughts and potions, narcotic doses, Black Henbane, unguent of Enchanter's Nightshade, by means of which such people put themselves into a condition of external torpescence, so that the internal presentation which was otherwise fixed within them becomes mobile. *Van Helmont* performed experiments on himself; he drank extract of Digitalis, and describes how it seemed to him as though the whole of his essential thinking moved from his head to his chest and from there to his stomach. He had the clear presentation of his having thought in the region of his stomach, and it was accompanied by a particularly pleasant feeling.

See also *Notes 1820–1822* ('Hegel-Studien' vol. 7, 1972: Schneider 158d).

chen wird. Auch bei diesem Abbrechen kann der Verlauf der magnetischen Erscheinungen stillstehen. Ebenso möglich ist jedoch der Uebergang des magnetischen Schlafes zum Hellsehen.* Die meisten magnetischen Personen werden in diesem Schauen sich befinden, ohne sich desselben zu erinnern. Ob Hellsehen vorhanden ist, hat sich oft nur durch Zufall gezeigt; hauptsächlich kommt dasselbe zum Vorschein, wenn die magnetische Person vom Magnetiseur angeredet wird; ohne seine Anrede würde diese vielleicht immer nur geschlafen haben.† Obgleich nun die Antworten der Hellsehenden wie aus einer anderen Welt zu kommen schei-

* *Griesheim Ms.* S. 189; vgl. *Kehler Ms.* SS. 136–137: Der Zustand kann wie gesagt beim Schlafe stehen bleiben, aber er kann auch weiter gesteigert werden zum Zustand des Hellsehens d.h. daß der Magnetisirte in seinem Schlafe Bilder, Anschauungen, Vorstellungen, wie Träume hat und daß er dann davon spricht. Meistentheils ist es Zufall wenn ein magnetisch Schlafender sich in dem Zustand des Hellsehens befindet, es ist meistens der Fall daß sie nun selbst anfangen zu sprechen und dann bei der weiteren Untersuchung antworten. *Mesmern* selbst ist das Hellsehen nicht bekannt gewesen, er ist noch nicht darauf aufmerksam geworden, erst *Puysegur* sein Schüler, ein Oberster von der Artillerie, ein edler braver Mann, hat es beobachtet und hat seine Bemerkungen und Erfahrungen in mehreren Schriften bekannt gemacht.

† *Griesheim Ms.* SS. 182–183; vgl. *Kehler Ms.* SS. 132–133: In dieser Rücksicht ist zu bemerken, daß der Zustand des animalischen Magnetismus gewöhnlich ein hervorgebrachter Zustand (183) ist, aber er kann auch auf natürliche Weise vorhanden sein, selbst bis zum Hellsehen. Die Seele ist in dieser Weise in ihrem Gefühl concentrirt, geht über zum besonnenen Bewußtsein und fällt wieder zurück in jenen Zustand. Der Mensch kann wochenlang in demselben sein, er kann darin perenniren, sich bewegen, essen, trinken, sprechen, arbeiten und doch nicht bei sich sein, er ist scheinbar bei wachem Bewußtsein, in der That ist er es aber nicht. Dieser Zustand tritt besonders ein bei jungen Frauenzimmern, es ist eine Hemmung die vorzüglich bei den Entwicklungsperioden statt findet und die Persönlichkeit ist dann eine gedoppelte. Man hat Beispiele von Personen die längere Zeit in einem solchen Zustand waren. *Herr von Strombeck*, Oberappellationsrath im Hannöverischen hat einen solchen Fall beschrieben, wo ein junges Frauenzimmer sechs Wochen lang in diesem Zustande war, sie that dabei alle ihre Geschäfte, und obgleich sie etwas verstört war, so nahm man sie doch für besonnen, nach Verlauf der Zeit erwachte sie zum Bewußtsein und hatte keine Erinnerung davon. Ein solcher Zustand kann also natürlich entstehen und gewiß sind viele Personen die man für verrückt genommen und in Irrenhäuser gethan hat nichts anderes gewesen als in einem solchen somnambulen Zustande.

nality is *completely* interrupted by sleep. Through this interruption the course of the magnetic appearances can also come to a standstill, although it is equally possible that there should be a transition from magnetic *sleep* to *clairvoyance*.* + Most magnetic persons will find themselves in this state of 5 vision without recollecting it. Clairvoyance has often displayed its presence only by chance; it usually becomes apparent when the magnetic person is spoken to by the magnetizer, and if he had not been addressed he would probably simply have continued to sleep.† Now although it seems as 10 + though their replies come from another world, clairvoyant

* *Griesheim Ms.* p. 189; cf. *Kehler Ms.* pp. 136–137: As has been observed, the condition can remain as a sleep. It can also be heightened into that of clairvoyance however i.e. the magnetized person can have images, intuitions, presentations, as well as dreams, and then talk about them. For the most part, it is by chance that a person in a magnetic sleep finds himself in a state of clairvoyance. It is usually the case that such persons begin to speak of their own accord, and then answer in the course of the subsequent conversation. Even *Mesmer* knew nothing of clairvoyance, for he failed to detect it, and it was his protégé *Puysegur*, a colonel in the Artillery, a gallant and noble person, who first noticed it and made his observations and experiences known in a number of writings.

† *Griesheim Ms.* pp. 182–183; cf. *Kehler Ms.* pp. 132–133: It is to be observed in this connection that although the condition of animal magnetism is usually elicited, (183) it can also be present in a natural manner, and even as clairvoyance. The soul is here concentrated into its feeling, passes over into self-possessed consciousness and then falls back into the former condition. A person can be in this condition for weeks, perenniating in it, moving about, eating, drinking, speaking, working, and yet not all there; although apparently in a condition of waking consciousness, not so in fact. This condition is particularly incident to young women, it is a lapse which takes place temporarily during their developing periods, during which time they have a dual personality. There are examples of people having been in such a condition for an extended period. *Mr. von Strombeck*, a judge of the Hanoverian high court of appeal, has described a case such as this in which a young woman was in such a condition for six weeks. During this period she did all her jobs, and although she was somewhat disturbed, she seemed self-possessed. She awakened consciously in due course, and could recollect nothing. Such a condition can therefore occur naturally, and it is quite certain that many persons who have been regarded as deranged and placed in madhouses have simply been in such a state of somnambulism. +

nen, so können diese Individuen doch von Dem wissen, was sie als objectives Bewußtseyn sind. Oft sprechen sie indeß von ihrem verständigen Bewußtseyn auch wie von einer anderen Person. Wenn das Hellsehen sich bestimmter entwickelt, geben die magnetischen Personen Erklärungen über ihren leiblichen Zustand und über ihr geistiges Innere. Ihre Empfindungen sind aber so unklar, wie die Vorstellungen, welche der von dem Unterschied des Hellen und Dunkelen nichts wissende Blinde von den Außendingen

193

hat; das im Hellsehen Geschaute wird oft erst nach einigen Tagen klarer, — ist jedoch nie so deutlich, daß dasselbe nicht erst der Auslegung bedürfte, die den magnetischen Personen aber zuweilen gänzlich mißglückt, oft wenigstens so symbolisch und so bizarr ausfällt, daß dieselbe ihrerseits wieder eine Auslegung durch das verständige Bewußtseyn des Magnetiseurs nöthig macht; dergestalt, daß das Endresultat des magnetischen Schauens meistentheils aus einer mannigfachen Mischung von Falschem und Richtigem besteht. Doch läßt sich andererseits nicht läugnen, daß die Hellsehenden zuweilen die Natur und den Verlauf ihrer Krankheit sehr bestimmt angeben; — daß sie gewöhnlich sehr genau wissen, wann ihre Paroxysmen eintreten werden, — wann und wie lange sie des magnetischen Schlafs bedürfen, — wie lange ihre Kur dauern wird; — und daß dieselben endlich mitunter einen dem verständigen Bewußtseyn vielleicht noch unbekannten Zusammenhang zwischen einem Heilmittel und dem durch dieses zu beseitigenden Uebel entdecken, somit eine dem Arzt sonst schwierige Heilung leicht machen. In dieser Beziehung kann man die Hellsehenden mit den Thieren vergleichen, da diese durch ihren Instinkt über die ihnen heilsamen Dinge belehrt werden. Was aber den weiteren Inhalt des absichtlich erregten Hellsehens anbelangt, so brauchen wir kaum zu bemerken, daß in diesem, — wie im natürlichen Hellsehen, — die Seele mit der Magengrube zu lesen und zu hören vermag. Nur Zweierlei wollen wir hierbei noch hervorheben; nämlich erstens, daß Dasjenige, was außer dem Zusammenhange des substantiellen Lebens der magnetischen Person liegt, durch den somnambulen Zustand nicht berührt wird, — daß sich daher das Hellsehen, zum Beispiel, nicht auf das Ahnen der mit einem Ge-

individuals can know of what they are as objective consciousness. Nevertheless, it is also common for them to speak of their understanding consciousness as if it were *another* person. When clairvoyance is more determinately developed + the magnetic persons will provide explanations of their 5 bodily condition and of their spiritual internality. Their sensations are however as indistinct as are the presentations of external things known to the blind, who are unaware of the difference between brightness and darkness. What is seen in clairvoyance often becomes clearer after a few days, 10 but it is never so distinct as not first to require interpretation. On occasions the magnetic person will interpret it with such utter incompetence however, or at least in such a symbolic and bizarre manner, that the interpretation has to be re-explained by the understanding consciousness of the magnet- 15 izer. For the most part therefore, the final result of magnetic vision consists of a motley mixture of what is false and what is true. It cannot be denied however that clairvoyants sometimes specify the nature and course of their disease with great accuracy, for they usually know precisely when their par- 20 oxysms are going to occur, when they need magnetic sleep and how much, and how long their treatment will last. What is more, they will occasionally discover a connection between a remedy and the malady it cures which may still be unknown to the understanding consciousness, and so facili- 25 tate a healing that would otherwise have taxed the physician. + Clairvoyants may in this respect be compared to animals, which are told by their instinct what is beneficial to them. + With regard to the further content of artificially stimulated clairvoyance, we hardly need to observe that here, as in 30 natural clairvoyance, the soul is able to read and hear with the pit of the stomach. We want to make only *two* more points in this connection. *Firstly*, that the somnambulistic state does not impinge upon that which lies beyond the context of the *substantial* life of the magnetic person. Conse- 35 quently, clairvoyance does not extend to forecasting the

winn herauskommenden Lotteriezahlen erstreckt, und überhaupt nicht zu eigensüchtigen Zwecken benutzt werden kann. Anders, als mit solchen zufälligen Dingen, verhält es sich dagegen mit großen Weltbegebenheiten. So wird, zum Beispiel, erzählt, eine Somnambule habe am Vorabend der Schlacht bei Belle Alliance in 194 großer Exaltation ausgerufen: „Morgen wird Derjenige, welcher uns so viel geschadet hat, entweder durch Blitz oder durch das Schwerdt untergehen." — Der *zweite* hier noch zu erwähnende Punkt ist der, daß, da die Seele im Hellsehen ein von ihrem verständigen Bewußtseyn *abgeschnittenes* Leben führt, die Hellsehenden beim Erwachen zunächst von Dem, was sie im magnetischen Somnambulismus geschaut haben, nichts mehr wissen, — daß sie jedoch auf einem Umwege davon ein Wissen bekommen können, indem sie nämlich von dem Geschauten träumen und sich dann im Wachen der Träume erinnern. Auch läßt sich durch Vorsatz zum Theil eine Erinnerung an das Geschaute bewirken, und zwar näher auf *die* Weise, daß der Arzt den Kranken während ihres wachen Zustandes aufgibt, sich das Behalten des im magnetischen Zustande von ihnen Empfundenen fest vorzunehmen.

4. Was *viertens* den *engen Zusammenhang* und die *Abhängigkeit* der *magnetischen Person* von dem *Magnetiseur* betrifft, so ist, außer dem in der Anmerkung zu §. 406 unter Nummer d in Betreff der *leiblichen* Seite jenes Zusammenhangs Gesagten, hier noch anzuführen, daß die hellsehende Person zunächst bloß den Magnetiseur, andere Individuen aber nur dann, wenn diese mit jenem in Rapport stehen, zu hören vermag, — zuweilen jedoch das Gehör wie das Gesicht gänzlich verliert, — und daß ferner, bei diesem ausschließlichen Lebenszusammenhange der magnetischen Person mit dem Magnetiseur, der ersteren das Berührtwerden von einer *dritten* Person höchst gefährlich werden, Convulsionen und Katalepsie erzeugen kann. — Rücksichtlich des zwischen dem Magnetiseur und den magnetischen Personen bestehenden *geistigen* Zusammenhangs aber, können wir noch erwähnen, daß die Hellsehenden oft durch das zu dem ihrigen werdende Wissen des Magnetiseurs die Fähigkeit erhalten,

winning number in a lottery for example, and can in no way be used for egoistical purposes. It does relate to great world events as it does not to such matters of chance however. We hear for example of the great exultation with which a somnambulist cried out on the eve of the battle of Belle Alliance, "Tomorrow, he who has done us so much harm, will perish by lightning or the sword." — The *second* point to be mentioned here is that since in clairvoyance the soul leads a life which is *cut off* from its understanding consciousness, clairvoyants when they first awake no longer know anything of what they have envisioned during magnetic somnambulism. By dreaming of what they have envisioned and then recollecting these dreams when awake, they can however acquire a knowledge of it in a roundabout way. A partial recollection of the vision may also be acquired on purpose. It can be brought about if the physician proposes to the patient while he is awake that he should firmly resolve to retain what he experiences when in the magnetic state.

4. We now have to supplement what was said in section d) of the Remark to § 406, with regard to the *corporeal* aspect of the *magnetic person's close connection* with and *dependence* upon the *magnetizer*. In the first instance the clairvoyant person is able to hear only the magnetizer, the mediation of whose rapport with other individuals is necessary if they also are to be heard. On occasions however, hearing will be lost as completely as sight. When the magnetized individual has this exclusive and vital connection with the magnetizer, it is moreover highly dangerous for him to be touched by a *third* person, for this can give rise to convulsions and catalepsy. With regard to the *spiritual* connection subsisting between the magnetizer and magnetic persons however, it may also be observed that on account of their acquiring knowledge possessed by the magnetizer, clairvoyants often acquire the

Etwas zu erkennen, das nicht unmittelbar von ihnen selber innerlich geschaut wird; — daß sie demnach, ohne eigene directe Em-
195 pfindung, zum Beispiel, was die Uhr ist, anzugeben vermögen, wofern der Magnetiseur über diesen Punkt Gewißheit hat. Die Kenntniß der fraglichen innigen Gemeinsamkeit bewahrt uns vor der Thorheit des Erstaunens über die von den Hellsehenden mitunter ausgekramte Weisheit; sehr häufig gehört diese Weisheit eigentlich nicht den magnetischen Personen, sondern dem mit ihnen in Rapport sich befindenden Individuum an. — Außer dieser Gemeinsamkeit des Wissens kann, — besonders bei längerer Fortsetzung des Hellsehens, — die magnetische Person zu dem Magnetiseur auch in sonstige geistige Beziehungen kommen, — in Beziehungen, bei welchen es sich um Manier, Leidenschaft und Charakter handelt. Vorzüglich kann die Eitelkeit der Hellsehenden leicht erregt werden, wenn man den Fehler begeht, sie glauben zu machen, daß man ihren Reden große Wichtigkeit beilege. Dann werden die Somnambulen von der Sucht befallen, über Alles und Jedes zu sprechen, auch wenn sie davon gar keine entsprechenden Anschauungen haben. In diesem Fall hat das Hellsehen durchaus keinen Nutzen, vielmehr wird dasselbe dann zu etwas Bedenklichem. Daher ist unter den Magnetiseuren vielfach die Frage besprochen worden, ob man das Hellsehen, — wenn es von selber entstanden ist, — ausbilden und erhalten, — entgegengesetzten Falls absichtlich herbeiführen, — oder ob man im Gegentheil dasselbe zu verhindern streben muß. Wie schon erwähnt, kommt das Hellsehen durch mehrfaches Gefragtwerden der magnetischen Person zum Vorschein und zur Entwicklung. Wird nun nach den verschiedensten Gegenständen gefragt, so kann die magnetische Person sich leicht zerstreuen, die Richtung auf sich selber mehr oder weniger verlieren, somit zur Bezeichnung ihrer Krankheit, sowie zur Angabe der dagegen zu gebrauchenden Mittel minder fähig werden, — eben dadurch aber die Heilung bedeutend verzögern. Deßhalb muß der Magnetiseur bei seinen Fragen das Erregen der Eitelkeit und der Zerstreuung der magnetischen Person mit der größten Vorsicht vermeiden. Vornämlich aber darf der
196 Magnetiseur sich nicht seinerseits in ein Verhältniß der Abhängig-

aptitude for knowing something which is not a matter of their own immediate and internal vision. Without any direct sensation of their own for example, they are able to tell the time, provided that the magnetizer knows it for certain. If we are aware of the intimate association in question, we shall avoid being taken in by the clairvoyants who occasionally parade what they know. It is very often the case that this knowledge belongs in fact not to the magnetic persons, but to the individual with whom they are in rapport. — Apart from this association of *knowledge* the magnetic person can also enter into further spiritual relations with the magnetizer, particularly during more prolonged clairvoyance. These relations can involve manners, passion and character. It is particularly easy to excite the *vanity* of clairvoyants if one makes the mistake of letting them believe that one attaches great importance to their effusions. Somnambulists then develop a mania for speaking about everything and anything, even if they have no corresponding intuitions. In this case clairvoyance is not only completely worthless, but in some respects objectionable. It is for this reason that magnetizers have often discussed whether clairvoyance ought to be cultivated and fostered when it arises of its own accord and brought about on purpose when it does not, or whether one should attempt to check it. It has already been observed that it is through the repeated questioning of the magnetic person that clairvoyance is elicited and develops. Now if the questions relate to all and sundry the magnetic person can easily become distracted, more or less lose track of herself, and so become less capable of specifying her disease and the means to be used in countering it. This will delay a cure considerably. When putting his questions the magnetizer has therefore to make every effort to avoid arousing vanity and distracting the magnetic person. It is of prime importance however that the magnetizer should not allow himself to slip

keit von der magnetischen Person gerathen lassen. Dieser Uebelstand kam früherhin, wo die Magnetiseure ihre eigene Kraft mehr anstrengten, häufiger vor, als seit der Zeit, wo dieselben das Baquet zu Hülfe nehmen. Bei dem Gebrauch dieses Instruments ist der Magnetiseur weniger in den Zustand der magnetischen Person verwickelt. Doch auch so kommt noch sehr viel auf den Grad der Stärke des Gemüths, des Charakters und des Körpers der Magnetiseure an. Gehen diese, — was besonders bei Nichtärzten der Fall ist, — in die Launen der magnetischen Person ein, besitzen sie nicht den Muth des Widersprechens und des Entgegenhandelns gegen dieselbe, und erhält auf diese Weise die magnetische Person das Gefühl eines starken ihrerseitigen Einwirkens auf den Magnetiseur; — so überläßt sie sich, wie ein verzogenes Kind, allen ihren Launen, bekommt die sonderbarsten Einfälle, hält den Magnetiseur bewußtlos zum Besten, und hemmt dadurch ihre Heilung.* — Die magnetische Persou kann jedoch nicht bloß in diesem schlechten Sinne zu einer gewissen Unabhängigkeit kommen, sondern sie behält, wenn sie sonst einen sittlichen Charakter besitzt, auch im magnetischen Zustande eine Festigkeit des sittlichen Gefühls, an welcher die etwanigen unreinen Absichten des Magnetiseurs scheitern. So erklärte, zum Beispiel, eine Magnetisirte, daß sie der Aufforderung des Magnetiseurs, sich vor ihm zu entkleiden, nicht zu gehorchen brauche.†

* *Kehler Ms.* S. 144; vgl. *Griesheim Ms.* S. 198: So schient es bei der Kranken gewesen zu sein, die Herr *von Strombeck* behandelte, der man alles zu gefallen that, was sie verlangte, sehr gewissenhaft, und die zuletzt die abentheuerlichsten Dinge verlangte.

† *Griesheim Ms.* S. 196; vgl. *Kehler Ms.* S. 142: (*Kehler:* Diese Abhängigkeit hat eine Grenze, die magnetisirte Person ist im ganzen sehr sittlich und religiös bestimmt), es ist ein Zustand der Sammlung der Menschen in sich, + diese Stimmung nimmt für die Einbildungskraft vielerlei Formen an, besonders daß sie sich vorstellt sie stehe unter Leitung eines Schutzgeistes, sie hat das Gefühl von Abhängigkeit. Dieß wird im religiösen Gefühl zur Abhängigkeit von einem Höheren, einem Engel. Eine Hellsehende in Straßburg hat *Gellert* als ihren Schutzgeist angegeben, sie hat ausgesagt daß sie Unterredungen mit ihm gehabt hätte, er habe ihr Erinnerungen, Ermahnungen gegeben. Die verstorbenen Aeltern oder solche Personen vor denen sie Achtung gehabt haben sind es häufig die ihnen erscheinen, denen sie ihre Anliegen anvertrauen und von denen sie Unterricht erhalten wie sie sich benehmen sollen in Rücksicht ihrer Sittlichkeit, ihrer Religion, selbst in

into the relationship of being dependent upon the magnetic person. This deplorable situation used to occur more frequently when magnetizers used more of their own power, than it has done since they have had the baquet at their disposal. The magnetizer is less involved in the state of the magnetic person if he uses this instrument. Even when it is used however, a great deal still depends upon the magnetizers' forcefulness of disposition, character and physique. If, as is so often the case with those who are not physicians, the magnetizers explore the moods of the magnetic person and lack the strength of mind to contradict and oppose her, she for her part will in this way become aware of having a strong influence upon the magnetizer. Like a spoilt child she then abandons herself to all her moods, entertains the oddest fancies, unconsciously hoaxes the magnetizer, and so hinders her cure.* It is not however only in this bad sense that the magnetic person can attain to a certain independence, for if she already has a good character, she will also retain a firmness of ethical feeling in the magnetic state, and so thwart the possibly impure intentions of the magnetizer. When a female magnetic was asked by the magnetizer to undress before him for example, she declared that there was no need for her to obey.†

* *Kehler Ms.* p. 144; cf. *Griesheim Ms.* p. 198: This seems to have been the case with the patient handled by Mr. *von Strombeck*. Everything was done, great care was taken to please her, and in the end she was asking for the most fantastic things.

† *Griesheim Ms.* p. 196; cf. *Kehler Ms.* p. 142: (*Kehler*: This dependence has a limit, for on the whole a magnetized person is ethically and religiously disposed to a considerable extent), the condition being one in which people are inwardly collected. Being so disposed assumes many forms for the imagination, particularly that of the person taking herself to be under the guidance of a guardian spirit, having the feeling of being dependent. In religious feeling this becomes dependence upon a higher being, an angel. A clairvoyant in Strassburg maintained that *Gellert* was her guardian spirit. She said that they conversed together, and that she had received reminders and admonitions from him. It is often their deceased parents or such persons as they have looked up to who appear to them, to whom they make their requests, and from whom they receive directives as to how they ought to behave in respect of their ethical activity, their religion, even in respect of

5. Der fünfte und letzte Punkt, den wir beim animalischen Magnetismus zu berühren haben, betrifft den eigentlichen * Zweck der magnetischen Behandlung, — die Heilung. Ohne Zweifel müssen viele, in älterer Zeit geschehene Heilungen, die man als Wunder betrachtete, für nichts Anderes angesehen werden, als für Wirkungen des animalischen Magnetismus. Wir haben aber nicht nöthig, uns auf solche in das Dunkel ferner Vergangenheit eingehüllte Wundergeschichten zu berufen; denn in neuerer Zeit sind von den glaubwürdigsten Männern durch die

---

Beziehung auf die Krankheit und ihre Kur. Viele Individuen haben bei der magnetischen Kur schoene Wirkung in Rücksicht ihrer religiösen Gefühle, der Ruhe des Gemüths. Der Magnetiseur muß dieß unterstützen und es hat großen Einfluß wie er gestimmt ist in dieser Beziehung. *Puysegur* magnetisirte eine junge Frau, er gab ihr auf was sie zu thun habe, aus Scherz nöthigte er sie ihn mit einem Fliegenwedel zu schlagen, sie that es mit Widerwillen, er sagte nun, sie sei genöthigt alles zu thun was er haben wolle und ob sie sich z.B. wohl entkleiden würde. Sie entgegnete: Nein so weit geht ihre Macht nicht, niemals werden sie mich zwingen meine Kleidung abzulegen, obgleich ich sie geschlagen habe mit Widerwillen, weil sie es befahlen.

* *Griesheim Ms.* SS. 198–199; vgl. *Kehler Ms.* S. 144: Wir haben nun noch von der Heilung durch den animalischen Magnetismus zu sprechen. Die Weise derselben ist nicht anders zu fassen als wir Heilung von Krankheit überhaupt genommen haben. Bei jeder Krankheit findet eine Hemmung statt, wodurch ein Moment ein Organ, eine Thätigkeit des ganzen Systems Selbständigkeit für sich erhält, eine Widersetzlichkeit dagegen, ein nur ideelles Moment zu sein. Diese Hemmung ist im lebendigen Organismus ein Isoliren einzelner Momente desselben, aber sie kann auch einen allgemeinen Gegensatz in sich fassen, so daß in der Hemmung auf der Seite des sich isolirenden Moments das fühlende Subjekt in seiner Totalität hineintritt, daß das fühlende Subjekt sich isolirt gegen das gesunde, besonnene freie Bewußtsein. Der kranke Organismus ist immer noch lebendiger Organismus, er ist noch Totalität, die so auch das besonnene Bewußtsein erhält, außer denselben ist aber auch ein Moment gehemmt und dieß (*Kehler*: zunächst physiologisch anthropologische) Moment enthält in sich die ganze empfindende Seele.

Die Wiederherstellung, auch in Rücksicht dieser allgemeinen Weise der Krankheit, besteht darin daß die Hemmung unterbrochen und die Allgemeinheit der Seele, ihre Durchsichtigkeit Idealität hergestellt wird, so daß kein Moment als nicht flüssig (199) ist. Der animalische Magnetismus bewirkt nun in Rücksicht auf die Heilung die Sammlung der Subjektivität, der fühlenden Subjecktivität in sich, diese Sammlung ist eine Trennung und so eine höhere Steigerung der Trennung der fühlenden von der besonnenen gesunden Subjektivität.

5. The *fifth* and last point we have to touch upon in connection with animal magnetism concerns the specific purpose of magnetic treatment, — *healing*.* There can be no doubt that many of the cures brought about in earlier times and taken to be miraculous have to be regarded as nothing other than the effects of animal magnetism. There is however, no need for us to search the gloom of a distant past for such tales of wonder, for in more recent times men of the most

5

+

illness and the curing of it. With many individuals, magnetic treatment has had a fine effect in respect of their religious feelings, their peace of mind. The magnetizer has to go along with these, and his own disposition in this respect is of great importance. *Puysegur* magnetized a young woman, told her what to do, and jokingly ordered her to flap him with a fly-brush, which, reluctantly, she did. He then said that she was obliged to do everything he wanted her to, and that he might, for instance, ask her to undress. She replied, "No, your power does not extend so far. You will never force me to take off my clothes, although I did hit you against my will, because you ordered me to."

* *Griesheim Ms.* pp. 198–199; cf. *Kehler Ms.* p. 144: Now we still have to say something of healing by means of animal magnetism. The way in which this takes place is to be grasped as the same as in disease in general. In every disease there is a stoppage, whereby one moment, one organ, one activity of the whole system assumes an independence of its own, and instead of being only a moment of an ideal nature, becomes refractory. Within the living organism, this stoppage is an isolating of its single moments, but it can also include within itself a general opposition, — the feeling subject in its totality so entering into the stoppage on the side of the self-isolating moment, that it isolates itself from the healthy, self-possessed and free consciousness. The diseased organism is still a living organism, still a totality, and a totality which also contains self-possessed consciousness. Outside this totality however, there is also a moment which is stopped, and this (*Kehler*: initially physiological, anthropological) moment holds within itself the whole of the sentient soul.

Restoring to health, as also in respect of the general mode of illness, consists in so breaking down this stoppage, in so establishing the universality, transparency, ideality of the soul, that there is no non-fluid moment. In respect of healing therefore, animal magnetism brings about a collecting together of subjectivity, of feeling subjectivity, within itself. This collecting together involves dividing, through which it heightens the division between the feeling and the self-possession, the health of subjectivity.

197 magnetische Behandlung so zahlreiche Heilungen vollbracht worden, daß, wer unbefangen darüber urtheilt, an der Thatsache der * Heilkraft des animalischen Magnetismus nicht mehr zweifeln kann. Es handelt sich daher jetzt nur noch darum, die Art und Weise, wie der Magnetismus die Heilung vollbringt, aufzuzeigen. Zu diesem Ende können wir daran erinnern, daß schon die gewöhnliche medicinische Kur in dem Beseitigen der die Krankheit ausmachenden Hemmung der Identität des animalischen Lebens, in dem Wiederherstellen des In-sich-flüssig-seyns des Organismus besteht. Dieß Ziel wird nun bei der magnetischen Behandlung dadurch erreicht, daß entweder Schlaf und Hellsehen, oder nur überhaupt ein Versinken des individuellen Lebens in sich selber, ein Zurückkehren desselben zu seiner einfachen Allgemeinheit hervorgebracht wird. Wie der natürliche Schlaf eine Stärkung des gesunden Lebens bewirkt, weil er den ganzen Menschen aus der schwächenden Zersplitterung der gegen die Außenwelt gerichteten Thätigkeit in die substantielle Totalität und Harmonie des Lebens zurücknimmt; — so ist auch der schlafhafte magne-

* *Kehler Ms.* S. 118; vgl. *Griesheim Ms.* SS. 163–164: *Windischmann*, 'Ueber das was Noth thut in der Medicin', fordert, daß der Arzt ein Priester sei, ein frommer Mann sei (*Griesheim*: ein gut katholischer Christ), in dem physischen Sinn, daß körperliche Krankheit nicht etwas so äußerliches sei dem Geist, sondern daß der Arzt, als einer der Körper kuriren müsse, sich an die Seele wenden müsse, sich ein Verhältniß geben müsse zum Mächtigsten im Geist, dem Religiösen im Menschen, was er sich nur geben kann, daß er selbst religiös wird. Dies Verhältniß findet daher statt auf einer Stufe der Bildung, wo der Geist sich gegen seine Leiblichkeit noch nicht auf diese Weise sich in sich reflectirt, frei gemacht hat, in unserer Zeit wo das Subject reflectirter ist, sind die Krankheiten körperlicher und leiblicher, daher kann man sich nicht wundern daß wie *Windischmann* sagen würde, die Heilart geistloser, gottloser ist, auf körperliche Wirkungsweisen bedacht ist. Man kann sagen, die Medicin ist nicht einer Ungehörigkeit anzuklagen deshalb, weil diese Trennung des Leibes und der Seele stärker ist. Aber es ist auch ein Kranker gesetzt, wo die ganze in die Körperlichkeit versenkte Seele, das Gefühlsleben, die fühlende Seele, die Seele, die ihre Realität wesentlich in ihrer Leiblichkeit als solcher, ihrer unmittelbaren Leiblichkeit hat, sich unterscheidet, entzweit von dem Geist, nicht bloß vom Geist als solchem, sondern von der Leiblichkeit, die Organ des Geistes ist. Wir unterscheiden also Körperlichkeit, die der Seele durchgängig ist, und die es nicht ist, so ist es ein Unterschied der Leiblichkeit mit einer Seele und dem leiblichen Geist, sofern es der Geist ist, der sich in der Leiblichkeit geltend macht.

unimpeachable integrity have brought about such an abundance of cures through magnetic treatment, that whoever judges without prejudice can no longer doubt the healing power of animal magnetism.* All we have to do therefore is to indicate the manner in which magnetism effects a cure. It should be remembered that even an ordinary medical cure consists of overcoming the obstruction in the identity of animal life constituting the disease, in restoring the internal fluidity of the organism. Now this is achieved by magnetic treatment either by inducing sleep and clairvoyance, or by eliciting a general immersion of the individual life within itself, its return into its simple universality. Just as *natural sleep* strengthens healthy living being by withdrawing the whole man from the enervating dissipation of active commitment to the external world and restoring him to the substantial totality and harmony of life, so the state of

* *Kehler Ms.* p. 118; cf. *Griesheim Ms.* pp. 163–164: *Windischmann*, in his work "On that which is Necessary in Medicine", requires of a doctor that he should be a priest, a devout person (*Griesheim*: a good Catholic Christian). He is thinking here of what is physical, and maintains that since bodily illness is not something external to spirit, a doctor has to take account of the soul if he is to cure the body, has to cultivate a relationship with what is mightiest in spirit, with what is religious in man, and that he can only do this in that he himself becomes religious. This relationship is therefore established at a level of culture at which spirit has not yet reflected itself into itself in this way, has not yet liberated itself. The subject in our time is more reflected, illnesses are more corporeal, more a matter of the body, and it is therefore not surprising that, as *Windischmann* would say, the manner of healing should be less spiritual, less godly, concerned with bodily modes of operation. One can say that this sharper division between body and soul is no reason for accusing medicine of an inappropriate approach. A person is also ill however, if the soul which is wholly immersed in corporeality, the feeling soul, the soul which has its essential reality in its corporeity as such, in its immediate corporeity, distinguishes itself, separates from spirit, and not only from spirit as such, but from corporeity, which is an organ of spirit. It is because of this that we distinguish between the corporeality which may be permeated by the soul and that which may not. There is therefore a difference between corporeality with a soul, and corporeal spirit in so far as this is spirit which makes itself effective in corporeity.

tische Zustand, weil durch denselben der in sich entzweite Organismus zur Einheit mit sich gelangt, die Basis der wiederherzustellenden Gesundheit. Doch darf von der anderen Seite hierbei nicht außer Acht gelassen werden, wie jene im magnetischen Zustande vorhandene Concentration des empfindenden Lebens ihrerseits selber zu etwas so Einseitigem werden kann, daß sie sich gegen das übrige organische Leben und gegen das sonstige Bewußtseyn krankhaft befestigt. In dieser Möglichkeit liegt das Bedenkliche einer absichtlichen Hervorrufung jener Concentration. Wird die Verdoppelung der Persönlichkeit zu sehr gesteigert, so handelt man auf eine dem Zwecke der Heilung widersprechende Art, da man eine Trennung hervorbringt, die größer ist, als diejenige, welche man durch die magnetische Kur beseitigen will. Bei so unvorsichtiger Behandlung ist die Gefahr vorhanden, daß schwere Krisen, fürchterliche Krämpfe eintreten, und 198 daß der diese Erscheinungen erzeugende Gegensatz nicht bloß körperlich bleibt, sondern auch auf vielfache Weise ein Gegensatz im somnambulen Bewußtseyn selber wird. Geht man dagegen so vorsichtig zu Werke, daß man die im magnetischen Zustande stattfindende Concentration des empfindenden Lebens nicht übertreibt; so hat man an derselben, wie schon bemerkt, die Grundlage der Wiederherstellung der Gesundheit, und ist im Stande, die Heilung dadurch zu vollenden, daß man den noch in der Trennung stehenden, aber gegen sein concentrirtes Leben machtlosen übrigen Organismus in diese seine substantielle Einheit, in diese seine einfache Harmonie mit sich selber, nach und nach, zurückführt und denselben dadurch befähigt, seiner inneren Einheit unbeschadet, sich wieder in die Trennung und den Gegensatz einzulassen.

+ γ) Selbstgefühl.

§. 407.

αα) Die fühlende Totalität ist als Individualität wesentlich diß, sich in sich selbst zu unterscheiden und zum

magnetic sleep constitutes the basis of a restoration of health by facilitating the inwardly disrupted organism's return to unity with itself. The other aspect of this ought not however to be disregarded. This *concentration* of sentient life into itself which occurs in the magnetic state, can itself assume *such* a *onesidedness*, that it *establishes* itself in morbid opposition to the *rest of the organic life* and the *remaining consciousness*. It is the possibility of this that makes the deliberate eliciting of this concentration somewhat hazardous. If the duplication of the personality is forced too far, one frustrates the purpose of healing by eliciting a division greater than that one is attempting to overcome by means of the magnetic treatment. Careless treatment such as this is dangerous, for it can occasion severe crises and frightful cramps. What is more, the conflict which gives rise to these appearances, rather than remaining simply corporeal, can also enter in various ways into the somnambulistic consciousness. If one proceeds carefully however, so that one does not force the concentration of the sentient life occurring in the magnetic state too far, one has in this state, as has already been observed, the foundation for the restoration of health. Although the organism in general is still possessed by the *division*, it is *powerless* with regard to its concentrated life. One is therefore able to complete the cure by *gradually* leading it back into this its substantial unity, its simple harmony with itself, and so enabling it, with its *inner unity unscathed*, to enter anew into *division* and *opposition*.

β) *Self-awareness*

§ 407

1) As individuality, the essence of the feeling totality is to divide itself internally, and to awaken to the

Urtheil in sich zu erwachen, nach welchem sie **besondere** Gefühle hat und als **Subject** in Beziehung auf diese ihre Bestimmungen ist. Das Subject als solches
* setzt dieselben als **seine** Gefühle **in sich**. Es ist in diese
\+ **Besonderheit** der Empfindungen versenkt, und zugleich schließt es durch die Idealität des Besondern sich darin mit sich als subjectivem Eins zusammen. Es ist auf diese Weise **Selbstgefühl** — und ist diß zugleich nur im **besondern Gefühl**. †

\+ *Zusatz.* Die fühlende Subjektivität ist die Totalität allen Inhalts und die Identität der Seele mit diesem ihrem Inhalte, frei ist sie nicht, auch nicht gebunden, es ist nur eine Schranke für sie vorhanden. Was wir Genius geheißen haben ist instinktartig, ist thätig auf bewußtlose Weise, ist ein Gegensatz besonderer Bestimmungen. Andere Gegensätze fallen in die Reflexion, in das Bewußtsein. — Vor uns haben wir hier die fühlende Subjektivität, sie realisirt sich, ist thätig, geht aus der einfachen Einheit als Lebendigkeit heraus, diese Thätigkeit gehört zur Bestimmung der Lebendigkeit, sie erweckt den Gegensatz in ihr selbst, aber sie hebt ihn auch auf und bewährt sich dadurch, giebt sich das Selbstgefühl, giebt sich ein Dasein. Diese Thätigkeit ist die Äußerung des Triebes, der Begierde, ihre Bestimmung, ihr Inhalt wird Trieb, Neigung, Leidenschaft, oder welche Form er erhält.‡

* 1827: die Bestimmtheiten der Empfindungen (— sie bestimmen sich nachher weiter als äußerliche, oder als Resultate und Befriedigungen eines innerlich Bestimmten, eines Triebes—) als *seine* Gefühle...

† 1827: psychisches bestimmtes *Subject* mit noch ungeschiedener Geistigkeit und Leiblichkeit.

‡ *Griesheim Ms.* S. 203; vgl. *Kehler Ms.* S. 148. Siehe auch *Notizen 1820–1822* ('Hegel-Studien' Bd. 7, 1972: Schneider 151a): Macht des Andern über mich, etwas gesetzt in mir, was in ihm ist — α) unmittelbar Kind, β) durch eine Vorstellung vermittelt — begriffliche Epidemie, γ) durch Magnetismus, δ) Arzneyen — Wein, Opium.

Geistig, magisch — Diese *Abhängigkeit* macht den Übergang zur Verrüktheit aus, — denn sie setzt die Selbstständigkeit der Differenten da sie von der Vorstellung ausgeht. Epidemie wie des Wahnsinns — nicht machtlose Identität, sondern von der Selbstständigkeit aus den Vorstellungen herabfallen, und itzt etwas Fremdes in sich setzen. So auch Krankheit aus Angst — Tod aus Schrecken, *Wunderthaten.* Übergang des Einzelnen ins Allgemeine d.i. eine Beschränkung (Negation) zum Allgemeinen meines Selbst machen.

basic internal division by virtue of which it has particular feelings, and is a subject in relating to these its determinations. It is the subject as such which posits* these within itself as its feelings. It is immersed in this particularity of sensations, and at the same time, through the ideality of what is particular, combines with itself in them as a subjective unity. It is in this way that it constitutes self-awareness, and at the same time, it does so only in the particular feeling.† 5 10

Addition. Feeling subjectivity is the totality of all content and the identity of the soul with this its content. Although it is not free, neither is it bound, what is present being merely a limitation of it. What we have called genius is instinctive, active in an unconscious manner, in opposition to particular determinations. Other oppositions fall within reflection, within consciousness. — What we have before us here is feeling subjectivity, which realizes itself, is active, proceeds forth from simple unity as liveliness. This activity belongs to the determination of liveliness, and although it awakens opposition within itself, it also preserves itself by sublating it and so endowing itself with a determinate being, with *self-awareness*. This activity is the expression of drive, of desire, its determination or content being drive, inclination, passion, or whatever form this content is given.‡ 15 20 +

* 1827: the determinatenesses of sensations (— which subsequently determine themselves further as external, or as results and appeasings of an inner determinate being, an impulse —) as *its* feelings...

† 1827: in the psychic, determinate *subject*, with its spirituality and corporeity as yet unseparated.

‡ *Griesheim Ms.* p. 203; cf. *Kehler Ms.* p. 148. See also *Notes 1820–1822* ('Hegel-Studien' vol. 7, 1972: Schneider 151a): This other has power over me in that what is within it is posited within me, a) immediately in the child, b) mediated by means of a presentation as in a conceptual epidemic, c) by means of magnetism, or d) medicaments such as wine and opium.

This is a spiritual, a magical power, and this *dependence* constitutes the transition to derangement, for since it derives from presentation, it posits the independence of differentials. An epidemic such as that of insanity is not a matter of powerless identity, but of relinquishing independence on account of presentations, and so of positing something alien within oneself. This is also the case when anxiety gives rise to illness, fright to death, when *miracles* are performed, — there is a transition of the singular into the universal, so that I make a limitation or negation into the universal of my self. +

§. 408.

* ββ) Um der **Unmittelbarkeit**, in der das Selbstgefühl noch bestimmt ist, d. i. um des Moments der Leiblichkeit willen, die darin noch ungeschieden von der Geistigkeit ist, und indem auch das Gefühl selbst ein besonderes, hiemit eine particuläre Verleiblichung ist, ist das obgleich zum verständigen Bewußtseyn gebildete Subject, noch der **Krankheit** fähig, daß es in einer **Besonderheit** seines Selbstgefühls beharren bleibt, welche es nicht zur Idealität zu (199) † verarbeiten und zu überwinden vermag. Das erfüllte **Selbst** des verständigen Bewußtseyns ist das Subject als in sich consequentes, nach seiner individuellen Stellung und dem Zusammenhange mit der äußern, ebenso innerhalb ihrer geordneten Welt sich ordnendes und haltendes Bewußtseyn. In einer besondern Bestimmtheit aber befangen bleibend weist es solchem Inhalte nicht die verständige Stelle und die Unterordnung an, die ihm in dem individuellen Weltsysteme, welches ein Subject ist, zugehört. Das Subject befindet sich auf diese Weise im **Widerspruche** seiner in seinem Bewußtseyn systematisirten Totalität, und der besondern in derselben nicht flüssigen und nicht ein- und untergeordneten Bestimmtheit, — die **Verrücktheit**.

Bei der Betrachtung der Verrücktheit ist gleichfalls das ausgebildete, verständige Bewußtseyn zu anticipiren, welches Subject zugleich **natürliches Selbst des Selbstgefühls** ist. In dieser Bestimmung ist es fähig, in den Widerspruch seiner für sich freien Subjectivität und einer Besonderheit, welche darinn nicht ideell wird und im Selbstgefühle fest bleibt, zu verfallen. Der Geist ist frei, und darum für sich dieser Krankheit nicht

* 1827: Die *Krankheit* des Subjects in dieser Bestimmung ist, daß es gegen sein verständiges Bewußtseyn im Selbstgefühle und damit in der *Besonderheit* einer Empfindung beharren bleibt, …

† 1827: Was im vorherigen §. als abstractes *Selbstgefühl* bestimmt ist, ist im concreten Menschen (wie §. 406.) das erfüllte *Selbst* seines verständigen Bewußtseyns, — das Subject als in sich…

§ 408

2)* On account of the immediacy within which self-awareness is still determined, i.e. on account of the moment of corporeity there which is still undetached from spirituality, and since feeling itself is also a particular and hence a specific embodiment, the subject which has developed an understanding consciousness is still subject to disease in that it remains engrossed in a particularity of its self-awareness which it is unable to work up into ideality and overcome.† The conscious and understanding self has its fulfilment in a conscious subject which is consistent in itself, and which governs and conducts itself in accordance with its individual position and the connection with the external world, which is no less a matter of internal order. In that it remains constrained within a particular determinateness however, it fails to assign to such a content its appropriate and understandable place in the ordered scale of the individual world system of a subject. The subject therefore finds itself involved in a contradiction **between the totality systematized in its consciousness and the particular determinateness which is not fluidified and given its place and rank within it. This is derangement.**

As in other cases, in the consideration of derangement **there has to be an anticipation of the understanding consciousness, the subject of which is at the same time the natural self of self-awareness. In this determination, such consciousness is liable to fall into the contradiction between the being-for-self of its free subjectivity, and a particularity which does not assume its ideal nature there, and remains fixed in self-awareness. Spirit is free, and for itself it is therefore not**

* 1827: In this determination, the subject's *disease* consists of its remaining persistently in self-awareness, and hence in the *particularity* of a sensation, in opposition to its understanding consciousness...

† 1827: In the concrete person (as in § 406), what is determined as abstract *self-awareness* in the previous § is the fulfilled *self* of the person's understanding consciousness, the subject which...

fähig. Er ist von früherer Metaphysik als *Seele*, als *Ding* betrachtet worden, und nur als Ding, d. i. als *Natürliches* und *Seyendes* ist er der Verrücktheit, der sich in ihm festhaltenden Endlichkeit, fähig. Deswegen ist sie eine Krankheit des Psychischen, ungetrennt des Leiblichen und Geistigen; der Anfang kann mehr von der einen oder der andern Seite auszugehen scheinen und ebenso die Heilung.

Als gesund und besonnen hat das Subject das präsente Bewußtseyn der geordneten Totalität seiner individuellen Welt, in deren System es jeden vorkommenden *besondern* Inhalt der Empfindung, Vorstellung, Begierde, Neigung u. s. f. *subsumirt*, und an die verständige Stelle desselben einordnet; es ist der *herrschende Genius* über diese Besonderheiten. [200] Es ist der Unterschied wie beim Wachen und Träumen, aber hier fällt der Traum innerhalb des Wachens selbst, so daß er dem wirklichen Selbstgefühl angehört. Irrthum und dergleichen ist ein in jenen objectiven Zusammenhang consequent aufgenommener Inhalt. Es ist aber im Concreten oft schwer zu sagen, wo er anfängt Wahnsinn zu werden. * So kann eine heftige aber ihrem Gehalt nach geringfügige Leidenschaft des Hasses u. s. f. gegen die vorauszusetzende höhere Besonnenheit und Halt in sich als ein Außersichseyn des Wahnsinnes erscheinen. Dieser enthält aber wesentlich den *Widerspruch* eines leiblich, *seyend* gewordenen Gefühls *gegen* die Totalität der Vermittlungen, welche das concrete Bewußtseyn ist. † Der Geist als nur *seyend* bestimmt, in sofern ein solches Seyn unaufgelöst in seinem Bewußtseyn ist, ist krank. — Der Inhalt, der in dieser seiner Natürlichkeit frei wird, sind die selbstsüchtigen Bestimmungen des Herzens, Eitelkeit, Stolz und die andern Leidenschaften, und Einbildungen, Hoffnungen, Liebe und Haß des Subjects. Dieses Irrdische wird frei, indem die Macht der Besonnenheit und

* Der folgende Satz erstmals 1830.
† 1827: So ist der Irrthum ein im Bewußtseyn *unmittelbar* bleibendes, ein *Seyendes*, und der Geist als nur *seyend* bestimmt, ist theils noch abstract…

susceptible to this malady. In its earlier metaphysical treatment it was regarded as a *soul*, a *thing* however, and it is only as such, that is to say as a *natural being*, that it is liable to be deranged by the fixation of the finitude within it. Derangement is therefore a psychic disease in that it is both corporeal and spiritual, and both its inception and its cure may seem to derive in the main from either of these aspects.

In that it is healthy and self-possessed, the subject consciously pervades the ordered totality of its individual world in that it *subsumes* into the system of it each *particular* content of sensation, presentation, desire, inclination that occurs, and places and orders them by means of the understanding. It is therefore the *dominating genius* of these particularities. The difference here is like that between waking and dreaming, although in the case of derangement it is a waking dream and therefore belongs to actual self-awareness. Error and the like is a content consistently taken up into this objective connectedness. In actual fact however, it is often difficult to say where it shades into insanity.* For instance, if a trifle gives rise to passionate hatred etc., when one expects a greater degree of self-possession and control, this might well look like an outburst of insanity. It is essential to insanity however, that there should be a *contradiction between* a bodily feeling which has assumed *being*, and the totality of mediations which constitutes concrete consciousness.† Spirit is diseased in so far as it is determined merely as a *being* which has not been dissolved in its consciousness. — The spiritual content liberated in this natural state consists of the self-seeking determinations of the heart, of vanity, pride and the rest of the passions, and of the imaginings, hopes, love and hate of the subject. This earthiness becomes rampant once what is natural is no longer

* Following sentence first published 1830.

† 1827: Error is therefore a *being* which persists in consciousness *immediately*; and determined as merely *being*, spirit is still in part abstract...

des Allgemeinen, der theoretischen oder moralischen Grundsätze über das Natürliche nachläßt, von welcher dasselbe
+ sonst unterworfen und versteckt gehalten wird; denn an sich vorhanden ist diß Böse in dem Herzen, weil dieses als unmittelbar natürlich und selbstisch ist. Es ist der böse Genius des Menschen, der in der Verrücktheit herrschend wird, aber im Gegensatze und im Widerspruche gegen das Bessere und Verständige, das im Menschen zugleich ist, so daß dieser Zustand Zerrüttung und Unglück des Geistes in ihm selbst ist. — Die wahrhafte psychische Behandlung hält darum auch den Gesichtspunkt fest, daß die Verrücktheit nicht abstracter Verlust der Vernunft weder nach der Seite der Intelligenz noch des Willens und seiner Zurechnungsfähigkeit, sondern nur
201 Verrücktheit, nur Widerspruch in der noch vorhandenen Vernunft, wie die psychische Krankheit nicht abstracter, d. i. gänzlicher Verlust der Gesundheit (ein solcher wäre der Tod), sondern ein Widerspruch in ihr ist. Diese menschliche, d. i. ebenso wohlwollende als vernünftige Behandlung — Pinel verdient die höchste Anerkennung für die Verdienste die er um sie gehabt — setzt den Kranken als Vernünftiges voraus und hat hieran den festen Halt, an dem sie ihn nach dieser Seite erfassen kann, wie nach der Leiblichkeit an der Lebendigkeit, welche als solche noch Gesundheit in sich enthält.

Zusatz. Zur Erläuterung des obenstehenden Paragraphen möge noch Folgendes dienen:

Bereits im Zusatz zu §. 402 ist die Verrücktheit als die zweite unter den drei Entwicklungsstufen aufgefaßt worden, welche die fühlende Seele in ihrem Kampfe mit der Unmittelbarkeit ihres substantiellen Inhalts durchläuft, um sich zu der im Ich vorhandenen sich-auf-sich-beziehenden einfachen Subjectivität zu erheben und dadurch ihrer selbst vollkommen mächtig und bewußt zu werden. Diese unsere Auffassung der Verrücktheit als einer in der Entwicklung der Seele nothwendig hervortretenden Form oder Stufe ist natürlicherweise nicht so zu verstehen, als ob damit behauptet würde: jeder Geist, jede

completely subject and subservient to the power of self-possession, of what is universal, of theoretical or moral principles; for since the heart in its immediacy is natural and selfish, this evil is implicitly present within it. It is man's evil genius which gains the upper hand in derangement, although as it does so in opposition to and in contrast with his better understanding, spirit is here in a state of distraction and distress. — The truly psychic treatment of derangement therefore holds firmly to the view that it is not an abstract loss of reason, either in respect of intelligence or of the will and its responsibility, but that it is literally derangement, i.e. not the absence but merely a contradiction of reason: just as physical illness is not an abstract, that is to say an entire loss of health, which would in fact be death, but a contradiction involving health. Pinel deserves the greatest credit for his furtherance of this humane treatment, which is as benevolent as it is reasonable. By presupposing the patient's rationality, it can take as firm a hold of him spirtually as one can of his bodily nature by treating his vitality as the presupposition of his physical health.

Addition. What follows may serve to elucidate the above Paragraph. In the Addition to § 402, *derangement* has already been interpreted as the *second* of the *three* stages of development through which the *feeling soul* passes as it struggles with the immediacy of its substantial content in order to complete its *mastery* and *consciousness* of itself by raising itself to the *simple self-relating subjectivity* present within the *ego*. Naturally, our interpretation of derangement as a form or stage occurring *necessarily* in the development of the soul, is not to be taken to imply that *every* spirit, *every* soul, must pass

Seele müsse durch diesen Zustand äußerster Zerrissenheit hindurchgehen. Eine solche Behauptung wäre ebenso unsinnig, wie etwa die Annahme: Weil in der Rechtsphilosophie das Verbrechen als eine nothwendige Erscheinung des menschlichen Willens betrachtet wird, deßhalb solle das Begehen von Verbrechen zu einer unvermeidlichen Nothwendigkeit für jeden Einzelnen gemacht werden. Das Verbrechen und die Verrücktheit sind Extreme, welche der Menschengeist überhaupt im Verlauf seiner Entwickelung zu überwinden hat, die jedoch nicht in jedem Menschen als Extreme, sondern nur in der Gestalt von Beschränktheiten, Irrthümern, Thorheiten und von

202 nicht verbrecherischer Schuld erscheinen. Dieß ist hinreichend, um unsere Betrachtung der Verrücktheit als einer wesentlichen Entwicklungsstufe der Seele zu rechtfertigen.

Was aber die Bestimmung des Begriffs der Verrücktheit betrifft, so ist schon im Zusatz zu §. 405 das Eigenthümliche dieses Zustands, — im Unterschied von dem, auf der ersten der drei Entwicklungsstufen der fühlenden Seele von uns betrachteten magnetischen Somnambulismus, — dahin angegeben worden, daß in der Verrücktheit das Seelenhafte zu dem objectiven Bewußtseyn nicht mehr das Verhältniß eines bloß Verschiedenen, sondern das eines direct Entgegengesetzten hat, und deßhalb sich mit jenem Bewußtseyn nicht mehr vermischt. Die Wahrheit dieser Angabe wollen wir hier durch eine weitere Auseinandersetzung darthun, und dadurch zugleich die vernünftige Nothwendigkeit des Fortgangs unserer Betrachtung von den magnetischen Zuständen zur Verrücktheit beweisen. Die Nothwendigkeit jenes Fortgangs liegt aber darin, daß die Seele schon an sich der Widerspruch ist, ein Individuelles, Einzelnes und doch zugleich mit der allgemeinen Naturseele, mit ihrer Substanz unmittelbar identisch zu seyn. Diese in der ihr widersprechenden Form der Identität existirende Entgegensetzung muß als Entgegensetzung, als Widerspruch gesetzt werden. Dieß geschieht erst in der Verrücktheit; denn erst in derselben trennt sich die Subjectivität der Seele nicht bloß von ihrer, im

through this stage of extreme disruption. To assert that it must would be as senseless as assuming that since *crime* is treated as a *necessary* manifestation of the human will in the *Philosophy of Right*, it is an unavoidable necessity that *every individual* should be guilty of it. Crime and derangement are *extremes* which the human spirit *in general* has to overcome in the course of its development. In *most* people however, they occur not in their *extreme* forms, but simply as *limitations*, *errors*, *stupidities*, and as *offences* of a *non-criminal* nature. We have said enough to justify our consideration of derangement as an essential stage in the development of the soul.

With regard to the determination of the *Notion* of *derangement* however, it has already been indicated in the Addition to § 405, that the characteristic which distinguishes this state from the *magnetic somnambulism* we dealt with as the *first* of the developmental stages of the feeling soul, is that what is *soul-like* in it no longer relates to *objective* consciousness as *merely different* from it, but as what is *directly opposed* to and therefore no longer *mingles* with it. We now propose to demonstrate that our expositional *progression* from *magnetic states* to *derangement* is matter of *rational necessity*, by indicating the truth of this statement in a more extended exposition. This necessity lies however in the soul's already being *implicitly contradictory*, for while it is as an *individual* and *singular being*, in its immediacy it is at the same time *identical* with the *universal* natural soul which constitutes its *substance*. This *opposition*, which exists in the soul in the *contradictory* form of *identity*, has to be *posited* as *opposition*, as *contradiction*. The initial occurrence of this is in *derangement*, in which the *subjectivity* of the soul not only first *separates* itself from its *substance*, with which it is still immediately identical in

Somnambulismus noch unmittelbar mit ihr identischen Substanz, sondern kommt in directen Gegensatz gegen diese, — in völligen Widerspruch mit dem Objectiven, — wird dadurch zur rein formellen, leeren, abstracten Subjectivität, — und maaßt sich in dieser ihrer Einseitigkeit die Bedeutung einer wahrhaften Einheit des Subjectiven und Objectiven an. Die in der Verrücktheit vorhandene Einheit und Trennung der eben genannten entgegengesetzten Seiten ist daher
203
noch eine unvollkommene. Zu ihrer vollkommenen Gestalt gelangt diese Einheit und diese Trennung nur im vernünftigen, im wirklich objectiven Bewußtseyn. Wenn ich mich zum vernünftigen Denken erhoben habe, bin ich nicht nur für mich, mir gegenständlich, also eine subjective Identität des Subjectiven und Objectiven, sondern ich habe zweitens diese Identität von mir abgeschieden, als eine wirklich objective mir gegenübergestellt. Um zu dieser vollkommenen Trennung zu gelangen, muß die fühlende Seele ihre Unmittelbarkeit, ihre Natürlichkeit, die Leiblichkeit überwinden, ideell setzen, sich zueigen machen, dadurch in eine objective Einheit des Subjectiven und Objectiven umbilden, und damit sowohl ihr Anderes aus dessen unmittelbarer Identität mit ihr entlassen, als zugleich sich selber von diesem Anderen befreien. Zu diesem Ziele ist aber die Seele auf dem Standpunkte, auf welchem wir sie jetzt betrachten, noch nicht gelangt. In sofern sie verrückt ist, hält sie vielmehr an einer nur subjectiven Identität des Subjectiven und Objectiven als an einer objectiven Einheit dieser beiden Seiten fest; und nur, in sofern sie, neben aller Narrheit und allem Wahnsinn, doch zugleich noch vernünftig ist, also auf einem anderen, als dem jetzt zu betrachtenden Standpunkte steht, — gelangt sie zu einer objectiven Einheit des Subjectiven und Objectiven. Im Zustande der eigentlichen Verrücktheit sind nämlich beide Weisen des endlichen Geistes, — einerseits das in sich entwickelte, vernünftige Bewußtseyn mit seiner objectiven Welt, andererseits das an sich festhaltende, in sich selber seine Objectivität habende innere Empfinden, — jede für sich zur Totalität, zu einer Persönlichkeit ausge-

somnambulism, but enters into *direct opposition* to it, into complete *contradiction* of what is *objective*, and so becomes a purely *formal*, *empty*, *abstract* subjectivity. In this *onesided* state, it assumes itself to be a *true unity of* what is *subjective* and what is *objective*, so that in derangement the unity and separation of the two sides just mentioned is still *incomplete*. This unity and separation only achieves completeness of form in *rational* consciousness which is *actually objective*. When I have raised myself to *rational* thinking, I am not only a *subjective* identity of the subjective and the objective in that I am *for myself* as *my own general object*, but I have also *disengaged* from this identity by setting it over against myself as an actual *objectivity*. In order to achieve this complete separation, the *feeling soul* has to overcome the *corporeity* of its *immediacy*, its *naturalness*, by positing it as of an ideal nature and so transforming itself into an *objective* unity of the subjective and objective by appropriating it. By so doing, it releases its other from this immediate identity with it, while freeing itself from it. At the standpoint at which it is now being considered however, the soul has not yet achieved this goal. *In so far as* it is *deranged*, it cleaves to a *merely subjective* identity of the subjective and the objective *rather than* to an *objective* unity of these two sides; and it is only *in so far as* it is still capable of *rationality amid* all its folly and insanity, that it has *another* standpoint from that now to be considered, and achieves an *objective* unity of the subjective and the objective. In the state of derangement proper, the two modes of finite spirit, — the internally *developed*, *rational consciousness* with its *objective* world, and the self-involved *inner sentience* with *its objectivity within itself*, — are each developed into the distinct *totality* of a *personality*. The *objective* consciousness of the deranged

bildet. Das objective Bewußtseyn der Verrückten zeigt sich auf die mannigfaltigste Art; sie wissen, z. B., daß sie im Irrenhause sind; — sie kennen ihre Aufwärter; — wissen auch rücksichtlich Anderer, daß dieselben Narren sind; — machen sich über ihre gegenseitige Narrheit lustig; — werden zu allerlei Verrichtungen gebraucht, mitunter sogar zu Aufsehern ernannt. Aber zugleich träumen sie wachend und sind an eine, mit ihrem objectiven Bewußtseyn nicht zu vereinigende besondere Vorstellung gebannt. Dieß ihr waches Träumen hat eine Verwandtschaft mit dem Somnambulismus; zugleich unterscheidet sich jedoch das Erstere von dem Letzteren. Während im Somnambulismus die beiden in Einem Individuum vorhandenen Persönlichkeiten einander nicht berühren, das somnambule Bewußtseyn vielmehr von dem wachen Bewußtseyn so getrennt ist, daß keines derselben von dem anderen weiß, und die Zweiheit der Persönlichkeiten auch als eine Zweiheit der Zustände erscheint; — sind dagegen in der eigentlichen Verrücktheit die zweierlei Persönlichkeiten nicht zweierlei Zustände, sondern in Einem und demselben Zustande; so daß diese gegen einander negativen Persönlichkeiten, — das seelenhafte und das verständige Bewußtseyn, — sich gegenseitig berühren und von einander wissen. Das verrückte Subject ist daher in dem Negativen seiner selber bei sich; — das heißt, — in seinem Bewußtseyn ist unmittelbar das Negative desselben vorhanden. Dieß Negative wird vom Verrückten nicht überwunden, — das Zwiefache, in welches er zerfällt, nicht zur Einheit gebracht. Obgleich an sich Ein und dasselbe Subject, hat folglich der Verrückte sich dennoch nicht als ein mit sich selber übereinstimmendes, in sich ungetrenntes, sondern als ein in zweierlei Persönlichkeiten auseinandergehendes Subject zum Gegenstande.

204

Der bestimmte Sinn dieser Zerrissenheit, — dieses Beisichseyns des Geistes im Negativen seiner selber, — bedarf einer noch weiteren Entwicklung. Jenes Negative bekommt in der Verrücktheit eine concretere Bedeutung, als das Negative der Seele in unserer bisherigen Betrachtung gehabt hat; wie auch

shows itself in the most diverse ways. They know, for example, that they are in an asylum. They know their attendants, and they also realize that those about them are fools. They make fun of one another's folly. They are given all kinds of tasks, and on occasions are even appointed as overseers. Yet at the same time they are in a *waking dream*, *spellbound* by a *particular* presentation which cannot be united with their objective consciousness. Although this waking *dream* has an affinity with *somnambulism*, it also distinguishes itself from it. In *somnambulism* there is *no communication* between the *two personalities* present in the *one* individual, *somnambulistic* and *waking* consciousness being *so segregated* that *neither* is aware of the *other*, and *duality of personality* also appearing as a *dual state*. In derangement proper however, the two personalities occur not in two but in *one and the same* state, so that the two mutually *negative* personalities, the soul-like and the understanding consciousness, are in *mutual communication* and know *of each other*. The deranged subject is therefore *with itself in the negative*, which means that its consciousness has the negative of itself immediately present within it. The deranged person does not overcome this negative, there being no unification of the *duality* into which he falls. Consequently, although such a person is *implicitly* one and the same subject, he is aware of himself as a subject which tends to diverge into *two personalities* rather than accord and inwardly cohere with itself.

The specific import of this disruption, of spirit's *being with itself* in the *negative* of itself, stands in need of a further development. In derangement, this negative assumes a more concrete significance than that appertaining to the negative of the soul in our preceding exposition; and, similarly,

das Beisichseyn des Geistes hier in einem erfüllteren Sinne, 205 als das bisher zu Stande gekommene Fürsichseyn der Seele genommen werden muß.

Zunächst ist also jenes für die Verrücktheit charakteristische Negative von anderartigem Negativen der Seele zu unterscheiden. Zu dem Ende können wir bemerken, daß, wenn wir, z. B., Beschwerlichkeiten ertragen, wir auch in einem Negativen bei uns selber sind, deßwegen aber noch keine Narren zu seyn brauchen. Dieß werden wir erst dann, wenn wir beim Ertragen der Beschwerlichkeiten keinen nur durch dasselbe zu erreichenden vernünftigen Zweck haben. So wird man, z. B., eine zur Seelenstärkung nach dem heiligen Grabe unternommene Reise für eine Narrheit ansehen dürfen, weil solche Reise für den dabei vorschwebenden Zweck ganz unnütz, also kein nothwendiges Mittel für dessen Erreichung ist. Aus gleichem Grunde kann das mit kriechendem Körper durch ganze Länder ausgeführte Reisen der Indier für eine Verrücktheit erklärt werden. Das in der Verrücktheit ertragene Negative ist also ein solches, in welchem nur das empfindende, nicht aber das verständige und vernünftige Bewußtseyn sich wiederfindet.

In dem verrückten Zustande macht aber, wie schon oben gesagt, das Negative eine Bestimmung aus, welche sowohl dem seelenhaften, wie dem verständigen Bewußtseyn in deren gegenseitiger Beziehung zukommt. Diese Beziehung jener beiden einander entgegengesetzten Weisen des Beisichseyns des Geistes bedarf gleichfalls einer näheren Charakterisirung, damit dieselbe nicht mit dem Verhältniß verwechselt werde, in welchem der bloße Irrthum und die Thorheit zu dem objectiven, vernünftigen Bewußtseyn stehen.

Um diesen Punkt zu erläutern, wollen wir daran erinnern, daß, indem die Seele Bewußtseyn wird, für sie durch die Trennung des in der natürlichen Seele auf unmittelbare Weise Vereinigten der Gegensatz eines subjectiven Denkens und der Aeußerlichkeit entsteht; — zwei Welten, die in Wahr- 206 heit zwar mit einander identisch sind, (ordo rerum atque

spirit's *being with itself* has to be regarded as implying more at this juncture than it does in respect of the being-for-self hitherto attained by the soul.

In the first instance therefore, the *negative* characteristic of derangement has to be distinguished from another kind of negative encountered by the soul. The distinction will become apparent if we note, for example, that although we are also with ourselves in a negative when we endure *hardships*, this does not necessarily involve our being fools. Folly only begins when we endure the hardships without their being essential to the pursuit of a rational purpose. For example, a journey to the Holy Sepulchre undertaken for the purpose of fortifying one's soul might very well be regarded as a folly, since it is in no respect conducive to the end envisaged, and is therefore irrelevant to the achievement of it. It is for the same reason that the *Indians* who make crawling journeys across whole countries may be said to be in a state of derangement. In the negative endured in derangement therefore, it is not the *understanding* and *rational* but simply the *sentient* consciousness which rediscovers itself.

It has already been observed of the deranged condition however, that the *negative* within it constitutes a determination appertaining to both the *psychic* and the *understanding* consciousness in their mutual relation. In order to prevent its being confused with the relationship of *mere error* and *stupidity* to *objective* and *rational* consciousness, this relation between these two opposed modes of spirit's *being with itself* also needs to be characterized more precisely.

In order to clarify this point, let us remember that in that the soul becomes *consciousness* through the separation of what is immediately unified in the natural soul, it encounters the opposition between *subjective thinking* and *externality*. In *truth*, it is certainly the case that these *two worlds* are mutually

* idearum idem est, sagt Spinoza), die jedoch dem bloß reflectirenden Bewußtseyn, dem endlichen Denken, als wesentlich verschiedene und gegen einander selbstständige erscheinen. Somit tritt die Seele, als Bewußtseyn, in die Sphäre der Endlichkeit und Zufälligkeit, des Sich-selber-äußerlichen, somit Vereinzelten. Was ich auf diesem Standpunkt weiß, Das weiß ich zunächst als ein Vereinzeltes, Unvermitteltes, folglich als ein Zufälliges, als ein Gegebenes, Gefundenes. Das Gefundene und Empfundene verwandele ich in Vorstellungen und mache dasselbe zugleich zu einem äußerlichen Gegenstande. Diesen Inhalt erkenne ich dann aber, — in sofern die Thätigkeit meines Verstandes und meiner Vernunft sich auf denselben richtet, — zugleich als ein nicht bloß Vereinzeltes und Zufälliges, sondern als Moment eines großen Zusammenhangs, als ein mit anderem Inhalt in unendlicher Vermittlung Stehendes und durch diese Vermittlung zu etwas Nothwendigem Werdendes. Nur wenn ich auf die eben angegebene Art verfahre, bin ich bei Verstande und erhält der mich erfüllende Inhalt seinerseits die Form der Objectivität. Wie diese Objectivität das Ziel meines theoretischen Strebens ist; so bildet dieselbe auch die Norm meines praktischen Verhaltens. Will ich daher meine Zwecke und Interessen, — also von mir ausgehende Vorstellungen, — aus ihrer Subjectivität in die Objectivität versetzen; so muß ich mir, wenn ich verständig seyn soll, das Material, das mir gegenüberstehende Daseyn, in welchem ich jenen Inhalt zu verwirklichen beabsichtige, so vorstellen, wie dasselbe in Wahrheit ist. Ebenso aber, wie von der mir gegenüberstehenden Objectivität muß ich, um mich verständig zu benehmen, eine richtige Vorstellung von mir selber haben, — das heißt, — eine solche Vorstellung, die mit der Totalität meiner Wirklichkeit, — mit
207 meiner unendlich bestimmten, von meinem substantiellen Seyn unterschiedenen Individualität übereinstimmt.

Sowohl über mich selbst, wie über die Außenwelt kann ich

* *Notizen 1820–1822* ('Hegel-Studien' Bd. 7, 1972: Schneider 151c): *Substantielle* Identität ordo rerum et idearum.

identical, ordo rerum atque idearum idem est says *Spinoza*,* +
but to merely *reflective* consciousness, to *finite* thinking, they appear to be *essentially different* and *independent* of one another. It is thus that the soul enters as *consciousness* into the sphere of *finitude* and *contingency*, of *self-externality*, and so of what is 5 *singularized.* Whatever I know from this standpoint I know *primarily* as a singularization, as unmediated, and so as something which is contingent, given, discovered. What is discovered and sensed I transform into *presentations*, while at the same time making a *general external object* of it. In so far as I 10 bring my *understanding* and *reason* to bear upon this content however, I also know that it is not simply singularized and contingent, but that in that it assumes *necessity* through standing in infinite *mediation* with another content, it constitutes one *moment* of a great *connectedness.* It is only when I do 15 this that I have *understanding*, and that the content which occupies me has, for its own part, the form of *objectivity.* This objectivity not only constitutes the goal of my *theoretical* striving, but also forms the norm of my *practical* conduct. Consequently, if I want to exercise understanding in trans- 20 ferring my *aims* and *interests* i.e. presentations originating *in me*, from their *subjectivity* into *objectivity*, I have to have a true presentation of the *material* in which I have to actualize this content, the *determinate being* with which I am *confronted.* Similarly, if I am to act in accordance with my understand- 25 ing, I have to have a correct presentation not only of the objectivity with which I am confronted, but also *of myself*, — such a presentation as tallies with my actuality in its *totality*, with my infinitely determined individuality as distinct from my substantial being. 30

Now I can of course *err*, both with regard to the external

* *Notes 1820–1822* ('Hegel-Studien' vol. 7, 1972: Schneider 151c): *Substantial* identity, ordo rerum et idearum.

mich nun allerdings irren. Unverständige Menschen haben leere subjective Vorstellungen, unausführbare Wünsche, die sie gleichwohl in Zukunft zu realisiren hoffen. Sie borniren sich auf ganz vereinzelte Zwecke und Interessen, halten an einseitigen Grundsätzen fest, und kommen dadurch mit der Wirklichkeit in Zwiespalt. Aber diese Bornirtheit, sowie jener Irrthum sind noch nichts Verrücktes, wenn die Unverständigen zugleich wissen, daß ihr Subjectives noch nicht objectiv existirt. Zur Verrücktheit wird der Irrthum und die Thorheit erst in dem Fall, wo der Mensch seine nur subjective Vorstellung als objectiv sich gegenwärtig zu haben glaubt und gegen die mit derselben in Widerspruch stehende wirkliche Objectivität festhält. Den Verrückten ist ihr bloß Subjectives ganz ebenso gewiß, wie das Objective; an ihrer nur subjectiven Vorstellung, — zum Beispiel an der Einbildung, dieser Mensch, der sie nicht sind, in der That zu seyn, — haben sie die Gewißheit ihrer selbst, hangt ihr Seyn. Wenn daher Jemand Verrücktes spricht, so ist immer das Erste Dieß, daß man ihn an den ganzen Umfang seiner Verhältnisse, an seine concrete Wirklichkeit erinnert. Hält er dann, — obgleich also jener objective Zusammenhang vor seine Vorstellung gebracht ist und von ihm gewußt wird, — nichtsdestoweniger an seiner falschen Vorstellung fest; so unterliegt das Verrücktseyn eines solchen Menschen keinem Zweifel.

Aus dem eben Gesagten folgt, daß man die verrückte Vorstellung eine vom Verrückten für etwas Concretes und Wirkliches angesehene leere Abstraction und bloße Möglichkeit nennen kann; denn, wie wir gesehen haben, wird eben in jener Vorstellung von der concreten Wirklichkeit des Verrückten abstrahirt. Wenn, z. B., ich, der ich ein König zu seyn weit entfernt bin, dennoch mich für einen König halte; so hat diese der Totalität meiner Wirklichkeit widersprechende und deßhalb verrückte Vorstellung durchaus keinen anderen Grund und Inhalt, als die unbestimmte allgemeine Möglichkeit, daß, — da überhaupt ein Mensch ein König seyn kann, — gerade ich, — dieser bestimmte Mensch, — ein König wäre.

208

world and with regard to myself. People of *no understanding* entertain *empty*, *subjective* presentations, wishes which, though *unfulfillable*, they still hope to realize at some future date. They confine themselves to completely *singularized* aims and interests, cling to *onesided* principles, and are therefore at variance with actuality. Yet neither this *limitedness* nor this *error* will constitute *derangement* if those lacking in understanding also know that their *subjective* presentations have *as yet no objective* existence. Error and stupidity only become *derangement* when a person believes his *simply subjective* presentation to be *objectively present*, and *clings* to it *in spite* of the *actual objectivity* by which it is *contradicted*. To the deranged, what is simply subjective is just as much a matter of certainty as what is objective. Their *being* centres upon the simply subjective presentation from which they derive *their self-certainty*. They might imagine, for example, that they are someone *else*. Consequently, when someone speaks in a deranged manner, one should always begin by reminding him *of his overall situation*, his *concrete actuality*. If, when he is brought to consider and to be aware of this objective context, he still fails to relinquish his false presentation, there can be no doubt that he is in a state of derangement.

It follows from this exposition that a presentation may be said to be *deranged* when the deranged person regards an *empty abstraction* and a *mere possibility* as something *concrete* and *actual*, for we have established that the precise nature of such a presentation lies in the deranged person's *abstracting* from his *concrete actuality*. For example, if I regard myself as a king and am very far from being one, I am entertaining a presentation which is deranged because it is a total contradiction of my actual condition, and has no other ground and content than an *indeterminate* and *general possibility*, i.e. that since a man in general can be a king, I myself, this specific person, am one.

Daß aber ein solches Festhalten an einer mit meiner concreten Wirklichkeit unvereinbaren besonderen Vorstellung in mir entstehen kann, — davon liegt der Grund darin, daß ich zunächst ganz abstractes, vollkommen unbestimmtes, daher allem beliebigen Inhalte offenstehendes Ich bin. In sofern ich Dieß bin, kann ich mir die leersten Vorstellungen machen, mich, * z. B., für einen Hund halten, (daß Menschen in Hunde verwandelt worden sind, kommt ja in Märchen vor), — oder mir einbilden, daß ich zu fliegen vermöge, weil Platz genug dazu vorhanden ist, und weil andere lebende Wesen zu fliegen im Stande sind. Sowie ich dagegen concretes Ich werde, bestimmte Gedanken von der Wirklichkeit erhalte, — sowie ich, z. B., in dem letzterwähnten Fall an meine Schwere denke, so sehe ich die Unmöglichkeit meines Fliegens ein. Nur der Mensch gelangt dazu, sich in jener vollkommenen Abstraction des Ich zu erfassen. Dadurch hat er, so zu sagen, das Vorrecht der Narrheit und des Wahnsinns. Diese Krankheit entwickelt sich aber in dem concreten, besonnenen Selbstbewußtseyn nur in sofern, als dasselbe zu dem vorher besprochenen ohnmächtigen, passiven, abstracten Ich heruntersinkt. Durch dieß Heruntersinken verliert das concrete Ich die absolute Macht über das ganze System seiner Bestimmungen, — büßt die Fähigkeit ein, alles an die Seele Kommende an die rechte Stelle zu setzen, in jeder seiner Vorstellungen sich selber vollkommen gegenwärtig zu bleiben, — läßt sich von einer besonderen nur subjectiven Vorstellung gefangen nehmen, wird durch dieselbe außer sich gebracht, aus dem Mittelpunkt seiner
209 Wirklichkeit herausgerückt, und bekommt, — da es zugleich noch ein Bewußtseyn seiner Wirklichkeit behält, — zwei Mittelpunkte, — den einen in dem Rest seines verständigen Bewußtseyns, — den anderen in seiner verrückten Vorstellung.

In dem verrückten Bewußtseyn steht die abstracte Allgemeinheit des unmittelbaren, seyenden Ich mit einer von der

* *Griesheim Ms.* S. 239; vgl. *Kehler Ms.* S. 171: Ein (*Kehler*: Sohn des Prinzen) Condé fing oft an, unwiderstehlich zu bellen wie ein Hund, bei Hofe Ludwig 14 durfte so etwas nicht vorkommen, er trat dann an ein Fenster und machte Grimassen, als ob er bellte, ohne dieß laut werden zu lassen.

The *reason* for my being *liable* to cling to a particular presentation in spite of its being irretrievably at odds with my concrete actuality, lies in my being initially an *ego* which, since it is *wholly abstract* and completely *indeterminate*, is *open* to *any kind* of *congenial* content. In so far as I am this ego, I can entertain the emptiest of presentations. I can regard myself as a *dog* for example,* and in fairy-tales men have indeed been changed into dogs, or I can imagine that since other living beings are able to *fly* and there is room enough, I too have this ability. To the extent that I become a *concrete ego* however, I become aware of impossibility in that I think about actuality in a *determinate* manner. In the last-mentioned case for example, I realize I cannot fly when I think of my weight. It is only man who is able to apprehend himself in this complete *abstraction of the ego*, and this is why he has the *prerogative*, if one may so express it, of folly and insanity. Yet *concrete, self-possessed* self-consciousness is only subject to this disease in so far as it *lapses* into the *impotent, passive, abstract ego* just mentioned. Through this relapse the concrete ego abdicates from absolute power over the whole system of its determinations, gives up its capacity for assigning all that is encountered by the soul to its rightful place, for remaining *completely aware of itself* in all its presentations, and allows itself to be *possessed* by a *particular* and merely subjective presentation, by which it is *driven out of itself* from the *centre* of its *actuality*. And since at the same time it still remains conscious of this actuality, it acquires *two centres*, the one in the *remnant* of its *understanding* consciousness, the other in its *deranged* presentation.

In deranged consciousness there is *no resolution* of the contradiction subsisting between the *abstract universal* being of

* *Griesheim Ms.* p. 239; cf. *Kehler Ms.* p. 171: A (*Kehler*: son of the) Prince of Condé often found it impossible to prevent himself from barking like a dog. Since this sort of thing was not acceptable at the court of Louis XIV, he used to go to the window, and without barking aloud, pull faces as if he were doing so.

Totalität der Wirklichkeit abgerissenen, somit vereinzelten Vorstellung in unaufgelöstem Widerspruch. Jenes Bewußtseyn ist daher nicht wahrhaftes, sondern im Negativen des Ich steckenbleibendes Beisichseyn. Ein ebenso unaufgelöster Widerspruch herrscht hier zwischen jener vereinzelten Vorstellung und der abstracten Allgemeinheit des Ich einerseits, — und der in sich harmonischen totalen Wirklichkeit andererseits. Hieraus erhellt, daß der von der begreifenden Vernunft mit Recht verfochtene Satz: Was ich denke, das ist wahr, in dem Verrückten einen verrückten Sinn erhält, und zu etwas gerade so Unwahrem wird, wie die vom Unverstand des Verstandes jenem Satze entgegengestellte Behauptuug der absoluten Geschiedenheit des Subjectiven und Objectiven. Vor diesem Unverstande, wie vor der Verrücktheit, hat schon die bloße Empfindung der gesunden Seele den Vorzug der Vernünftigkeit, in sofern als in derselben die wirkliche Einheit des Subjectiven und Objectiven vorhanden ist. Wie bereits oben gesagt worden ist, erhält jedoch diese Einheit ihre vollkommene Form erst in der begreifenden Vernunft; denn nur, was von dieser gedacht wird, ist sowohl seiner Form, wie seinem Inhalte nach ein Wahres, — eine vollkommene Einheit des Gedachten und des Seyenden. In der Verrücktheit dagegen sind die Einheit und der Unterschied des Subjectiven und Objectiven noch etwas bloß Formelles, den concreten Inhalt der Wirklichkeit Ausschließendes.

Des Zusammenhangs wegen und zugleich zu noch größerer Verdeutlichung wollen wir an dieser Stelle Etwas, das schon in 210 obenstehendem Paragraphen und in der Anmerkung zu demselben mehrfach berührt worden ist, in zusammengedrängterer und — wo möglich — bestimmterer Form wiederholen, — wir meinen den Punkt, daß die Verrücktheit wesentlich als eine zugleich geistige und leibliche Krankheit um deßwillen gefaßt werden muß, weil in ihr eine noch ganz unmittelbare, noch nicht durch die unendliche Vermittlung hindurchgegangene Einheit des Subjectiven und Objectiven herrscht, — das von der Verrücktheit betroffene Ich, — so scharf diese Spitze des Selbstgefühls auch

the unmediated ego, and a presentation *singularized* by being disconnected from the totality of actuality. This consciousness is therefore not truly with itself, but remains engrossed in the negation of the ego. An equally unresolved contradiction prevails here between this *singularized* presentation and the *abstract universality of the ego* on the one hand, and the internal harmony of *total actuality* on the other. This is why the proposition, '*What I think is true*', which is justifiably maintained by *Notional reason*, is given a *deranged* meaning by the *deranged*, and so becomes just as *untrue* as the counter assertion, deriving from the *understanding's lack of understanding*, of the *absolute separation* of subjective and objective. Even the mere *sensation* of the *healthy* soul, in so far as it has present within it the *actual* unity of the subjective and objective, is superior in rationality to this *lack of understanding* as it is also to *derangement*. As has already been observed however, this unity first assumes completeness of form in *Notional reason*, for it is *only* what is thought by *this* that is true in respect of both its *form* and its *content*, and so constitutes a *complete* unity of what is *thought* and what *is*. In derangement on the contrary, the unity and the difference of the subjective and the objective still have a merely *formal* significance, and exclude the concrete content of actuality.

Bearing in mind the context here, and in the interest of clarification, we now want to repeat in a more concise and if possible a more precise form, something which has already been touched upon several times in the preceding Paragraph and Remark. The point has been made, that derangement has to be grasped as essentially an illness *of both the spirit and the body*, because the unity of the subjective and objective, which is still wholly *immediate* and which has not yet passed

seyn mag, — noch ein Natürliches, Unmittelbares, Seyendes ist, — folglich in ihm das Unterschiedene als ein Seyendes fest werden kann; oder, — noch bestimmter, — weil in der Verrücktheit ein dem objectiven Bewußtseyn des Verrückten widersprechendes besonderes Gefühl als etwas Objectives gegen jenes Bewußtseyn festgehalten, nicht ideell gesetzt wird, — dieß Gefühl folglich die Gestalt eines Seyenden, somit Leiblichen hat, — dadurch aber in dem Verrückten eine von seinem objectiven Bewußtseyn nicht überwundene Zweiheit des Seyns, ein seyender, für die verrückte Seele zur festen Schranke werdender Unterschied sich hervorbringt.

Was ferner die gleichfalls bereits in obigem Paragraphen aufgeworfene Frage betrifft, wie der Geist dazu kommt, verrückt zu seyn; so kann, außer der daselbst gegebenen Antwort, hier noch bemerkt werden, daß jene Frage schon das von der Seele auf deren jetziger Entwicklungsstufe noch nicht erreichte feste, objective Bewußtseyn voraussetzt; und daß an der Stelle, wo unsere Betrachtung jetzt steht, vielmehr die umgekehrte Frage zu beantworten ist, — nämlich die Frage, wie die in ihre Innerlichkeit eingeschlossene, mit ihrer individuellen Welt unmittelbar identische Seele aus dem bloß formellen, leeren Unterschiede des Subjectiven und Objectiven zum wirklichen Unterschiede dieser beiden Seiten, und damit zum wahrhaft objectiven, verständigen und vernünftigen Bewußtseyn gelangt. Die Antwort hierauf wird in den letzten vier Paragraphen des ersten Theiles der Lehre vom subjectiven Geiste gegeben werden.

211

Aus Demjenigen, was über die Nothwendigkeit, mit dem natürlichen Geiste die philosophische Betrachtung des subjectiven Geistes zu beginnen, zu Anfang dieser Anthropologie gesagt worden ist, und aus dem im Obigen nach allen Seiten hin entwickelten Begriff der Verrücktheit wird übrigens sattsam einleuchten, warum dieselbe vor dem gesunden, verständigen Bewußtseyn abgehandelt werden muß, obgleich sie den Verstand zur Voraussetzung hat, und nichts Anderes ist, als das Aeußerste des Krankheitszustandes, in welchen jener versinken kann. Wir hatten die Erörterung dieses Zustandes schon in der

through infinite mediation, prevails within it. Regardless of how acute it may be as a point of self-awareness, the ego afflicted with derangement is still a *natural*, *immediate* entity which merely *is*. Consequently, that which is *different* from it is liable to become fixed within it as a *being*. Stated more specifically, since in derangement there is a *fixation* upon a particular feeling, which so conflicts with the deranged person's objective consciousness that the feeling is *not* posited as *of an ideal nature*, but has the shape of *being*, of something *corporeal*, there arises in the deranged person a *duality* of *being* which is not overcome by his objective consciousness, a difference in *being* which for the deranged soul becomes a fixed limitation.

The question of how it is that spirit comes to be deranged was also raised in the above Paragraph. We may supplement the answer given there by observing that this question already presupposes the fixed, objective consciousness which has not yet been reached by the soul at this stage of its development. What is more, it is rather the *converse* of this question that has to be dealt with at this juncture: How does the soul which is *confined* to its *inwardness*, which is immediately identical with its individual world, emerge from the merely *formal*, empty difference of the subjective and objective to the *actual* difference of these two sides, and so into *truly objective* understanding and rational consciousness? The answer to this will be given in the last four Paragraphs of the first part of the doctrine of Subjective Spirit.

It will moreover be sufficiently clear from what was said at the outset of this *Anthropology* about the necessity of beginning the philosophical consideration of subjective spirit with *natural* spirit, as well as from the *Notion of derangement* which has now been developed above in all its aspects, why the treatment of derangement has to *precede* that of the *healthy*, *understanding* consciousness in spite of its *presupposing* understanding and being nothing other than the *most extreme state of illness* into which the understanding can lapse. The examination of this illness had already to be concluded in *Anthro-*

Anthropologie abzumachen, weil in demselben das Seelenhafte, — das natürliche Selbst, — die abstracte formelle Subjectivität, — über das objective, vernünftige, concrete Bewußtseyn die Herrschaft bekommt, — die Betrachtung des abstracten, natürlichen Selbstes aber der Darstellung des concreten, freien Geistes vorangehen muß. Damit jedoch dieser Fortgang von etwas Abstractem zu dem dasselbe, der Möglichkeit nach, enthaltenden Concreten nicht das Ansehen einer vereinzelten und deßhalb bedenklichen Erscheinung habe, können wir daran erinnern, daß in der Rechtsphilosophie ein ähnlicher Fortgang statt finden muß. Auch in dieser Wissenschaft beginnen wir mit etwas Abstractem, — nämlich mit dem Begriff des Willens; — schreiten dann zu der in einem äußerlichen Daseyn erfolgenden Verwirklichung des noch abstracten Willens, zur Sphäre des formellen Rechtes fort; — gehen darauf zu dem aus dem äußeren Daseyn in sich reflectirten Willen, dem Gebiete der Moralität über; — und kommen endlich drittens zu dem diese beiden abstracten Momente in sich vereinigenden und darum concreten, sittlichen Willen. — In der Sphäre der Sittlichkeit selber fangen wir dann wieder von einem Unmittelbaren, von der na-
212
türlichen, unentwickelten Gestalt an, welche der sittliche Geist in der Familie hat; — kommen darauf zu der in der bürgerlichen Gesellschaft erfolgenden Entzweiung der sittlichen Substanz; — und gelangen zuletzt zu der im Staate vorhandener Einheit und Wahrheit jener beiden einseitigen Formen des sittlichen Geistes. — Aus diesem Gange unserer Betrachtung folgt jedoch nicht im Mindesten, daß wir die Sittlichkeit zu etwas der Zeit nach Späterem, als das Recht und die Moralität machen, — oder die Familie und die bürgerliche Gesellschaft für etwas dem Staate in der Wirklichkeit Vorangehendes erklären wollten. Vielmehr wissen wir sehr wohl, daß die Sittlichkeit die Grundlage des Rechtes und der Moralität ist, — sowie, daß die Familie und die bürgerliche Gesellschaft mit ihren wohlgeordneten Unterschieden schon das Vorhandenseyn des Staates voraus-

pology, since in this state what is *soul-like*, the *natural self*, the *abstract formal subjectivity*, gains control of the *objective*, *rational concrete consciousness*, while the consideration of the *abstract*, *natural self* has to *precede* the exposition of *concrete*, *free* spirit. However, in order that this progression from something abstract to the concrete which contains it as a possibility may not appear to be somewhat singular and therefore suspect, it might be helpful to remember that a similar progression has to take place in the *Philosophy of Right*. There too we begin the science with something *abstract*, the *Notion of the will*, and subsequently progress to the actualization of the still *abstract* will in an *external* determinate being, the sphere of *formal right*. We then proceed to will *reflected into itself* from out of external determinate being, the field of *morality*, and come thirdly and lastly to the *ethical* will, which *unites* within itself *both these abstract* moments and is therefore *concrete*. — In the *ethical* sphere itself, we begin once again with what is *immediate*, with the *natural undeveloped* shape of ethical spirit, the *family*, proceed to the *sundering* of the ethical substance in *civil society*, and finally reach the *unity* and *truth* of both these onesided forms of ethical spirit in the *state*. — The procedure employed here in no way implies that we have attempted to present *what is ethical* as occurring *later in time* than *right* and *morality*, or to account for the *family* and *civil society* as something which *actually precedes* the *state*. On the contrary, we know very well that what is *ethical* constitutes the *foundation* of *right* and *morality*, and that the well ordered distinctions of the *family* and *civil society* already *presuppose* the presence of the

setzen. In der philosophischen Entwicklung des Sittlichen können wir jedoch nicht mit dem Staate beginnen, da in diesem jenes sich zu seiner concretesten Form entfaltet, der Anfang dagegen nothwendigerweise etwas Abstractes ist. Aus diesem Grunde muß auch das Moralische vor dem Sittlichen betrachtet werden, obgleich jenes gewissermaaßen nur als eine Krankheit an diesem sich hervorthut. Aus dem nämlichen Grunde haben wir aber auch in dem anthropologischen Gebiete die Verrücktheit, da dieselbe, — wie wir gesehen, — in einer gegen das concrete, objective Bewußtseyn des Verrückten festgehaltenen Abstraction besteht, vor diesem Bewußtseyn zu erörtern gehabt.

Hiermit wollen wir die Bemerkungen schließen, die wir über den Begriff der Verrücktheit überhaupt hier zu machen hatten.

Was aber die besonderen Arten des verrückten Zustandes anbelangt, so unterscheidet man dieselben gewöhnlich nicht sowohl nach einer inneren Bestimmtheit, als vielmehr nach den Aeußerungen dieser Krankheit. Dieß ist für die philosophische

213

Betrachtung nicht genügend. Sogar die Verrücktheit haben wir als ein auf nothwendige- und in sofern vernünftige Weise in sich Unterschiedenes zu erkennen. Eine nothwendige Unterscheidung dieses Seelenzustandes läßt sich aber nicht von dem besonderen Inhalt der in der Verrücktheit vorhandenen formellen Einheit des Subjectiven und Objectiven herleiten; denn jener Inhalt ist etwas unendlich Mannigfaltiges und somit Zufälliges. Wir müssen daher im Gegentheil die an der Verrücktheit hervortretenden ganz allgemeinen Formunterschiede in's Auge fassen. Zu dem Zwecke haben wir darauf zurück zu verweisen, daß die Verrücktheit im Obigen als eine Verschlossenheit des Geistes, als ein In-sich-versunkenseyn bezeichnet worden ist, dessen Eigenthümlichkeit, — im Gegensatze gegen das im Somnambulismus vorhandene In-sich-seyn des Geistes, — darin besteht, mit der Wirklichkeit nicht mehr in unmittelbarem Zusammenhange sich zu befinden, sondern sich von derselben entschieden abgetrennt zu haben.

Dieß In-sich-versunkenseyn ist nun einerseits das Allge-

state. We cannot begin with the *state* in the *philosophical development* of what is ethical however, for while the *beginning* is necessarily something *abstract*, in the state it is the *most concrete* form of what is ethical which unfolds itself. It is for this reason also that what is *moral* has to be considered *before* what is *ethical*, although to a certain extent the former only becomes prominent in the latter as an *illness*. As we have seen, *derangement* consists of an *abstraction* to which the deranged person holds fast in the face of *concrete* objective consciousness, and this is therefore the reason for our having had to deal with it *prior* to objective consciousness, in the *anthropological* field.

With this we shall close these observations we have had to make on the Notion of derangement in general.

The *particular kinds* of derangement are usually distinguished in accordance with the *manifestations* of this illness rather than an *inner* determinateness, but this is inadequate to philosophical consideration. We have to recognize that even derangement *differentiates itself internally* in a *necessary* and therefore rational manner. But the *particular content* of the formal unity of subjective and objective present in derangement, since it is an infinite *multiplicity* and therefore *contingent*, provides no necessary foundation for the diagnosis of this state of the soul. We have therefore to fix our attention not upon this, but upon the wholly *universal differences of form* which emerge in derangement. To this end we have to recall that derangement has already been displayed as *spirit which is confined*, spirit which has *lapsed into itself*, which contrasts with the being-in-self present in somnambulism, in that its *peculiarity* consists of its no longer having an *immediate connection* with actuality, from which it has *quite definitely separated* itself.

Now spirit's self-immersion has two aspects, for while it is

meine in jeder Art der Verrücktheit; andererseits bildet dasselbe, — wenn es bei seiner Unbestimmtheit, bei seiner Leerheit bleibt, — eine besondere Art des verrückten Zustandes. Mit dieser haben wir die Betrachtung der verschiedenen Arten von Verrücktheit zu beginnen.

Wenn aber jenes ganz unbestimmte In-sich-seyn einen bestimmten Inhalt bekommt, sich an eine bloß subjective besondere Vorstellung kettet und diese für etwas Objectives nimmt, — dann zeigt sich die zweite Form des verrückten Zustandes.

Die dritte und letzte Hauptform dieser Krankheit tritt hervor, wenn Dasjenige, was dem Wahne der Seele entgegensteht, gleichfalls für dieselbe ist, — wenn der Verrückte seine bloß subjective Vorstellung mit seinem objectiven Bewußtseyn vergleicht, den zwischen beiden befindlichen schneidenden Gegensatz entdeckt, und somit zu dem unglücklichen Gefühl seines Widerspruchs mit sich selber gelangt. Hier sehen wir die Seele in dem mehr oder weniger verzweiflungsvollen Streben, sich aus dem schon in der zweiten Form der Verrücktheit vorhandenen, dort aber kaum oder gar nicht gefühlten Zwiespalt zur concreten Identität mit sich, zur inneren Harmonie des in dem Einen Mittelpunkt seiner Wirklichkeit unerschütterlich beharrenden Selbstbewußtseyns wieder herzustellen.

214

Betrachten wir jetzt die eben angegebenen drei Hauptformen der Verrücktheit etwas näher.

1. Der Blödsinn, die Zerstreutheit, die Faselei.

Die erste jener drei Hauptformen, — das ganz unbestimmte In-sich-versunkenseyn, — erscheint zunächst als

der Blödsinn.

Derselbe hat verschiedene Gestalten. Es gibt natürlichen Blödsinn. Dieser ist unheilbar. Vornämlich gehört hierher Dasjenige, was man Cretinismus nennt; — ein Zustand, der theils sporadisch vorkommt, theils in gewissen Gegenden, besonders in engen Thälern und an sumpfigen Orten endemisch ist. Die Cretins sind mißgestaltete, verkrüppelte, häufig mit Kröpfen

the *universal* in respect of *every* kind of derangement, when it retains its *indeterminateness*, *its vacuity*, it also constitutes a *particular* variation of the deranged state. It is with this that we have to begin our consideration of the various kinds of derangement. 5

When this wholly indeterminate being-in-self acquires a *determinate* content however, cottons on to a merely subjective and *particular* presentation to which it attributes objectivity, the *second* form of the deranged state becomes apparent. 10

The *third* and the last *main form* of this illness occurs when *that which confronts* the delusion of the soul at the *same time* has being *for it*. Here the deranged person *compares* his merely subjective presentation with his objective consciousness, discovers the *sharpness* of the *opposition* between them, and so 15 acquires the uneasy feeling of being self-contradictory. Here we see the soul striving more or less desperately to reestablish itself by overcoming the *discrepancy* which, although there was *very little or no awareness* of it there, was already present in the *second* form of derangement, — to restore its 20 *concrete* self-*identity*, the inner *harmony* of the self-consciousness which persists imperturbably at the *one* central point of its actuality. We shall now consider more closely these *three main forms* of derangement.

1. *Imbecility, absent-mindedness and desipience*

The *first* of the three main forms, the wholly indeter- 25 minate state of self-absorption, appears in the first instance as *imbecility*.

This has various forms. There is *natural* imbecility, which is incurable, and which consists in the main of what is called *cretinism*. The occurrence of this condition is partly sporadic 30 and partly endemic in certain areas, especially narrow valleys and marshy districts. *Cretins* are misshapen, deformed

behaftete, durch völlig stupiden Gesichtsausdruck auffallende Menschen, deren unaufgeschlossene Seele es oft nur zu ganz unarticulirten Tönen bringt. — Außer diesem natürlichen Blödsinn findet sich aber auch solcher Blödsinn, in welchen der Mensch durch unverschuldetes Unglück oder durch eigene Schuld versinkt. Rücksichtlich des ersteren Falles führt Pinel das Beispiel einer blödsinnig Gebornen an, deren Stumpfsinnigkeit, wie man glaubte, von einem äußerst heftigen Schreck herrührte, welchen ihre Mutter, während diese mit ihr schwanger war, gehabt hatte. Oft ist der Blödsinn eine Folge der Raserei; — in welchem Falle die Heilung höchst unwahrscheinlich wird; — oft endigt auch die Epilepsie mit dem Zustande des Blödsinns. Der nämliche Zustand wird aber nicht weniger häufig durch das Uebermaaß der Ausschweifungen herbeigeführt. — In Betreff der Erscheinung des Blödsinns kann noch erwähnt werden, daß derselbe zuweilen als Starrsucht, als eine vollkommene Lähmung der körperlichen wie der geistigen Thätigkeit sich offenbart. — Der Blödsinn kommt übrigens nicht bloß als ein dauernder, sondern auch als ein vorübergehender Zustand vor. So verfiel, z. B., ein Engländer in eine Interesselosigkeit an allen Dingen, erst an der Politik, dann an seinen Geschäften und an seiner Familie, — saß, vor sich hinsehend, still, — sprach Jahre lang kein Wort und zeigte eine Abgestumpftheit, die es zweifelhaft machte, ob er seine Frau und Kinder kenne oder nicht. Derselbe wurde dadurch geheilt, daß ein Anderer, genau so, wie er, gekleidet, sich ihm gegenüber setzte und ihm Alles nachmachte. Dieß brachte den Kranken in eine gewaltige Aufregung, durch welche dessen Aufmerksamkeit auf Aeußeres heraus gezwungen, der In-sich-versunkene dauernd aus sich heraus getrieben wurde.

215

Die Zerstreutheit.

Eine weitere Modification der in Rede stehenden ersten Hauptform des verrückten Zustandes ist die Zerstreutheit. Dieselbe besteht in einem Nichtwissen von der unmittelbaren Gegenwart. Oft bildet dieß Nichtwissen den Anfang des Wahnsinns; doch gibt es auch eine, vom Wahnsinn sehr entfernte, großartige Zerstreutheit. Diese kann eintreten, wenn der Geist

persons, often afflicted with goitres. The complete stupidity of their facial expression is striking, their closed soul often being incapable of anything but wholly inarticulate sounds. — Apart from this natural imbecility, a person may become imbecile, either through no fault of his own or by bringing it upon himself. *Pinel* cites an example of the first case, of a congenital imbecile whose dull-wittedness was thought to have been brought about by her mother's having sustained a very violent shock during the pregnancy. Imbecility is often a consequence of *frenzy*, in which case a cure is extremely unlikely. *Epilepsy* too, often terminates in a state of imbecility, although the state is no less frequently brought about by excessive debauchery. — With regard to the occurrence of imbecility, it can also be mentioned that it occasionally manifests itself as *catalepsy*, as a complete suspension of both bodily and spiritual activity. — What is more, imbecility occurs not only as a permanent but also as a transitory condition. There is for example the case of the Englishman who lost interest in everything, first in politics, and then in his affairs and his family. He sat motionless, looking straight in front of him, said nothing for years on end, and exhibited a stupefaction which made it doubtful whether he knew his wife and children or not. He was cured by someone who dressed exactly as he did and sat in front of him copying him in everything. This put the patient into a violent passion, which forced him to pay attention to what was about him, and drove him permanently out of his state of self-absorption.

Absent-mindedness

is a further modification of the first main form of the state of derangement now under discussion, and consists of *not knowing* what is in the *immediate vicinity*. This non-awareness often takes the form of incipient insanity, although there is also a lofty absent-mindedness which is very far removed from such a state. This can be brought on by profound medi-

durch tiefe Meditationen von der Beachtung alles vergleichungsweise Unbedeutenden abgezogen wird. So hatte Archimedes einst sich dermaaßen in eine geometrische Aufgabe vertieft, daß er während mehrerer Tage alle anderen Dinge vergessen zu haben schien, und aus dieser Concentration seines Geistes auf einen einzigen Punkt mit Gewalt heraus gerissen werden mußte. Die eigentliche Zerstreutheit aber ist ein Versinken in ganz abstractes Selbstgefühl, in eine Unthätigkeit des besonnenen, objectiven Bewußtseyns, in eine wissenlose Ungegenwart des

216

Geistes bei solchen Dingen, bei welchen derselbe gegenwärtig seyn sollte. Das in diesem Zustande befindliche Subject verwechselt im einzelnen Fall seine wahre Stellung mit einer falschen, und faßt die äußeren Umstände auf eine einseitige Weise, nicht nach der Totalität ihrer Beziehungen, auf. Ein ergötzliches Beispiel von diesem Seelenzustande ist, unter vielen anderen Beispielen, ein französischer Graf, der, als seine Perrücke am Kronleuchter hängen blieb, darüber mit den anderen Anwesenden herzlich lachte, und sich umschaute, um zu entdecken, wessen Perrücke fortgerissen sey, wer mit kahlem Kopfe dastehe. Ein anderes hierher gehöriges Beispiel liefert Newton; dieser Gelehrte soll einst den Finger einer Dame ergriffen haben, um denselben als Pfeifenstopfer zu gebrauchen. Solche Zerstreutheit kann Folge von vielem Studiren seyn; sie findet sich bei Gelehrten, — zumal bei den einer früheren Zeit angehörenden, — nicht selten. Häufig entsteht die Zerstreutheit jedoch auch dann, wenn Menschen sich überall ein hohes Ansehen geben wollen, folglich ihre Subjectivität beständig vor Augen haben und darüber die Objectivität vergessen.

* Die Faselei.

Der Zerstreutheit steht die an Allem ein Interesse nehmende Faselei gegenüber. Dieselbe entspringt aus dem Unvermögen, die Aufmerksamkeit auf irgend etwas Bestimmtes zu fixiren, und besteht in der Krankheit des Taumelns von einem Gegenstande zum anderen. Dieß Uebel ist meistentheils unheilbar. Narren dieser Art sind die allerbeschwerlichsten. Pinel erzählt

* *Notizen 1820–1822* ('Hegel-Studien' Bd. 7, 1972: Schneider 151a): *Faseley* — Zerstreutheit — Aufmerksamkeit *nicht* festhalten.

tation, by spirit's withdrawing its attention from all that is comparatively insignificant. For instance, *Archimedes* on one occasion was so occupied with a geometrical problem, that for several days he seemed to have forgotten everything else, and had to be aroused by force from his spirit's being thus concentrated upon a single point. In absent-mindedness *proper* however, there is a lapse into *completely abstract self-awareness*, self-possessed objective consciousness is inactive, and spirit is ignorant of its absence from the things that should concern it. In this state, the subject mistakes its true position in a given situation, and grasps the external circumstances not in accordance with their total context but one-sidedly. Examples of this state of the soul are legion. There is an amusing one of a French count whose wig got caught on a chandelier, and who laughed heartily with the others present as he looked about him for whoever it was that had lost his head-dress and was exhibiting a bald pate. *Newton* provides us with another of these instances. This savant is supposed on one occasion to have taken hold of a lady's finger in order to stop his pipe with it. Such absent-mindedness can be the result of excessive study, and is not infrequently to be found in scholars, especially those at home in a former age. However, it is by no means uncommon for absent-mindedness to arise from the constant desire to be looked up to; since people pre-occupied with this never lose sight of their subjectivity, they forget what is objective.

Standing in contrast to absent-mindedness there is the state of

desipience,*

in which an interest is taken in *everything*, and which stems from the inability to *fix* attention upon anything *definite*. It is an illness which consists of *flitting about* from one general object to another, and for the most part it is incurable.

* *Notes 1820–1822* ('Hegel-Studien' vol. 7, 1972: Schneider 151a): *Desipience* — absent-mindedness — *not* concentrating for any length of time.

von einem solchen Subjecte, das ein vollkommenes Abbild des Chaos war. Er sagt: „Dieß Subject nähert sich mir und überschwemmt mich mit seinem Geschwätz. Gleich darauf macht dasselbe es mit einem Anderen ebenso. Kommt dieß Individuum in ein Zimmer, so kehrt es darin Alles um, schüttelt und versetzt Stühle und Tische, ohne dabei eine besondere Absicht zu verrathen. Kaum hat man das Auge weggewandt, so ist dieß Subject schon auf der benachbarten Promenade, und daselbst ebenso zwecklos beschäftigt, wie im Zimmer, plaudert, wirft Steine weg, 217 rupft Kräuter aus, geht weiter, und kehrt um, ohne zu wissen, weßhalb." — Immer entspringt die Faselei aus einer Schwäche der die Gesammtheit der Vorstellungen zusammenhaltenden Kraft des verständigen Bewußtseyns. Häufig leiden die Faselnden aber schon am Delirium, — also nicht bloß am Nichtwissen, sondern an der bewußtlosen Verkehrung des unmittelbar Gegenwärtigen. So viel über die erste Hauptform des verrückten Zustandes.

2. Die zweite Hauptform desselben, die eigentliche Narrheit

entsteht, wenn das oben in seinen verschiedenen Modificationen betrachtete In-sich-verschlossenseyn des natürlichen Geistes einen bestimmten Inhalt bekommt, und dieser Inhalt zur fixen Vorstellung dadurch wird, daß der seiner selbst noch nicht vollkommen mächtige Geist in denselben ebenso sehr versinkt, wie er beim Blödsinn in sich selber, in den Abgrund seiner Unbestimmtheit versunken ist. Wo die eigentliche Narrheit beginnt, ist schwer, mit Genauigkeit zu sagen. Man findet, zum Beispiel, in kleinen Städten Leute, besonders Weiber, die in einen äußerst beschränkten Kreis von particulären Interessen dermaaßen versunken sind, und sich in dieser ihrer Bornirtheit so behaglich fühlen, daß wir dergleichen Individuen mit Recht närrische Menschen nennen. Zur Narrheit im engeren Sinne des Wortes gehört aber, daß der Geist in einer einzelnen bloß subjectiven Vorstellung stecken bleibt und dieselbe für ein Objectives hält. Dieser Seelenzustand rührt meistentheils davon her,

Pinel gives an account of it, instancing a complete personification of chaos: "The person floods me with his blather as he approaches, and immediately afterwards does the same to someone else. When he comes into a room, he changes everything around, jogging and shifting chairs and tables to no apparent purpose. You have scarcely taken your eyes off him when he is out on the nearby walk, talking away as aimlessly as in the room, tossing stones out of the way, pulling up plants, walking on, turning round, and not knowing why."— The overall co-ordination of presentations is accompanied by the understanding consciousness, and desipience always stems from a weakness here. It is not uncommon for desipient persons to be already suffering from delirium i.e. not only *non-awareness* but also unconscious *distortion* of what is immediately present to them. So much for the first main form of the state of derangement.

2. The *second main form of it* is *folly proper*,

and occurs when the self-absorption of natural spirit, the various modifications of which have just been under consideration, acquires a specific content which becomes a *fixed presentation*. This fixation takes place when spirit which is not yet in full control of itself becomes *as* absorbed in this content as it is *in itself*, in the abyss of its *indeterminateness*, when it sinks into *imbecility*. It is however difficult to say where proper folly begins. In small towns for instance, one comes across persons, especially women, who are so immersed in an extremely limited round of particular interests, and so at home with their trivialities, that we are justified in saying that they are *foolish*. In its more *restricted* meaning however, the word foolishness involves spirit's being obsessed by a *single* and *merely subjective* presentation, which it regards as *objective*. For the most part the soul gets into this state when the person is

daß der Mensch, aus Unzufriedenheit mit der Wirklichkeit, sich in seine Subjectivität verschließt. Vornämlich ist die Leidenschaft der Eitelkeit und des Hochmuths die Ursache dieses Sich-in-sich-einspinnens der Seele. Der so in seine Innerlichkeit sich einnistende Geist verliert dann leicht das Verständniß der Wirk-

218

lichkeit und findet sich nur in seinen subjectiven Vorstellungen zurecht. Bei diesem Verhalten kann die völlige Narrheit bald entstehen. Denn, falls in diesem einsiedlerischen Bewußtseyn noch eine Lebendigkeit vorhanden ist, kommt dasselbe leicht dahin, sich irgend einen Inhalt aus sich zu schaffen, und dieß bloß Subjective als etwas Objectives anzusehen und zu fixiren. Während nämlich, wie wir gesehen haben, beim Blödsinn und auch bei der Faselei die Seele nicht die Kraft besitzt, etwas Bestimmtes festzuhalten, zeigt dagegen die eigentliche Narrheit dieß Vermögen, und beweist eben dadurch, daß sie noch Bewußtseyn ist, — daß somit in ihr noch eine Unterscheidung der Seele von ihrem festgewordenen Inhalte stattfindet. Obgleich daher das Bewußtseyn der Narren einerseits mit jenem Inhalt verwachsen ist, so transcendirt dasselbe doch andererseits, vermöge seiner allgemeinen Natur, den besonderen Inhalt der verrückten Vorstellung. Die Narren haben deßhalb, — neben ihrer Verdrehtheit in Beziehung auf Einen Punkt, — zugleich ein gutes, consequentes Bewußtseyn, eine richtige Auffassung der Dinge und die Fähigkeit eines verständigen Handelns. Dadurch, und durch die mißtrauische Zurückhaltung der Narren wird es möglich, daß man mitunter einen Narren nicht sogleich als solchen erkennt, und daß man namentlich darüber Zweifel hat, ob die Heilung der Narrheit gelungen ist, die Loslassung des
* Geisteskranken daher erfolgen kann.

* *Griesheim Ms.* S. 225; vgl. *Kehler Ms.* SS. 162–163: Es ist nicht leicht zu erkennen ob Menschen verrückt sind oder nicht, weil sich die fixe Idee oft sehr versteckt, häufig sind kluge Leute darüber getäuscht. In England ist der Zustand der Verrücktheit sehr häufig und es giebt da eigene Ärzte die sich nur auf seine Behandlung legen und doch kommt oft der Fall vor daß sie verschiedener Meinung sind. Ueber den Zustand des Lord *Portsmouth* waren z.B. die Ärzte sehr im Widerspruch, daß er nicht klug war, ist wohl zugegeben, die Behandlung die er sich von seiner Frau gefallen ließ, seine Liebha-

dissatisfied with actuality, and so confines himself to his subjectivity. The passion of *vanity* and *pride* is the main reason for the soul's spinning this cocoon about itself. Spirit which nestles within itself in this manner easily loses touch with actuality, and finds that it is only at home in its subjective presentations. Such an attitude can soon give rise to *complete foolishness*, for if this solitary consciousness still has any *vitality*, it will readily turn to creating some sort of content out of itself, regarding what is merely subjective as objective, and *fixing* upon it. We have seen that the soul in a state of *imbecility* or *desipience* does not possess the power to *hold fast* to anything *definite*. *Foolishness proper* does possess this faculty however, and it is precisely by means of it that it shows that since it is still *consciousness*, it still involves a *distinction* between the soul and its fixed content. There are therefore two aspects here, for although a fool's consciousness has fused with this content, its universal nature also enables it to transcend the *particular* content of the deranged presentation. Consequently, *together with* their distorted view of one point, fools also have a sound and consistent consciousness, a correct conception of things, and the ability to act in an understanding manner. It is this, combined with their suspiciousness and reserve, which sometimes makes it difficult to recognize them immediately, and gives rise to doubt as to whether or not they have been cured and ought to be released.*

* *Griesheim Ms.* p. 225; cf. *Kehler Ms.* pp. 162–163: It is not easy to decide whether people are deranged or not, for the fixed idea is often by no means evident, and even experts are frequently deceived. The state of derangement is very common in England, but although there are special doctors there, concerned exclusively with the treatment of it, they will often deliver differing judgements. The doctors expressed very conflicting opinions on the condition of Lord *Portsmouth* for example. It was admitted that he was some-

Der Unterschied der Narren unter einander wird hauptsächlich durch die Mannigfaltigkeit der Vorstellungen bestimmt, die sich in ihnen fixiren.

Zur unbestimmtesten Narrheit kann der Lebensüberdruß gerechnet werden, wenn derselbe nicht durch den Verlust geliebter, achtungswerther Personen und sittlicher Verhältnisse veranlaßt wird. Der unbestimmte, grundlose Ekel am Leben ist nicht Gleichgültigkeit gegen dasselbe, — denn bei dieser erträgt man das Leben, — sondern vielmehr die Unfähigkeit,

219

es zu ertragen, — ein Hin- und Herschwanken zwischen der Neigung und der Abneigung gegen Alles, was der Wirklichkeit angehört, — ein Gebanntseyn an die fixe Vorstellung von der Widerlichkeit des Lebens und zugleich ein Hinausstreben über diese Vorstellung. Von diesem, ohne allen vernünftigen Grund entstandenen Widerwillen gegen die Wirklichkeit, — wie auch von anderen Weisen der Narrheit, — werden vorzugsweise die Engländer befallen; — vielleicht um deßwillen, weil bei dieser Nation das Verstocktseyn in die subjective Besonderheit so vorherrschend ist. Jener Lebensüberdruß erscheint bei den Engländern vornämlich als Melancholie, — als dieß nicht zur Lebendigkeit des Denkens und des Handelns kommende beständige Hinbrüten des Geistes über seiner unglücklichen Vorstellung. Aus diesem Seelenzustande entwickelt sich nicht selten ein unbezwingbarer Trieb zum Selbstmord; zuweilen hat dieser Trieb nur dadurch vertilgt werden können, daß der Verzweiflungsvolle gewaltsam aus sich herausgerissen wurde. So erzählt man, zum Beispiel: ein Engländer sey, als er im Begriff war, sich in der Themse zu ersäufen, von Räubern angefallen worden, habe sich aufs Aeußerste gewehrt, und durch das plötzlich erwachende Gefühl von dem Werthe des Lebens alle selbstmörderischen Gedanken verloren. Ein anderer Engländer, der sich gehenkt hatte, bekam, als er von seinem Diener losgeschnitten war, nicht nur die Rei-

---

berei Glocken zu läuten, besonders bei Leichenbegängnissen, wofür er sogar die Pence annahm, sprachen dafür, aber die Narrheit war schwer zu bestimmen.

The *difference between* fools is mainly determined by the multifariousness of their fixed presentations. +

World-weariness, when it is not occasioned by the loss of persons loved and worthy of respect, and by ethical relationships, can be regarded as one of the *most indeterminate* forms of folly. To be *indifferent* to life is to put up with it. When life gives rise to *indeterminate* and unfounded disgust however, the *capacity* for putting up with it is *lacking*, everything pertaining to actuality elicits a fluctuation between desire and aversion, there is a concentration upon the fixed presentation of the repulsiveness of life and at the same time a drive to overcome it. Like other forms of folly, this aversion to actuality brought on without any rational cause is particularly incident to the *English*, the reason being perhaps that ossification in subjective particularity is so prevalent in this nation. Among the English, this world-weariness appears principally as a *melancholy*, in which spirit, instead of initiating liveliness of thought and action, dwells constantly upon the presentation of its misfortune. Not infrequently, this state of the soul gives rise to an uncontrollable impulse to suicide, which on occasions it has only been possible to eradicate by forcibly driving the desperate person to snap out of himself. There is, for instance, the case of the Englishman who was about to drown himself in the Thames when he was attacked by robbers. While defending himself for all he was worth, the sudden feeling that life was worth-while put an end to all thought of suicide. Another Englishman, who was cut down by his servant while attempting to hang himself, recovered

---

what odd, this was evident from what he put up with from his wife and his fondness for ringing bells, particularly at funerals, for which he even accepted the pence he had earned, but it was difficult to prove him a fool. +

gung zum Leben, sondern auch die Krankheit des Geizes wieder; denn er zog jenem Diener bei dessen Verabschiedung zwei Pence ab, weil derselbe ohne den Befehl seines Herren den fraglichen Strick zerschnitten hatte.

Der eben geschilderten, alle Lebendigkeit abtödtenden unbestimmten Gestalt des verrückten Seelenzustandes steht eine mit lebendigen Interessen und sogar mit Leidenschaft verbundene unendliche Menge einen vereinzelten Inhalt habender Narrheiten gegenüber. Dieser Inhalt hängt theils von der besonderen Leidenschaft ab, aus welcher die Narrheit her-

220

vorgegangen ist; er kann jedoch auch zufälligerweise durch etwas Anderes bestimmt seyn. Der erstere Fall wird, zum Beispiel, bei denjenigen Narren angenommen werden müssen, die sich für Gott, für Christus, oder für einen König gehalten haben. Der letztere Fall dagegen wird stattfinden, wenn, zum Beispiel, Narren ein Gerstenkorn oder ein Hund zu seyn, oder einen Wagen im Leibe zu haben vermeinen. In beiden Fällen aber hat der bloße Narr kein bestimmtes Bewußtseyn von dem zwischen seiner fixen Vorstellung und der Objectivität obwaltenden Widerspruche. Nur wir wissen von diesem Widerspruch; solcher Narr selbst wird von dem Gefühl seiner inneren Zerrissenheit nicht gequält.

Erst wenn

3. die dritte Hauptform des verrückten Zustandes, — die Tollheit oder der Wahnsinn

vorhanden ist, haben wir die Erscheinung, daß das verrückte Subject selber von seinem Auseinandergerissenseyn in zwei sich gegenseitig widersprechende Weisen des Bewußtseyns weiß, — daß der Geisteskranke selber den Widerspruch zwischen seiner nur subjectiven Vorstellung und der Objectivität lebhaft fühlt, und dennoch von dieser Vorstellung nicht abzulassen vermag, sondern dieselbe durchaus zur Wirklichkeit machen, oder das Wirkliche vernichten will. In dem eben angegebenen Begriff der Tollheit liegt, daß dieselbe nicht aus einer leeren Einbildung zu entspringen braucht, sondern besonders durch das Betroffenwerden von

not only the inclination to live but also the disease of avarice; for when he finally paid the servant off, he deducted twopence on account of his having cut the rope without being ordered to do so. +

In contrast to the state of the soul just delineated, in which *liveliness* is *extinguished* by the indeterminate form of derangement, there are endless varieties of folly in which a *singularized* content excites *lively interest* and even *passion*. Although this content depends partly upon the *particular passion* in which folly originates, it can also be brought about accidentally, by something else. Examples of the first kind are provided by those fools who have insisted that they are *God*, *Christ* or a *king*. The second kind occurs when a fool takes himself to be a *barley-corn* or a *dog* for example, or thinks he has a *wagon* in his stomach. In both these cases however, the fool *as such* has no *definite awareness* of the *contradiction* existing between his fixed presentation and objectivity. Only *we* know of this, the fool *himself* being untroubled by any feeling of inner disruption.

Only with the occurrence of

3. *madness* or *insanity*, the *third* main form of the state of derangement,

do we find that the deranged subject *itself* knows of the disruption of its consciousness into two mutually contradicting modes. Here, the spiritually deranged person *himself* has a lively feeling of the contradiction between his merely subjective presentation and objectivity. He is however unable to rid himself of this presentation, and is fully intent either on actualizing it or demolishing what is actual. The Notion of madness just given implies that it need not stem from a *vacant imagination*, but that if an individual dwells so con-

großem Unglück, — durch eine *Verrückung* der individuellen Welt eines Menschen, — oder durch die *gewaltsame Umkehrung* und das Aus-den-Fugen-Kommen des allgemeinen Weltzustandes bewirkt werden kann, falls das Individuum mit seinem Gemüthe ausschließlich in der *Vergangenheit* lebt und dadurch unfähig wird, sich in die *Gegenwart* zu finden, von welcher es sich zurückgestoßen und zugleich gebunden fühlt. So

221

sind, zum Beispiel, in der französischen Revolution durch den Umsturz fast aller bürgerlichen Verhältnisse viele Menschen wahnsinnig geworden. Dieselbe Wirkung wird oft in der fürchterlichsten Weise durch religiöse Ursachen bewirkt, wenn der Mensch in absolute Ungewißheit darüber, ob er von Gott zu Gnaden angenommen sey, versunken ist.

Das in den Wahnsinnigen vorhandene Gefühl ihrer inneren Zerrissenheit kann aber sowohl ein *ruhiger* Schmerz seyn, als auch zur *Wuth* der *Vernunft* gegen die *Unvernunft* und dieser gegen jene fortgehen, somit zur *Raserei* werden. Denn mit jenem unglücklichen Gefühle verbindet sich in den Wahnsinnigen sehr leicht, — nicht bloß eine von *Einbildungen* und *Grillen* gefolterte *hypochondrische* Stimmung, — sondern auch eine *mißtrauische*, *falsche*, *neidische*, *tückische* und *boshafte* Gesinnung, — eine *Ergrimmtheit* über ihr Gehemmtseyn durch die sie umgebende Wirklichkeit, über Diejenigen, von welchen sie eine Beschränkung ihres Willens erfahren; — wie denn auch umgekehrt *verzogene* Menschen, Individuen, die Alles zu ertrotzen gewohnt sind, — aus ihrer *faselnden Eigensinnigkeit* leicht in *Wahnsinn* gerathen, wenn ihnen der das Allgemeine wollende vernünftige Wille einen Damm entgegenstellt, den ihre sich bäumende Subjectivität nicht zu überspringen oder zu durchbrechen im Stande ist. — In jedem Menschen kommen Anflüge von Bösartigkeit vor; der sittliche oder wenigstens kluge Mensch weiß dieselben jedoch zu unterdrücken. Im Wahnsinn aber, wo eine *besondere Vorstellung* über den vernünftigen Geist die Herrschaft an sich reißt, — da tritt *überhaupt* die *Besonderheit* des Subjects ungezügelt hervor, — da werfen somit die zu jener Besonderheit gehörenden *natürli-*

tinually upon the *past* that he becomes incapable of adjusting to the *present*, feeling it to be both repulsive and restraining, it can easily be brought about by a stroke of *great misfortune*, by the *derangement* of a person's individual world, or by a *violent upheaval* which puts the world in general out of joint. 5 One might instance here the amount of insanity brought about through the overthrow of nearly all civil relationships during the French revolution. Religious causes often have + the same effect in a most frightful way, when a person falls into absolute uncertainty concerning his being received into 10 God's grace. +

In the insane however, the feeling of inner disruption can with equal facility be either a *tranquil* pain, or progress into the *frenzy* of *reason raging* against *unreason* and vice versa. For this feeling of uneasiness combines very easily in an insane 15 person, not only with a *hypochondriac* mood which torments him with *imaginings* and *crotchets*, but also with a *suspicious*, *deceitful*, *jealous*, *spiteful* and *malicious* attitude, *fury* at being restrained by the actuality about him, as well as with those through whom he experiences a curbing of his will. Conversely, 20 individuals who have been *spoilt*, who are used to getting their own way by obtinacy, easily slip from *desipient capriciousness* into *insanity* when they are checked in the interest of what is universal, opposed by the rational will, their unruly subjectivity being unable to overreach or break 25 through that which opposes them. — Although flushes of ill-nature occur in all of us, the ethical or at least the sensible person knows how to subdue them. In insanity however, a *particular presentation* wrests control from the spirit of rationality, and since the *general particularity* of the subject emerges 30 unbridled, so that the *natural impulses* of this particularity as

chen und durch Reflexion entwickelten Triebe das Joch der von dem wahrhaft allgemeinen Willen ausgehenden sittlichen Gesetze ab, — da werden folglich die finsteren, unterirdischen Mächte des Herzens frei. Die Ergrimmtheit der Wahnsinnigen wird oft zu einer förmlichen Sucht, Anderen zu schaden, — ja sogar zu einer plötzlich erwachenden Mordlust, welche die davon Ergriffenen, — trotz des etwa in ihnen vorhandenen Abscheues vor dem Morde, — mit unwiderstehlicher Gewalt zwingt, selbst Diejenigen umzubringen, die von ihnen sonst zärtlich geliebt werden. — Wie so eben angedeutet, schließt jedoch die Bösartigkeit der Wahnsinnigen moralische und sittliche Gefühle nicht aus; vielmehr können diese Gefühle, — eben wegen des Unglücks der Wahnsinnigen, wegen des in diesen herrschenden unvermittelten Gegensatzes, — eine erhöhte Spannung haben. Pinel sagt ausdrücklich: er habe nirgends liebevollere Gatten und Väter gesehen, als im Tollhause. 222

Was die physische Seite des Wahnsinns betrifft, so zeigt sich häufig ein Zusammenhang der Erscheinung desselben mit allgemeinen Naturveränderungen, namentlich mit dem Lauf der + Sonne. Sehr heiße und sehr kalte Jahreszeit übt in dieser Beziehung besonderen Einfluß aus. Auch hat man wahrgenommen, daß bei Annäherungen von Stürmen und bei großen Witterungswechseln vorübergehende Beunruhigungen und Aufwallungen der * Wahnsinnigen erfolgen. In Ansehung der Lebensperioden aber ist die Beobachtung gemacht worden, daß der Wahnsinn vor dem funfzehnten Jahre nicht einzutreten pflegt. Rücksichtlich der sonstigen körperlichen Verschiedenheiten weiß man, daß bei starken, muskulösen Menschen mit schwarzen Haaren die Anfälle von Raserei gewöhnlich heftiger sind, als bei blonden Personen. — In wiefern aber die Verrücktheit mit einer Ungesundheit des Nervensystems zusammenhängt, — Dieß ist ein Punkt, welcher dem Blick des von außen betrachtenden Arztes, wie des Anatomen, entgeht.

* *Notizen 1820–1822* ('Hegel-Studien' Bd. 7, 1972: Schneider 154a).

well as those developed by reflection throw off the yoke of the *ethical* laws deriving from the *truly universal* will, the dark infernal powers of the heart have free play. The fury of the insane often becomes a positive *mania* for *harming* others, and can even flare up into the *desire* to *murder*. Those possessed by this, though they may also have a horror of doing such a thing, are irresistibly driven to kill even those who otherwise are very dear to them. — As has just been indicated however, the ill-nature of an insane person does not prevent his having moral and ethical feelings. On the contrary, it can be precisely the misery he suffers, the domination of the *unmediated opposition* within him, which heightens the intensity of such feelings. *Pinel* says quite definitely, that nowhere has he seen more affectionate partners and fathers than in the madhouse.

With regard to its *physical* aspect, it may be observed that the appearance of insanity is often associated with general natural changes, notably the course of the sun. A very hot and a very cold season will exercise a particular influence in this respect. It has been observed that approaching storms and sharp changes in the weather are followed by temporary disturbances and outbursts among the insane.* In respect of the periods of life however, it has been observed that insanity does not usually set in before the fifteenth year. With regard to other bodily factors, it is known that fits of frenzy are usually more violent in strong muscular persons with black hair than they are in blond individuals. — To what extent derangement is connected with a lack of soundness in the nervous system is however a point overlooked by both the physician who considers derangement from without, and by the anatomist.

* *Notes 1820–1822* ('Hegel-Studien' vol. 7, 1972: Schneider 154a).

Die Heilung der Verrücktheit.

Der letzte Punkt, den wir in Betreff des Wahnsinns, wie der Verrücktheit, zu besprechen haben, bezieht sich auf das gegen beide Krankheitszustände anzuwendende **Heilverfahren.** Dasselbe 223 ist theils **physisch**, theils **psychisch**. Die erstere Seite kann zuweilen für sich allein ausreichen; meistens wird jedoch dabei die Zuhülfenahme der psychischen Behandlung nöthig, die ihrerseits gleichfalls mitunter für sich allein zu genügen vermag. Etwas ganz allgemein Anwendbares läßt sich für die **physische** Seite der Heilung nicht angeben. Das dabei zur Anwendung kommende Medicinische geht im Gegentheil sehr in's Empirische, somit in's Unsichere. So viel steht indessen fest, daß das früher in Bedlam gebrauchte Verfahren von allen das schlechteste ist, da dasselbe auf ein vierteljährlich veranstaltetes allgemeines Durchlarirenlassen der Wahnsinnigen beschränkt war. — Auf physischem Wege sind übrigens Geisteskranke mitunter gerade durch Dasjenige geheilt worden, was im Stande ist, die Verrücktheit bei Denen, die sie nicht haben, hervorzubringen, — nämlich durch heftiges Fallen auf den Kopf. So soll, z. B., der berühmte **Montfaucon** in seiner Jugend auf jene Weise von Stumpfsinnigkeit befreit worden seyn. *

* *Griesheim Ms.* S. 234–235; vgl. *Kehler Ms.* S. 169: Die Heilung des Wahnsinns ist theils phisiologisch theils ganz medizinisch, aber sie hat auch eine andere Seite die psychische, und beide müssen mit einander verbunden sein, indessen können sie auch getrennt angewendet werden und doch vollkommen wirken. Die medizinischen Mittel gehen uns hier nichts an, obgleich die Heilung oft ganz medizinisch sein kann. Es kommt dabei Aderlassen, Purgiren, Tauchbäder u.s.w. vor. In England wurde vor einiger Zeit über eine Irrenanstalt eine Untersuchung angestellt wegen des schlecten Zustandes, es befand sich dabei ein Aufseher der zugleich Arzt und Apotheker war und der hatte nichts weiter angewendet als vierteljährlich eine allgemeine Purganz. — Es giebt hierbei gewaltsame Mittel z.B. ein plötzliches ins Wasser Werfen, es sind die sogenannten heroischen Mittel, Tauchbäder auf den Kopf um einen frappanten Effekt, einen Schreck heranzubringen. Solche Mittel haben zuweilen geholfen, zuweilen aber auch getötet, sie sind manchmal zufällig eingetreten und haben geheilt, z.B. Blödsinn. Der berühmte *Montfaucon* war in seiner Jugend blöde und stumpfsinnig, er fiel eine Treppe herunter und auf den Kopf und von der Stunde an ging ihm der Witz auf. Coxe, ein Engländer, erzählt (235) von einem Menschen welcher wahnsinnig, bei

The healing of derangement

The last point we have to deal with in connection with insanity and derangement, is the *healing procedure* to be adopted in respect of these diseased states. It is partly *physical* and partly *psychic*. On occasions physical treatment alone is sufficient, but in most cases it has to be supple- 5 mented by psychic treatment, which can also occasionally effect a cure unaided. Nothing can be cited as being universally applicable to the *physical* aspect of healing. The medicinal know-how employed is for the most part of an empirical nature, and therefore lacks certainty. What is cer- 10 + tain however, is that the procedure formerly employed in Bedlam, confined as it was to an institutionalized and general purging of the insane once a quarter, is quite the worst. — + Incidentally, a heavy fall on the head, precisely the physical procedure liable to bring about the derangement of those 15 who are spiritually healthy, has occasionally brought about the healing of the spiritually ill. The celebrated *Montfaucon* for example, is said to have been cured of dull-wittedness in this manner in his youth.* +

* *Griesheim Ms.* pp. 234–235; cf. *Kehler Ms.* p. 169: In part, the healing of insanity is physiological, entirely medicinal. There is also a psychical side to it however, and both aspects need to be combined with one another, although they can still have a complete effect if they are applied separately. Although healing can not infrequently be entirely medicinal, we are not concerned here with the medicinal means, which involve blood-letting, purging, plunge-bathing etc. In England, some time ago, a lunatic asylum was in- + vestigated on account of the bad conditions prevailing in it. There was a supervisor there who was also doctor and apothecary, and who did no more than purge all the patients four times a year. — There are some violent means available, such as suddenly throwing the patient into water, the so-called heroic means of ducking the head in order to produce a telling effect, fright. Although means such as these have been helpful on occasions, they have also proved fatal. They have occasionally healed imbecility, for example, after occurring by chance. The celebrated *Montfaucon*, who was imbecile and dull-witted in his youth, changed in no time at all after he had tumbled downstairs and fallen on his head. Cox, an Englishman, gives an account (235) of a person who, although he was insane, combined derange-

Die Hauptsache bleibt immer die psychische Behandlung. Während diese gegen den Blödsinn nichts auszurichten vermag, kann dieselbe gegen die eigentliche Narrheit und den Wahnsinn häufig mit Erfolg wirken, weil bei diesen Seelenzuständen noch eine Lebendigkeit des Bewußtseyns stattfindet, und neben der auf eine besondere Vorstellung sich beziehenden Verrücktheit noch ein in seinen übrigen Vorstellungen vernünftiges Bewußtseyn besteht, das ein geschickter Seelenarzt zu einer Gewalt über jene Besonderheit zu entwickeln fähig ist. (Diesen in den Narren und in den Wahnsinnigen vorhandenen Rest von Vernunft als die Grundlage der Heilung aufgefaßt und nach dieser Auffassung die Behandlung jener Geisteskranken eingerichtet zu haben, ist besonders das Verdienst Pinel's, dessen Schrift über den fraglichen Gegenstand für das Beste erklärt werden * muß, das in diesem Fache existirt.)

Vor allen Dingen kommt es beim psychischen Heilverfahren 224 darauf an, daß man das Zutrauen der Irren gewinnt. Dasselbe kann erworben werden, weil die Verrückten noch sittliche Wesen sind. Am sichersten aber wird man in den Besitz ihres

seiner Verrücktheit aber höchst verschmitzt und verschlagen war, er war ein Schlosser und konnte alle Schlösser aufmachen, auch solche wo man es gar nicht für möglich hielt, eines Nachts hatte er so sein Zimmer geöffnet, war auf das Dach gestiegen und fiel herunter, zerbrach sich ein Bein und beschädigte sich den Kopf und von der Zeit an hat sich keine Spur von Wahnsinn mehr an ihm gezeigt.

* *Griesheim Ms.* SS. 235–236; vgl. *Kehler Ms.* S. 169: Die Hauptsache ist die psychische Behandlung, darauf ist man erst in unserer Zeit aufmerksam geworden, und hat sie mit Verstand angewendet, besonders hat *Pinels* Werk diese Wirkung gehabt und der Geheimerath *Langermann* (*Kehler*: in seiner Anstalt in Baireuth) hat das Verdienst (*Kehler*: in Deutschland) ihm zuerst gefolgt zu sein. Die psychische Behandlung kann auf Narren, dagegen auf Blödsinnige, Cretins nicht angewendet werden, da ist der Funk der lebendigen Kraft des Bewußtseins nicht hervorzuheben, bei der Narrheit hingegen ist besonders die psychische Heilart von der höchsten Wichtigkeit. Der Grundsatz dabei ist, daß die Wahnsinnigen, Verrückten, Narren, Melancholiker, Hypochonder doch noch immer vernünftige, moralische Menschen (236) sind, die moralischer Verhältnisse, der Imputation, der Zumahnung fähig sind und die an diesem Punkte des Wissens von Recht und Sitte gefaßt werden können.

The *primary concern* is always the *psychic* treatment. Although it is ineffective in the case of *imbecility*, it can often be successful when dealing with *folly* proper or *insanity*, for since consciousness still has a liveliness in these states of the soul, and together with a derangement dwelling upon a *particular* presentation there is also a consciousness which is rational in its *other* presentations, a skilful doctor is able to develop the patient's *mastery* of this particularity. It is the merit of *Pinel* in particular to have recognized the foundation of healing in this residue of reason possessed by the foolish and the insane, and to have conducted his treatment of them accordingly. His book on the subject in question must be regarded as the best work extant in the field.*

The most important thing in the psychic treatment of the deluded is to win their *confidence*, and since the deranged are still ethical beings, this is not impossible. The surest way to

ment with extreme artfulness and astuteness. He was a locksmith, and was able to open any kind of lock, even where one would never have thought it possible. One night, he got out of his room, climbed onto the roof, and fell off it, breaking a leg and injuring his head, and from that time on he showed not the slighest trace of insanity.

* *Griesheim Ms.* pp. 235–236; cf. *Kehler Ms.* p. 169: The primary concern is the psychic treatment, of which one has become aware in our time, and which has been applied with understanding. This has been due to a great extent to the work of *Pinel*, Privy Councillor *Langermann* (*Kehler*: in his institution at Bayreuth) having had the merit of being the first to follow him (*Kehler*: in Germany). Psychic treatment can be applied to fools, but not to imbeciles and cretins, within whom it is impossible to encourage the spark of the living power of consciousness. In the case of folly however, the psychic method of treatment is of the greatest importance. The basis of it is that the insane, the deranged, fools, melancholics, hypochondriacs, are still rational, moral beings, capable of the moral relationship, of imputation, of being appealed to, and of being dealt with at this point of their knowing what is right and ethical.

Vertrauens dann gelangen, wenn man gegen sie zwar ein offenes Benehmen beobachtet, jedoch diese Offenheit nicht in einen directen Angriff auf die verrückte Vorstellung ausarten läßt. Ein Beispiel von dieser Behandlungsweise und von deren glücklichem Erfolge erzählt Pinel. Ein sonst gutmüthiger Mensch wurde verrückt, mußte, — da er tolles, Anderen möglicherweise schädliches Zeug machte, — eingesperrt werden, gerieth darüber in Wuth, ward deßhalb gebunden, verfiel aber in einen noch höheren Grad von Raserei. Man brachte ihn daher nach einem Tollhause. Hier ließ sich der Aufseher mit dem Ankömmling in ein ruhiges Gespräch ein, gab dessen verkehrten Aeußerungen nach, besänftigte ihn dadurch, befahl dann das Lösen seiner Banden, führte selber ihn in seine neue Wohnung, und heilte diesen Geisteskranken durch Fortsetzung eines solchen Verfahrens in ganz kurzer Zeit. — Nachdem man das Vertrauen der Irren sich erworben hat, muß man über sie eine gerechte Autorität zu gewinnen und in ihnen das Gefühl zu erwecken suchen, daß es überhaupt etwas Wichtiges und Würdiges gibt. Die Verrückten fühlen ihre geistige Schwäche, ihre Abhängigkeit von den Vernünftigen. Dadurch ist es den Letzteren möglich, sich bei Jenen in Respect zu setzen. Indem der Verrückte den ihn Behandelnden achten lernt, bekommt er die Fähigkeit, seiner mit der Objectivität in Widerspruch befindlichen Subjectivität Gewalt anzuthun. So lange er Dieß noch nicht vermag, haben Andere diese Gewalt gegen ihn auszuüben. Wenn daher Verrückte sich, zum Beispiel, weigern, irgend Etwas zu essen, oder wenn sie sogar die Dinge um sich her zerstören; so versteht es sich, daß so Etwas nicht geduldet werden kann. Besonders muß man, — was bei vornehmen Personen, z. B., bei Georg III., oft sehr schwierig ist, — den Eigendünkel der Hochmuthsnarren dadurch beugen, daß man diesen ihre Abhängigkeit fühlbar macht. 225
Von diesem Fall und dem dabei zu beobachtenden Verfahren findet sich bei Pinel folgendes mittheilenswerthe Beispiel. Ein Mensch, der sich für Mahomed hielt, kam stolz und aufgeblasen nach dem Irrenhause, verlangte Huldigung, fällte täglich eine Menge Verbannungs- und Todesurtheile, und tobte auf eine

overcome any distrust on their part is however to be perfectly frank with them while taking care that this openness does not slip into a *direct* criticism of their deranged presentation. *Pinel* gives an account of this manner of treatment and of its successful outcome. An otherwise good-natured person became deranged, and on account of his madness, which was potentially dangerous to others, had to be confined. The confinement enraged him, so that he had to be bound, and this heightened his frenzy still further. He was therefore taken to a madhouse. The governor spoke calmly with the new arrival, and quietened him by deferring to anything unusual in his utterances. He then ordered him to be untied, and personally accompanied him to his new apartment. By a continuation of this treatment, the governor cured the patient of his illness in a very short time. — Once one has gained the confidence of the deluded, one must try to obtain a proper *authority* over them and make them feel that there are things of general worth and importance. The deranged feel their spiritual weakness, their dependence upon the rational person, and this makes it possible for him to win their respect. In learning to take notice of the person treating him, the patient acquires the ability to restrain by *force* that of his subjectivity which contradicts objectivity. So long as he is still unable to do this, others have to use this force in order to restrain him. It is quite evident for example, that a situation in which the deranged refuse to eat anything, or in which they even destroy the things about them, cannot be tolerated. One has here to humble the self-conceit of the *haughtily foolish* in order to make them feel their dependence, a task which is often very difficult when one is dealing with persons of rank such as George III. *Pinel* gives the following noteworthy example of such a case, and of the procedure observed in the treatment of it. A person who believed himself to be Mahomet arrived at the asylum full of pride and pomposity, demanded homage, spent his days in passing numerous sentences of proscription and death, and raved in a

souveraine Weise. Obgleich man nun seinem Wahne nicht widersprach, so untersagte man ihm doch das Toben als etwas Unschickliches, sperrte ihn. da er nicht gehorchte, ein und machte ihm über sein Betragen Vorstellungen. Er versprach sich zu bessern, wurde losgelassen, verfiel aber wieder in Tobsucht. Jetzt fuhr man diesen Mahomed heftig an, sperrte ihn von Neuem ein, und erklärte ihm, daß er kein Erbarmen mehr zu hoffen habe. Abgeredetermaaßen ließ sich jedoch die Frau des Aufsehers von ihm durch sein flehentliches Bitten um Freiheit erreichen, forderte von ihm das feste Versprechen, seine Freiheit nicht durch Toben zu mißbrauchen, weil er ihr dadurch Unannehmlichkeiten verursachen würde, und machte ihn los, nachdem er jenes Versprechen geleistet hatte. Von diesem Augenblick an betrug er sich gut. Bekam er noch einen Anfall von Wuth, so war ein Blick der Aufseherin hinreichend, ihn in seine Kammer zu treiben, um dort sein Toben zu verbergen. Diese seine Achtung vor jener Frau und sein Wille, über seine Tobsucht zu siegen, stellten ihn in sechs Monaten wieder her. *

Wie in dem eben erzählten Fall geschehen ist, muß man überhaupt, bei aller bisweilen gegen die Verrückten nothwendig werdenden Strenge, immer bedenken, daß dieselben wegen ihrer noch nicht gänzlich zerstörten Vernünftigkeit eine rücksichtsvolle Be-

* *Kehler Ms.* S. 172; vgl. *Griesheim Ms.* SS. 239–240: *Boerhaave*, daß allgemeine Epilepsie in einer Pensionsanstalt epidemisch geworden war; (bei Irrenanstalten ist oft eine ganze Reihe von Geistlichen, die um die Irren waren, in eine Schwachsinnigkeit des Geistes befallen). Epilepsie ist zwar keine eigentliche Verrücktheit. *Boerhaave* sah, daß es mehr von der Vorstellung ausging, ließ nach vielen Versuchen, die Drohung (*Griesheim*: der Mädchen) machen, daß er Kohlenbecken und eiserne Zangen vorteuschte, und sagte, er werde die erste, die epileptische Anfälle haben würde, damit zwicken. (*Griesheim*: Die Furcht davor machte dem Uebel ein Ende.) In einem Kloster hielten sich die Nonnen für Katzen und fingen an gewissen Stunden an zu schreien, wie Katzen, der Vorsteher drohte, er werde Grenadiere kommen lassen, und die erste, die schrie, von ihnen durchpeitschen lassen, (*Griesheim*: diese Drohung bewirkte die Heilung durch Angst vor den Grenadieren, jetzt mögte dieß Mittel vielleicht nicht mehr helfen.)

Siehe auch *Notizen 1820–1822* ('Hegel-Studien' Bd. 7, 1972: Schneider 158d): Anstekung der Epilepsie: Mädchen, Börhave: auch durch *Vermittlung* der Vorstellung.

sovereign manner. Now although his delusion was not called in question, he was forbidden to rave on account of its being inconvenient, and when he did not obey he was confined and reproved for his behaviour. He promised to behave, was released, but then fell to raving again. This Mahomet 5 was now addressed very sharply, confined once again, and told that he need expect no more mercy. It was then arranged that the governor's wife should appear to be touched by his fervent entreaties for freedom. She asked him to promise faithfully not to abuse his liberty by raving since this would 10 get her into trouble, and after he had done so, she released him. From that time on he behaved well. If he fell into a rage, a glance from the governess was enough to send him to his chamber to conceal his raving. After six months the regard he had for this woman and his determination to 15 conquer his tendency to rave had led to his recovery.* +

This case is of general significance in that it shows that although it is sometimes necessary to be firm with the deranged, one must *always* remember that since they still possess some rationality, they deserve to be treated thought- 20

* *Kehler Ms.* p. 172; cf. *Griesheim Ms.* pp. 239–240: *Boerhaave* gives an account of a general epilepsy which became epidemic in a boarding-school. Incidentally, it is not uncommon for a whole series of clergymen attending the patients in a lunatic asylum to become weakminded. Epilepsy is certainly not really a derangement. *Boerhaave* saw that it derived from the presentative faculty, and after numerous attempts to cure it, threatened (*Griesheim*: the girls). He placed a brasier and iron tongs before them, and said that he would use the tongs to pinch the first one who had an epileptic attack. (*Griesheim*: Fear of this put an end to the trouble.) The nuns in a + certain nunnery regarded themselves as cats, and at certain times of the day began to miaow. The warden threatened to bring in grenadiers to lash the first one who made such a noise again (*Griesheim*: and this threat, by invoking fear of the grenadiers, brought about the cure, although such a means might not be of any help today). +

See also *Notes 1820–1822* ('Hegel-Studien' vol. 7, 1972: Schneider 158d): Epilepsy catching: girls, Boerhaave: also *by means* of presentation. +

handlung verdienen. Die gegen diese Unglücklichen anzuwendende Gewalt darf deßhalb niemals eine andere seyn, als eine solche, die zugleich die moralische Bedeutung einer gerechten Strafe hat. Die Irren haben noch ein Gefühl von Dem, was recht und gut ist; sie wissen, z. B., daß man Anderen nicht schaden
226 soll. Daher kann ihnen das Schlechte, das sie begangen haben, vorgestellt, zugerechnet und an ihnen bestraft, die Gerechtigkeit der gegen sie verhängten Strafe ihnen faßlich gemacht werden. Dadurch erweitert man ihr besseres Selbst, und, indem Dieß geschieht, gewinnen sie Zutrauen zu ihrer eigenen sittlichen Kraft. Zu diesem Punkt gelangt, werden sie fähig, durch den Umgang mit guten Menschen völlig zu genesen. Durch eine harte, hochmüthige, verächtliche Behandlung dagegen kann das moralische Selbstgefühl der Verrückten leicht so stark verletzt werden, daß sie in die höchste Wuth und Tobsucht gerathen. — Auch darf man nicht die Unvorsichtigkeit begehen, den Verrückten, — namentlich den religiösen Narren, — irgend Etwas, das ihrer Verdrehtheit zur Bestärkung dienen könnte, nahe kommen zu lassen. Im Gegentheil muß man sich bemühen, die Verrückten auf andere Gedanken zu bringen und sie darüber ihre Grille vergessen zu machen. Dieß Flüssigwerden der fixen Vorstellung wird besonders dadurch erreicht, daß man die Irren nöthigt, sich geistig und vornämlich körperlich zu beschäftigen; durch die Arbeit werden sie aus ihrer kranken Subjectivität heraus gerissen und zu dem Wirklichen hingetrieben. Daher ist der Fall vorgekommen, daß in Schottland ein Pächter wegen der Heilung der Narren berühmt wurde, obgleich sein Verfahren einzig und allein darin bestand, daß er die Narren zu halben Dutzenden vor einen Pflug spannte und bis zur höchsten Ermüdung arbeiten ließ. — Unter den zunächst auf den Leib wirkenden Mitteln hat sich vorzüglich die Schaukel bei Verrückten, — namentlich bei Tobsüchtigen, — als heilsam erwiesen. Durch das Sich-Hin-und-Herbewegen auf der Schaukel wird der Wahnsinnige schwindelig und seine fixe
* Vorstellung schwankend. — Sehr viel kann aber auch durch plötz-

* *Griesheim Ms.* S. 235; vgl. *Kehler Ms.* S. 169: Coxe hat besonders die Mittel der Schaukel und der Trille angewendet, besonders wenn die Narren

fully. It is for this reason that the coercion which has to be applied to these unfortunates ought always to be of such a kind as to have the moral significance of a *just* punishment. The deluded still have a sense of what is right and good, and know for example that one should not harm others. If they do anything wrong therefore, they can be made aware of it, treated as *accountable*, *punished*, and made to see the justice of the punishment meted out to them. In this way their better self is extended, and through this they gain confidence in their *own* ethical capabilities. Having come so far, they become capable of recovering completely by associating with good people. If they are treated in a hard, arrogant, contemptuous manner however, their moral self-awareness can easily be so violated that they fly into the most furious raging and raving. — One must always be very careful, especially in the case of those afflicted with religious folly, not to allow anything to come their way which might confirm their distorted views. On the contrary, the attempt has to be made to get the deranged to think about other things and so to forget their crotchets. This fluidifying of the fixed presentation is brought about particularly well by getting the deluded to occupy themselves, spiritually and especially physically. *Work* gets them out of their diseased subjectivity and confronts them with what is actual. This is what happened in Scotland, where a farmer became well-known for curing fools, although his method consisted of nothing *more* than yoking them by the half dozen to a plough, and working them until they were tired out. — With regard to remedies + acting primarily on the body, the *swing* has proved to be particularly effective in healing the deranged, especially those with a tendency to rave. The insane person becomes giddy by moving backwards and forwards on the swing, so that his fixed presentation is loosened up.* — However, a

* *Griesheim Ms.* p. 235; cf. *Kehler Ms.* p. 169: *Cox* has made particular use of the swing and the shaker, particularly when fools are delirious or raving. +

liches und starkes Einwirken auf die *Vorstellung* der Verrückten für deren Wiederherstellung geleistet werden. Zwar sind die Narren höchst mißtrauisch, wenn sie merken, daß man darnach trachtet, sie von ihrer fixen Vorstellung abzubringen. Zugleich

227 sind sie jedoch dumm und lassen sich leicht überraschen. Man kann sie daher nicht selten dadurch heilen, daß man in ihre Verdrehtheit einzugehen sich den Schein gibt, und dann plötzlich Etwas thut, worin der Verrückte eine Befreiung von seinem eingebildeten Uebel erblickt. So wurde bekanntlich ein Engländer, der einen Heuwagen mit vier Pferden im Leibe zu haben glaubte, von diesem Wahne durch einen Arzt befreit, der durch die Versicherung, daß er jenen Wagen und jene Pferde fühle, das Zutrauen des Verrückten gewann, — ihm dann einredete, ein Mittel zur Verkleinerung jener vermeintlich im Magen sich befindenden Dinge zu besitzen, — zuletzt dem Geisteskranken ein Brechmittel gab und ihn zum Fenster hinausbrechen ließ, als, auf Veranstaltung des Arztes, unten zum Hause hinaus ein Heuwagen fuhr, welchen der Verrückte ausgebrochen zu haben meinte. — Eine andere Weise, auf die Verrücktheit heilend zu wirken, besteht darin, daß man die Narren bewegt, Handlungen zu vollbringen, die eine unmittelbare Widerlegung der *eigenthümlichen* Narrheit sind, von welcher sie geplagt werden. So wurde, z. B., Jemand, der sich einbildete, gläserne Füße zu haben, durch einen verstellten Raubanfall geheilt, da er bei demselben seine Füße zur Flucht höchst

* brauchbar fand. Ein Anderer, der sich für todt hielt, bewegungs-

tobsüchtig sind oder rasen, diese Anfälle von Tollheit werden dadurch beschwichtigt, der Kranke wird schwindlich, die bestimmte Vorstellung vergeht, Furcht tritt ein und die Heftigkeit verschwindet. (*Kehler*: Bei dem vorigen König von England, dem man immer mit der größten Achtung begegnete, zwei starke Pagen, gegen die und seine Ärzte er oft sehr unartig war, festgeschnallt auf einem großen Stuhl, da ist er in die Höhe gegangen und richtig geworden.) Das Physische ist so ein eigner Kreis, die Mittel sind dabei nicht zu berechnen. Das Blutlassen kann z.B. helfen aber es kann auch schaden.

* *Griesheim Ms.* SS. 241–242; vgl. *Kehler Ms.* S. 173: Eine große Anzahl von Verrückten wurde es sonst, jetzt nicht mehr, durch religiöse Vorstellungen, die Hauptsache bei ihrer Heilung war ihnen diese vergessen zu machen, sie für anderes zu interessiren, Bibel und geistliche Bücher zu entfernen und sie

sudden and telling attack upon their *presentation* can also do a great deal toward curing the deranged. Although fools are very much on their guard once they sense that one is attempting to put them off their fixed presentation, they are not exactly bright, and are therefore easily taken unawares. In 5 the case of an imagined illness for example, it is often the case that the derangement can be cured by appearing to adopt the person's distorted view, and then suddenly doing something which gives him a glimpse of what it is to be free of the malady. There is for example the case of the English- 10 man who was of the opinion that he had a haywain and four horses inside him. A doctor cured him of this delusion by assuring him that he could feel the wagon and horses, and after thus gaining his confidence, getting him to believe that he was in possession of a means for reducing the size of the 15 objects supposed to be in his stomach. He then arranged that as he gave him an emetic and got him to spew out of the window, a hay-wain should pass by, so that the patient thought he had vomited it. — Another way of helping to + heal derangement consists of getting fools to do things which 20 directly contradict the *peculiar* folly with which they are afflicted. For example, someone who imagined he had glass feet was cured by the staging of a pretended robbery, during which he found his feet extremely useful for getting away on.* Another person, who considered himself to be dead, re- 25

These attacks of madness are quietened by these means, the patient becomes giddy, determinate presentation is eliminated, fear sets in and the violence disappears. (*Kehler*: The former king of England, who was always treated with the greatest respect, but who was often very rude to his attendants and doctors, was strapped by two pages to a great chair, and the rage he then fell into cured him.) The physical is therefore a particular sphere, the means of + which are unpredictable. Blood-letting, for example, can be helpful, but it can also do harm.

* *Griesheim Ms.* pp. 241–242; cf. *Kehler Ms.* p. 173: Although this is now no longer the case, a lot of people used to become deranged on account of religious presentations. The main factor in curing them was getting them + to forget these presentations, to take an interest in something else, to deny them access to the Bible and devotional books and bring them into contact

los war und nichts essen wollte, erlangte seinen Verstand auf die Weise wieder, daß man, scheinbar in seine Narrheit eingehend, ihn in einen Sarg legte und in eine Gruft brachte, in welcher sich ein zweiter Sarg und in demselben ein anderer Mensch befand, der anfangs sich todt stellte, bald aber, nachdem er mit jenem Verrückten allein gelassen war, sich aufrichtete, diesem sein Behagen darüber ausdrückte, daß er jetzt Gesellschaft im Tode habe, — endlich aufstand, von vorhandenen Speisen aß, und dem sich darüber verwundernden Verrückten sagte: er sey schon lange todt und wisse daher, wie es die Todten machen. Der Verrückte beruhigte sich bei dieser Versicherung, aß und trank gleichfalls, und wurde geheilt. — Mitunter kann die Narrheit

228 auch durch das unmittelbar auf die Vorstellung wirkende Wort, — durch einen Witz, — geheilt werden. So genas, z. B., ein sich für den heiligen Geist haltender Narr dadurch, daß ein anderer Narr zu ihm sagte: wie kannst denn Du der heilige Geist seyn? der bin ja ich. Ein ebenso interessantes Beispiel ist ein Uhrmacher, der sich einbildete: er sey unschuldig guillotinirt worden, — der darüber Reue empfindende Richter habe befohlen, ihm seinen Kopf wieder zu geben, — durch eine unglückliche Verwechselung sey ihm aber ein fremder, viel schlechterer, äußerst unbrauchbarer Kopf aufgesetzt worden. Als dieser Narr einst die Legende vertheidigte, nach welcher der heilige Dionysius seinen eigenen abgeschlagenen Kopf geküßt hat, — da entgegnete ihm ein anderer Narr: Du Erznarr, — womit soll denn der heilige Dionysius geküßt haben, — etwa mit seiner

---

an neue Gegenstände zu bringen. Durch das (242) Interesse was sie dafür fassen, wird ihre Verwirrung, die geistige Seite der Krankheit, dieß Grübeln zunächst entfernt. Aber die Widerlegung kann auch direkter statt finden. Es ist eine bekannte Geschichte daß in Göttingen ein Narr sich einbildete er habe Beine von Glas und nicht gehen wollte indem er fürchtete sie zu zerbrechen. *Haller* leitete die Kur so ein, daß er den Kranken beredete sich in einen Wagen tragen zu lassen und mit ihm spaziren zu fahren, mit mehreren Studenten war verabredet den Wagen als Räuber anzufallen, dieß geschah, *Haller* sprang aus dem Wagen und entfloh, als der Kranke dieß sah, folgte er ihm und lief über das Feld bis er aus dem Gesichte der vermeintlichen Räuber war, so war er durch eigenes Schrecken widerlegt und geheilt.

mained motionless and refused to eat, recovered his understanding in the following manner. Someone else, pretending to share in his folly, placed him in a coffin, and took him to a vault where there was another person, also in a coffin, who pretended at first to be dead. After the fool had been there 5 for a while however, the other person sat up and said how pleased he was to have company in death. Then he got up and ate the food he had by him, telling the astonished newcomer that he had been dead for some time and therefore knew how the dead went about things. The fool was taken 10 in by this assurance, followed suit by eating and drinking, and was cured. — On occasions folly can also be cured + *verbally*, by a *witticism* which bears *directly* upon the presentation. There is, for example, the case of the fool who insisted that he was the Holy Ghost. "That is impossible," said 15 another fool, "for I am the Holy Ghost". And by this the fellow was cured. An equally interesting case is that of the + watchmaker who imagined that he had been unjustly guillotined, that the repentant judge had ordered that his head should be returned to him, and that by an unfortunate 20 mistake he had been given another head, much worse than his own and quite useless. On a certain occasion this fool was defending the legend according to which St. Denis had kissed his own head after it had been struck off, when another fool rounded upon him as follows, "What a prime noddy you are. 25

---

with new general objects. Their confusion, (242) the spiritual side of their illness, their brooding, is removed by means of their new interests. Such a change round can also be brought about in a more direct manner however. There is the well-known case from Göttingen of the fool who imagined that he had legs of glass, and who refused to walk because he was afraid of breaking them. *Haller* managed to cure him in the following manner. He persuaded the patient to allow himself to be conveyed by coach and to go out with him for a trip, and arranged with certain students that they should attack the vehicle, pretending to be robbers. When the attack was launched, *Haller* leapt out of the coach and ran off, and on seeing him do so the patient followed suit, running across a field until he was out of the sight of the supposed robbers. In this way he was refuted and cured by his own fright. +

Ferse? — Diese Frage erschütterte jenen verrückten Uhrmacher dermaaßen, daß er von seiner Marotte völlig genas. Solcher Witz wird jedoch die Narrheit nur in dem Fall gänzlich vernichten, wenn diese Krankheit bereits an Intensität verloren hat.

γ) Die Gewohnheit.

§. 409.

* Das Selbstgefühl in die Besonderheit der Gefühle (einfacher Empfindungen, wie der Begierden, Triebe, Leidenschaften und deren Befriedigungen) versenkt ist ununterschieden von ihnen. Aber das Selbst ist an sich einfache Beziehung der Idealität auf sich, formelle Allgemeinheit, und diese ist Wahrheit dieses Besondern; als diese Allgemeinheit ist das Selbst in diesem Gefühlsleben zu setzen; so ist es die von der Besonderheit sich unterscheidende **für sich seyende Allgemeinheit**. Diese ist nicht die gehaltvolle Wahrheit der bestimmten Empfindungen, Begierden u. s. f., denn der Inhalt derselben kommt hier noch nicht in Betracht. Die Besonderheit ist in dieser Bestimmung ebenso formell, und nur das **besondere Seyn**

* 1827: Das Selbstgefühl als solches ist formell, und setzt die Bestimmungen der Empfindung überhaupt zwar in seine Subjectivität, allein in deren abstracter Einzelnheit nur so, daß sie darin zufällig überhaupt und vorübergehend wären. Das Selbst aber ist als einfache Beziehung der Idealität auf sich formelle Allgemeinheit. An der in ihm gesetzten besondern Empfindung wird deren *Unmittelbarkeit*, d.i. die Leiblichkeit der Seele aufgehoben und erhält die Form der Allgemeinheit. Diese ist aber in Beziehung auf die natürliche Einzelnheit nur Reflexions=Allgemeinheit (§ 175), und die Einbildung der Empfindungen nach dieser Ihrer Leiblichkeit (das Selbst ist schon *an sich* die *Gattung* derselben) erscheint daher als eine *Wiederholung*, wodurch das Selbst sich dieselbe zu eigen macht. Das Selbstgefühl hebt eben darin sein formelles, subjectives Fürsichseyn auf, erfüllt sich und macht sich an ihm selbst zum Objectiven, so daß dieses in sich bestimmte *Seyn* der Seele ebenso schlechthin ideelles, das *ihrige* ist. So ist das Selbst allgemeine durchdringende Seele in ihrem Empfinden und in ihrem Leibe für sich, Subject in demselben als dem Prädicate — *Gewohnheit*.

What do you think he kissed it with then? His heel?" This remark so shattered the deranged watchmaker that it completely rid him of his quirk. However, such a witticism will only cure folly completely once the illness has already diminished in intensity.

γ) *Habit*

§ 409

*** Self-awareness, in that it is immersed in the particularity of such feelings or simple sensations as desires, impulses, passions and the gratification of such, is not distinguished from them. However, the self is implicitly a simple self-relation of ideality, formal universality, which is the truth of what is particular here. It is as this universality that the self is to be posited within this life of feeling, for it is as such that it constitutes the universality which is for itself in distinguishing itself from particularity. This is not the containing truth of the specific sensations, desires etc., for at this juncture the content of this truth is not yet under consideration. In this determination, particularity is to an equal extent a formality, and is merely the particular being**

* 1827: Self-awareness as such is formal, and in general it certainly posits the determinations of sensation in its subjectivity; in their abstract singularity however, it posits them only as if within it they were generally contingent and transitory. As a simple self-relation of ideality however, the self is formal universality. In the particular sensation posited within it, the *immediacy* of the determinations, i.e. the corporeity of the soul, is sublated and assumes the form of universality. In relation to natural singularity however, this is only a universality of reflection (§ 175), and the formulating of the sensations in accordance with this its corporeity (the self is already *implicitly* their *genus*), therefore appears as a *repetition*, whereby the self appropriates it. It is precisely here, where self-awareness sublates its formal, subjective being-for-self, fulfills itself, and so makes itself into an objective being within it, that this inwardly determined *being* of the soul is to the same extent simply of an ideal nature, pertains to *it*. It is thus that the self is universally penetrating soul in the soul's sensing, and being-for-self in its body, subject within the body as to the predicate, — *habit*.

229 oder Unmittelbarkeit der Seele gegen ihr selbst formelles abstractes Fürsichseyn. Diß besondere Seyn der Seele ist das Moment ihrer Leiblichkeit, mit welcher sie hier bricht, sich davon als deren einfaches Seyn unterscheidet und als ideelle, subjective Substantialität dieser Leiblichkeit ist, wie sie in ihrem ansichseyenden Begriff (§. 389.) nur die Substanz derselben als solche war.

Dieses abstracte Fürsichsein der Seele in ihrer Leiblichkeit ist noch nicht Ich, nicht die Existenz des für das Allgemeine seyenden Allgemeinen. Es ist die auf ihre reine Idealität zurückgesetzte Leiblichkeit, welche so der Seele als solcher zukommt, das ist, wie Raum und Zeit, als das abstracte Aussereinander, also als leerer Raum und leere Zeit nur subjective Formen, reines Anschauen sind, so ist jenes reine Seyn, das, indem in ihm die Besonderheit der Leiblichkeit, d. i. die unmittelbare Leiblichkeit als solche aufgehoben worden, Fürsichseyn ist, das ganz reine bewußtlose Anschauen, aber die Grundlage des Bewußtseyns, zu welchem es in sich geht, indem es die Leiblichkeit, deren subjective Substanz es und welche noch für dasselbe und als Schranke ist, in sich aufgehoben hat, und so als Subject für sich gesetzt ist.

§. 410.

* Daß die Seele sich so zum abstracten allgemeinen Seyn macht, und das Besondere der Gefühle (auch des Bewußt-

* 1827: In sofern auf den anticipirten Unterschied Bedacht genommen wird, daß die *Bestimmtheit*, der Inhalt der Empfindung von *Außen* kommt, oder aber im Willen, Trieb — im *Innern* ihren Ursprung hat, so ist nach jener Seite, die Objectivität der Seele Gewohnheit überhaupt, auch Abhärtung, so daß das Bewußtseyn, ob es wohl diese Empfindung hat, von ihr und ihrer Leiblichkeit gar nicht oder nicht ausschließend beschäftigt wird, weil es nicht mehr im Unterschiede gegen sie, sondern das Empfinden zu einem *Seyn* der Seele, zur Unmittelbarkeit herabgesetzt ist. — Ist die Gewohnheit von innerer Bestimmung ausgegangen, so gehört die *Geschicklichkeit* hieher, die Einbildung der Vorstellungsbestimmungen in die Leiblichkeit, so daß diese keine Eigenthümlichkeit mehr für sich hat, sondern jenen vollkommen

or immediacy of the soul as opposed to its correspondingly formal and abstract being-for-self. This particular being of the soul is the moment of its corporeity. Here it breaks with this corporeity, distinguishing itself from it as its simple being, and so constituting the ideal nature of its subjective substantiality, just as in the implicit being of its Notion (§ 389) it merely constituted the substance of it as such. +

This abstract being-for-self of the soul in its corporeity is not yet ego, not yet the existence of the universal which is for the universal. It is corporeity, which pertains to the soul as such on account of its being set back to its pure ideality. Space and time, in that they are abstract extrinsicality, empty space and time, are merely subjective forms, pure intuiting. Similarly, this pure being, which is being-for-self, or entirely pure and unconscious intuiting, in that the particularity of corporeity, immediate corporeity as such, is sublated within it, is the basis of consciousness. It inwardly assumes the nature of consciousness in that it is posited as the being-for-self of a subject i.e. in that it has the corporeity of which it is the subjective substance, and which still has being for it as a limit, sublated within it. +

§ 410

*** In habit, the soul makes an abstract universal being of itself and reduces what is particular in**

* 1827: In so far as the anticipated difference of the *determinateness*, the content of sensation, deriving from *without*, while alternatively having its origin *within*, in the will or drive, is taken into consideration, from this aspect the objectivity of the soul is habit in general as well as inurement. Consciousness therefore, although it certainly has this sensation, is either not occupied with it and its corporeity or not exclusively, for it is no longer opposed to it within the differences, sensing being reduced to a *being* of the soul, to immediacy. If habit derives from an inner determination, this is the place for *skill*, the formulation of presentative determinations within corporeity so that it no longer has any peculiarity of its own, but is completely pervasible in respect

seyns) zu einer nur seyenden Bestimmung an ihr reducirt, ist die Gewohnheit. Die Seele hat den Inhalt auf diese Weise in Besitz, und enthält ihn so an ihr, daß sie in solchen Bestimmungen nicht als empfindend ist, nicht von ihnen sich unterscheidend im Verhältnisse zu ihnen steht noch in sie versenkt ist, sondern sie empfindungs- und bewußtlos an ihr hat und in ihnen sich bewegt. Sie ist insofern frey von ihnen, als sie sich in ihnen nicht interessirt und beschäftigt; indem sie in diesen Formen als ihrem Besitze existirt, — ist sie zugleich für die weitere Thätigkeit und Beschäftigung, — der Empfindung so wie des Bewußtseyns des Geistes überhaupt, — offen.

230

Dieses Sich-einbilden des Besondern oder Leiblichen der Gefühlsbestimmungen in das Seyn der Seele erscheint als eine Wiederholung derselben und die Erzeugung der Gewohnheit als eine Uebung. Denn diß Seyn als abstracte Allgemeinheit in Beziehung auf das natürlich-besondere, das in diese Form gesetzt wird, ist die Reflexions-Allgemeinheit (§. 175), — ein und dasselbe als äusserlich-vieles des Empfindens auf seine Einheit reducirt, diese abstracte Einheit als gesetzt.

Die Gewohnheit ist, wie das Gedächtniß ein schwerer Punkt in der Organisation des Geistes; die Gewohnheit ist der Mechanismus des Selbstgefühls, wie das Gedächtniß der Mechanismus der Intelligenz. Die natürlichen Qualitäten und Veränderungen des Alters, des Schlafens und Wachens sind unmittelbar natürlich; die Gewohnheit ist die zu einem natürlichseyenden, mechanischen gemachte Bestimmtheit des Gefühls, auch der Intelligenz, des Willens u. s. f. insofern sie zum Selbstgefühl gehören. Die Gewohnheit ist mit Recht eine zweite Natur genannt worden, — Natur, denn sie ist ein unmittelbares Seyn der Seele, — eine zweite, denn sie ist eine von der Seele gesetzte Unmittelbarkeit, eine Ein- und Durchbildung der Leiblichkeit, die den Gefühls-

durchgängig ist, — als ein unterworfenes ideelles Seyn nur ist, wie umgekehrt die Vorstellungen unmittelbares, leibliches Daseyn haben, — wie sie als Vorstellungen in mir vorhanden, unmittelbar auch auf äußerliche Weise vollbracht sind.

feelings and consciousness to a mere determination of its being. It is thus that it possesses content, and it so contains it that in such determinations it is not sentient, but possesses and moves within them without sensation or consciousness, — standing in relationship to them, but neither distinguishing itself from nor being immersed within them. It is free of these determinations in so far as it is neither interested in nor occupied with them. At the same time, in that it exists with these forms as with its possession, it is open to the further activity and occupation of sensation and conscious spirit.

This formulation of the particular or corporeal aspect of the determinations of feeling within the being of the soul, appears as a repetition of these determinations, while the engendering of habit appears as practice. For as abstract universality in relation to what is natural and particular, the being posited within this form is the universality of reflection (§ 175), — the reducing of the external multiplicity of sensing to its unity being one and the same as the positing of this abstract unity. +

Like memory, habit is a difficult point in the organization of spirit; it is the mechanism of self-awareness, just as memory is the mechanism of intelligence. The natural aspect of the qualities and changes of ageing, sleeping and waking is immediate; habit is a determinateness of feeling, as it is of intelligence, will etc., and in so far as these belong to self-awareness, is constituted as a natural and mechanical being. Habit has quite rightly been said to be second nature, for it is nature in that it is an immediate being of the soul, and a second nature in that the soul posits it as an immediacy, in that it consists of an inner formulation and transforming of corporeity pertaining

of them, — having being only as a subjected being of an ideal nature, while, conversely, the presentations have immediate, corporeal determinate being, — in that they are present within me immediately as presentations, and are also consummated in an external manner.

bestimmungen als solchen und den Vorstellungs-Willens-Bestimmtheiten, als verleiblichten (§. 401.) zukommt.

Der Mensch ist in der Gewohnheit in der Weise von Natur-Existenz, und darum in ihr unfrei, aber in sofern frei, als die Naturbestimmtheit der Empfindung durch die Gewohnheit zu seinem bloßen Seyn herabgesetzt, er nicht mehr in Differenz und damit nicht mehr in Interesse, Beschäftigung und in Abhängigkeit gegen dieselbe ist. Die Unfreiheit in der Gewohnheit ist theils nur formell als nur in das Seyn der Seele gehörig; theils nur relativ, insofern sie eigentlich nur bei übeln Gewohnheiten Statt findet, oder in sofern einer Gewohnheit überhaupt ein anderer Zweck entgegengesetzt ist; die Gewohnheit des Rechten überhaupt, des Sittlichen, hat den Inhalt der Freiheit. — Die wesentliche Bestimmung ist die Befreiung, die der Mensch von den Empfindungen, indem er von ihnen afficirt ist, durch die Gewohnheit gewinnt. Es können die unterschiedenen Formen derselben so bestimmt werden: α) Die unmittelbare Empfindung als negirt, als gleichgültig gesetzt. Die Abhärtung gegen äußerliche Empfindungen, (Frost, Hitze, Müdigkeit der Glieder u. s. f., Wohlgeschmack u. s. f.) so wie die Abhärtung des Gemüths gegen Unglück ist eine Stärke, daß, indem der Frost u. s. f. das Unglück von dem Menschen allerdings empfunden wird, solche Affection zu einer Aeußerlichkeit und Unmittelbarkeit nur herabgesetzt ist; das allgemeine Seyn der Seele, erhält sich als abstract für sich darin, und das Selbstgefühl als solches, Bewußtseyn, Reflexion, sonstiger Zweck und Thätigkeit, ist nicht mehr damit verwickelt. β) Gleichgültigkeit gegen die Befriedigung; die Begierden, Triebe werden durch die Gewohnheit ihrer Befriedigung abgestumpft; diß ist die vernünftige Befreiung von denselben; die mönchische Entsagung und Gewaltsamkeit befreit nicht von ihnen noch ist sie dem Inhalte nach vernünftig; — es versteht sich dabei, daß die Triebe, nach ihrer Natur als endliche Bestimmtheiten gehalten, und sie wie ihre Befriedigung als Momente in der Vernünftigkeit des Willens unter-

to both the determinations of feeling as such and to embodied presentations and volitions (§ 401).

In that habit is a mode of natural existence, a person of habit is not free. He is free however in so far as habit reduces the natural determinateness of sensation to his mere being and he is no longer in a state of differentiation in respect of it i.e. interested in, occupied with and dependent upon it. To some extent the lack of freedom which accompanies habit is merely *formal*, since it only pertains to the being of the soul. For the rest however, and in so far as properly speaking it only accompanies *bad* habits, or to the extent that habit in general is opposed by another purpose, this lack of freedom is merely *relative*, for the habit involved in doing what is right and ethical has freedom as its content. — The essential determination of habit is that it is by means of it that man is *liberated* from the sensations by which he is affected. The various forms of this liberation may be determined as follows. 1) Firstly, there is *immediate* sensation, posited as negated, indifferent. When a person becomes *inured* to such external sensations as cold, heat, weariness of limb etc., taste etc., as when the disposition becomes hardened to misfortune, his strength simply consists in the reduction of the sensation or affection of cold etc. or misfortune, to an externality, an immediacy. The *universal* being of the soul maintains its *abstract* being-for-self within these sensations, and self-awareness as such, consciousness, reflection, any other purposeful activity, is no longer involved. 2) Indifference to *satisfaction*. Desires and impulses are blunted by the *habit* of satisfaction, which is the rational way of liberating oneself from them. Monkish renunciation and unnaturalness is irrational in conception, and is not a liberation. It is to be assumed here that impulses are controlled in accordance with their nature as finite determinatenesses, and that both they and their satisfaction are treated as subordinate moments of the rational

geordnet sind. — γ) In der Gewohnheit als **Geschicklichkeit** soll nicht nur das abstracte Seyn der Seele für sich festgehalten werden, sondern als ein subjectiver Zweck in der Leiblichkeit geltend gemacht, diese ihm unterworfen und ganz durchgängig werden. Gegen solche innerliche Bestimmung der subjectiven Seele ist die Leiblichkeit als **unmittelbares äußerliches** Seyn und **Schranke** bestimmt; — der bestimmtere Bruch der Seele als einfachen Fürsichseyns in sich selbst gegen ihre erste Na-

232

türlichkeit und Unmittelbarkeit; die Seele ist damit nicht mehr in erster unmittelbarer Identität, sondern muß als äußerlich erst dazu herabgesetzt werden. Die Verleiblichung der bestimmten Empfindungen ist ferner selbst eine bestimmte (§. 401.), und die unmittelbare Leiblichkeit eine **besondere Möglichkeit** (— eine besondere Seite ihrer Unterschiedenheit an ihr, ein besonderes Organ ihres organischen Systems) für einen bestimmten Zweck Das Einbilden solchen Zwecks darein ist diß, daß die **an sich** seyende Idealität des Materiellen überhaupt und der bestimmten Leiblichkeit als Idealität **gesetzt** worden, damit die Seele nach der Bestimmtheit ihres Vorstellens und Wollens als Substanz in ihr **existire**. * Auf solche Weise ist dann in der Geschicklichkeit die Leiblichkeit durchgängig und zum Instrumente gemacht, daß, wie die Vorstellung (z. B. eine Reihe von Noten), in mir ist, auch widerstandslos und flüssig, der Körper sie richtig geäußert hat.

Die Form der Gewohnheit umfaßt alle Arten und Stufen der Thätigkeit des Geistes; die äußerlichste, die räumliche Bestimmung des Individuums, daß es **aufrecht** steht, ist durch seinem Willen zur Gewohnheit gemacht, eine **unmittelbare**, **bewußtlose** Stellung, die immer Sache seines fortdauernden Willens bleibt; der Mensch steht nur, weil und sofern er will, und nur solang als er es bewußtlos will. Ebenso **Sehen** und so

* 1827: die Leiblichkeit, welche in der *unmittelbaren* Einheit der Seele *natürliches Mittel* (vgl. §. 208.) des Willens und seines Vorstellens ist, so zum Instrumente gemacht...

Der Rest des Paragraphen 1830 weitgehend verändert.

will. — 3) In habitual *skill*, the abstract being-for-self of the soul has to be not only maintained, but also made effective as a subjective purpose within corporeity, which it subjects and completely permeates. Corporeity is determined as immediate external being, and as limit in the face of this inner determination of the subjective soul. Consequently, the breach between the soul as simple being-for-self in itself and its primary naturalness and immediacy is now more determinate. The soul is therefore no longer a primary and immediate identity, but in that it is external, has first to be reduced to this state. What is more, the embodying of determinate sensations is itself a determinate possibility with a determinate purpose (§ 401), and unmediated corporeity a particular possibility, that is to say a particular aspect of corporeity's own differentiation, a particular organ of its organic system, with a determinate purpose. The formulation there of such a determinate purpose is accomplished by so positing the ideality of the implicit ideality of material being in general and of determinate corporeity, that the soul can exist in its corporeity as substance in accordance with the determinateness of what it presents and wills. The skill* then permeates and instrumentalizes corporeity in such a way, that if I have within me the presentation of a series of notes for example, the body will express them correctly in a ready and fluent manner.

The form of habit includes all kinds and stages of spiritual activity. The individual's standing upright is its most external, its spatial determination, and is made habitual by its will; it is an unmediated, unconscious posture, and always remains a matter of the persistence of the individual's will. Man stands only because and in so far as he has the will to, and only as long as this will is unconscious. It is the same with sight and the

* 1827: corporeity, which in the *immediate* unity of the soul is a *natural means* (cf. § 208) for the will and its presenting, is therefore made the instrument... The rest of this Paragraph was changed considerably in 1830.

fort ist die concrete Gewohnheit, welche unmittelbar die vielen Bestimmungen der Empfindung, des Bewußtseyns, der Anschauung, des Verstandes u. s. f. in Einem einfachen Act vereint. Das ganz freie, in dem reinen Elemente seiner selbst thätige Denken bedarf ebenfalls der Gewohnheit und Geläufigkeit, dieser Form der Unmittelbarkeit, wodurch es ungehindertes, durchgedrungenes Eigenthum meines einzelnen Selbsts ist. Erst durch diese Gewohnheit existire Ich als denkendes für mich. Selbst diese Unmittelbarkeit des denkenden Bei-sich-seyns enthält Leiblichkeit (Ungewohnheit und

233

lange Fortsetzung des Denkens macht Kopfweh), die Gewohnheit vermindert diese Empfindung, indem sie die natürliche Bestimmung zu einer Unmittelbarkeit der Seele macht. — Die entwickelte und im Geistigen als solchem bethätigte Gewohnheit aber ist die Erinnerung und das Gedächtniß, und weiter unten zu betrachten.

Von der Gewohnheit pflegt herabsetzend gesprochen und sie als ein Unlebendiges, Zufälliges und Particuläres genommen zu werden. Ganz zufälliger Inhalt ist allerdings der Form der Gewohnheit, wie jeder andere, fähig, und es ist die Gewohnheit des Lebens, welche den Tod herbeiführt, oder, wenn ganz abstract, der Tod selbst ist. Aber zugleich ist sie der Existenz aller Geistigkeit im individuellen Subjecte das Wesentlichste, damit das Subject als concrete Unmittelbarkeit, als seelische Idealität sey, damit der Inhalt, religiöser, moralischer u. s. f. ihm als diesem Selbst, ihm als dieser Seele angehöre, weder in ihm blos an sich (als Anlage), noch als vorübergehende Empfindung oder Vorstellung, noch als abstracte von Thun und Wirklichkeit abgeschiedene Innerlichkeit, sondern in seinem Seyn sey. — In wissenschaftlichen Betrachtungen der Seele und des Geistes pflegt die Gewohnheit entweder als etwas Verächtliches übergangen zu werden, oder vielmehr auch weil sie zu den schwersten Bestimmungen gehört.

Zusatz. Wir sind an die Vorstellung der Gewohnheit gewöhnt; dennoch ist die Bestimmung des Begriffs der-

other faculties: *without mediation*, concrete habit unifies the diverse determinations of sensation, consciousness, intuition, understanding etc. into a single simple act. It is the same with *thought* which is free, active within its own pure element, for it is constantly in need of habit and familiarity, the form of *immediacy* which makes it the unhindered and permeated possession of my *single self*. It is through this habit that I first *exist* for myself as a thinking being. Even this immediacy of thinking self-communion involves corporeity, for whereas sustained thinking will give rise to a headache when one is out of the habit, habit will diminish this sensation by turning the natural determination into an immediacy of the soul. — It is however *recollection* and *memory* which constitute developed habit active within what is spiritual as such, and these are to be considered later.

Habit is often spoken of disparagingly, and regarded as lifeless, contingent and particular. The form of habit, like any other, is certainly open to complete contingency of content. It is moreover the habit of living which brings on death, and which, when completely abstract, constitutes death itself. At the same time however, habit is what is most essential to the *existence* of all spirituality within the individual subject. It enables the subject to be a *concrete* immediacy, an ideality of *soul*, so that the religious or moral etc. content *belongs* to him as this *self*, *this* soul, and is in him neither merely *implicitly* as an endowment, nor as a transient sensation or presentation, nor as an abstract inwardness cut off from action and actuality, but as part of his being. — In scientific studies of the soul and of spirit habit is usually passed over, sometimes simply because it is regarded as not worthy of consideration, but more frequently for the further reason that it is one of the most difficult of determinations.

Addition. Although we are familiar with *habit* as a *presentation*, the determination of its *Notion* is a difficult matter, and it is

selben schwierig. Aus diesem Grunde wollen wir hier noch einige Erläuterungen jenes Begriffes geben.

Zuvörderst muß die Nothwendigkeit des dialektischen Fortgangs von der (§. 408 betrachteten) Verrücktheit zu der (in den §§. 409 und 410 abgehandelten) Gewohnheit gezeigt werden. Zu dem Ende erinnern wir daran, daß im Wahnsinn die Seele das Bestreben hat, sich aus dem zwischen ihrem 234 objectiven Bewußtseyn und ihrer fixen Vorstellung vorhandenen Widerspruch zur vollkommenen inneren Harmonie des Geistes wieder herzustellen. Diese Wiederherstellung kann ebenso wohl mißlingen, wie erfolgen. Für die einzelne Seele erscheint somit das Gelangen zum freien, in sich harmonischen Selbstgefühl als etwas Zufälliges. An sich aber ist das absolute Freiwerden des Selbstgefühls, — das ungestörte Beisichseyn der Seele in aller Besonderheit ihres Inhalts, — etwas durchaus Nothwendiges; denn an sich ist die Seele die absolute Idealität, das Uebergreifende über alle ihre Bestimmtheiten; und in ihrem Begriffe liegt es, daß sie sich durch Aufhebung der in ihr festgewordenen Besonderheiten als die unbeschränkte Macht über dieselben erweist, — daß sie das noch Unmittelbare, Seyende in ihr zu einer bloßen Eigenschaft, zu einem bloßen Momente herabsetzt, um durch diese absolute Negation als freie Individualität für sich selber zu werden. Nun haben wir zwar schon in dem Verhältniß der menschlichen Seele zu ihrem Genius ein Fürsichseyn des Selbstes zu betrachten gehabt. Dort hatte jedoch dieß Fürsichseyn noch die Form der Aeußerlichkeit, der Trennung in zwei Individualitäten, in ein beherrschendes und ein beherrschtes Selbst; und zwischen diesen beiden Seiten fand noch kein entschiedener Gegensatz, kein Widerspruch statt, so daß der Genius, diese bestimmte Innerlichkeit, ungehindert sich in dem menschlichen Individuum zur Erscheinung brachte. Auf der Stufe dagegen, bis zu welcher wir jetzt die Entwicklung des subjectiven Geistes fortgeführt haben, kommen wir zu einem Fürsichseyn der Seele, das vom Begriff derselben durch Ueberwindung des in der Verrücktheit vorhandenen inneren Widerspruchs des Geistes, durch Aufhebung der gänzlichen

for this reason that we now want to define this Notion somewhat more carefully.

We have first to indicate the *necessity* of the *dialectical progression* from the *derangement* considered in § 408 to the *habit* treated in §§ 409 and 410. In order to do so we shall recall that in *insanity* the soul has as its goal the overcoming of the contradiction presented by its objective consciousness and its fixed presentation, the restoration of the complete inner harmony of spirit. This restoration is just as likely to fail as it is to succeed. To the *single* soul therefore, the attainment of free and inwardly harmonious self-awareness, appears to be a matter of *chance*. *Implicitly* however, the absolute liberation of self-awareness, the undisturbed self-communion of the soul in all the particularity of its content, is entirely a matter of necessity; for *implicitly* the soul is absolute ideality, that which overreaches all its determinateness, and it is the implication of its *Notion* that through the sublation of the particularities which have become fixed within it, it should make its unlimited power over them evident, that it should reduce to a mere *property*, a mere *moment*, that within it which still retains the *immediacy of being*, in order to assume through this absolute negation the *being-for-self of free individuality*. Now we have already had to consider a being-for-self of the self in the relationship of the human soul to its *genius*. There however, the being-for-self still had the form of *externality*, of division into two individualities, into a dominant and a dominated self; and between these two aspects there was as yet no decided *opposition*, no *contradiction*, so that the determinate inwardness of the genius manifested itself *unhindered* in the human individual. However, at the stage to which we have *now* conducted the development of subjective spirit, we reach a being-for-self of the soul brought about by the Notion of the soul through the *overcoming* of the inner *contradiction* of spirit present in derangement, through the

Zerrissenheit des Selbstes zu Stande gebracht ist. Dieß Bei-sich-selber-seyn nennen wir die Gewohnheit. In dieser hat die nicht mehr an eine nur subjective besondere Vorstellung gebannte und durch dieselbe aus dem Mittelpunkt ihrer concreten
235 Wirklichkeit herausgerückte Seele den an sie gekommenen unmittelbaren und vereinzelten Inhalt in ihre Idealität so vollständig aufgenommen und sich in ihn so völlig eingewohnt, daß sie sich in ihm mit Freiheit bewegt. Während nämlich bei der bloßen Empfindung mich zufällig bald Dieses, bald Jenes afficirt, und bei derselben, — wie auch bei anderen geistigen Thätigkeiten, so lange diese dem Subject noch etwas Ungewohntes sind, — die Seele in ihren Inhalt versenkt ist, sich in ihm verliert, nicht ihr concretes Selbst empfindet; — verhält sich dagegen in der Gewohnheit der Mensch nicht zu einer zufälligen einzelnen Empfindung, Vorstellung, Begierde u. s. f., sondern zu sich selber, zu einer seine Individualität ausmachenden, durch ihn selber gesetzten und ihm eigen gewordenen allgemeinen Weise des Thuns, und erscheint eben deßhalb als frei. Das Allgemeine, auf welches sich die Seele in der Gewohnheit bezieht, ist jedoch, — im Unterschiede von dem erst für das reine Denken vorhandenen, sich selbst bestimmenden, concret Allgemeinen, — nur die aus der Wiederholung vieler Einzelnheiten durch Reflexion hervorgebrachte abstracte Allgemeinheit. Nur zu dieser Form des Allgemeinen kann die mit dem Unmittelbaren, also dem Einzelnen, sich beschäftigende natürliche Seele gelangen. Das auf die einander äußerlichen Einzelnheiten bezogene Allgemeine ist aber das Nothwendige. Obgleich daher der Mensch durch die Gewohnheit einerseits frei wird, so macht ihn dieselbe doch andererseits zu ihrem Sclaven, und ist eine zwar nicht unmittelbare, erste, von der Einzelnheit der Empfindungen beherrschte, vielmehr von der Seele gesetzte, zweite Natur, — aber doch immer eine Natur, — ein die Gestalt eines Unmittelbaren annehmendes Gesetztes, — eine selber noch mit der Form des Seyns behaftete Idealität des Seyenden, — folglich etwas dem freien Geiste Nichtentsprechendes, — etwas bloß Anthropologisches.

sublation of the *complete disruption* of the self. It is this self-communion that we call *habit.* In habit, the soul which is no longer confined to the deranging factor of a simply subjective and particular presentation but which dislodges it from the centre of its concrete actuality, has so completely received into its ideality the immediate and singularized content it has encountered, and has become so completely *at home* there, that it moves *freely* about in it. Mere sensation is a matter of chance, I am affected first by this and then by that, and as in the case of other spiritual activities with which the subject is not yet completely familiar, the soul is *immersed* or *lost* in its content, unaware of its concrete self. In habit on the contrary, man relates not to a *single*, *chance* sensation, presentation, desire etc., but *to himself*, to a *general manner* of acting which he himself has posited and which has become his *own*, and through which he therefore displays his *freedom.* Nevertheless, the universal to which the soul relates itself in habit differs from the self-determining *concrete universal* present in pure thinking, in that it is only the *abstract universality* brought forth through *reflection* from the *repetition of numerous singularities.* Since the natural soul concerns itself with what is immediate and therefore singular, it can only attain to *this* form of the universal. It is however the universal of *necessity* which relates to mutually external singularities. Consequently, while on the one hand man is freed by habit, he is also *enslaved* by it. Habit is certainly not an *immediacy*, a *first* nature dominated by the singularity of sensations, but it is a *second nature*, *posited* by the soul. And it is never anything but a *nature*, for it is something *posited* which takes the shape of an *immediacy*, and although it is an *ideality* of that which is, it is itself still burdened with the form of *being.* It is therefore something which does not correspond to the freedom of spirit, something merely *anthropological.*

Indem die Seele auf die oben angegebene Art durch Ueber-
236 windung ihrer Zerrissenheit, ihres inneren Widerspruchs zur sich auf sich beziehenden Idealität geworden ist, hat sie ihre vorher unmittelbar mit ihr identische Leiblichkeit von sich abgeschieden, und übt zugleich an dem so zur Unmittelbarkeit entlassenen Leiblichen die Kraft ihrer Idealität aus. Auf diesem Standpunkt haben wir daher nicht die unbestimmte Abtrennung eines Inneren überhaupt von einer vorgefundenen Welt, sondern das Unterworfenwerden jener Leiblichkeit unter die Herrschaft der Seele zu betrachten. Diese Bemächtigung der Leiblichkeit bildet die Bedingung des Freiwerdens der Seele, ihres Gelangens zum objectiven Bewußtseyn. Allerdings ist die individuelle Seele an sich schon körperlich abgeschlossen; als lebendig habe ich einen organischen Körper; und dieser ist mir nicht ein Fremdes; er gehört vielmehr zu meiner Idee, ist das unmittelbare, äußerliche Daseyn meines Begriffs, macht mein einzelnes Naturleben aus. Man muß daher, — beiläufig gesagt, — für vollkommen leer die Vorstellung Derer erklären, welche meinen: eigentlich sollte der Mensch keinen organischen Leib haben, weil er durch denselben zur Sorge für die Befriedigung seiner physischen Bedürfnisse genöthigt, somit von seinem rein geistigen Leben abgezogen und zur wahren Freiheit unfähig werde. Von dieser hohlen Ansicht bleibt schon der unbefangene religiöse Mensch fern, indem er die Befriedigung seiner leiblichen Bedürfnisse für würdig hält, Gegenstand seiner an Gott, den ewigen Geist, gerichteten Bitte zu werden. Die Philosophie aber hat zu erkennen, wie der Geist nur dadurch für sich selber ist, daß er sich das Materielle, — theils als seine eigene Leiblichkeit, theils als eine Außenwelt überhaupt, — entgegensetzt, und dieß so Unterschiedene zu der durch den Gegensatz und durch Aufhebung desselben vermittelten Einheit mit sich zurückführt. Zwischen dem Geiste und dessen eigenem Leibe findet natürlicherweise eine noch innigere Verbindung statt, als zwischen der sonstigen Außenwelt und dem Geiste. Eben wegen dieses nothwendigen Zusammenhangs meines Leibes mit
237 meiner Seele ist die von der letzteren gegen den ersteren unmittelbar ausgeübte Thätigkeit keine endliche, keine bloß negative.

By overcoming the disruption of its inner contradiction in the manner indicated above, the soul has become a self-relating ideality, separated from the corporeity previously immediately identical with it, and exercising the power of its ideality upon the corporeity thus released into immediacy. Consequently, from this standpoint we have to consider not a general inwardness indeterminately separated from an encountered world, but the way in which this corporeity becomes subject to the rule of the soul. The freeing of the soul, its achievement of objective consciousness, depends upon this mastering of corporeity. The *implicit* corporeal aspect of the individual soul is of course already self-contained. In that I am alive, I have an organic body which is not *alien* to me, but which pertains to my *idea*, is the immediate external determinate being of my *Notion*, and constitutes the singularity of my natural life. It has to be observed in passing therefore, that those who are of the opinion that man would be better off without an organic body, since by compelling him to attend to the satisfaction of his physical needs it diverts him from his purely spiritual life and so renders him incapable of true freedom, are entertaining an entirely empty presentation. Even the unconstrainedly religious person will not readily entertain this vain opinion, for he does not regard the satisfaction of his bodily needs as unworthy of inclusion in his prayers to God, the *Eternal Spirit*. Philosophy has however to know how it is that spirit only has *being-for-self* in that it sets itself in opposition to what is *material* i.e. partly its *own* corporeity and partly an external world in general, and then leads back what is thus differentiated into a unity with itself mediated by both the opposition and the sublation of it. There is naturally a more intimate connection between spirit and its *own* body than between spirit and the rest of the external world. It is precisely on account of the necessity of my body's being thus connected with my soul, that the effect of the latter's activity upon the former is not *finite* or merely *negative*. In the first

Zunächst habe ich mich daher in dieser unmittelbaren Harmonie meiner Seele und meines Leibes zu behaupten, — brauche ihn zwar nicht, wie, z. B., die Athleten und Seiltänzer thun, zum Selbstzweck zu machen, — muß aber meinem Leibe sein Recht widerfahren lassen, — muß ihn schonen, gesund und stark erhalten, — darf ihn also nicht verächtlich und feindlich behandeln. Gerade durch Nichtachtung oder gar Mißhandlung meines Körpers würde ich mich zu ihm in das Verhältniß der Abhängigkeit und der äußeren Nothwendigkeit des Zusammenhangs bringen; denn auf diese Weise machte ich ihn zu etwas — trotz seiner Identität mit mir — gegen mich Negativem, folglich Feindseligem, und zwänge ihn, sich gegen mich zu empören, an meinem Geiste Rache zu nehmen. Verhalte ich mich dagegen den Gesetzen meines leiblichen Organismus gemäß, so ist meine Seele in ihrem Körper frei.

Dennoch kann die Seele bei dieser unmittelbaren Einheit mit ihrem Leibe nicht stehen bleiben. Die Form der Unmittelbarkeit jener Harmonie widerspricht dem Begriff der Seele, — ihrer Bestimmung, sich auf sich selber beziehende Idealität zu seyn. Um diesem ihrem Begriffe entsprechend zu werden, muß die Seele, — was sie auf unsrem Standpunkt noch nicht gethan hat, — ihre Identität mit ihrem Leibe zu einer durch den Geist gesetzten oder vermittelten machen, ihren Leib in Besitz nehmen, ihn zum gefügigen und geschickten Werkzeng ihrer Thätigkeit bilden, ihn so umgestalten, daß sie in ihm sich auf sich selber bezieht, daß er zu einem mit ihrer Substanz, der Freiheit, in Einklang gebrachten Accidens wird. Der Leib ist die Mitte, durch welche ich mit der Außenwelt überhaupt zusammenkomme. Will ich daher meine Zwecke verwirklichen, so muß ich meinen Körper fähig machen, dieß Subjective in die äußere Objectivität überzuführen. Dazu ist mein Leib nicht von 238 Natur geschickt; unmittelbar thut derselbe vielmehr nur das dem animalischen Leben Gemäße. Die bloß organischen Verrichtungen sind aber noch nicht auf Veranlassung meines Geistes vollbrachte Verrichtungen. Zu diesem Dienst muß mein Leib erst gebildet werden. Während bei den Thieren der Leib, ihrem Instinkte

place therefore, I have to assert myself within this *immediate* harmony subsisting between my soul and my body. There is of course no need for me to emulate the athletes and acrobats and make this an end in itself, but I must not neglect what is due to the body. I must look after it, keep it healthy and strong, and I must therefore not fight it or treat it with disrespect. It is indeed precisely the neglecting and most certainly the mishandling of my body which would bring me into the dependent relationship of the external necessity of my connection with it; for by so treating it I would make something *negative* and therefore *hostile* of it, in spite of its being identical with me, and force it to rebel, to take revenge upon my spirit. My soul is however free within its body if I conduct myself in accordance with the laws of my bodily organism.

Nevertheless, the soul cannot remain at this *immediate* unity with its body. The Notion of the soul, its having the determination of *self-relating ideality*, is contradicted by the form of *immediacy* pertaining to this harmony. In order to correspond to its Notion, the soul has to change its identity with its body into one that is *posited* or mediated by spirit, to take *possession* of its body, make it the *tractable* and *serviceable instrument* of its activity, so to transform it that it relates to *itself* within it, its body becoming an accidence brought into harmony with its substance, which is freedom. At our present standpoint however, the soul has not yet done this. The body is the *intermediary* through which I come into contact with the external world in general. If I want to actualize my aims therefore, I have to make my body capable of projecting this subjective element into external objectivity. My body is not naturally capable of doing this; on the contrary, what it does immediately only conforms to animal life. My spirit is still irrelevent to the performance of merely organic functions, and my body has to be trained to serve spirit. Whereas everything that becomes necessary on account of the Idea of the animal is brought about in an immediate manner through the animal body's obedience to instinct, it is by his

gehorchend, alles durch die Idee des Thieres Nöthigwerdende unmittelbar vollbringt; hat dagegen der Mensch sich durch seine eigene Thätigkeit zum Herren seines Leibes erst zu machen. Anfangs durchdringt die menschliche Seele ihren Körper nur auf ganz unbestimmt allgemeine Weise. Damit diese Durchdringung eine bestimmte werde, — dazu ist Bildung erforderlich. Zunächst zeigt sich hierbei der Körper gegen die Seele ungefügig, hat keine Sicherheit der Bewegungen, giebt ihnen eine für den auszuführenden bestimmten Zweck bald zu große, bald zu geringe Stärke. Das richtige Maaß dieser Kraft kann nur dadurch erreicht werden, daß der Mensch auf alle die mannigfaltigen Umstände des Aeußerlichen, in welchem er seine Zwecke verwirklichen will, eine besondere Reflexion richtet, und nach jenen Umständen alle einzelnen Bewegungen seines Körpers abmißt. Daher vermag selbst das entschiedere Talent, nur in sofern es technisch gebildet ist, sofort immer das Richtige zu treffen.

Wenn die im Dienste des Geistes zu vollbringenden Thätigkeiten des Leibes oftmals wiederholt werden, erhalten sie einen immer höheren Grad der Angemessenheit, weil die Seele mit allen dabei zu beachtenden Umständen eine immer größere Vertrautheit erlangt, in ihren Aeußerungen somit immer heimischer wird, folglich zu einer stets wachsenden Fähigkeit der unmittelbaren Verleiblichung ihrer innerlichen Bestimmungen gelangt, und sonach den Leib immer mehr zu ihrem Eigenthum, zu ihrem brauchbaren Werkzeuge umschafft; so daß dadurch ein magisches Verhältniß, ein unmittelbares Einwirken des Geistes auf den Leib entsteht.

239 Indem aber die einzelnen Thätigkeiten des Menschen durch wiederholte Uebung den Charakter der Gewohnheit, die Form eines in die Erinnerung, in die Allgemeinheit des geistigen Inneren Aufgenommenen erhalten, bringt die Seele in ihre Aeußerungen eine auch Anderen zu überliefernde allgemeine Weise des Thuns, eine Regel. Dieß Allgemeine ist ein dermaaßen zur Einfachheit in sich Zusammengefaßtes, daß ich mir in Demselben der besonderen Unterschiede meiner einzelnen Thätigkeiten nicht mehr bewußt bin. Daß Dem so sey, sehen wir,

own activity that man first masters his body. At first, the human soul only pervades its body in a wholly *indeterminate* and *general* way, so that *training* is required if this pervasion is to become *determinate*. In the first instance, training reveals the body to be intractable to the soul, for its movements are uncertain, the effort it puts into them being either too great or too small for the given purpose. It is only when man reflects in a specific manner upon all the multifarious circumstances of the externality in which he intends to actualize his purposes, and adjusts all the singular motions of his body in accordance with them, that the right degree of effort is forthcoming. This is why it is only to the extent that it has been technically trained that even a decided talent will adopt the right approach as a matter of course.

Frequent *repetition* will make the bodily activities to be carried out in the service of spirit conform to it to an ever higher degree, for by constantly increasing its familiarity with all the circumstances to be considered, the soul finds itself at *home* in its *expressions* to an ever greater extent, and so achieves an ever-increasing capacity for immediately embodying its inner determinations. It is therefore continually appropriating more of the body, transforming it into the instrument of its use, and it is thus that there occurs the *magical* relationship of the body's succumbing to the immediate effect of spirit.

Yet since repeated exercise confers upon the activities of man the character of *habit*, the form of what is taken up into *recollection*, into the *universality* of spiritual inwardness, the soul introduces into its expressions a *general* manner of acting which may also be transmitted to others, — a *rule*. This universal is so concentrated in its *simplicity*, that when acting in accordance with it I am no longer conscious of the *particular* differences of my single actions. We can see that

zum Beispiel, am Schreiben. Wenn wir schreiben lernen, müssen wir dabei unsere Aufmerksamkeit auf alles Einzelne, auf eine ungeheure Menge von Vermittlungen richten. Ist uns dagegen die Thätigkeit des Schreibens zur Gewohnheit geworden, dann hat unser Selbst sich aller betrefflichen Einzelnheiten so vollständig bemeistert, sie so sehr mit seiner Allgemeinheit angesteckt, daß dieselben uns als Einzelnheiten nicht mehr gegenwärtig sind, und wir nur deren Allgemeines im Auge behalten. So sehen wir folglich, daß in der Gewohnheit unser Bewußtseyn zu gleicher Zeit in der Sache gegenwärtig, für dieselbe interessirt, und umgekehrt doch von ihr abwesend, gegen sie gleichgültig ist, — daß unser Selbst ebenso sehr die Sache sich aneignet, wie im Gegentheil sich aus ihr zurückzieht, — daß die Seele einerseits ganz in ihre Aeußerungen eindringt, und andererseits dieselben verläßt, ihnen somit die Gestalt eines Mechanischen, einer bloßen Naturwirkung giebt.

c.

Die wirkliche Seele.

§. 411.

Die Seele ist in ihrer durchgebildeten und sich zu eigen gemachten Leiblichkeit als einzelnes Subject für sich, und die Leiblichkeit ist so die Aeußerlichkeit als Prädicat, in welchem das Subject sich nur auf sich bezieht. Diese Aeußerlichkeit stellt nicht sich vor, sondern die Seele, und ist deren Zeichen. Die Seele ist als diese Identität des Innern mit dem Aeußern, das jenem unterworfen ist, wirklich; sie hat an ihrer Leiblichkeit ihre freie Gestalt, in der sie sich fühlt und sich zu fühlen gibt, die als das Kunstwerk der Seele menschlichen, pathognomischen und physiognomischen Ausdruck hat.

240

Zum menschlichen Ausdruck gehört z. B. die aufrechte Gestalt überhaupt, die Bildung insbesondere der

this is so in the case of writing, for example. When we are learning to write we have to attend to every singularity, to an extraordinary number of adjustments. However, once the practice of writing has become habitual, our self has so completely mastered all the requisite singularities, so in- 5
fected them with its universality, that they are no longer before us as *singularities*, and we are aware only of their *universal* aspect. In *habit*, therefore, we have certain contrasts. Our consciousness is *present* and *interested* in the business, but at the same time *absent* from and *indifferent* to it; our self 10
appropriates the business while to an equal extent *withdrawing* from it; and while on the one hand the soul *enters* entirely *into* its expressions, it also *abandons* them, shaping them into something *mechanical*, into a merely *natural effect*. +

c.

The actual soul

§ 411

Since the soul, within its thoroughly formed 15
and appropriated corporeity, is as **the being-for-self of** a single subject, this corporeity is as the predicated *externality* **within which the subject relates only to itself.** This externality exhibits not itself, but the soul of which it is the *sign*. As this iden- 20
tity of what is internal with what is external, **the latter being subject to the former, the soul is** *actual*. In its corporeity it has its free shape, **in which it feels itself and makes itself felt, and** which has pathognomic and physiognomic *human* 25
expression **as the artistry of the soul.**

Requisite to the **expression of humanity** is, for example, the predominantly upright shape, the

Hand, als des absoluten Werkzeugs, des Mundes, Lachen, Weinen u. s. w. und der über das Ganze ausgegossene geistige Ton, welcher den Körper unmittelbar als Aeußerlichkeit einer höhern Natur kund gibt. Dieser Ton ist eine so leichte, unbestimmte und unsagbare Modification, weil die Gestalt nach ihrer Aeußerlichkeit ein * unmittelbares und natürliches ist, und darum nur ein unbestimmtes und ganz unvollkommenes Zeichen für den Geist seyn kann und ihn nicht wie er für sich selbst als allgemeines ist, vorzustellen vermag. Für das Thier ist die menschliche Gestalt das Höchste, wie der Geist demselben erscheint. † Aber für den Geist ist sie nur die erste Erscheinung desselben und die Sprache sogleich sein vollkommener Ausdruck. + Die Gestalt ist zwar seine nächste Existenz, aber zugleich in ihrer physiognomischen und pathognomischen Bestimmtheit ein Zufälliges für ihn; die Physiognomik, vollends aber die Cranioskopie zu Wissenschaften erheben zu wollen, war einer der leersten Einfälle, noch leerer als eine signatura rerum, wenn aus der Gestalt der Pflanzen ihre Heilkraft erkannt werden sollte.

Zusatz. Wie schon im Paragraph 390 versicherungsweise in Voraus angegeben worden ist, bildet die wirkliche Seele den dritten und letzten Hauptabschnitt der Anthropologie. Wir haben die anthropologische Betrachtung mit der nur seyenden, von ihrer Naturbestimmtheit noch ungetrennten Seele begonnen; — sind dann im zweiten Hauptabschnitt zu der ihr unmittelbares Seyn von sich abscheidenden und in

* 1827: weil der Geist identisch mit seiner Aeußerlichkeit Allgemeines für sich und darum eben so frei darin ist, dieses aber zugleich die Unvollkommenheit hat, ein unmittelbares und natürliches zu seyn, und darum *Zeichen* ist, den Geist hiemit zwar, aber zugleich als ein Aeußerliches, nicht wie er für sich selbst als *allgemeines* ist, vorstellt.

† 1827: Oder für den Geist ist sie die *erste* Erscheinung desselben, weil sie seine erste, noch in der Sphäre der Unmittelbarkeit versenkte *Wirklichkeit* ist. — Der Geist ist also in diesem seinem Zeichen schlechthin endlicher und einzelner; es ist zwar *seine* Existenz, aber...

particular formation of the hand as the absolute instrumentality, of the mouth in laughter and weeping etc., and the general tone of spirituality diffused throughout the + whole, which is immediate evidence of a higher 5 nature in the externality of the body. **It is because** + **this shape is something immediate and natural in its externality, and can therefore only** *signify* **spirit in an indefinite and wholly imperfect manner, being incapable of** presenting **it as the** *universal* 10 **it is for itself,** that this tone is such a delicate, indefinite and elusive modification.* For the animal, the human shape is the highest appearance of spirit.† For spirit **however,** it is only the *primary* appearance, **language being its** 15 **direct and more perfect expression. The human shape is certainly spirit's initial existence,** although in its physiognomic and pathognomic determinateness it is at the same time a *contingency* for it. To have wanted to raise physiognomy 20 and even cranioscopy to the rank of *sciences* was therefore the very height of whimsey, — more futile than the doctrine of a signatura rerum, which took the shape of plants to be indicative of their medicinal virtue. 25 +

Addition. As was stated in advance in § 390, the *actual* soul constitutes the *third* and last main section of Anthropology. We have begun the consideration of Anthropology with the mere *being* of the soul, *unseparated* as yet from its *natural determinateness.* Then, in the *second* main section, we have 30 made the transition to the *feeling* soul, which *separates out* its

* 1827: for spirit, identical with its externality, is for itself universal being, and therefore to the same extent free within it, while this at the same time has the imperfection of being something immediate and natural, and is therefore a *sign.* It is certainly spirit, but presented at the same time as an external being, not as it is for itself, as being *universal.*

† 1827: For spirit, it is rather the *initial* appearance of the same, since it is its initial *actuality*, still sunk within the sphere of immediacy. — Spirit in this its sign is therefore simply finite and single; it is indeed *its* existence, but...

241 dessen Bestimmtheiten auf abstracte Weise für-sich-seyenden, — das heißt, — fühlenden Seele übergegangen; — und kommen jetzt im dritten Hauptabschnitt, — wie schon angedeutet, — zu der aus jener Trennung zur vermittelten Einheit mit ihrer Natürlichkeit fortentwickelten, in ihrer Leiblichkeit auf concrete Weise für-sich-seyenden, somit wirklichen Seele. Den Uebergang zu dieser Entwicklungsstufe macht der im vorigen Paragraphen betrachtete Begriff der Gewohnheit. Denn, wie wir gesehen haben, erhalten in der Gewohnheit die ideellen Bestimmungen der Seele die Form eines Seyenden, eines Sich-selber-äußerlichen, und wird umgekehrt die Leiblichkeit ihrerseits zu etwas von der Seele widerstandslos Durchdrungenem, zu einem der freiwerdenden Macht ihrer Idealität Unterworfenen. So entsteht eine durch die Trennung der Seele von ihrer Leiblichkeit und durch die Aufhebung dieser Trennung vermittelte Einheit jenes Inneren und jenes Aeußeren. Diese aus einer hervorgebrachten zu einer unmittelbaren werdende Einheit nennen wir die Wirklichkeit der Seele.

Auf dem hiermit erreichten Standpunkt kommt der Leib nicht mehr nach der Seite seines organischen Processes, sondern nur insofern in Betracht, als er ein selbst in seinem Daseyn ideell gesetztes Aeußerliches ist, und sich in ihm die nicht mehr auf die unwillkürliche Verleiblichung ihrer inneren Empfindungen beschränkte Seele mit soviel Freiheit zur Erscheinung bringt, wie sie durch Ueberwindung des ihrer Idealität Widersprechenden bis jetzt errungen hat.

Die am Schluß des ersten Hauptabschnitts der Anthropologie §. 401 betrachtete unfreiwillige Verleiblichung der inneren Empfindungen ist zum Theil etwas dem Menschen mit den Thieren Gemeinsames. Die jetzt zu besprechenden, mit Freiheit geschehenden Verleiblichungen dagegen ertheilen dem menschlichen Leibe ein so eigenthümliches geistiges Gepräge, daß er sich durch

242 dasselbe weit mehr, als durch irgend eine bloße Naturbestimmtheit, von den Thieren unterscheidet. Nach seiner rein leiblichen Seite ist der Mensch nicht sehr vom Affen unterschieden; aber durch das geistdurchdrungene Ansehen seines Leibes unterscheidet

immediate being, and which in its determinateness is *for itself* in an *abstract* manner. As has already been indicated, we come now in the *third* main section to the *actual* soul, which has developed forth from this *separation* into *mediated unity* with its naturality and which, in its corporeity, is for itself in a *concrete* manner. The Notion of *habit* treated in the previous Paragraph constitutes the *transition* to this stage of development. As we have seen, in habit, determinations of the soul which are *of an ideal nature* assume the form of a *being*, a *self-externality*, while corporeity for its part becomes something unresistingly pervaded by the soul, something subjected to the liberating power of the soul's ideality. It is therefore through the separation of the soul from its corporeity and the sublation of this separation, that this *inwardness* of soul and *externality* of corporeity emerge as a mediated unity. It is this unity, which relinquishes its being brought forth as it becomes immediate, that we call the *actuality* of the soul.

From the standpoint reached here, the body comes under consideration no longer from the aspect of its being an *organic process*, but only *in so far* as it is an external being which even in its determinate being is posited as *of an ideal nature*, the soul, no longer restricted to the *involuntary* embodiment of its inner sensations, manifesting itself within it with *as much freedom* as it has *hitherto* achieved through overcoming that which counters its ideality.

To some extent, the *involuntary* embodiment of inner sensations considered at the close of the first main section on Anthropology (§ 401), is something common to both man and animals. The *freely* occurring embodiments now to be discussed mark the human body in a manner which is so distinctively spiritual however, that it distinguishes it from the animals to a much greater extent than any merely natural determinateness. In his purely bodily aspect man is not so very different from the ape; but he is so distinct from

er sich von jenem Thiere dermaaßen, daß zwischen dessen Erscheinung und der eines Vogels eine geringere Verschiedenheit herrscht, als zwischen dem Leibe des Menschen und dem des Affen.

Der geistige Ausdruck fällt aber vornämlich in das Gesicht, weil der Kopf der eigentliche Sitz des Geistigen ist. In dem mehr oder weniger der Natürlichkeit als solcher angehörenden und deßhalb bei den gesitteten Völkern aus Scham bekleideten übrigen Leibe offenbart sich das Geistige besonders durch die Haltung des Körpers. Diese ist daher, — beiläufig gesagt, — von den Künstlern der Alten bei ihren Darstellungen ganz besonders beachtet worden, da sie den Geist vorzugsweise in seiner Ergossenheit in die Leiblichkeit zur Anschauung brachten. — Soweit der geistige Ausdruck von den Gesichtsmuskeln hervorgebracht wird, nennt man ihn bekanntlich das Mienenspiel; die Gebehrden im engeren Sinne des Wortes gehen vom übrigen Körper aus. — Die absolute Gebehrde des Menschen ist die aufrechte Stellung; nur er zeigt sich derselben fähig; wogegen selbst der Orang-Utang bloß an einem Stocke aufrecht zu stehen vermag. Der Mensch ist nicht von Natur, von Hause aus, aufgerichtet; er selber richtet sich durch die Energie seines Willens auf; und obgleich sein Stehen, nachdem es zur Gewohnheit geworden ist, keiner ferneren angestrengten Willensthätigkeit bedarf, so muß dasselbe doch immer von unserem Willen durchdrungen bleiben, wenn wir nicht augenblicklich zusammensinken sollen. — *

* *Griesheim Ms.* SS. 252–253; vgl. *Kehler Ms.* SS. 179–180: Die menschliche Gestalt ist zugleich Kunstwerk der Seele und natürlicher Leib, die natürliche Gestalt zeigt überall das Geistige darin, wie sich das Fürsichsein der Seele konkret bestimmt. Der Mensch unterscheidet sich vom Thiere durch seine Gestalt, aber worin der physiologische Unterschied besteht ist schwer zu sagen und die Physiologen haben einen bedeutenden, schlagenden Unterschied noch nicht gefunden. Lange hat (253) man den Unterschied darin gesetzt daß der Mensch kein *os intermaxillare* habe, aber dieß ist ein unbedeutender, geringer Unterschied und Goethe hat schon vor 30 Jahren durch Schaedel auf dem Judenkirchhofe zu *Venedig* aufmerksam gemacht, gezeigt, daß der Unterschied gar nicht besteht, der Grundanlage nach ist auch bei dem Menschen diese Absonderung vorhanden, die sich jedoch erst spaeter zeigt. Auch das Ohrläppchen unterscheidet den Menschen, aber dergleichen charakterisirt den Menschen nicht gegen das Thier. Der Hauptunterschied ist das was die Seele an dem Körper thut, die Einbildung der Seele in den

the animal on account of his body's having this air of pervasive spirituality, that there is a lesser difference between the appearance of an ape and that of a bird than there is between man's body and that of the ape. +

In the main however, the expression of spirituality lies in 5 the *face*, since the seat of what is spiritual is properly the head. + It is in its *deportment* in particular that the *rest* of the body reveals what is spiritual, and since these parts belong more or less to naturality as such, among civilized peoples they are clothed for the sake of modesty. Incidentally, the artists of 10 antiquity paid very particular attention to this, emphasizing above all in their works this diffusion of spirit within corporeity. — In so far as spiritual expression is effected + through the muscles of the face, one generally calls it a *play of features*. *Gestures*, in the *stricter* sense of the term, originate in 15 the other parts of the body. — Man's *upright posture* is his *absolute* gesture; he alone is capable of it, even the Orang- + Utang only being able to stand upright with the aid of a stick. Man is not naturally, not originally erect; he raises + himself through the energy of his will, and although once it 20 has become habitual the posture no longer requires any strenuous volitional activity, it has always to be pervaded by our will or we collapse instantly.* — Man's arm and par- +

* *Griesheim Ms.* pp. 252–253; cf. *Kehler Ms.* pp. 179–180: The human shape is both the artistic work of the soul and a natural body. Everywhere in the natural shape there is evidence of how the being-for-self of the soul determines itself concretely. Although it is by means of his shape that man distinguishes himself from the animal, it is difficult to say what the physiological difference is, and physiologists have as yet been unable to point out a significant and incisive one. For a long time (253) the difference was taken to be man's lack of the intermaxillary bone, but this is an insignificant and minor difference, and already thirty years ago, after examining a skull in the Jewish cemetery, in *Venice*, *Goethe* showed that there is in fact no difference at all, that the basic structure of the feature is also present in man, although it only shows itself later. The earlobe also distinguishes man, but he is not + characterized as being distinct from the animal by such features. The main difference is what the soul does in the body, the formulation of the soul within

Der Arm und besonders die Hand des Menschen sind gleichfalls etwas ihm Eigenthümliches; kein Thier hat ein so bewegliches Werkzeug der Thätigkeit nach außen. Die Hand des Menschen, — dieß Werkzeug der Werkzeuge, ist zu einer unendlichen Menge von Willensäußerungen zu dienen geeignet. In
243 der Regel machen wir die Gebehrden zunächst mit der Hand, dann mit dem ganzen Arm und dem übrigen Körper.

Der Ausdruck durch die Mienen und Gebehrden bietet einen interessanten Gegenstand der Betrachtung dar. Es ist jedoch mitunter nicht ganz leicht, den Grund der bestimmten symbolischen Natur gewisser Mienen und Gebehrden, den Zusammenhang ihrer Bedeutung mit Dem, was sie an sich sind, aufzufinden. Wir wollen hier nicht alle, sondern nur die gewöhnlichsten hierher gehörenden Erscheinungen besprechen. Das Kopfnicken, — um mit diesem anzufangen, — bedeutet eine Bejahung, denn wir geben damit eine Art von Unterwerfung zu erkennen. — Die Achtungsbezeugung des Sichverbeugens geschieht bei uns Europäern in allen Fällen nur mit dem oberen Körper, da wir dabei unsere Selbstständigkeit nicht aufgeben wollen. Die Orientalen dagegen drücken ihre Ehrfurcht vor dem Herrn dadurch aus, daß sie sich vor ihm auf die Erde werfen; sie dürfen ihm nicht in's Auge sehen, weil sie damit ihr Für-sich-seyn behaupten würden, aber nur der Herr frei über den Diener und Sclaven hinwegzusehen das Recht hat. — Das Kopfschütteln ist ein Verneinen; denn dadurch deuten wir ein Wankendmachen, ein Umstoßen an. — Das Kopfaufwer-

Körper, so daß er ein Zeichen der Seele ist und dieß ist es was der äußeren menschlichen Bildung das Ausgezeichnete giebt. Es gehört hierzu die aufrechte Gestalt überhaupt, die Bildung insbesondere der Hand, als des absoluten Werkzeugs, des Mundes, des Lachen, Weinen u.s.w. und der über das Ganze ausgegossene geistige Ton, welcher den Körper unmittelbar als Äußerlichkeit einer höheren Natur kund giebt. Der Mensch steht nur mit seinem Willen, hört dieser auf so fällt er zusammen, diese Stellung ist daher von innen heraus gesetzt, die Natur des Menschen als geistig hat es gemacht. Diese Stellung ist so die erste Gebehrde des Menschen, die Pflanze hat sie von Natur, aber der Mensch hat sie weil er sie will. An der Hand sieht man es besonders daß sie etwas Eigenthümliches ist, die kleinste Bewegung des Kindes mit der Hand kündigt sich als menschlich an.

ticularly his *hand* are also peculiar to him; no animal has so flexible an instrument for outward activity. Man's hand is the *most excellent of instruments*, and is fitted for serving the expressions of the will in an infinite variety of ways. As a rule + we begin our gestures with the hand, and then make use of 5 the whole arm and the rest of the body.

Expression by means of the face and gestures is an interesting topic. However, it is not always an altogether easy matter to search out the ground of the *specific symbolic* nature of certain facial expressions and gestures, the connection 10 between what they *signify* and what they are *implicitly*. We shall now be selective, and simply make mention of the commonest of these phenomena. Beginning with the head, it can be observed that *nodding* signifies *affirmation*, for we employ it to intimate a kind of submission. — Whenever we Euro- 15 peans *bow respectfully*, since we do not intend to surrender our independence in this gesture, we do so only with the upper part of the body. Orientals express veneration for their lord by casting themselves on the ground in front of him however; and since only the lord has the right to look freely 20 beyond servant and slave, they may not assert their being-for-self by looking him in the eye. — To *shake the head* is to *deny*; + we do so in order to indicate that we are calling something in question, annulling it. — To *toss the head* is to express

---

the body so that it is a sign of the soul. It is this that constitutes the distinguishing feature of the form of the human exterior. The generally upright shape, the formation of the hand, as the absolute tool, of the mouth, of laughing, crying etc., also belong here, as does the spiritual tone diffused throughout the whole, which immediately shows the body to be the externality of a higher nature. Man stands only by means of his will, and if it lapses he falls. This posture is therefore posited outwardly from within, man's spiritual nature has brought it about, and it is therefore the primary gesture of man. The plant has it by nature, but man because he wills it. Human peculiarity is particularly noticeable in the hand, the tiniest movement of a child's hand being evidence of humanity. +

sen drückt Verachtung, ein Sicherheben über Jemand aus. — Das Nasenrümpfen bezeichnet einen Ekel wie vor etwas Uebelriechendem. — Das Stirnrunzeln verkündigt ein Böse-seyn, ein Sich-in-sich-fixiren gegen Anderes. — Ein langes Gesicht machen wir, wenn wir uns in unserer Erwartung getäuscht sehen; denn in diesem Falle fühlen wir uns gleichsam aufgelöst. — Die ausdrucksvollsten Gebehrden haben ihren Sitz im Munde und in der Umgebung desselben, da von ihm die Aeußerung des Sprechens ausgeht und sehr mannigfache Modificationen der Lippen mit sich führt. — Was die Hände betrifft, so ist das ein Erstaunen ausdrückende Zusammenschlagen derselben über den Kopf gewissermaaßen ein Ver-244 such, sich über sich selber zusammenzuhalten. — Das Hände-einschlagen beim Versprechen aber zeigt, wie man leicht einsieht, ein Einiggewordenseyn an. — Auch die Bewegung der unteren Extremitäten, der Gang, ist sehr bezeichnend. Vor allen Dingen muß derselbe gebildet seyn, — die Seele in ihm ihre Herrschaft über den Körper verrathen. Doch nicht bloß Bildung oder Ungebildetheit, sondern auch, — einerseits Nachlässigkeit, affectirtes Wesen, Eitelkeit, Heuchelei u. s. w., — andererseits Ordentlichkeit, Bescheidenheit, Verständigkeit, Offenherzigkeit u. s. w. drücken sich in der eigenthümlichen Art des Gehens aus; so daß man die Menschen am Gange leicht von einander zu unterscheiden vermag.

Uebrigens hat der Gebildete ein weniger lebhaftes Mienen- und Geberdenspiel, als der Ungebildete. Wie Jener dem inneren Sturme seiner Leidenschaften Ruhe gebietet, so beobachtet er auch äußerlich eine ruhige Haltung, und ertheilt der freiwilligen Verleiblichung seiner Empfindungen ein gewisses mittleres Maaß; wogegen der Ungebildete, ohne Macht über sein Inneres, nicht anders, als durch einen Luxus von Mienen und Gebehrden sich verständlich machen zu können glaubt, — dadurch aber mitunter sogar zum Grimassenschneiden verleitet wird, und auf diese Weise ein komisches Ansehen bekommt, weil in der Grimasse das Innere sich sogleich ganz äußerlich macht, und der Mensch dabei jede einzelne Empfindung in sein ganzes Daseyn übergehen läßt,

contempt, superiority to someone. — To *wrinkle up one's nose* is to indicate *aversion*, to a bad odour as it were. — The *puckering of the brows* is evidence of being *angry*, of being fixed in oneself in opposition to something else. — We pull a *long face* when we have expected something and been disappointed, feeling in this case as if we have been undone. — The most expressive gestures have their seat in the mouth and the parts surrounding it, since it is there that speech finds expression, involving a great variety of modifications in the lips. — As regards the *hands*, when one *holds one's head* with them in order to express *astonishment*, this is to some extent an attempt to hold oneself together. — It is however quite easy to see that to *shake hands* when making a promise is indicative of *agreement*. — The *gait*, the movement of the *lower* extremities, is also very revealing. It is of prime importance that it should be cultivated, that it should show the soul to be master of the body. It is not only cultivation and lack of cultivation which are apparent in the particular manner of walking however, but also slovenliness, affectation, vanity, hypocrisy etc., as well as orderliness, modesty, understanding, open-heartedness etc., so that it is easy to distinguish people from one another by their gait.

There is moreover less play of countenance and gesture with a cultured person than there is in the case of the unsophisticated. The former checks the inner turbulence of his passions, putting a calm face on things, and imparting a certain measure of moderation to the unbridled embodying of his sensations. The latter has no control over his inwardness however, and since he thinks he can only make himself understood by extravagant faces and gestures, he frequently takes to grimacing. This gives him a comical appearance, for in the *grimace* there is a complete and instantaneous externalization of what is internal, the person allowing each single sensation to pass over into the whole of his determinate

folglich, — fast wie ein Thier, — ausschließlich in diese bestimmte Empfindung versinkt. Der Gebildete hat nicht nöthig, mit Mienen und Gebehrden verschwenderisch zu seyn; in der Rede besitzt er das würdigste und geeignetste Mittel, sich auszudrücken; denn die Sprache vermag alle Modificationen der Vorstellung unmittelbar aufzunehmen und wiederzugeben, weßhalb die Alten sogar zu dem Extreme fortgegangen sind, ihre Schauspieler mit Masken vor dem Gesicht auftreten zu lassen, und so, — mit dieser unbeweglichen Charakterphysiognomie sich begnügend, —
245 auf das lebendige Mienenspiel der Darsteller gänzlich zu verzichten.

Wie nun die hier besprochenen freiwilligen Verleiblichungen des Geistigen durch Gewohnheit zu etwas Mechanischem, zu etwas keiner besonderen Willensanstrengung Bedürftigem werden; so können auch umgekehrt einige der im §. 401. betrachteten unwillkürlichen Verleiblichungen des von der Seele Empfundenen zugleich mit Bewußtseyn und Freiheit erfolgen. Dahin gehört vor Allem die menschliche Stimme; — indem dieselbe zur Sprache wird, hört sie auf, eine unwillkürliche Aeußerung der Seele zu sein. Ebenso wird das Lachen, in der Form des Auslachens, zu etwas mit Freiheit Hervorgebrachtem. Auch das Seufzen ist weniger etwas Ununterlaßbares, als vielmehr etwas Willkürliches. — Hierin liegt die Rechtfertigung der Besprechung der ebenerwähnten Seelenäußerungen an zweien Orten, — sowohl bei der bloß empfindenden, als bei der wirklichen Seele. Schon im §. 401. wurde deßhalb auch darauf hingedeutet, daß unter den unwillkürlichen Verleiblichungen des Geistigen manche sind, die „gegen das" im obenstehenden §. 411 wiederum zu behandelnde „Pathognomische und Physiognomische zu liegen." Der Unterschied zwischen diesen beiden Bestimmungen ist der, daß der pathognomische Ausdruck sich mehr auf vorübergehende Leidenschaften bezieht, — der physiognomische Ausdruck hingegen
* den Charakter, — also etwas Bleibendes, — betrifft.

* *Kehler Ms.* S. 181; vgl. *Griesheim Ms.* S. 255: Man sagt, wenn der Mensch gestorben sei habe seine Physiognomie wieder das Aussehen, die der Mensch als Kind gehabt habe.

being, so that in an almost animal manner he becomes engrossed in this one specific sensation. The cultured person has no need to indulge in facial expressions and gestures, for since *language* is capable of unmediatedly taking up and rendering all the modifications of presentation, he has in *speech* the worthiest and most appropriate means of self-expression. It was for this reason that the ancients even went to the length of having their actors appear with their faces masked, dispensing entirely with the lively play of the performer's facial features and contenting themselves with this immobile indication of character. +

Now just as habit makes of these *freely willed* embodiments of what is spiritual something *mechanical*, something not requiring a particular effort of will; so too, conversely, can some of the *involuntary* embodiments of what is sensed by the soul (§ 401) be accompanied by *consciousness* and *freedom*. This is pre-eminently so in the case of the human *voice*, which in that it becomes *speech*, ceases to be an involuntary utterance of the soul. *Laughter* is also brought forth *freely* in the form of *mockery*, and *sighing* too is less uncontrollable than it is a matter of the will. It is this that justifies the discussion of the above-mentioned expressions of the soul at *two* junctures, — when dealing with the *simply sentient* and with the *actual* soul. This is why it was already pointed out in § 401 that there are many involuntary embodiments of what is spiritual which pertain to the "pathognomic and physiognomic material" subsequently to be dealt with again in § 411. The *difference* between these two determinations is that *pathognomic* expression relates to *transient* passions, while *physiognomic* expression involves the *persistent* factor of *character*.* The pathognomic becomes physiognomic however, + when a person's passions are not simply transient but domi-

* *Kehler Ms.* p. 181; cf. *Griesheim Ms.* p. 255: One hears that when a person dies, his physiognomy reassumes the appearance it had when he was a child.

Das Pathognomische wird jedoch zum Physiognomischen, wenn die Leidenschaften in einem Menschen nicht bloß vorübergehend, sondern dauernd herrschen. So gräbt sich zum Beispiel die bleibende Leidenschaft des Zornes fest in das Gesicht ein: — so prägt sich auch frömmlerisches Wesen allmälig auf unvertilgbare Weise im Gesicht und in der ganzen Haltung des Körpers aus.

246 Jeder Mensch hat ein physiognomisches Ansehen, — erscheint auf den ersten Blick als eine angenehme oder unangenehme, starke oder schwache Persönlichkeit. Nach diesem Scheine fällt man aus einem gewissen Instinkte ein erstes allgemeines Urtheil über Andere. Dabei ist indeß Irrthum leicht möglich, weil jenes überwiegend mit dem Charakter der Unmittelbarkeit behaftete Aeußerliche dem Geiste nicht vollkommen, sondern nur in einem höheren oder geringeren Grade entspricht, das ungünstige wie das günstige Aeußere daher etwas Anderes hinter sich haben kann, als dasselbe zunächst vermuthen läßt. Der biblische Ausspruch: Hüte Dich vor Dem, den Gott gezeichnet hat, wird deßhalb häufig gemißbraucht;* und das auf den physiognomischen Ausdruck begründete Urtheil hat sonach nur den Werth eines **unmittelbaren** Urtheils, das eben sowohl unwahr, wie wahr seyn kann. Aus diesem Grunde ist man mit Recht von der übertriebenen Achtung zurückgekommen, die man für die Physiognomik früherhin hegte, wo **Lavater** mit derselben Spuk trieb, und wo man sich von ihr den allererklecklichsten Gewinn für die hochgepriesene Menschen-

* *Griesheim Ms.* SS. 256–257; vgl. *Kehler S.* 182: Man darf die Worte „Hüthe dich vor den Menschen die Gott gezeichnet hat," nicht misverstehen als ob Gott Züge u.s.w. ausgetheilt habe, denn so sehr auch die Seele sich verleiblicht im Körper, ebenso sehr ist auch der Geist unabhängig vom Körper. *Socrates* (257) war bekanntlich sehr misgebildet, als ihm dieß vorgeworfen wurde, gab er zu daß böse Neigungen in ihm gewaltet hätten, aber er hätte sie durch Reflexion überwunden und darin liegt das Allgemeine was über die physiognomischen Urtheile zusagen ist. Das Geistige ist unabhängig für sich und auch von seiner Naturanlage und deren natürlichen Ausdruck, der Geist kann sie überwinden, die Ausdrücke, Züge können bleiben und der Geist ein anderer werden als der den sie bezeichnen. Merkwürdig ist es daß *Socrates* keine griechische Gesichtsbildung hatte, er der die Umwandelung gemacht hat aus der wie ich es nenne unbefangenen Sittlichkeit, der durch seine Reflexion einen Bruch in die griechische Welt und den griechischen Geist gemacht hat.

nate him permanently. The consuming passion of anger will mark itself in the face for example, just as sanctimoniousness will gradually impress itself indelibly upon the face and the whole bearing of the body. +

Everyone has a physiognomic appearance giving an immediate impression of a personality which is agreeable or disagreeable, strong or weak. It is in accordance with this appearance and by means of a certain instinct that one first arrives at a general assessment of others. It is easy to err in this however, for since the exterior is heavily burdened with the character of immediacy, it does not correspond to spirit completely but only to a greater or lesser degree, so that an unfavourable or favourable exterior may be a covering for something quite different from what it promises in the first instance. Consequently, the Biblical saying, "Beware of those whom God hath marked", is frequently misapplied,* + and assessment based on physiognomic expression is therefore only of value as an *immediate* judgement, which is no more likely to be true than untrue. This is why one is justified + in no longer paying such exaggerated attention to physiognomy as that formerly accorded it because of the stir made by *Lavater*, and on account of those who promised that it would prove profitable in the most eclectic manner for the much vaunted knowledge of human nature. Man is to +

* *Griesheim Ms.* pp. 256–257; cf. *Kehler Ms.* p. 182: The saying, "Beware of those whom God hath marked", ought not to be misunderstood to mean that God has distributed features etc., for despite the extent to which the soul corporealizes itself in the body, spirit is independent of the body to no less an extent. As is well-known, *Socrates* was extremely mis-shapen. When he was reproached for this, he admitted that evil tendencies had made themselves apparent within him, but that he had overcome them by reflection, and in this lies the general judgement to be passed upon what is physical. What is spiritual is independent both for itself and according to its natural constitution, and this is why it can overcome the natural expression of spirit. The expressions and features can remain, and spirit become something other than what they signify. It is strange that the form of *Socrates*' face should not have been Greek, for it was he who made the transformation from what I call an unaffected ethics, who brought about a rift in the Greek world and spirit by means of reflection. +

kennerei versprach. Der Mensch wird viel weniger aus seiner äußeren Erscheinung, als vielmehr aus seinen **Handlungen** erkannt. Selbst die **Sprache** ist dem Schicksal ausgesetzt, so gut zur Verhüllung, wie zur Offenbarung der menschlichen Gedanken zu dienen.

§. 412.

* **An sich** hat die Materie keine Wahrheit in der Seele; als fürsichseyende scheidet diese sich von ihrem unmittelbaren Seyn, und stellt sich dasselbe als Leiblichkeit gegenüber, die ihrem Einbilden in sie keinen Widerstand leisten kann. Die Seele, die ihr Seyn sich entgegengesetzt, es aufgehoben und als das ihrige bestimmt hat, hat die Bedeutung der **Seele**, der **Unmittelbarkeit** des Geistes, verloren. Die wirkliche Seele in der **Gewohnheit** des Empfindens und ihres **concreten** Selbstgefühls ist an sich die für sich seyende **Idealität** ihrer Bestimmtheiten, in ihrer Aeußerlichkeit **erinnert** in sich und unendliche Beziehung auf sich. Diß Fürsichseyn der freien Allgemeinheit ist das
247 † höhere Erwachen der Seele zum Ich, der abstracten Allgemeinheit insofern sie **für** die abstracte Allgemeinheit ist, welche so **Denken** und **Subject** für sich und zwar bestimmt Subject seines Urtheils ist, in welchem es die natürliche Totalität seiner Bestimmungen als ein Object, eine **ihm äußere** Welt, von sich ausschließt und sich darauf bezieht, so daß es in derselben unmittelbar in sich reflectirt ‡ ist, — das **Bewußtseyn**.

* 1827: die Leiblichkeit, welche zwar seiner Individualität angehört, aber dieselbe zunächst in der Form der Unmittelbarkeit ist, kann ebenso seinem Einbilden in sie keinen Widerstand leisten. Durch die Einbildung des *Seyns* in sich hat der Geist, da er es sich entgegengesetzt, es aufgehoben und als das seinige bestimmt hat, die Bedeutung der *Seele*, seiner *Unmittelbarkeit*, verloren. Die wirkliche Seele, in der *Gewohnheit*...

† 1827: des noch an sich seyenden Geistes zum *Ich*, welches so *Denkendes* und *Subject*...

‡ *Diktiert, Sommer 1818* ('Hegel-Studien' Bd. 5 S. 29, 1969): Das Verhältniß der Seele und des Bewußtseyns zum Geiste ist bestimmter dieses, daß jene + beyde, ideelle Momente desselben sind, und weder für sich noch der Zeit nach vor ihm existiren, sondern nur Formen oder Bestimmungen seiner Existenz sind, von welcher er schlechthin die vorausgesetzte Grundlage und

be known much less by his outward appearance than by his *actions*. Even *language* is exposed to the fate of serving to conceal as much as it reveals of human thoughts. +

§ 412

Matter in its *implicitness* has no truth within the **soul,* which as a being-for-self separates itself from its immediate being and places this over against itself as a** corporeity incapable of resisting its formativeness. **Soul** which posits **its** being over against itself, having sublated and determined it as **its own,** has lost the significance of being *soul*, **the immediacy of spirit. The actual soul, in its habitual sentience and concrete self-awareness, being inwardly recollected and infinitely self-related in its externality, is implicitly the being-for-self of the ideality of its determinatenesses. In so far as the soul has being for abstract universality, this being-for-self of free universality is its higher awakening† as** *ego*, **or abstract universality. For itself, the soul is therefore thought and subject, and is indeed specifically the subject of its** judgement. In this judgement **the ego excludes from itself the natural totality of its determinations as** an object or world *external to it*, **and so relates itself to this totality that it** is immediately reflected into itself within it. This is *consciousness*.‡

* 1827: corporeality, which certainly pertains to its individuality, but which constitutes it initially in the form of immediacy, can also offer no resistance to its formulation with it. Spirit, through the formulation of *being* within itself, and by setting itself in opposition to, sublating and determining it as its own, has shed the determination of *soul*, of its *immediacy*. The actual soul, in *habit*...

† 1827: of what is still the implicit being of spirit to *ego*, which is therefore a *thinking being* and *subject*...

‡ *Dictated, Summer 1818* ('Hegel-Studien' vol. 5, p. 29, 1969): More precisely, the relationship of the soul and of consciousness to spirit is that both of them are of it as moments of an ideal nature. Neither for themselves nor in time do they exist before it, for they are only forms or determinations of its existence, of which it is simply the presupposed basis and existently effective

Zusatz. Die in den beiden vorhergehenden Paragraphen betrachtete Hineinbildung der Seele in ihre Leiblichkeit ist keine *absolute*, — keine den Unterschied der Seele und des Leibes völlig aufhebende. Die Natur der Alles aus sich entwickelnden logischen Idee fordert vielmehr, daß dieser Unterschied sein Recht behalte. Einiges in der Leiblichkeit bleibt daher rein organisch, folglich der Macht der Seele entzogen; dergestalt, daß die Hineinbildung der Seele in ihren Leib nur die Eine Seite desselben ist. Indem die Seele zum Gefühl dieser Beschränktheit ihrer Macht gelangt, reflectirt sie sich in sich und wirft die Leiblichkeit als ein ihr *Fremdes* aus sich hinaus. Durch diese *Reflexion-in-sich* vollendet der Geist seine Befreiung von der Form des *Seyns*. gibt er sich die Form des *Wesens*, und wird zum Ich. Zwar ist die Seele, insofern sie Subjectivität oder Selbstischkeit ist, schon *an sich* Ich. Zur *Wirklichkeit* des Ich gehört aber mehr, als die *unmittelbare*, *natürliche* Subjectivität der Seele; denn das Ich ist dieß Allgemeine, dieß Einfache, das in Wahrheit erst dann existirt, wenn es sich selber zum Gegenstande hat, — wenn es zum *Für-sich-seyn des Einfachen im Einfachen*, zur *Beziehung des Allgemeinen auf das Allgemeine* geworden ist. Das sich auf sich beziehende Allgemeine existirt nirgends außer im Ich. In der *äußeren Natur* kommt, — wie schon in der Einleitung zur Lehre vom subjectiven Geist gesagt wurde, — das Allgemeine nur durch *Vernichtung* des einzelnen Daseyns zur höchsten Bethätigung seiner Macht, sonach nicht zum *wirklichen Für-sich-seyn*. Auch die *natürliche* 248 Seele ist zunächst nur die *reale Möglichkeit* dieses Für-sich-seyns. Erst im Ich wird diese Möglichkeit zur Wirklichkeit. In ihm erfolgt somit ein *Erwachen höherer Art*, als das auf das

---

das existirende wirkende Subject ist. Die Seele also überhaupt, so wie z.B. das Erwachen, der Verlauf der Lebensalter, Somnambulismus, Verrücktheit, Einbildung in seine Leiblichkeit, haben den Geist, seine Vorstellungen, Zwecke u.s.f. zu ihrem *Inhalte*, ein Inhalt, der aber als ihm selbst angehörig, sich erst in der Betrachtung seiner selbst producirt; vor ihm aber müssen die Stufen der Seele und des Bewußtseyns betrachtet werden, weil der Geist nur als solcher Wirklichkeit hat, daß er in der Idee sich diese Voraussetzungen und aus ihnen sich wirklich macht.

Addition. In the two preceding Paragraphs we have dealt with the soul as formative within its corporeity in a way which is not *absolute* because it does not completely sublate the difference between the soul and the body. The nature of the logical Idea which develops everything out of itself demands that this difference should retain its significance. One aspect of corporeity therefore remains purely organic i.e. withdrawn from the power of the soul. Consequently, the formativeness of the soul within its body only constitutes the one side of the latter. In that the soul comes to feel this limitation of its power, it reflects itself into itself and expels the corporeity as something that is *alien* to it. It is through this *intro-reflection* that spirit completes its liberation from the form of *being*, gives itself that of *essence*, and becomes *ego*. It is true that the soul is already *implicitly ego* in so far as it is subjectivity or selfhood. The *actuality* of the ego involves more than the *immediate, natural* subjectivity of the soul however, for the ego is this universal, simple being which first truly exists when it has itself as its general object, when it has become the *being-for-self* of *simple being* within what is *simple*, the *relation* of the *universal* to the *universal*. The self-relating universal exists nowhere but in the ego. In *external nature*, as has already been observed in the introduction to the doctrine of subjective spirit, it is only through the *destruction* of the single determinate being that the universal attains to the highest activation of its power, so that it fails to attain *actual being-for-self*. In the first instance the *natural* soul is merely the *real possibility* of this being-for-self. It is in the ego that there is an *awakening* of a *higher kind* than the

---

subject. Consequently, both the soul in general and, for example, waking, the course of the ages of life, somnambulism, derangement, formulation within its corporeity, have spirit, its presentations, purposes etc., as their *content*. As belonging to spirit itself however, this is a content which first produces itself in considering itself; the stages of the soul have to be considered before spirit is however, because spirit only has actuality in that in the Idea it makes these presuppositions for itself, and from out of them makes itself actual.

bloße Empfinden des Einzelnen beschränkte natürliche Erwachen; denn das Ich ist der durch die Naturseele schlagende und ihre Natürlichkeit verzehrende Blitz; im Ich wird daher die Idealität der Natürlichkeit, also das Wesen der Seele für die Seele.

Zu diesem Ziele drängt die ganze anthropologische Entwicklung des Geistes hin. Indem wir auf dieselbe hier zurückblicken, erinnern wir uns, wie die Seele des Menschen, — im Unterschiede von der in die Einzelnheit und Beschränktheit der Empfindung versenkt bleibenden thierischen Seele, — sich über den, ihrer an sich unendlichen Natur widersprechenden, beschränkten Inhalt des Empfundenen erhoben, — denselben ideell gesetzt, — besonders in der Gewohnheit ihn zu etwas Allgemeinem, Erinnertem, Totalem, zu einem Seyn gemacht, — eben dadurch aber den zunächst leeren Raum ihrer Innerlichkeit mit einem durch seine Allgemeinheit ihr gemäßen Inhalt erfüllt, in sich selber das Seyn gesetzt, wie andererseits ihren Leib zum Abbild ihrer Idealität, ihrer Freiheit, umgestaltet hat, — und somit dahin gekommen ist, das im Ich vorhandene, sich auf sich selber beziehende, individuell bestimmte Allgemeine, eine von der Leiblichkeit befreite für-sich-seyende abstracte Totalität zu seyn. Während in der Sphäre der bloß empfindenden Seele das Selbst in der Gestalt des Genius als eine auf die daseyende Individualität wie nur von außen und zugleich wie nur von innen wirkende Macht erscheint; hat sich dagegen auf der jetzt erreichten Entwicklungsstufe der Seele, wie früher gezeigt, das Selbst in dem Daseyn der Seele, in ihrer Leiblichkeit verwirklicht, und umgekehrt in sich selber das Seyn gesetzt; so daß jetzt das Selbst oder das Ich in seinem Anderen sich selber anschaut und dieß Sichanschauen ist.

natural awakening confined to the mere *sensing* of what is *singular*, the ego being the *lightning* which strikes through the natural soul and consumes its naturality. In the ego therefore, the *ideality* of naturality, which is the *essence* of the soul, becomes *for* the soul.

The whole anthropological development presses on to this goal. Looking back upon it we shall recall how the *human soul*, as distinct from the *animal* soul, which remains immersed in the singleness and limitedness of sensation, has raised itself above that which contradicts its implicitly infinite nature, the limited content of what is sensed, posited it as of an ideal nature, and particularly in *habit* made a *being* of it, something that is *universal*, *recollected*, *total*. We shall recall moreover, that it is precisely by this means that it has filled the initially empty space of its inwardness with a content which conforms with its universality, positing the *being* within itself, just as, on the other hand, it has transformed its body into the likeness of its ideality and freedom, — and that it is thus that it has come to be the *self-relating*, *individually determined universal* present within the ego, the *being-for-self* of an *abstract totality liberated* from *corporeity*. In the sphere of the *merely sentient* soul, the self appears in the shape of the *genius* as a power working on the determinate being of the individuality, *only from without* and at the same time *only from within* as it were. As has already been indicated however, at the stage of development now reached by the soul, the self is actualized in the soul's *determinate being*, its *corporeity*, and, conversely, has posited *being* within itself. Consequently, the self ego now *views itself* in its *other* and is *this intuiting of itself*.

NOTES

2, 24

For 'dem Physiker' read 'den Physikern'. The general meaning, as well as the rest of the sentence, require that the subject here should be plural.

3, 1

This use of the word 'Seele' could give rise to misunderstandings. Hegel is not using it, as Aristotle did ('De Anima' 412 a 27–412 b 6), simply to mean animation, since at this level he has already dealt with the predominantly *physical* aspect of animal life ('Phil. Nat.' §§ 350–76). Nor is he using it, as did many of his contemporaries, with reference to the subject-matter of psychology (see §§ 440–81), which he defines as presupposing the rationality of self-consciousness (§§ 424–39). The 'soul' is the subject-matter of *anthropology* in that this science is concerned with *psychic* states, closely dependent upon but more complex than purely physical ones, and not yet involving the full self-awareness of consciousness (§ 413). In modern terminology it might therefore be quite accurately defined as the *sub-conscious.*

Since Hegel treats the soul as spirit's initial sublation of the self-externality of nature, and since his much fuller discussion of this in the Phil. Nat. (§ 248) involves reference to the dyad and the monad, it may be of interest to call attention to the allegorical interpretation of the myth of Cupid and Psyche put forward by F. Creuzer (1771–1858) in his 'Symbolik und Mythologie der alten Völker' (2nd ed. 1819/22) p. 574. Cf. J. Hoffmeister's article in 'Deutsche Vierteljahrschrift' 8, 1931.

The *death* of natural being closes the Philosophy of Nature (§ 376), and so leads easily into a consideration of the 'simple universality' of the soul. It is perhaps, only natural that this transition should have given rise to a discussion of psychic immortality: G. H. Schubert (1780–1860) 'Die Geschichte der Seele' (Stuttgart and Tübingen, 1830) pp. 628–54; J. V. Snellman (1806–81) 'Versuch einer speculativen Entwicklung der Idee der Persönlichkeit' (Tübingen, 1841) pp. 5–7. Cf. A. S. Pringle-Pattison (1856–1931) 'Hegelianism and Personality' (Edinburgh, 1887).

3, 6

Within the whole Hegelian system, i.e. 'within the Idea in general', spirit both precedes logic and nature, and has them as its presuppositions. At this particular juncture, the immediate presupposition of spirit i.e.

nature, *also* sublates *itself* in giving rise *naturally* to the soul i.e. also 'has the more determinate significance of a free judgement.'

In order to underline the distinctness and yet emphasize the interdependence of the Notional and natural aspects of this transition, Hegel makes use of the literal meaning of the German word for judgement. Cf. the Logic § 166.

3, 13

In the Philosophy of Nature, spirit is presupposing itself as the universality of corporeal singularity (cf. § 248). In this sphere it is dealing with a subject-matter more closely resembling, but not yet identical with itself. Although the 'Anthropology' constitutes the first major sphere of the Philosophy of Spirit, it is only the third major sphere i.e. Psychology, which initiates spirit as such (§ 440).

3, 24

'De Anima' 429a 18–22. Cf. note I.11, 39.

5, 11

On the materiality of heat and light, see Phil. Nat. II.232, 302. For contemporary theories concerning the *essential* materiality of living being, see J. F. Ackermann (1765–1815), 'Versuch einer physischen Darstellung der Lebenskräfte organisirter Körper' (2 vols. Frankfurt/M., 1797, 1800) vol. I ch. 4, who postulates a vital ether (Lebensäther) consisting of electrical matter and oxygen, and Georg Prochaska (1749–1820), 'Physiologie' (Vienna, 1820) sect. 3, who attempts to account for living being by means of, 'the laws of the electrical process.'

5, 35

Hobbes' attempt to reduce psychology to motion and Locke's sensationalism evidently inspired many of the *materialistic* interpretations of the soul put forward in the eighteenth century: see J. O. de La Mettrie (1709–1751) 'Histoire naturelle de l'âme' (The Hague, 1745), P.-H. T. d' Holbach (1723–1789) 'Système de la Nature' (2 vols. London, 1771). Much of this writing was directed against the mind-body dualism of Descartes and his followers, which had become involved in theological matters.

Descartes himself had suggested that the pineal gland might be the seat of the soul: see J. Z. Young's physiological appraisal of his genius in 'Philosophy' vol. 48 pp. 70–74 (1973). The most outstanding German anatomist of Hegel's day, S. T. von Sömmerring (1755–1830), put forward the theory (1796) that the vapour occurring in the ventricles of the brain constitutes the organ of the soul, and during the next thirty years a great variety of similarly fatuous suggestions appeared in print: see note 5, 11; Phil. Nat.

III.300. Cf. C. W. Stark (1787–1845) 'Pathologische Fragmente' (2 vols. Weimar, 1825) vol. 2 (aetiology); F. W. Heidenreich (1798–1857) 'Vom Leben der menschlichen Seele' (Erlangen, 1826).

G. E. Stahl (1660–1734), in opposition to the reductionist psychologies of Boerhaave and Hoffmann, had put forward the doctrine of *animism*, accord-into to which all living movements are presided over by the soul: see 'Theoria medica vera' (Halle, 1708, Germ. tr. Halle, 1802). By the end of the eighteenth century this had given rise to a fairly balanced view of somatico-psychic phenomena among many *practising physicians*: Phil. Nat. III.349, 375.

Although the body-soul issue has continued to attract the attention of *professional philosophers*, they have not advanced their consideration of it much beyond the basic either-or assumption criticized here by Hegel. An up-to-date *Hegelian* treatment would require a thorough acquaintance with the contemporary subject-matter of physiology and psychology (i.e. Enc. §§ 350–482). Cf. L. Busse 'Geist und Körper' (Leipzig, 1913); C. D. Broad 'The Mind and its place in Nature' (London, 1925); M. Planck 'Scheinprobleme der Wissenschaft' (Leipzig, 1947); G. Ryle 'The Concept of Mind' (London, 1949); H. Feigl 'Minnesota Studies in the Philosophy of Science' (Minneapolis, 1958) vol. 2.

5, 38

Hegel discusses this in Hist. Phil. II.305–6, and indicates that his sources are Cicero 'De Divinatione' II.17 and 'De Natura Deorum' I.8.

7, 18

In Hist. Phil III. 325–48 Hegel is rather critical of Leibniz, and the exposition provided there should be consulted for the full background to these remarks.

In this passage, the gist of his criticism is evidently as follows: Since the monad involves no distinction between matter and mind ('Principles' § 1), God or the monad of monads can certainly be regarded as creative (§§ 12, 13). In respect of the created monads however, i.e. the basic created parts (Urtheile), body or soul are interdependent but distinct, while such monads are not simply one with the Creator (§§ 4, 5). Their identity bears the mark of their origin in the artificial distinction between the finitely analytical truths of reason and the infinitely analytical truths of fact ('Monadology' § 33), and the resultant doctrine of sufficient reason ('Principles' §§ 7, 8). Such a distinction and such a doctrine, arising as they do out of the attempt to reconcile the extensional and intensional approaches in logic, simply connect subject and predicate through the assertion of being, i.e. 'merely resemble the copula of the judgement.' 'The Monadology' (1714), 'Principles of Nature and of Grace, founded on Reason' (1714). Hegel evidently used

the edition by P. Desmaizeaux (1666–1745) 'Recueil de diverses pièces sur la philosophie' etc. (2 vols. Amsterdam, 1720) vol. II. Cf. G. H. R. Parkinson 'Logic and Reality in Leibniz's Metaphysics' (London, 1965).

In his 'Logic', Hegel treats the various forms of judgement as presupposing the universality, particularity and singularity of the Notion (§§ 160–65), and as finding their fulfilment in the full triadicity of the syllogism (§§ 181–93). Since this exposition is followed by a criticism of Leibniz's monadology (§ 194), and Hegel refers here to the 'absolute' syllogism, he must have in mind the syllogistic exposition of his whole system which concludes the Philosophy of Spirit (Enc. §§ 575–77).

7, 24
§ 381.

7, 31
Cf. Phil. Rel. II.70–82.

7, 33
Cf. Hist. Phil. III.252–90.

9, 12
Cf. Hist. Phil. I.319–49.

11, 7
Good contemporary historical surveys of this are provided by D. Tiedemann (1748–1803), in 'Untersuchungen über den Menschen' (3 pts. Leipzig, 1777/8)pt. II, and C. F. Nasse (1778–1851) in 'Zeitschrift für die Anthropologie' I.58–128, 1823.

11, 13
J. H. Abicht (1762–1816) 'Psychologische Anthropologie' (Erlangen, 1801) p. 27: 'Die Seele ist ein Ding, aber eben darum kein Körper.' Cf. note I. 99, 2.

11, 27
'Principles of Nature and of Grace' (1714) §§ 3, 4; Hist. Phil. III.338. Hegel is probably underrating the significance of Leibniz's thought on this subject, possibly on account of Wolff's 'Psychologia Rationalis' (Frankfurt, 1734), which he rightly regarded as pedantic and formalistic (Hist. Phil. III.354). Though §§ 12–14 of the 'Principles' and §§ 20–29 of the 'Monadology' are not dialectical, as a *theoretical* restatement of Aristotle's treatment of the soul and as a criticism of the *subjectivism* of Cartesianism, they are fully in harmony with what Hegel accomplishes in the Phil. Sub. Sp. Cf. 221, 16 and note 247, 35.

11, 37

Logic § 47. In §§ 97–101 the category of the *unit* is exhibited as passing over into that of a plurality of units and so into *quality*; in §§ 125–30 the category of the *thing* as passing over into matter and form, and so into *appearance*. Since at this stage the speculative or *dialectical* method has already exhibited the sublation of these categories, the soul is not to be grasped through the application of any such abstractions (note 7, 18). It is not the finite categories constituting the subject-matter of the Logic which adumbrate the Philosophy of Spirit, but the speculative procedure by which they have been assessed and superseded, and it is by means of this procedure that the 'ideality of spirit' now exhibits the limitations of both the applied categories and the soul itself.

13, 10

Logic § 98. Cf. the analysis of Plato's 'Parmenides' in Hist. Phil. II. 52–62, and the criticism of Leibniz in the L. Logic 169–70.

13, 22

Phil. Nat. §§ 262, 276, 351. See the final summary (III.213): 'Let us briefly survey the field we have covered. In the primary sphere of gravity, the Idea was freely deployed into a body which has the free heavenly bodies as its members. This externality then shaped itself inwardly into the properties and qualities belonging to an individual unity, and having an immanent and physical movement in the chemical process. Finally, in animation, gravity is released into members possessing subjective unity.'

14, 34

Literally translated — 'coalesced', which would appear to be the wrong tense.

15, 30

Nicholas Malebranche (1638–1715) 'De la recherche de la verité (1674; ed. A. Robinet, Paris, 1958) 252: 'Nous ne voyons aucune chose que par la connaissance naturelle que nous avons de Dieu. Toutes les idées particulières que nous avons des créatures ne sont que des determinations generales de l'idée du Créateur.' Cf. 437, 445, 450.

When this work was published, Malebranche still conceived of the ideas we see in God as particular, finite, created beings. Simon Foucher's (1644–1696) criticism led him to reject the doctrine of the creation of the eternal truths, and to conceive of what is seen in God as the unique idea of intelligible extension, — infinite general and uncreated, but capable of representing the essence of all material things: see A. Robinet 'Système et existence dans l'oeuvre de Malebranche' (Paris, 1965); R. A. Watson 'The Downfall of Cartesianism' (The Hague, 1966) ch. IV; R. W. Church 'A Study in the Philosophy of Malebranche' (London, 1931) ch. II.

In Hist. Phil. III.290–295, Hegel notes that Malebranche's basic proposition is that the essence of the soul is in thought, while that of matter is in extension, and that without God, within whom are both thought and extension, there could therefore be no human knowledge of external things. He also accuses him of confusing philosophy with formal logic and empirical psychology.

17, 2
μὴ ὄν: 'Timaeus' 48e–53c; Plotinus 'Enneads' I,8, 7; II,4, 3; III,6, 6; Robert Fludd (1574–1637) 'Philosophia Moysaica' (Gouda, 1638) I,3, 2. Cf. Logic §§ 128–30, Phil. Nat. §§ 262–4, I.300. C. Baeumker 'Das Problem der Materie in der griechischen Philosophie' (Münster, 1890).
17, 14
For Hegel's detailed assessments of these thinkers, see Hist. Phil. III.220–95, 325–48, 364–9.

17, 20
See Meditation VI: 'There now only remains the inquiry as to whether material things exist... I at least know with certainty that such things may exist in as far as they constitute the object of the pure mathematics, since, regarding them in this aspect, I can conceive them clearly and distinctly.'

Meditation II: 'What, then, was it I know with so much distinctness in the piece of wax?... Nothing, except something extended.'

'I now admit nothing that is not necessarily true: I am therefore, precisely speaking, only a thinking thing, that is, a mind (mens sive animus).'

Meditation VI: 'Whence it is quite manifest, that notwithstanding the sovereign goodness of God, the nature of man, in so far as it is composed of mind and body, cannot but be sometimes fallacious.'

Meditation V: 'It is certain that I no less find the idea of a God in my consciousness, that is, the idea of a being supremely perfect, than that of any figure or number whatever.'

T. M. Lennon has recently pointed out that occasionalism is not central to Descartes' thinking, but a by-product of his theory of motion and development: 'Canadian Journal of Philosophy' supplementary volume no. 1 pt. 1 pp. 29–40, 1974. Although Hegel is right to connect the doctrine of the *causa occasionalis* with Descartes' sharp distinction between what is mental and what is physical, it was in fact developed and named by his followers. Accepting Descartes' rejection of the possibility of there being any *direct* causal relation between the mental and the physical, they proposed the theory that God is the intermediary link. They suggested for example, that my moving my finger is the *occasion* for God to make my finger move, that an object's being within my field of vision is the *occasion* for God to produce a visual appearance in my mind etc. See L. de la Forge (fl. 1661–1677)

'Traitté de l'esprit de l'homme' (Paris, 1666) p. 131; G. de Cordemoy (d. 1684) 'Le Discernement du corps et de l'âme' (Paris, 1666); A. Geulincx (1624–1669), see L. Brulez 'Geulincx en het occasionalisme' (De Tijdspiegel, 1919), A. de Lattre 'L'occasionalisme d'Arnold Geulincx' (Paris, 1967); H. Gouhier 'La vocation de Malebranche' (Paris, 1926) 89.

17, 22

'Ethics' part II, Definitions, Axioms, Propositions 1, 2.

17, 33

See 'The Monadology' (1714): hypotheses and monads, 1–6; presentation and intro-reflection, 7; self-enclosure, 11; the soul, 19; God's harmony, 47–48; pre-established, 51; the body, 61; presentation, 62–63; criticism of Descartes, 77–81.

17, 41

Descartes, 'Discourse on Method' pt. IV: the ontological argument enables him to discuss God, 'I found that the existence of the Being was comprised in the idea', and the perfection of God, 'plainly tells us that all our ideas or notions contain in them some truth' about the external, material world.

Spinoza, 'Ethics' pt. I: God is defined as, 'a substance consisting of infinite attributes', among which (pt. II), of course, one can include body, 'that mode which expresses in a certain determined manner the essence of God' and the human mind, which, 'is a part of the infinite intellect of God.'

On Malebranche and Leibniz see the preceding notes.

Berkeley 'Principles': since material objects cannot, 'possibly exist otherwise than in a spirit or mind which perceives them' (73), and since, 'the existence of God is far more evidently perceived than the existence of men' (147), 'to an unbiassed and attentive mind, nothing can be more plainly legible, than the intimate presence of an all-wise Spirit, who fashions, regulates and sustains the whole system of being.' (151).

19, 21

In the 'Phenomenology' of 1807, Hegel established the context of the telos from which 'Spirit' might be dialectically structuralized. Since the sphere of Spirit presupposes the less complex spheres of Nature and Logic, the 'Phenomenology' provides the overall standpoint i.e. the 'idealism' necessary for also viewing these spheres in the light of the final dialectical telos. In the mature system of the 'Encyclopaedia' (1817, 1827, 1830), Logic, Nature (body) and Spirit (soul) are treated as complementary levels of complexity, triadically inter-related by means of the dialectical method.

21, 18

Cf. note 5, 35. This fascinatingly balanced and appreciative assessment of materialism should have given rise to a better treatment of the subject in Hist. Phil. III.393–4. Hegel never mentions A. L. C. de T. Destutt (1754–1836), P. J. G. Cabanis (1757–1808), or indeed any of the 'ideologues' as ideologues, although he almost certainly has them in mind here. Destutt attempted to analyze all ideas into the sensory elements of which he believed them to be *composed*, and held that Ideology was a branch of zoology: 'Eléments d'idéologie' (4 vols. Paris, 1801/15). Cabanis thought it necessary to *reduce* the study of man to physiology and physics: 'Traité de physique et de morale de l'homme (Paris, 1802). Cf. F. Picavet 'Les Idéologues' (Paris, 1891); C. H. V. Duzer 'The Contribution of the Idéologues to French Revolutionary Thought' (Baltimore, 1935); 'Westminster Review' vol. 5 p. 150 (Jan. 1826).

21, 35

The 'necessity of spirit's proceeding forth from nature' is simply the natural structure and development of the human body as the *necessary* precondition of there being any human *awareness*. Unlike Hegel, we now see this structure and development within the wider context of their being preconditioned by the evolution of the *race*: cf. Phil. Nat. I.25–26, III. 366–70.

The mind is the 'truth' of the body i.e. Spirit is the truth of Nature, not only in that it has it as its natural *pre*condition, but in that it is capable of comprehending it. It does so most completely in Philosophy, which, by working systematically through the whole cycle of the philosophical sciences, makes it fully apparent that Nature is not primary but *determined* i.e. that it presupposes the categories of the Logic, and is teleologically structured as the immediate presupposition of Subjective Spirit. The apparently primary nature of Nature therefore turns out to be an illusion.

The L.Logic bk. 2 ch. I (pp. 394–408) is most useful for throwing light upon Hegel's thought at this juncture, — the corresponding paragraphs in the Enc. (§§ 112–14) are less so.

23, 6

Enc. §§ 88–95. Taking the Logic and the Philosophy of Spirit as *parallel* structures, the transition from Being to Determinate Being corresponds to that from the Natural to the Feeling Soul (§§ 402–10), not to §§ 391–401. Hegel is not suggesting that the structure of the Logic *regulates* the exposition here, but that it constitutes the *universal* statement of a transition of which this *happens to be* a particular instance. It is perhaps helpful to place Hegel's observation in a slightly wider context by noting that the categories of Being also *tend* to predominate throughout the whole of the Philosophy of Subjective Spirit if it is *compared* with Objective and Absolute Spirit. They do so not because they regulate the selection of subject-matter or manner of

exposition, but merely because the same progression in degree of complexity is basic to the ordering of the subject-matter in every sphere of the Encyclopaedia.

23, 23

Although Hegel realized that the stars probably involve fairly complex physical factors (Phil. Nat. II.16, 36), by and large he kept to the information provided by the empirical science of his day and regarded their existence as merely entailing 'the physical abstraction of light' (II.15, 15). For him, their individuality was apparently that of the *dispersed subsistence* of light. In the case of the natural soul or soul of nature however, he regards this subsistence as lacking, and such a soul as having actuality only in the natural changes which occur within individual souls (§§ 396–8). The categories that predominate here are those of the one and the many (§§ 96–98) rather than those of essence.

It should perhaps be noted, that this passage is not in itself a criticism of the concept of a *world* soul, although the distinction was not always drawn with complete consistency and clarity: see J. C. Sturm (1635–1703) 'Epistola ad H. Morum, Cantabr, qua de ipsius principio hylarchico, s. spiritus naturae' (Nuremberg, 1685); J. F. Pierer 'Medizinisches Realwörterbuch' vol. 8 p. 672 (Altenburg, 1829).

27, 2

Cf. the previous note. Although individual souls certainly have natural qualities in common, this should not lead us to postulate a ψυχὴ ἁπάντων or anima mundi. Such a concept adds nothing to the clarity and little to the true spirituality of the Philosophy of Nature, and blurs distinctions and relationships essential to this part of the Philosophy of Spirit.

Hegel was clearly no panpsychist. In Hist. Phil. he refers to the world-soul postulated by the Gnostics, but the subject was evidently of no great interest to him: Cf. F. W. J. Schelling 'Von der Weltseele, eine Hypothese der höhern Physik' (Hamburg, 1796); G. T. Fechner (1801–1887) 'Elemente der Psychophysik' (Leipzig, 1860); R. H. Lotze (1817–1881) 'Mikrokosmus' vol. I (Leipzig, 1856), J. Royce (1855–1916) 'The World and the Individual' (London and New York, 1901); A. Rau 'Der moderne Panpsychismus' (Berlin, 1901).

27, 8

In the macrocosm of nature, the motions of the planets (§ 270), the course of the seasons (§ 287), the variability of the climate (§ 288), physical geography (§ 339) the constitution of the body (§ 354) and the stages of life (§ 374) have a free existence of their own. Once the ego has asserted itself as a distinct subjectivity (§§ 413–39), these free existences become part of the general objectivity of nature. Here in the Anthropology however, they

appear as the natural qualities and changes of the soul (§§ 392–8). The microcosm of the soul mirrors the macrocosm of nature. Cf. Phil. Nat. III.108, 4.

One might have expected Hegel to make more of these traditional concepts, since they accord well with his general manner of thinking. Cf. Phil. Nat. § 352 (III.108, 4). 'Cosmos' can mean both universe and order, so that a microscosm can be anything that reflects the whole of which it is a part. For an excellent discussion of their importance in early Greek philosophy, see W. K. C. Guthrie 'A History of Greek Philosophy' vol. I (Cambridge, 1971). They had been regarded as the leading theme in encyclopaedic work on human psychology during the seventeenth century, see N. Wanley (1634–1680) 'The Wonders of the Little World' (1678; ed. Wm. Johnston, London, 1806), but were completely out of fashion in Germany by the beginning of the nineteenth century: G. P. Conger 'Theories of Macrocosm and Microcosm' (New York, 1922).

28, 24

Enc. 1827 p. 370 line 6, 'wunderbar scheinende Voraussetzungen' (presuppositions) corrected to 'Vorausahndungen' (premonitions) — p. 544.

29, 2

Phil. Nat. II.29, and the sources indicated in the corresponding note. Mesmer's 'De planetarum influxu in corpus humanum' (Vienna, 1766) and W. Falconer's (1744–1824) 'Remarks on the Influence of Climate' (London, 1781) were the most influential.

Gravitation, light, magnetism and electricity were the *cosmic* forces thought to have an influence upon the life of man. The supposed influences of the *heavenly bodies* and the *Earth* were often mentioned in the literature of the time relating to animal magnetism (cf. § 406): J. W. Ritter (1776–1810) 'Der Siderismus' (Tübingen, 1808); D. G. Kieser (1779–1862) 'Das siderische Baquet und der Siderismus' ('Archiv. f.d. thier. Magnetismus' 1819 5 ii pp. 1–84). In this article Kieser emphasizes that siderism is subordinate to tellurism in respect of influence, 'since it is not every star but only the Earth which engenders and sustains man, and which possesses the power pertaining to it as the mother of mankind.'

29, 7

Phil. Nat. II.29, 51; III. 141–51.

29, 35

Bearing in mind the context here, it seems reasonable to suppose that this is a reference to Hippocrates' 'On Airs, Waters and Places' (Eng. tr. London, 1734). Cf. Kurt Sprengel (1766–1833) 'Apologie des Hippokrates' (2 pts. Leipzig, 1789–92); F. A. Carus (1770–1807) 'Ideen zur Geschichte der

Menschheit' (Leipzig, 1809) pp. 123–40. It was this work which first called Herder's attention to the influence of climate and environment upon man, see A. H. Koller 'Herder's Conception of Milieu' ('Journal of English and Germanic Philology' vol. 23, 1924).

Nevertheless, it is just possible that Hegel has in mind Hippocrates' theory of *φυσις*, the *vis medicatrix naturae* or *spiritual* restoring principle, the management of which he regarded as essential to the art of the physician. Cf. Joseph Schumacher 'Antike Medizin' (Berlin, 1963) pp. 177–211.

29, 36

Note 249, 41

31, 25

Note 29, 2.

31, 34

Phil. Nat. I.209 (§ 248).

31, 35

Phil. Rel. I.270–349; II.1–122 i.e. 'natural religion', in which the Deity is conceived of in terms of the powers of nature.

33, 1

Evidently a reference to the mirroring involved in the microcosm-macrocosm concept (note 27, 8). It is tempting to suppose that Boumann must have added 'modern' to the text, possibly on account of his having had in mind Schelling's distinction between *natura naturans* (physiophilosophy) and *natura naturata* (natural science).

33, 15

Phil. Nat. § 270; II.13.3; 14, 11, (space); 38, 27; 71, 11 (time); III.119, 32 etc.

33, 21

Note 283, 27.

33, 36

This extract indicates that although Hegel gave good reasons for rejecting astrology as superstition, he also dealt *sympathetically* with the history of the subject.

The priests of Babylon were *bārē* or 'inspectors', — they ascertained the will and intention of the gods by inspecting the liver, the seat of the soul of the sacrificed animal, or the stars, the clearest evidence of the divine government of the world. In the Old Testament a 'Chaldean' is not only a native

of Babylonia but also a magician (Daniel I.4). Babylonian astrology began to be known in the West during the fourth century B.C., and although for both the Greeks and the Romans a 'Chaldean' was a charlatan, the basic concept of astrology, that is to say the idea that the macrocosm has a bearing upon the fate of the microcosm, was a leading principle of Greek thought. Aristotle's world-view involves a physical universe in which there is hierarchical interdependence of moving causes, in which the heavenly bodies have an important role to play in the events of the sublunar world. The concept of 'something more universal being brought to bear upon the singular' is therefore common to both cosmologies.

In the Greek treatment of the Zodiac, each sign was supposed to govern a certain part of the human body, the Ram the head for example, Cancer the breast, Pisces the feet etc.: see Manilius 'Astronomica' bk. II ch. 12; Ptolemy 'Almagest' bk. III ch. 12; Firmicus 'Mathesis' Astronom. bk. II ch. 10. Astrology and Aristotelianism therefore became integral parts of mediaeval *medicine* in both the Christian and Mohammedan worlds: see the account of Abu Ma'shar of Bagdad (C. 9th) in L. Renou 'L'Inde classique' (Paris, 1947/53) § 1266 et seq.

Since the influence of Aristotle upon mediaeval Christian *philosophy* carried with it the intellectual justification of astrology, it was not until his authority declined that the drawing up of horoscopes degenerated into mere charlatanry or superstition. Although the modern attitude developed strongly during the seventeenth century, Brahe, Kepler and even Huygens still indulged in astrological speculation. In England, it was Dean Swift's 'Prediction for the Year 1708, by Isaac Bickerstaff Esq.' which finally dealt the 'science' its death blow.

As in the case of the macrocosm-microcosm concept, Hegel evidently regarded astrology as a primitive 'shadowing forth' of important philosophical ideas: see J. F. Pierer 'Medizinisches Realwörterbuch' vol. I pp. 469–75; A. Bouché-Leclercq 'L'Astrologie grecque' (Paris, 1899); Franz Boll 'Die Erforschung der antiken Astrologie' ('Neue Jahrbücher für das klassische Altertum' vol. xxi sect. 2, pp. 103–26); A. L. Thorndike 'A History of Magic and Experimental Science' (8 vols. New York, 1923–58) vols. 1–4; J. Lindsay 'Origins of Astrology' (London, 1971).

35, 4

Phil. Nat. III.218.

35, 15

The Fathers of the Church regarded astrology as a misuse of the heavens, and condemned it as a mortal sin: Tertullian 'De Idololatria' (c.211) I c.9; Augustine 'Confessions' IV.3, VII.6, 'De Civitate Dei' V. 1–8. Later attacks on astrology had to contend with its being associated with Aristotelianism,

see G. W. Coopland 'Nicolas Oresme and the Astrologers' (Cambridge, Mass., 1952). Cf. A. L. Thorndike op. cit.; R. R. Wright 'The Book of Instruction' (London, 1934); T. O. Wedel 'The Mediaeval Attitude toward Astrology' (New Haven, 1920). Hegel probably knew of the patriarchal objections, but not of these later mediaeval developments.

35, 27

Charles-François Dupuis (1742–1809) gained his first public appointment through the patronage of the Duke of La Rochefoucauld. After graduating and taking Holy Orders he began to teach at the College of Lisieux, but in 1770 he left the church for the law, and some five years later he married. At about this time he began to work on comparative religion, and in 1781 he published a short work summarizing his views on the subject. Promotion followed. He was appointed Professor of Latin Oratory at the College de France in 1787, and in the following year elected member of the Academie des Inscriptions et Belles-Lettres. He came fully into his own during the revolutionary period, being appointed Director of Public Education in 1790, and Secretary to the Assembly in 1795.

Dupuis admitted that: 'The genius of a man capable of explaining religion seems to me to be of a higher order than that of a founder of religion. And this is the glory to which I aspire.' As Hegel notes, his 'explanation' was reductionist. He displayed vast erudition in indicating the *connections* between religious beliefs and practices and uranography however, and his main work, 'Origine de tous les Cultes, ou Religion Universelle' (1989 pp. 4 vols. Paris, 1795), diffuse, dogmatic and repetitive though it is, constituted a real advance in its field, in that it was one of the earliest attempts to interpret an erudite and *sympathetic* understanding of *various* religions in the light of a *central idea.* Dupuis published an abridged version of it in 1798, and the work had a great influence upon early nineteenth century atheists and unitarians. For the critical reception of it at this time see: J. P. Estlin (1747–1817) 'The Nature and Causes of Atheism' (Bristol, 1797); J. Priestley (1733–1804) 'A Comparison of the Institutions of Moses with those of the Hindoos' (Northumberland, Penn. 1799); J. F. van Beeck Calkoen (1772–1811) 'De waare oorsprong der Mosaische en Christelyke Godsdiensten' (Teyler's Stichting, 'Verhandelingen' pt. 19, Haarlem, 1800); A. L. C. Destutt de Tracy 'Analyse raisonnée de l'origine de tous les cultes' (Paris, 1804); F. A. Becchetti 'La Filosofia degli antichi popoli' (Perugia, 1812); C. H. de Paravey 'Illustrations de l'astronomie hieroglyphique' (Paris, 1835).

Hegel is evidently referring to the following passages (1795 ed.): 'La première de ces formes du culte Solaire est celle d'Ammon, ou du Dieu Soleil, paré des attributs du Bélier céleste, lequel pendant bien des siècles, précédoit immédiatement le premier des signes, alors le Taureau, signe

équinoxial de Printemps, et qu'il remplaça bientôt, lorsque le Taureau se fut eloigné de l'équinoxe. En effet l'équinoxe rétrograndant se reporta dans les étoiles du Bélier, qu'il parcourut en 2,151 ans par un mouvement lent et rétrograde, jusqu'à ce qu'enfin il eut entammé les Poissons; ce qui arriva 300 ans environ avant l'Ere Chrétienne, où le *Dieu agneau* succède au Dieu taureau' (vol. II pp. 98–99; cf. vol. III pp. 44, 68). 'Il en est de même ici d'*Aries* ou de l'Agneau, qui lui a succédé; il est égorgé; mais il rescuscite, et devient le Chef de la ville Sainte, qu'il illumine de sa clarté, et ou il n'y aura plus de malédiction. En reculant donc de plusieurs siècles, et en substituant l'Agneau au Taureau, à qui il succéda à l'Equinoxe de printemps, c'est absolument la même idée Théologique. Il n'y a de différence que dans le signe; et cette différence est l'effet de la précession des Equinoxes' (vol. III p. 244). 'Nous regarderons donc le Boeuf Apis comme un animal consacré au signe céleste du Taureau du printemps et à la révolution luni-solaire, vu à l'année, qui résulte du mouvement combiné du soleil et de la lune, considéré dans ses rappots avec la végétation annuelle, et avec la fécondité universelle, dont le développement date tous les ans de l'équinoxe de printemps, qui autrefois répondoit au Taureau céleste' (vol. II p. 123).'S. Epiphane parle également de la fête de l'Agneau, ou du Bélier établie en Egypte, dès plus haute antiquité. Dans cette fête on marquoit tout de rouge, pour annoncer le fameux embrâsement de l'univers, et elle étoit, comme la Pâques, fixée au commencement du printemps. Les Rabbins nous ont conservé les mêmes traditions sur la fameuse fête equinoxiale de printemps, et sur la prééminence, que les Egyptiens donnoient à ce mois sur tous les autres; le mois de l'Agneau étant le plus sacré parmi eux. Notre fête de Pâques aujourd'hui n'est pas précisément placée au premier jour du premier signe, mais elle tombe toujours nécessairement dans ce premier signe, puisqu'elle doit être essentiellement célebrée le premier jour du Soleil, ou le dimanche qui suit la pleine lune de l'équinoxe. Primitivement elle étoit fixée au 25 de mars... parce qu'a pareil jour Christ étoit censé être sorti du tombeau.' (vol. III p. 56). Cf. the Victorian translations of Dupuis: 'Was Christ a person or the sun?' (London, 1857); 'Christianity, a form of the great Solar Myth' (London, 1873); 'On the connection of Christianity with Solar Worship' (tr. T. E. Partridge, London, 1877).

'Notice Historique sur la Vie Littéraire et Politique de M. Dupuis. Par Madame sa Veuve' (26 pp Paris, 1813); L. H. Jordan 'Comparative Religion. Its genesis and growth' (Edinburgh, 1905) p. 139; F. E. Manuel 'The Eighteenth Century Confronts the Gods' (Cambridge, Mass., 1959) pp. 259–70.

35, 36

Kehler actually wrote 'Dubois Dupuis' and, later on, 'Dubois'. Cf. Griesheim p. 80. 'A Frenchman Dubois Dupuis' and, later on, 'Dubois'.

This slip evidently originated in Hegel's notes: see those of 1820/22 ('Hegel-Studien' vol. 7, 1972, Schneider 154 a), '*Dubois*. Dupuis religion universelle — Taurus, Aries, the Lamb, precession of equinoxes.'

J. A. Dubois (1765–1848), the French missionary, was well-known by the 1820's on account of his 'Description... of the People of India' (London, 1817), and his 'Letters on the State of Christianity in India' (London, 1823).

37, 29

Phil. Nat. § 361.

37, 35

Charles Joseph, Prince de Ligne (1775–1814) 'Fragments de l'Histoire de ma Vie' (written c. 1796; ed. F. Leuridant, 2 vols. Paris, 1928) vol. I p. 314: 'Les sots rebelles flamands m'invitent pour me mettre à la tête de la révolution où j'aurais eu beau jeu. Je leur fis dire que je ne me révoltais jamais pendant l'hiver et je me donnai pas le peine de répondre à Vandernoot.'

Joseph II's reforms alienated certain interests in the Austrian Netherlands. On 11th December 1789 the people of Brussels rose against the Austrian garrison, and sixteen days later the states of Brabant declared their independence. The other provinces followed this lead, and on 11th January 1790 the whole formed itself into an independent state under the leadership of a lawyer H. N. C. Vandernoot (1731–1827). The Austrians reasserted their authority in November 1790, but the country was overrun by the French in 1792, and de Ligne's estates in Brabant were confiscated.

See Paul Morand 'Le Prince de Ligne' (Paris, 1964) pp. 325–34 for a bibliography. The complicated manuscript and publication history of these 'Fragments' is dealt with in detail by Leuridant (I, xxvi–lxvi), — it is not at all certain what Hegel's source could have been. The general factors involved in the precipitation of revolutions evidently interested him, for he noted the following comment on the current insurrection in Portugal which appeared in 'The Morning Chronicle' of Dec. 16th 1826, 'So far from mankind in general being fond of revolutions, it may be safely said that the great body are always averse to changes. They hate to be driven from what they have been accustomed to.' ('Hegel-Studien' vol. 11 p. 48, 1976).

39, 2

Latin *penus*, eatables, food. The Roman gods of the store-room and kitchen, often mentioned by Hegel. Their worship was forbidden by an ordinance of Theodosius in 392 A.D. On their supposed origin, see Macrobius 'Saturnalia' III.4. There are Germanic counterparts: J. de Vries 'Altgermanische Religionsgeschichte' (2 vols. Berlin, 1970) § 135.

39, 13

This was much discussed at the time: E. Martène (1654–1739) 'De Antiquis Ecclesiae Ritibus' (3 vols. Antwerp, 1763/4); E. F. Wernsdorf (1718–1782) 'De originibus Solemnium Natalis Christi' (Wittenberg, 1757); J. C. W. Augusti (1771–1841) 'Denkwürdigkeiten aus der christlichen Archäologie' (12 vols. Leipzig, 1817/31); A. J. Binterim (1779–1855) 'Die vorzüglichsten Denkwürdigkeiten der christkatholischen Kirche' (7 vols. Mainz, 1825).

39, 17

Phil. Nat. III.147, 1. K. F. Burdach (1776–1847), 'Die Physiologie als Erfahrungs-Wissenschaft' vol. 3 (Leipzig, 1830), had no doubt about the influence of the moon upon the insane, but J. M. Cox (1762–1822), in a work consulted by Hegel, 'Practical Observations on Insanity' (London, 1804, Germ. tr. Halle, 1811), denies it. See 2nd ed. (1806) p. 16, 'I am decidedly of the opinion, after much attentive observation, that the moon possesses no... power of regulating returns of the paroxysms of diseases of the mind.'

39, 36

Notes 357, 27; 371, 22.

41, 4

John Selden (1584–1654) 'Table-Talk' (1686; Everyman ed. no. 906) 98 (p. 74): 'The Parliament Party do not play fair play, in sitting up till two of the Clock in the Morning, to vote something they have a mind to. 'Tis like a crafty Gamester that makes the Company drunk, then cheats them of their Money. Young men and infirm men go away.' Cf. 'The Times' 21st June 1975 p. 13 col. 6.

During the 1820's, Hegel followed British Parliamentary events through the reports in 'The Morning Chronicle' ('Hegel-Studien' vol. 11, 1976). Cf. K. Rosenkranz 'Psychologie' (2nd ed. Königsberg, 1843) p. 17.

41, 16

Phil. Nat. § 361.

41, 33

C. L. J. de Guignes (1759–1845), 'Voyages à Peking, Manille, et l'Îsle de France, faits dans l'intervalle des années 1784 a 1801' (3 vols. Paris, 1808) I. 416: 'Mais, s'il fut étonné d'apprendre que nous eussions autant d'habileté que ses compatriotes, nous l'avions été bien davantage en voyant l'empereur et ses ministres... à faire tirer des feux d'artifice en plein jour, ou par un beau clair de lune.' Cf. 'Quarterly Review' II. 262 (November 1809).

43, 5

In 479 B.C. the Spartan regent Pausanias decisively defeated the Persians under Mardonius near Plataea in Boeotia, and saved Greece from foreign invasion. Oracles and sacrifices evidently played an important part in the decision-making on both sides during the preliminary campaigns. See Herodotus bk. IX, 'Once more, as they were about to engage with Mardonius and his men, they performed the ritual of sacrifice. The omens were not favourable; and meanwhile many of their men were killed... Later the sacrificial victims promised success. At this, the Spartans, too at last moved forward against the enemy...' etc.

Cf. G. Blecher 'De Extispicio Capita Tria' (Giessen, 1905). Hegel had É. Clavier's (1762–1817) 'Mémoire sur les Oracles des Anciens' (Paris, 1818) in his library (List no. 656).

45, 4

On the merits of the 'Anabasis' as 'original history', see Phil. Hist. 3, World Hist. 14. On Xenophon's attitude to oracles, sacrifices and auspices, see Hist. Phil. I.424.

45, 10

See 'Hegel-Studien' vol. 10 pp. 21–2 (1975) for Hegel's lecture-notes relating to the material dealt with in this Addition.

45, 24

Gottfried Reinhold Treviranus (1776–1837), 'Biologie, oder Philosophie der lebenden Natur für Naturforscher und Aerzte' (6 vols. Göttingen, 1802–1822). Although this is the only reference to the work in the *printed* part of the 'Encyclopaedia', Hegel often mentioned it in his *lectures* on the organic sciences (Phil. Nat. III.405). He was probably attracted by the clarity and broadly 'speculative' nature of its general lay-out, and the wealth of empirical detail with which Treviranus backs up his arguments. The work provides an admirably comprehensive survey of the botanical and biological studies of the time: — vol. I is concerned with the principles of botanical and zoological *classification*: vol. II (1803) with the *distribution* of living beings; vol. III (1805) with their *history*; vol. IV (1814) with plant and animal nutrition; vol. V (1818) with *physiology*, the motions of living beings and the nervous system; and vol. VI with the connections between the physical and the intellectual worlds.

In the second volume, mentioned here by Hegel, Treviranus begins by calling attention to the 'reciprocal action' between the individual organism and the 'organism of its total environment' (p. 3). He notices that living beings are distributed all over the Earth, but that certain regions such as the southernmost tip of the Americas are less favourable to life than others (p. 28). He then enters upon an extended and analytical survey of plant

geography, and claims that the facts adduced make it evident that, 'in respect of its distribution, the plant kingdom may be likened to a tree, the trunk of which derives from the polar lands of the north, and the branches of which spread forth over the Earth to the south, since they separate to an ever greater extent as far as the southern limits of the warmer zone.' (p. 126). The same general pattern is found in the distribution of the animal kingdom (p. 203).

Treviranus notices the ostensibly prime importance of warmth and light in determining the organism, and then asks how it is that the fauna and flora of the southern hemisphere differ to such a great extent from those of the corresponding climatic belts of the north (p. 437). It is at this point that he draws upon the physics of his day and formulates the theory referred to here by Hegel. He notices that there is a 'reciprocal action' between oxidizable bodies consisting mainly of a modification of their chemical affinities, a release of negative and positive electricity, and an emergence of galvanic *polarity*, that this reciprocal action is greatest between metals, that it is increased by an increase in temperature, and that it has an effect upon living being (pp. 440–2; cf. 'Phil. Nat.' II 201). He suggests that the same reciprocal action subsists between heavenly bodies such as the Earth, the Moon and the Sun (p. 443), and then makes use of these postulated connections in order to provide a solution to his original problem, 'If this is so, it is probable that this cosmic galvanism will be different in the northern and southern hemispheres to the extent that there is a difference in their lay-out and structure. And it is not difficult to see that there is a difference, the surface of the northern half of the Earth consisting for the greater part of dry land, and that of the southern half of sea-water. In the warmer zone of the southern hemisphere moreover, there is a far greater abundance of precious metals than in any other part of the Earth. Gold and silver are nowhere as plentiful as they are in the hot regions of south America, Asia and Africa, while iron and copper are more common in the northern half of the Earth. Is it not likely that a force which shows itself to have such an effect upon the living body on a small scale, should also have the most powerful influence upon the whole of living nature? And is it not also likely that the differing modification of this agency in the two halves of the Earth should be the cause of the difference between the living products of the two hemispheres?' (p. 451).

It is perhaps significant that although Hegel referred to this theory in the 1817 edition of the 'Encyclopaedia' (§ 312), and scarcely altered this part of his text in the later editions, he seems never to have enlarged upon it in the lecture-room. He may have felt that it involved too much physics to be wholly valid at an organic let alone an anthropological level, that it was probably being outdated by advances in palaeontology, and that although it provided a possible explanation of an obviously important aspect of human

geography, it was too hypothetical to provide a reliable basis for detailed exposition.

45, 29

This could be a reference to one of Kant's less fortunate attempts at 'philosophizing' upon this subject, see 'Muthmaßlicher Anfang der Menschengeschichte' ('Berlinischen Monatsschrift' 1786 vol. VII pp. 1–27), especially the conclusion.

The treatment of Adam and Eve as *historical* personages was still fairly common at this time, and still played a part in the conclusions reached in scientific reasoning: J. F. Pierer 'Medizinisches Realwörterbuch' I.70–75 (1816); J. S. T. Gehler 'Physikalisches Wörterbuch' IV. 1300/1 (1827); J. E. von Berger (1772–1833) 'Grundzüge der Anthropologie' (Altona, 1824) p. 307.

45, 35

Sir William Lawrence (1783–1867), in his notorious and frequently pirated lectures (1816/19): 'I deem the moral and intellectual character of the negro inferior, and decidedly so, to the European; and as this inferiority arises from a corresponding difference in the organization, I must regard it as his natural destiny, but I do not consider him more inferior than the other dark races.' Quoted by P. B. Duncan (1772–1863) 'Essays and Miscellanea' (2 vols. Oxford, 1840) II.276/7. Cf. C. Meiners (1747–1810) 'Ueber die Natur der afrikanischen Neger und die davon abhängende Befreiung oder Einschränkung der Schwarzen' ('Göttingischen historischen Magazin' VI. 385), who also emphasizes the inferiority of the negro and the unnaturalness of treating him as the equal of the white man.

As Hegel notes, this attitude drew support from the idea that we are not all descended from one couple: C. F. Werner 'Die Produktionskraft der Erde, oder die Entstehung des Menschengeschlechts aus Naturkräften' (Leipzig, 1819); A. Desmoulins (1796–1828) 'Histoire naturelle des races humaines' (Paris, 1826); Nasse's 'Zeitschrift für die Anthropologie' IV.335–60 (1826). It was quite common therefore, for those who were interested in furthering the cause of negro emancipation, also to be intent upon establishing the essential truth of the Biblical account of the origin of humanity. J. C. Prichard (1786–1848) is an excellent example of a contemporary anthropologist who combined such motivations: see his 'Researches into the Physical History of Mankind' (1813; 3rd ed. 5 vols. London, 1836/47) I. 215/6: 'It may be affirmed that the phenomena of the human mind and the moral and intellectual history of human races afford no proof of diversity of origin in the families of men; that on the contrary... we may perhaps say, that races so nearly allied and even identified in all the principal traits of their psychical character, as are the several races of mankind, must be regarded as belonging to one species.'

For contemporary German discussions of this, see: F. A. Carus (1770–1807) 'Ideen zur Geschichte der Menschheit' (Leipzig, 1809); C. F. Nasse (1778–1851) 'Ueber die Natur des Menschen in früherer Zeit' ('Zeitschrift für die Anthropologie' I.30–58, 1823); J. C. A. Heinroth (1773–1843) 'Lehrbuch der Anthropologie' (Leipzig, 1822) pp. 204–11; Joseph Hillebrand 'Die Anthropologie als Wissenschaft' (Mainz, 1823) pp. 99–106.

47, 21

Peter Camper (1722–1789) 'Sämmtliche kleine Schriften' (3 vols. Leipzig, 1781/90), 'For what makes us brown?... What makes the Portuguese families that have lived in Africa for many hundred years so like the Negroes in colour? It is the climate, in so far as climate is taken to include both way of life and diet.' Cf. Herder's 'Ideen zur Philosophie der Geschichte' (4 pts. Riga and Leipzig, 1784/91) bk. VI iv; Kant 'Bestimmung des Begriffs einer Menschenrace' (1785); J. E. von Berger 'Grundzüge der Anthropologie' (Altona, 1824) pp. 260/1.

On the development of the Portuguese in Brazil, see the fascinating study by G. Freyre 'The Masters and the Slaves' (London, 1963).

47, 33

Phil. Nat. III.149, 191. These ideas on the skin and the hair were influenced by Goethe's 'Theory of Colours' vol. I § 655; § 669. Cf. C. F. Nasse (1778–1851) 'Ueber das Physiologische in der Färbung der Menschenracen' ('Zeitschrift für die Anthropologie' 1825 ii pp. 220–90).

47, 42

These curious remarks provide us with the key to Hegel's conception of the interrelationship of the races. Whiteness of skin is superior to any stronger pigmentation in that it shows forth what is internal or spiritual with greater clarity and completeness. Although this somewhat forced conception clearly has its roots in Hegel's general philosophical system, it also owes something to the *aesthetic* classification championed by Herder: see H. B. Nisbet 'Herder and the Philosophy of Science' (Cambridge, 1970) pp. 229–30, and Camper: see note 51, 30.

Any idea of a development or evolution from the more primitive to the more advanced seems to have been completely alien to Hegel's thinking on this subject. The observation that the Caucasians and Georgians are descended from the Turks indicates, however, that he entertained the possibility of the Caucasian area's being the cradle of humanity. This was a widely accepted theory, the popular credibility of which was influenced by attempts to locate the site of the Garden of Eden. W. Liebsch (d. 1805) for example, in his 'Grundriß der Anthropologie' (2 pts. Göttingen, 1806/8) pt. I p. 311 also discusses the *beauty* of the Caucasians and Georgians, and adds, 'that

there are a number of good reasons for supposing that the original abode of our first parents, and the cradle of the human race, was in this area.' J. C. Adelung's (1732–1806) researches in comparative philology led him to a similar conclusion: 'Mithridates, oder Allgemeine Sprachenkunde' (3 vols. Berlin, 1806/12).

For Hegel, therefore, racial variety was possibly the result of the *degeneration* of an original white race under the influence of the climatic differences between the regions into which it had migrated. He seems to have shown little interest in the subject however, almost certainly because the research of the time had failed to establish anything that might have been regarded as a body of basically uncontroversial knowledge. Cf. E. A. W. Zimmermann (1743–1815) 'Geographische Geschichte des Menschen' (3 vols. Leipzig, 1778/83) I.23.

48, 11

For 'Welt, hat' read 'Welt hat,'.

49, 21

John Leyden (1775–1811), 'Historical Account of Discoveries and Travels in Africa' (ed. H. Murray, 2 vols. Edinburgh, 1817), gives an account of the many endeavours, 'to penetrate into the depths of that mysterious world in the interior, which, guarded by the most awful barriers of nature, inclosed as with a wall, the fine and fertile shores of northern Africa.' Two of Blumenbach's pupils, U. J. Seetzen (1767–1811) and Heinrich Röntgen (1787–1813) had distinguished themselves in the exploration of Africa by the early years of the last century. R. Hallett 'The Penetration of Africa' (London, 1965). Hegel regarded the account of Africa in his colleague Karl Ritter's (1779–1859) 'Erdkunde' (Berlin, 1822) et seq. as the best available: World Hist. 176.

49, 35

This is little more than a restatement of the treatment of physical geography in Phil. Nat. § 339 (III.23–24). Cf. 'The natural context or the geographical basis of world history', translated by H. B. Nisbet 'Hegel. Lectures on... World History' (introd. D. Forbes, Cambridge, 1975) pp. 152–196, and 'Philosophische oder vergleichende allgemeine Erdkunde' (2 vols. Brunswick, 1845), by the Hegelian geographer Ernst Kapp (1808–1896). H. M. Sass 'Die Philosophische Erdkunde des Hegelianers Ernst Kapp' ('Hegel-Studien' vol. 8 pp. 163–81, 1973).

51, 30

On Pieter Camper (1722–1789), see Phil. Nat. III.359. Hegel is referring here to his 'Dissertation sur les variétés naturelles qui caractérisent la physionomie des hommes des divers climats et différens ages' (tr. H. J.

Jansen, Paris and The Hague, 1791). Most of Hegel's observations seem to be drawn from this work, which is notable for its *aesthetic* approach to comparative anatomy. Camper acknowledges the influence of J. J. Winckelmann upon his researches, and for the beautifully executed plates by means of which he illustrates the *geometrical* terms in which he conceived of the science of craniometry.

'En plaçant à coté des têtes du Négre et du Calmuque celles de l'Européen et du Singe, j'apperçus qu'une ligne tirée du front jusqu'à la terre supérieure, indiquoit une différence dans la physionomie de ces peuples, et faisoit voir une analogie marquée entre la tête du Nègre et celle du Singe. Après avoir fait le dessin de quelques-unes de ces têtes sur une ligne horizontale, j'y ajoutai les lignes faciales des visages, avec leurs différens angles; et aussitôt que je faisois incliner la ligne faciale en avant, j'obtenois une tête qui tenoit de l'antique; mais quand je donnois à cette ligne une pente en arrière, je produsois une physiognomie de Nègre, et definitivement le profil d'un singe, d'un Chien, d'une Bécasse, à proportion que je faisois incliner plus ou moins cette même ligne en arrière. Voilà les observations qui ont donné lieu à cet ouvrage' (p. 12).

Thomas Pownall (1722–1805) 'New Collection of Voyages' (London, 1767) II.273, was the first to attempt to classify the races by the shape of the cranium.

51, 38

On Johann Friedrich Blumenbach (1752–1840), see Phil. Nat. III.348. Hegel is referring here to the general programme of anthropological research laid down in his 'De Generis Humani Varietate Nativa' (Göttingen, 1775). In the revised and extended 1781 edition of this work, the nisus formativus, degeneration, climate, diet, hybridization are all taken to be relevant to an understanding of racial differences, and an attempt is made to enumerate the various features of humanity which distinguish it from the animal world. The study of the cranium is part of a general study of the head (§§ 48–64), which in its turn, is simply one aspect of anthropology as a whole. Nevertheless, Blumenbach recognized that it was an important aspect, and while Hegel was delivering these lectures, he was still engaged in publishing his 'Collectionis suae craniorum diversarum gentium' (8 parts, Göttingen, 1790–1828), a description of sixty crania.

51, 40

Evidently a reference to Goethe's *own profile*: see G. Schmid 'Goethe und die Naturwissenschaften' (Halle, 1940) pp. 104–6.

52, 17

For 'Race' read 'Racen'.

53, 3

Sir John Chardin's (1643–1713) 'Travels into Persia and the East Indies' (London, 1686; French, Amsterdam, 1711, reissued Paris, 1811) was at this time the main source of information concerning the peoples inhabiting the supposedly original homelands of the *Caucasian* race. Chardin had emphasized the beauty of the Georgians and Circassians. Attempts to locate the site of the Garden of Eden strengthened still further the general view of them as the original prototype of humanity, from which the other races had degenerated: 'Göttingischen historischen Magazin' II no. 1 p. 110, no. 2 p. 270; J. F. Blumenbach 'Bildschöner Schedel einer Georgianerinn' in 'Abbildungen naturhistorischer Gegenstände' 6tes Heft no. 51 (Göttingen, 1802).

See Wilhelm Liebsch (d. 1805) 'Grundriß der Anthropologie' (2 pts. Göttingen, 1806/8), who suggests that rice, corn, oxen and horses all originated in the Caucasian area, and (p. 297) that, 'The Caucasian race is to be regarded as the central race, that which most closely approximates to the prototype, and which has degenerated the least. It grades off into the two extremes of the Mongolian formation on the one hand, and the Ethiopian on the other. Between these two extremes and the central formation lie the other two: the American race between the Caucasian and the Mongolian, and the Malayan between the Caucasian and the Ethiopian.' It is quite evident from what follows that Hegel accepted this general classification. Liebsch's book is extremely useful, in that it provides a survey of the other classifications of the races current throughout the eighteenth century. J. C. Prichard's 'Researches into the Physical History of Mankind' (2nd ed. 2 vols. London, 1826) is also useful as a general survey of the field.

53, 19

Liebsch (op. cit.) pp. 324–7 recognizes the Malays as a separate race, constituting the transition from the Caucasian to the Ethiopian. He is of the opinion that the South Sea Islands could not have been populated from America (p. 329). In some of his lectures on Anthropology, Hegel mentioned the Islamic 'empire' of Java (C15th–C18th): see 'Hegel-Studien' vol. 10 p. 22 (1975), probably on account of an acquaintance with Sir Thomas Raffles' (1781–1826) 'History of Java' (2 vols. London, 1817), and Wilhelm von Humboldt's work on the Kavi language ('Abh. d. Kgl. Akad. d. Wiss. zu Berlin.' Aus dem Jahre 1832. Berlin, 1836. Th. 2–4).

53, 20

The population of the world at this time was estimated at between 500 and 900 million. See 'European Magazine' vol. 65 p. 476 (June, 1814): Europe 170 million, Africa 90 million, Asia 380 million, North America 30 million, South America 20 million, islands 20 million. Cf. Ludwig

Choulant (1791–1861) 'Anthropologie' (2 vols. Dresden, 1828) I p. 23: Europe 178 million, Africa 140 million, Asia 400 million, America 30 million, Australasia 1½ million.

53, 31

Phil. Rel. I.295.

53, 33

Friedrich Bird (1791–1851) 'Bemerkungen über die Bedeutung des Körperlichen für die Seelenthätigkeit' (Nasse's 'Archiv für die Anthropologie' 1826 iv p. 265): 'All the Europeans who have had anything to do with Negroes are agreed that the Negro is a person with a strong propensity to rage and revenge.' Cf. S. T. von Sömmerring (1755–1830) 'Ueber die körperliche Verschiedenheit des Negers vom Europäer' (Frankfurt/M. 1785), Phil. Nat. III.316.

53, 34

The inherent spiritedness of the Negro was noticed by Jeronimo Lobo (1593–1678) 'Historia geral da Ethiopia a Alta' (ed. B. Telles, Coimbra, 1660), and the extensive use of this work throughout the eighteenth century influenced the appreciative attitude to the race expressed in such a fine way by Herder in his 'Ideen zur Philosophie der Geschichte' (1784/91) bk. VI iv.

Blumenbach made a point of emphasizing that we have 'enough examples of talented Negroes' to prove that they are not ineducable: 'Beyträge zur Naturgeschichte' pt. I p. 93 (Göttingen, 1806), 'Abbildungen' (Göttingen, 1810) no. 5: see 'The Anthropological Treatises' (tr. T. Bendyshe, London, 1865). Cf. Hume's 'Essays'; James Ramsay (1733–1789) 'An Essay on the Treatment and Conversion of African Slaves in the British Sugar Colonies' (London, 1784); Thomas Clarkson (1760–1846) 'An Essay on the Slavery and Commerce of the Human Species' (Dublin, 1786); Richard Nisbet (1736–1804) 'The Capacity of Negroes for Religious and Moral Improvement' (London, 1789) p. 10: 'We find him (the Negro) then in a state, little differing from a state of nature; immersed in that ignorance of refinement and of science, in which it pleased the Supreme Creator of us all, to suffer countries now the most exquisitely polished, to remain for ages in the earlier date of the world. It must still be observed, that we find him with all the feelings and attachments of a rational being, nor with any peculiar marks of depravity about him.'

55, 2

On 9th May 1801, Toussaint Louverture (1743–1803), the 'Buonaparte of St. Domingo', the negro liberator of Haiti, issued a constitution for the new state, the sixth article of which reads as follows: 'La religion catholique, apostolique et romaine y est la seule publiquement professée.' Naturally

enough, he was enthusiastically supported by the clergy: 'qui prêchaient constamment la soumission à ses ordres, qui le représentaient comme l'élu de Dieu... jusqu'au moment où parut l'expédition française.' B. Ardouin 'Études sur l'Histoire de Haïti' (11 vols. Paris, 1853/60) IV. 358.

Cf. L. Dubroca 'La Vie de Toussaint-Louverture' (Paris, 1802); 'Quarterly Review' vol. 21 pp. 430–60 (1819); G. E. Schulze 'Psychische Anthropologie' (3rd ed. Göttingen, 1826) pp. 72–3; K. Rosenkranz 'Psychologie' (2nd ed. Königsberg, 1843) p. 30; M. Deren 'Divine Horsemen' (London, 1970).

55, 4

World Hist. 174–90, 216–20, where Hegel cites specific examples and mentions some of his sources.

55, 17

World Hist. 156–9, 193, where such invasions are related to the basically nomadic way of life. Cf. Phil. Hist. 169–72.

55, 25

Phil. Rel. II.57–65. Cf. Phil. Hist. 169–72.

55, 33

Phil. Hist. 116–72; Aesthetics I.74; Phil. Rel. I. 335– II.65 Hist. Phil. I.117–47.

57, 28

Cornelius Pauw (1739–1799) 'Recherches philosophiques sur les Egyptians et les Chinois' (Berlin, 1773; Germ. tr. 1744) estimated that 30,000 children a year were left to die of exposure in Peking alone. C. L. J. de Guignes (1759–1845) 'Voyages à Peking' etc. (3 vols. Paris, 1808) II.286, while not denying the occurrence of infanticide in China, thought that Pauw had grossly exaggerated its frequency. G. L. Staunton (1737–1801), 'An Authentic account of the Earl of Macartney's Embassy' (2 vols. London, 1797, Germ. tr. 1798), a work referred to elsewhere by Hegel (III.183, 36), estimated that 2,000 were exposed each year in the capital. Cf. Sir John Barrow (1764–1848) 'Travels in China' (London, 1804; Germ. tr. Weimar, 1804) p. 169; 'Quarterly Review' II.265 (Nov. 1809).

In India in 1802, the Governor General in Council passed a resolution prohibiting the sacrifice of children in the provinces of Bengal, Behar, Orissa and Benares, and declaring the practice to be murder, punishable with death. See Edward Moor (1771–1848) 'Hindu Infanticide' (London, 1811), who also makes mention (p. 84) of the Chinese practice.

Cf. J. J. M. de Groot 'The Religious System of China' (6 vols. Leiden, 1892–1910) II.679, IV.364; W. Crooke 'The Popular Religion... of Northern India' (Westminster, 1896) II.169.

59, 9

Phil. Rel. II.209–18; see Otto Pöggeler 'Hegel's Interpretation of Judaism' ('The Human Context' vol. VI, no. 3 pp. 523–60, Autumn, 1974). Although Mohammedanism is not treated separately in the Phil. Rel., Hegel does compare and contrast it with Judaism (II.198) and Christianity (III.143/4).

61, 35

Most general accounts of the American Indians made mention of their apparent lack of virility: 'The beardless countenance and smooth skin of the American seems to indicate a defect of vigour, occasioned by some vice in his frame.' W. Robertson (1721–1793) 'The History of America' (2 vols. London, 1777) IV.290; cf. W. Russell (1741–1793) 'The History of America' (2 vols. London, 1778) I.353. A. von Humboldt estimated, at the turn of the century, that there were about six million of the 'copper coloured race' in the Americas: 'Personal Narrative of Travels' (Paris, 1814; Eng. tr. 7 vols. London, 1818/29) bk. III ch. ix p. 213.

61, 37

Phil. Hist. 81–7. A. von Humboldt (op. cit.) bk. III ch. ix p. 208: 'The barbarism that prevails throughout these different regions is perhaps less owing to a primitive absence of all kinds of civilization than to the effects of a long degradation.'

Cf. S. J. Baumgarten (1706–1757) 'Allgemeine Geschichte... von America' (Halle, 1752); J. F. Marmontel (1723–1799) 'The Incas' (2 vols. London, 1777); A. de Solis (1610–1686) 'Historia de la conquista de Mexico' (Madrid, 1684; Germ. tr. Leipzig, 1750).

63, 3

In Phil. Nat. (III.24, 16), Hegel characterizes America as, 'an incomplete division like that of a magnet, separated as it is into a northern and a southern part,' and he probably has this in mind when he mentions these peoples from the two opposite extremities of the continent. It was assumed that they had been driven into these inhospitable regions by the *more powerful and capable* tribes inhabiting the more congenial areas nearer the centre of the continent: E. A. W. Zimmermann (1743–1815) 'Geographische Geschichte des Menschen' (3 vols. Leipzig, 1778/83) I.73; Kant 'Zum ewigen Frieden' (1795; 'Werke' 1923, VIII.365). This view was current throughout the nineteenth century: see C. W. F. Furlong's article in 'The Geographical Review' III. i (1917), and has only been qualified of recent years. G. J. Butland, 'The Human Geography of Southern Chile' (London, 1957) p. 42, has pointed out that the Yámana people, who live to the south of the Alacaluf, have a much higher level of culture than their northern neighbours.

The *Pescherois* were the tribe inhabiting Dawson's Island in the Strait of Magellan. They were first named by L. A. de Bougainville (1729–1811)

'Voyage... autour du Monde' (Paris, 1771; Germ. tr. Leipzig, 1783) p. 147. John Byron (1723–1786) described them as, 'the poorest wretches I have ever seen', Capt. Cook as, 'the most destitute and forlorn, as well as the most stupid of all human beings' (Kerr's Voyages, 18 vols. London, 1824) XII.59, 65; 407/8. Darwin, 'Journal' (London, 1839) ch. X: 'I believe, in this extreme part of South America, man exists in a lower state of improvement than in any other part of the world.' In Germany 'pescherois' came to be synonymous with wildman, troglodyte, caliban, aboriginal: 'Berliner Monatschrift' I.496 (1783), H. Steffens (1773–1845) 'Die gegenwärtige Zeit' (2 pts. Berlin, 1817) I.193.

Hegel's knowledge of the *Eskimos* was drawn from John Ross (1777–1856) 'A Voyage of Discovery' (London, 1819): 'Berliner Schriften' p. 710; Phil. Rel. I.294. Cf. D. Cranz (1723–1777) 'Historie von Grönland' (2 vols. Barby, 1765).

63, 6

C. D. Rochefort (d. c. 1690) 'Historie... de l'Amerique' (Rotterdam, 1658; Germ. tr. Frankfurt, 1668; Eng. tr. London, 1666), notes that the *Caribs*, 'have not found anything so strange in their encounters with the *Europeans*, as those Arms which spit Fire, and at so great a distance wound and kill those whom they meet with.' (p. 272). On p. 308 he gives a detailed account of the occasions for their drunkenness and debauchery. On their sorry state at the end of the eighteenth century, see A. von Humboldt op. cit. bk. IX ch. xxv. Cf. 'Rechtsphilosophie' (ed. Ilting) I.185.

63, 8

This is predominantly but not entirely true. The first presidents of Mexico and Colombia were Indians. What is more the Indians rose against the *Creoles* in Upper Peru (Bolivia) in 1780, in Mexico between 1810 and 1815, and in southern Chile between 1823 and 1830. S. de Madariaga 'The Fall of the Spanish American Empire' (London, 1947); John Lynch 'The Spanish American Revolutions 1808–1826' (London, 1974).

63, 19

See J. S. Vater 'Untersuchungen über Amerika's Bevölkerung' (Leipzig, 1810).

63, 33

Certainly a reference to the *Patagonians*, about whom many tall stories were told: see G. F. Coyer 'An Abstract of the relations of travellers of different nations, concerning the Patagonians' (Brussels and London, 1767); 'Philosophical Transactions' vol. LVII p. 75 (1767); vol. LX p.20 (1770).

The first really reliable account of their physique was provided by John Hawkesworth (1715?–1773) in his much criticized but frequently reprinted

'Account of the Voyages... in the Southern Hemisphere' (3 vols. London, 1773; Germ. tr. 3 pts. Frankfurt and Leipzig, 1775). See the description of Capt. Samuel Wallis's voyage (1766/8), 'As I had two measuring rods with me, we went round and measured those that appeared to be tallest among them. One of these was six feet six inches high, several more were six feet five, and six feet six inches, but the stature of the greater part of them was from five feet ten to six feet. Their complexion is a dark copper-colour, like that of the Indians in North America; their hair is straight, and nearly as harsh as hog's bristles: it is tied back with a cotton string, but neither Sex wears any head-dress. They are well-made, robust, and bony; but their hands and feet are remarkably small.' Cf. Robert Kerr 'A General History and Collection of Voyages and Travels' vol. XII p. 128 (London, 1824); Thomas Falkner 'Of the Patagonians' (Darlington, 1775); E. G. Cox 'A Reference Guide to the Literature of Travel' vol. 10 p. 283 (Seattle, 1938).

63, 38
Prince Maximilian of Neuwied (1782–1867) was inspired with an interest in anthropology by J. F. Blumenbach. He is well-known for his scientific expeditions to Brazil (1815–1817) and Missouri (1832–1834), both of which were thoroughly prepared and successfully carried out, and gave rise to two carefully written and informative works: 'Reise nach Brasilien' (2 vols. Frankfurt/M. 1820/1), and 'Reise durch Nordamerika' (1828/41). Cf. P. Wirtgen 'Zum Andenken an Prinz Maximilian zu Wied, sein Leben und wissenschaftliche Thätigkeit' (1867); H. Plischke 'J. F. Blumenbachs Einfluss auf die Entdeckungsreisenden seiner Zeit' (1937).

Hegel is evidently referring to the *Botocudo* the prince brought back with him ('Allgemeine Deutsche Biographie' vol. 23 p. 560, 1886). The prince made a careful study of the language and customs of this people (op. cit. vol. II ch. I and pp. 302–30). They were then usually known as the *Aimores*, and had come into conflict with the whites at the close of the 18th century when diamonds were discovered in the Minas Geraes area.

J. B. Spix (1781–1826) and K. F. P. Martius (1794–1868), 'Reise in Brasilien' (3 pts. Munich, 1823, 1828, 1831), give an exhaustive list of the fauna and flora they brought back from Brazil (III p. 1387), but make no mention of having brought any natives. Hegel may have noted the following (I pp. 213–14): 'Der allgemeine Raçezug, hinbrütender Stumpfsinn und Verschlossenheit, der sich besonders in dem irren trüben Blicke und dem scheuen Benehmen des Americaners ausspricht, wird bei dem ersten Schritt in die Reflexionsstufe durch den ihm noch ganz fremdartigen Zwang der Civilisation und des Umgangs mit Negern, Mestizen und Portugiesen bis zu dem traurigsten Bilde innerer Unzufriedenheit und Verdorbenheit gesteigert.'

Cf. 'Phil. Nat.' II. 298–300.

65, 7

Although it seems natural enough to treat *national* (§ 394) as particularizations of *racial* (§ 393) characteristics, and both as having their immediate origin in the *natural environment* (§ 392), such a sequence was by no means common in the works on anthropology published during Hegel's lifetime. A notable exception is J. E. von Berger's (1772–1833) 'Grundzüge der Anthropologie' (Altona, 1824), in which the '*Localgeister der Erde*', an uncommon expression at that time, are also mentioned (p. 304).

65, 9

Note 47, 42. This remark confirms the view that Hegel was uncertain about the degeneration theory and had no conception of evolution: cf. Phil. Nat. III.22, 33. See the opening sentence of Milton's 'History of England': 'The Beginnings of Nations, those excepted of whom Sacred Books have spoken, is to this Day unknown.'

Had the genetics and embryology of the time been more advanced, and had Hegel known more about these subjects (Phil. Nat. III.229–32), his emphasis upon the importance of environment, which might profitably be compared with that of Lysenko, would almost certainly have been rather more carefully qualified.

65, 18

Henry Koster sailed for Brazil from Liverpool on 2nd November 1809, and finally left the country to return to England in the spring of 1815. He rented a sugar plantation at Jaguaribe, four leagues north of Recife in the province of Pernambuco, and had a motley crew of Indians, mulattoes, free negroes and slaves working for him. He published an account of his experiences during these years, 'Travels in Brazil' (London, 1816; 2nd ed. 2 vols. London, 1817), and Hegel is evidently referring to the following passage in it (pp. 120–1; 2nd ed. vol. I pp. 189–90): 'Some of... (the Indians) are resolute, and sufficiently courageous, but the general character is usually supposed to be cowardly, inconstant, devoid of acute feelings, as forgetful of favours as of injuries, obstinate in trifles, regardless of matters of importance. The character of the negro is more decided; it is worse, but it is also better. From the black race the worst of men may be formed, but they are capable likewise of great and good actions. The Indian seems to be without energy or exertion, devoid of great good or great evil. Much may be said at the same time in their favour; they have been unjustly dealt with, they have been trampled upon, and afterwards treated as children; they have been always subjected to those who consider themselves their superiors, and this desire to govern them has even been carried to the direction of their domestic arrangements. But no, — if they are a race of acute beings, capable of energy, of being deeply interested upon any subject, they would

do more than they have done. The priesthood is open to them, but they do not take advantage of it.* I never saw an Indian mechanic in any of the towns; there is no instance of a wealthy Indian; rich mulattoes and negroes are by no means rare.'

Koster's account of the racial characteristics of the negroes and Indians is confirmed by the Prince of Neuweid (op. cit.) vol. I. p. 78. Since Hegel read 'The Quarterly Review', it is possible that he is referring here to the review of Koster's book which appeared in this journal in January, 1817 (no. XXXII pp. 344–87). See esp. p. 366, where the passage quoted is mentioned, and the reviewer comments on it as follows, 'This is a melancholy picture, drawn as it is by one who would willingly think better of the race if he could. But without inclining to the preposterous system of Helvetius, it may be affirmed that all this is the effect of unfavourable circumstances, and wretched education, degrading the parents generation after generation, and thus by moral means producing a physical degeneracy. The fault is in the mould, not in the materials.'

Since Hegel mentions 'ten or twelve years' as the length of Koster's stay in Brazil, and other accounts of the South American Indians, he may also have had in mind the book by the Berlin doctor Philip Fermin (1729–1813) 'An Historical... View... of Surinam... By a Person who lived there for ten years' (French, 2 vols. Amsterdam, 1769; Dutch tr. Harlingen, 1770; Germ. tr. Brunswick, 1776; Eng. tr. London, 1781). Fermin gives an extensive and detailed account of the Indians which is in substantial agreement with Koster's (1769 ed. vol. chs. iv-ix). Cf. John Luccock (1770–1826) 'Notes on... Brazil, Taken during a Residence of Ten Years in That Country from 1808 to 1818' (London, 1820), a work which contains references to the 'ignorance or negligence of the Brazilians' (p. 359), and to the employment of negro seamen on the slave-ships (p. 592), but which does not deal with racial characteristics in any detail.

65, 19

The Prince of Neuwied (vol. I p. 78) evidently gives more details than Koster concerning this case, 'In *Minas Geraës* there was a priest who was an Indian, and who came, moreover, from one of the more uncivilized tribes. He was universally respected, and lived in his parsonage for a number of years; then, suddenly, he was missing, and it was discovered that he had cast off his vestment and run off naked into the jungle with his brothers, where he cohabited with a number of women, after having seemed for many years to have thoroughly assimilated the doctrines he had preached.'

* I heard, from good authority, that there are two instances of Indians having been ordained as secular priests, and that both of these individuals died from excessive drinking.

65, 33

Cf. World Hist. 164–5. Between 1610 and 1760, the *Guarani* Indians inhabiting the southern grasslands and river plains of Paraguay were ruled by the Jesuits. In order to protect the tribe from the rapacity of the colonists, the fathers established economically self-sufficient settlements capable of self-defence. The paternalistic theocracy they established proved to be immensely successful: 'The missionaries had the prudence to civilize the savages in some measure, before they attempted to convert them. They did not pretend to make them Christians, till they had made them men. As soon as they had got them together, they began to procure them every advantage they had promised them, and induced them to embrace Christianity, when, by making them happy, they had contributed to render them tractable.' G. T. F. Raynal (1713–1796) 'L'Histoire... des établissements... dans les deux Indes' (4 vols. Amsterdam, 1770; Eng. tr. 6 vols. London, 1798) III.174.

When Charles III issued the decree banishing the Jesuits from his dominions in 1767, the seventy-eight missions were responsible for the welfare of 21,036 families, and owned 724,903 cattle, 230,384 sheep, 99,078 horses, 46,936 oxen, 13,905 mules and 7,505 asses. Once the Jesuits had gone, the settlements were soon plundered, and fell into decay. The capital Candelaria had 3,064 inhabitants in 1767, and only 700 in 1814.

P. F. X. de Charlevoix 'Historie du Paraguay' (3 vols. Paris, 1756; Germ. tr. Nuremberg, 1768); J. de Escandon and B. Nusdorfer 'Geschichte von Paraguay' (Frankfurt and Leipzig, 1769); P. F. Pauke (1719–1780) 'Reise in den Missionen nach Paraguay' (ed. P. J. Frast, Vienna, 1829); G. E. Schulze 'Psychische Anthropologie' (3rd ed. Göttingen, 1826) pp. 70–1.

67, 19

Hegel emphasizes the geographical factors *determining* world history in World Hist. 152–96. The discussion of national characteristics which follows here is such a commonplace in the literature of the time, that there is no point in attempting to indicate specific sources or influences. The *teleological* arrangement, ending with the Germans, is Hegel's, but since the Germans too are subsequently treated, together with all other peoples, as *individual subjects* (§ 395), subject to *natural* changes etc. (§ 396 et seq.), the *world-historical* significance of this should not be exaggerated.

The topic was evidently of *personal* interest to Hegel, see 'Berliner Schriften' pp. 715–8.

Hume's essay 'Of National Characters' or perhaps Goldsmith's 'The Traveller', seem to have initiated the vogue of relaxed philosophizing on the subject. J. G. Zimmermann's delightful 'Vom Nationalstolze' (Carlsruhe, 1783) became a best-seller, Kant, quoting Hume, considered national characteristics at some length in his lectures on Anthropology, and by the

turn of the century discussion of this kind had become a well-established literary and philosophical genre in both England and Germany.

It may be worth noting that C. F. Pockels (1757–1814), in 'Der Mann' (4 vols. Hanover, 1805/8) II.52–103, considers the national characteristics of the Greeks, Romans, Italians, Spaniards, French, English and Germans, *in that order*, and that his characterization of the Germans resembles Hegel's.

67, 23

C.-F. Volney (1757–1820), 'Travels through Syria and Egypt' (2 vols. Dublin, 1793) II.541/2, quotes Hippocrates on the character of the Asiatics of his time, and then comments that: 'This is precisely the definition of the Orientals of our day; and what the Grecian philosopher has said of some particular tribes, who resisted the power of the great king and his Satraps, corresponds exactly with what we have seen of the Maronites, the Curds, the Arabs, Shaik-Daher, and the Bedouins.' Cf. pp. 530–57; 'Quarterly Review' vol. 23 pp. 279/80 (1820).

67, 33

'Commentarii de bello Gallico'. De Tocqueville makes the same point in 'De l'Ancien régime.'

69, 5

See World Hist. 159–61, where Hegel waxes almost lyrical on the subject of the sea. Cf. H. Tinker 'A New System of Slavery. The Export of Indian Labour Overseas 1830–1920' (Oxford, 1974).

69, 28

Phil. Hist.: the major divisions being the Oriental, the Greek, the Roman and the German worlds.

71, 28

Phil. Hist. 258–71; Hist. Phil. I.166–487, II.1–453.

73, 17

This observation is such a *complete* contradiction of what nearly all the numerous travellers of the time had to say about the love-life of the women of Italy, that it must either be based upon 'Romeo and Juliet' or personal experience.

Hegel had J. B. Dupaty's 'Sentimental Letters on Italy' (Rome, 1788; Eng. tr. London, 1789) in his library (see nos. 1242/4), and this work is explicit enough: 'Love among the Roman women is an amusement, an intrigue, or a caprice, and but for a short time a kind of propensity; for they wear it off extremely fast.' (Letter LXIII.)

73, 34

Hegel, born in Stuttgart, was lecturing in Berlin.

75, 33

The Spanish Inquisition was instituted with Papal approval by Ferdinand and Isabella in 1479. It was abolished in 1808, reintroduced in 1814, and finally suppressed in 1820. The subject was therefore in the news at this time, see: J. B. White (1775–1841) 'A Letter upon the mischievous Influence of the Spanish Inquisition' (London, 1811); 'Quarterly Review' XII.313–57 (December 1811); J. Lavallée 'Histoire des inquisitions religieuses d'Italie, d'Espagne et de Portugal' (2 vols. Paris, 1809); J. A. Llorente 'Histoire critique del'Inquisition d'Espagne' (4 vols. Paris and Würzburg, 1817/18).

In order to grasp the full force of the adjective 'African', see the frightful examples of inhumanity discussed in World Hist. 182–90.

75, 36

When Cola di Rienzi (c. 1313–1354) led the Roman revolution in May 1347 and then extended his power throughout Italy, Petrarch addressed a Latin letter to him in which he congratulated him on his achievements, calling him the new Camillus, Brutus and Romulus, and urged him to continue his great and noble work. Cf. the 'Eclogues' no. 5. The letters Petrarch addressed to Charles IV during the four years preceding his coronation in Rome on 5th April 1355 are an expression of the same political ideals: see Hegel's 'Briefe' III.288; M. E. Consenza 'Petrarch and the Revolution of Cola di Rienzo' (Chicago, 1913); J. A. Wein 'Petrarch's Politics' (Thesis, Columbia Univ., 1960).

77, 39

F. A. Carus (1770–1807) makes many of the same points about the French in his 'Psychologie' (2 vols. Leipzig, 1808) pt. II. See p. 137: 'The Frenchman's wit derives from his naïvety and superficiality, and a consequent facility of combination. This facility is apparent in his whole mental make-up, in the ease with which his vindictiveness turns to satire or repartee.'

79, 26

It is perhaps worth observing that many of the English books of the time devoted to the subject-matter dealt with in these lectures, were adorned with quotations from English *poets*: see, for example, William Pargeter's 'Observations on Maniacal Disorders' (Reading, 1792; Germ. tr. Leipzig, 1793). We were regarded by our German colleagues in these fields as *individualistic* in approach, see E. F. W. Heine's introduction (p. V) to his translation of William Perfect's 'Annals of Insanity' (1803; Hanover 1804), and as *practical* and *empiricist* in our methods: F. C. A. Heinroth 'Lehrbuch der Störungen des Seelenlebens' (2 pts. Leipzig, 1818) I.136; F. A. Carus op. cit. pp. 142–3.

79, 37

See Hegel's article on 'The English Reform Bill' (1831).

81, 6

J. F. Fries (1773–1843), 'Handbuch der Psychischen Anthropologie' (2 vols. Jena, 1820/1) I.289–95, deals in detail with 'The Passions of Commercial Life' i.e. covetousness, imperiousness, diligence, thrift, avarice, greed etc. Hegel had J. B. Say's 'De l'Angleterre et des Anglais' (Paris, 1815) in his library (list no. 1192).

81, 25

Cf. Phil. Right § 216. Shakespeare 'King Lear' (1605/6) I.iv. 347: 'Striving to better, oft we mar what's well.'

81, 28

Logic §§ 120–3.

83, 20

Cf. Carus op. cit. pp. 147/8, whose characterization of the Germans is similar. Madame de Staël's 'De l'Allemagne' (1813) was the most important literary contribution to the general European view of Germany and the Germans at this time: 'Quarterly Review' X.355–409 (January 1814). These paragraphs on national characteristics should be compared with the treatment of 'The Modern Time' which concludes the lectures on World History (pp. 412–57).

85, 21

Cf. the transition from the family to civil society in the Phil. Right §§ 181–2.

85, 27

This definition of natural disposition or 'Naturell' is in substantial agreement with the accepted usage of the time. Nevertheless, by using the origin of the word, and treating such a disposition as the immediate antecedent of temperament and character, Hegel does manage to give a preciser meaning and clearer significance to what is under consideration, – the major transition from nature to the soul being exactly paralleled or reproduced in this minor one.

J. Hillebrand (1788–1871) 'Die Anthropologie als Wissenschaft' (Mainz, 1823) pp. 385–96: 'Das *Naturell.* Jeder Mensch trägt in seiner bestimmten Beschlossenheit von Anbeginn oder *ursprünglich* eine Grunddisposition seines Wesens, welcher gemäß sein Seelenleben nothwendig, d.h. ohne sein Zuthun, eine *bloß ihm angehörig* Richtungs- und Aeußerungsweise in seinem natürlichen Entwickelungsgange offenbart... Weil diese Basis des psychischen Lebens eines Jeden ihm mittelst der unbegreiflichen Verbindung und Ordnung des Daseynlichen selbst gesetzt wird, ist sie zu betrachten als zugetheilt von *der Natur* im weitern Sinne, d.h. durch die ursprüngliche Einrichtung der Dinge. Daher auch der Ausdruck *Naturell*, den man mit *Naturanlage* vertauschen kann.' Kant 'Anthropologie' (1798) pt. 2 A 1.

85, 28

'Anlagen' or endowments are therefore *specific* aspects of the basic natural disposition. Genetics would now be used in order to reach an understanding of them, but the subject had scarcely been developed a century and a half ago, and Hegel seems to have known next to nothing about it (Phil. Nat. III.229–32). J. C. A. Heinroth (1773–1843) 'Lehrbuch der Anthropologie' (Leipzig, 1822) p. 149: 'The word 'endowment' signifies propensity for a certain activity. In respect of simply natural things, this propensity is a seed if it pertains to a plant, an instinct if it pertains to an animal. The word 'endowment' is only used of human beings, who are capable of generating freedom, and ought to develop freely.'

'Experience teaches us that one person will grasp, learn, comprehend or copy something more easily than another; that he will acquire abilities, more rapidly and with less effort, and often of his own accord and without any help, which another is incapable of acquiring even with the best instruction and the greatest effort. For example, one person will find it quite impossible to distinguish a series of notes, or even reproduce one note correctly, while another is capable of reproducing whole musical compositions after having only heard them once. It is these accomplishments of human nature, on account of which it may be easily educated in one respect or another, that we call endowments or aptitudes.' J. F. Pierer 'Medizinisches Realwörterbuch' I.276 (Leipzig and Altenburg, 1816).

Cf. J. G. Steeb (1742–1799) 'Ueber den Menschen, nach dem hauptsächlichen Anlagen in seiner Natur' (3 vols. Tübingen, 1785); P. A. Stapfer (1766–1840) 'Die fruchtbarste Entwickelungsmethode der Anlagen des Menschen' (Bern, 1792); K. H. L. Pölitz (1772–1838) 'Populäre Anthropologie, oder Kunde von dem Menschen nach seinen sinnlichen und geistigen Anlagen' (Leipzig, 1800); D. T. A. Suabedissen (1773–1835) 'Die Grundzüge der Lehre von dem Menschen' (Marburg and Cassel, 1829) pp. 325–34.

85, 32

The widespread discussion of this distinction between genius and talent in Germany during Hegel's lifetime, seems to have been an extension of the earlier English debate: see the bibliography provided by C. P. Pockels (1757–1814) in 'Der Mann' (4 vols. Hanover, 1805/8) III.398: Edward Young (1683–1765) 'Conjectures on original composition' (London, 1759); William Duff (1732–1815) 'An Essay on Original Genius' (London, 1767); Alexander Gerard (1728–1795) 'Essay on Genius' (London, 1774); Hugh Blair (1718–1800) 'Lectures on Rhetoric and Belles Lettres' (3 vols. Dublin, 1783).

'Anthropologists' were generally agreed that genius and talent were *natural* endowments (Pierer op. cit. III.505–9, 1819). Kant 'Anthropologie' (1798) §§ 57–9 defined, 'the genius of a person as the exemplary originality of his

talent,' and, as is evident from Hegel's observations, the concept of *unbridled* genius soon gave rise to the natural reaction of pointing out that the *realization* of such exemplary originality involved ratiocination and hard work. F. A. Carus (1770–1807) 'Psychologie' (2 vols. Leipzig, 1808) I.260–74; H. B. von Weber 'Handbuch der psychischen Anthropologie' (Tübingen, 1829) pp. 160–4; O. Pöggeler 'Hegels Kritik der Romantik' (1956).

87, 19

Cf. 317, 16–23. Vera (I.158 note 3) discusses apparent difficulties here. He refers to the Socratic question of whether or not virtue can be taught, and concludes: 'que l'enseignement ne saurait engendrer la vertu si les germes n'en existaient pas dans l'esprit, mais qu'en même temps la vertu ne saurait accomplir son oeuvre, se réaliser, sans l'enseignement, quels qu'en soient d'ailleurs la form et le degré.'

For Hegel, virtue is an aspect of objective, not of subjective spirit, an essentially social matter: see § 516: 'The *ethical duties* of individuals are the relations between them in the relationships into which the substance particularizes itself. Virtue is the ethical personality, i.e. the subjectivity which is permeated by the substantial life.'

87, 27

Since Hegel is daring enough to reinstate the four *elements* of air, fire, water and earth in his 'Physics' (Phil. Nat. §§ 282–5), one might have expected him to make more of their equivalents at this level. Cf. 'Hegel-Studien' vol. 10 p. 23 (1975). The doctrine of the four temperaments was first elaborated by Galen (d. c. 200 A.D.), who accepted the generalization of the elements into dry, hot, wet and cold, the four *qualities*, and then found its physiological counterpart in the doctrine of the four *humours*, — blood, choler, phlegm and black bile. His theory of the four *temperaments*, — sanguin, choleric, phlegmatic and melancholy, is a reproduction of this physiological doctrine at a psychological level. Cf. Aristotle 'De Anima' 404b; R. E. Siegel 'Galen's System of Physiology and Medicine' (Basel and New York, 1968); E. Schöner 'Das Vierer schema in der antiken Humoralpathologie' (Wiesbaden, 1964).

On account of its simplicity, clarity and adaptability, and, it must be admitted, on account of the general stagnation of the psychological sciences, this doctrine not only survived into the eighteenth century, but was actually elaborated and developed by as distinguished and accomplished a teacher and physician as H. A. Wrisberg (1739–1808): see his edition of Albrecht von Haller's (1708–1777) 'Grundriß der Physiologie' (ed. H. M. von Leveling, Erlangen, 1796; 4th ed. 1821).

This work, together with Kant's treatment of the subject (note 89, 9), provided the basis of most of the expositions that appeared during the opening decades of the last century. Although, as Hegel notes, there was

great diversity of opinion, and although there were certainly no convincing attempts to relate temperament to an analysis of ethical activity, talent or passion, there was a pretty concerted tendency to treat the temperaments as an essential element in the *physiological* aspect of psychology: J. Ith (1747–1813) 'Versuch einer Anthropologie' (2 pts. Bern, 1794/5) II pp. 150–6; K. H. L. Pölitz (1772–1838) 'Populäre Anthropologie' (Leipzig, 1800) pp. 135–52; H. W. Dircksen (1770–1833) 'Die Lehre von den Temperamenten' (Sulzbach, 1804); C. F. Pockels (1757–1814) 'Der Mann' (4 vols. Hanover, 1805/8) II pp. 395–480; F. A. Carus (1770–1807) 'Psychologie' (2 vols. Leipzig, 1808) II pp. 92–121; J. C. Goldbeck (1775–1831) 'Grundlinien der Organischen Natur' (Altona, 1808) II pp. 19–34; J. C. A. Heinroth (1773–1843) 'Lehrbuch der Anthropologie' (Leipzig, 1822) pp. 131–48; G. E. Schulze (1761–1833) 'Psychische Anthropologie' (3rd ed. Göttingen, 1826) pp. 502–12; H. von Keyserlingk (1793–1858) 'Hauptpunkte zu... Anthropologie' (Berlin, 1827) pp. 116–20; L. Choulant (1791–1861) 'Anthropologie' (2 vols. Dresden, 1828) II pp. 16–20; D. T. A. Suabedissen (1773–1835) 'Die Grundzüge der Lehre von dem Menschen' (Marburg and Cassel, 1829) pp. 316–24; K. Rosenkranz 'Psychologie' (2nd ed. Königsberg, 1843) pp. 37–47. As late as 1846, R. Virchow (1821–1902) considered it worthwhile to openly condemn C. Rokitansky's (1804–1878) attempt to found the whole science of disease on a humoral theory of the formation of abnormal textures, 'Handbuch der allgemeinen pathologischen Anatomie' (Vienna, 1846), as "ein ungeheurer Anachronismus": 'Preussische Medizinal-Zeitung' 9th December 1846 pp. 237–44.

Philippe Pinel (1745–1826), in his 'Traité Médico-Philosophique de l'Aliénation Mentale' (Paris, 1801), a work well-known to Hegel (note 331, 24), indicates that the noting of a patient's temperament was an essential part of the *practical* work of a psychiatrist at the end of the eighteenth century (sect. VI no. 13).

89, 1

Aesthetics 1227, where French and Italian drama are mentioned. Ben Jonson's (1572–1637) comedy of humours is a good English example of what Hegel has in mind.

89, 8

Plato 'Republic' bk. 4: wisdom, fortitude, temperance and justice; St. Thomas Aquinas 'Summa Theol.' I-II qu. 61.

89, 9

'Anthropologie' (Königsberg, 1798) pt. 2 A II. Kant notes the physiological and psychological aspects, evidently enjoys contemplating the various distinctions and combinations, provides some excellent character studies in

a truly Theophrastian style, and classifies broadly into temperaments of feeling (sanguine and melancholy) and activity (choleric and phlegmatic) in a way that clearly influenced Hegel.

89, 37

This viewing of the temperaments in the light of their social context contrasts sharply with the *physiological* approach predominant at the time (note 87, 27).

90, 21

The following passage, 'z.B. das Stottern...' etc., is taken from the Griesheim manuscript.

91, 24

See P. J. Schneider (1791–1871) 'Fragment... betreffend meine Methode Menschen... von den Uebel des Stotterns... zu befreien' (Cologne, 1835).

91, 34

Hegel spent three years in Berne, 1793–1796, as a private tutor: see H. S. Harris 'Hegel's Development' (Oxford, 1972) ch. III.

93, 3

Cf. the various references to character in the Aesthetics (p. 1246). G. H. Schubert (1780–1860) in 'Die Geschichte der Seele' (Stuttgart and Tübingen, 1830) pp. 476–89, relates character to natural endowment and temperament in much the same way as Hegel does. It was more usual, however, to regard it as an *acquisition* rather than an endowment: see H. B. von Weber 'Handbuch der psychischen Anthropologie' (Tübingen, 1829), where it is taken to be the *sublation* of the passions, and it is observed that, 'durch die *Natur* schon gelangt der Mensch nie zu dem Character, sondern nur und zwar allmälig (sic) nur durch eigene Kraftanwendung, durch freie und lebendige Aneignung' (p. 349). Cf. F. A. Carus (1770–1807) 'Psychologie' (2 vols. Leipzig, 1808) II.121–5; D. T. A. Suabedissen (1773–1835) 'Die Grundzüge der Lehre von dem Menschen' (Marburg and Cassel, 1829) pp. 334–46.

93, 12

Hegel probably derived this information indirectly from 'Second Treatise Declaring the Nature and Operations of Mans Soul' (London, 1669) pt. II pp. 187–8 by Sir Kenelm Digby (1603–65), '... the strange Antipathy which the late King *James* had to a naked sword; whereof the cause was ascribed to some *Schotch* Lords, entring once violently into the Bed-Chamber of the Queen his Mother, while she was with child of him, where her Secretary, an *Italian*, was dispatching some letters for her: whom they hack'd and kill'd with naked swords, before her face, and threw him at her feet... I

remember, when he dub'd me *Knight*, in the ceremony of putting a naked Sword upon my shoulder, he could not endure to look upon it, but turned his face another way; insomuch that, in lieu of touching my shoulder, he had almost thrust the point into my eyes, had not the Duke of *Buckingham* guided his hand aright.' See A. C. Lorry (1726–1783) 'Von der Melancholie' (introd. C. C. Krausen, 2 vols. Frankfurt/M. and Leipzig, 1770) pt. I ch. iv (vol. 2 pp. 128–9). Lorry uses Digby's account to illustrate the psychological phenomenon dealt with here by Hegel. Digby uses the fact to illustrate the phenomena dealt with by Hegel in § 405 sect. 2. Cf. L. A. Muratori 'Ueber die Einbildungskraft' (1785) II pp. 292–4, note.

David Rizzio, Queen Mary's secretary, was murdered by Lord Darnley and his Protestant peers at Holyrood on 9th March 1566. James was born in Edinburgh Castle on 19th June 1566. Darnley had evidently hoped that the shock of this event would prove fatal to the Queen and her child, and Digby's interpretation of its effect upon James was the one generally accepted at the Jacobean Court.

93, 14

In treating idiosyncrasies as of 'a still more individual kind', Hegel was probably influenced by F. A. Carus (1770–1807), who distinguished broadly between general, special and individual psychology, and placed idiosyncrasies within the third category, 'Psychologie' (2 vols. Leipzig, 1808) vol. II. p. 349. The distinction between physical and spiritual idiosyncrasies was not at all usual, although it is by means of it that Hegel gives the word a connotation closely resembling its English meaning.

The German text-books of the time usually confined themselves to the discussion of *physical* 'idiosyncrasies', see the definition given by G. H. Richerz (1756–1791) 'Antipathy or idiosyncrasy is a permanent, not a temporary sensitivity, which gives rise to our experiencing extremely unpleasant sensations on account of certain things generally recognized as being innocuous. Awareness of these things can also give rise to odd changes in the body and peculiar involuntary movements. The objects of these antipathies vary almost as much as the people in whom they are to be observed, and there is perhaps nothing in nature which is not offensive to someone in this way.' L. A. Muratori (1677–1750) 'Ueber die Einbildungskraft' (Leipzig, 1785) pt. II p. 246. J. F. Abel (1751–1829), 'Sammlung und Erklärung merkwürdiger Erscheinungen' (Frankfurt and Leipzig, 1784) pp. 178–9, lists a number of such cases concerning nutmeg, cinnamon, honey, snuff etc.

Muratori (op. cit. p. 253) explains antipathy to *cats* in physical terms: 'It is very likely that in many cases these curious reactions are elicited by the fine effluvia emitted by cats, which can only be sensed by certain noses.' D. Tiedemann (1748–1803) 'Untersuchungen über den Menschen' (3 pts.

Leipzig, 1777/8) I pp. 258–9 raises the possibility of its being a matter of associated ideas however; cf. C. A. F. Kluge (1782–1844) 'Versuch einer Darstellung des animalischen Magnetismus' (2nd ed. Berlin, 1815) § 205.

Hegel may be representing 'idiosyncratic' illness: 'What we call *idiosyncrasy* is the capacity possessed by those who are ill for identifying precisely the objects which are influencing them in this way, and giving rise to the unpleasant feelings.' F. Hufeland (1774–1839) 'Ueber Sympathie' (2nd ed. Weimar, 1822) p. 95.

93, 20

Cf. the heading of this main section (25, 18). Hegel evidently has in mind the corresponding position of the categories of quality in the Logic (§§ 86–98).

95, 22

§§ 481–2, i.e. as the immediate antecedent of the treatment of the will in §§ 4–16 of the Phil. Right.

99, 6

§§ 371–5 (Phil. Nat. III.193–210).

99, 32

In death, the universality of the genus predominates over the singularity of the animal (§ 375). In the act of dying however, it is not the genus, but the *animal itself* which exhibits the passing of the singular into the universal i.e. its *own* individuality. At the physical or natural level this is an *abstract* individuality however, the *complete* fulfilment of which involves the whole course of the Philosophy of Spirit. Within the individual anthropologically considered, the universality of the physical genus has its spiritual counterpart in the universality of rationality. At this level however, this is nothing more than the parallel of the physical development.

101, 15

'Räsonnement' has the added connotations of being facile, shallow, showy, superficial.

101, 18

'Avec l'âge on devient sage.' Cf. I.117, 30.

101, 22

Among Hegel's notes from the Berlin period, there is an extract from the review of John Evelyn's 'Memoirs' published in April, 1818 in 'The Quarterly Review' (vol. XIX p. 30 lines 40–2). In his 'Fragment on the Philosophy of Spirit' (I.119, 3), he refers to Evelyn while discussing precocity, and it seems reasonable to suppose therefore, that he intended to illustrate the phenomenon with Evelyn's account of his *son Richard*, quoted on p. 28 of the review: '1658. 27 Jan. After six fits of an ague died my son *Richard*, 5 years

and 3 days old onely, but at that tender age a prodigy for witt and understanding... at 2 years and halfe old he could perfectly reade any of ye *English*, *Latin*, *French*, or *Gottic* letters, pronouncing the 3 first languages exactly... The number of verses he could recite was prodigious, and what he remember'd of the parts of playes, which he would also act;... he had a wonderful disposition to mathematics, having by heart divers propositions of *Euclid* that were read to him in play, and he would make lines and demonstrate them.' Cf. 'Memoirs illustrative of the Life and Writings of John Evelyn, Esq. F.R.S. (ed. William Bray, 2 vols. London, 1819) vol. I pp. 299–300; see also the account of William Wotton (1666–1727) vol. I pp. 508–9.

Several similar cases might have been cited: Christian Heinrich Heinecken (1721–1725), C. von Schoeneich 'Merkwürdiges Ehren-Gedächtniss von... Heinecken' (Hamburg, 1726); Johann Philipp Baratier (1721–1740), J. H. S. Formey 'La Vie de M. Jean Phillippe Baratier' (Frankfurt and Leipzig, 1755); J. H. F. K. Witte (1800–1883), K. H. G. Witte 'Karl Witte, oder: Erziehungs- und Bildungsgeschichte desselben' (Leipzig, 1819). The best known *mathematical* prodigy of Hegel's day was the American Zerah Colburn (1804–1840), who was first exhibited by his father in 1810. The extraordinary calculating abilities of Jedidiah Buxton (1707–1772) were also well-known in Germany, see C. P. Moritz and C. F. Pockels 'Magazin zur Erfahrungsseelenkunde' vol. 5 ii pp. 105–9 (Berlin, 1787).

Hegel would probably have mentioned Mozart, William Crotch (1775–1847) and Mendelssohn as examples of *musical* precocity bearing fruit in later years.

See Adrien Baillet 'Des Enfans devenus célèbres par leurs études et par leurs écrits' (Paris, 1683); G. F. Schulze 'Psychische Anthropologie' (3rd ed. Göttingen, 1826) pp. 243–4; Theodor Heuss 'Schattenbeschwörung' (Tübingen, 1960) pp. 55–64 (A. L. von Schlözer); 'Hegel-Studien' vol. 10 p. 23 (1975).

103, 32

Like the treatment of national characteristics (§ 394), the treatment of the 'natural course of the stages of life' formed part of most of the textbooks on anthropology published during Hegel's lifetime. Since to the best of my knowledge there is no general survey of the literature, it may be of value to indicate the main features of the background material against which the merits of Hegel's work are to be judged.

It seems to have been Pythagoras's distinguishing of the four stages of life which provided the initial inspiration: K. P. J. Sprengel (1766–1833) 'Versuch einer pragmatischen Geschichte der Arzneikunde' (5 vols. Halle, 1792–1828) § 66. Bacon's 'Historia vitae et mortis', 'Works' (London, 1763) III.375 was sometimes quoted as a classic text, together with P. Villaume's

(1746–1806) 'Geschichte des Menschen' (Leipzig, 1783; 3rd ed. Dessau and Leipzig, 1802). Cf. J. M. Adair (1728–1802) 'A... sketch of the natural history of the human body' (Bath, 1787; tr. Michaelis, Zittau and Leipzig, 1788). An important and influential early work in German was B. K. Faust's (1755–1842) 'Die Periode des menschlichen Lebens' (Berlin, 1794). It is interesting to find Jaques' famous speech on the seven ages of man ('As You Like It' II. vii 140–67) written out in Hegel's album by a friend on 13th February 1791: 'Briefe' IV.60–1.

W. Butte's (1772–1833) *arithmetical* analysis of the stages of life 'Grundlinien der Arithmetik des menschlichen Lebens' (Landshut, 1811), a sort of forerunner of modern insurance company statistics, created quite a stir at the time, but the predominant approach was *physiological*: see, J. Ith (1747–1813) 'Versuch einer Anthropologie' (2 pts Berne, 1794/5) II.185–269; J. C. Goldbeck (1775–1831) 'Grundlinien der Organischen Natur' (Altona, 1808) pp. 97–127; F. von Gruithuisen (1774–1852) 'Anthropologie' (Munich, 1810) pp. 25–95; G. H. Masius (1771–1823) 'Grundriß anthropologischer Vorlesungen' (Altona, 1812).

Various writers emphasized various connections between the stages of life and other disciplines: J. E. von Berger (1772–1833), 'Grundzüge der Anthropologie' (Altona, 1824) pp. 182–210, saw them as an extension of *embryology*; E. D. A. Bartels (1774–1838) 'Anthropologische Bemerkungen' (Berlin, 1806) pp. 41–67, as an extension of *phrenology*; D. T. A. Suabedissen (1773–1835) 'Die Grundzüge der Lehre von dem Menschen' (Marburg and Cassel, 1829) pp. 371–80, as the antecedent of *racial difference*; H. B. von Weber 'Handbuch der psychischen Anthropologie' (Tübingen, 1829) pp. 359–70 as the antecedent of *sexual difference*; J. Hillebrand (1788–1871) 'Die Anthropologie' (Mainz, 1823) pp. 121–38, 413–31 as the antecedent of *psychology*.

Among such balanced and general accounts as those provided by F. A. Carus 'Psychologie' (Leipzig, 1808) II.27–91, J. F. Fries (1773–1843) 'Handbuch der Psychischen Anthropologie' (2 vols. Jena, 1820/1) II.172–80, E. Stiedenroth (1794–1858) 'Psychologie' (2 pts. Berlin, 1824/5) II.270–2, C. F. Michaelis (1770–1834) 'Die vier Lebensalter' (Nasse's 'Zeitschrift für die Anthropologie' 1826 i pp. 63–77) and L. Choulant (1791–1861) 'Anthropologie' (2 vols. Dresden, 1828), Carus' is the closest in subject-matter and lay-out to Hegel's.

A basically *theological* approach naturally leads on into a discussion of *life after death* in C. L. Funk's (1751–1840) 'Versuch einer praktischen Anthropologie' (Leipzig, 1803) pp. 130–65 and J. C. A. Heinroth's (1773–1843) 'Lehrbuch der Anthropologie' (Leipzig, 1822) pp. 114–30. Cf. L. H. Jakob (1759–1827) 'Beweis für die Unsterblichkeit der Seele aus dem Begriffe der Pflicht' (2nd ed. Jena, 1794).

The most *detailed* treatment of the subject is to be found in W. Liebsch's

(d. 1805) 'Grundriß der Anthropologie' (2 pts. Göttingen, 1806/8) I.141–68, and in many respects the most attractive in Joseph Ennemoser's (1787–1854) romantic 'Zur Entwickelungsgeschichte des Menschen in psychischer Hinsicht' (Nasse's 'Zeitschrift für die Anthropologie' 1824 i pp. 95–115); 'Zu einer vollkommenen Familie gehört der Greis, wie das Kind; ohne ihn fehlt der hohe priesterliche Ernst, wie ohne das Kind die lustige erheiternde Munterkeit'.

105, 9

On the difference between vegetable and animal life in respect of intussusception, see Phil. Nat. §§ 344, 351 (III.47, 26; 104, 9). Cf. the Aristotelian distinction between vegetable, animal and spiritual animation (I.11, 24); F. A. Carus (1770–1807) 'Psychologie' (Leipzig, 1808) II.43.

105, 31

Phil Nat. § 343 (III.46, 31).

107, 3

Phil. Nat. §§ 350–2 (III.102–9).

107, 6

It is difficult to see in which respect the child's *body* is more perfect than that of any other animal organism. Hegel must have the *moral* and *intellectual* potential of the child in mind: see, John Gregory (1724–1773) 'A Comparative View of the State and Faculties of Man with those of the Animal World' (1766, London, 1785); 'History of the Development of the Intellect and Moral Conduct of an Infant during the first twelve days of its existence' (W. Nicholson 'A Journal of Natural Philosophy' vol. XV pp. 42–50, 1806).

107, 17

Not so Lear (IV. vi. 187):

> 'When we are born, we cry that we are come
> To this great stage of fools.'

Hegel derived his observation from Herder via J. C. Reil: see, 'Berliner Schriften' (1956) p. 692.

107, 26

F. A. Carus op. cit. p. 47: 'Hat das Kind nach Etwas und dann dies selbst gesehen, so fängt es auch an nach *etwas Bestimmten* zu *greifen*, dem ein blosses Ausstrecken voranging.'

107, 31

See William Cheselden (1688–1752) 'An account of some observations made by a young gentleman who was born blind' ('Phil. Trans. Roy. Soc.' vol. 35 p. 447, 1728). In describing his successful operation of iridectomy

upon this boy, Cheselden notes that the sensation of *touch* is basic to our judgement of distance, and that, 'the ideas of distance are suggested to the mind by the ideas of magnitudes of objects.' Cf. Robert Smith (1689–1768) 'A Compleat System of Opticks' (Cambridge, 1738) pp. 42–70. It was on the basis of these accounts that Herder formulated the theory of *blending*, which was well-known in Germany by the turn of the century: see 'Anfangsgründe der Sternkunde' (1765, Weimar Mss) p. 8; 'Kritisches Wäldchen' no. 4 (1769; 'Werke' ed. Suphan IV); H. B. Nisbet 'Herder and the Philosophy and History of Science' (Cambridge, 1970) p. 153; G. Berkeley 'A New Theory of Vision' (1709) XLV; G. E. Schulze (1761–1833) 'Psychische Anthropologie' (3rd ed. Göttingen, 1826) p. 98. Cf. 169, 32–171, 6.

107, 34

Wordsworth's 'Intimations of Immortality from Recollections of Early Childhood' (1802); Novalis 'Wo Kinder sind, da ist ein goldnes Zeitalter'. 'Werke' (ed. U. Lassen, Hamburg, n.d.) p. 344.

108, 35

Griesheim wrote 'hat', not 'habt'.

109, 8

K. A. Gräbner 'Ueber das Hervorkommen und Wechseln der Zähne bei Kindern' (Hamburg, 1766); Phil. Nat. III. 184.

109, 9

Note 415, 17.

109, 15

Phil. Nat. § 351.

109, 18

On language see § 459, on egoity § 412. These levels are simply being referred to in order to illustrate these characteristics of childhood, they do not find their *systematic* placing here.

109, 36

Genesis III.5, 22.

111, 5

There is an excellent treatment of the significance of games and play in the best book on child psychology then available in German, J. C. A. Grohmann's (1769–1847) 'Ideen zu einer Geschichte der Entwicklung des kindlichen Alters' (Elberfeld, 1817) pp. 146–57.

The overall significance of Hegel's remark about playthings opens up wide fields of speculation. Grohmann has a tendency to sentimentalize

play. It may be worth calling attention to D. T. A. Suabedissen's (1773–1835) 'Die Betrachtung des Menschen' (3 vols. Cassel and Leipzig, 1815/18) ii.83–9: 'When playing, man is active without ulterior motive and without striving for anything, he is not in earnest about his activity. His tendency to play has its origin therefore in the need for an activity which is not serious, which is both activity and non-activity... War is a game played by peoples in their childhood and youth.'

111, 14

It was often noticed that *animals* were imitative: J. F. Fries (1773–1843) 'Handbuch der Psychischen Anthropologie' (2 vols. Jena, 1820/1) I.271, and that *savages* resembled them in this respect: G. E. Schulze (1761–1833) 'Psychische Anthropologie' (3rd ed. Göttingen, 1826) pp. 310/11. On the imitativeness of *children*: F. A. Carus (1770–1807) 'Psychologie' (Leipzig, 1808) II.53. Cf. Herder 'Ideen zur Philosophie der Geschichte' (4 pts. Riga and Leipzig, 178/91) bk. IX sect. 2.

111, 36

Rousseau's 'Émile' (1762), Jean Paul's 'Levana' (1807) and the educational theories of H. Pestalozzi (1746–1827) and F. Froebel (1782–1852) are probably the *ultimate* objects of Hegel's criticism here. It is tempting to assume, however, that it is the *extreme* and *unbalanced* application of their ideas that he is objecting to. Harmful though Froebel's ideas might be when applied without qualification to secondary education for example, they clearly constituted a great advance in respect of kindergarten or primary education: 'Rechtsphilosophie' (ed. Ilting) IV.642; M. Mackenzie 'Hegel's Educational Theory' (London, 1909) pp. 146–57. For a useful general survey of this, see Curt Zimmermann 'Die Wertung der Selbstentfaltung des Zöglings in der Pädagogik Jean Pauls und Hegel's' (Diss., Heidelberg; Freiburg/B., 1913). Cf. K. Silber 'Pestalozzi: The Man and His Work' (London, 1960); S. Fletcher and J. Walton 'Froebel's Chief Writings on Education' (New York, 1912); O. F. Bollnow 'Die Pädagogik der deutschen Romantik' (Stuttgart, 1952).

113, 6

The present generation is discovering the truth of this: see, J. Park 'Bertrand Russell on Education' (Columbus, 1963); A. S. Neill 'Hearts Not Heads in the School' (London, 1945). Cf. H. B. Weber 'Anthropologische Versuche' (Heidelberg, 1810) pp. 146–72; 'Quarterly Review' vol. 36 pp. 216–68 (1827).

113, 10

'He commands enough that obeys a wise man.' Cf. § 435.

113, 28

Cf. 107, 32–109, 38. Cf. Dietrich Tiedemann (1748–1803) 'Beobachtungen über die Entwicklung der Seelenfähigkeit bei Kindern' ('Hessische Beiträge

für Gelehrsamkeit' 1787). Goethe: 'Wenn die Jugend ein Fehler ist, so legt man ihn sehr bald ab', 'Maximen und Reflexionen' 991.

115, 37

Hegel was headmaster of the Grammar School at Nuremberg from 1808 until he took up the professorship at Heidelberg in 1816. He was therefore an experienced and evidently successful schoolmaster, and during the first four years of the Berlin period his professional duties involved a certain amount of responsibility for education in the schools. The most useful work on this aspect of his interests and activities is Gustav Thaulow's 'Hegel's Ansichten über Erziehung und Unterricht' (3 pts. Kiel, 1853/4); see also: F. L. Luqueer 'Hegel as Educator' (New York, 1896); W. M. Bryant 'Hegel's Educational Ideas' (Chicago and New York, 1896; reprint New York, 1971); M. Mackenzie 'Hegel's Educational Theory and Practice' (London, 1909), A. Reble 'Hegel und die Pädagogik' ('Hegel-Studien' vol. 3 pp. 320–55, 1965); F. Nicolin 'Hegels Bildungstheorie' (Bonn, 1955); E. Meinberg 'Hegel in der Pädagogik des 19. Jahrhunderts' (Diss., Cologne, 1973).

117, 15

See Schlegel's rendering of 'Hamlet' I v 189:

'Die Zeit ist aus den Fugen: Schmach und Gram,
Daß ich zur Welt, sie einzurichten, kam!'

117, 35

It is tempting to regard this paragraph as a commentary on Hegel's own changing attitude to the ideals of his youth: H. S. Harris 'Hegel's Development' (Oxford, 1972) pp. 104–17.

117, 37

Since Hegel evidently mentioned 'heroes such as Alexander' in this connection ('Hegel-Studien' vol. 10 p. 25, 1975), his basic attitude may not have been so anti-idealistic as might appear from Boumann's text: see Phil. Nat. I.232, 30. Cf. C. L. Michelet 'Anthropologie und Psychologie' (Berlin, 1840) p. 156.

121, 36

Cf. the transition from morality to ethical life in Phil. Right §§ 141–57.

122, 35

For 'Bergangene' read 'Vergangene'.

123, 2

World Hist. 201–9.

125, 9

Phil. Nat. §§ 374–5. Cf. Benjamin Rush (1745–1813) 'Medical Inquiries and Observations' (2 vols. Philadelphia, 1793) II.295–321; E. Valli (1755–1816) 'Entwurf eines Werks über das hohe Alter' (tr. S. Bonelli, Vienna, 1796).

125, 13

'Hegel-Studien' vol. 10 pp. 21–2 (1975).

125, 34

Hegel deals with the *physical* difference between male and female in Phil. Nat. §§ 368–9. In the treatment of the stages of life (§ 396), the boy, the youth and the man are mentioned, but not the girl, the maiden and the woman. In the Heidelberg Encyclopaedia (1817) §§ 314–5, no mention is made of the psychological difference between male and female, the subject is absent from Hegel's lecture-notes ('Hegel-Studien' vol. 10 pp. 23–4, 1975), and was not touched upon in the Summer Term of 1825, when he made the unusual transition from the stages of life to the subject-matter of § 392 (Kehler Ms. pp. 79–80). Cf. 'Rechtsphilosophie' (ed. Ilting) I.300; III.525; IV.440.

This is certainly a curious omission. Kant dealt with the subject at great length in his 'Anthropology' (1798), quoting other learned bachelors such as Hume on the psychological characteristics of the fair sex and the state of matrimony. During the early years of the century several massive works on the subject had made their appearance in German: see J. L. Moreau (1771–1826) 'Naturgeschichte des Weibes' (1803; 4 vols. Leipzig and Altenburg, 1805/11), C. F. Pockels (1757–1814) 'Charakteristik des weiblichen Geschlechts' (5 vols. Hanover, 1797–1802), and by the time Hegel was lecturing at Berlin, it was quite usual for the general text-books on anthropology to deal with the differences between male and female psychology in connection with racial differences and the stages of life: J. C. A. Heinroth 'Lehrbuch der Anthropologie' (Leipzig, 1822) pp. 104–13; J. Hillebrand 'Die Anthropologie als Wissenschaft' (Mainz, 1823) pp. 396–412; G. E. Schulze 'Psychische Anthropologie' (3rd ed. Göttingen, 1826) pp. 490–5–2.

Amongst Hegel's notes from the Berlin period, there is an extract from W. J. Burchell's (1782–1863) 'Travels in the Interior of South Africa' (2 vols. London, 1822) II.563, in which the universal psychological characteristics of the female sex are noted: 'I remarked nothing in which theirs differed from the general *female character* of other nations... etc.' It may, therefore have been this work which led him to insert this in the 'Anthropology'. He seems however, never to have lectured upon it.

C. L. Michelet, 'Anthropologie' (Berlin, 1840) p. 126, noting the omission from the lectures but not the insertion of this §, suggested that the subject ought to be dealt with as the sequent of racial differences and the antecedent

of the various temperaments (i.e. 83, 20). K. Rosenkranz 'Psychologie' (2nd ed. Königsberg, 1843) pp. 58–62 suggested that the end of § 395 was a suitable stage for it in the dialectical progression.

125, 36

Cf. §§ 518–22, and Phil. Right §§ 158–81.

127, 26

A. Corradi 'Memorie e Documenti per la storia dell' Università di Pavia' parts II and III (Pavia, 1877/8). Napoleon had numerous contacts with the university (III.468), and had it entirely reorganized as from 23rd June 1800 (II.44–46). There were three faculties — philosophy, medicine and jurisprudence, so the 'ideology class' must have been a sub-section of philosophy. Cf. J. H. Rose 'The Life of Napoleon' (2 vols. London, 1904) I.96.

127, 35

In the Organics (Phil. Nat. § 361), Hegel indicates the *natural* or instinctive nature of waking and sleep, they: 'are not the result of a stimulus originating in something external. They are an unmediated participation in nature and its changes, occurring as internal rest and retrenchment from the outer world.' It is at the end of the Anthropology (§ 412) that the ego of *consciousness* finds its systematic placing as the immediate antecedent of the succeeding sphere of Phenomenology.

These natural and phenomenological levels have to be distinguished when dealing with waking and sleep at this juncture, for although these states still involve 'unmediated participation in nature', they now occur within a *subjective* or individual *soul* which is however, not yet *conscious* of itself as distinct from nature. In falling asleep, this soul subsides into its 'universal essence', by waking it distinguishes itself from this essence as a subject. Although it is not yet conscious, its dreaming involves presentations of the external world acquired through consciousness. Consequently, if we fail to grasp the difference between the two levels of the soul and consciousness, we shall become confused when attempting to distinguish between consciousness of the external world and the dreams it gives rise to.

129, 17

Cf. § 455.

129, 41

'Critique of Pure Reason' B278/9: 'From the fact that the existence of external things is a necessary condition of the possibility of a determined consciousness of ourselves, it does not follow that every intuitive representation of external things involves the existence of these things, for their representations may well be the mere products of the imagination (in dreams as well

as in madness); though, indeed, these are themselves created by the reproduction of previous external perceptions, which, as has been shown, are possible only through the reality of external objects. The sole aim of our remarks has, however, been to prove that internal experience in general is possible only through external experience in general'.

131, 7
Logic §§ 2, 49–51, 68.

133, 8
Cf. Aristotle 'On Sleeping and Waking' 457 b 2: 'Sleep is a sort of concentration or natural recession inwards.'

133, 14
Aristotle op. cit. 456 a–458 a discusses at some length the *physical* factors conducive to sleep, such as food and narcotics. The *physiological* analysis of the state predominated during Hegel's youth: see, J. D. Metzger (1739–1805) 'Medizinisch philosophische Anthropologie' (Weißenfels and Leipzig, 1790) pp. 150/1; W. Liebsch (d. 1805) 'Grundriß der Anthropologie' (2 pts. Göttingen, 1806/8) II.801 et seq., in which the earlier view is criticized and a new approach is advocated: 'Consequently, the same vital process presides over both sleeping and waking; sleep is animal life in a predominantly objective form, waking is the vital process in a predominantly subjective form; the unity of life is common to both conditions. In the waking state it is the system of sensitivity which determines the vital process, in sleep it is the blood-vessel or assimilative system, the materiality of the blood, which is the determining factor.' (p. 847).

133, 22
§§ 453, 473–8 i.e. complex levels of *psychology*, presupposing consciousness (§§ 413–39).

133, 29
Hegel employs this phrase on several occasions, usually when he wants to emphasize the significance of a complex unity the constitution of which he can locate but not analyze: 'Erste Druckschriften' (ed. G. Lasson, Leipzig, 1911) p. 90; Phil. Nat. III. 22, 35; Phil. Sub. Sp. II.429, 2. He evidently borrowed it from Schelling's 'Zeitschrift für spekulative Physik' vol. II pt. ii p. 116 (Jena and Leipzig, 1801).

135, 4
It should be noted that in this first paragraph, Boumann has summarized the reasons Hegel gave for dealing with sleep and waking at this stage in the dialectical progression. If we are to judge from the 1825 lecture-notes, and during that Summer Term Hegel devoted no less than four lectures to the

consideration of the whole subject (Frid. 10th June–Thurs. 16th June), he has assembled most of the main points. He has, however, failed to indicate that the topic was introduced by means of a reference to the *Logic*. At the preceding levels of natural qualities and changes there is, according to Hegel, the infinite progression of one state simply succeeding or negating the other. Here, however, 'the infinity of self-relation enters in,... in accordance with the logical context. This constitutes the exclusion of this other, the negation of the otherness.' (Kehler Ms. p. 85). Cf. Logic §§ 94–8.

135, 13
Phil. Nat. II.29, 28; cf. III.146.

135, 27
Phil. Nat. § 355 (III.310, 317); cf. note 187, 17.

135, 28
Iliad xiv 231; Hesiod 'Theogony' 756; Virgil 'Aeneid' vi 278; see M. C. Stokes 'Hesiodic and Milesian Cosmogonies' (Phronesis VII, 1962 p. 12). The famous chest of Cypselus (d. 627 B.C.) was evidently adorned with a representation of Death and Sleep in the arms of their mother Night (Pausanias V, 18, i). Cf. Leibniz 'Nouveaux Essais' (Everyman ed. p. 155), Matthew IX.24.

On the last page of the book by C. A. F. Kluge (1782–1844) referred to by Hegel 303, 20, the vignette on the title-page is explained as follows: 'Die Nacht, als die Erzeugerin alles Schönen und Furchtbaren, Dunkeln und Geheimnisvollen, und daher die Mutter der Brüder Schlaf und Tod, weilt mit diesen ihren Söhnen auf dem öden Gipfel eines wolkenumhangenen Berges, welchen Aeskulap unter Leitung des am südlichen Himmel glänzenden Sternbildes, des Compasses, aufgefunden hat, und nun bemüht ist, den dem Schoosse der Mutter schon entrückten Schlaf aus seiner dunkeln Hülle hervorzuziehen und mit sich fortzuführen.'

Cf. F. A. Carus 'Psychologie' (2 vols. Leipzig, 1808) vol. II p. 178; P. B. Shelley (1792–1822) 'Queen Mab' (1813; 1816) lines 1–2.

135, 33
Phil. Nat. § 282 (II.35–8). In the 1825 lectures (loc. cit. p. 91) Hegel made the point that light and sight constitute the essential relation of the *waking* organism to the external world.

137, 3
See the instances mentioned 265–7.

137, 22
Phil. Nat. III.129–31.

137, 33
Cf. 359, 29.

141, 18
§ 422 (Understanding), §§ 438–9 (Reason), §§ 465–8 (Thought and Understanding) i.e. all these levels are *more complex* that that of the soul.

141, 26
Cf. the notes on the association of ideas and Kant's distinction (III.159, 16; II.129, 41). In that Hume, for example, had no philosophical conception of this 'connectedness of necessity', he could have had no corresponding conception of the difference between waking and dreaming.

141, 31
Categories of the *understanding* in that, as in Kant, their formulation involves the subject-object antithesis, not the systematic treatment of the Logic: see Logic § 3.

143, 3
Cf. Artabanus' advice to Xerxes (Herodotus VII): 'I, who am older than you by many years, will tell you what these visions are that float before our eyes in sleep; nearly always these drifting phantoms are the shadows of what we have been thinking about during the day.' Aristotle's opinion is very similar: 'On Prophecy in Sleep' 463a 8–22; 'On Dreams'. Hegel's attitude is so similar to this, that it seems reasonable to suppose that it was based upon these Aristotelian works, probably indirectly: see the notes 'Zur Psychologie' (1794).

143, 5
F.A. Carus 'Psychologie' (2 vols. Leipzig, 1805) II. 274/5: 'The nightmare is a physical oppression accompanied by anxiety and the inability to move the body. The imagination takes the reason for this agonizing condition to be a frightful apparition, a weight bearing down upon the body, a terrifying situation. Although the person's eyes are often open, he feels that he has no control over himself. The pressure of the cramp causes his visions to assume a degree of distinctness approaching that of actual experiences. He is often aware of himself, and yet unable to speak or even to cry out.'

The 'mare' element in the English word signifies an incubus or demon, and the apparition is sometimes known as the 'night-hag' or the 'riding of the witch'. There is a German equivalent, 'Mahr', but the more usual term is 'Alb' i.e. our 'elf'. J. A. E. Goeze (1751–1793) 'Natur, Menschenleben und Vorschung' (7 vols. Leipzig, 1789/94) vol. III pp. 487–94, V pp. 353–8; W. Rowley 'Praktische Abhandlung' (Breslau, 1790) pp. 260–4; E. Jones 'On the Nightmare' (London, 1931).

143, 21
Cf. note 285, 11.

143, 29
Cf. note 133, 14; Aristotle 'On Dreams' 461 b.

143, 33
This treatment of dreams is notable mainly on account of its sobriety and matter-of-factness. Hegel's attitude has much more in common with that of those who were attempting to cure people of the nightmare by means of carbonate of soda ('European Magazine' vol. 70 pp. 327/8, Oct. 1816), than with the elaborate theorizing then beginning to get under way in central Europe: see I. D. Mauchart (1764–1826) 'Vorschlag zu einer neuen Behandlungsart der Onirologie' (C. C. E. Schmid's 'Anthropologisches Journal' vol. 4 no. iii pp. 187–245); P. Lersch 'Der Traum in der deutschen Romantik' (Munich, 1923); P. Ritzla 'Der Traum in der Dichtung der deutschen Romantik' (Diss. Zürich: Berne, 1943); Olga König-Flachsenfeld 'Wandlungen des Traumproblems von der Romantik bis zur Gegenwart' (Stuttgart, 1935).
G. H. Schubert's fascinating 'Die Symbolik des Traumes' (Bamberg, 1814) is a theory of language and poetry rather than a treatment of dreams.

145, 16
Hegel met Jean Paul (1763–1825) in Heidelberg in the July and August of 1817, and the origin of this observation is probably to be dated from this period. It was well-known that Jean Paul had a way with children, and we have a delightful account of Hegel's reaction to the banter which ensued when it was suggested at a party that Jean Paul should co-operate with him in producing a philosophy for young girls: see Eduard Berend 'Jean Pauls Persönlichkeit in Berichten der Zeitgenossen' (Berlin, 1956) pp. 69, 167, 300; G. Nicolin 'Hegel in Berichten seiner Zeitgenossen' (Hamburg, 1970) nos. 212–31.
A whimsical or playful associating of ideas was evidently a characteristic of Jean Paul's general manner of conversation: see the account given by Hegel's colleague Heinrich Voss (1779–1822) of the visit Jean Paul paid to another Heidelberg professor, F. H. C. Schwarz (1766–1837), on 8th July 1817, 'We lunched with Schwarz yesterday, and had a thoroughly pleasant and enjoyable time, together with the children. Jean Paul is himself a child, and has a great deal of fun with them... He has a remarkable way with him. Every word spoken gives rise to a new idea, which like 'harmless lightning' (the phrase is Shakespeare's) passes gently across the mind for the moment. Hence the infinite copiousness of his conversation. When in company at large, he will seldom speak connectedly, but leaps about from one thing to another...' See Berend op. cit. p. 163; Voss was Professor of Philology, and then engaged on translating Shakespeare, hence this reference

to 'Cymbeline' V, v, 394. Jean Paul discusses the art of falling asleep in 'Dr. Katzenbergers Badereise' (1809) p. 402.

Cf. F. Nicolin 'Hegel als Professor in Heidelberg' ('Hegel-Studien' vol. 2 pp. 71–98, 1963) p. 76.

145, 22

Bichat's distinction, note 135, 19.

147, 5

Cf. note 135, 13. The alternating states constitute a negative relationship in that they are not reconciled. It is only *formally* negative however, since the affirmative or reconciliatory factor of the sentient soul is already present.

147, 9

Sensation was not clearly distinguished from feeling (§§ 403–10) in the general usage of the time, see J. F. Pierer 'Medizinisches Realwörterbuch' vol. 2 p. 566 (Leipzig and Altenburg, 1818). Hegel, influenced perhaps by J. N. Tetens (1736–1807) 'Philosophische Versuche über die menschliche Natur' (Leipzig, 1777) I.214, makes use of the original and *literal* meaning of the German word, i.e. *ent-vinden*, what one *finds within*, in order to establish a clear difference between the two words and what they refer to.

147, 35

The treatment of sleep, waking and dreams was concluded in this manner in the 1825 lectures. The 'unity of the two aspects' was then taken to be the immediate antecedent of *sensation*. By this time, therefore, Hegel had already formulated this transition as it appears here in the 1830 edition of the Encyclopaedia. He was teaching on the basis of the 1817 edition however, so that there was a marked difference between the printed version of §§ 317–8 and the commentary in the lecture-room. Several works on the subject had been published at *Berlin* during this period, and it might be worth investigating whether they influenced the development of his ideas on the subject: see N. Weigersheim 'Dissertatio de somni physiologia' (Berlin, 1818); G. A. Gottel (b. 1797) 'Somni adumbratio physiologica et pathologica' (Berlin, 1819); Heinrich von Buchholz 'Ueber den Schlaf und die verschiedenen Zustände desselben' (introd. C. W. Hufeland, Berlin, 1821); C. G. O. Westphal 'Diss. inaug. de somno somnio, insania' (Berlin, 1822).

151, 17

Cf. I.123, 20.

151, 26

An 'Urtheil' or 'primary component' is also a 'judgement': see the progression from judgement to syllogism in the Logic §§ 166–95. In this case sleep is the major premiss, waking the minor, and sensation the 'conclusion', sublating and mediating its antecedents.

153, 11

Literally, 'a subdued *weaving*'. Cf. III.117, 22. Originally 'weaving' simply meant 'moving about', — the association with clothmaking came later. Both meanings have been preserved in modern German, as they have to some extent in modern English, and on account of Luther's translation of Acts XVII. 28, have given rise to such associations as Hegel seems to have in mind here. Cf. Plato 'Republic' 617; Goethe 'Faust' 508–9; Thomas Gray 'The Bard' (1757) II i 1, 'The Fatal Sisters' (1761).

153, 19

Logic §§ 84–98. Quality is the most basic of the three major sub-categories of Being.

155, 12

Cf. §§ 413–8 on the ego of consciousness, § 481 on the freedom of rational spirituality; Phil. Right §§ 129–40 on conscience; note 95, 22 on will and character.

155, 25

Matthew XV.19.

155, 34

It is already apparent from Hegel's early writings that there are two aspects to his assessment of the heart: 'It is inherent in the Notion of religion that it is no mere science of God... but a concern of the heart.' (1793; Nohl p. 5, H. S. Harris pp. 481–507). On the other hand, in the Phenomenology of 1807, the law of the heart: 'Shows itself to be this inner perversion of itself, to be consciousness gone crazy', to be on the brink of tottering into 'the frenzy of self-conceit' etc. (Baillie pp. 391–400).

The criticism of the heart at this juncture quite evidently refers to its being overvalued in *political* and *religious* contexts: § 471; Phil. Right § 21; Phil. Rel. II.331–2. However, it is also clearly related to the censuring of Pestalozzi and Froebel (note 111, 36): see the former's 'Geist und Herz in der Methode' (1805; 'Werke' ed. E. Bosshart, 10 vols. Zürich, 1944/9) vol. 9 p. 341, in which he advocates 'the subordination of all education in the humanities to the education of the heart'. Cf. J. K. Lavater's (1741–1801) poem 'Das menschliche Herz' (1789), in which it is said to be the source of all 'innocence, love, goodness, gentleness, compassion, magnanimity' etc.; H. B. Weber 'Anthropologische Versuche' (Heidelberg, 1810) pp. 204–29.

155, 38

Phil. Nat. §§ 351, 357.

159, 23

§§ 413–39.

159, 25
In the 1817 Encyclopaedia (§ 318) there is no attempt to define sensation as distinct from feeling. In the 1825 lectures however (Thurs. 16th June–Frid. 17th June), the subject is given a lengthy and elaborate treatment, most of which is incorporated in the present text. The friction with Schleiermacher on matters of religion probably led Hegel to reconsider his already well-formulated exposition of sensation in the Phil. Nat. (III.103–4, 136–7), and then to the realization that it was relevant to a more carefully formulated treatment of this part of the Anthropology.

159, 26
Note 147, 9.

160, 19
For 'der Organe' read 'oder Organe'. Cf. 1827 ed. 377, 17.

162, 3
For '817' read '317'. Boumann reproduces this error (121, 13). 'Determinate' light, in that unlike light as such (Phil. Nat. §§ 275–8), it is determined by a complexity of physical factors (Phil. Nat. §§ 317–20; III.380–2).

163, 8
Phil. Nat. II.161–4, 82, 96.

163, 15
Phil. Nat. III.162, 18, where the *physiological* aspect is investigated.

163, 27
When the composure of a person's disposition (Ruhe des Gemüths) was disturbed by a pleasant or unpleasant presentation (Vorstellung), his disposition was said to be 'moved', a 'dispositional motion' or disturbance (Gemüthsbewegung) was said to take place. If this motion remained confined to the soul, it was called a feeling (Gefühl), if it influenced the body it was called an affection (Affekt). During the eighteenth century, no clear distinction was drawn between affections and passions (Leidenschaften), but as the result of a work by J. G. E. Maaß (1766–1823) 'Versuch über die Gefühle, besonders über die Affecten' (2 pts. Halle, 1811/12), reference to the difference soon became a commonplace: see F. A. Carus (1770–1807) 'Psychologie' (2 vols. Leipzig, 1808) I.434–94; G. E. Schulze (1761–1833) 'Psychische Anthropologie' (3rd ed. Göttingen, 1826) pp. 345–8; L. Choulant (1791–1861) 'Anthropologie' (2 vols. Dresden, 1828); D. T. A. Suabedissen (1773–1835) 'Die Grundzüge der Lehre von dem Menschen' (Marburg and Cassel, 1829) pp. 224–5. An affection was said to be a particularly

intense but ephemeral *feeling* such as joy, courage or rage, a passion a slowly developing and persistent expression of desire such as ambition, covetousness, revenge. Affections were therefore taken to be common to both animals and human beings, whereas passions were regarded as peculiarly human, — hence Hegel's treatment of passion as an advanced level of Psychology (§§ 473–4).

The affections are therefore treated here as a sub-level of the general sphere of sensation in that they do not yet exhibit the degree of *predominant subjectivity* characteristic of feeling (§ 403 et seq.) They are sensation expressed in bodily form. See K. H. Dzondi's (1770–1835) article in J. F. Pierer's 'Medizinisches Realwörterbuch' vol. I pp. 106–15 (Leipzig and Altenburg, 1816).

165, 8

Phil. Nat. § 355, where Hegel's sources in the physiological literature of the time are mentioned.

167, 1

On the background to this procedure see Phil. Nat. III.327–8.

167, 36

On the close relationship between smell and taste, particularly in Swabia, see Phil. Nat. II.161, III.139.

167, 38

The senses here are arranged in order to make the transition from the relative *abstraction* of sensation to the relative *concreteness* of feeling, — sight, in this respect, being the most general and abstract, and touch the most specific and concrete. In § 358 however, they are arranged in the converse order, in accordance with the extent to which their external equivalents approximate, through them, to the inwardness and expressiveness of animal being, touch in this case being the most general and abstract, and sight and hearing the most expressive of this inwardness. (Phil. Nat. III.138–40). Cf. III.131, 3.

Such attempts to arrange the senses in a 'rational' sequence were common enough at that time in works devoted to Anthropology: J. D. Metzger 'Medizinisch-philosophische Anthropologie' (Weißenfels and Leipzig, 1790) pp. 74–81; J. Ith 'Versuch einer Anthropologie' (2 pts. Berne, 1794/5) II.17–70; Kant 'Anthropologie' (Königsberg, 1798) §§ 15–25; W. Liebsch 'Grundriß der Anthropologie' (2 pts. Göttingen, 1806/8) pp. 390–481; F. A. Carus 'Psychologie' (2 vols. Leipzig, 1808) I. 124–69; F. von Gruithuisen 'Anthropologie' (Munich, 1810) pp. 305–415; G. H. Masius 'Grundriß anthropologischer Vorlesungen' (Altona, 1812) pp. 102–14; D. T. A. Suabedissen

'Die Betrachtung des Menschen' (3 vols. Cassel and Leipzig, 1815/18) III.187–230; P. C. Hartmann 'Der Geist des Menschen' (1819; 2nd ed. Vienna, 1832); J. F. Fries 'Handbuch der psychischen Anthropologie' (2 vols. Jena, 182–/21) I.90–139; L. Choulant 'Anthropologie' (2 vols. Dresden, 1828) I.94–128.

169, 13
Phil. Nat. §§ 275–78.

169, 17
Phil. Nat. § 320.

169, 32
Cf. note 167, 38.

171, 6
Cf. note 107, 31.

171, 10
Phil. Nat. §§ 300–1. Cf. the note on terminology (III.69, 10). By using the word 'Ton' (tone), Hegel may be emphasizing the subjective aspect here, although in 1825 (Kehler Ms. p. 102), he evidently used 'Schall'.

173, 14
Phil. Nat. §§ 321–2.

173, 32
Phil. Nat. §§ 295–9.

175, 5
Phil. Nat. §§ 303–7.

175, 7
Phil. Nat. §§ 310–5. Since Hegel mentions Aristotle's 'De Anima' as the 'sole work of speculative interest' on the general topic of the soul (§ 378), attention should, perhaps, be called to the treatment of the senses in bk. II of this work. As here in the Anthropology, a beginning is made with sensation, and sight, hearing, smell, taste and touch are then considered in that order. Cf. Aristotle's 'De Sensu' (Loeb no. 288 pp. 205–83).

175, 19
Logic §§ 86–106; Aristotle 'De Anima' 426a 28–426b 9; J. F. Pierer 'Medizinisches Realwörterbuch' vol. I pp. 112–3 (Leipzig and Altenburg, 1816).

175, 29
Note 163, 27.

175, 35
Phil. Nat. § 361.

177, 15
§§ 473–80.

177, 29
37, 4 et seq.

177, 34
It should be noted that it is *we* who have brought the development of the soul to the present standpoint, not the soul that has developed i.e. that the progression involved is essentially Notional, an intellectual assessment of a given difference in degree of complexity, triadically interpreted in the light of the final telos (§§ 574–7), not a *natural development*. Cf. Phil. Nat. I.25–6, § 249; note 205, 16.

178, 34
Griesheim wrote 'Neuton'.

179, 12
§ 457–8. Cf. the extensive and detailed treatment of symbolism in the Aesthetics (p. 1285). It is just possible that Hegel also has in mind the then outmoded use of the word in 'chemical' contexts. 'Elements' were said to 'symbolize' i.e. to combine, unite and harmonize, — as exterior sensations do in the soul. J. F. Pierer 'Medizinisches Realwörterbuch' vol. VII p. 807 (Altenburg, 1827).

179, 15
On *physical* sympathies, see Phil. Nat. III.128, 146. Cf. F. Hufeland (1774–1839) 'Ueber Sympathie' (Weimar, 1811; 2nd ed. 1822); F. D. J. M. Dehier 'Essai sur la sympathie' (Paris, 1815).

181, 3
See the fascinating historical study of this by M. Reinhold, 'History of purple as a status symbol in antiquity' (Brussels, 1970).

181, 7
Hegel is more specific in the Aesthetics 842: "In accordance with this symbolism, when the Virgin Mary is portrayed enthroned as Queen of Heaven she usually has a red mantle, but when she appears as a mother, a blue one".

181, 19

Herder 'Plastik' (1769; 'Werke' ed. Suphan VIII.101) seems to have brought the subject of the symbolism of colours into general discussion. Goethe's 'Zur Farbenlehre. Didaktischer Teil' (ed. Matthaie, Weimar, 1955) sect. VI 'Sinnlich-sittliche Wirkung der Farbe' and §§ 915–20 was almost certainly Hegel's main source of inspiration: Phil. Nat. II.153. He treats the subject again, at great length, in the Aesthetics 838–50. Wilhelm Wundt (1832–1910), in his 'Grundzüge der physiologischen Psychologie' (5th ed. 2 vols. Leipzig, 1912) praises Goethe as the 'founder of the impression method', i.e. as the first systematic investigator of the influence colours have upon feelings.

185, 25

§§ 483–571. Philosophy (§§ 572–7), evidently, does not involve feeling.

185, 38

§§ 440–82, the Psychology.

187, 7

§ 411.

187, 17

M. F. X. Bichat (1771–1802), 'Recherches physiologiques sur la Vie et la Mort' (Paris, 1800; tr. F. Gold, London, London, 1815) ch. I pp. 7–8; see Phil. Nat. § 355 (III.310, 317). It is interesting to note that Schopenhauer also praises Bichat for having drawn this distinction: 'His observations and mine confirm one another. His provide the physiological commentary on mine, mine the philosophical commentary on his, and the best way to understand us both is to read us together.' 'Die Welt als Wille' bk. 2 ch. 20.

Bichat was in substantial agreement with the animism of G. E. Stahl (1660–1734) in his analysis of the basic principle of living matter: see Phil. Nat. III.230, 375. Cf. M. Laignel-Lavastine 'Sources, principes, sillage et critique de l'oeuvre de Bichat' ('Bulletin de la Societé française de philosophie' 46, 1952, 1).

187, 27

Literally: 'a thousand-year error'.

189, 26

Phil. Nat. § 250.

189, 33

The etymological history of 'heart' (Herz) is better than that of 'head' (Haupt, Kopf) in bearing Hegel out on this. The latter simply derive from the words for skull or cup, whereas already in Old Indian, the former is

associated with disposition or courage: F. Kluge 'Etymologisches Wörterbuch der Deutschen Sprache' (Berlin, 1963). For a useful survey of the associations embedded in Indian and Greek in this respect, see W. Biesterfeld's article in J. Ritter's 'Historisches Wörterbuch der Philosophie' (Darmstadt, 1974) vol. 3 pp. 1099–111. Cf. J. D. Metzger (1739–1805) 'Ueber den menschlichen Kopf in anthropologischer Rücksicht' (Königsberg, 1803).

190, 35
For 'dieer' read 'dieser'.

191, 3
Phil. Nat. § 354. Hegel distinguishes between the nervous, the sanguine and the *digestive or reproductive* systems. This was quite normal at the time. The 'reproductive' were therefore quite distinct from the sexual functions of the body (§ 368). On diseases of the reproductive or digestive system, see F. W. Wolf (d. 1837) 'Ueber die Natur, Erkenntniß und Cur der Krankheiten des reproductiven Systems' (Berlin, 1811). Sorrow and grief were said to give rise to cramps, stoppages, inflammations, disturbances and interruptions of regular functions in the abdomen, and also to affect the *breast*, the mother's milk for example: K. H. Dzondi's (1770–1835) article on affection in Pierer's 'Medizinisches Realwörterbuch' I p. 112 (1816).

191, 17
Phil. Nat. § 365; III.338: cf. J. Maclury 'Experiments upon the human bile' (London, 1772); G. Goldwitz 'Neue Versuche zu einer wahren Physiologie der Galle' (2 pts. Bamberg, 1785/9).

191, 30
Phil. Nat. III.162, 17 and the reference to S. T. Sömmerring's (1775–1800) explanation of blushing and turning pale, III.345.

193, 4
Phil. Nat. § 355.

193, 29
See the excellent discussion of this in Alexander Crichton's (1763–1856) extremely influential 'An Inquiry into... Mental Derangement' (2 vols. London, 1798; Germ. tr. Leipzig, 1809, 2nd ed. 1810) p. 153: 'All moral causes which make us laugh, occasion a sudden transition from one series of ideas, to others which are not only dissimilar, but contradictory to the former. This kind of contradiction is either, 1st. A contradiction between words and their more obvious meanings, or, 2dly. A contradiction between the sentiment which the words convey, and certain peculiar modes of thinking. 3dly. It consists in actions which are contradictory, inasmuch as they

are apt to occasion two very opposite emotions at one and the same moment of time... To the third class belong the vast variety of objects, such as the tricks and gestures of stage-fools, and clowns, in pantomime entertainments, whose faces and gestures display the most sudden transitions from seriousness to a broad grin; from crying to laughter, from awkward obsequiousness and ceremony, to excesses of familiarity, and disrespect; from terror and apprehension, to foolish intimacy and security.'

For similar discussions, see: S. A. Tissot (1728–1797) 'Sämmtliche zur Arztneykunst gehörige Schriften' (4 vols. tr. J. C. Kerstens, Leipzig, 1779/81) IV § 137; D. Tiedemann 'Handbuch der Psychologie' (Leipzig, 1804) 84; C. F. Pockels 'Psychologische Bemerkungen über das Lachen' (C. P. Moritz 'Magazin zur Erfahrungsseelenkunde' vol. III pt. i pp. 89–106); H. von Keyserlingk 'Anthropologie' (Berlin, 1827) § 37.

195, 4

Aesthetics 1167.

195, 11

Delightfully enough, Hegel presents comedy as the culmination and dissolution of the whole sphere of art (Aesthetics 1235). *Ἄσβεστος γέλως*, Sir Thomas Browne's 'unextinguishable laugh in heaven', eases the dialectical transition from art to religion: 'The modern world has developed a type of comedy which is truly comical and truly poetic. Here once again the keynote is good humour, assured and careless gaiety despite all failure and misfortune, exuberance and the audacity of a fundamentally happy craziness, folly, and idiosyncrasy in general.'

195, 19

Thomas Brown (1778–1820), 'Lectures on the Philosophy of the Human Mind' (Edinburgh, 1824) no. 58, discusses Hobbes' famous definition of laughter as, 'a sudden glory, arising from a sudden conception of some eminency in ourselves, by comparison with the infirmity of others, or with our own formerly.' Cf. Francis Hutcheson (1694–1746) 'Thoughts on Laughter' ('Hibernicus's Letters' Dublin, 1725/7); E. A. Nicolai (1722–1802) 'Abhandlung vom Lachen' (Halle, 1746); Denis-Prudent Roy 'Traité medico-philosophique sur le rire' (Paris, 1814).

195, 23

δακρυόεν γελάσασα. Iliad VI.484. Hector, Andromache, the child, and the thought of the future:

> 'Soft on her fragrant breast the babe she laid,
> Hush'd to repose, and with a smile survey'd.
> The troubled pleasure soon chastis'd by fear,
> She mingled with a smile a tender tear.'
>
> (Pope).

195, 31

Plutarch ascribes this to the influence of Anaxagoras: 'Pericles acquired not only an elevation of sentiment, and a loftiness and purity of style, far removed from the low expression of vulgar, but likewise a gravity of countenance which relaxed not into laughter, a firm and even tone of voice, an easy deportment, and a decency of dress, which no vehemence of speaking ever put into disorder.' Born about 490 B.C., he entered politics at about the age of twenty. Cf. Hegel's 'Briefe' II.157.

195, 37

See the instances collected by A. von Haller (1708–1777) in his 'Elementa physiologiae corporis humani' (8 vols. Lausanne, 1757/66) vol. V bk. 16 sect. 1 § 16.

197, 29

Phil. Nat. § 284 and III.128. Those indefatigable analysts A. F. Fourcroy (1755–1809) and L. N. Vauquelin (1763–1829) were diligent enough to analyze tears *chemically*: 'Examen chimique des larmes' ('Annales de chemie' vol. X p. 113): 96% water, the rest cooking salt, natron, phosphates of natron and lime. Cf. Kant 'Anthropologie' §§ 76–9.

For a recent survey of work on the social significance of 'eye contact', see M. Argyle and M. Cook 'Gaze and Mutual Gaze' (Cambridge, 1975).

199, 22

Among the Romans, the *libitinarii* or professional undertakers attending a funeral usually included a *praefica* or mourner who sang the *nenia* or dirge, and a number of assistants who made responses to the singing, while weeping, beating their breasts and tearing their hair. See Servius's commentary on the 'Aeneid' bk. VI line 216.

199, 34

Phil. Nat. III.191, 5.

201, 13

On Swabian funeral customs, see Anton Birlinger 'Aus Schwaben' (2 vols. Wiesbaden, 1874) II.314. Cf. E. Hoffmann-Krayer and H. Bächtold-Stäubli 'Handwörterbuch des Deutschen Aberglaubens' vol. VIII cols. 985–91 (Berlin and Leipzig, 1936/7).

201, 16

'Dichtung und Wahrheit' (tr. John Oxenford, London, 1864) vol. I p 240 (bk. VII): 'And thus began that tendency from which I could no deviate my whole life through; namely, the tendency to turn into an image into a poem, everything that delighted or troubled me, or otherwise occupiec

me, and to come to some understanding with myself upon it, that I might both rectify my conceptions of external things, and set my mind at rest about them.'

201, 25

Phil. Nat. III.128, 164, 318. With regard to the diaphragm, see A. von Haller (1708–1777) 'De Diaphragmatis' (Leipzig, 1738).

201, 30

This § is, in some essential respects, a restatement at the anthropological level of §§ 354–5. Bichat's distinction (note 187, 17), and his assessment of the importance of the sympathetic nerve (Phil. Nat. III.130, 10) is therefore basic to the whole exposition.

201, 37

III.129, 19; 'Gespräche mit Eckermann' 2nd January 1824, 17th March 1830. Cf. J. Schumacher 'Melemata' (Mannheim, 1967) pp. 129–42; K. R. Mandelkow 'Goethe im Urteil seiner Kritiker' I.27–88 (Munich, 1975).

203, 20

Note 147, 9.

205, 16

Cf. note 177, 34. Although the progession is *essentially* Notional, the differences it deals with are *given* i.e. the soul 'raises itself'. The *philosophy* of Anthropology is the procedure involved in the intellectual grasping of the various levels of the soul's approximation to consciousness (§ 413 et seq.).

208, 7

For 'gleichgiltig' read 'gleichgültig'.

209, 12

'Convolution' is an unusual word in Hegel; see 'Rechtsphilosophie' (ed. Ilting) IV.200. He may be using it here in order to emphasize the fact that these determinations are 'rolled together' in our intuition and experience as well as in the objective world. The Latin root 'volvere' applies to the *rolling up* of a script for example, as well as to the *turning over* of thoughts in one's mi'

211, 7

Note 23, 23

211, 26

Note 247, 17.

212, 3

Insert a full-stop after 'trete'.

215, 18

It is important to note that Hegel only fully clarified his terminology at this juncture at a very late date, and that his treatment of the sensation and feeling involved in intuition (§§ 445–50) and practical spirit (§§ 471–2) can easily lead to confusions unless we keep these various levels in mind while discussing his expositions.

In the 1817 Encyclopaedia (§ 319) he makes no mention of feeling at this level, and the differences between the 1827 and 1830 editions show that the present headings were not decided upon until the very end of his teaching career, probably as the result of the preparations he made for the lectures on 'Psychology and Anthropology' delivered during the Winter Term of 1829/30.

Despite the lingering uncertainties apparent in these late alterations however, the material published by Nicolin and Schneider in 'Hegel-Studien' vol. 10 pp. 26–8 (1975) seems to indicate that he had grasped the importance of distinguishing between sensation and feeling in this context by the time he was delivering the 1822 lectures on 'Anthropology and Psychology'. By 1825 the mature treatment of the transition from sensation to animal magnetism is already apparent in both the structure and the *subject-matter* of the lectures. He devoted three afternoon sessions to it (Fri. 24th June–Tues. 28th June), during the third of which he discussed Windischmann's book (note 321, 39).

In his 'Philosophische Aphorismen' (2 pts. Leipzig, 1784) II.649, Ernst Platner (1744–1818) claimed that, 'We *feel* heat in so far as we judge there to be a physical basis for the feeling in the hot body; we *sense* it in so far as it is pleasant or unpleasant. In so far as the object affects my condition, feeling passes over into sensation.' He then went on to quote the Berlin Academy (1778), Lessing, Mendelssohn, Sulzer and Garve in support of these definitions, and to criticize Kant for *reversing* them. It was, however, Kant's reversal of the traditional usage which came to determine philosophical consideration of the distinction during the opening decades of the last century. Hegel's mature treatment of sensation and feeling is therefore in tune with the progressive developments of his time, and the stages by which he developed it provide us with a first-rate case-study of the essential features of his philosophical method. He took his time about accepting the implications of Kant's linguistic revolution, and his caution was clearly justified by the difficulty of the subject-matter with which he was dealing.

Before Hegel had started at Stuttgart Grammar School, D. Tiedemann (1748–1803), 'Untersuchungen über den Menschen' (3 pts. Leipzig, 1777/8) II.162–90, 216–41, had noted that 'a sensation always involves an exterior object' (163), whereas feeling is the positive element in the subject. J. H. Abicht (1762–1816), 'Psychologische Anthropologie' (Erlagen, 1801) pp.

61–2 emphasized this point even more emphatically. H. B. von Weber drew the same distinction in his 'Anthropologische Versuche' (Heidelberg, 1810) pp. 36–53, and two decades later provided a very valuable survey of the whole issue in his 'Handbuch der psychischen Anthropologie' (Tübingen, 1829) pp. 175–264. J. G. E. Maaß (1766–1823) 'Versuch über die Gefühle' (Leipzig and Halle, 1818) pt. I 2 regards feelings as, 'the *most obscure* part of the spiritual life of man' (p. 177), but takes actual sensations to be 'objective or cognitive', and feelings to be 'subjective sensations'. His work has the merit of also discussing feeling in its ethical, aesthetic and religious contexts. J. Hillebrand (1788–1871), 'Die Anthropologie als Wissenschaft' (Mainz, 1823) pp. 272–5 is in substantial agreement with Hegel in placing feeling between sensation and rationality, as is J. E. van Berger (1772–1833), in his 'Grundzüge der Anthropologie' (Altona, 1824) p. 372.

Cf. W. T. Krug (1770–1842) 'Grundlage zu einer neuen Theorie der Gefühle' (Königsberg, 1823); C. W. Stark (1787–1845) 'Pathologische Fragmente' (Weimar, 1825), 'Ueber die Annahme eines eigenen Gefühlsvermögens' (Nasse's 'Zeitschrift für die Anthropologie' 1825 i pp. 32–63); D. T. A. Suabedissen (1773–1835) 'Die Grundzüge der Lehre von dem Menschen' (Marburg and Cassel, 1829) pp. 221–316.

217, 14
This striking image of the ego as a featureless abyss or shaft seems to be peculiar to Hegel. Cf., however, J. H. Campe (1746–1818) 'Kleine Seelenlehre für Kinder' (1779; 3rd ed. Brunswick, 1801) p. 68, "O Kinder, unsere Seele ist ein unerschöpflicher Quell von wunderbaren Kraften und Fähigkeiten." The significance of Hegel's adjective may derive something from the fact that the shaft (Schacht) of a mine was originally the rod used for *measuring* its depth (Kluge, Etym. Wört.). Cf. III.153, 8; 203, 30.

219, 10
The sphere in which the ego is treated (§§ 413–39) *succeeds* that of the 'feeling soul', that of 'the real extrinsicality of corporeity' (§§ 337–76) *precedes* it.

219, 12
On 'materiature', see Phil. Nat. II.306.

219, 19
Notes 11, 27; 247, 35.

220, 32
In 1827 (381, 31), this appeared as 'noch nicht undurchdringlich, widerstandloses'; and was corrected (544) to 'noch ein widerstandloses'.

221, 14

There is a useful exposition of the important point being made here in Murray Greene's 'Hegel on the Soul' (The Hague, 1972) pp. 103–6.

223, 4

In the German of Hegel's day, 'Genie' was applied to Leonardo da Vinci, Michael Angelo, Mozart etc., 'Genius' to the atmosphere of a locality, tutelary spirits, Descartes' demon etc. In using the latter word in this context, Hegel is therefore stretching its normal meaning somewhat: see Pierer op. cit. III.505–9, 550–2 (1819).

223, 24

Note 163, 27. Cf. J. F. Fries (1773–1843) 'Handbuch der Psychischen Anthropologie' (2 vols. Jena, 1820/1) I.249.

223, 27

Phil. Nat. III.70, 275–7.

223, 35

'Magical' simply in the sense that we are unable to *explain* its *intrinsic* nature. Cf. Phil. Nat. 68, 27; 205, 33; 206, 1; J. S. Halle (1727–1810) 'Magie, oder die Zauberkräfte der Natur' (4 vols. Berlin, 1784/6); G. C. Horst (1769–c.1840) 'Von der alten und neuen Magie' (Mainz, 1820). Cf. 407, 24.

225, 33

Cf. § 400. This equating of 'heart' with 'disposition' corrects the bias in Hegel's earlier observation (note 155, 34). There are several instances in which the words or their roots are interchangeable in both German and English: 'er ist ganz Gemüt', 'he is all heart'; 'sich ein Herz fassen', 'pluck up courage' etc. Cf. Ritter's 'Historisches Wörterbuch der Philosophie' vol. 3 cols. 259–62 (1974).

225, 43

This observation turns upon the fact that 'Gemüth' (disposition) has given rise to the adjective 'gemütlich' (good-hearted). The subject was much discussed in the anthropological literature of the time: J. H. Abicht (1762–1816) 'Psychologische Anthropologie' (Erlangen, 1801) pp. 87–111; C. F. Pockels (1757–1814) 'Der Mann' (4 vols. Hanover, 1805/8) II pp. 1–11; D. T. A. Suabedissen (1773–1835) 'Die Betrachtung des Menschen' (3 vols. Cassel and Leipzig, 1815/18) vol. 2 pp. 468–9, 'Grundzüge' (1829) p. 230; P. C. Hartmann (1773–1830) 'Der Geist des Menschen' (1819; 2nd ed. Vienna, 1832) pp. 41–2; L. Choulant (1791–1861) 'Anthropologie' (2 vols. Dresden, 1828) II pp. 9–10.

Two of the contemporary discussions are of particular interest in that they provide examples of *approximations* to Hegel's conception of disposition as the focal point of sensation, the 'concentrated individuality' which adumbrates consciousness. See J. Hillebrand (1788–1871) 'Die Anthropologie' (Mainz, 1823) p. 241, 'Since the disposition forms the focal point of all the psychic phenomena deriving from presentation occurring within the life of the soul, consciousness constitutes its centre and its necessary condition.' C. W. Stark (1787–1845) in Nasse's 'Zeitschrift für die Anthropologie' 1825 i p. 56: 'Under disposition I should like to include the feelings of both the higher psychic spheres of spiritual self-awareness and ideal feeling.'

229, 16

Shakespeare 'King Lear' (1606) Act I Scene iv lines 28–9. The teacher *whom Hegel most admired* at the Stuttgart Grammar School had given him a German translation of Shakespeare (J. Hoffmeister 'Dokumente zu Hegels Entwicklung' p. 13), probably that by Johann Joachim Eschenburg (1743–1820): see 'Willhelm Shakespears Schauspiele' (23 vols. Strassburg and Mannheim, 1778–1783) vol. 14 pp. 38–9:

Lear. Kennst du mich, Freund?
Kent. Nein, Herr; aber ihr habt etwas in euren Mienen, das ich gern meinen Herrn nennen möchte.
Lear. Und was ist das?
Kent. Ansehen.

A. W. von Schlegel and L. Tieck 'Shakespeare's dramatische Werke' (9 vols. Berlin, 1825–1832) vol. 8 pp. 298–9, also translate Shakespeare's 'countenance' as 'Miene', and are justified in doing so, since the word meant 'mien', 'demeanour', 'bearing', as well as 'face', and this would appear to be its most likely meaning here: see 'King Lear' (ed. K. Muir, London, 1963) p. 37. Hegel's word, 'Gesicht', can also have both meanings.

Cf. Carl Stark 'König Lear. Eine psychiatrische Shakespeare-Studie' (Stuttgart, 1871).

229, 20

Hegel has not remembered this incident with complete accuracy. He has in mind Léonore Dori D'Ancre (d. 1617), the foster-sister of Marie de' Medici (1573–1642), who was tried for gaining power over the queen regent by sorcery, and executed on July 8th 1617. At her trial she maintained that, 'Mon sortilége a été le pouvoir que doivent avoir les âmes fortes sur les esprits faibles.' See 'La Magicienne étrangère' (Rouen, 1617); Jean-Baptiste Legrain (1565–1642) 'Décade contenant l'histoire de Louis XIII' (Paris, 1619); 'Biographie Universelle' vol. I pp. 643–4 (Paris, 1843); F. Hayem 'Le maréchal d'Ancre et Léonora Galigaï' (Paris, 1910); A. Franklin 'La cour de France et l'assassinat du maréchal d'Ancre' (Paris, 1913).

From the account Hegel gives of it, it looks as though he probably came across this incident in John Brand's (1774–1806) 'Observations on Popular Antiquities' (ed. Henry Ellis, 2 vols. London, 1813) vol. II pp. 375–6: "The Wife of Marshal D'Ancre was apprehended, imprisoned, and beheaded for a Witch, upon a surmise that she had enchanted the Queen to doat upon her husband: and they say, the young King's picture was found in her closet, in virgin wax, with one leg melted away. When asked by her judges what spells she had made use of to gain so powerful an ascendancy over the Queen, she replied, 'that ascendancy only which strong minds ever gain over weak ones'." This may have been the book sent to Hegel by F. W. Carové (1789–1852) on Sept. 27th 1820: 'Briefe von und an Hegel' II p. 242; cf. 'Quarterly Review' no. XXII p. 259 (July, 1814), and the reference to D. Webster's book (note 285, 31).

There seem to be no other *French* cases with which he might be confusing the trial of Léonore D'Ancre: see M. Formey 'Recherches sur les anciennes procédures contre les prétendus Sorciers' ('Nouveaux Mémoires de l'Académie Royale des Sciences et Belles-Lettres' 5 November, 1778 pp. 299–311); R. Yve-Plessis 'Essai d'une Bibliographie... de la Sorcellerie' (Paris, 1900). He may have had either of two *English* cases in mind however. Joan of Navarre (1370–1437) was arrested on 1st October 1419 for 'avoit compassez et ymaginez la mort et destruction de ñre dit Sr le Roi (Henry V), en le pluis haute et horrible manere' ('Rotuli Parliamentorum' 7 vols. London, 1767–1832 vol. iv p. 118), and in 1469 Jacquetta of Luxemburg was accused of using witchcraft on Edward IV in order to make him marry her daughter Elizabeth Woodville ('Rot. Parl'. vol. vi p. 232).

229, 35
Note 379, 29.

229, 36
J. B. Helmont (1577–1644): note 307, 34; Phil. Nat. III.287–9.

231, 3
See J. F. Pierer's (1767–1832) article on magic in his 'Medizinisches Realwörterbuch' vol. 5 pp. 23–39 (Altenburg, 1823).

231, 20
Genesis III.22–24; cf. 107, 32 et seq.

231, 31
Had Hegel had a higher opinion of the theory of racial degeneration (note 47, 42), he might have treated Schelling's 'Ueber Mythen, historische Sagen und Philosopheme der ältesten Welt' (1793): 'Werke' ed. M. Schröter, vol. 1 pp. 1–43 (Munich, 1958) with more respect. Cf. Phil. Nat. I.294.

Towards the end of the seventeenth century, the traditional conception of a golden age or godlike past, which had been inherited from Hesiod and the Bible, was criticized by Hobbes and Vico, and satirized in such works as Thomas Parnell's (1679–1718) 'Essay Concerning the Origin of the Sciences from the Monkeys in Ethiopia' (1713). Rousseauism gave it a new lease of life however, and Schelling's publication was only one of many of its kind to appear in Germany towards the close of the eighteenth century: see C. G. Berger (d. 1795), the esperantist, 'Antediluviana' (Berlin, 1780), F. Bouterwek (1766–1828) 'De historia generis humani' (Göttingen, 1792); D. Tiedemann (1748–1803) 'Ursprung des Glaubens an einen ehemaligen paradiesischen Zustand der Menschen' ('Berlinische Monatsschrift' Dec. 1796 pp. 505–21); M. Engel (d. 1813) 'Versuche in der scientifischen und populären Philosophie' (Frankfurt, 1803) no. 7; F. A. Carus (1770–1807) 'Ideen zur Geschichte der Menschheit' (Leipzig, 1809) pp. 158–214.

Fichte would have none of this: '*Before* us lies what Rousseau, in the name of the state of nature, and every poet, under the appellation of the golden age, have located *behind* us.' 'Werke' (1966) I, iii, p. 65. Saint-Simon was of the same opinion: 'De la réorganisation de la société européene' (1814; ed. A. Pereire, Paris, 1925) p. 97, as, quite evidently, was Hegel: cf. his excerpt from the 'Morning Chronicle' 22nd September 1826, 'Hegel-Studien' vol. 11 p. 47, 1976.

The development of contemporary opinion on the subject in *France* was very different: see the various editions of A. Y. Goguet's (1716–1758) 'De L'Origine des Loix, des Arts, et des Sciences' (3 vols. Paris, 1758), and P. S. Ballanche's (1776–1847) grandiose scheme of degenerative history, 'Palingénésie Sociale' (Paris, 1827).

H. Levin 'The Myth of the Golden Age' (London, 1969); W. Veit 'Studien zur Geschichte des Topos der Goldenen Zeit' (Cologne, 1961); H. J. Mähl 'Die Idee des goldenen Zeitalters im Werk des Novalis' (Heidelberg, 1965); Colin Turnbull 'The Mountain People' (London, 1973).

232, 9

For 'Zähnebebekommen' read 'Zähnebekommen'.

235, 18

This distinction almost certainly owes something to Aristotle's 'On Prophecy in Sleep', and to the long tradition of oneirocritical works it initiated. See Sir Thomas Browne, 'Religio Medici' pt. II ch. 11, 'we are somewhat more than our selves in our sleepes, and the slumber of the body seemes to bee but the waking of the soule.' 'Philological Quarterly' vol. 28 pp. 497–503 (October 1949).

Contemporary German literature on the subject is not extensive (note 143, 33). Cf. J. C. Reil (1759–1813) 'Rhapsodieen' (Halle, 1803) pp. 66–9; J. D. Brandis (1762–1845) 'Ueber Psychische Heilmittel' (Copenhagen,

1818) p. 68–96; John Abercrombie (1780–1844) 'Inquiries Concerning the Intellectual Powers' (3rd ed. Edinburgh, 1832) pp. 258–88.

235, 18

The inclusion of an account of this state in a discussion of anthropology is by no means peculiar to Hegel. J. C. A. Heinroth (1773–1843) for example, in his 'Lehrbuch der Anthropologie' (Leipzig, 1822) pp. 44–56 treats it at some length, and J. Müller's 'Zur Physiologie des Fötus' (Nasse's 'Zeitschrift für die Anthropologie' 1824, ii pp. 423–83), gave rise to a lively exchange of views in this periodical during the next year or so.

Cf. Joseph Ennemoser (1787–1854) 'Historisch-psychologische Untersuchungen über den Ursprung und das Wesen der menschlichen Seele überhaupt und über die Beseelung des Kindes insbesondere' (1824; 2nd ed. Stuttgart and Tübingen, 1851).

237, 9

A much-discussed subject at that time, the general opinion being that the *psychic* state of the mother *could* have a *physical* effect upon the unborn child: K. Digby (1603–1665) 'Of Bodies and of Mans Soul' (London, 1669) pp. 415–31 (note 93, 12); Daniel Turner (1667–1741) 'De Morbis Cutaneis' (London, 1714) ch. xii; L. A. Muratori (1672–1750) 'Ueber die Einbildungskraft' (2 pts. Leipzig, 1785) II. ch. 12; P. Pinel (1745–1826) 'Traité Medico-Philosophique' (Paris, 1801) pp. 301–2 (note 331, 24); J. D. Brandis (1762–1845)'Ueber Psychische Heilmittel' (Copenhagen, 1818) pp. 53–6; Kluge (note 303, 20) § 224.

For the opposite view, see J. A. Blondel (d. 1734) 'Dissertation physique sur la force l'imagination des femmes enceintes sur le Fetus' (Leyden, 1734).

237, 38

Georg Tobias Ludwig Sachs (1786–1814) is the young doctor Hegel is referring to. His dissertation 'Historia Naturalis duorum Leucaethiopum auctoris ipsius et sororis eius' (Sulzbach, 1812) was well known at the time, and was translated into German just prior to Hegel's having mentioned it in his lectures, see J. H. G. Schlegel 'Ein Beitrag zur nähern Kenntniss der Albinos' (Meiningen, 1824) pp. 7–142. It need not necessarily be the case that Hegel actually knew him therefore, although he was teaching at the University of Erlangen during the greater part of Hegel's Nuremberg period. All the details mentioned here by Hegel are to be found in Sachs' book, although Sachs informs us that he was born in the village of St. Ruprecht in Upper Carinthia, not in Styria.

The mother must have had the experience at the beginning of March 1786: 'Quae, cum primum foetum fere viginti et novem hebdomales [a)] utero gesserat, e serenissimi diei hyemalis claritate meridiana niveque aucta nihil-opinans in conclave intravit plane obscurum, ad cuius tenebras paucis

tantum luminis radiis per valvarum, fenestris oppositarum, rimas erat aditus. Quorum unus oculum leporis [b] in angulo sedentis ferit, vibransque reflectitur in ingredientis foeminae oculos. Unde haec miro quodam et ingenti percussa terrore refugit. Effectum tamen huius speciei fugere nequibat. Inde enim ab illo momento idem fere sensus, qui erat e lumine ex oculis leporis refulgente, saepissime rediit oculis gravidae, radiis fere, quos adamas in sole spargere solet, comparandus. Hoc inprimis accidit, quotiescunque foetus motum, qui vividior ex illo tempore esse videbatur, sentiebat — (eam sane ob caussam, quia tunc semper terrifici illius adspectus recordata est).

Eo factum est, ut iam tunc vereretur, ne proles vitio quodam oculorum afflicta prodeat, qui meatus animo firmiter infixus eximie gravidam vexabat.

Magno denique labore summoque cum vitae periculo filium leucaethiopem enixae spectrum disparuit.'

a) Non in primus graviditatis mensibus id factum est, ut auctor libri inscripti: Reise durch einige Theile vom mittäglichen Deutschland und dem Venetianischen, Erfurt 1798 (Dr. *Schlegel*) refert.

b) Lepus timidus (non cuniculus) Linn. (The Alpine or Mountain Hare). Op. cit. § 6 (pp. 2–3); cf. Germ. tr. pp. 8–9.

Sachs studied at Tübingen, Altdorf and Erlangen, and once he had settled in Erlangen gained a considerable reputation as a general practitioner, an effective and versatile lecturer, and a man of wide culture. In his dissertation he has much to say about Goethe's theory of colours (especially §§ 150–5; see also §§ 16, 17, 18, 82, 87, 166), and this could well have been the original reason for Hegel's having taken an interest in the work.

Johannes Nepomuk Hunczovsky (1752–1798) of Vienna was in the habit of referring to cases such as Sachs' in his immensely popular lectures; cf. A. M. Vering (1773–1829) 'Psychische Heilkunde' (2 vols. Leipzig, 1817/21) I p. 43; G. H. von Schubert (1780–1860) 'Die Geschichte der Seele' (Stuttgart and Tübingen, 1830) pp. 803–4. For details of Sachs' life, see 'National-Zeitung der Deutschen' (ed. R. Z. Becker, Gotha, 1814) no. 39 pp. 802–4; G. C. Hamberger and J. G. Meusel 'Das Gelehrte Teutschland' (5th ed. Lemgo, 1825) vol. XX p. 3.

For the general development of views on albinoism at this time see: I. G. Gerdessen (1754–1821) 'De anomalo animalium albidiore colore quaedam proponit' (Leipzig, 1777); J. F. Blumenbach (1752–1840) 'De oculis leucaethiopum et iridis motu' (Göttingen, 1786); D. Mansfield (1797–1863) 'Ueber das Wesen der Leukopathie' (Brunswick, 1822); C. Ernst 'De leucosi' (Göttingen, 1830); Hermann Beigel 'Beitrag zur Geschichte und Pathologie des Albinismus' ('Verhandlungen der Kaiserlichen Leopoldino-Carolinischen deutschen Akademie der Naturforscher' vol. 23 p. 30; Dresden, 1864).

239, 23

This is a widespread and fairly common theme in folklore, mythology

and epic poetry: see M. A. Potter 'Sohrab and Rustem. The epic theme of a combat between father and son' (London, 1902); T. P. Cross 'A Note on Sohrab and Rustem in Ireland' ('Journal of Celtic Studies' vol. I p. 176).

Hegel probably has in mind the fate of Oedipus and Hildebrand. The 'Hildebrandslied' was first printed by J. G. von Eckhart (1664–1730) in the second volume of his 'Commentarii de rebus Franciae' (2 vols., Würzburg, 1729), and was re-edited by J. L. C. Grimm (1785–1863) in his 'Die beiden ältesten deutschen Gedichte' (Cassel, 1812). Cf. E. V. Utterson's (1775–1856) edition of the metrical romance 'Sir Degare' (c. 1300), in his 'Select Pieces of early Popular Poetry' (2 vols., London, 1817) vol. I p. 113.

242, 29

Insert 'haben' after 'gesehen'. Cf. 1827 ed. 383, 26.

242, 30

For 'diesen' read 'seinen'. Cf. 1827 ed. 383, 27.

243, 2

Cf. notes 223, 4; 289, 22. The subject formed part of the normal medical literature of the time, see the articles on 'Dämonen' and 'Genius' by J. F. Pierer (1767–1832) in the 'Medizinisches Realwörterbuch' II.295–9 (1818), III.550–2 (1819).

243, 4

The 'Besonnenheit' or self-possession referred to here, and throughout these lectures, is evidently the cardinal virtue of soundness of soul (*σωφροσύνη*) defined in the 'Charmides': H. North 'Sophrosyne, self-knowledge and self-restraint in Greek literature' ('Cornell Studies in Classical Philology' vol. 35, 1966). J. C. Reil (1759–1813), in 'Rhapsodieen' (Halle, 1803) p. 98, a book almost certainly used by Hegel, gives a fuller definition, '*Self-possession* is closely related to self-consciousness. It is a property of the soul which has self-consciousness as its basis as it were, and which in its turn links up with attention. Self-possession takes note of objects, while attention, for its part, holds fast to what has been noted. Self-possession may be regarded as the compass in the sea of sensuousness, as that which guides the activity of the soul to its purpose, which is happiness. Without it, the soul would either comply with the law of constancy and stick to one general object, or reel about in the universe without a load-star. In that self-possession holds the middle, both of these extremes are avoided.'

Michael Wagner (1756–1821), 'Beyträge zur Philosophischen Anthropologie' (2 vols. Vienna, 1794/6) I pp. 130–1, distinguishes between internal and external self-possession, 'To be internally *self-possessed* is to be conscious of all that one is doing, to pay attention only to what one wants to observe, to bear in mind decisions reached, and not to forget them when external circumstances change. Lack of self-possession is therefore less noticeable when

it is *internal* than when it is external. If a person tries to move a cartload of hay in order to reach his friend, he may be seen and laughed at, but someone who finds himself at a door and does not know why he is there can easily get himself out of the fix without looking foolish. Consequently, if a person is incapable of concealing this lack of internal self-possession, or has become so, he is not only said to be, but usually is, an outright fool.'

Cf. J. F. Fries (1773–1843) 'Handbuch der Psychischen Anthropologie' (2 vols. Jena, 1820/21) vol. I p. 79; H. B. Nisbet 'Herder and the Philosophy and History of Science' (Cambridge, 1970) p. 269.

243, 4

'Das Gefühlsleben'. Although the 'life of feeling' is not often referred to in the literature of the time, it is the direct outcome of a widely accepted distinction, and is by no means a concept or turn of phrase peculiar to Hegel: see D. G. Kieser (1779–1862) 'Das zweite Gesicht', in 'Archiv für den thierischen Magnetismus' (12 vols. Leipzig and Halle, 1817–1824) 6 iii pp. 93–4 (1820), 'Consequently, when man's *life of feeling* sees at a distance in time and space, this is parallel to the *life of reason's* doing so. Both procedures are therefore properties of the human soul, the former being a *feeling at a distance*, the latter a *cognition at a distance*; the former is however an attribute of the nocturnal aspect and of the *sleeping* soul, while the latter is an attribute of the daytime aspect and of the *awakened* soul.' Kieser goes on to say that the explanation of second sight and related phenomena is impossible unless this distinction is borne in mind. Cf. J. Salat (1766–1851) 'Lehrbuch der höheren Seelenkunde' (Munich, 1820) pp. 189–93.

Such distinctions in respect of the human soul were congenial to Hegel's general manner of thinking in that it involved the attempt to establish qualitative differences, and had long been commonplaces wherever Aristotle's 'De Anima' was studied and known: see note I.11, 39; Max Dessoir 'Geschichte der Neueren Deutschen Psychologie' (2 vols. Berlin, 1902) I pp. 7–8 et seq.; C. Weiss 'Untersuchungen über das Wesen und Wirken der Menschlichen Seele' (Leipzig, 1811) p. 50; 'Archiv' op. cit. 2 ii p. 130 (1817); 6 i p. 101 (1819).

Those who claimed that animal magnetism provided us with glimpses of 'higher truths', naturally objected to Hegel's identifying it with the 'life of feeling'. See F. X. van Baader (1765–1841) 'Ueber die Abbreviatur' etc. (1822; 'Gesammelte Schriften zur Philosophischen Anthropologie' Leipzig, 1853 pp. 107–14), 'So z.B. stellte Prof. *Kieser*, nach ihm *Hegel* und dessen Schule die Hypothese auf, dass in magnetischen oder ekstatischen Zuständen der Mensch in zwei Hälften, nemlich in die Gefühl und in die Erkenntnisseite sich geschieden finde... Die von Hegel aufgestellte Behauptung, dass im Magnetischen ein (thierischer) Instinct wirksam sei, (ist) völlig grundlos.' (pp. 110, 112).

243, 31

Since the critical procedure involved in Hegel's exposition of animal magnetism is particularly effective, it may be of value to examine the background to these observations in some detail. It is certainly worth noting moreover, that this is one of the very few sections of the 'Encyclopaedia' for which we have direct documentary evidence of the way in which the fundamental conception of the subject-matter was arrived at (note 303, 22).

There is nothing novel about the standpoint from which Hegel criticizes the non-philosophical attitudes current at the time, — those who dismiss animal magnetism as delusion and imposture are confusing categories, and in this case the confusion leads them to question the factual aspect (das Faktische) of the matter. *Reason* must look for the identity of particular and universal, of content and form, must attempt to assess the subject-matter in accordance with its level of complexity, to place the factual aspect in its coherent context. The *understanding* fails to do this, since it simply applies its own arbitrary categories to an unassessed subject-matter, and so allows particular and universal, content and form to fall apart (Enc. §§ 71, 80, 81, 226, 467).

We have already noted that Hegel's fundamental assessment of animal magnetism is that it is an aspect of the life of *feeling* (note 243, 4). He recognizes that it is effective at a *physical* level (Phil. Nat. III.207, 34), but he evidently regards attempts to explain it in *predominantly* physical terms as an unwarranted form of reductionism: see A. C. A. Eschenmayer (1768–1854) 'Versuch, die scheinbare Magie des thierischen Magnetismus aus physiologischen und psychischen Kräften zu erklären' (Stuttgart, 1816); Stephan Csanády 'Medicinische Philosophie und Mesmerismus' (Leipzig, 1860). On the other hand, he also criticizes those who overvalue it, and regard it as capable of providing direct revelation of religious or philosophical truths: see G. H. von Schubert (1780–1860) 'Ansichten von der Nachtseite der Naturwissenschaft' (Dresden, 1808); J. Ennemoser (1787–1854) 'Der Magnetismus' (Stuttgart, 1819); Ferdinand Runge 'Die Genesis des menschlichen Magnetismus' ('Archiv für den thierischen Magnetismus' 8 ii pp. 1–60, 1821); J. F. Mayer 'Blätter für höhere Wahrheit' (Frankfurt-on-Main, 1818–1822); F. X. Baader (1765–1841) 'Ueber die Incompetenz unsrer dermaligen Philosophie zur Erklärung der Erscheinungen aus dem Nachtgebiete der Natur' (Stuttgart, 1837).

It was such overvaluations of animal magnetism which encouraged the reductionists to dismiss it outright as a bogus phenomenon: see C. H. Pfaff (1773–1852) 'Ueber und gegen den thierischen Magnetismus' (Hamburg, 1817); J. Stieglitz (1767–1840) 'Ueber den thierischen Magnetismus' (Hanover, 1814); reviewed in 'Kieser's Archiv' 2 iii, 5 ii, 8 ii. Although he criticizes such works, Hegel must have realized that their sceptical approach was not entirely without its merits, and the uncompromising vigour with

which he condemns them is almost certainly due in part to his friendship with P. G. van Ghert (note 303, 22). It may be worth noting in this connection that Pfaff rejects as worthless (op. cit. pp. 84–95) a work which Hegel cites as an authority (note 309, 41).

F. A. Mesmer (1733–1815) had made animal magnetism known in Paris as early as the 1770's, see his 'Mémoire sur la découverte du magnetisme animal' (Paris, 1779). A royal commission was set up under Benjamin Franklin to investigate the matter, and after doing so from a predominantly physical standpoint, published its report on August 16th 1784. The conclusion reached was, 'que la théorie du *magnétisme animal* est un système absolument dénué de preuves.' Cf. 'Report of Benjamin Franklin and other Commissioners, charged by the King of France with the examination of animal magnetism, as now practised at Paris' (London, 1785 Germ. tr. Altenburg, 1785). In 1812 the Prussian government also showed interest in the subject, and set up a commission under C. W. Hufeland (1762–1836) for the investigation of it. As a result of this move, C. C. Wolfart (d. 1832) visited Mesmer and subsequently published several sympathetic expositions of his doctrines and experiments: 'Mesmerismus oder System der Wechselwirkungen' (Berlin, 1814), 'Erläuterungen zum Mesmerismus' (Berlin, 1815). The exhaustive if somewhat formal systematization of the *factual* aspect of the matter by C. A. F. Kluge (1782–1844), 'Versuch einer Darstellung des animalischen Magnetismus' (Berlin, 1811; 2nd ed. 1816, 3rd ed. 1819), helped to put the general treatment of it on an academically respectable basis, and before long the general attitude began to change. J. E. Georget (1795–1828) for example, whose earlier assessment of such phenomena was severely reductionist, see 'Physiologie du système nerveux et spécialement du cerveau' (2 vols. Paris, 1821), and who for some years had made a point of questioning the value of taking animal magnetism seriously, recanted in 1826, and earnestly requested that the utmost publicity should be given to his change of view. In 1831 the French Royal Academy of Sciences had the whole matter re-investigated, and stated in its report that, 'Far from setting limits to this part of physiological science, we hope that a new field has been opened up to it.' See 'Report of the Experiments on Animal Magnetism made by a Committee of the Medical Section of the French Royal Academy of Sciences: read at the meetings of the 21st and 28th of June, 1831' (tr. J. C. Colquhoun, 'Lancet' May 4th 1833); Alexandre Bertrand (1795–1831) 'Du Magnétisme Animal en France' (Paris, 1826). Cf. B. Milt 'F. A. Mesmer und seine Beziehungen zur Schweiz' (Zürich, 1953).

In that it simply implied that the phenomenon was worthy of serious attention, Hegel's *assessment* of animal magnetism was therefore in full accord with the informed and progressive views of the 1820's. In that it also indicated the *precise significance* of the phenomenon in the anthropological

hierarchy however, it was considerably in advance of these views. In respect of the quality of the critical judgements involved, there is moreover nothing even remotely comparable to Hegel's *exposition* in the anthropological literature of the time, most of which makes some mention of animal magnetism.

In Great Britain, contemporary opinions on the subject tended to polarize: see the review of the first volume of the 'Archiv für den thierischen Magnetismus' published in 'Blackwood's Magazine' I vi pp. 563–7 (Sept. 1817). The Edinburgh Medical and Physical Dictionary' (1807) referred to, 'the fanciful system, to call it by no worse name, of animal magnetism,' cf. 'The Lancet' Dec. 28th 1832–4th May 1833. Enthusiasts such as J. C. Colquhoun (1785–1854) rehashed continental research, 'Isis Revelata' (2 vols. Edinburgh, 1836), amateurs such as P. B. Duncan (1773–1862) dabbled in the subject, 'Essays and Miscellanea' (2 vols. Oxford, 1840) I pp. 311–23, and by the 1840's and 1850's most provincial papers contained advertisements announcing performances by itinerant practitioners, who made a living by exhibiting 'animal magnetism' publicly. The term 'hypnotism' was first introduced by James Braid (1795–1860) about 1842. Cf. F. Kaplan 'Dickens and Mesmerism' (Princeton U.P., 1975).

See: J. U. Wirth (1810–1859) 'Theorie des Somnambulismus' (Leipzig and Stuttgart, 1836) pp. 2, 7, who acknowledges the influence of Hegel; J. P. F. Deleuze 'Histoire critique du magnétisme animal' (2 vols. Paris, 1813/19); J. C. L. Ziermann 'Geschichtliche Darstellung des thierischen Magnetismus' (Berlin 1824); J. C. Prichard 'A Treatise on Insanity' (London, 1835) ch. XII; C. Burdin and F. Dubois 'Histoire académique du magnétisme animal' (Paris, 1841); George Sandby 'Mesmerism and its Opponents' (London, 1844); H. Schwarzschild (1803–1878) 'Geschichte des thierischen Magnetismus' (Cassel, 1853); A. Dureau 'Histoire de la médecine' (Paris, 1870); H. Haeser 'Lehrbuch der Geschichte der Medicin' vol. II pp. 784–92 (Jena, 1881).

246, 1

1827: 'ihren Faden', corrected (p. 544) to 'ihre Fäden'.

247, 3

'so daß er auch in sich so abstürbe'. Boumann (170, 20) changed the verb to the simple present ('abstirbt') i.e. 'he too dies internally...'

247, 16

Plutarch 'Cato the Younger' 69; Lucan 'De Bello Civili' II 380/3. Although there is no particular reason why we should not regard Hegel's interpretation of Cato's suicide as original, it should perhaps be noted that it has several counterparts in the *psychological* literature of the time. L. Auenbrugger (1722–1809) for example, in a work on suicide, 'Von der stillen

Wuth' (Dessau, 1783), quotes a couplet from M. G. Lichtwer's (1719–1783) 'Das Recht der Vernunft' (Leipzig, 1758) III.3:

'Sollt ich mein Mörder seyn? — Wenn Cato sich ersticht,
So seh ich Eigensinn, den Weisen seh ich nicht.'

Cf. W. Rowley (1742–1806) 'A Treatise on Female... Diseases' (London, 1790; Germ. tr. Breslau, 1790) Germ. tr. 390–4; F. B. Osiander (1759–1822) 'Ueber den Selbstmord' (Hanover, 1813) pp. 178, 287–8.

Addison's 'Cato' (1713) and Deschamps' 'Caton d'Utique' (1715) helped to bring the Roman republican into the discussion of general *political* principles during the eighteenth century: J. Loftis 'The Politics of Drama in Augustan England' (Oxford, 1963) pp. 56–62; Hegel 'Theologische Jugendschriften' (1907) pp. 70/1, 222/3, 355/7, 'Schriften zur Politik' (1913) p. 114; 'Rechtsphilosophie' (ed. Ilting) I.265; II.293; IV.244.

247, 17

Swiss doctors first introduced the consideration of nostalgia or homesickness into medical and nosological works, and throughout the eighteenth century it was usual to illustrate the malady with Swiss examples: see Johann Jakob Harder (1656–1711) 'Dissertatio medica de *Νοσταλγια* oder Heimwehe' (Basel, 1678); Friedrich Hoffmann (1660–1742) 'Medicinae rationalis systematicae' (4 vols. Halle, 1718–1739) vol. III sect. ii, ch. 5, § 22; K. U. von Salis-Marschlins 'Bildergallerie der Heimweh-Kranken' (2 vols. Zürich, 1800).

Attempts were made to explain the phenomenon *physiologically*, see C. F. Heusinger 'Zwei Beobachtungen organischer Fehler des Gehirns bei Personen, die an der Nostalgie gestorben' (Nasse's 'Zeitschrift für die Anthropologie' I pp. 493–504, 1823; 'Journal de Médecine, Chirurg. et Pharm. milit.' VIII p. 179, 1820: XI p. 284, 1822). A. C. Lorry (1726–1783) 'De Melancholia et morbis melancholis' (2 vols. Paris, 1765; Germ. tr. ed. C. C. Krausen, 2 vols. Frankfurt and Leipzig, 1770, II p. 73) vol. II, pt. ii, art 2 took it to be principally a neurological weakness.

Most writers were in agreement with Hegel however, in that they treated it as a *psychic* malady arising out of the interrelationship between the individual and his natural environment. A. von Haller (1708–1777) considered it to be closely related to the moping or pining away of animals isolated from their kind and to the misery of unrequited love, 'Elementa physiologiae corporis humani' (8 vols. Lausanne, 1757–1766) vol. V p. 583, bk. 17, sect. ii, § 5. Cf. F. B. Sauvages (1706–1767) 'Nosologia methodica' (2 vols. Amsterdam, 1768) class 8 genus ii; Thomas Arnold (1742–1816) 'Observations on... Lunacy or madness' (Germ. tr. Leipzig, 1784/8; 2nd ed. London, 1806 pp. 207–212) vol. I sect. iii, no. 13; William Falconer (1744–1824) 'A Dissertation on the Influence of the Passions' (London, 1788; French tr. Paris, 1788; Germ. tr. Leipzig, 1789) genus 106; G. A. Andresse 'Diss. inaug. psychica nostalgiae adumbratio pathologica' (Berlin

1826); J. B. Friedreich 'Systematische Literatur der... Psychologie' (Berlin, 1833) pp. 269–71; J. S. Billings 'Index-Catalogue of the Library of the Surgeon-General's Office, United States Army' (16 vols. Washington, 1880–1895) vol. 9 pp. 1017–8.

Rousseau, in his 'Dictionnaire de Musiqué' (Paris, 1768; 3 vols. Geneva, 1781) art. 'Musique', attempts to analyze the effect of a certain air 'Rans les vaches', which as a bagpipe tune was very popular with the young drovers who looked after the cattle on the mountain pastures of Switzerland during the summer months. This tune had such power to arouse nostalgia in their expatriate countrymen, that in France the death penalty was imposed on anyone caught playing it in the Swiss regiments, the royal foot guards. Rousseau writes as follows, 'On chercheroit en vain dans cet air les accents énergiques capables de produire de si étonnants effets. Ces effets qui n'ont aucun lieu sur les étrangers, ne viennent que de l'habitude, des souvenirs de mille circonstances, qui retracées par cet air à ceux qui l'entendant, et leur rappellant leur pays, leurs anciens plaisirs, leur jeunesse et toutes leurs façons de vivre, excitent en eux une douleur amère d'avoir perdu tout cela. La Musique n'agit point alors comme Musique, mais comme signe mémoratif.' Cf. C. J. Tissot (1750–1826) 'De l'influence des Passions de l'Ame' (Paris and Strassburg, 1798; Germ. tr. J. G. Breiting, Leipzig and Gera, 1799) §§ 152–3.

For a contemporary English consideration of nostalgia, see John Conolly (1794–1866) 'An Inquiry concerning the Indications of Insanity' (London, 1830) pp. 252–3; cf. K. G. Neumann (1772–1850) 'Die Krankheiten des Vorstellungsvermögens' (Leipzig, 1822) pp. 358–9; I. Kant 'Anthropologie' (Königsberg, 1798) § 32.

247, 22

Hegel could be referring here to the insanity incident to women who are *lying-in,* see C. G. Carus (1789–1869) 'Zur Lehre von Schwangerschaft und Geburt' (Leipzig, 1822) pt. I; G. M. Burrows (1771–1846) 'Commentaries... on Insanity' (London, 1828; Germ. tr. Weimar, 1831) pp. 362–409; J. B. Friedreich 'Systematische Literatur der... Psychologie' (Berlin, 1833) pp. 276–80. It is more likely however, that he has in mind the widely recognized connection between *menstruation* and states such as paralysis, somnambulism and clairvoyance. In his library ('Verzeichniß' etc. Berlin, 1832 no. 1485) he had a copy of the account of *Auguste Müller* (b. 1792) given by Wilhelm Meier (1785–1853): 'Höchst merkwürdige Geschichte der magnetisch-hellsehenden Auguste Müller in Karlsruhe' (Stuttgart, 1818); ed. Karl Christian von Klein (1772–1825); reviewed D. G. Kieser 'Archiv' 3 iii pp. 110–25, 1818; 'Allg. medic. Annal.' October, 1818 p. 1380. This girl had been perfectly healthy and normal until 1804, when her menstrual periods began. They 'developed' incompletely and ceased in 1811. She came under

the treatment of Dr. Meier on 2nd April 1814, and by using magnetic and dietetic means, he had completely restored her to health by 1817. Her extraordinary clairvoyant powers became apparent during this period of illness. On 2nd October 1814 for example, she was in contact with her brother in Vienna. Two days later, remarking that she was, 'at that moment present at it', she gave an account of a death taking place fifteen miles away.

The initial onset of menstruation during *puberty*, and subsequent irregularities in the discharge of the menses, were often taken to be the *basic* and *direct* causes of mental disturbances of various kinds: J. L. Lieutaud (1703–1780) 'Historia Anatomico-Medica' (2 vols. Paris, 1767) vol. I p. 320 obs. 1369; William Rowley (1742–1806) 'A Treatise on female... Diseases' (London, 1790; Germ. tr. Breslau, 1790); John Ferriar (1761–1815) 'Medical Histories and Reflections' (2 vols. Warrington and London, 1792/5; Germ. tr. Leipzig, 1793/7) pt. II; John Haslam (1764–1844) 'Observations on Insanity' (London, 1798 p. 110; Germ. tr. Stendal. 1800 p. 71), 'From whatever cause... (insanity)... may be produced in women, it is considered as very unfavourable to recovery, if they are worse at the period of menstruation, or have their catamenia in very small or immoderate quantities.'

Cf. A. C. Savary (1776?–1814) 'Paralysie suite de la suppression du flux menstruel compliquée d'accidents' ('Journal général de Médecine, de Chirurgie et de Pharmacie' 1808); A. C. A. Eschenmayer 'Versuch die scheinbare Magie' etc. (Tübingen, 1816) §§ 6–8, 68; C. M. Clarke (1782–1857) 'Observations on the Diseases of Females' (London, 1814); J. C. Prichard 'A Treatise on Diseases of the Nervous System' (London, 1822) ch. V; Robert Gooch (1784–1830) 'Account of some of the most important diseases peculiar to Women' (London, 1829; Germ. tr. Weimar, 1830).

It was realized that the sexual development, menstruation, pregnancy and lying-in of women had to be taken into consideration in any comprehensive survey of their legal and political status: see H. B. von Weber 'Handbuch der psychischen Anthropologie' (Tübingen, 1829) p. 381.

247, 31

'... das aber nicht bis zum Urtheil des Bewußtseyns fortgeht...' Cf. § 413 et seq.

247, 35

In referring thus to the literally *sub-conscious* individual, Hegel was almost certainly influenced by Leibniz's doctrine that all created monads exhibit a grading in degree of clarity on account of their perceptions being more or less confused by the passive element or *materia prima* they involve.

References to the wider metaphysical implications of Leibniz's doctrine are to be found in the 'anthropological' literature of the time. Ernst Platner (1744–1818) for example, in his 'Anthropologie' (Leipzig, 1772) pp. 22–4, while discussing the problems involved in defining the immateriality of the

soul, enters into an extended analysis of the advantages and disadvantages of regarding units of matter as atoms or monads. J. C. Reil (1759–1813), in a work on 'anthropology' almost certainly used by Hegel, makes reference to Leibniz's definition of God as the most unifying of monads: 'Rhapsodieen über... Geisteszerrüttungen' (Halle, 1803) pp. 482–483. Cf. K. E. B. Schelling (1783–1854) 'Ueber das Leben und seine Erscheinung' (Landshut, 1806) pp. xiii-xiv; J. G. Herder 'Nachlass' (ed. H. Irmscher, Euphorion, 54, 1960) p. 288.

At this juncture however, no direct reference to these wider implications is being made. For Hegel, human individuality is certainly one of the presuppositions of consciousness, and certainly presupposes more primitive levels of psychic and natural organization, but he defines this grading much more specifically and concretely than Leibniz did. Cf. note 11, 27.

249, 41

Plato 'Timaeus' (ed. R. D. Archer-Hind, London, 1888) 70d et seq.; cf. A. E. Taylor 'Commentary on Plato's Timaeus' (Oxford, 1928) p. 512. Hegel is referring to 'Platonis opera quae extant omnia' (3 vols. Geneva?, 1578), the magnificent edition of the Greek text with a Latin translation prepared by Henri Estienne (1528–1598), and subsequently re-issued by F. C. Exter and J. V. Embser (11 vols. Biponti, 1781–1787) and C. D. Beck (Leipzig, 1813–1819). As is often the case with Hegel, even the passages placed between inverted commas are summaries and paraphrases, not accurate translations of the original.

A fuller analysis of the 'Platonic presentations of enthusiasm' is to be found in the treatment of Plato in Hist. Phil. II.89. Cf. Friedrich Hufeland 'Ueber Sympathie' (2nd ed. Weimar, 1822) p. 227.

The notes on § 392 (29, 32) make it evident that Hegel associated the passage in Plato with the observation at the beginning of Cicero's 'De Divinatione', 'It is an ancient belief, going back to heroic times but since confirmed by the unanimous opinion of the Roman people and of every other nation, that there exists within mankind an undeniable faculty of divination. The Greeks called it *mantike*, that is the capacity to foresee, to know future events, a sublime and salutary act that raises human nature most nearly to the level of divine power. In this respect, as in many others, we have improved upon the Greeks by giving this faculty a name from the word God, *divinatio*, whereas according to Plato's explanation the Greek word comes from *furor* (mania from which mantike is derived).' Cf. J. C. L. Ziermann 'Geschichtliche Darstellung des thierischen Magnetismus als Heilmittels' (Berlin, 1824); R. Flaceliere 'Greek Oracles' (Paris, 1961; tr. D. Garman, London, 1965); H. W. Parke 'The Oracles of Zeus' (Oxford, 1967).

The significance of Plato's associating the faculty of divination with the liver was brought out in 'Annales du Magnétisme animal' 1st year, pt. 4 sect. 19; cf. 'Archiv für den thierischen Magnetismus' 1818 2, iii p. 125; J. A. Pitschaft 'Rhapsodische Gedanken über Seelenstörung' (Nasse's 'Jahrbücher für Anthropologie' vol. I p. 119, 1830). F. Fischer 'Beobachtungen über thierischen Magnetismus' pp. 274–5 (Reil's 'Archiv für die Physiologie' 12 vols. Halle, 1796–1815, vol. 6 sect. ii pp. 264–81) makes mention of a patient who gave a detailed account of his liver when in a trance; cf. C. A. F. Kluge 'Animalischen Magnetismus' (Berlin, 1815) p. 162. The most detailed and extensive account of such matters in English is to be found in J. C. Prichard 'A Treatise on Diseases of the Nervous System' (London, 1822) ch. VIII. Cf. footnote 297, 22.

253, 6

If justified in respect of the true nature of the subject matter, this *systematic* exposition of 'animal magnetism' within the general sphere of 'Anthropology', should have enabled future research to reach universally valid conclusions with regard to the effective employment of the state in curing psychic diseases. Although it was a commonplace after about 1820 to treat animal magnetism as an aspect of '*Anthropology*': J. F. Fries 'Handbuch der psychischen Anthropologie' (2 vols. Jena, 1820/1) pt. ii, J. C. A. Heinroth 'Lehrbuch der Anthropologie' (Leipzig, 1822) pt. ii, Joseph Hillebrand 'Die Anthropologie als Wissenschaft' (Mainz, 1823) pt. ii pp. 348–77, H. B. von Weber 'Handbuch der psychischen Anthropologie' (Tübingen, 1829) ii, 4, this generally accepted classification did not involve any such critical *assessment* of the phenomenon as that provided here by Hegel. Those who recorded in detail the *effectiveness* of it failed to provide any satisfactory *explanation*, and those whose 'scientific and spiritual categories' were inadequate tended either to ignore it or to attempt to prove that it was a bogus phenomenon.

The great bulk of the literature on the subject produced during Hegel's lifetime was in French and German. The best general surveys of it are to be found in J. P. F. Deleuze 'Histoire Critique du Magnétisme Animal' (2nd ed. 2 vols. Paris, 1819); C. A. F. Kluge 'Versuch einer Darstellung des animalischen Magnetismus' (2nd ed. Berlin, 1815); D. G. Kieser 'System des Tellurismus oder Thierischen Magnetismus' (2 vols. Leipzig, 1822). The *details* of the varieties of approach and interpretation mentioned here by Hegel may best be studied in the following periodicals: 'Annales du magnétisme animal' (ed. Montferriar etc. Paris, 1814–1816), 'Bibliothèque du magnétisme animal (8 vols. Paris, 1817–1819); 'Archiv für den thierischen Magnetismus' (ed. J. L. Bockmann, 8 vols. Carlsruhe, 1787/8), 'Archiv für den thierischen Magnetismus' (ed. A. W. Nordhoff, Jena, 1804), 'Archiv für den thierischen Magnetismus' (ed. A. C. A. Eschenmayer, D. G. Kieser,

F. Nasse, 12 vols, Leipzig, 1817–1815), K. C. Wolfart 'Asklepieion, allgemeines medicinisch=chirurgisches Wochenblatt' (Berlin, 1811–1814) and 'Jahrbücher für den Lebensmagnetismus' (4 vols. Leipzig, 1818–1821); 'Journal för animal magnetism' (ed. P. G. Cederschjöld, 6 vols. Stockholm, 1815–1821), 'Archiv för Animal Magnetism' (2 vols. Stockholm, 1819); cf. 'Anmärkningar öfver animalska magnetismen och Svedenborg' ('Sälskapet pro sensu communi' Norrköping, 1787).

Elisha Perkins' (1741–1799) experiments with *metallic tractors* were well publicized, and created quite a stir in both America and Europe on account of their indicating an apparent link-up with galvanism: see B. D. Perkins 'The Influence of metallic Tractors' (London, 1798), 'New Cases' (London, 1802), J. Haygarth (1740–1827) 'Of the Imagination' (London, 1800), 'Bibliothèque Britannique' vol. xxi p. 49 (Sept. 1802), J. D. Herholdt (1764–1836) and C. G. Rafn (1768–1808) 'Von dem Perkinismus' (tr. J. C. Tode, Copenhagen, 1798). They led G. F. Parrot (1767–1852) to insist that animal magnetism would never be properly understood until it had been taken out of the hands of the physicians and thoroughly investigated by the *physicists*: 'Coup d'oeuil sur le magnétisme animal' (St. Petersburg, 1816). For a contrasting Russian view see 'Der thierische Magnetismus' (Russian, St. Petersburg, 1818) by the Schellingian Daniel Wellanski.

During Hegel's lifetime, British physicians contributed very little to research in this field: see 'Philosophy of Nature' III.381; J. C. Colquhoun (1785–1854) 'Isis Revelata' (2 vols. Edinburgh, 1836).

253, 38

Cf. A. C. A. Eschenmayer 'Versuch, die scheinbare Magie des thierischen Magnetismus aus physiologischen und psychischen Gesetzen zu erklären' (Stuttgart and Tübingen, 1816); reviewed 'Archiv für den thier. Magnet.' 1817 I, i pp. 145–66.

255, 23

'das Seelenhafte' see Phil. Nat. III.317.

257, 11

Cf. Phil. Nat. §§ 371, 372. Hegel almost certainly formulated his theory of *organic* disease first, and then found that it also helped him in his treatment of the soul. For the subsequent fate of a very similar theory to that propounded here, see A. L. Wigan 'A New View of Insanity. The Duality of the Mind proved by the structure, functions and diseases of the brain' (London, 1844).

257, 29

All these 'diseased' states involve, 'the merely soul-like aspect of the organism appropriating the function of spiritual consciousness', and are of course deeply involved in physiological factors. In order to analyze effectively

the validity of Hegel's assessment of them, one has therefore to bear in mind the precise significance he assigns to animal physiology (Enc. §§ 350–76), the soul, and 'spirit' (§ 387). On *sleep-walking*, *catalepsy* and the *period of development* in girls see notes 267, 18; 357, 16; 247, 22.

It is clearly his definition of bodily disease as, 'the isolation of an organ or system in opposition to the general harmony of the individual life' (Enc. § 371), which led him to treat *pregnancy* as a disease: cf. § 405 sect. 2. John Conolly (1794–1866), 'An Inquiry concerning the indications of Insanity' (London, 1830) p. 234, elaborates upon the physiological complications incident to pregnancy, 'During pregnancy, partly perhaps from an undue circulation in the brain, and partly from a morbid state of the brain itself, explained by its sympathy with the states of the uterus, the mental faculties and moral feelings sometimes undergo singular modification.' Hegel's friend P. G. van Ghert (1782–1852), see note 303, 22, noticed that whereas menstruation gave rise to greater sensitivity to animal magnetism, pregnancy gave rise to less, 'Mnemosyne' (Amsterdam, 1815; Germ. tr. 'Archiv f.d. thier. Mag.' 1818, 3 iii pp. 1–97) Germ. tr. p. 62. In Halmstad, Sweden, in 1817 however, a young married woman was told by a magnetizer that she was pregnant before she knew herself: C. G. Nees von Esenbeck (1776–1858) 'Geschichte eines automagnetischen Kranken' ('Archiv. f.d. thier. Mag.' 1822, 10 ii pp. 121–7). It was also realized that great care had to be taken when magnetizing pregnant women on account of the danger of bringing on a miscarriage: A. A. Tardy de Montravel 'Journal du traitement magnétique de Madame Braun' (Strassburg, 1787; Germ. tr. Nordhoff's 'Archiv' I ii p. 26). Pregnant women were also *cured* of madness by being put into the magnetic state: 'Bibliothéque du Magnétisme animal' 1818 vol. 5 pp. 241–6, cf. E. Gmelin (1761–1809) 'Materialien für die Anthropologie' (2 vols. Tübingen, 1791/3) vol. I p. 90; J. C. Prichard 'A Treatise on Insanity' (London, 1835) pp. 306–17.

In Hegel's day there was much uncertainty as to the definition, classification and diagnosis of *St. Vitus's dance*. Since he mentions it in conjunction with 'the moment of approaching death', it may be worth noting that St. Vitus was invoked against sudden death as well as chorea, and that he plays an important part in the Christianized folk-beliefs of Central Europe, being the patron of Bohemia and Saxony and one of fourteen 'protectors' of the church in Germany: see J. H. Kessel 'St. Veit, seine Geschichte, Verehrung und bildliche Darstellungen' ('Jahrbücher des Vereins von Alterthumsfreunden im Rheinlande' 1867 pp. 152–83). Chorea was often confused with ergotism (Kriebelkrankheit, raphania): see J. G. Brendel (1712–1758) 'Praelectiones academicae' (ed. H. G. Lindemann, 3 vols. Leipzig, 1792/4) vol. II p. 86; S. A. D. Tissot (1728–1797) 'Nachrichten von der Kriebelkrankheit' (Germ. tr. Leipzig, 1771); J. F. K. Hecker (1795–1850) 'Die Tanzwuth, eine Volkskrankheit im Mittelalter' (Berlin, 1832;

Eng. tr. London, 1835). In Britain it was usual to classify chorea together with lameness, palsy and paralysis: Thomas Dover (1660–1742) 'The Ancient Physician's legacy to his country' (London, 1733); Richard Mead (1673–1754) 'Monita et praecepta medica' (London, 1751; Germ. tr. Hamburg and Leipzig, 1752); cf. John Andree (1699?–1785), 'Cases of Epilepsy, Hysteric Fits, St. Vitus's Dance' (London, 1746), John Ewart 'Dissertatio de Chorea' (Edinburgh, 24.6.1786). Earlier physicians had classified it as form of raving: Felix Platerus (1536–1614) 'Observationum in hominis affectibus plerisque' (3 vols. Basel, 1614) bk. I p. 788; Nicolas Tulpius (1593–1678) 'Observationum medicarum' (3rd ed. 4 vols. Amsterdam, 1672) bk. I obs. 16.

In steering a middle course between these two classifications and treating St. Vitus's dance as closely related to animal magnetism, Hegel was probably influenced directly or indirectly by J. E. Wichmann (1740–1802), 'Ideen zur Diagnostik' (3 vols. Hanover, 1794–1802; 3rd ed. 1827) vol. I p. 135, who notices that in patients suffering from the disease there is, 'oft ein Zustand von Außersichseyn, von Somnambulismus vorhanden.' Cf. A. C. A. Eschenmayer (1768–1854) 'Versuch die scheinbare Magie' etc. (Stuttgart, 1816) pp. 146–7. The disease was certainly cured in ways that might have encouraged Hegel to classify it as he did. Purely medicinal cures such as that employed for many years at the Bristol Infirmary were fairly widely used: John Wright 'Cases of... Chorea Sancti Viti (treated) with flowers of zinc' ('Memoirs of the Medical Society of London' vol. 3 pp. 563–8, 1792), but the use of electricity in curing the disease had been discovered quite early in the eighteenth century: see J. F. Fothergill (1712–1780) 'Account of the cure of St. Vitus's Dance by electricity' ('Phil. Trans. Roy. Soc.' 1755 vol. 49 p. 1), and in Hegel's day magnetic cures were well documented: C. A. F. Kluge 'Animalischen Magnetismus' (Berlin, 1815) p. 433; K. C. Wolfart (d. 1832) 'Jahrbücher für den Lebens = Magnetismus' 1820 vol. 3 sect. ii VIII p. 230; Franz Dürr (Baden) 'Das siderische unmagnetisirte Baquet als Heilmittel gegen den Veitstanz' (Archiv. f.d. thier. Mag.' 1822, 10 iii pp. 1–68). Cf. W. F. Dreyssig (1770–1819) 'Handbuch der Pathologie' (2 vols. Leipzig, 1796/9 vol. I pp. 335–47.

On the 'soul-like awareness' (das seelenhafte Wissen) associated with the moment of approaching death, see J. C. Passavant (1790–1857) 'Untersuchungen über den Lebensmagnetismus und das Hellsehen' (Frankfurt-On-Main, 1821) pp. 253–9 'Hellsehen in der Nähe des Todes', 'Zu allen Zeiten gab es nun Menschen, welche an der Grenze des Grabes, wenn die Seele die Anker lichtet nach der neuen Welt, sich in heiliger Begeisterung über die irdischen Dinge erhoben, hellsehend Vergangenes und Zukünftiges im inneren Lichte erschauten, und somit gleichsam ein höheres Dasein anticipirten.' Hegel almost certainly used this book (note 265, 3). Passavant refers to the deathbed visions of a certain Johann Schwertfeger who died

near Halberstadt about 1733: see 'Die Geistliche Fama' (30 pts. Philadelphia, 1730 et seq.) vol. I no. 3 p. 40; vol. II no 13 p. 105. Such cases attracted considerable attention in Germany at that time: see 'Archiv f.d. thier. Mag.' 1817 I i pp. 35–50, I ii pp. 1–165.

Georg Franck de Franckenau (1644–1704) 'Dissertatio de Vaticiniis' (Heidelberg, 1675) collected many instances of the oracular power of the dying. Shakespeare's dramatization of the death of Gaunt ('Richard II' II i) probably accounts to a considerable extent for the interest in such matters shown in England during the eighteenth century. Defoe's 'The Dumb Philosopher'; (London, 1719), which contains an account of the Cornishman Dickory Cronke, who acquired the power of speech just before his death and prophesied concerning the fate of Europe, was widely read, and Smollett is supposed to have written to a Northumberland clergyman just before his death, forecasting the American and French revolutions: 'Wonderful Prophecies' (3rd ed. London, 1795). See J. C. Spurzheim 'Observations on... Insanity' (London, 1817; Germ. tr. Hamburg, 1818) p. 206, 'Like old persons, who sometimes a short time before their death show increased activity of their powers, many insane, before the end of their days, show often a sudden restoration of reason. The mind of Dean Swift awoke from its long repose in fatuity in consequence of an abscess in one of his eyes. Dr. Percival (Thomas Percival 1740–1804) relates an instance of a woman, who lived from her infancy to the thirty-fifth year of her age in a state of fatuity and died of a pulmonary consumption, in which he discovered a degree of intellectual vigour that astonished her family and friends.'

259, 3

After the revocation of the edict of Nantes in 1685, the attempt was made to convert the Huguenot peasantry of the Cévennes by force, and for some years after 1702 this gave rise to organized military resistance. Pope Clement XI issued a bull against the 'execrable race of the ancient Albigenses' and the French government, enlisting the service of the Irish Brigade which had just returned from the persecutions of the Waldenses, adopted a policy of extermination, burning 466 villages in the Upper Cévennes alone, and putting most of the population to the sword. Louis XIV finally announced the complete extirpation of the heresy on 8th March 1715.

F. M. Misson (c. 1650–1721), 'Le Théatre sacré des Cévennes' (London, 1707), provides us with most of our information concerning the *spiritual* manifestations in the Cévennes mentioned here by Hegel: see the evidence given by Guillaume Bruyuier (p. 30), 'J'ai vu à Aubessaque trois ou quatre enfants, entre l'âge de trois et de six ans, saisis de l'esprit. Comme j'étais chez un nommé Jacques Boussige, un de ses enfants, âgé de trois ans, fut saisi de l'esprit et tomba à terre. II fut fort agité, et se donna de grands coups de main sur la poitrine, disant en même temps que c'étaient les

péchés de sa mère qui le faisaient souffrir.' Another witness speaks of a fifteen month old child acting in the same way.

Hegel could have in mind 'Das Ende des Cevennenkriegs' (Berlin, 1806), by his friend Isaak von Sinclair (1775–1815), see his 'Briefe' I.108. Cf. A. Court 'Histoire des troubles des Cévennes' (1760; 2nd ed. 1819); A. Bertrand 'Du Magnétisme Animal en France' (Paris, 1826) pp. 351–65; 'Archiv f.d. thier. Magn.' 1821, 8 ii pp. 150–4; 'Bibliothéque du Magnétisme animal' (Paris, 1819) vol. 8 pp. 261–74; A. E. Bray 'The Revolt of the Protestants of the Cévennes' (London, 1870). The first full-scale *psychological* approach to the history of the Camisards is to be found in Revault d'Allonnes' 'Psychologie d'une religion' (Paris, 1908); cf. Jean Benoit 'Les Prophètes Huguenots. Étude de Psychologie Religieuse' (Thesis, Montauban, 1910); R. Yve-Plessis 'Essai d'une Bibliographie... de la Sorcellerie' (Paris, 1900) nos. 671–7.

259, 7

Théodore Bouys (1751–1810), 'Nouvelles considération puisées dans la clairvoyance instinctive de l'homme' (Paris, 1806), was the first to call attention to Joan's voices and visions as a matter of psychological interest, and since he published, no comprehensive account of her career has lacked a consideration of her psychology: 'Annales du Magnétism animal' I 24–7 (1815); 'Archiv f.d. thier. Magn.' 2 iii pp. 130–3 (1818); J. B. Friedreich 'Systematische Literatur der... Psychologie' (Berlin, 1833) p. 27.

By the men of the enlightenment, Joan was generally regarded as at best a skilfully manipulated pawn and at worst a fraud: see Voltaire 'La Pucelle d'Orléans' (Paris, 1755). What reputation she enjoyed in France prior to the revolution tended to rest upon her having been instrumental in the crowning of the king, and it is not surprising therefore that her stock should have been very low indeed during the revolutionary period. It was toward the close of the eighteenth century however, that historical research began to throw new light upon her 'purity, simplicity of soul and patriotic enthusiasm.' Hume 'Hist. of England' III p. 357 speaks well of her; see also C. F. de l'Averdy 'Notices et Extraits des Manuscrits de la Bibliothèque du roi' (Paris, 1790); C. B. Petitot 'Mémoires concernant la Pucelle d'Orléans' (Paris, 1819); W. H. Ireland 'Memoirs of Jeanne d'Arc' (London, 1824).

On 30th January 1803 Napoleon ordered the restoration of the annual fête held at Orleans on 8th May in celebration of the raising of the English army's siege of the city in 1429: 'Le Moniteur Universel' 10 Pluviose, an. XI. After 1815 Joan came into her own in France as a symbol of a monarchy backed not by the nobility but by the people, and of military and religious traditions more acceptable than those of the recent past. Historians and poets idealized her: Jacques Berriat-Saint-Prix 'Jeanne d'Arc' (Paris, 1817); P. A. Lebrun des Charmettes 'Histoire de Jeanne d'Arc' (Paris, 1817), 'L'Orléanide (Paris, 1820).

261, 5

D. G. Kieser (1779–1862) 'Das siderische Baquet und der Siderismus' ('Archiv f.d. thier. Mag.' 1819 5 ii pp. 1–84) p. 36 mentions that rock salt is one of the substances which is 'sidereally effective'. F. Fischer 'Beobachtungen über thierischen Magnetismus und Somnambulismus' (Reil's 'Archiv f.d. Phys.' vol. 6 sect. II pp. 264–81) p. 276 mentions the case of one of his friends, who put a patient into a magnetic sleep and then tasted salt, which was immediately also tasted, without physical contact, by the patient. Cf. C. A. F. Kluge 'Animalischen Magnetismus' (Berlin, 1815) pp. 142–68.

262, 38

Kehler wrote 'Heerden'.

263, 4

Schelling, in 1807, was evidently first to call Hegel's attention to water-divining and pendulation ('Briefe von und an Hegel' ed. Hoffmeister I no. 83), and this lengthy exposition (1825) indicates how carefully Hegel subsequently thought about the matter.

The origin of this general interest in what might be regarded as a relatively unimportant subject, has to be sought in the theorizing which developed as a result of the discovery that evidently *inorganic* factors could have a direct and perceptible effect upon apparently organic phenomena. Experimentation had shown, for example, that electricity could motivate 'dancing' figures, that galvanic activity could move frogs' legs and even 're-animate' corpses, and that magnets could induce trances (Phil. Nat. II.174, 30; 199, 39; 201, 29: III.207, 34).

Schelling was encouraged to draw certain fantastic conclusions from this, and to build his physiophilosophy around them: 'The whole idea of it is to equate the three stages of the dynamic process (in the realm of what is organic: sensibility, irritability, reproduction; in what is inorganic: magnetism, electricity, chemical process) with the three dimensions of matter' (letter to A. C. A. Eschenmayer, 22nd September 1800). In his letter to Hegel (11th January 1807), he calls attention to the close connection between metal-/water-divining and pendulation, and urges him to perform certain experiments illustrating a polarity which he assumes to be not exclusively subjective: 'It is an actual magic incident to the human being, no animal is able to do it. Man actually breaks forth as a sun among other beings, all of which are his planets.' Cf. Schelling's anonymous account of Ritter's experiments with Campetti, 'Merkwürdiger physikalischer Versuch' ('Morgenblatt für gebildete Stände' 1st year, no. 26 p. 100, 20th January 1807).

A few months after receiving this letter, Hegel heard from T. J. Seebeck (1770–1831) about the conclusions then being drawn from Ritter's experiments: 'The latest conclusion is that the *will* of the experimenter *can be the*

complete substitute for external stimulations, without involving any ancillaries... This constitutes capital confirmation of a proposition which has been evident in physics and physiology for some time now, viz. that *stimulation of the will is as important as what is simply* physical.' See 'Briefe' op. cit. I no. 100; J. W. Ritter (1776–1810) 'Der Siderismus' (Tübingen, 1808), listed no. 1409 in the catalogue of Hegel's library (Berlin, 1832).

Hegel differs from both Schelling and Seebeck in considering it essential that the nature of the substances being located should be taken into consideration when attempting to explain divining: for his views on the nature of water and metal see Phil. Nat. §§ 284, 334. He also differs from them in that he takes the bodily disposition of the diviner to be decisive in determining susceptibility (Phil. Nat. § 371). Ritter's observations as to the influence of metals upon people with nervous diseases and the efficacy of sulphur in inducing cramps (op. cit. p. 11), almost certainly influenced him in respect of both these points. Although his assessment of the *will* as a level of 'Psychology' (§ 468) ruled out the possibility of his accepting in its entirety the interpretation of divining mentioned by Seebeck, he shows that he endorses the substance of it by taking it to be self-evident that 'the wood moves solely on account of the person's sensation'. Sensations are also assessed in the 'Psychology (§§ 447, 448), but at this stage in the 'Anthropology' sensation is already a presupposition (§§ 399, 400), and Hegel is therefore certainly justified in rounding off his exposition by observing that it is in sensation that the sensation of heaviness experienced in divining has its *ground*.

Newton's proposition that, 'Every particle of matter in the universe attracts every other particle with a force that varies inversely as the squares of the distances between them and directly as the products of their masses' ('Math. Princ.' bk. I prop. I xxvi cor. iii and iv), was taken by Carlo Amoretti (1741–1808) as the starting point of his investigations into water-divining: see the opening paragraph of his 'Physikalische und historische Untersuchungen über die Rabdomantie oder animalische Electrometrie' (tr. K. U. von Salis, notes J. W. Ritter, Berlin, 1809). This work was based upon articles first published early in the 1790's: see 'Opuscoli scelti di Milano' vols. XIV, XVI, XIX, XX, XXI; 'Memorie della Società Italiana' vol. XII; cf. 'Elementi di Elettrometria animale del Cavaliere Carlo Amoretti' (Milan 1816); D. G. Kieser 'Die Rhabdomatie und die Pendelschwingungen' ('Archiv f.d. thier. Mag.' 1818 3 ii pp. 22–35). The experiment by Count Karl Ulysses von Salis-Marschlins (1760–1818) mentioned by Hegel is almost certainly to be found in his 'Ueber unterirdische Elektrometrie' (Zürich, 1794), which was in fact a *translation* of 'Résumé sur les Experiences d'Electrométrie souterraine faites en Italie et dans les Alpes depuis 1789 jusqu'en 1792' (2 vols. Milan and Brescia, 1792/3), by Pierre Thouvenel (1747–1815). An excellent survey of the research being carried

out in this field at the beginning of the last century is to be found in C. von Aretin's 'Beiträge zur literärischen Geschichte der Wünschelruthe' (Munich, 1807); cf. C. A. F. Kluge 'Animalischen Magnetismus' (Berlin, 1815) pp. 248–9.

On 21st November 1806 J. W. Ritter left Munich, with an interpreter, in order to test the divining powers of Francesco Campetti, who lived at Gargnano on Lake Garda. The experiment with the metals mentioned by Hegel, in which zinc, iron and copper were used, was performed on 12th December 1806. Ritter was convinced that Campetti possessed a genuine power, and brought him back to Munich in the January of 1807. He wrote the account of him subsequently published in 'Der Siderismus' (op. cit.) during the following summer, and on 19th August 1807 his researches were investigated by a committee set up by the Bavarian Academy of Sciences. This committee, which consisted of Maximus von Imhof (1758–1817), Professor of Mathematics, Physics and Chemistry, the anatomist and physiologist S. T. von Sömmerring (1755–1830) and the physicist J. M. Güthe, came to the conclusion that Ritter's method of investigation had been unsatisfactory, and refused to confirm the validity of his general conclusions: see 'Denkschriften der königlichen Akademie der Wissenschaften zu München' 1808, Geschichte, p. XLIII.

Although Ritter is said to have admitted, shortly before his death, that Campetti was probably a charlatan ('Briefe' op. cit. I p. 467), this was not the general view, and research into rhabdomancy (Greek ῥάβδος (rod) + μαντεία (divination)) had extended into detailed historical and medical studies by the time Hegel was lecturing on the subject in Berlin: see H. E. Katterfeld 'Spuren magnetischer Erscheinungen in der nordischen Geschichte' ('Archiv f.d. thier. Mag.' 1820, 6, ii pp. 163–9); Johann Friedrich Weisse (1792–1869) 'Erfahrungen über arzneiverständige Somnambulen' (Berlin, 1819) pp. 75–84; cf. 'Archiv' op. cit. 1820, 6, iii pp. 150–2.

On the animal's 'sympathetic community of feeling with what is going on in the Earth' see Phil. Nat. II.51; III.146–7.

Cf. F. Nicolin 'Hegel als Professor in Heidelberg' ('Hegel-Studien' vol. 2 pp. 71–98, 1963) pp. 87–91.

263, 8

For the evident origin of Hegel's interest in pendulation see note 263, 4. Experiments with a ring and a glass of water were evidently performed by the ancients, and were certainly recorded during the seventeenth century: see Dr. Schindler (practising physician at Greiffenberg) 'Ueber die rabdomantischen Pendelschwingungen' (Nasse's 'Zeitschrift für die Anthropologie' 1825 i pp. 79–112); M. E. Chevreul (1787–1889) 'Examen d'écrits concernant la baguette divinatoire, le pendule dit explorateur, et les tables tournantes' ('Journal des Savants' 1853/4); C. G. Carus (1789–1869) 'Ueber

Lebensmagnetismus' (Leipzig, 1857) ch. III. It was, however, C. Mortimer's (d. 1752) account of Stephen Gray's (d. 1736) experiments which initiated the eighteenth and early nineteenth century interest in the subject: 'Take a small iron globe, of an inch and half diameter, which set on the middle of a cake of rosin, of about 7 or 8 inches diameter, having first excited the cake by gently rubbing it, clapping it three or four times with the hands, or warming it a little before the fire. Then fasten a light body, as a small piece of cork, or pith of elder, to an exceedingly fine thread, 5 or 6 inches long, which hold between the finger and thumb, exactly over the globe, at such a height, that the cork, or other light body, may hang down about the middle of the globe; this light body will of itself begin to move round the iron globe, and that constantly from west to east, being the same direction which the planets have in their orbits round the sun.' ('Phil. Trans. Roy. Soc.' vol. XXXIX p. 460 no. 444 (1736)).

Something very similar to the experiment mentioned by Hegel is analyzed by Carlo Amoretti (1741–1808) in 'Elementi di Elettrometria animale' (Milan, 1816: Germ. tr. Kieser, 'Archiv' 1818, 4 ii pp. 1–119) § 23 ('Archiv' pp. 33–4): 'Einige glauben, daß der Pendel, in einen Becher oder ein anderes Gefäß gehalten, nicht allein an die innern Wände desselben anschlägt... sondern daß er auch so viele Schläge giebt, als man in diesem Augenblick Tagesstunden zählt... (Es ist) sehr wahrscheinlich, daß, wenn auch nicht der bestimmte Wille, doch wenigstens eine von dem Vorherwissen abhängende Bewegung hier Einfluß hat. Es wäre daher zu wünschen, daß derjenige der diesen Versuch macht, nicht allein die Tageszeit nicht wußte, sondern auch Augen und Ohren verschlossen hätte, damit die Einbildung keinen Einfluß haben konnte....'

A. W. Knoch (1742–1818) 'Bemerkungen über einige electrische Versuche, deren Erklärung schwierig schien' ('Gilberts Annalen der Physik' vol. 24 pp. 104–12 (1806); cf. vol. 57 pp. 360–88 (1817)) also drew attention to the danger of self-deception in the experiment. D. G. Kieser 'Das magnetische Behältniß' ('Archiv f.d. thier. Mag.' 1818, 3 ii pp. 28–9) noticed that the ring does not swing if connected to inanimate objects, and emphasized the importance of its being of gold. Dr. A. J. Greve of Gütersloh 'Ueber Pendelschwingungen und siderisches Baquet' ('Archiv' 1820, 6 ii pp. 155–63) performed Amoretti's experiments and was 'fully convinced that something which could not be categorized as any known substance, was emitted from these inorganic bodies.' Dr. Groß of Jüterbogk 'Noch etwas über Pendelschwingungen' ('Archiv' 1821, 10 i pp. 168–72) expressed the view that the motion originated in the hand. Dr. Schindler (loc. cit) attempted to mediate between these two points of view by establishing the following points:

i) That there is a natural force which works on an object held in the human hand, be it a pendulum or a divining rod.

ii) That the human will works in the same way as this natural force, and

can therefore modify the working of nature.

iii) That although the phenomena may differ, the force is always the same i.e. an interaction between inorganic and organic nature.

iv) That the phenomena observed are analogous to those of sidereal and animal magnetism.

Dr. Blasius of Potsdam 'Ueber den Einfluß des Willens auf Pendelschwingungen' (Nasse's 'Zeitschrift für die Anthropologie' 1825 iii pp. 118–36) urged caution with regard to Groß's conclusions, and interpreted the phenomenon in much the same way as Hegel.

265, 3

The ultimate source here is a work by Jean-Baptiste Panthot (c. 1640–1707), a graduate of Montpellier and physician at Lyon: 'Traité de la baguette, ou la Recherche des véritables usages ausquels elle convient pour la découverte des voleurs, des meurtriers, sur la terre et sur les eaux, des bornes, des trésors' (Lyon, 1693). On 5th July 1692 a Lyon wine merchant and his wife were murdered with an axe in their cellar, and their money was taken. Since there was no evidence as to who might have committed the murder, a peasant by the name of Jacques Aymar, a man who was well-known locally for his use of the divining rod in discovering water, metals, boundary stones, thieves, murderers etc., was brought to Lyon and taken to the cellar. 'As he entered it he was disturbed, his pulsebeat was what it might have been had he had a violent fever. The rod which he held in his hands twitched violently, and all these motions became twice as pronounced when he came to the place where the body of the dead woman had been found.' He then left the cellar and followed the right bank of the Rhône to a spot where the murderers had had lunch. The rod indicated where they had buried the axe, the beds they had slept in, a boat they had used, the point at which they had separated. One of the accomplices, a nineteen year old, was traced to the prison in Beaucaire, and as Hegel notes, the others were pursued 'to the boundaries of the kingdom.'

Johann Gottfried Zeidler (d. 1711) gave an account of this case in his 'Pantomysterium, oder Das Neue vom Jahre in der Wündschelruthe, als einem allgemeinen Werckzeuge menschlicher verborgenen Wissenschaft' (ed. Christian Thomasius (1655–1728), Halle and Magdeburg, 1700) pp. 336–418; cf. J. C. Passavant (1790–1857) 'Untersuchungen über den Lebensmagnetismus und das Hellsehen' (Frankfurt-on-Main, 1821) pp. 131–8; J. C. Colquhoun (1785–1854) 'An History of... Animal Magnetism' (2 vols. London, 1851) ch. 68 vol. II pp. 280–4.

Hegel's remark about the dog and its master may have been influenced by the seventeenth century Italian case mentioned by J. P. F. Deleuze (1753–1835): see 'Annales du Magnétisme animal' vol. I sect. 16 pp. 150–71; 'Archiv' 1818, 2 iii pp. 113–4. J. A. L. Richter 'Betrachtungen über den

animalischen Magnetismus' (Leipzig, 1817) p. 48, 'The tracking power of dogs, which is usually explained mechanically as a matter of scenting, could be nothing other than the outcome of a magnetic rapport.' For a bibliography of seventeenth century works on the divining rod, see C. A. F. Kluge 'Animalischen Magnetismus' (Berlin, 1815) pp. 246–7.

265, 12

If the assumptions behind this remark are to be understood, the *four* main levels at which the senses are dealt with in the 'Encyclopaedia' have to be borne in mind. It is pointed out in § 316 (Phil. Nat. II.116–121), that it is only possible to carry out exact and discriminating work in the more complex fields of *physics* because 'physical totality exists for sensation' (II.119, 19). In §§ 355–8 (Phil. Nat. III.126–40), the *physiological* factors involved in the functioning of the senses are dealt with. In § 401, emphasis is laid upon *exterior sensations.* In § 448 the *interior sensations* are assessed, the *psychological* significance of the senses being presented as an aspect of intuition.

Hegel does not mention the 'general sense' (Gemeinsinn) in any of these contexts, although it obviously approximates fairly closely to the sense of feeling as defined in § 401. The peculiarity of his terminology here almost certainly arose from the desire to avoid a *reductionist* interpretation of what he considered to be a distinct phenomenon. The fact that he uses a word often taken to be the equivalent of Aristotle's κοινὴ αἴσθησις ('De Anima' III, 2), should not lead us to assume that at this juncture alone he is invoking the Aristotelian doctrine of an *internal* sense constituting the common bond of the five 'specific' senses, although this doctrine certainly accords with what he is saying here. If he has a specific *philosophical* doctrine in mind at this juncture, it is probably Thomas Reid's (1710–1796) 'common sense', as this was used to refute Hume's postulation of the essential unconnectedness of 'particular perceptions': see Hist. Phil. III.375 et seq. where the 'An Inquiry into the Human Mind on the Principles of Common Sense' (1764; Germ. tr. Leipzig, 1782; Edinburgh, 1810) is referred to; cf. Max Dessoir 'Geschichte der neueren deutschen Psychologie' (2nd ed. Berlin, 1902) I pp. 408–9.

Hegel evidently also spoke of 'general *feeling*' (Gemeingefühl) in this connection (269, 27), and in doing so he was adopting the normal *terminology* of his day: see J. C. Prichard (1786–1848) 'A Treatise on Insanity' (London, 1835) p. 432, 'According to this hypothesis the operations of the brain and the system of cerebral and spinal nerves being suspended during the magnetic somnambulism, the nervous structure connected with the ganglions, and appropriated generally to the functions of physical life, assumes vicariously the office of the brain, and becomes a new sensorium. Specific sensation through the organs of sense ceases to exist, but the 'Gemeingefühl' or common feeling, taking its centre in the epigastrium near the gastric

system of nerves, becomes capable through its exaltation of all that belongs naturally to the cerebral structures, and in many instances in a higher and more intense degree.' This explanation of animal magnetism began to gain ground in Germany about 1814: see Johann Stieglitz (1767–1840) 'Ueber den thierischen Magnetismus' (Hanover, 1814); C. A. F. Kluge 'Animalischen Magnetismus' (Berlin, 1815) pp. 226–31, 264–85.

For the speculative background to the concept of 'general feeling' or coenaesthesis, see Phil. Nat. III.326. Friedrich Hübner's 'Coenaesthesis, dissertatio inauguralis medica' (Halle, 1794; tr. J. F. A. Merzdorff, Halle, 1795) seems to have initiated the general interest in the concept among German psychologists: see J. C. Reil 'Rhapsodieen' (Halle, 1803) p. 259; J. Ith 'Versuch einer Anthropologie' (1794/5; 2nd ed. 1803) p. 289; I. P. V. Troxler (1780–1866) 'Versuche in der organischen Physik' (Jena, 1804) p. 126ff; W. Liebsch 'Grundiß der Anthropologie' (2 pts. Göttingen, 1806/8) pp. 378–89; A. C. A. Eschenmayer (1768–1854) 'Allgemeine Reflexionen über den thierischen Magnetismus und den organischen Aether' ('Archiv f.d. thier. Mag.' 1817, 1 i pp. 1–34) p. 27, 'Wir können den Gemeinsinn den specifischen Differenzen der Sinnen gegenüberstellen, wie die Einheit den Brüchen. In dem Gemeinsinn wirkt der organische Aether frey, in dem verschiedenen Sinnenapparat ist er gebunden oder vielmehr getrübt.' J. P. F. Deleuze in 'Bibliothèque du Magnétisme animal' vol. V pp. 13–63 (Paris, 1818); P. C. Hartmann 'Der Geist des Menschen' (1819; 2nd ed. Vienna, 1832) pp. 168–70; J. C. Passavant 'Untersuchungen über den Lebensmagnetismus' (Frankfurt-on-Main, 1821) pp. 105–6.

The Rev. T. Glover's 'Extraordinary case of a blind young woman [Miss M. M'Evoy] who can read by the points of her fingers' (T. Thomson 'Annals of Philosophy' X 1817 pp. 286–9) stimulated general interest in what had, until then, been treated as a predominantly theoretical or academic matter: see 'Bibliothèque Universelle des Sciences' VI, 1817 pp. 305–11; VII, 1818 p. 155; 'Gilberts Annalen' LVIII, 1818 pp. 224–32; 'Journal de Physique' October 1817 p. 320; 'Archiv f.d. their. Mag.' 1818 3 i pp. 103–13, ii pp. 98–109.

265, 22

On the effect of *diet* upon the 'magnetic state' see Arnold Wienholt (1749–1804) 'Heilkraft des thierischen Magnetismus nach eigenen Beobachtungen' (3 pts. Lemgo, 1802/6) pt. I § 14.

265, 26

Several cases of people composing to music when in the magnetic state were recorded at that time. F. K. Strombeck (1771–1848), in a work listed in Hegel's library catalogue (no. 1415), 'Geschichte eines allein durch die Natur hervorgebrachten Magnetismus' (Brunswick, 1813), records the following of a young woman born in 1793 (p. 8): 'She used to say, when

my wife played on a pianoforte placed in the vicinity of her room (in order to try the effect of music): "O blessed angel, how heavenly is thy music! Godlike, rapturous! There is nothing like it to be heard on earth! — If only all my friends could be gathered here!"' George Baldwin (d. 1826), British consul-general in Egypt, gave an account of a kitchen-boy who improvised an Italian poem when magnetized to the sound of a harp: 'Bibliothèque du Magnétisme animal' 1819, 7 pp. 146–64; 'Archiv f.d. thier. Mag.' 1821 ii pp. 127–9. Dr. Nick of Stuttgart, 'Darstellung einer sehr merkwürdigen Geschichte' ('Archiv' 1817 1 ii pp. 115–6), gives a touching account of hymns sung when in a magnetic trance. Bende Bendsen (1787–1875) 'Tagebuch einer lebensmagnetischen Behandlung der Wittwe A. M. Petersen zu Arroeskjöping' ('Archiv' 1821, 9 ii pp. 110–2, 124–5) recorded three hymns on death, parting and suffering before God, composed when in a magnetic state. Cf. 'Archiv' 1822, 10 ii pp. 127–56. Mesmer himself recognized the effectiveness of music in heightening the magnetic state, and used to play to his patients on a harmonica or a pianoforte: 'Lettre sur le secret de Mr. Mesmer' ('Gazette de Santé' 1782 nos. 19–20); C. A. F. Kluge 'Animalischen Magnetismus' (Berlin, 1815) p. 45.

Hegel's friend P. G. van Ghert (1782–1852) noticed that music might have a *direct effect* upon the *muscles*: see 'Sammlung merkwürdiger Erscheinungen des thierischen Magnetismus' ('Archiv' 1818, 3 iii p. 92); cf. J. D. Brandis (1762–1845) 'Ueber psychische Heilmittel und Magnetismus' (Copenhagen, 1818) pp. 34–5; Dr. Spiritus of Solingen 'Beobachtungen über die Heilkraft des animalischen Magnetismus' ('Archiv' 1819, 5 iii pp. 83–4).

The effectiveness of music in helping to *cure nervous and mental diseases* was widely recognized at that time, and evidently gave rise to some extraordinary experimentation: see J. C. Reil (1759–1813) 'Rhapsodieen' (Halle, 1803; 2nd ed. 1818) p. 205, "I remember having read somewhere of a *cat clavier*. The animals were selected according to the scale, and ranged in a row with their tails stretched behind them. A key-board enabled the tails to be struck with sharp nails, each cat yielding the note required of it. A fugue performed upon such an instrument, especially if the patient could see the physiognomy and grimacing of these animals, could hardly fail to cure even Lot's wife of her catalepsy."

See the account of the swine organ devised for Louis XI of France by the Abbot of Baigne in the 'European Magazine' vol. 68 p. 226 (Sept. 1815). Cf. Adam Brendel (d. 1719) 'Dissertatio de curat. morb. per carmina et cantos musicos' (Wittenberg, 1706); E. A. Nicolai (1722–1802) 'Von der Verbindung der Musik mit der Arzneigelährtheit' (Halle, 1745); J. J. Kausch (1751–1825) 'Psychologische Abhandlung über den Einfluss der Töne und insbesondere der Musik auf die Seele' (Breslau, 1782); S. A. Tissot (1728–1797) 'Medicinisches, praktisches Handbuch' (tr. C. F. Held, 3 pts. Leipzig, 1785/6) vol. III pp. 364–70; C. L. Bachmann (1763–1813)

'Dissertatio de effectibus Musicae in hominem' (Erlangen, 1790, Germ. tr. Berlin, 1803); William Pargeter (1760–1810) 'Observations on maniacal disorders' (Reading, 1792; Germ. tr. Leipzig, 1793) Germ. tr. p. 76; P. Lichtenthal (1780–c. 1850) 'Der musikalische Arzt' (Vienna, 1807, Italian tr. Milan, 1811); Kluge op. cit. pp. 398–9; J. B. Friedreich 'Versuch einer Literärgeschichte der... psychischen Krankheiten' (Würzburg, 1830) pp. 369–72.

267, 11

Hegel's assessments of the soul (§ 391) and the sense of feeling (§ 401) have to be borne in mind here. His explanation of this state is in substantial agreement with that put forward by C. A. F. Kluge (1782–1844), 'Animalischen Magnetismus' (Berlin, 1815) pp. 266–70, and D. G. Kieser (1779–1862). Those who were intent upon interpreting animal magnetism as providing direct insights into the higher truths of ethics, morality and religion, naturally found it objectionable. See F. X. von Baader (1765–1841), 'Ueber die Abbreviatur der indirecten, nichtintuitiven, reflectirenden Vernunfterkenntniß durch das directe, intuitive und evidente Erkennen' (1822), in 'Gesammelte Schriften zur Philosophischen Anthropologie' (Leipzig, 1853) p. 110: 'So z.B. stellte Prof. *Kieser*, nach ihm *Hegel* und dessen Schule die Hypothese auf, daß in magnetischen oder ekstatischen Zuständen der Mensch in zwei Hälften, nemlich in die Gefühl — und in die Erkenntnißseite sich geschieden finde.'

267, 18

The following works contain many instances and observations similar to those retailed here by Hegel: L. A. Muratori (1672–1750) 'Della Forza della Fantasia Umana' (Venice, 1766; Germ. tr. 2 pts. Leipzig, 1785); J. C. Hennings (1731–1815) 'Von den Träumern und Nachtwandlern' (Weimar, 1784); N. Wanley (1634–1680) 'The Wonders of the Little World' (ed. W. Johnston, 2 vols. London, 1806) vol. II pp. 386–90. F. A. Carus (1770–1807) 'Psychologie' (2 vols. Leipzig, 1808) vol. II pp. 275–85.

On the two specific instances he mentions see: a) Henri de Heer (1570–c. 1636) 'Observationes medicae' (Liége, 1631) bk. I obs 2 pp. 32–3; and the anecdote relating to Prof. A. G. Wähner (1693–1762) of Göttingen, cited in C. P. Moritz and C. F. Pockels 'Magazin zur Erfahrungsseelenkunde' (10 vols. Berlin, 1783–1794) vol. 3 no. 1 p. 88: b) D. Tiedemann (1748–1803) 'Handbuch der Psychologie' (ed. L. Wachler, Leipzig, 1804) p. 344; Carus loc. cit. p. 282; and J. C. Prichard 'A Treatise on Insanity' (London, 1835) pp. 406–7.

267, 22

In order to test a female sleepwalker's ability with regard to *seeing* by means of the procardium, Eberhard Gmelin (1751–1808) pressed playing

cards against this part of her body, and she identified them with remarkable accuracy: 'Materialien für die Anthropologie' (2 vols. Tübingen, 1791) vol. II pp. 72–132. For similar cases see: P. F. Hopfengärtner 'Einige Bemerkungen über die menschlichen Entwicklungen' (Stuttgart, 1792); J. Comstock of South Carolina 'A case of a very singular nervous affection' ('London Medical and Physical Journal' September 1808); Rev. T. Glover's account of Margaret M'Evoy (b. 1799), who became blind in June 1816, "She says that she has not been taught by any one to distinguish colours by her fingers; but that, when she first perceived colours by this organ, she felt convinced that they were such and such colours, from the resemblance of the sensations to those which she had formerly experienced by means of the eye." (Thomson's 'Annals of Philosophy' 1817 vol. X pp. 286–9).

On experiments designed to test the ability to *hear* by means of the procardium see: J. N. Petzold (1739–1813) 'Versuche mit dem thierischen Magnetismus' (Berlin, 1798) nos. 19 and 20; J. H. D. Petetin (1744–1808) 'Ueber die Phänomene der Catalepsie und des Somnambulismus' (A. W. Nordhof 'Archiv für den thierischen Magnetismus' vol. I pp. 9–50, Jena, 1804); this article was first published as 'Mémoire sur... le Somnambulisme' (Lyon, 1787).

Petetin's experiments were almost certainly the source of Hegel's observation that it is possible to *taste* by means of the general sense: see the 'Mémoire' (1787) pp. 16–30, where the 'concentration of electric fluid' in the stomach is used to explain the fact that if one places, "une substance alimentaire sur l'épigastre, la malade sentira aussitôt dans l'estomac la saveur de cette substance, et la nommera." (p. 29). Cf. 'Electricité animale' (Lyon, 1805) pp. 29–30; 'Allgem. medizin. Annalen vom Jahr 1807' p. 995 no. 7.

J. C. Colquhoun (1785–1854) 'Isis Revelata' (2 vols. Edinburgh, 1836) vol. I ch. iii notes that the stomach is the principal centre of nervous sympathy; cf. P. Pinel (1755–1826) 'Traité' (Paris, 1801) Eng. tr. p. 17, "From the centre of the epigastric region, are propagated, as it were by a species of irradiation, the accessions of insanity, when all the abdominal system even appears to enter into the sad confederacy"; W. P. Alison (1790–1859) 'On the Physiological Principle of Sympathy' ('Trans. of the Medico-Chirurgical Society of Edinburgh' vol. II); J. M. Cox (1762–1822) 'Practical Observations on Insanity' (2nd ed. London, 1808) pp. x–xi; C. A. F. Kluge (1782–1844) 'Animalischen Magnetismus' (Berlin, 1815) pp. 111, 127, 131.

267, 29

Hegel may be confusing two separate experiments here. *Reading* by means of the procardium, and a chain of people holding hands linked to the person holding his hand on the page of a book, is recorded by Kluge op. cit. p. 115, who gives the Strassburg paper 'Niederrheinischer Courier' 1807 no. 32 as

his source. Hegel is, however, almost certainly referring to the following experiment, described by J. H. D. Petetin (1744–1808), in his 'Mémoires sur la decouverte des phénomènes que présentent la catalepsie et le somnambulisme' (Lyon, 1787) p. 46, "Si plusieurs personnes forment la chaîne en se touchant seculement par les mains, que la premiere place le doigt sur le creu de l'estomac de la malade, et la derniere qui peut en être fort éloignée parle dans sa main; la malade entendra, répondra à toutes les interrogations, exécutera ce qu'on lui demande."

Petetin studied at Besançon and then Montpellier, where he graduated in medicine at the age of twenty. He practised for a while in Franche-Comté and then settled in Lyon, where he stayed for the rest of his life. He became president of the Medical Society of the town, and published several practical works on public health. His earliest publications on animal magnetism were the 'Mémoire' mentioned in the previous note, and the 'Mémoires' quoted here. He subsequently published 'Nouveau mécanisme de l'électricité (Lyon, 1802) and 'L'électricité animale' (Lyon, 1805). In these works he tried to explain animal magnetism by postulating an *electric fluid* which might be conducted with greater facility by means of iron wire and interrupted by means of sealing wax (op. cit. p. 47). A. Lullier-Winslow (c. 1780–1834) criticized this theory in J. N. Corvisart's 'Journal de Médecine' vol. 18 October 1809. J. P. F. Deleuze (1753–1835) 'Histoire Critique du Magnétisme Animal' (2nd ed. 2 vols. Paris, 1819) vol. II p. 244 criticizes Petetin for mistaking magnetic for electric fluid and ignoring the fact that it is the will which sets it in motion. A similar criticism is to be found in A. M. J. C. de Puységur (1751–1825) 'Mémoires pour servir à l'histoire... du magnétisme animal' (1809; 2nd ed. 2 pts. Paris, 1820) pp. vii–xx. It is almost certainly such criticisms which gave rise to Hegel's remark that the experiment mentioned was carried out 'when animal magnetism was still unknown at Lyon.' Cf. Edwin Lee (d. 1870) 'Animal Magnetism' (London, 1866) p. 290.

267, 33

Johann Heinecken (1761–1851) 'Ideen und Beobachtungen, den thierischen Magnetismus... betreffend' (Frankfurt and Bremen, 1800) pp. 124–6, "Everything in front of my eyes is bright, and it is as if lightning were flashing sporadically before them; although I am unable to see anything with my eyes, I am aware of everything that comes before me; it is as if I were perceiving by some means other than sight; my feeling, which is very distinct, is particularly helpful." Cf. Kluge op. cit. p. 116; 'Hegel Briefe' I p. 318 (22 June 1810).

A. M. J. C. de Puységur (1751–1825) 'Du Magnétisme Animal' (Paris, 1807) p. 205, "Dans le somnambulisme, cette clarté, cette *optique préliminaire*, qui, dans l'obscurité, lui fait apercevoir les objets extérieurs, n'est précédée

ni d'étincelles, ni d'aucune apparence de feu. Quelle est donc la nature de cette lumière? Elle ne peut être soumise aux lois de la réflexion et de la réfraction, encore moins être divisée par l'intermède d'une prisme, et jamais on ne déterminera par le calcul *les effets de ses rayons* efficaces. Pour se rendre raison de ce phénomène, il faut donc absolument remonter à la cause qui l'a produit; or, cette cause est bien certainement l'action magnétique sur *le principe vital*, *le calorique*, *le mouvement tonique*, comme on voudra l'appeler, du malade."

P. G. van Ghert (1782–1852) 'Dagboek eener magnetische Behandeling' (tr. Kieser 'Archiv f.d. thier. Mag.' 1817, 2 i pp. 3–188, ii pp. 3–51) i pp. 160–1, "Aber sagen Sie mir einmal, wie es möglich ist, daß Sie ein Haus finden können an Oertern, wo eine Menge Gebäude stehn, und wie Sie das eine von dem andern unterscheiden können? — Sehr gemächlich, sagte sie, denn wenn ich nach einem Hause sehe, nach dem sie mich fragen, dann werde ich durch einen Strahl dahin geführt. — Von wem geht der Strahl aus? — Von Ihnen, oder von denjenigen, welche sich mit uns in Gesellschaft befinden und nach etwas fragen; hierdurch werden sie mit uns vereinigt, und der Strahl geht alsdann zu mir über, und bringt mich an den Ort, wo ich seyn muß." Cf. note 279, 31.

269, 13

'in der Fieberhitze' i.e. the cauma. See Phil. Nat. III.201; John Quincy (d. 1722) 'Lexicon Physico-medicum' (1717; 11th ed. revised by Robert Hooper (1773–1835), London, 1811).

269, 21

Christoph Friedrich Nicolai (1733–1811), the author and bookseller, whose father founded the famous Nicolaische Buchhandlung: see 'Briefe von und an Hegel' III.105, 312; IV.17, 175 for Hegel's contacts with it during the Berlin period. Nicolai first made his name as an interpreter of English literature, and it was this interest which won him the friendship of Lessing and Moses Mendelssohn. From 1765 until 1792 he edited the 'Allgemeine deutsche Bibliothek', the organ of the so-called 'popular philosophers', who warred against authority in religion and what they considered to be extravagance in literature. Nicolai showed himself to be incapable of understanding the new movement headed by Goethe, Kant, Herder, Schiller and Fichte, and made himself ridiculous by his misrepresentations of its aims. Hegel made excerpts from Nicolai's 'Beschreibung einer Reise durch Deutschland und die Schweiz' (1785) in August 1787: see H. S. Harris 'Hegel's Development' (Oxford, 1972) p. 20. Cf. M. S. Löwe 'Bildnisse jetzt lebender Berliner Gelehrten' (Berlin, 1806); L. F. G. von Göckingk 'F. Nicolai's Leben und literarischer Nachlass' (Berlin, 1820); J. G. Fichte 'Friedrich Nicolai's Leben und sonderbare Meinungen' (ed.

A. W. Schlegel, Tübingen, 1801), a violent attack on 'unser Held' for having criticized Fichte.

Nicolai's account of his visions was first published in the 'Berlinische Monatsschrift' (May, 1799), 'Beispiel einer Erscheinung mehrerer Phantasmen'. He had read a paper on the subject to the Royal Society of Berlin on 28th February 1799: see 'A Memoir on the Appearance of Spectres or Phantoms occasioned by Disease, with Psychological Remarks' (Wm. Nicholson 'A Journal of Natural Philosophy' vol. VI pp. 161–79, 1803). After a preamble on the distinction between body and mind, Nicolai continues, 'For my part, I will confess, that I do not know where the corporeal essence in man ceases, or where the mental begins; though I admit of the distinction, because the extreme differences can be clearly perceived... We may indeed doubt whether the labours of our German philosophers, though founded jointly upon modern speculation and modern chemistry, will be attended with any greater success.'

Nicolai first had leeches applied to his rectum in 1783, during an attack of giddiness. He first began to see visions on 24th February 1791, 'Though at this time I enjoyed a rather good state of health both in body and mind, and had become so familiar with these phantasms, that at last they did not excite the least disagreeable emotion, but on the contrary afforded me frequent subjects for amusement and mirth; yet as the disorder sensibly increased, and the figures appeared to me for whole days together, and even during the night, if I happened to awake, I had recourse to several medicines, and was at last again obliged to have recourse to the application of leeches to the anus.' (pp. 169–70). On such use of leeches at this time see: Philip Heineken 'Geschichte einer merkwürdigen Entzündungskrankheit des Unterleibes' ('Archiv f.d. thier. Mag.' 1818 2 iii p. 47); 'Medicinische Zeitung. Herausgegeben von dem Verein für Heilkunde in Preussen' Year I no. 14 p. 62 (Berlin, 5th December 1832).

Cases similar to Nicolai's had been recorded by F. G. de la Roche (1743–1813), 'Analyse des fonctions du système nerveux' (2 vols. Geneva, 1778; tr. J. F. A. Merzdorff, 2 vols. Halle, 1794/5 vol. I p. 131, but Nicolai's visions attracted a great deal of comment: see J. C. Reil 'Fieberlehre' (Halle, 1802) p. 284, 'Rhapsodieen' (Halle, 1803) pp. 171–2; John Alderson (1757–1829) 'On Apparitions' ('Edinburgh Medical and Surgical Journal' vol. vi, 1810); K. G. Neumann 'Die Krankheiten des Vorstellungsvermögens' (Leipzig, 1822) p. 334; Samuel Hibbert-Ware (1782–1848) 'Sketches of the philosophy of Apparitions' (Edinburgh, 1824) pp. 291–2, 324, 330–42, where an explanation is attempted; John Bostock (1773–1846) 'An Elementary System of Physiology' (3 vols. London, 1824–1827) vol. III p. 204.

H. B. Weber 'Anthropologische Versuche' (Heidelberg, 1810) p. 191 provides an interesting contemporary definition of prosaicism, *contrasting it with the poetical nature*, 'The prosaic nature remains involved in actuality, in

what is circumscribed and singular, and is therefore on a level with the great mass of mankind; it lives and views things as *others* do; its criterion of human greatness and happiness is the general empirical one, and is primarily concerned only with the finite aspect of what is human. In its opinions and pretensions prosaicism is therefore necessarily *matter-of-fact* and *self-assured*, as well as compliant and tolerant in what it expects of others, at least in respect of higher things.'

270, 17

Kehler wrote 'Gesichte'.

271, 18

Johann George Scheffner (1736–1820), the Prussian poetaster, lawyer, civil servant and autobiographer. Hegel also mentions him in his review of Hamann's writings (1828): see 'Berliner Schriften' (ed. Hoffmeister) pp. 253, 282. He is referring here to pp. 375–6 of 'Mein Leben, wie ich Johann George Scheffner es selbst beschrieben' (printed 1816; issued partly, Königsberg, 1821, fully, Leipzig, 1823), a badly written and naïve work in which Scheffner, while telling the story of his life, gives accounts of his lifelong interest in ghost stories (p. 9), his friendship with such enlightened souls as Moses Mendelssohn (p. 115) and Nicolai (p. 193), and his visions: 'I am not certain that I can call the other condition an illness, for I was in fact perfectly healthy. For several years however, when my eyes were closed during the day, or when they were open and I was wide awake at night, I saw passing before me whole series of human and animal shapes, as well as views of the countryside, everything being in the liveliest of colours. If I tried to watch it all closely, the forms altered in a perfectly wonderful way, the most beautiful shape changing into a caricature, the giant into a dwarf, the horse into a hound, a Claude Lorraine into a wagon-painter's scene. When I read Nicolai's account of his hallucinations, my own kind of *fata morgana* came to my mind. Incidentally, I did not find it in any way a nuisance, for many years it had not been appearing constantly. Perhaps *Goethe's* extremely suggestive 'Theory of Colours' will provide the basis for various explanations of such appearances. In my opinion, this work is by no means as outrageously unjust to the illustrious *Newton* as the arch-mathematicians maintain, although the polemical part of it is certainly written in a highly offensive manner, in a tone which no writer should adopt towards another, least of all a *Goethe* towards a *Newton*.'

Cf. 'Nachlieferungen zu meinem Leben' (Leipzig, 1884); 'Briefe an und von J. G. Scheffner' (Munich and Leipzig, 1918); R. Reicke 'Kriegrat Scheffner und die Königin Luise' ('Altpreussische Monatsschrift' vol. I pp. 30–58, 706–36, 1863); John Ferriar (1761–1815) 'An Essay towards a Theory of Apparitions' (London, 1813).

271, 32

C. F. L. Schultz (1781–1834) 'Ueber physiologe Farbenerscheinungen, insbesondere das phosphorische Augenlicht, als Quelle derselben, betreffend'. This paper was finished on 27 July, 1821, a few weeks after Schultz had visited Goethe at Weimar, and was printed by Goethe in 'Zur Naturwissenschaft Überhaupt' pt. II (ed. Kuhn, Weimar, 1962) pp. 296–304; see 'Phil. Nat.' II.338, III.326.

271, 37

Nicolai parodied Goethe's 'Werther' in 'Freuden des jungen Werthers' (Berlin, 1775), and Goethe satirizes him in 'Faust' pt. i l. 4144 et seq. After Proktophantasmist has complained that spirits should 'still be there' despite the enlightenment, Mephistopheles observes that:

> 'Er wird sich gleich in eine Pfütze setzen,
> Das ist die Art, wie er sich soulagiert,
> Und wenn Blutegel sich an seinen Steiß ergetzen,
> Ist er von Geistern und von Geist kuriert.'

'Faust' (ed. Erich Schmidt: Sämtliche Werke: Jubiläums-Ausgabe, Stuttgart and Berlin, no date) vol. 13 pp. 332–3; 'Phil. Nat. I.297–8; C. L. Michelet 'Anthropologie und Psychologie' (Berlin, 1840) p. 183.

273, 34

Since Hegel lectured on this on 30th June 1825 (Kehler Ms. p. 120), it is tempting to see some connection with the letter he wrote to his sister on 20th September, 1825 ('Briefe' III p. 96 no. 497). He is also making an important general point however, and he may have been encouraged to do so by A. C. A. Eschenmayer's 'Versuch die scheinbare Magie des thierischen Magnetismus aus physiologischen und psychischen Gesezen zu erklären' (Stuttgart and Tübingen, 1816); cf. his library catalogue no. 100 (Berlin, 1832): "In each of the more lively connections between people moreover, and even in what are only minor, singularized and transitory moments, we perceive a true awakening or actuosity, a flushing or flaming forth as it were, of this *homme général*. We see clearly how these people, by losing their single lives to one another, or rather in this third or higher factor, immediately rise again within it, as it were, with a higher power of life, finding their lives doubled or multiplied according to the number of those with whom they are connected." (pp. 10–11).

The concept might, perhaps, be profitably regarded as a humanization of Rousseau's '*volonté générale*' ('Enc.' § 163 Add. 1).

275, 18

For cases of persons who normally conversed only in Low German, but who could speak High German when 'magnetized' see: J. Heinecken (1761–1851) 'Ideen und Beobachtungen den thierischen Magnetismus und dessen

Anwendung betreffend' (Bremen, 1800) pp. 63, 204; A. Wienholt (1749–1804) 'Abhandlungen über Magnetismus' (3 pts. Bremen, 1807) vol. III sect. ii pp. 91, 206, sect. iii pp. 15, 238, 362; G. H. Schubert (1780–1860) 'Ansichten von der Nachtseite der Naturwissenschaft' (Dresden, 1808) p. 333.

Eberhard Gmelin (1751–1808), 'Materialien für die Anthropologie' (Tübingen, 1791) vol. I p. 3, gives an account of a young woman in *Stuttgart* who could only speak French well when magnetized. The general circumstances of this case were particularly dramatic, so that it was often cited, see: J. C. Reil 'Rhapsodieen' (Halle, 1803) pp. 75–8; C. A. F. Kluge 'Animalischen Magnetismus' (Berlin, 1815) pp. 151–2; A. C. A. Eschenmayer 'Versuch die scheinbare Magie...' (Stuttgart and Tübingen, 1816).

John Abercrombie (1780–1844), 'Inquiries concerning the intellectual powers and the Investigation of Truth' (3rd ed. Edinburgh, 1832) pp. 140–3, gives a host of contemporary British examples of this involving the traumatic speaking of French, Welsh, Breton, Gaelic, German. Cf. J. C. Spurzheim (1776–1832) 'Observations on Insanity' (London, 1817; Germ. tr. Hamburg, 1818) p. 206, "The instance of the Countess of Laval is known, who was nursed among the Welsh, and appeared to have entirely forgotten the Welsh language. But long after she had grown up, in the delirium of a fever, she spoke many words in a language unknown to her attendants, which was at last discovered by an old Welsh woman." F. B. Winslow (1810–1874) 'On obscure Diseases of the Brain' (London, 1860) p. 402.

Further contemporary continental examples are very numerous: S. A. Tissot (1728–1797) 'Traité des nerfs et de leurs maladies' (4 vols. Paris, 1782) vol. II pt. 2 p. 316; D. Tiedemann (1748–1803) 'Handbuch der Psychologie' (ed. L. Wachler, Leipzig, 1804) sect. II 80; J. C. Passavant (1790–1857) 'Untersuchungen über den Lebensmagnetismus' (Frankfurt-on-Main, 1821) pp. 171–7; A. Bertrand (1795–1831) 'Traité du Somnambulisme' (Paris, 1823) pp. 100–5; 'Archiv f.d. thier. Magn. 1817 1 i p. 95, 2 ii p. 152; 1820 8 i pp. 87–90; 1822 10 ii pp. 121–7 (C. A. Agardh (1785–1859) of Lund).

275, 24

> 'From *dreams*, where thought in fancy's maze runs mad,
> To *reason*, that heaven-lighted lamp in man,
> Once more I wake; and at the destin'd hour,
> Punctual as lovers to the moment sworn,
> I keep my assignation with my woe.'

The 'Narcissa', or 'Night III' of Edward Young's (1725–1795) 'The Complaint; or, Night Thoughts' (1742/5) was the passage recited, and the person was a young Frenchman of twenty two, who had read Young while staying on Crete some years before. See J. P. F. Deleuze (1753–1835) 'Histoire Critique du Magnétisme Animal' (2 pts. Paris, 1813) pp. 221–2: "Il

avoit une extrême sensibilité, et de la disposition à la mélancholie; mais il étoit d'un caractère tranquille. Il avoit passé deux ans à Candis. Un jour que je lui parlois de ce pays, il me dit qu'il en avoit oublié la langue, mais que si dans ce moment il se trouvoit avec quelqu'un qui la sût, il s'en souviendroit et la parleroit avec plaisir. Je ne pouvois le vérifier; mais je lui demandai s'il se souvenoit des livres qu'il avoit lus; il me répondit qu'il se souvenoit de ceux qui l'avoient affecté; qu'étant à Candie il avoit lu un livre bien triste, et qui lui faisoit impression. Je lui demandai ce que c'étoit; il me répondit qu'il n'en savoit pas le titre. Je lui demandai s'il pourroit m'en citer quelque chose: tant que vous voudrez, me répondit-il, et il se mit à me réciter la Nuit de Narcisse d'Young précisément comme s'il la lisoit.

Je suis bien sûr qu'étant éveillé il ne savoit pas les Nuit d'Young par coeur. Je crois même que personne ne les sait en prose française, et d'ailleurs il ne faisoit de la littérature qu'un amusement.

Je cite ce fait comme très-remarquable, parce qu'il prouve que dans l'état de somnambulisme les sensations dont on a été affecté pendant la veille se retracent dans toute leur vivacité. Mon somnambule relisoit pour ainsi dire la Nuit de Narcisse. Le lendemain je m'assurai qu'il m'avoit récité deux pages, et je ne crois pas qu'il eût changé un mot." Hegel may have read of this case in A. Bertrand's 'Traité de Somnambulisme' (Paris, 1823) pp. 100–1, but I have not found it cited elsewhere.

Young's 'Night Thoughts' were well-known in Germany, and contributed to the general idea of a *melancholia Anglica* (note 365, 22): see J. A. Ebert (1723–1795) 'Dr. Eduard Young's Klagen, oder Nachtgedanken' (5 vols. Brunswick, 1759–1774); a French prose version of them was published at Marseille in 1770. Cf. Johannes Barnstoff 'Youngs Nachtgedanken und ihr Einfluss auf die deutsche Litteratur' (Bamberg, 1895); J. L. Kind 'Edward Young in Germany' ('Columbia Univ. Germanic Studies', New York, 1906).

277, 8

A. M. J. C. de Puységur (1751–1828) 'Appel aux savants observateurs du 19 ièm siècle, de la décision portée par leurs prédécesseurs contre le magnétisme animal et fin du traitement du jeune Hébert' (Paris, 1813; Dutch tr. Amsterdam, 1818). In the first two parts of this work, Puységur gives a chronological account of his treatment of a certain Alexander Hébert, who had undergone a head-operation at the age of four on account of damage to his skull and subsequent clotting. After this operation he had had nervous attacks and was thought to be epileptic, — a state of disorder which eventually developed into semi-permanent insanity and an apparently complete loss of memory. Puységur's magnetic treatment cured the insanity and temporarily restored the boy's ability to recollect, so that when he was under treatment, as Hegel's notes, he was able to describe the origin of his disability and even the precise sequence of events during his operation. J. C.

Passavant (1790–1857) observes, in 'Untersuchungen über den Lebensmagnetismus' (Frankfurt-on-Main, 1821) pp. 157–8, that this magnetic treatment, by partly effecting a cure, elicited the *dualism* of being influenced only by the present moment and of recalling all the details of past events. In the third part of his book Puységur puts forward certain, 'idées que l'on peut se faire de l'animant animal et du magnétisme de l'homme.'

Cf. J. M. Cox (1762–1822) 'Practical Observations on Insanity' (2nd ed. 1806; Germ. tr. Halle, 1811) pp. 96–7, Germ. tr. p. 112 (note 373, 19); Pietro Pezzi (1757–1826) 'Storia di uno stranissimo sonnambulismo' (Venice, 1813).

279, 20

The Venerable Bede (672–735), in his 'De Natura Rerum', refers phenomena to natural causes. In his 'Historia Ecclesiastica Gentis Anglorum' however, he records numerous seemingly supernatural occurrences in an apparently credulous and uncritical manner.

279, 31

On 28th November 1809, the French cavalry under General Kellermann attacked and disorganized the retreating Spanish army at the battle of *Alba de Tormes*. Three thousand Spaniards were killed or taken, the French casualties amounting to less than three hundred. On 15th January 1810 there were 123 sick in Kellermann's division, and the young man mentioned here by Hegel was almost certainly one of them. Valladolid had been occupied by the French since 22nd November 1807: see M. S. Foy (1775–1825) 'History of the War in the Peninsular' (Eng. tr. 2 vols. London, 1827) vol. II pp. 248–9; C. Oman 'A History of the Peninsular War' (7 vols. Oxford, 1902/30) vol. III p. 538.

Hegel is referring here to the 'Dagboek eener magnetische Behandeling' (Amsterdam, 1814; Germ. tr. D. G. Kieser, 1817 in 'Archiv f.d. thier. Mag.' 2 i pp. 3–188, ii pp. 3–51), by his friend P. G. van Ghert (1782–1852): see i p. 127 (6th March 1810), "As soon as the patient was in the crisis, she made known to me that I should bind a cloth over her eyes, *for she could then see her brother in Spain somewhat better*. She told us various things about him, and awoke after having slept twenty minutes less than three hours."

She was expecting her menses that week. They were delayed, and van Ghert reports as follows on what happened ten days later (i pp. 135–6), "'I'm not at all keen on having my brother come so suddenly before my eyes,' — When she had said this, she suddenly began to shudder quite frightfully. When I asked her if she already had the house where her brother was, she replied, 'Yes, but I must not look into it.' She looked up and made known to me that I should bind a cloth over her eyes, so that she could see better. — When I had done this she turned her head to one side and said,

'*He is standing in front of his bed, so that I cannot get a good view of him.*' 'Nevertheless, look at him.' 'I mustn't' she said, 'for a few days ago he was already lying there so ill, that now I'm awfully worried about him... I can see him!... He looks dreadful and isn't moving; but I'm glad I've seen him. I'll tell you why I was so afraid of seeing him. A few days ago, when I wanted to see him, I saw a dead body being carried out of a room in that house. The corpse was then laid on a table and dissected. This frightful scene is still before my eyes. God knows, I thought, they're probably doing the same with my brother. And if I had had to see that, I can tell you, I should have died of shock. Now he is lying on his side, but he looks quite dreadful."

19th March (i pp. 138–9), "'I believe my brother is dead... Yes,' she said, 'I fear he's dead. He's lying on a great table in another room. There are at least ten people around him, doctors as well as surgeons. They have cut open the whole of his chest. You must write so as to catch the post ship at one tomorrow, and ask for an immediate answer. — If only I could see his face I'd know what was happening, but I'm now able to tell only by the trouble, and particularly by the lungs. As soon as I want to see his face it's as if a mist had drifted before my eyes.'"

On 16th July (ii p. 7) her brother returned to the Netherlands and visited her. He confirmed that he had been injured by a Spanish officer, that he had lain in hospital in Valladolid, and that, as Hegel notes, she had seen what had happened to one of his fellow patients there.

For similar cases see: D. Tiedemann 'Untersuchungen über den Menschen' (3 pts. Leipzig, 1777/8) pt. III; J. A. E. Goeze 'Natur, Menschenleben und Vorsehung' (7 vols. Leipzig, 1789/94) vol. III pp. 239–40; A. Martinien 'Tableaux, par corps et par batailles, des officiers tués et blessés pendant les guerres de l'Empire' (Paris, 1909).

279, 36

Cf. 73–7, and note 263, 4. Since there is little concrete evidence to justify this remark in the works Hegel seems to have read, it may be of value to call attention to the case mentioned by C. L. Michelet in this connection, see 'Anthropologie' (Berlin, 1840) pp. 184–5: 'Mercator gives us an account of such a case involving his grandfather and Marsilius Ficini, the celebrated translator of Plato and Plotinus. While discussing the immortality of the soul, the two friends agreed that whoever died first should appear to the other and tell him about it. On a later occasion Michael Mercator heard a horse gallop into his yard, and, quite distinctly, the voice of his friend Marsilius calling to him: "Michael, Michael, it is so;" and it was at that very time that his friend died in Florence.' Cf. Muratori op. cit. pt. II c.9; 'Archiv f.d. thier. Mag.' 1818 4 i p. 126; J. C. L. Ziermann 'Geschichtliche Darstellung des thierischen Magnetismus' (Berlin, 1824) p. 179.

On Spanish cases see Passavant op. cit. p. 40, who refers to the Ensalmadores and Saludadores; cf. M. A. Delrio (1551–1608) 'Disquisitionum Magicarum' (1593; 3 vols. Mainz, 1606) I p. 66; Pierre Lebrun (1661–1729) 'Histoire critique des pratiques superstitieuses' (Paris, 1702; 4th ed. 4 vols. Paris, 1750/1) I c. vi; B. G. Feyjoo y Montenegro (1701–1764) 'Teatro critico' (1737; 9 vols. Madrid, 1749/51).

281, 2
Cf. the assessment of space and time in the Phil. Nat. §§ 254–9. The sequence of Hegel's consideration here is evidently determined by it.

281, 21
F. A. Carus (1770–1807) 'Psychologie' (2 vols. Leipzig, 1808) vol. I pp. 283–92 makes the same point.

281, 35
Phil. Nat. I.231, 37–232, 5.

283, 8
A. M. J. C. de Puységur (1751–1828), 'Recherches, expériences et observations physiologiques sur l'homme' (Paris, 1811) pp. 43–46, takes the three main characterisitics of somnambulism to be as follows:
1. '*L'isolement*; c'est-à-dire qu'un malade dans cet état n'a de communication et de rapport qu'avec son magnétiseur...
2. *La concentration*; c'est-à-dire qu'un malade dans cet état doit être dans une telle occupation de lui-meme qu'il ne puisse en être distrait par rien...
3. *La mobilité* magnetique; c'est-à-dire qu'un malade, dans cet état, est toujours plus ou moins sensible a l'impulsion de la seule pensée de son magnétiseur.'

283, 27
Cf. the mention of 'animal time', Phil. Nat. III.119, 32, and J. C. Passavant's observation 'Untersuchungen' (1821), "This clairvoyant measure of time is quite different from our usual one, the decimal system, which like the Roman numerals, is probably based on how many fingers we have. In clairvoyance, the measure of time is much more closely analogous to very ancient counting systems, to the numbers which occur so frequently in the first books of the Bible, to 3, 7, 40 for example, which seem to be holy numbers on account of their being applied to religious matters."

Hegel had had good reason to notice that a period of three or four days pertains to the determinate nature of a fever: "During his student years he had the tertian fever for a long time, and spent some months in the paternal house on account of it. He read the Greek tragedies, his favourite studies, on the good days, and occupied himself with botany...": see Christiane

Hegel's letter to Hegel's widow, 7th January 1832, in J. Hoffmeister 'Dokumente zu Hegels Entwicklung' (Stuttgart, 1936) pp. 392–3 and G. Nicolin 'Hegel in Berichten seiner Zeitgenossen' (Hamburg, 1970) p. 15.

William Cullen (1712–1790) 'Kurzer Inbegriff der medicinischen Nosologie' (2 pts. Leipzig, 1786) classifies intermittent fevers as Tertiana, Quartana and Quotidiana.

285 11

J. A. E. Goeze (1731–1793), 'Natur, Menschenleben und Vorsehung' (7 vols. Leipzig, 1789–1794) vol. III p. 241, gives an account of a friend who, while visiting a clergyman in the country, slept in a room next to that of the two grown-up sons. In the middle of the night they woke him as they were leaving their bedroom. When he asked them why they were up and dressed, they said that they had felt uneasy and unsettled in the room, although they could not say why. They slept elsewhere, and in the morning the floor of the bedroom was found to have collapsed. Goeze attempts to find a rational explanation for this by assuming that they must have known that the floor was unsafe, and that even if they were not *consciously* aware of any imminent danger, the creaking of the timbers during their first sleep may have given rise to sub-conscious anxiety: cf. Hegel's treatment of dreams (143, 16). G. I. Wenzel (1754–1809) 'Unterhaltungen über... Träume und Ahndungen' (1800) pp. 62–3 comes to a similar conclusion with regard to related phenomena.

285, 14

Hegel is fond of mentioning the rapport between the living organism and climate (Phil. Nat. II.29; III.147), and the context in which he refers to it here was a well recognized one at that time: J. A. E. Goeze op. cit. (1789/94) iv pp. 162–9; C. Amoretti (1741–1808) 'Untersuchungen über die Rabdomantie' (Berlin, 1809) ch. 8, 'Elementi di Elettrometria animale' (Milan, 1816; tr. Kieser, 'Archiv' 1819, 4 i pp. 1–119) ch. 13; P. G. van Ghert 'Tagebuch' ('Archiv' 1817, 2 ii p. 14); Charles Clouston 'An Explanation of the Popular Weather Prognostics of Scotland on Scientific Principles' (Edinburgh, 1867).

Bende Bendsen's account of skipper *Joseph Steen* of Aeröskøbing in Denmark is probably the immediate source of Hegel's observation: see 'Noch ein paar Fälle einer eigenen Art des zweiten Gesichtes' ('Archiv' 1821, 8 iii pp. 125–8). Cf. I. M. Boberg 'Motif-Index of Early Icelandic Literature' (Copenhagen, 1966) pp. 84–5.

285, 15

Bende Bendsen 'Einige Beispiele solcher Personen die ihre Todesstunde vorausgesagt haben' ('Archiv' 1821, 8 iii pp. 102–5); Dr. W. Krimer of

Aachen 'Beitrag zur Geschichte der Todes-Ahndungen' (Nasse's 'Zeitschrift für die Anthropologie' 1824, ii pp. 374–83); Dr. Hohnbaum of Hildburghausen 'Psychologische Fragmente' (Nasse's 'Jahrbücher für Anthropologie' 1830, I pp. 126–8).

Bendsen mentions, among others, Bede, Christian III of Denmark, Lavater and Henry IV of France; cf. G. I. Wenzel op. cit. (1800) pp. 33–6. Kant remained sceptical ('Anthropologie' 1798 §§ 35–6): "It is not difficult to see that all divination is a chimera, for how can one sense what still has no being? Judgements based on obscure notions of such a causal relationship are not premonitions, since one can develop the notions giving rise to them, and explain them as one does a considered judgement."

285, 17

Scotland. The very term 'second sight' (Germ. Zweite Gesicht) originates in the Gaelic distinction between two sights 'an-da shealladh', one of which is ordinary vision. 'Taibhsearachd' is the gift of supernatural sight, 'taibhsear' being the seer, and 'taibs' the visionary thing seen. John Aubrey (1626–1697) 'Miscellanies' (London, 1696; ed. J. B. Brown, Fontwell, Sussex, 1972) pp. 176–92, collected a considerable amount of material on 'second-sighted men in Scotland', but it was Robert Kirk's (c. 1641–1692) 'The Secret Commonwealth' (1691; Edinburgh, 1815) which drew general attention to the phenomenon. During the early years of the eighteenth century several works appeared which were still the main sources for the investigation of the subject a hundred years later: Martin Martin 'A Description of the Western Islands of Scotland' (London, 1703; 2nd ed. 1716); John Frazer 'Deuteroscopia (Second Knowledge), or A Brief Discourse concerning Second Sight' (Edinburgh, 1707; reprinted 1820); Daniel Defoe (1661–1731) 'The Second-Sighted Highlander' (London, 1715), 'Secret Memoirs of... Duncan Campbell' (London, 1732) pp. 129–33; John Macpherson 'Treatise on Second Sight' (Edinburgh, 1763).

It seems to have been G. H. Richerz's edition of L. A. Muratori's 'Della Forza della Fantasia Umana' (2 pts. Leipzig, 1785) pt. II pp. 137–39 which first brought this British material to the notice of German scholars. Interest in the subject while Hegel was lecturing at Jena, Heidelberg and Berlin was very widespread, see: C. C. E. Schmid 'Anthropologisches Journal' vol. 3 no. 1 pp. 49–58 (Jena, 1803); D. Tiedemann 'Handbuch der Psychologie' (Leipzig, 1804) pp. 325–6; 'Bibliothèque du Magnétisme animal' vol. 8 pp. 60–92, 159–76 (Paris, 1819); 'Archiv f.d. thier. Mag.' 1820, 6 iii pp. 93–141; 7 ii pp. 154–7; 1821, 8 iii pp. 60–130; 1822, 10 ii pp. 163–9. Cf. 'Berliner Schriften' pp. 691–2.

Holland, Martin (op. cit. p. 312) notices that, 'The *Second Sight* is not confined to the Western isles alone, for I have an account that it is likewise seen in several parts of *Holland*, but particularly in *Bommel*, by a woman, for

which she is courted by some, and dreaded by others.' See Hegel's general correspondence with P. G. van Ghert ('Briefe' IV p. 222), the account of Dimmerus de Raet by I. van Diemerbroeck (1609–1674) 'Tractaat over de Pest' (1644; Amsterdam, 1711), and E. J. Dingwall 'Abnormal Hypnotic Phenomena' (London, 1967) pp. 51–100.

Westphalia, A. W. Nordhoff, who edited the 'Archiv für den thierischen Magnetismus' (Jena, 1804), was a general practitioner at Melle near Osnabrück prior to 1803; cf. Hegel's 'Briefe' I p. 425; C. L. Michelet 'Anthropologie' (Berlin, 1840) pp. 185–6.

The second sight in this part of Germany was the subject of an excellent analytical investigation just before the war, see Karl Schmeïng 'Das "Zweite Gesicht" in Niederdeutschland' (Leipzig, 1937). Schmeïng approaches the subject in the light of E. R. Jaensch's (1883–1940) theory of *eideticism*, that is to say, the capacity for generating subjective intuitive pictures. The emphasis he lays upon inherited characteristics and environment (pp. 104–27) provides a point of contact with Hegel's general assessment of the phenomenon.

Cf. E. J. Dingwall (op. cit.) pp. 101–99.

285, 21

Jean Paul (1763–1825) seems to have named the double-ganger: 'Wenn ich gar ganze Leichen- und andere Processionen zu Doppelgängern verdopple.' 'Siebenkäs' (Berlin, 1796/7) iv, 166. The best contemporary account of it was provided by F. Oldenburg (1767–1848) 'Om Gjenfærd eller Gjengangere' (Copenhagen, 1818); cf. D. G. Kieser (1779–1862) 'System des Tellurismus' (2 vols. Leipzig, 1822) vol. II p. 64; 'Archiv f.d. thier. Magn.' (1821, 8 iii pp. 120–4).

'Doppelgänger' was subsequently anglicized, although 'wraith', 'fetch' and 'double' were already in use: see Anne Grant (1755–1838) 'Memoirs' (3 vols. London, 1844) vol. 3 p. 66; John Banim (1798–1842) 'Tales, by the O'Hara Family' (3 vols. London, 1825) vol. 2 p. 128; W. Hone (1780–1842) 'The Every-Day Book' (3 vols. London, 1827) vol. 2 p. 1012.

Cf. C. O. Parsons 'Witchcraft and Demonology in Scott's Fiction' (Edinburgh and London, 1964).

285, 31

D. G. Kieser (1779–1862) 'Das zweite Gesicht (second sight) der Einwohner der westlichen Inseln Schottlands, physiologisch gedeutet' (Archiv f.d. thier. Mag. 1820 6 iii pp. 93–141); see also loc. cit. 7 ii pp. 154–7, 8 iii pp. 60–130, 10 ii pp. 163–9; cf. 'Berliner Schriften' pp. 691–2.

The English collection of this material referred to by Hegel may be either D. Webster's (anon.) 'A Collection of Rare and Curious Tracts on Witchcraft and the Second Sight' (Edinburgh, 1820) B. Mus. cat. 19159, or the

'Observations on Popular Antiquities' (2 vols. London, 1813) by John Brand (1744–1806), note 229, 20. Other contemporary English works concerned with the second sight are: Emelia Harmes' 'Caledonia' (3 pts. Hamburg, 1803) pt. III p. 72; J. G. Lockhart 'Memoirs of... Scott' (7 vols. Edinburgh, 1837/8) vol. III p. 228 (1814); 'Blackwood's Magazine' vol. 3 pp. 18–20, 1818; James Prior (1790?–1869) 'An Original Narrative of a Voyage' (London, 1819) p. 41; W. G. Stewart 'The Popular Superstitions... of... Scotland' (Edinburgh, 1823) p. 16; J. Macculloch 'The Highlands' (4 vols. London, 1824) vol. 2 p. 32.

285, 34

For accounts of visionary funeral processions in the literature on the second sight then available, see John Frazer 'Deuteroscopis... or... Second Sight' (Edinburgh, 1707; reprinted 1820) pp. 16–7; C. C. E. Schmid 'Anthropologisches Journal' (Jena, 1803) vol. 3 no. I p. 58; W. G. Stewart op. cit. pp. 32–4.

On the sight of a corpse on a table, see note 279, 31 (1810). The transition from this to the next instance of the second sight mentioned by Hegel was almost certainly suggested by the widespread reporting of *corpse candles*, see W. Howells 'Cambrian Superstitions' (Tipton, 1832); 'Westminster Review' vol. 17 pp. 402–4 (October 1832); 'Berliner Schriften' p. 691.

286, 2

For 'othwendig' read 'nothwendig'.

287, 3

It was widely recognized at that time that a peculiar and localized 'standpoint of spiritual development' was necessary to the occurrence of the second sight. Martin (op. cit., 1716) p. 312, 'It is observable, that it was much more common twenty years ago than at present; for one in ten do not see it now that saw it then.' Dr. Johnson, 'A Journey to the Western Islands of Scotland' (1775; 'Works' 9 vols. Oxford, 1825) vol. IX pp. 104–8: 'It is ascribed only to a people very little enlightened; and among them, for the most part, to the mean and ignorant.' Cf. Patrick Graham 'Sketches of Perthshire' (2nd ed. Edinburgh, 1812) p. 244.

The articles in the 'Bibliothèque du Magnétisme animal' vol. 8 pp. 60–92, 156–76, (Paris, 1819), attempt to review both its geographical and its historical distribution. G. E. Schulze, 'Psychische Anthropologie' (3rd ed. Göttingen, 1826) p. 515 notes that living in a certain kind of countryside has a distinct influence upon the mentality of a people.

Cf. George Borrow (1803–1881) 'Wild Wales' (London, 1862) ch. 28: 'The power (of the second sight) was at one time very common amongst the Icelanders and the inhabitants of the Hebrides, but it is so no longer.

Many and extraordinary instances of second sight have lately occurred in that part of England generally termed East Anglia, where in former times the power of second sight seldom manifested itself.'

287, 22

Second sight was much discussed during the whole of the period 1700–1830. Those who took it seriously usually regarded it as tangible evidence of a 'spirituality' which they assumed to be *opposed* to materiality, and those who attempted to deny that it was worthy of serious consideration, had usually assessed the presuppositions of the would-be spiritualists rather more accurately than they had those of the phenomenon itself. By treating second sight as an instance of the 'immersion of spirit in what is singular and contingent', Hegel is putting forward an assessment of it which although it is by no means unique in the literature of the time, does illustrate extremely well the effectiveness of his general method in resolving the seemingly incompatible differences of interpretation brought forth by what he calls the 'understanding.'

The '*spiritual*' view was the earliest, see Kirk op. cit. p. 53 (1691): 'Since the Things seen by the Seers are real Entities, the Presages and Predictions found true, but a few endued with this Sight, and those not of bad Lyves, or addicted to Malifices, the true Solution of the Phaenomenon seems rather to be, the courteous Endeavours of our fellow Creatures in the Invisible World to convince us, (in Opposition to Saduces, Socinians, and Atheists) of a Deity; of Spirits; of a possible and harmless Method of Correspondence betwixt Men and them, even in this Lyfe.'

This sort of thing gave rise to a very natural *reaction*. Hume formalized his prejudice against taking second sight seriously by invoking quantitative categories: 'As finite added to finite never approaches a hair's breadth nearer to infinite; so a fact incredible in itself, acquires not the smallest accession of probability by the accumulation of testimony.' 'Life and Correspondence' by J. H. Burton (2 vols. Edinburgh, 1846) I p. 380. James Beattie (1735–1803), 'Essays' (Edinburgh, 1776) pp. 169–74 dismissed the phenomenon as a 'distempered fancy', and the geologist John Macculloch (1773–1835), 'The Highlands and Western Isles of Scotland' (4 vols. London, 1824) vol. II p. 32, waxed eloquent on the theme: 'Since the second sight has been limited to a doting old woman or a hypochondrical tailor, it has been a subject for ridicule; and, in matters of this nature, ridicule is death.'

A *satisfactory assessment* of the phenomenon only became possible once these extreme views had been abandoned. Dr. Johnson (op. cit. 1775 pp. 104–8) seems to have initiated the constructive and yet critical attitude required: 'This receptive faculty, for power it cannot be called, is neither voluntary nor constant. The appearances have no dependence upon choice:

they cannot be summoned, detained, or recalled. The impression is sudden, and the effect often painful... There is, against it, the seeming analogy of things confusedly seen, and little understood; and for it, the indistinct cry of national persuasion, which may be perhaps resolved at last into prejudice and tradition. I never could advance my curiosity to conviction; but came away at last only willing to believe.' A similar but slightly more positive approach was suggested by George Dempster (1732–1818) in a letter to Boswell dated 16th February 1775: 'Second sight... will be classed among the other certain, though unaccountable, parts of our nature, like dreams.' 'Life of Johnson' (ed. G. B. Hill and L. F. Powell, 6 vols. Oxford, 1934/64) vol. V p. 407.

Johnson's attitude to the second sight was made known in *Germany* by J. A. E. Goeze (1731–1793), 'Natur, Menschenleben und Vorsehung' (7 vols. Leipzig, 1789/94) vol. III pp. 243–4, and as has already been noticed (note 285, 17), the phenomenon attracted a great deal of serious attention in the country during Hegel's lifetime. Hegel's own assessment of it resembles that put forward by D. G. Kieser in the article already referred to (note 285, 31): 'Consequently, when man's *life of feeling* perceives at a distance in time and space, this corresponds to his doing so through the animation of his reason. Both procedures are therefore properties of the human soul, the former being a *feeling at a distance*, the latter a *cognition at a distance*... In moments in which man is immersed within himself, in which he surrenders himself without reflection to his inner feelings, the specific feeling of a distant or future event suddenly appears to him, and presents itself to his awakened reflection. — Here the awakened life of the understanding — usually called reflection — is momentarily suppressed, while the life of feeling is momentarily heightened.'

Cf. P. S. Ballanche (1776–1847) 'Vision d'Hébal' (Paris, 1831); J. G. Dalyell (1775–1851) 'The Darker Superstitions of Scotland' (Edinburgh, 1834) pp. 483–4; A. L. Caillet 'Manuel Bibliographique des Sciences Psychiques' (3 vols. Paris, 1912/13); Karl Schmeïng op. cit.; J. L. T. C. Spence 'Second Sight. Its History and Origin' (London, 1951); E. J. Dingwall 'Abnormal Hypnotic Phenomenon' (London, 1967).

287, 31

William Sacheverell 'An Account of the Isle of Man' (London, 1702; ed. J. G. Cumming, Douglas, 1859) p. 20: 'One Captain Leathes, who was the chief magistrate of Belfast, and reputed a man of great integrity, assured me he was once shipwrecked on the Island, and lost a great part of his crew; that when he came on shore the people told him he had lost thirteen of his men, for they saw so many lights going toward the church, which was just the number lost. Whether these fancies proceed from ignorance, superstition, or prejudice of education, or from any tradition or heritable magic,

which is the opinion of the Scotch divines concerning their second sight, or whether nature has adapted the organs of some persons for discerning of spirits, is not for me to determine.'

Cf. Martin Martin (d. 1719) 'A Description of the Western Islands of Scotland' (London, 1703; 2nd ed. 1716) p. 313; D. G. Kieser (Archiv f.d. thier. Mag. 1820, 6 iii p. 118); 'Berliner Schriften' p. 691.

287, 37

J. J. Winckelmann (1717–1768), the art critic and historian, was murdered in Trieste on 8th June 1768 by a certain Francesco Arcalengi, evidently for the gold medallions and coins he had with him. On May 14th he had written to a friend from Vienna: 'The journey has not cheered me up, but has made me feel extremely depressed... I have done all I can to make myself enjoy it since I left Augsburg, but my heart says no, — I have been unable to overcome the repulsion I feel for this long journey.' 'Briefe' (ed. L. Diepolder and W. Rehm, 4 vols. Berlin, 1952–7) vol. III p. 389.

Cf. D. von Rosetti 'Winckelmann's letzte Lebenswoche' (Dresden, 1818); 'Sämtliche Werke' (ed. J. Eiselein, 12 vols. Donauäschingen, 1825/9).

289, 15

J. Heinecken (1761–1851) 'Ideen und Beobachtungen' (Bremen, 1800) pp. 125–8, gives the precise words of one of his magnetized patients, 'I see the inside of my body, all parts seem to be equally transparent and permeated by light and warmth; I see the blood streaming in my veins, note precisely the disorders in one part or the other, and think carefully of a cure which might put them right, and then it is as if someone were calling to me that use should be made of this or that.' C. A. F. Kluge 'Animalischen Magnetismus' (Berlin, 1815) p. 160 et seq. cites numerous cases of this kind; cf. note 311, 26.

289, 22

This passage certainly seems to imply that a guardian spirit is essentially a projection of a person's 'true self'. Plato, 'Phaedo' 108 b, provides evidence of pagan belief in guardian spirits, and Christ (Matthew XVIII v. 10) confirms the significance of it. Cf. Plotinus 'Enneads' III, 4. Honorius of Autun (d. 1151), 'Elucidarium' ii, 31, was the first clearly to define Christian belief in such beings, 'Unaquaeque etiam anima, dum in corpus mittitur, angelo committitur.' St. Thomas Aquinas ('Summa Theol.' I q. 113, a. 4) held that only angels of the lowest order fulfilled this function.

The subject was by no means absent from the literature on animal magnetism current in Germany and France during the opening decades of the last century: see Joh. Friedr. von Meyer 'Blätter für höhere Wahrheit. Aus Beiträgen von Gelehrten, ältern Handschriften und seltenen Büchern. Mit besonderer Rücksicht auf Magnetismus' (3 pts. Frankfurt-on-Main,

1818/22) ch. IX; 'Vom Dämon des Sokrates und von den Schutzgeistern einiger andern berühmter Personen' ('Annales du Magnétisme animal' 1815/16 i, iv sects. 24–7; 'Archiv f.d. thier. Magn.' 1818, 2 ii pp. 127–33); D. G. Kieser 'Daemonophania, bei einem wachenden Somnambul beobachtet' ('Archiv' 1819, 6 i pp. 56–147), 'Geschichte einer dämonischen Kranken' ('Archiv' 1820, 6 iii pp. 1–92); cf. 'Archiv' 1819, 5 ii p. 163; A. Dupuget 'Le Démon de Socraté' (Paris, 1829); J. U. Wirth (1810–1859) 'Theorie des Somnambulismus' (Leipzig and Stuttgart, 1836) pp. 307–11.

289, 29

This looks very much like a paraphrase of what Bende Bendsen (1787–1875) writes in 'Archiv' 1821, 9 i p. 134, 'Das schlafwachende Leben hat sowohl seine sittliche schlechte und gute Seite, als das natürliche, und derjenige, welcher im gewöhnlichen Leben nicht frei von moralischen Fehlern ist, wird sie oft im somnambulen Zustande noch weniger verbergen können.' Cf. his 'Tagebuch einer lebensmagnetischen Behandlung der Wittwe A. M. Petersen zu Arröeskjöping' ('Archiv' 1821, 9 iii pp. 42–203), where a detailed account is given of religious idealism becoming apparent during magnetic trances. A similar case (a sixteen year old girl) is recorded by G. Cless of Stuttgart, 'Geschichte einer im Gefolge eines Nervenfiebers entstandenen, und durch den Lebens-Magnetismus geheilten Krankheit' ('Archiv' 1818, 4 i p. 71).

291, 8

Hegel speaks of 'Mitempfindung' here, not of 'Sympathie', but it is unlikely that there is any particular significance in this: see his letter to van Ghert, written from Nuremberg on 15th 1810 ('Briefe' I 329, 30–7). Cf. Friedrich Hufeland (1774–1839) 'Ueber Sympathie' (1811; 2nd ed. Weimar, 1822); 'Hegel Briefe' I p. 201 (12th April 1812).

291, 14

F. B. de Sauvages (1706–1767) 'Nosologia Methodica sistens Morborum Classes juxta Sydenhami mentem et Botanicorum ordinem' (Leyden, 1759; 2 vols. Amsterdam, 1768) vol. II pp. 262–3 mentions this case under the classification class VIII Vesaniae, order III Deliria, sect. XIX Daemonomania, sub. sect. VI hysteria, and adds that Dr. Descottes of Argenton-sur-Creuse, Berry, France, communicated it to him by letter in 1760. Unfortunately, all the town records of Argenton disappeared in 1940, so that it has been impossible to find out anything further about Dr. Descottes.

J. H. D. Petetin (1744–1808), 'Electricité Animale' (Lyon, 1805) p. 90, gives the following account of the case: 'Deux filles domestiques âgées de vingt ans, liées de la plus étroite amitié, affectées d'hystérie, se trouvèrent mieux par l'usage du *castoreum*, de la *rhue*, de la *térébenthine*; mais elles ont présenté pendant six mois des phénomènes singuliers, ordinairement

attribués au pouvoir des démons. I°Séparées de plusieurs maisons, elles se prédisoient mutuellement, trois ou quatre jours d'avance, leurs paroxismes hystériques et les accidens dont ils seroient accompagnées; 2° elles imitoient assez bien la voix des animaux, du chien, du chat, de la poule; 3° elles montroient une mémoire prodigieuse, et un esprit de la plus grande vivacité; designoient sous des noms supposés, les personnes qui les entouroient et s'en divertissoient d'une manière plaisante; elles tomboient dans un profond sommeil, dont il étoit impossible de les tirer en les pinçant, en les brûlant; cependant elles s'éveilloient d'elles-mêmes, en criant qu'on les avoit frappées ou pincées violemment à la cuisse, à la jambe; et la partie qu'elles désignoient étoit meurtrie, comme avec les ongles, quoique personne ne les eût touchées.'

The case is also mentioned by C. A. F. Kluge 'Animalischen Magnetismus' (Berlin, 1815) p. 295; J. P. F. Deleuze (1753–1835) 'Historie Critique du Magnétisme Animal' (2nd ed. 2 vols. Paris, 1819) vol. II pp. 329–30; J. C. L. Ziermann 'Geschichtliche Darstellung des thierischen Magnetismus' (Berlin, 1824) p. 171. Other cases mentioned by Kluge in this connection: J. H. Jung-Stilling (1740–1817) 'Theorie der Geisterkunde' (Stuttgart, 1808) p. 151; A. Wienholt (1740–1804) 'Heilkraft des thierischen Magnetismus' (3 vols. Lemgo, 1802/5) vol. 3 sects. 2 and 3. Cf. A. C. A. Eschenmayer 'Versuch' (1816) §§ 22–4; J. A. L. Richter 'Betrachtungen über... Magnetismus' (Leipzig, 1817) pp. 93–5; A. Bertrand 'Traité du Somnambulisme' (Paris, 1823) p. 127; J. C. Colquhoun 'Isis Revelata' (2 vols. Edinburgh, 1836) vol. II p. 42; E. Mavor 'The Ladies of Llangollen' (London, 1971).

291, 19

C. P. Moritz (1757–1793) 'Desertion aus einem unbekannten Bewegungsgrunde', in 'Magazin zur Erfahrungsseelenkunde' vol. II pp. 16–7 (Berlin, 1784). The incident took place in a Prussian regiment stationed near Breslau. A condensed version of the original account is to be found in J. A. E. Goeze (1731–1793) 'Natur, Menschenleben und Vorsehung' (7 vols. Leipzig, 1789/94), and is repeated almost word for word by Bende Bendsen in 'Beiträge zu den Erscheinungen des zweiten Gesichts' ('Archiv' 1821, 8 iii p. 125). For similar cases, see J. A. L. Richter 'Betrachtungen über den animalischen Magnetismus' (Leipzig, 1817).

291, 33

Griesheim wrote 'Tissot', not 'Descottes'.

293, 12

In these two sentences Hegel speaks first of '*animalischen*' and then of '*thierischen*' magnetism. C. A. F. Kluge 'Animalischen Magnetismus' (Berlin, 1815) p. xiii discusses the significance of this terminological difference: 'The Latin loan-word *animal* magnetism has been used throughout instead of the

otherwise normal German expression '*thierisch*'. The reason for this is that the latter expression, on account of its being of too narrow an application, denotes only what is subordinate, while the former is of wider significance, and precisely on account of this has a higher connotation, which is more suited to this means of healing, for it is a means which, like magnetism itself, lies directly between *anima* and *animal*, pertaining conjointly to them both.' Cf. Joseph Weber (1772–1831) 'Der thierische Magnetismus' (Landshut, 1816) p. 3 note, A. Wienholt 'Beytrag zu den Erfahrungen über den thierischen Magnetismus' (Hamburg, 1787) pp. 19–30.

Friedrich Anton Mesmer (1733–1815) was born at Weil, near the point at which the Rhine leaves Lake Constance. He studied medicine at Vienna under Gerhard van Swieten (1700–1772) and Anton de Haën (1704–1776), two of the most distinguished of Boerhaave's pupils, but the sources of his original ideas are probably to be sought in the astrological literature of the seventeenth and early eighteenth centuries (Kluge op. cit. pp. 28–31). It is certainly not true that he *began* by 'inducing the magnetic state by means of magnets', as Hegel suggests (Vera I, 348 n. I). His discovery of animal magnetism arose out of *cosmological* considerations, which were probably suggested to him in the first instance by Father Maximilian Hell (1720–1792), the imperial astronomer at Vienna: see his dissertation 'De planetarum influxu in corpus humanum' (Vienna, 1766). By 1772 he was however experimenting with the effect of the magnet upon the human body, and evidently pondering upon problems involving the relationship between the macrocosm and the microcosm. Much of his thinking involved the postulation of connections and analogies between levels of enquiry the subject matters of which differ widely in degree of complexity: see, for example, his 'Mémoire sur la découverte du magnetisme animal' (Paris, 1779; Germ. tr. Carlsruhe, 1781; French ed. 1799 p. 46), 'Comme le feu, par un mouvement tonique détérminé, différe de la chaleur, ainsi le magnétisme, dit *animal*, diffère du magnétisme naturel: la chaleur est dans la nature, sans être *feu*, elle consiste dans le mouvement intestin d'une matière subtile... J'entends par *ton un mouvement tonique*, le genre ou mode spécial du mouvement qu'ont les particules d'une fluide entre elles; ainsi a l'égard des particules de quelques fluides, le mouvement est ondulatoire ou oscillatoire; dans d'autres il est vibratoire, de rotation, etc.' Cf. 'Mémoire de F. A. Mesmer, docteur en médecine, sur ses Découvertes' (Paris, 1799) pp. 6–7, 'La conservation de l'homme, ainsi que son existence, sont fondées sur les lois générales de la nature... *l'homme possède* des propriétés analogues à celles de l'aimant;... il est doué d'une sensibilité, par laquelle il peut etre en rapport avec les êtres qui l'environment, meme les plus éloignes; et... il est susceptible de se charger d'un *ton* de mouvement.'

In these works he adopted a Newtonian theory of the *aether*, and by this means brought motion, action, ebb and flow, the properties of matter,

polarity, inclination, reflection etc. etc. within the scope of his generalized consideration of 'animal magnetism' itself. This aspect of his theorizing was still being taken seriously while Hegel was lecturing at Heidelberg and Berlin, see C. C. Wolfart (d. 1832) 'Mesmerismus oder System der Wechselwirkungen' (Berlin, 1814), and made a scientific assessment of the true value of his discovery somewhat difficult. Cf. note 243, 31; George Winter 'History of Animal Magnetism; its origin, progress, and present state' (London, 1801); J. C. Colquhoun 'Isis Revelata' (2 vols. Edinburgh, 1836) chs. 10 and 11; A Drechsler 'Astrologische Vorträge' (Dresden, 1855); C. G. Carus 'Ueber Lebensmagnetismus' (Leipzig, 1857) ch. II. Stefan Zweig 'Die Heilung durch den Geist' (Leipzig, 1931); J. L. Wohleb 'Franz Anton Mesmer' ('Zeitschrift für die Geschichte des Oberrheins' N. F. 53 pp. 33–130, 1940); H. Franke 'Der Mesmerismus und die deutsche Dichtung' ('Schwaben' 12 pp. 121–4, 1940); D. M. Walmsley 'Anton Mesmer' (London, 1967).

293, 21

Note 29, 2.

295, 18

Note 257, 29.

295, 31

This use of the specialized word 'epopt' (Gr. ἐπόπτης, formed on ἐπί + root ὀπ to see), seems to indicate that Hegel has classical Greek instances in mind here, although the remark is quite evidently meant to be of general application. At Eleusis in Attica, the epoptae had their final initiation into the mystery when they were *shown* certain holy objects: see Plato 'Phaedrus' 250 c 4, 'Symposium' 210 a 1; P. Merlan 'From Platonism to Neoplatonism' (The Hague, 1960); C. A. Lobeck (1781–1860) 'Aglaophamus, sive de theologiae mysticae Graecor' (Regiomonti, 1829); Cf. 'Berliner Schriften 1818–1831' p. 631; 'Hegel Briefe' III p. 87.

297, 2

Henbane (Bilsenkraut; Hyoscyamus niger). The ancient Celts regarded the plant as sacred on account of its being associated with the god Belenus, hence its German name. Belenus (Irish Beltene) was the Celtic equivalent of the Greek Apollo i.e. the god of the sun and of the return of summer (May 1st): see Jan de Vries 'Keltische Religion' (Stuttgart, 1961) D.1.4 pp. 83–4. Henbane was used for curing mental diseases in Anglo-Saxon England: O. Cockayne 'Leechdoms, Wortcunning and Starcraft of Early England' (Rolls Series, 2 vols. London, 1864/5) vol. II p. 137, and was not dropped from English pharmacopoeias until 1746: see Nicholas Culpeper (1616–1654) 'The Complete Herbal' (London, 1653; new ed. London, 1850) p. 92; Thomas Green 'The Universal Herbal' (2 vols. London, 1823) vol. I pp. 724–5. It was, however, Anton von Stoerck (1731–1803) 'Libellus, quo demonstratur... etc.' (Vienna, 1762; Germ. tr. Augsburg, 1763) who

first revived interest in it as a cure for toothache, epilepsy, convulsions and fits, and in Hegel's day its use as such was already well-established: William Rowley (1742–1806) 'Truth vindicated, or the specific differences of mental diseases ascertained' (London, 1790) pp. 18–9; William Pargeter (1760–1810) 'Observations on Maniacal Disorders' (Reading, 1792; Germ. tr. Leipzig, 1793) Germ. tr. pp. 65–7; A. Fothergill (1735?–1813) 'Of the Efficacy of the Hyoscyamus, or Henbane, in certain Cases of Insanity' ('Memoirs of the Medical Society of London' vol. I pp. 310–15, 1787).

J. A. E. Goeze (1731–1793) 'Natur, Menschenleben und Vorsehung' (7 vols. Leipzig, 1789/94) vol. VI pp. 30–40, shows that the ancient connection between henbane and May Day was still remembered at the end of the eighteenth century, 'When a witch wanted to start on her trip to the Brocken, she would strip and rub herself in with the so-called witch's unguent, which was prepared from benumbing plant juices, and especially from henbane. As soon as the ointment took effect, the body became benumbed, dead, devoid of sensation. In this state the soul was able to pursue its dreams and imaginations in a correspondingly unhindered manner. And in this state everything that was supposed to take place on Blocksberg took place in the person's soul.' Enchanter's nightshade (Hexenkraut, Circæa lutetiana) was evidently also associated with such practices. Cf. Johann Wierus (1515–1588) 'De Daemonum praestigiis' (1566; Basel, 1583) bk. III ch. 17 p. 313; notes 231, 3, 307, 34; 'Hegels Briefe' II p. 243; G. R. Boehmer 'Bibliotheca Scriptorum Historiae Naturalis' (9 vols. Leipzig, 1785/9) vol. VI pp. 9–10, 304–6; N. Taylor 'Plant Drugs' (London, 1966) pp. 43, 146–8.

297, 13

'Magnetized' water played an important part in the magnetic cures of the time: see Kluge op. cit. pp. 404–7. Metals were found to have a powerful and predominantly unpleasant effect upon magnetized persons (op. cit. pp. 136–46), and it was therefore usual for them to take off their rings etc. while being treated (op. cit. p. 369). Silk was generally found to hinder magnetic treatment (op. cit. pp. 83, 172, 369, 489), and glass was also usually classed as an insulator (op. cit. p. 403). Kluge notes that, 'in this conducting and insulating of magnetic power one finds a great deal of similarity with electricity' (op. cit. p. 403; cf. 'Phil. Nat.' II.171–3).

There is a detailed and comprehensive analysis of the conducting and insulating properties of various substances by D. G. Kieser in 'Archiv f.d. thier. Magn.' 1819, 5 ii pp. 36–7; cf. C. G. Nees von Esenbeck 'Entwicklungsgeschichte des magnetischen Schlafs und Traums' ('Archiv' 1820, 7 i p. 22).

The true significance of much of this data, which was carefully recorded, assembled and categorized, was not always immediately apparent: see P. G. van Ghert 'Tagebuch einer magnetischen Behandlung' ('Archiv', 1817,

2 i p. 117), 'Da ich heute Abend zum Erstenmale meine Hände auf ihre Brust legte, sagte sie, daß es nicht durchdringe. — Ich sah, daß sie ein seidenes Tuch umhatte, ließ sie dieses wegnehmen, und die Wirkung ging jetzt eben so stark, als die anderen Male' (23rd February 1810; cf. 24th May 1810, p. 169).

297, 15

The animals mentioned here by Hegel indicate that his source is an article by Gerbrand Bakker (1771–1828), J. H. G. Wolthers (1777–1840) and P. Hendriksz 'Bijdragen tot den tegenwordigen staat van het animalisch Magnetismus in ons vaderland' (2 pts. Gröningen, 1814/18; pt. 1 tr. F. Bird, Halle, 1818; reviewed by Kieser, 'Archiv' 1819, 6 i pp. 148–60), see pt. II ch. ii, where the magnetizing of dogs, cats, monkeys and pigeons is recorded. Cf. 'Hegel Briefe' vol. II p. 379. Certain horse-breakers and cattle castrators working in Germany at this time were reputed to have used animal magnetism in their work.

K. C. Wolfart 'Beitrag zur Wirkung des Magnetismus bei Thieren' ('Jahrbücher für den Lebens-Magnetismus, oder Neues Askläpieion' 1819, 2, xi p. 185); C. F. Nasse 'Ueber das Irreseyn der Thiere' ('Zeitschrift für psychische Aerzte' 1820, 1 pp. 170–224); B. Bendsen 'Tagebuch einer lebensmagnetischen Behandlung' ('Archiv' 1821, 9 i p. 126), a cat and a dog; J. C. Passavant 'Untersuchungen über den Lebensmagnetismus' (Frankfurt-on-Main, 1821) p. 72; C. F. Flemming 'Beiträge zur Philosophie der Seele' (2 pts. Berlin, 1830) pp. 229–30.

297, 30

Hegel also discusses shamans in his 'Philosophy of History' and 'Philosophy of Religion' (Jubiläumsausgabe vol. 11 p. 232, vol. 15 p. 305); cf. D. Tiedemann 'Handbuch der Psychologie' (Leipzig, 1804) pp. 327–9. The use of different drugs in various parts of the world, including India, is discussed by J. C. L. Ziermann 'Geschichtliche Darstellung des thierischen Magnetismus' (Berlin, 1824), p. 163.

It looks very much as though Hegel's interpretation of the Delphic Oracle, as given here, was based upon C. A. F. Kluge's 'Animal. Magn.' (1815) pp. 16–17. Cf. John Potter (c. 1674–1747) 'The Antiquities of Greece' (2 vols. Oxford, 1697/9; tr. J. J. Rambach, Halle, 1775) Germ. tr. pp. 593–662. In respect of his interpretation of the function of the priests at Delphi, see J. G. Dalyell (1775–1851) 'The Darker Superstitions of Scotland' (Edinburgh, 1834) pp. 491–2, 'An ample field for sinister prediction is opened by the casualties of human life. Those who have watched the progress of the world, may form reasonable anticipations of futurity. Troubles, wars, pestilence, or conflagrations, are never of long cessation: faithless friends and disappointed expectations are not to be rated with the rarest subjects of experience.'

297, 35

J. C. Prichard (1786–1848) 'A Treatise on Insanity' (London, 1835) pp. 415–6 gives the following description of Mesmer's baquet: 'A little wooden tub, of different forms, round, oval, or square, raised one foot or one foot and a half, was placed in the middle of a large room. This tub was called '*the baquet*'; its covering was pierced with a certain number of holes, from out of which came branches of iron, jointed and flexible. The patients were placed in several rows round this 'baquet', and each person held the branch of iron, which, by means of the points, could be applied directly to the part affected; a cord was placed round the bodies of the patients, which united them one to another. Sometimes a second chain was formed by communication with the hands, that is to say, by applying the thumb of one between the thumb and first finger of the next person; the thumb thus held was then pressed, and the impression received on the left was returned by the right, and circulated all around. A piano-forte was placed in a corner of a room; different airs were played upon it; sometimes the sound of the voice in singing was added. All the magnetizers had in their hands a little rod of iron, ten or twelve inches long. This rod was looked upon as the conductor of magnetism; it possessed the advantage of concentrating it in its point, and of rendering the emanations more powerful. Sound, according to the principles of Mesmer, was also a conductor of magnetism; and, in order to communicate the fluid to the piano, it was sufficient to let the rod approach it. The cord with which the patients were surrounded was destined, as well as the chain of thumbs, to augment the effects by communication. The inside of the '*baquet*' was said to be so formed that it might concentrate the magnetic fluid; there was nothing, however, in reality, in its formation which could excite or retain magnetism or electricity." D. G. Kieser, 'Das magnetische Behältniß (Baquet)' ('Archiv' 1818, 3 ii pp. 1–180) gives the best contemporary German account of the apparatus and also supplies a sketch of it (p. 181); cf. his 'Das siderische Baquet und der Siderismus' ('Archiv' 1819, 5 ii pp. 1–84).

The frontispiece in A. M. J. C. de Puységur (1751–1828) 'Mémoires pour servir a l'histoire et a l'établissement du Magnétisme Animal' (1784; 3rd ed. Paris, 1820) consists of an illustration of a number of people sitting around a magnetized tree: see C. A. F. Kluge op. cit. pp. 415–23 for an extended account of this. Cf. J. G. Petri 'Der thierische Magnetismus, in seiner Anwendung auf die Pflanzenwelt' (Ilmenau, 1824); W. D. Hackman 'The Researches of Dr Martinus van Marum (1750–1837) on the influence of electricity on animals and plants' ('Medical History' vol. 16 pp. 11–26, 1972).

299, 2

'Encyclopaedia' § 330; Phil. Nat. II.191–205.

299, 23
Literally, 'he *feels* this *through* a certain warmth in his hand'.

299, 29
All the details given here with regard to the various techniques involved in magnetic stroking are to be found in Kluge op. cit. pp. 324–41. Joseph Weber 'Der thierische Magnetismus' (Landshut, 1816) p. 17 notes that there was a distinct *geographical* distribution in respect of the techniques used for imparting magnetic influence: in Paris *manual* stroking was favoured, in Lyon and Ostend the *will* of the magnetizer was regarded as the most important factor, whereas in Strassburg both manual stroking and the will were employed.

Van Ghert probably drew Hegel's attention to this aspect of animal magnetism. In his 'Tagebuch' ('Archiv' 1817, 2 i pp. 22–4), he describes in detail the various effects elicited by stroking in various directions (31st August 1810), and, evidently in all solemnity, records the following on 11th April 1810 (2, i p. 157): "Ich zog meine Schuhe aus, setzte meine Füße auf ihre Brust, und hielt sie hintenüber. Sie können sich nicht vorstellen, sagte sie, wie stark die Wirkung Ihrer Füße, ist, und wenn Sie sie noch länger auf meiner Brust halten, dann müßen Sie mich auf dem Stuhle festbinden, oder ich werde noch fallen."

Many practitioners recorded the *warmth* in their hands: see J. H. D. Petetin (1744–1808) 'Ueber die Phänomene der Catalepsie und des Somnambulismus' (Nordhoff 'Archiv für den thierischen Magnetismus' vol. I pp. 22–3, 1804); A. M. J. C. de Puységur (1751–1828) 'Du Magnétisme Animal' (Paris, 1807), 'Mais pourquoi arrive-t-il qu'on s'échauffe en marchant? je n'en sais rien; *cela est, parce que cela est.*" Dr. de Valenti of Sulza paid particular attention to the sensations he experienced in his hands while magnetizing, and even claimed that they emitted sparks: see 'Archiv' 1820, 6 ii pp. 77–134 (2nd August 1819); 'Archiv' 1820, 7 i p. 121 (5th September 1819).

299, 34
D. G. Kieser (1779–1862) 'Die Heilung des Kropfs' ('Archiv' 1820, 7 i pp. 137–54) drew attention to the possibility of the Royal Touch being of Scandinavian origin. Queen Anne was the last English monarch to touch for scrofula, but the practice was in the news while Hegel was lecturing at Berlin on account of Charles X's having revived the ancient ceremony at Rheims on 31st May 1825. The Biblical origin is quite clear (Gen. XLVIII.14, Luke XIII.13, Acts VIII.17, XIII.3), St. Remigius is said to have conferred the power upon Clovis king of the Franks (d. 511), and it now looks as though both the Scandinavian and the English traditions had a common continental origin: W. Bonser 'The Medical Background of Anglo-Saxon England' (London, 1963) pp. 271–6; W. A. Chaney 'The

Cult of Kingship' (Manchester, 1970) p. 73. The subject attracted a great deal of scholarly attention in Germany: see J. J. Zentgraff (1643–1701) 'De tactu regis Franciae' (Wittenberg, 1675); K. P. J. Sprengel (1766–1833) 'Versuch einer pragmatischen Geschichte der Arzneikunde' pt. III p. 289 (Halle, 1794); J. Ennemoser (1787–1854) 'Der Magnetismus' (Leipzig, 1819) pp. 252–63; J. C. L. Ziermann 'Geschichliche Darstellung des thierischen Magnetismus' (Berlin, 1824 pp. 178–9.

The cures effected by private persons such as 'the Stroker' Valentine Greatrakes (1629–1689) and J. J. Gassner (1727–1779) aroused new interest after 1820, when a host of similar healings took place in the Rhineland: see Dr. Ulrich of Coblence 'Bemerkungen über die Wunderheilungen' (Nasse's 'Zeitschrift für die Anthropologie' I.397–412, 1823); A. C. A. Eschenmayer (1768–1854) 'Ueber Gassner's Heilmethode' ('Archiv' 1820, 8 i pp. 86–99).

299, 36

On the role of faith and will in magnetic cures, see Kluge op. cit. pp. 317–9. This is part of a section in which Kluge discusses the physical and psychic characteristics required of a successful magnetizer. He heads this section with a quotation from Schiller:

'Es ist nicht draussen, da sucht es der Thor,
Es ist in dir, du bringst es hervor.'

301, 16

On animal Lymph, see Phil. Nat. § 365 (III.161–3).

301, 23

G. I. Wenzel (1754–1809) 'Unterhaltungen über... Ahndungen' (1800) pp. 1–2, "One occasionally catches sight of evidently human shapes, which are neither created by the imagination nor brought forth magically as the effect of smoke or by optical and other artificial means, but which are not actually ghostly appearances. They stand before us as shadows do. They appear suddenly, and seem to bear some resemblance to the departed... It appeared, but it was only an appearance, as if the souls of the deceased had cast themselves into an aetherial mould..." Wenzel goes on to attempt a *physical* explanation of this sort of thing. The subject was much discussed in Germany in the period immediately following the publication of J. K. Wetzel's (1747–1819) 'Meiner Gattin wirkliche Erscheinung nach ihrem Tode' (Chemnitz, 1804).

301, 37

Note 293, 12.

302, 31

Griesheim wrote 'Kiesels'.

302, 33
Kehler seems to have written 'hinuntergeschnift'.

303, 7
Though somewhat uncommon at that time, this use of 'Naivität' is not peculiar to Hegel: see J. G. C. Kiesewetter 'Faßliche Darstellung der Erfahrungsseelenlehre' (2 pts. Vienna, 1817) p. 246. When translating Hegel, 'naivety' is not to be confused with 'unconstrainedness' (Unbefangenheit); cf. 79, 28; 227, 25; 235, 20; 327, 16; 403, 22.

303, 12
Armand Marie Jacques Chastenet, Marquis de Puységur (1751–1825) certainly deserves Hegel's eulogy. He was the grandson of J. F. de Puységur (1655–1743), marshal of France. He entered the artillery in 1768, and in 1783 saw active service in Spain, taking part in the siege of Gibraltar. After the war he returned to Paris with his brother J. M. P. C. de Puységur (1755–1820), and became acquainted with Mesmer. The *healing powers* of animal magnetism interested him, not the intrinsic nature of the phenomenon, and when he met Lavater in Lausanne in 1785 he took great delight in displaying these powers to him.

In 1786 he was put in command of a regiment at Strassburg, and it was in this city that he established the first of the provincial 'Sociétés de l'harmonie' (notes 317, 37; 321, 16). He showed some sympathy with the revolution in its initial stages, but found he was unable to approve of the way in which it developed, and in 1792 he resigned his commission and retired to his estate at Buzancy near Soissons. The family home became a hospital for the psychically disturbed, and a retreat for victims of the revolution. An elm on the estate was used for mass cures (297, 35), and among those who enjoyed his hospitality at this time was Joseph Fiévée (1767–1839), who wrote 'La Dot de Suzette' (Paris, 1798) at Buzancy. Puységur composed three spirited comedies at this time: 'La Journée des Dupes' (1789), 'L'Intérieur d'un ménage republicain' (1794) and 'Le Juge bienfaisant' (1799). In 1797 he was accused of having corresponded with his brothers, and imprisoned for two years with his wife and children. After his release in November 1799 he was elected mayor of Soissons, and held the office until 1805. At about this time he paid 1,200,000 francs to clear his father-in-law's debts.

Although he was not shown any particular favour at the restoration, he was raised to the rank of *Lieutenent-General*. When Charles X was crowned at Rheims, he insisted upon exercising the ancient right of his family to camp in the park by the Vesle. The weather was wet, and he died soon afterwards.

Hegel was evidently intimately acquainted with many of his works on animal magnetism; the following list is, I think tolerably complete: 'Receuil des pièces les plus intéressantes sur le magnétisme animal' (Paris and

Strassburg, 1784); 'Du Magnétisme animal' (Paris, 1807; 2nd and 3rd eds. Paris, 1820); 'Recherches, expériences et observations sur l'homme dans l'état du somnambulisme naturel' (Paris, 1811); 'Mémoires pour servir à l'histoire et l'établissement du magnétisme animal' (2 vols. London, 1786; Paris, 1809; 3rd ed. Paris, 1820); 'Les Fous, les insensés, les maniaques et les frénetiques ne seraient-ils que des somnambules désordonnés' (Paris, 1812); 'Brochures sur le magnétisme' (Paris, 1813); 'Appel aux savans observateurs du dix-neuvième siècle de la décision portée par leurs prédécesseurs contre le magnétisme animal', (Paris, 1813; Dutch tr. Amsterdam, 1818); 'Les vérités cheminent' (Paris, 1814); 'Le magnétiseur amoureux' (2 vols. Paris, 1824).

See: A. C. P. Callisen 'Medicinische Schriftsteller-Lexicon' (33 vols. Copenhagen and Altona, 1830–1845) vol. XXXI p. 324; J. P. F. Deleuze 'Histoire critique du magnétisme animal' (2 vols. Paris, 1813).

303, 18

Arnold Wienholt (1749–1804) was one of the first to bring animal magnetism to the notice of the German medical world: see 'Beiträge zu den Erfahrungen über den thierischen Magnetismus' (Hamburg, 1782), 'Magnetistischen Magazin für Niederdeutschland' (9 pts., Bremen, 1787/9), 'Heilkraft des thierischen Magnetismus' (3 pts. Lemgo, 1802/6), 'Sieben psychologische Vorlesungen über den natürlichen Somnambulismus' (Lemgo, 1805). Interestingly enough, it was J. C. Colquhoun's translation of this last book (Edinburgh, 1845), which helped to confirm the pioneering English work of James Braid (1795?–1860): see for example 'Neurypnology; or, the rationale of nervous sleep, considered in relation with animal magnetism' (London, 1843), most of which was subsequently translated into German: 'Der Hypnotismus: ausgewählte Schriften von J. Braid' (tr. W. Preyer, Berlin, 1881/2). It was Braid who coined the term 'neuro-hypnotism', subsequently shortened to 'hypnotism' (1842/3).

On the main features of early nineteenth century German interpretations of animal magnetism, see note 243, 31, and H. Haeser 'Lehrbuch der Geschichte der Medicin' (3rd ed. Jena, 1881) vol. II pp. 784–92. They tended to be either hopelessly mystical, rigidly formalistic, or naively reductionist, and there was of course no lack of those intent upon treating the whole thing as a simple delusion. J. W. Ritter (1776–1810), 'Der Siderismus' (Tübingen, 1808) pp. 28–35 provides an insight into the potential merits and demerits of what might be regarded as a typically German attitude to this research, 'It goes without saying in respect of the *treatment* of the subject, that in the first instance this involved the *testing* of everything involved; the *organizing* of all data of this kind *into a whole*; the *filling in of gaps* by means of research, which had to bear out this whole; and the *reduction* of the whole to its *simplest factors*, whereby it acquired *laws*... The main object of the whole

Campetti project was in fact to transplant the matter into a *German* milieu... I have carried out the research in order *so to establish the matter in Germany, that even if I die tomorrow it will never again be allowed to lapse in this pre-eminently scientific country*, until (like so much with it!–) it has been *fully clarified once and for all*. I know the physicists of Germany, and the men who in true freedom of spirit find reason enough to enter into the detail of nature, and who combine every possible precaution with all the rigorous discipline essential to advancing the truth to the point of ultimate clarity.'

Puységur, in his 'Du Magnetisme Animal, consididéré dans ses rapports avec diverses branches de la Physique générale (Paris, 1807), makes the disarming remark that (p. 8), 'Je n'ai pas aujourd'hui plus de moyens de rendre raison des phénomènes du magnétisme animal; *il existe, parce il existe*; depuis vingt ans je n'en ai pas appris davantage.' He then goes on to indulge in a series of cosmological phantasies involving God, soul, matter etc. In his 'Recherches, Expériences et Observations Physiologiques sur l'Homme dans l'état de somnambulisme naturel, et dans le somnambulisme provoqué par l'acte magnétique' (Paris, 1811), he informs us that, 'Nous devons à Locke cette lumière de la saine et vraie philosophie, la connaissance de la première de toutes les vérités physiologiques, savoir, qu'il n'y a pas d'idées innées, et que l'homme n'en acquirt que par suite ou l'effet des impressions qu'il reçoit des objects extérieurs, par entremise et le canal de ses sens.'

D. G. Kieser 'Rhapsodieen aus dem Gebiete des thierschen Magnetismus' ('Archiv' 1817, 2 i pp. 65–80) examines the difficulties involved in formulating a worthwhile theory of animal magnetism. In the 'Archiv' 1817, 2 ii pp. 148–9 there is a criticism of the outdatedness of current French interpretations of the phenomenon. Dr. Andresse of Berlin, 'Blicke auf das magnetische Schlafwachen in heilkundiger Hinsicht' (K. C. Wolfart 'Jahrbücher für den Lebens-Magnetismus, oder Neues Askläpieion' 1818, 1 i p. 167) criticizes the pseudo-philosophical interpretation of the phenomenon then current.

303, 20

Carl Alexander Ferdinand Kluge (1782–1844) was born at Straussberg in Mittelmark, where his father was town surgeon. He began his medical training at the Berlin College of Surgery in 1800, and qualified in 1804. After a short period as surgeon to the Cadet Corps in Berlin, he studied at Erfurt for a while, and took his doctorate there in 1806 with a dissertation 'De iridis motu'. In 1807 he was appointed surgeon-in-chief to the Crown Prince, later Frederick William IV of Prussia, and in 1809 instructor at the Berlin College of Surgery. In 1814 he became director of the surgical section of the lying-in department of the Charité hospital at Berlin, and retained the post for the rest of his life.

In the professional medical world of post-war Prussia he was known mainly as a surgeon and tocologist. On 30th April 1821 he was appointed Professor extraordinarius at the University of Berlin, and empowered to deliver lectures in the medical faculty, and from this time onwards was a member of most of the main medical councils of the country. There is an excellent characterization of him by J. H. Schmidt (1804–1852) in the 'Medicinische Zeitung von dem Vereine für Heilunde in Preussen' (17th year no. 44 pp. 201–3, Berlin, 1st November 1848). Schmidt contrasts him with his colleagues J. F. Dieffenbach (1794–1847) and A. L. E. Horn (1774–1848), taking him to be 'ein durch und durch mathematischer Kopf', who as a writer was reproductive rather than creative, 'The medical faculty of Berlin once said of Blumenbach that he breathed life even into dead bones ('Ossa loquijussit'); I should like to say precisely the opposite of *Kluge*, he has given the soul a skeleton... He was an embodied logic, an analysis, an anatomy of thought, a *Non plus ultra* of classification, an intercalating-system of divisions and sub-divisions, and precisely on account of this perhaps, unrivalled as a teacher...'

Kluge wrote very little, and it is somewhat curious perhaps, that the one book for which he is remembered, 'Versuch einer Darstellung des animalischen Magnetismus als Heilmittel' (Berlin, 1811; 2nd ed. 1815; 3rd ed. 1819), should have been on a subject which did not concern him professionally. Van Ghert recommended it to Hegel soon after its first appearance ('Hegel Briefe' I p. 399), and in the next few years it was translated into Dutch (Amsterdam, 1812), Swedish (Stockholm, 1816), Danish (Copenhagen, 1817) and Russian (Daniel Wellanski, 1818). The British Museum has a copy of the second German edition with manuscript notes by Coleridge, but it never appeared in English. J. N. Ehrhart, who reviewed it in the 'Medicinisch-chirurgische Zeitung' vol. I pp. 113–41, 145–55 (Salzburg, January–February 1813), noted, as Hegel did, that its main importance lay in the classification it offered, 'It would be difficult to say whether new ideas and discoveries or the orderly interrelating of what is given into a systematic whole, had contributed more to progress in the sciences.' (p. 114). Van Ghert ('Briefe' II p. 40) writes as follows to Hegel on 4th October 1814: 'Have you read Kluge yet? He has collected all kinds of data concerning this important subject, and spared neither care nor labour in order to make the book definitive. It is a pity however that he should have included so many old wives' tales, the outcome of chance and imagination, in an otherwise excellent work. Unfortunately, he is unacquainted with the nature of spirit, and is therefore unable to distinguish between show and actuality.'

This classification, regarded by Hegel as being 'superficial but usable', consists of a basic distinction between what is *theoretical* (pt. I) and what is *practical* (pt. II). Part one of the book (1815 ed.) is then subdivided into

three sections: i) the history of the discovery of animal magnetism (pp. 15–80), ii) a survey of magnetic phenomena (pp. 81–204), and iii) the explanation (physiological) of the same (pp. 205–308). Part two is also divided into three: i) what is required of the magnetizer (pp. 313–19), ii) magnetic treatment (pp. 320–423), and iii) how to determine cases in which the use of animal magnetism will be beneficial (pp. 424–42). Each of these sections is subdivided into paragraphs, and each paragraph is supplied with a detailed bibliography. The whole work is well indexed.

It should certainly be noticed in connection with this classification, that there are considerable differences between the lay-out of Hegel's treatment of animal magnetism in his recorded lectures, and the subdivisions presented in Boumann's text. On 30th June 1825 (Griesheim Ms. p. 163, Kehler Ms. p. 120) Hegel began by developing the general Notion of disease out of his discussion of the child in the womb, and criticizing Windischmann (321, 39). He then went on to deal with the physiological aspect of enthusiasm, to distinguish between feeling and consciousness, and with the help of this distinction to elucidate the phenomena recorded by van Helmont, Scheffner, Nicolai, Descottes, Kieser etc. It was at this point (4th July) that he defined the magnetic state proper as a connection with external events and other people, which is exploited, so to speak, by the magnetizer. A discussion of the magnetizer's techniques, magnetic sleep, and the use of clairvoyance for the diagnosis of diseases followed, and the exposition ended with a return to the general Notion of illness and an assessment of the healing power of animal magnetism (11th July: Griesheim Ms. p. 200, Kehler Ms. p. 145). Although the broad dialectical structure of this exposition is fairly clear, it is entirely lacking in the neat sub-divisions of the subject to be found in the Boumann text.

Since the five main divisions of the version of § 406 actually published by Hegel in 1830 correspond closely with neither his recorded lectures nor the three main divisions of Boumann's text, further evidence is necessary before any final conclusions can be reached with regard to the most acceptable interpretation of this section of the 'Encyclopaedia'. It looks as though Kluge's seven levels of magnetic phenomena (pt. I sect. ii) may well have influenced Boumann's editing (or Hegel's presentation) of 275,6– 293,6. The rounding off of the printed exposition with *healing*, although absent from the text published by Hegel, is not only confirmed by the recorded lectures, but is in itself satisfying and convincing ('Phil. Nat.' III.202–9), and we are therefore almost certainly justified in treating the pervasive and immediate telos of this sphere as not open to serious questioning.

303, 22

Peter Gabriel van Ghert (1782–1852), a Dutchman, matriculated at Jena on 22nd November 1804. He was advised to take part in Hegel's classes, and

attended regularly, but since his German was rather poor, he was unable to follow very well. Hegel noticed this and gave him private tuition, and before long a close friendship had developed. He returned to Holland after four terms, and Hegel's farewell entry in his album (2nd September 1806) has been preserved ('Hoffmeister 'Dokumente' p. 375). During the Summer Term of 1805 he heard Hegel's lectures on Natural Law, and the Latin thesis on this subject for which he was awarded his doctorate at Leyden on 26th January 1808, contains a certain amount of material which is simply a translation of his Jena notes.

From 1808 until 1810 he held an appointment in the Dutch Ministry of Culture. On 4th August 1809, having heard of Hegel's editing of the 'Bamberger Zeitung' and of his schoolmastering at Nuremberg, he wrote to him, 'filled with the holiest feeling of respect and friendship', 'weeping' over the 'ruination' of his old teacher, amazed that, 'the best men of Germany should have such a minimal interest in science that they should allow true philosophers to go hungry', praising the 'divine *Phenomenology*', and offering to exert influence on Hegel's behalf with regard to getting a professorship in Holland ('Briefe' I p. 290). Hegel handled the matter well in his letter of 16th December 1809 (I p. 298), and the subsequent correspondence between them is one of relaxed friendliness and mutual respect. Van Ghert sensed something of Hegel's true greatness as a thinker, and Hegel was pleased to enjoy the friendship of an admirer and an influential administrator. In 1811 van Ghert published a lengthy and obtusely adulatory review of the 'Phenomenology' ('De Recensent' Year 6, pp. 20–74, 1811). In October 1822 Hegel paid a personal visit to van Ghert and his family in Brussels.

From 1810 onwards van Ghert worked for the Dutch police in a judicial capacity. Soon after the union of Holland and Belgium in 1815, the king appointed him commissary and then referendary to the Department of Roman Catholic Culture. The burning issues at this time were the control of religion, the press and education. The bishop of Ghent soon condemned the extension of state control forced upon Belgium by the Dutch, and it was van Ghert's task to see that the policy of the Royal Government prevailed. University reform was pushed through between 1815 and 1817, and in 1824 the general educational system was brought under secular control by making the state registration of all teachers obligatory. From 1825 onwards only those educated at one of the universities of the realm were allowed to teach in the new secondary schools. In the same year, the Philosophical College, which was akin to Joseph II's General Seminary, was founded at Louvain, and it was decreed that all those reading for the priesthood should attend a course there before studying theology at one of the episcopal seminaries. The College professors were recommended by van Ghert, and then appointed by the sovereign in consultation with the archbishop of

Mechlin. Church and popular opposition to this policy proved too strong for the civil authorities however, the College was closed early in 1830, and when the revolution broke out in the August of that year, the liberals joined the Church in opposition to the Royal Government. See H. Pirenne 'Histoire de Belgique' (7 vols. Brussels, 1909/32) vol. VI bk. iii p. 310 (1926); E. de Moreau 'Histoire de l'Église en Belgique' (2 vols. Brussels, 1940/8); 'The New Cambridge Modern History' vol. IX pp. 472–80 (Cambridge, 1965); K. Jürgensen 'Lamennais und die Gestaltung des belgischen Staates' (Wiesbaden, 1963); A. F. Manning 'De Permanente Commissie... 1827–1830' ('Archief voor de Geschiedenis van de Katholieke Kerk in Nederland' 1st Year, p. 109ff., 1959).

It has often been suggested that the part played by van Ghert in this attempt to bring Belgium under Dutch control was determined by his Hegelianism. His intellectual relationship with his former teacher was, however, by no means a straightforward one. Although Hegel probably approved of the secularization policies in which van Ghert became involved, van Ghert was the executor not the originator of these policies, and his reasons for pursuing them, in so far as they were a matter of intellectual conviction and not simply of professional expediency, could hardly be regarded as distinctively Hegelian. Curiously enough, he differed from his teacher even on the central issue of his religious allegiance, for whereas Hegel enjoyed parading his Protestantism ('Berliner Schriften' pp. 572–5, 1826), van Ghert never abandoned his Roman Catholicism. He seems, moreover to have feared that their friendship might have been harmed had Hegel got to know of this, and as late as July 1817 ('Briefe' II, p. 165) Hegel was still under the impression that his friend was a Protestant. To some extent, van Ghert's 'Hegelianism' evidently consisted of the hope that the philosophical system might enable Roman Catholicism to shed the dead wood of scholasticism and enter into a more effective dialogue with the modern world: see A. V. N. van Woerden 'P. G. van Ghert tussen Hegel en de Una Sancta' (Alphen, 1965). He also saw that it might be used in an anti-liberal and absolutist manner however, and in a letter to the Ministry at The Hague written on 3rd August 1835, he noted, 'that Hegel's philosophy is the ideal antidote to the abominations of liberalism'; see 'Algemeen Rijksarchief 's-Gravenhage: Collectie A. G. A. van Rappard'. A comparison between van Ghert's Roman Catholicism and that of J. N. Möller (1777–1862), who also knew Hegel and had connections with Louvain, would be an interesting undertaking: see A. H. Winsnes 'Nicolai Möller: Fra Leibniz til Hegel' (Oslo, 1969). Cf. J. J. F. Wap(?) 'Necrologie Mr. Petrus Gabriel van Ghert' ('Astrea' II, 1852, pp. 1–11); L. J. Rogier 'Piet van Ghert en Hegel' ('Studien' CXXI, 1934, II p. 115); A. E. M. Ribberink 'Van Ghert; achtergronden van een falen' ('Archief voor de Geschiedenis van de Katholieke Kerk in Nederland' 10th Year sect. iii pp. 329–42, December 1968);

Joachim Bremer (Uerdingerstrasse 310, Krefeld) 'Das Problem der Realisierung der Philosophie — Hegel und van Ghert' (Paper, Hegel Congress, Antwerp, 1972).

The subject of *animal magnetism* figures quite prominently in Hegel's correspondence with van Ghert. On 22nd June 1810 (I p. 317) he wrote to Hegel telling him that he had been magnetizing one of his relatives for the past six months, and asking him to remind him of, 'the Notion of animal magnetism which you provided us with in the Philosophy of Nature, and which I have forgotten.' Hegel replied as follows on 15th October 1810 (I p. 329): 'This obscure region of the organic relationship seems to me to be particularly worthy of attention on account of its not being open to ordinary physiological interpretations; it is precisely its simplicity which I regard as being its most remarkable characteristic, for what is simple is always said to be obscure. The instance in which you applied magnetism also consisted of a fixation in the higher systems of the vital processes. I might summarize my view as follows: in general magnetism seems to me to be active in cases in which a morbid isolation occurs in respect of sensibility, as also in the case of rheumatism for example, and its effect to be a matter of the sympathy which one animal individuality is able to enter into with another in so far as its sympathy with itself, its inner fluidity, is interrupted and hindered. This union leads life back again into its general and pervasive stream. The general idea I have of magnetism is that it pertains to life in its simplicity and generality, and that in it life relates and manifests itself as does the breath of life in general, not divided into particular systems, organs and their special activity, but as a simple soul to which somnambulism and the general expressions are connected; they are usually bound up with certain organs, but here they may be exercised by others almost promiscuously. It is up to you, as your experience provides you with the intuition of the matter, to examine and define these thoughts more closely.'

Van Ghert subsequently published two works on the subject, both of which he sent to Hegel ('Briefe' 4th October 1814, 12th June 1818, II pp. 39, 191). The first of these, 'Dagboek der magnetische Behandeling van Mejufvrouw B***' (Amsterdam, 1814; tr. Kieser 'Archiv' 2i 3–188; 2ii 3–51, 1817) is the diary (20.12. 1809–17.12 1810) mentioned by Hegel, and is quoted by him elsewhere in the lectures (279, 31). The introduction to it contains many references to Kant, Fichte, Schelling and Hegel, as well as an attempt to belittle contemporary Dutch philosophers and establish the importance of animal magnetism as a field of enquiry, but it shows little real insight into the nature of German idealism. It was by no means the only description of 'magnetic cures in the form of a diary': cf. M. Tardi 'Tagebuch der magnetischen Behandlung' (1786; Nordhoff's 'Archiv' I pp. 51–156; II pp. 1–159, 1804); A. Wienholt 'Drey verschiedene Abhandlungen über Magnetismus' (ed. J. C. F. Scherf, Bremen, 1807) no. III

pp. 87–114 (1789–1796); F. K. Strombeck (note 309, 41). The second work was 'Mnemosyne, of aanteekeningen van merkwaardige verschijnsels van het animalisch magnetismus' (Amsterdam, 1815; tr. Kieser 'Archiv' 1818, 3 iii pp. 1–97). The experiment with the snuff and the peppermint-drop etc., mentioned by Hegel, was performed on 5/6th June 1815, and an account of it appears on pp. 20–1 of the German translation. The most important discovery made by van Ghert in this field is also recorded in this work, see note 313, 19.

Extracts from van Ghert's commemorative oration on Hegel are to be found in G. Nicolin 'Hegel in Berichten seiner Zeitgenossen' (Hamburg, 1970) pp. 506–10. Cf. E. J. Dingwall 'Abnormal Hypnotic Phenomena' (London, 1967) pp. 55–72.

303, 26

Although the condensed essence of this fascinating attempt to define the nature of animal magnetism is apparent in what Hegel published (note 243, 31), it is of such central importance to an understanding of his interest in the phenomenon, that it is difficult to see why Boumann should have excluded it from his version of the lectures.

305, 1

Karl Eberhard Schelling (1783–1854), the brother of the philosopher, was born at Bebenhausen on 10th January 1783, where his father, Josef Friedrich S. (1737–1812) was a teacher at the monastery school. He was educated at Schondorf, and at Blauberen (1797/9), and then went up to Jena, where his brother was lecturing, to study medicine. He was joint defendant of Hegel's habilitation thesis in 1801 ('Phil. Nat.' I.372), and attended Hegel's classes during the period 1801/2. In 1802 he moved to Tübingen, where he prepared his doctorate, 'Cogitata nonnulla de Idea Vitae, hujusque formis praecipuis' (38 pp. Tubingae, 1803), under C. F. Kielmeyer (1765–1844). Kielmeyer knew the Schelling family well, and was sympathetic toward the physiophilosophers in general. He is remembered more as a teacher than as an author, but his views on physiology and zoology were published, 'Ueber die Verhältnisse der organischen Kräfte unter einander in der Reihe der verschiedenen Organisationen' (Stuttgart, 1793; new. impr. Tübingen, 1814), and a great deal of his manuscript material has been preserved in the Stuttgart library.

Schelling's barbarous Latin was criticized in the 'Medicinisch-Chirurgische Zeitung' vol. II p. 443 (Leipzig, 1804). After taking his doctorate, he went to Vienna to study physiological optics under J. A. Schmidt (1759–1809), and finally settled in Stuttgart as a general practitioner in 1805.

During this period he prepared an expanded German version of his thesis, which eventually appeared as 'Über das Leben und seine Erscheinung'

(Landshut, 1806). This work was quite well reviewed ('Jahrbücher der Medicin als Wissenschaft' vol. I sect. ii pp. 134–60, Tübingen, 1806; 'Allgemeine Medizinische Annalen' pp. 866–919, October 1806; 'Medicinisch-Chirurgische Zeitung' vol. III pp. 57–76, Leipzig, 1806). Since it is of interest not only as the outcome of Schelling's training as a medical practitioner, in which Hegel evidently played a not unimportant part, but also as the foundation of a view of organic and psychic phenomena which was evidently still congenial to Hegel as late as the 1820's, it may be of interest to examine it in some detail. The reviewers praised Schelling for avoiding the disadvantages of reductionism, and formulating a definition of life which did justice to its complexity in respect of inorganic or simply physiological phenomena, and they were right to do so. He indicates the importance of thinking in terms of levels, and criticizes Leibniz for not realizing that the gradations between the single and the absolute monad are infinite (pp. xiii-xiv). The conception of an absolute soul apparently diversified into its individual equivalents brings to mind certain of Hegel's expositions (Enc. §§ 391–5), as does the treatment of the aether (sect. 232), sleeping and waking (sect. 243), and disease and death (sect. 301–5).

The magnetic experiments mentioned by Hegel were published by Schelling as two separate articles: 'Ideen und Erfahrungen über den thierischen Magnetismus', and 'Weitere Betrachtungen über den thierischen Magnetismus, und die Mittel ihn näher zu erforschen' ('Jahrbücher der Medicin als Wissenschaft' ed. A. F. Marcus and F. W. J. Schelling vol. II sect. i pp. 3–46, sect. ii pp. 158–90, Tübingen, 1807). These articles were recommended to Hegel by F. W. J. Schelling soon after they appeared, and he evidently found them 'very well done' ('Hegel Briefe' vol. I pp. 158, 161, 471). They put forward Mesmer's view that animal magnetism is a cosmological matter (pp. 8–14), and that it, 'can only be grasped in the proper way when it is regarded as a truly new process of development, by means of which the organism is led through various stages in precisely the same way as it is in the course of its natural development' (pp. 24–5). They pay some attention to the history of the subject, including the career of Valentine Greatrakes (p. 169), and attempt to establish the differences between voltaism, galvanism and animal magnetism (pp. 178–9). Schelling rounded off his presentation of the phenomenon with a general consideration of the soul, 'Grundsätze zu einer künftigen Seelenlehre' (loc. cit. II ii pp. 190–224).

In 1814 Hegel's sister Christiane (1773–1832) had to retire from her work as a governess on account of a nervous disability, and it was probably soon after this that Karl Schelling began to tend her. He did so without taking any remuneration ('Hegel Briefe' vol. II p. 487), partly, no doubt, on account of his respect for her brother, which was already well-known in the Stuttgart area at about this time (Nicolin 'Hegel in Berichten' p. 145). Hegel visited Stuttgart in the spring of 1818, after an interval of twenty

years, and his closer friendship with Schelling seems to date from this period ('Briefe' vol. II p. 194). When Christiane received the three Hegel medallions from Mrs. Hegel in March 1832, she was just leaving the house to see Schelling, and took his medallion with her (Nicolin op. cit. p. 662).

Although Schelling was widely known as a philosophical physician, and became fellow of the Royal College of Medicine in 1814, he spent the whole of his working life in Stuttgart. Here he was generally respected as a medical practitioner predisposed to gentle medicines and remedies;—botany was a constant source of interest and enjoyment, 'and the tranquilly indefatigable life of the plant did indeed answer most completely to his conception of both organic life in general, and the healthy and diseased states of human life in particular.' See the obituary notice in the 'Jahreshefte des Vereins für vaterländische Naturkunde in Württemberg' vol. II pp. 64–6 (Stuttgart, 1855).

Cf. 'Dictionnaire des Sciences Médicales. Biographie Médicale' (Paris, 1825) vol. 7 p. 134; A. Dechambre 'Dictionnaire Encyclopédique des Sciences Médicales' (Paris, 1879) vol. 7 pp. 428–9.

305, 30

For Hegel, the reproductive system *itself*, is the digestive system: Enc. § 354 (Phil. Nat. III.117; 125). On the connection between this and the sex-drive, see Enc. § 368. Detailed considerations of the neurological factors involved in animal magnetism are to be found in Kluge op. cit. 205–308 and A. C. A. Eschenmayer 'Versuch die scheinbare Magie des thierischen Magnetismus aus physiologischen und psychischen Gesezen zu erklären' (Stuttgart and Tübingen, 1816).

306, 31

Kehler wrote 'Vanhelmut'.

307, 9

J. H. D. Petetin (1744–1808) 'Mémoire sur la découverte des phénomènes que présentent la catalepsie et le somnambulisme' (Lyon, 1787). Hegel probably read the German version of this work, 'Ueber die Phänomene der Catalepsie und des Somnambulismus' (Nordhoff 'Archiv für den den thierischen Magnetismus' vol. I pp. 9–50, Jena, 1804), or the summary of Petetin's ideas in Kluge op. cit. pp. 356–62.

Petetin postulated an electric fluid, which was diffused and concentrated mainly by means of the blood, 'So ist doch das Blut der Haupt-Sammelplatz desselben; durch das Herz, die Schlagadern und ihre letzten Zweige fortgetrieben, entladet es sich bisweilen überflüssig." (Germ. tr. p. 43). It is almost certainly the following passage on page 46 that Hegel has in mind here, "Damit also der Somnambulismus entstehe, bedarf es einer Reaktion des Gehirns, die das elektrische Fluidum in die beyden Nerven des achten

Paars treibt, dieses Fluidum muß den Weg zu den Sinnesorganen verlassen, die Höle des Magens erfüllen und den Membranen dieses Eingeweides eine Sensibilität geben, die die vor allen hervorstehende Sensibilität der Netzhaut übertrifft."

Cf. J. C. Colquhoun (1785–1854) 'Isis Revelata' (2 vols Edinburgh, 1836) vol. I. p. 217, note.

307, 13

Note 247, 22; A. C. A. Eschenmayer 'Der Zusammenhang der Pubertäts-Entwicklung und überhaupt der Veränderungen und Störungen der Geschlechtsorgane mit der Disposition zum thierischen Magnetismus' ('Archiv f.d. thier. Magn.' 1817, 1 i pp. 25–7; cf. 1818, 2 iii p. 139); Kluge op. cit. pp. 59, 67.

307, 22

'Halbschlaf' or dog-sleep was a widely recognized and fairly clearly defined state. Kluge op. cit. p. 91 takes it to be the second of seven degrees of magnetization, but H. B. von Weber 'Handbuch der psychischen Anthropologie' (Tübingen, 1829) gives the more generally accepted definition, "The various intermediate states between waking and sleep, in which only certain of the activities of spiritual life have ceased, while others are still functioning, are generally known as *dog-sleep*. More closely defined however, this term refers to the intermediate state which precedes falling asleep completely, in which sight (even when the eyes are still open), taste and feeling by means of touch, have already ceased as in deep sleep, although awareness of what is said still survives for some time."

Cf. R. F. 'Physiologische Bemerkungen über den thierischen Magnetismus' (Nordhoff's 'Archiv' pt. I pp. 157–74; pt. II pp. 160–77, 1804); J. C. Hoffbauer 'Psychologische Untersuchungen' (Halle, 1807) § 203 et seq.; Joseph Weber 'Der thierische Magnetismus' (Landshut, 1816); Bende Bendsen 'Tagebuch' ('Archiv' 1821, 9 ii p. 187); Samuel Hibbert-Ware 'Sketches of the Philosophy of Apparitions' (Edinburgh, 1824) chs. 18–20; J. C. Prichard 'A Treatise on Insanity' (London, 1835) pp. 422–9.

307, 34

Jean Baptiste van Helmont (1577–1644): see Phil. Nat. III.287. The reference here is to § 12 of '*Demens Idea*': see 'Ortus medicinae' (Amsterdam, 1648); 'A Ternary of Paradoxes' (tr. Walter Charleton, London, 1650); 'Opera Omnia' (Frankfurt, 1682) pp. 262–72; 'Workes' (1662; London, 1664) pp. 274–5, "And therefore I did promise to my self, that that poyson after the manner of a Keeper, and a huske, did cover some notable and Virgin-Power, created for great uses, and the which might by Art, and Sweats allay poysons, and cause them to vanish. Wherefore I began divers wayes to stir or work upon Wolfs-bane: And once, when I had rudely prepared

the Root thereof, I tasted it on the top of my tongue: For although I had swallowed down nothing, and had spit out much spittle, yet I presently after, felt my skull to be as it were tied without side with a girdle... I felt that I did understand, conceive, savour, or imagine nothing in the head, according to my accustomed manner at other times; but I perceived (with admiration) manifestly, clearly, discursively, and constantly, that the whole office was executed in the Midriffs, and displayed about the mouth of the Stomach, and I felt that thing so sensibly and clearly, yea, I attentively noted, that although I also felt sense and motion to be safely dispensed from the head into the whole body, yet that the whole faculty of discourses was remarkably and sensibly in the Midriffs, with an excluding of the head, as if the mind did at that time, in the same place meditate of its own counsels."

On black henbane (Bilsenkraut; Hyoscyamus niger) and enchanter's nightshade (gemeine Hexenkraut; Circaea lutetiana), and the uses to which they were put, see note 297, 2. Since Kehler and Griesheim agree that Hegel attributed Helmont's sensations to *digitalis*, it seems reasonable to attribute the slip in the published text to Boumann. Digitalis was widely used, especially in England, for controlling mental disturbances: J. B. Friedreich 'Literärgeschichte der... psychischen Krankheiten' (Würzburg, 1830) pp. 359–60. Helmont actually used not wolfs-bane (Sturmhut, Aconitum lycoctonum), but common monk's-hood (Eisenhütlein, Aconitum Napellus), and as all the contemporary references to his experiment name the plant correctly, it is difficult to postulate the origin of Hegel's error: see Thomas Arnold (d. 1816) 'Observations on... Insanity' (2 vols. Leicester, 1782/6; Germ. tr. J. C. Ackermann, Leipzig, 1784/8) Germ. tr. pp. 156–9; J. Ennemoser (1787–1854) 'Der Magnetismus' (Leipzig, 1819) pp. 616–35; J. C. Passavant (1790–1857) 'Untersuchungen über den Lebensmagnetismus (Frankfurt-on-Main, 1821) pp. 245–50.

J. B. Friedreich op. cit. p. 153 records the experiment correctly and then asks, 'Does this not indicate that clairvoyance takes place in the procardia?" The alkaloid aconitine was first examined by P. L. Geiger (1785–1836) 'Über einige neue giftige Alkaloide' (Liebig's 'Annalen' VII p. 267, 1834).

309, 4

Kluge op. cit. pp. 94–5 is almost certainly the origin of this observation. In Kluge's grading of the seven degrees of magnetization, the crucial distinction is that between the first four and the last three: "This fourth degree (of simple somnambulism) distinguishes itself from the preceding ones through the presence of consciousness and the faculty of expression, as well as by the unique relationship of the connection with the external world. It distinguishes itself from the subsequent degrees in that the consciousness present here is not heightened in any way... This fifth degree is that of self

observation; this and all the subsequent magnetic states may be given the general name of *clairvoyance*, the patient who is in this state being called a clairvoyant."

Kluge op. cit. pp. 55–6 praises Puységur for making the advance beyond Mesmer of treating animal magnetism as a psychic *as well as* a physical phenomenon. This was obviously a point which Hegel would be likely to notice. Cf. Puységur's 'Mémoires pour servir a l'histoire et a l'establissement du Magnétisme Animal' (1784; 3rd ed. Paris, 1820) pp. 88–9.

309, 10

Tenses thus.

309, 41

Friedrich Karl, Freiherr von Strombeck (1771–1848), the distinguished lawyer and classical scholar. He came of an ancient Brunswick patrician family, and it was at the town Grammar School that he first developed his life-long love of classical languages. In 1789 he was matriculated at the University of Helmstedt in order to read law, and two years later passed on to Göttingen, where he continued his legal studies and also read aesthetics. He toured nothern Italy in 1793, perfecting his knowledge of the language and pursuing his classical interests, and at about this time published translations of Ovid's 'Remedia Amoris' (Brunswick, 1791) and 'Ars Amatoria' (Göttingen, 1795). This manysided activity attracted the attention of the Duke of Brunswick-Wolfenbüttel, who appointed him puisne-judge in 1795. In 1799 he was sworn in as privy councillor to the duke, and put in charge of the financial and legal interests of the duke's sister, Augusta Dorothea, the last abbess of Gandersheim.

After the battle of Jena in 1806, the ducal family was broken up, and Strombeck retired with the abbess's entourage to Denmark for a while. He managed to deal with the Napoleonic administration in preserving her revenues however, and was rewarded accordingly in her will (1810). In 1812 he was made Freiherr and Knight of the Westphalian Crown. On 1st September 1810 he was appointed President of the Court of Appeal at Celle, but he was removed from this post after the battle of Leipzig, and it was not until 1819 that he began to reassume the legal and administrative positions he had held before the War of Liberation.

Strombeck continued to publish in several fields throughout the whole of his long life. During Hegel's lifetime he issued important works on French and penal law, 'Rechtswissenschft des Gesetzbuchs Napoleons' (Brunswick, 1811), 'Entwurf eines Strafgesetzbuches' (Brunswick, 1829), a translation of Scipione Breislak's (1748–1826) 'Introduzione alla geologia' (1811; 3 vols. Brunswick, 1819/21), and various editions and translations of classical authors:

Tibullus (Göttingen, 1799), Propertius (Brunswick, 1803), Tacitus (Brunswick, 1815/16), Sallust (Göttingen, 1817) and Cicero (Brunswick, 1827). Soon after Hegel's death he published an autobiography, 'Darstellungen aus meinem Leben' (2 pts. Brunswick, 1833).

We know from the catalogue of Hegel's library (no. 1415) that he possessed a copy of Strombeck's 'Geschichte eines allein durch die Natur hervorgebrachten animalischen Magnetismus und der durch denselben bewirkten Genesung' (Brunswick, 1813). This work was reviewed in 'Medic. chirurg. Zeit.' 1813 vol. 4 no. 91 pp. 193–204, and 'Allg. medic. Annal. der Heilkunde' 1813 October p. 861; 1814 February pp. 75–114, and criticized in an anonymous work 'Lettre à Mad... etc. Par un ami de la vérité (Cassel, 1813). A French translation of it soon appeared (Paris, 1814), and Strombeck replied to his anonymous critic in 'Nachtrag zu der Geschichte' (Cassel, 1813): reviewed, 'Medic. chirurg. Zietung' loc. cit. pp. 206–7; 'Allg. medic. Annal. der Heilkunde' 1814 March pp. 212–3; and by J. S. C. Schweigger (1779–1857) in his 'Journal für Chemie und Physik' 1814 October vol. 11 pp. 80–108. J. C. Colquhoun recommends the work in his 'Isis Revelata' and his tr. of Wienholt's 'Seven Lectures' (Edinburgh, 1845) pp. 160–1.

Strombeck and his wife took Julie *** (b. 1793) into their house in the summer of 1810. He describes her as having a certain dignity and nobility of manner, as of a sanguine-melancholy temperament, and mentions that there was a stubborn streak in her basic disposition. Her fits began about a year after she had arrived, when she began to regard herself as transported into heaven, and to converse 'with angels' in iambic pentameters. "Wie oft habe ich es bedauert", writes Strombeck (p. 6), "ihre rührenden Gebete nicht niedergeschrieben zu haben." On 20th July 1812 he began to keep a detailed day to day account of the girl's psychic state. He publishes the entries for the greater part of January 1813 in full, and those for the 11th, 12th and 13th of the month are supplemented by notes taken down by other observers. He distinguishes four main stages in the development of these trances: i) sleep; ii) seeming to be awake while possessed by *one* fixed idea; iii) that of being apparently self-possessed, but while able to declaim whole scenes from Goethe's 'Faust' with complete fluency, unable to read easily; iv) that of being capable of recollecting all the events of her normal life, but not what had happened during the first stages of the trance (p. 8). Cf. note 317, 16.

311, 4

Kluge op. cit. pp. 296–9. Cf. D. G. Kieser (1779–1862) 'Rhapsodieen aus dem Gebiete des thierischen Magnetismus' ('Archiv f.d. thier. Magn.' 1817, 2 ii pp. 63–147).

311, 26

Cf. note 289, 15. Arnold Wienholt (1740–1804), 'Heilkraft des thierischen Magnetismus' (3 vols. Lemgo, 1802/5) vol. III sect. 2 pp. 74, 76, 117, 128, 132, 224 etc.; sect. 3 pp. 11, 26, 43, 71, 284 etc. was the first to make this widely known, J. C. Colquhoun, Wienholt's English translator, discusses the subject at some length in his 'Isis Revelata' (2 vols. Edinburgh, 1836) vol. 2 ch. 29. Gabriel Andral (1797–1876) questioned the validity and value of such recommended cures in a series of lectures subsequently translated and published in the 'Lancet' (10th March 1833, pp. 769–78). See, however, A. M. J. C. Puységur 'Recherches... sur l'homme' (Paris, 1811) chs. 6 and 11; K. von Strombeck op. cit. p. 202; Kluge op. cit. pp. 179–85, 286–7; P. G. van Ghert 'Mnemosyne' (Amsterdam, 1815; tr. Kieser 'Archiv' 1818, 3 iii p. 37, note); Joseph Weber 'Der thierische Magnetismus' (Landshut, 1816) p. 18; Dr. Tritschler of Cannstadt 'Sonderbare, mit glücklichem Erfolg animal-magnetisch behandelte Entwicklungs-Krankheit eines dreyzehnjährigen Knaben' ('Archiv' 1817, 1 i pp. 133–5); A. Bertrand 'Traité du Somnambulisme' (Paris, 1823) pp. 109–23.

311, 28

Cf. Phil. Nat. III.332, 350 (§ 360); William Smellie (1740–1795) 'Essay on Instinct', a paper read 5th December 1785 ('Trans. of the Royal Society of Edinburgh' vol 1 (Hist.) pp. 39–45, 1788).

The clearest parallel to Hegel's remark in the literature of the time is an article by Joh. Mich. Leupoldt, then teaching at Erlangen. 'Ueber den wesentlichen Zusammenhang des ältesten Naturdienstes, des Orakelwesens, der künstlerischen Begeisterung, Divination des Traumes und des magnetischen Hellsehens mit der Natur des thierischen Instinkts' ('Archiv' 1820, 7 ii pp. 72–124; cf. 'Archiv' 1820, 6 ii pp. 100, 127–8); J. A. L. Richter 'Betrachtungen über den animalischen Magnetismus' (Leipzig, 1817) p. 47; A. Bertrand op. cit. (1823) pp. 109–23.

A. M. J. C. de Puységur 'Recherches... sur l'homme' (Paris, 1811) ch. 11 p. 201, "Les phénomènes de l'électricité nous donnent bien l'idée de l'isolément des somnambules; les phénomènes de l'aimant, celle de leur plus ou moins grande mobilité magnétique; l'instinct des animaux, quoiqu' inexplicable sans doute, nous peut fair croire encore à la possibilité d'un instinct semblable dans l'homme, plus à découvert, et apparemment plus développé (sic) dans l'état de somnambulisme." Puységur then goes on to give examples of cures suggested by 'somnambulistic' patients.

313, 1

G. I. Wenzel (1754–1809) 'Unterhaltungen über... Träume und Ahndungen' (1800) p. 38 records the case of a Berlin apothecary's apprentice who dreamt beforehand of the winning numbers (22:60) in the Royal Prussian Lottery of 30th May 1768.

313, 7

The Francis Moore (1657–1715), 'Old Moore' of this period was a certain Adam Müller, who correctly prophesied the military events of 1805/6, the burning of Moscow, and the battles of Leipzig and Waterloo: see J. A. L. Richter 'Betrachtungen über den animalischen Magnetismus' (Leipzig, 1817) pp. 83–6.

The pamphlet literature published in Germany during the War of Liberation provides many expressions of feeling and foresight similar to that mentioned here by Hegel. The following curious instance of foresight in the Prussian Army just prior to Waterloo (i.e. Belle Alliance) is recorded by Dr. W. Krimer of Aachen, 'Beitrag zur Geschichte der Todes-Ahndungen' (Nasse's 'Zeitschrift für die Anthropologie' 1824, 2 pp. 378–9): L. von F. was twenty-six years old, perfectly normal and healthy, and in 1815 had already served in the army as a commissioned officer for two years, "On the evening of 14th June von F. was together with some twenty other persons, when the order suddenly came round for all the troops to decamp immediately, since an engagement was imminent. He was not put out by this in the slightest, and remarked to all present that it would be a pleasant and convenient way to get to Paris, but that it would be his last trip, since he was not going to survive the battle. Although the enemy were in the immediate vicinity, he kept his high spirits until the evening of the seventeenth. On the eighteenth he had an air of deep seriousness however; he said good-bye to his comrades, wrote another letter to his relations, and at noon went calmly but solemnly into battle." He did not survive.

Cf. 'European Magazine' vol. 53 p. 430 (June, 1808) 'Concordance of Buonaparte's name with the beast mentioned in the Revelations' (XIII v. 18); vol. 65 pp. 510–1 (June, 1814); 'Blackwood's Magazine' vol. 2 vii pp. 36–8 (October, 1817); note 343,34; A. T. Blayney (1770–1834) 'Narrative of a forced Journey' (2 vols. London, 1815) vol. II pp. 411–2.

313, 19

P. G. van Ghert, 'Mnemosyne' (Amsterdam, 1815; tr. Kieser 'Archiv' 1818, 3 iii pp. 1–97), Germ. tr. pp. 35–9, describes an experiment he preformed with Miss K. on 20th June 1815. The young woman thought she had pulmonary consumption, but discovered and mentioned while in a trance that this was not the case, adding that she was worried that when she awoke she would not remember this. Van Ghert told her to think about the number six, and to connect this with her discovery. He left her to think about this for three minutes and then reminded her of the connection. When she awoke the mentioning of the discovery and the number enabled her to recall what had transpired.

Van Ghert has a long note on this in which he suggests that this formation of a 'focus of thought-pictures' enables the patient who has gone into herself

in the trance to establish a connection with the external world. He adds that he regards it, "as one of my happiest discoveries." D. G. Kieser 'Mnemonische Versuche an Somnambulen' ('Archiv' 1819, 6 i pp. 165–7) confirms the effectiveness of van Ghert's technique.

313, 30

Ferdinand Lehmann 'Fortsetzung der mittelst des Zoo-Magnetismus unternommenen Kuren' ('Archiv' 1819, 5 iii) pp. 7–8, "Ich habe hieraus und zufolge meiner anderweitigen Erfahrungen geschlossen, *daß es den Magnetisirten durchaus nachteilig ist, wenn sie in Gegenwart fremder mit ihnen nicht in magnetischer Verbindung stehenden Personen und an einem Orte magnetisch schlafen, wo viel Geräusch und Getöse ist.*" Cf. Dr. Spiritus of Solingen 'Beobachtungen über die Heilkraft des animalischen Magnetismus' ('Archiv' 1819, 5 iii p. 83).

315, 4

In the recorded instances of this it was certainly not the case that the magnetizer had to know the time: J. H. D. Petetin 'Mémoire' (Lyon, 1787; Germ. tr. Nordhoff's Archiv, 1804) experiment 7. Cf. Kluge op. cit. pp. 110–1, 117–8; Dr. Lechler of Leonberg, 'Geschichte eines mit merkwürdigem Hellsehen und Divination verbundenen Somnambulismus' ('Archiv' 1818, 3 i pp. 76–102), see 8th January 1811; P. G. van Ghert 'Sammlung merkwürdiger Erscheinungen' (tr. Kieser, 'Archiv' 1818, 3 iii p. 22), — 10th June 1815; J. D. Brandis 'Ueber Psychische Heilmittel und Magnetismus' (Copenhagen, 1818) § 51; A. Bertrand 'Traité du Somnambulisme' (Paris, 1823) pp. 313–6.

315, 20

This point is made by Johann Stieglitz (1767–1840), in 'Ueber den thierischen Magnetismus' (Hanover, 1814), and called in question by Bende Bendsen (1787–1875) 'Tagebuch einer lebensmagnetischen Behandlung' ('Archiv' 1821, 9 i pp. 134–5): "Vanity and the desire for admiration are a characteristic trait of the female sex in general, but certainly not of the somnambulist in particular."

315, 24

When J. J. Gassner (1727–1779) claimed that the cures he effected by the laying on of hands were the same as those of Christ and therefore miracles, the Archbishop of Prague was moved to criticize the assertion in a pastoral letter: "The basic tenets of Gassner's system are false, encroach too closely upon the authority of the Church, and are at variance with the principles of sound philosophy and theology." Cf. 'Archiv' 1821, 9 ii pp. 21–8. Puységur 'Du Magnétisme animal' (Paris, 1807) pp. 426–72 gives advice as to how to avoid the bad effects of animal magnetism. D. G. Kieser

'Rhapsodieen' ('Archiv' 1817, 2 ii pp. 63–147), admits of the phenomenon that, 'Wenn er in vielen Fällen Genesungsmittel ist, so muß es auch Fälle geben, wo er schädlich wirkt, Gift ist." An account of the control on the practice of animal magnetizing exercised in *Württemberg* between 1811 and 1817 is to be found in the 'Archiv' 1818, 3 i p. 101–2.

315, 30

'Herself' has been used only on account of the gender of 'Person' in German.

315, 33

The importance of posing these questions correctly is emphasized by Kluge op. cit. pp. 374–5; cf. J. P. F. Deleuze 'Histoire Critique du Magnétisme Animal' (2 vols. Paris, 1813) vol. I pp. 196–7; 'Archiv' 1817, 2 ii p. 157.

316, 31

Griesheim wrote 'nimt'.

317, 16

Note 309, 41. Strombeck op. cit. records the following requests: a bowl of broth, a glass of malaga wine, a cup of camomile-tea, the bathing of her elbows with eau-de-Cologne, sugar, to be stroked with an iron key, to have a wet cloth placed on her brow, the fulfilment of which gave rise to the following dialogue (p. 190):

Strombeck "Is everything allright again now?"
She "Yes."
Strombeck "I like doing all I can for you."
She "You have been seduced into this."
Strombeck "Who seduced me?"
She "Your best friend."

317, 23

A. M. J. C. de Puységur 'Mémoires pour servir à l'histoire et à l'établissement du Magnétisme Animal' (3rd ed. Paris, 1820) pp. 168–9: "Je questionnais un jour une femme en *état magnétique*, sur l'étendue de l'empire que je pouvais exercer sur elle: je venais (sans même lui parler) de la *forcer*, par plaisanterie, de me donner des coups avec une chasse-mouche qu'elle tenait à la main. "Eh bien, lui dis-je, puisque vous êtes *obligée* de me battre, moi qui vous fais du bien, il y a à parier que, si je le voulais absolument, je pourrais de même faire de vous *tout ce que je voudrais*, vous faire déshabiller, par example, etc.... Non pas, monsieur, me dit-elle, il n'en serait pas de même: ce que je viens de faire ne me paraissait pas bien; j'y ai résisté longtemps; mais comme c'était un badinage, à la fin j'ai cédé, puisque vous le

vouliez absolument: mais quant à ce que vous venez de dire, jamais vous ne pourriez me *forcer* à quitter mes derniers habillemens: mes souliers, mon bonnet, tant qu'il vous plaira; mais passé cela, vous n'obtiendriez rien." A third person was present while this was taking place.

Arnold Wienholt, 'Bildungsgeschichte als Mensch, Arzt und Christ' (Bremen, 1805) p. 159 et seq. mentions the case of a magnetiser's attempting to kiss a clairvoyant, who was immediately attacked by cramps, and who died six months later of epilepsy. Cf. Kluge op. cit. pp. 198–202.

317, 37

Madame Westermann (d. 25.2.1792), Lavater's correspondent. Her sister Mlle. Schwing was also well-known locally on account of her visions. Mesmer visited Strassburg in 1778, and in 1785 a 'Societé harmonique' was founded there at the instigation of A. M. J. C. de Puységur (note 303, 12) and under the presidency of Count Lutzelbourg: R. Reuss 'Histoire de Strasbourg' (Paris, 1922) p. 325. The main records of this society were destroyed when the University Library was damaged during the 1870/1 war, but see ms. 1337b in the Strassburg Municipal Library.

Hegel probably knew of this circle through the writings of the publicist and Boehmian theosophist F.-R. Saltzmann (1749–1820), whom he seems to have mentioned in his Jena aphorisms. See his 'Briefe' II.243; A.-L. Salmon 'Frédéric-Rodolphe Saltzmann' (Paris, 1932) pp. xii, 30, and especially the reference to Gellert on p. 81; M. Dorn 'Der Tugendbegriff Chr. F. Gellerts' (Diss., Greifswald, 1919).

319, 8

Most general accounts of animal magnetism published in German during the first half of the last century contained fairly extensive accounts of the *history* of the phenomenon: for an English equivalent, see J. C. Colquhoun 'An History of... Animal Magnetism' (2 vols. London, 1851). In some cases this historical interest became an end in itself, and tended to divert attention from the *practical* importance and philosophical significance of the phenomenon: see, for example, J. F. von Meyer 'Blätter für höhere Wahrheit. Aus Beiträgen von Gelehrten, ältern Handschriften und seltenen Büchern. Mit besonderer Rücksicht auf Magnetismus' (3 pts. Frankfurt-on-Main, 1818/22); Joseph Ennemoser (1787–1854) 'Der Magnetismus nach der allseitigen Beziehung seines Wesens, seiner Erscheinungen, Anwendung und Enträthselung in einer geschichtlichen von allen Zeiten und bei allen Völkern Entwickelung dargestellt' (Leipzig, 1819).

321, 16

Although Hegel's use of the word 'harmony' in this context is certainly related to at least one aspect of his conception of the soul (note 265, 26; Phil. Nat. II.282, 287), it was also a commonplace in the literature of the

time. Mesmer founded a 'Société de l'harmonie' in Paris, and by the early years of the last century no less than sixty such societies, so named, had been founded, "Diese Verbindungen nannten sich *harmonische* Gesellschaften, weil ihr Zweck dahin ging, überall der Harmonie der Natur nachzuforschen und hierdurch physisch und moralisch wohlthätig auf die Menschen zu wirken" (Kluge op. cit. p. 53). In the terminology of the time moreover, 'mettre en harmonie' designated the establishment of the rapport between the magnetizer and the patient (Kluge op. cit. p. 343).

Cf. J. L. Boeckmann 'Archiv für Magnetismus und Somnambulismus' (8 pts. Strassburg, 1787/8) pt. III pp. 3–37; J. A. E. Goeze 'Natur, Menschenleben und Vorsehung' (7 vols. Leipzig, 1789/94) vol. III pp. 1–3; J. M. Cox 'Practical Observations on Insanity' (2nd ed. London, 1806) case VII p. 78; Aristotle 'De Anima' 407b–8a.

321, 39

This extract, which is taken from the conclusion of the lecture delivered on 28th June 1825, was preceded by a discussion of the child in its mother's womb (235, 19–239, 23) and the general nature of disease. On the following day Hegel began with a consideration of the physiological aspect of enthusiasm and the passage in Plato's 'Timaeus' (cf. 249).

Karl Josef Hieronymus Windischmann (1775–1835), in his 'Ueber Etwas, das der Heilkunst Noth thut. Ein Versuch zur Vereinigung dieser Kunst mit der christlichen Philosophie' (Leipzig, 1824), attempted to make the following points:

i) 'The physician learns from experience that more is to be elicited from nature simply by means of goodwill, than is to be solicited by these elemental or organic means...; and how much more extensively and directly does this work when the goodwill and effort are permeated by the deep healing of the spirit of prayer, when the goodwill is religious, the outcome of Christian love' (p. 232).

ii) 'Consequently, the stages of the scientific and artificial method, in their true and essential significance, also have to correspond to this divine order and graded sequence in the world of creatures... The genuine method of healing and of overcoming evil is in truth a *medicina corporis*, a *medicina animae* and a *medicina mentis*, based upon the study of nature, of the soul, and of spirit' (p. 250).

iii) 'The *Christian art of healing* is therefore a *genuine following* of *the Saviour* (*imitatio Christi*), who, as the true source of the life of all creatures, works within them as within serving or free members for the salvation of the whole, preserving what is healthy, rejecting what is tainted, mitigating what is litigant' (p. 251).

Goethe (Gedenkausgabe ed. E. Beutler, Zürich and Stuttgart, 1949, vol. 14 pp. 345–6) reviewed the work, criticizing the formlessness of its lay-out,

commenting upon the Egyptian origins of the idea that a physician should be a priest, and observing that the necessity of such a combination is not borne out by the history of medicine. An extended interchange of views on the work took place in Nasse's 'Zeitschrift für Anthropologie' 1823/4. Windischmann had written to Hegel on 2nd June 1823 mentioning the forthcoming appearance of his book, and in the October of that year he sent him a copy. On 3rd March 1824 he wrote again, asking for his judgement on it, and Hegel eventually replied on 11th April, making his main point as diplomatically as possible, 'You have concerned yourself principally with medicine, and exposition is most apposite if one concentrates upon the actual need and deficiency of a subject.' ('Hegel Briefe' vol. III pp. 16, 25, 33, 36, 39). Windischmann was often precipitate in his correspondence with Hegel, and on 5th September he replied, confessing that he had poured himself into the book in order 'to wake up the slumberers and snorers of the medical profession' (op. cit. p. 46). On 27th October 1825 he wrote again, telling Hegel that he had met Karl Simrock (1802–1876) during September, that he had received from him a garbled version of what Hegel had said about the book in the lectures delivered that summer, and that he would much appreciate it if Hegel would send him further details of the criticism (op. cit. p. 98).

Windischmann had been trained in philosophy and medicine at the universities of Mainz, Würzburg and Vienna. He began his practical work as a physician at Mainz in 1797, and in 1803 was appointed professor of Natural Philosophy at Aschaffenburg. During this early period he published a number of works concerned with the philosophical interpretation of various branches of natural science, and there is some evidence that Hegel was already acquainted with them during the Jena period: 'Versuch über die Medicin; nebst einer Abhandlung über die sogenannte Heilkraft der Natur' (Ulm, 1797); 'Ueber den einzig möglichen und einzig richtigen Gesichtspunkt aller Naturforschung' (Reil's 'Archiv der Physiologie' 1800, vol. 4 sect. 2 pp. 290–305); 'Ueber die gegenwärtige Lage der Heilkunde' (Hufeland's 'Journal' 1801, vol. 13 sect. I pp. 9–31); 'Ideen zur Physik' (Würzburg and Bamberg, 1805); 'Platon's Timaeus' (Hadamar, 1805); 'Versuch über den Gang der Bildung in der heilenden Kunst' (Frankfurt-on-Main, 1809).

His review of Hegel's 'Phenomenology' (1809; 'Briefe' vol. I pp. 306, 496), though favourable, was not particularly perceptive or constructive, but it initiated a desultory correspondence between the two men, in which Windischmann tended to push forward his mysticism while Hegel did his best to evade the topic in order to avoid prejudicing the friendship ('Briefe' I pp. 313, 323; II 224, 352, 425).

Windischmann was appointed to the Catholic professorship of the History of Philosophy at the newly founded University of Bonn in 1818, and from

that time onwards, although he still hoped that Hegelianism might come to play its part in Catholic affairs, he tended to become increasingly orthodox in his general attitude toward the church. The doctrines of Georg Hermes (1775–1831), the main purport of which was the adjustment of the principles of Roman Catholic theology to the supposed requirements of Kantianism, were all the vogue at that time, and Windischmann was one of the first ('Katholikon' 1825) to anticipate the final condemnation of them by Gregory XVI in 1835. During this period he also published, beside the work criticized here by Hegel, 'Ueber den Begriff der christlichen Philosophie' (Bonn, 1823), 'Kritische Betrachtungen über die Schicksale der Philosophie in der neueren Zeit' (Frankfurt-on-Main, 1825), and 'Die Philosophie im Fortgang der Weltgeschichte' (3 pts. Bonn, 1829/34). These works are in many respects in tune with the writings of J. J. Görres (1776–1848), whose brand of mysticism was to constitute the centre of German Catholic intellectual life during the 1830's.

The last-mentioned of them brought about the final break in Windischmann's friendship with Hegel. In his lectures on the philosophy of history, Hegel accused him of having plagiarized his interpretation of Chinese philosophy. The accusation was apparently unjustified, but Hegel never replied to the letter in which Windischmann pointed this out ('Briefe' III p. 265, 1st August 1829). Windischmann evidently deeply regretted this parting of the ways. ('Hegel in Berichten' 618).

'Katholische Kirchenzeitung' (ed. J. V. Höninghaus, 2nd year p. 328, Frankfurt-on-Main, 1839); Carl Werner 'Geschichte der katholischen Theologie' (Munich, 1867) pp. 413–40; Adolf Dyroff 'K. J. H. Windischmann und sein Kreis' (Cologne, 1916); A. Sonnenschein 'Görres, Windischmann und Deutinger als christliche Philosophen' (Bochum, 1938); S. Merkle in 'Historisches Jahrbuch der Görres-Gesellschaft' vol. 60 pp. 179–220 (Cologne, 1940); D. von Engelhardt 'Hegels philosophisches Verständnis der Krankheit' ('Sudhoffs Archiv' vol. 59 no. 3 pp. 225–45, 1975).

322, 30

For γ) read β).

323, 27

In September 1816, the editors of the projected 'Archiv für den thierischen Magnetismus' (12 vols. Altenburg and Leipzig, 1817–1824), A. C. A. Eschenmayer, D. G. Kieser and F. Nasse, announced the overall purpose of their periodical as follows (1817, 1 i p. 1): "Life at the present time, after having proved its power in external strife, answers the solemn and demanding summons to turn inwards to the sciences. The profound significance of political life having revealed itself to man in vast movements, the now habitual striving toward what is higher having called him to the innermost

secrets of life and driven him to examine them, it is the wonderful phenomenon of animal magnetism which has become the principal object of study among the most powerful intellects of our time." The similarity between this passage and the opening theme of Hegel's inaugural lecture delivered at Berlin on 22nd October 1818 ('Berliner Schriften' ed. Hoffmeister pp. 3–21) may not be simply a coincidence.

323, 28

In organic contexts, Hegel uses the word 'Selbstgefühl' to refer to sentience (Phil. Nat. III.402), in the Phil. Hist. 241–3 he uses it in the more usual sense of 'self-confidence.' At this juncture it has the precise and literal meaning of the *feeling* (§§ 403–10) involved in being aware of oneself. Such feeling adumbrates the ego of consciousness (§ 412), but is not yet consciousness proper since the subject, "is unable to work up the particularity of its self-awareness into ideality and so overcome it."

Such distinctions owe so much to the analysis and structuring involved in Hegel's own manner of thinking, that an investigation of contemporary usage throws little light upon them. J. B. Basedow (1723–1790) for example, in his 'Practische Philosophie' (1758; 2 pts. Dessau, 1777), takes self-awareness to be synonymous with consciousness. Nevertheless, Hegel may have been influenced by H. B. Weber's distinction between self-awareness and self-consciousness: 'Vom Selbstgefühle und Mitgefühle' (Heidelberg, 1807) p. 36: "The former refers to the particular consciousness of our *subject* as an effective force, the second generally to the universal consciousness of our self-subsistent ego." Cf. Weber's 'Handbuch der psychischen Anthropologie' (Tübingen, 1829) pp. 194–207; J. G. E. Maaß (1766–1823) 'Versuch über die Gefühle' (2 pts. Halle and Leipzig, 1811) pt. II pp. 236 et seq., 392 et seq.

324, 5

1827: 'Es ist in der Besonderheit', corrected (p. 544) to 'die Besonderheit'.

324, 10

Griesheim wrote 'alles Inhalts', and 'ihren Inhalte'.

325, 23

Although this transition from animal magnetism to mental derangement is clearly formulated in the 1817 Encyclopaedia (§§ 320–1), and is well documented in respect of the 1820/22 lectures ('Hegel-Studien' vol. 7, 1972 151a, vol. 10, 1975 pp. 28–31), it was altered in 1825. For a possible reason for this, see note 387, 6.

The main difference in 1825 was that habit was treated not as the sequent but as the antecedent of mental derangement. After concluding the lectures on animal magnetism, Hegel spent almost three whole sessions (Monday 11th, 12th, 14th July) discussing subjectivity, drives and satisfaction, and

the habitual control of such urges. Derangement was then introduced as the morbid breakdown of this control. It is quite clear that § 407 was inserted in 1827 in order to provide the basis for a further discussion of second thoughts on this revised transition. Since we have no record of Hegel's having lectured on his mature view of the matter, this Addition has been inserted simply in order to illustrate the similarity between one of the points made in 1825 and the final published text of 1830.

325, 41

Specific instances of all the general phenomena mentioned here are to be found throughout §§ 403–10.

327, 1

In 1825 (Friday 15th, 18th, 19th, 21st, 22nd July) Hegel lectured on mental derangement in a manner closely resembling the exposition of the matter provided here in Boumann's text.

327, 23

Everything is not in order, there is a screw loose, *eine Schraube ist locker.* Hegel's definition of derangement derives from the *literal* meaning of the word, the origin of which lies in the popular conception of the mind as a piece of clockwork. It is important to note, however, that it is not confined to the relationship between *subjective* factors, but also involves "the totality systematized in the subject's consciousness." Cf. Kant's 'Versuch über die Krankheiten des Kopfes' (1764, 1912 ed.) pp. 264–5. "Even in its healthiest condition, everyone's soul is constantly picturing various images of things which are not present, or rounding off an incomplete similarity between things present presentatively by means of one chimerical trait or another, etched into sensation by the creative poetic faculty... It is this characteristic of the disturbed person,... this presentation of certain things as clearly sensed which are nevertheless entirely absent, that is called *derangement.* The deranged person is therefore a waking dreamer."

For a similar definition confined to the relationship between *faculties*, see J. C. Hoffbauer (1766–1827) 'Psychologische Untersuchungen' (Halle, 1807) p. 373: "One is justified in calling every derangement an aberration, since the essence of derangement consists precisely in its involving a disturbance of the proper relationship between various faculties of the soul." Cf. his 'Untersuchungen über die Krankheiten der Seele' (2 pts. Halle, 1802/3) I.301–2; D. Tiedemann (1748–1803) 'Handbuch der Psychologie' (Leipzig, 1804) pp. 327–37; F. A. Carus 'Psychologie' (2 vols. Leipzig, 1808) II.318–33; J. E. von Berger (1772–1833) 'Grundzüge der Anthropologie' (Altona, 1824) p. 550; A. Combe (1797–1847) 'Observations on Mental Derangement' (Edinburgh, 1831).

329, 27

Cf. note 367, 10. J. F. Zückert (1737–1778) 'Von den Leidenschaften' (1764; 3rd ed. Berlin, 1774) § 55, took the transition from passion to insanity to depend upon an exciting of the imagination resulting in phantasms' being mistaken for actual sensations. For later views on this, see J. C. A. Heinroth (1773–1843) 'De morborum animi' (Leipzig, 1811); C. F. Nasse (1778–1851) 'Ueber das Verhältniß zwischen Schmerz und Irreseyn' ('Zeitschrift für die Anthropologie' 1825, i pp. 112–26).

In early nineteenth century German, see J. B. Friedreich 'Systematische Literatur der... Psychologie' (Berlin, 1833) sects. 767–818, *Wahnsinn* was used as a broadly generic term in precisely the same way as *insanity* was in English: G. M. Burrows (1771–1846) 'An Inquiry into certain errors relative to Insanity' (London, 1820); J. Conolly (1794–1866) 'An Inquiry concerning the Indications of Insanity' (London, 1830). The *literal* meaning of the German word is 'wanting in wit', whereas the basic meaning of its English equivalent is 'unsound'.

329, 38

Cf. 155, 34.

330, 3

1817: 'unterworfen und versteckt hält'. Corrected (p. 544) to 'halten'.

331, 18

Phil. Nat. §§ 371–2. By assessing and defining derangement in this way, and by emphasizing the truly psychic treatment of it, Hegel is evidently passing judgement upon a controversy which divided the German psychiatrists of his day, and which was also an important topic of debate in France and England.

The *somatic school* attempted to interpret all psychic disorders as deriving from bodily disease, and was of the opinion that a preservation of bodily health would *necessarily* give rise to a healthy mind: T. A. Ruland (1776–1846), 'Medizinisch-psychologische Betrachtungen' (Würzburg, 1801) emphasized the importance of the neurological system, F. Franke (1796–1837) 'De sede et causis vesaniae' (Leipzig, 1821), that of distinguishing between the brain and the other organs, and L. Buzorini (1801–1854), 'Untersuchungen über... Geisteskrankheiten' (Ulm, 1824), the significance of the neurological system in classifying mental diseases. C. F. Nasse (1778–1851) edited the school's main periodical 'Zeitschrift für psychische Aerzte' (5 vols. Leipzig, 1818/26).

The ideas of the German *psychic school* were anticipated by G. E. Stahl (1660–1734), see Phil Nat. III.230, 375, and directly influenced by the writings of Andrew Harper (c. 1760–c. 1835), whose 'Treatise on... Insanity' (London, 1789) was translated into German by G. W. Consbruch (Marburg, 1792). Harper came to the conclusion that, "Actual insanity...

seldom arises from any other source than a defection in the mind alone": 'Observations on... Insanity' (London, 1790) p. 10. F. E. Beneke (1798–1854), 'Beiträge zu... Seelenkrankheitskunde' (Leipzig, 1824) went on to assert that what are usually treated as the bodily causes of psychic effects ought to be regarded as partaking of the nature of the soul. K. W. Ideler (1795–1860), in 'Anthropologie für Aerzte' (Berlin and Landsberg, 1827), a work which Hegel had in his library (no. 1468)' took *ethical* insight to be the criterion of a healthy soul, and J. C. A. Heinroth (1773–1843), 'Lehrbuch der Störungen des Seelenlebens' (2 pts. Leipzig, 1818) I.179 attributed, "all evil, including the disturbances of psychic life, to sin." Cf. J. C. Prichard 'A Treatise on Insanity' (London, 1835) pp. 234/9.

Although Hegel evidently appreciated the merits of both schools, he criticizes the naïve reductionism of the one (373, 7ff.) as well as the excessive spiritualism of the other (309, 11ff.). His general assessment of derangement, in that it holds the balance between both extremes, has its closest parallels in the work of James Graham (1745–1794), 'The Guardian of Health' (Newcastle-upon-Tyne, 1790), F. Groos (1768–1852) 'Untersuchungen über... Irreseins' (Heidelberg, 1826), 'Entwurf einer philosophischen Grundlage für die Lehre von den Geisteskrankheiten' (Heidelberg, 1828), G. Blumröder (1802–1853), 'Ueber das Irresein' (Leipzig, 1836) and J. C. A. Grohmann (1769–1847).

Cf. the criticism of Heinroth's theory by R. W. M. Jacobi (1775–1858), 'Beobachtungen über die Pathologie' (Elberfeld, 1830), and W. Kramer (1801–1875), 'Kritische Untersuchungen' (Berlin, 1826); S. Kornfeld 'Geschichte der Psychiatrie' in T. Puschmann 'Handbuch der Geschichte der Medizin' III. 601–728 (Jena, 1905).

331, 24

Philippe Pinel (1745–1826) came of a medical family which had been established for some generations in the Toulouse area. He began to study theology at the University of Toulouse, but eventually transferred to the medical faculty, and graduated in 1773. His principal interest at this time was the application of mathematics to human anatomy. In 1778 he moved to Paris, where he became acquainted with the sensationalist doctrines of Locke and Condillac. It was at this time that the works of William Cullen interested him in the classification of diseases, and that the illness of a friend called his attention to the problems involved in analyzing and curing mental disorders.

He played no part in politics during the revolution, but concentrated instead upon helping those who were suffering from the turmoil. In August 1793 he was put in charge of a Paris asylum, and his removal of the patients' chains was commemorated throughout the city by the publication of a number of popular prints. On 13th May 1795 he was appointed chief

physician at the Hospice de la Salpêtrière, a position which he held for the rest of his life. The hospital included a six hundred bed ward for the mentally ill, and Hegel is here referring to the publications resulting from his treatment of these unfortunates, see: 'Recherches et observations sur le traitement moral des aliénes' ('Mémoires de la Société médicale d'émulation de Paris' vol. 2 pp. 215–55, 1799); 'Traité Médico-Philosophique de l'Aliénation Mentale' (Paris, 1801; Germ. tr. 1801; Eng. tr. 1806). In 1822 Pinel was, for a short period, dismissed from his position as Professor of Medical Pathology on account of his being suspected of liberalism. See G. L. Cuvier 'Éloge de Pinel' ('Mémoires de l'Académie des Sciences' IX).

In his 'Nosographie philosophique' (Paris, 1798; 6th ed. 3 vols. 1818), Pinel classifies diseases as fevers, inflammations, hæmorrhages, neuroses, and organic lesions. Mental disorders are classified as neuroses, together with diseases of the sense organs, visceral disorders and dysfunctions of the genital organs. See 'Dictionnaire des Sciences médicales' (Paris, 1812–1822) vol. 36 p. 251; E. Fischer-Homberger 'Eighteenth-Century Nosology and its Survivors' ('Medical History' vol. XIV no. 4 pp. 397–403, October 1970). Pinel never lost his early interest in the application of mathematics to medicine, and made good use of it in respect of mental derangement: see 'La médecine rendue plus précise et plus exacte par l'application de l'analyse' (Paris, 1802), and the article published in the 'Mémoires de la classe des sciences mathématiques et physiques de l'Institut' (1807, pp. 169–205).

Despite these inauspiciously formal elements in Pinel's thinking, Hegel is right to praise him for the humanity and benevolence of his treatment of the insane. He warned against 'metaphysical discussions and ideological ramblings', and was fully aware of the very limited efficacy of purely physical treatment such as bloodletting and purging. He was the first really influential physician to advocate gentleness, understanding and goodwill in dealing with mental derangement, although such an approach was already widely used in England before he published at the turn of the century: see 'Edinburgh Review' vol. 2 pp. 160–72 (April, 1803);' Quarterly Review' August, 1809 pp. 155–80.

L.-R. Semelaigne 'Philippe Pinel et son oeuvre au point de vue de la Médecine Mentale' (Paris, 1888); 'Philippe Pinel' ('Journal of Nervous and Mental Disease' 114, no. 4 pp. 313–23, October, 1951); W. H. Lechler 'Neue Ergebnisse in der Forschung über Philippe Pinel' (Diss. Münich, 1960); M. Foucault 'Histoire de la folie à l'âge classique' (Paris, 1961); K. M. Grange 'Pinel and eighteenth-century psychiatry' ('Bulletin of the History of Medicine' vol. 35 pp. 442–53, 1961); K. Kolle 'Grosse Nervenärzte' (3 vols. Stuttgart, 1956–63) vol. 1; E. H. Ackerknecht 'Medicine at the Paris Hospital' (Baltimore, 1967); Martin Schrenk 'Über den Umgang mit Geisteskranken' (Berlin, 1973) pp. 54–60 and 119–29.

The 'Traité Médico-Philosophique' was translated into German by Michael Wagner (1756–1821), 'Philosophisch-medicinische Abhandlungen über Geistesverirrungen oder Manie' (Vienna, 1801), and into English by David Daniel Davis (1777–1841), 'A Treatise on Insanity' (Sheffield, 1806; ed. P. F. Cranefield, New York, 1962).

337, 6

Cf. Kant 'Versuch über die Krankheiten des Kopfes' (1764; Prussian Acad. ed. Berlin, 1912) p. 265, "The deranged person is therefore a waking dreamer."

339, 18

C. Buchanan (1766–1815) 'Christian Researches in Asia' (London, 1811) pp. 130–41; T. D. Fosbrooke (1770–1842) 'British Monachism' (1802; 2nd ed. London, 1817) pp. 419–88; 'Morning Chronicle' March 9th 1826 p. 3 col. 2.

341, 1

'The order and connection of ideas is the same as the order and connection of things.' (Ordo, et connexio idearum idem est, ac ordo, et connexio rerum): see 'Spinoza Opera' (ed. C. Gebhardt, 4 vols. Heidelberg, 1925) vol. II p. 89, 'Ethics' pt. II prop. 7.

Spinoza takes this proposition to be based upon the axiom that, "the knowledge of an effect depends on and involves the knowledge of a cause" (pt. I, iv) and to be proved in that, "the idea of everything that is caused depends on a knowledge of the cause, whereof it is an effect."

343, 28

This analysis of the difference between error and derangement, and of their origin in finite thinking's involvement in an *apparently* essential distinction between subjective thinking and externality, is central to this section of the Anthropology. Hegel places it in a broad philosophical context by means of the quotation from Spinoza, realizing, probably, that it is helpful to consider it as an important modification of the 'nihil est in intellectu, quod non prius fuerit in sensu' doctrine.

The introduction of this doctrine into early nineteenth century German attempts to define derangement was due to a considerable extent to the influence of Alexander Crichton's (1763–1856) 'An Inquiry into the Nature and Origin of Mental Derangement' (2 vols. London, 1798; extracts in Germ. Leipzig, 1798; tr. J. C. Hoffbauer, Leipzig, 1809, 2nd ed. 1810). Crichton gives the following explanation of 'diseased perceptions' (II.331–2): "Every altered state of the brain which does not amount to a certain degree of destructive pressure, excites, by the laws of thought, a mental perception, but as the sensorial impressions of diseased action are different from those

which are derived from external objects, so the images which are excited in the representative faculty are also different. But nothing can be represented in the mind which has not formerly been received through the medium of the external senses, or concluded by the operations of reasoning; and therefore, all the ideas of delirious people, however different they may appear to be from any thing which has formerly been seen, heard, touched, tasted, smelt or concluded, are only new assemblages or combinations of prior sensations and thoughts. The representations of delirium, therefore, are in this respect, like those of the faculty of fiction." Cf. J. B. Friedreich (1796–1862) 'Versuch einer Literärgeschichte der Pathologie' (Würzburg, 1830) pp. 520–31.

343, 34

This example of a deranged presentation was very common at that time, and provides an interesting illustration of a clear connection between social structure and mental illness: L. A. Muratori (1672–1750) 'Über die Einbildungskraft' (1760; Germ. tr. Leipzig, 1785) pt. II p. 7; Thomas Arnold (1742–1816) 'Observations on... Insanity' (1782/8) pp. 122/3, a much-quoted case in Hegel's day; John Haslam (1764–1844) 'Observations on Insanity' (1798; Germ. tr. Stendal, 1800) pp. 64, 80; Pinel 'Traité' sect. II no. 22. John Croft (1732–1820) informs us that when Laurence Sterne's wife had a touch of insanity in 1758, "She fancied herself the queen of Bohemia", and that, "he treated her as such, with all the supposed respect due to a crowned head." 'Scrapeana' (London, 1792) p. 22. Napoleon gave rise to a distinct form of derangement: W. Hone (1780–1842) 'Buonapartephobia' (10th ed. London, 1820); John Conolly (1794–1866) 'An Inquiry concerning... Insanity' (London, 1830) p. 406.

345, 8

G. Polívka 'Anmerkungen zu den Kinder- und Hausmärchen der Brüder Grimm' (5 vols. Leipzig, 1913/31) II.121; J. Grimm 'Deutsche Mythologie' (Berlin, 1875) I.915.

In Hegel's day, the abundant evidence of cynanthropy and lycanthopy in folk-lore and mythology was usually treated as subject-matter for the pathologist: J. C. Reil 'Rhapsodieen' (Halle, 1803) p. 338; D. Tiedemann (1748–1803) 'Handbuch der Psychologie' (Leipzig, 1804) pt. 2, sect. iii, ch. 9; J. B. Friedreich (1796–1862) 'Versuch einer Literärgeschichte der Pathologie' (Würzburg, 1830) pp. 17–23; H. Gaidoz 'Lycanthropie sous la révolution française' ('Folk-lore' 1909 pp. 207/8).

345, 36

Hegel probably took this anecdote from J. C. Reil (1759–1813) 'Rhapsodieen' (Halle, 1803) p. 441. The son of the Prince of Condé seems to have been Henri-Jules de Bourbon (1643–1709). Reil gives as his source the

'Mémoires Secrets sur les Régnes de Louis XIV et de Louis XV' (1791; ed. A. Petitot and Monmerque, 2 vols. Paris, 1829) by Charles Pinot Duclos (1704–1772). Cf. Pinel 'Traité' (1801) sect. no. xxi.

347, 9

Hist. Phil. III.512; cf. Enc. §§ 465–68.

353, 7

Since the general principles of Hegel's manner of exposition might have been illustrated equally well from *any* sphere of the 'Encyclopaedia', he evidently refers here to Phil. Right simply because it was the most *detailed* treatment of any part of it which had then been *published*.

355, 12

'Was dem Wahne der Seele *entgegensteht*'. 'Wahn' is the first element in the German word for insanity (note 329, 27), and derives from OHG* wana i.e. 'wanting'. Interpreted *literally* therefore, the word might be regarded as almost synonymous with '*vacuity*' (*Leerheit*) as used in 355, 2.

355, 28

The common-law of Prussia distinguished between imbeciles and the insane, treating the former as irresponsible and equating the latter with minors: K. G. Neumann (1772–1850) 'Die Krankheiten des Vorstellungs-vermögens' (Leipzig, 1822) p. 391.

When Hegel mentions natural imbecility other than cretinism, he probably has in mind its being *inherited* or rooted in clearly *physical* factors: M. V. G. Malacarne (1744–1816) 'Nervoencefalotomia' (Pavia, 1791); J. C. Fahner (1758–1802) 'Beiträge zur... Arzneikunde' (Stendahl, 1799); C. Hastings (1794–1866) 'A Remarkable Coincidence of anomalous structure in the brains of two idiots' ('London Medical Repository' vol. 7 pp. 74–8, 1817).

Imbecility brought on by *psychic* causes was known (Nasse's' Zeitschrift für psychische Aerzte' III. sect. 4 pp. 869–77, 1820), and there were records of its having been cured: T. Percival (1740–1804) 'Moral and Literary Dissertations' (Warrington, 1784) p. 134; 'Sammlung für Aerzte' vol. XV sect. 1 pp. 11–13, 1792.

357, 3

Wolfgang Höfer (1614–1681), 'Hercules medicus' (Nuremberg, 1675) was the first physician to describe cretinism, which he had observed in the Alpine valleys of Styria. He noticed its connection with goitre, but instead of tracing its endemic nature to the contents of the water drunk in the area, attributed it to the idle lives and fatty diets of the afflicted populations. Albrecht Haller (1708–1777), 'Elementa physiologiae corporis humanae' (8 vols. Lausanne, 1757–1766; Germ. tr. Berlin, 1759–1776) vol V. p. 570

simply noticed that the cretins of Valais *failed to respond to any stimulant*, and it was this characteristic which interested many of the physicians of Hegel's day. Joseph (1768–1808) and Karl (1769–1827) Wenzel 'Über den Cretinismus' (Vienna, 1802) pp. 115, 133, noticed that, "Cretins occasionally bite themselves and pull out their pubic hairs. This does not, presumably, give rise to no pain, but they are unaware that what they are doing is the cause of it, for they do not regard the part they are injuring as a part of themselves." Cf. J. C. Reil (1759–1813) 'Rhapsodieen' etc. (Halle, 1803) p. 407.

M. V. G. Malacarne (1744–1816) investigated the *brains* and *skulls* of three dead cretins, 'Sur l'état des Cretins' (Ticini, 1789), and this line of research was followed up by J. F. Ackermann (1765–1815), 'Ueber die Kretinen, eine besondere Menschen-Abart in den Alpen' (Gotha, 1790), who described malformations in the skulls and nerves of the corpses he had dissected. F. E. Forderé's (1764–1835) 'Essai sur le goitre et le cretinage' (Turin, 1792; Germ. tr. H. W. Lindemann, Berlin, 1796; 2nd ed. Paris, 1800) was the most important treatise on cretinism available to Hegel, and probably constitutes the basis of his assessment of it. It tended to shift interest from dissection to *environment*, *heredity* and goitre: see Pinel 'Traité (1801) sect. IV no. 24. Henry Reeve (1780–1814) observed cretins in Valais in 1805, and in his 'Account of Cretinism' ('Edinburgh Medical and Surgical Journal' vol. V pp. 31–6, 1809) makes particular mention of the enlargement of the *thyroid gland* which usually accompanies the disease; cf. Richard Clayton (d. 1828) 'On the Cretins of the Vallais' ('Memoirs of the Literary and Philosophical Society of Manchester' vol. III no. 13); 'Medical and Physical Journal' June, 1815. A. E. Iphofen (1774–c. 1820) spent two decades studying cretinism and finally published 'Der Cretinismus medicinisch and philosophisch untersucht' (2 pts. Dreden, 1817), a work which had the effect of encouraging further research into the sexual characteristics of cretins: see Carl Maffei 'Dissertatio de sexismo specie Cretinismi' (Landshut, 1817); J. Häussler 'Über die Beziehungen des Sexualsystems zur Psyche überhaupt und zum Cretinismus insbesondere' (Würzburg, 1827); J. B. Friedreich (1796–1862) 'Über die äussern Geschlechtsorgane der Kretinen' ('Zeitschrift für Physiologie' vol. IV sect. 1 p. 119).

Several studies were devoted to the *endemic* nature of the disease: see, for example Franz Sensburg 'Der Cretinismus mit besonderer Rücksicht auf dessen Erscheinung im Untermain- und Rezatkreise des Königreichs Bayern' (Würzburg, 1825); F. Schnurrer (1784–1833) 'Geographischen Nosologie' (Stuttgart, 1813) pp. 542–51 — Savoy, Russia, Sumatra, China. L. C. E. Vest (1776–1840) called attention to the possible effect of the *drinking* water in these areas, 'Vorläufige Charakteristik einer in den Wassern, welche den Kropf und Cretinismus erzeugen, in Verbindung mit Kieselerde vorkommenden Substanz' ('Medicinsch Chirurgische Zeitung' no. 46, June, 1831). Cf. the review of Malthus' 'Essay on Population' in the 'Salz-

burger medicinisch-chirurgische Zeitung' vol. III p. 251 (1808) in which the occurrence of cretinism in a certain valley is traced to the habit of consuming a particularly intoxicating kind of cider.

Hegel's assessment of cretinism as a form of derangement very closely involved in *environmental* i.e. natural factors, rather than as a predominantly *physiological* disease, was therefore in tune with the research being carried out in this field during his lifetime. It is interesting to find John Abercrombie (1780–1844), 'Inquiries concerning the Intellectual Powers' (3rd ed. Edinburgh, 1832) pp. 343–4, giving a similar assessment a loosely *triadic* structure, "The most striking illustration of the various shades of idiocy, is derived from the modifications of intellectual condition observed in the Cretins of the Vallais. These singular beings are usually divided into three classes, which receive the names of cretins, semi-cretins, and cretins of the third degree. The first of these classes, or perfect cretins, are, in point of intellect, scarcely removed above mere animal life. Many of them cannot speak, and are only so far sensible of the common calls of nature, as to go, when excited by hunger, to places where they have been accustomed to receive their food. The rest of their time is spent, either basking in the sun, or sitting by the fire, without any trace of intelligence. The next class, or semi-cretins, show a higher degree of intelligence; they remember common events, understand what is said to them, and express themselves in an intelligible manner on the most common subjects... The cretins of the third degree learn to read and write, though with very little understanding of what they read, except on the most common topics. But they are acutely alive to their own interest, and extremely litigious." Joseph Hillebrand 'Die Anthropologie als Wissenschaft' (Mainz, 1823) p. 83 makes mention of grades of cretinism. Hegel took notes on Lady Sydney Morgan's (1776–1859) account of the cretinism in the mountains of northern Italy published in her 'Italy' (2 vols. London, 1821; French tr. 4 vols. Brussels, 1821); see 'Berliner Schriften' (ed. Hoffmeister, 1956) p. 730.

Cf. Josias Simler (1530–1576) 'Vallesiae descriptio... De Alpibus commentarius' (Tiguri, 1571); Felix Platter (1536–1614) 'Praxeos Medicae' (2 vols. Basel, 1656) ch. 3; J. C. Spurzheim (1776–1834) 'Observations on... Insanity' (London, 1817; Germ. tr. Hamburg, 1818) pp. 120–2; J. E. Georget (1795–1828) 'Idiotisme' (Article in the 'Dictionnaire de médecine'). The first cretin school was founded in Salzburg in 1816; cf. J. Guggenbühl (1816–1863) 'Du crétisme, de son histoire et de son traitement' (Bibl. univ. de Genève, 1850).

357, 9

'Traité' (1801) sect. VI no. 22, "It may be thought astonishing, that in an object of so much importance as that of ascertaining the actual existence of mental derangement, there is yet no definite rule to guide us in so delicate

an examination. In fact, there appears no other method than what is adopted in other departments of natural history: that of ascertaining whether the facts which are observed belong to any one of the established varieties of mental derangement, or to any of its complications with other disorders. I could here quote several examples of complicated mania illustrative of my position. I shall confine myself to one, that of a young woman, twenty-eight years of age, with fair hair, and little expression in her countenance. Her state of derangement, it is supposed, originally depended upon a fright which her mother received during her pregnancy. She remained like a statue (comme un automate), constantly in the same place. She could not speak, notwithstanding that her organs of speech appeared perfect in their conformations. It was with great difficulty that she was taught to enunciate the vowels e, o. Of affections she appeared not to possess any; a circumstance that might have disposed a nosologist to refer her case to the species of idiotism. But there were two or three acts that she could perform, which appeared to indicate that her idiotism was not complete."

357, 12

W. F. Dreyssig (1770–1809), 'Handbuch der Pathologie' (2 pts. Leipzig, 1796/9) I p. 261 et seq. gives the generally accepted *physiological* reason for this connection between epilepsy and imbecility, "Clonic cramps usually occur only in those muscles subject to the will of the soul, but not infrequently they also extend to those muscles and stimulatable parts of the body lying outside the control of the will, and are accompanied by a complete suppression of the interior and exterior senses, in which case they are known as epilepsy... On occasions, an extremely protracted epilepsy will change into other diseases, such as frenzy, lameness, speechlessness, squinting, dumbness, blindness and apoplexy, and when this happens it either disappears completely, or is accompanied by imbecility, which is frequently brought about by epilepsy" (p. 271).

Cf. S. A. Tissot (1728–1797) 'Traité de l'Épilepsie' (Lausanne, 1770; Germ. tr. Berlin, 1771); K. F. Rehfeld (1735–1794) and F. Henning (1767–c. 1840) 'Dissertatio sistens analecta historica ad theoriam epilepsiae' (Greifswald, 1788).

357, 16

A collection of extraordinary case-histories relating to catalepsy, preternatural sleep and trances is to be found in William Johnston's edition of Nathaniel Wanley's 'Wonders of the Little World' (1678; 2 vols. London, 1806) vol. II pp. 390–7. The following case, recorded by Theophile Bonet (1620–1689), in his 'Medicina septentrionalis collatitia' (2 vols. Geneva, 1684) bk. I sect. xvi ch. 6 was often cited in the general psychiatric textbooks of Hegel's day; "George Grokatzki, a Polish soldier, deserted from

his regiment in the harvest of the year 1677. He was discovered, a few days afterwards, drinking and making merry in a common alehouse. The moment he was apprehended, he was so much terrified, that he gave a loud shriek, and immediately was deprived of the power of speech. When brought to a court martial, it was impossible to make him articulate a word; nay, he then became as immovable as a statue, and appeared not to be conscious of any thing which was going forward. In the prison to which he was conducted he neither ate nor drank; neither did he make any water nor go to stool. The officers and the priests at first threatened him, and afterwards endeavoured to soothe and calm him; but all their efforts were in vain. He remained senseless and immovable. His irons were struck off, and he was taken out of his prison, but he did not move. Twenty days and nights were passed in this way, during which he took no kind of nourishment, nor had any natural evacuation; he then gradually sunk and died."

Cf. A. Crichton (1763–1856) 'An Inquiry into the Nature and Origin of Mental Derangement' (2 vols. London, 1798; Germ. tr. Leipzig, 1809) bk. III ch. iv; Samuel Hibbert-Ware (1782–1848) 'Sketches of the Philosophy of Apparitions' (Edinburgh, 1824; Germ. tr. Weimar, 1828) pp. 253–4; F. B. de Sauvages (1706–1767) 'Nosologia Methodica' (1760; 5 vols. Paris, 1771) vol. II p. 2; S. A. Tissot (1728–1797) 'Sämmtliche zur Arzneikunde gehörige Schriften' (7 vols. Leipzig, 1779–1784) vol. 5 p. 504; L. E. Hirschel (1741–1772) 'Gedanken von der Starrsucht oder Catalepsis' (Berlin, 1769); J. F. Abel (1751–1829) 'Sammlung und Erklärung merkwürdiger Erscheinungen aus dem menschlichen Leben' (Frankfurt and Leipzig, 1784) pp. 34–53; W. F. Dreyssig (1770–1809) 'Handbuch der Pathologie' (2 pts. Leipzig, 1796/9) vol. I pp. 315–35; G. I. Wenzel (1754–1809) 'Unterhaltungen über... Träume und Ahndungen' (1800) pp. 116–20; J. C. Reil (1759–1813) 'Rhapsodieen über... Geisteszerrüttungen' (Halle, 1803) pp. 130–1.

357, 27

J. C. Reil (1759–1813) 'Rhapsodieen über die Anwendung der psychischen Curmethode auf Geisteszerrüttungen' (Halle, 1803) p. 362, "A melancholy person, who was as motionless as a pillar, said nothing, and paid no attention to anything about him, was cured in the following way. There was a man in the area who was particularly good at copying. He dressed himself in the same way as the patient, went to him in his room, and sat down opposite him, assuming the identical expression and posture. At first the patient appeared not to notice his companion, but after a while he eyed him. The latter did the same, and instantaneously emulated each of the deranged person's gestures, motions and movements, until he flew into a rage, leapt out of his chair, began to talk, and was cured. It is not often that a patient regains his health immediately after having been in such a state. Usually, he falls into another kind of melancholy, which demands its own particular

kind of treatment." For direct evidence of Hegel's having read Reil, see 'Berliner Schriften' ed. Hoffmeister p. 692. Cf. A. Lewis 'J. C. Reil: Innovator and Battler' ('Journal of the History of the Behavioral Sciences' vol. I pp. 178–90, 1965).

The extra details in Hegel's account of this case seem to indicate, however, that he had it from another source, although I have not found it recorded elsewhere. Cf. Rev. James Brewster 'Account of the Remarkable Case of Margaret Lyall' ('Transactions of the Royal Society of Edinburgh' vol. VIII pp. 249–56, 1818); 'Hegel-Studien' vol. 10 p. 30, 8 (1975).

357, 31

This definition of 'Zerstreutheit', though by no means a perversion of normal German usage, is interestingly idiosyncratic when considered in the light of what are evidently Hegel's sources at this juncture. It differs significantly from that of Kant for example, who in his 'Anthropologie' (1798) § 47, draws a distinction between 'Zerstreuung' (distraction) and 'Geistesabwesenheit' (absent-mindedness). Hegel's 'Zerstreutheit', if we are to judge from the examples he gives of it, has to be taken as the equivalent of Kant's 'Geistesabwesenheit'. In his choice of *examples* he seems to have been influenced at this juncture by two works which, in respect of illustrative material, are often identical: J. C. Hoffbauer's (1766–1827) 'Untersuchung über die Krankheiten der Seele und die verwandten Zustände' (2 pts. Halle, 1802/3) see esp. pt. I pp. 5–31, 44, 74, 82–86, and J. C. Reil's (1759–1813) 'Rhapsodieen' etc. (Halle, 1803) pp. 105–10. In spite of his making good use of these books however, Hegel actually *reverses* one of their most explicit and important linguistic distinctions (Reil pp. 109–10): 'Self-possession therefore holds the centre between distraction (Zerstreuung) and absorption (Vertiefung). Both states are deviations from it in different directions. The further a person moves from the normal standpoint in the centre, so much the more is he absorbed at the one extreme and distracted at the other, and at both extremities he is on the way to derangement. The distracted person flits from one thing to another without keeping to anything in particular, the absorbed person is unable to tear himself away from the object which has captured him. Both therefore fail to apprehend the impressions they should in their given situation.'

Reil's 'Vertiefung' is therefore Hegel's 'Zerstreutheit', and Reil's 'Zerstreuung' Hegel's 'Faselei' (desipience). The reason for this linguistic novelty is probably to be found in Hegel's attempt to elicit a *dialectical structure* from the subject matter of this sphere. Cf. Christian Ludwig Funk 'Versuch einer praktischen Anthropologie' (Leipzig, 1803) pp. 245–6; F. A. Carus (1770–1807) 'Psychologie' (2 vols. Leipzig, 1808) II pp. 253–66.

359, 6

Plutarch's 'Marcellus' 19; cf. Reil op. cit. p. 102: "Marcellus was most

of all afflicted at the death of Archimedes; for, as fate would have it, he was intent on working out some problem with a diagram and, having fixed his mind and his eyes alike on his investigation, he never noticed the incursion of the Romans nor the capture of the city. And when a soldier came up to him suddenly and bade him follow to Marcellus, he refused to do so until he had worked out his problem to a demonstration; whereat the soldier was so enraged that he drew his sword and slew him. Others say that the Roman ran up to him with a drawn sword offering to kill him; and, when Archimedes saw him, he begged him earnestly to wait a short time in order that he might not leave his problem incomplete and unsolved, but the other took no notice and killed him. Again there is a third account to the effect that, as he was carrying to Marcellus some of his mathematical instruments, sundials, spheres, and angles adjusted to the apparent size of the sun to the sight, some soldiers met him and, being under the impression that he carried gold in the vessel, slew him."

359, 17

Charles, Comte de Brancas (d. 1681): see Jean de la Bruyère (1645–1696) 'Les Caractères de Théophraste' (6th ed. Paris, 1691), 'De l'Homme' no. 7. In a note first added to the *eighth* edition of the work, La Bruyère observes of *Ménalque* that, 'Ceci est moins un caractère particulier qu'un recueil de faits de distractions.' Some of the humorous instances he collected under this name derive from the doings of the abbot of *Mauroy* and the Prince of *Conti*. M. A. Regnier and M. G. Servois 'Oeuvres de La Bruyère' (4 vols. Paris, 1865–1922) vol. 2 pp. 6–15, 281–91.

Hegel is referring to the following passage, "He enters an Apartment, passes under a Sconce, where his Periwig hitches, and is left hanging. The Courtiers look on him and laugh: Menalcas looks also, laughs louder than any of them, and turns his eyes round the Company to see the Man, who shews his Ears, and has lost his Wig." 'The Characters... made English by several hands' (London, 1699) pp. 245–53.

Cf. Pinel 'Traité' (1801) sect. IV iv no. 17; Reil 'Rhapsodieen' pp. 105–7; F. A. Carus 'Psychologie' (2 vols. Leipzig, 1808) II pp. 257–8, who refers to la Bruyère and quotes a similar story involving the eccentric Whig physician Messenger Monsey (1693–1788) and his brother.

359, 20

See G. H. Richerz's (1756–1791) addition to ch. 8 of L. A. Muratori's (1672–1750) 'Della Forza della Fantasia Umana' (Venice, 1766; Germ. tr. 2 pts. Leipzig, 1785) pt. II. p. 29, "It was doubtless on account of an absent-mindedness brought on by deep meditation that Newton, as the story goes, used the finger of a lady who was sitting next to him as a tobacco-stopper." Cf. Reil op. cit. p. 105; J. F. Pierer 'Medizinisches Realwörterbuch' I p. 738 (Leipzig and Altenburg, 1816).

Newton's absent-mindedness had become proverbial by the end of the eighteenth century: see the quaint effusions of the Rev. Johnson Grant in Nicholson's 'Journal of Natural Philosophy' vol. XV pp. 108–26 (1806), "It is possible for a Newton to be so deeply absorbed in thought, and to have practised abstraction so thoroughly, that the firing of a cannon will not break the train of his ideas" (p. 120). Although some of the anecdotes then circulating were undoubtedly authentic, there are good reasons for regarding the one quoted by Hegel as apocryphal. David Brewster informs us that when Newton, "was asked to take snuff or tobacco, he declined, remarking that he would make no necessities to himself." 'Memoirs of... Newton' (2 vols. Edinburgh, 1855) II.410. B. L. B. de Fontenelle's 'Life of Sir Isaac Newton' (London, 1728) is not the sort of work to contain such a story, but had it been genuine, it would surely not have been missing from the fund of Oxfordian and anti-Newtonian tittle-tattle to be found in Thomas Hearne's (1678–1735) 'Remarks and Collections' (ed. C. E. Doble, 11 vols. Oxford, 1885–1912).

359, 23

Cf. 367, 29. This remark is also evidently based upon Reil op. cit. pp. 105–6, who quotes the following anecdote from J. B. Erhard's (1766–1827) 'Versuch über die Narrheit und ihre ersten Anfänge' (Michael Wagner's 'Beiträge zur philosophischen Anthropologie' 2 vols. Vienna, 1794/6 I pp. 100–43), "I know an extremely learned and rational professor who is often doing foolish things such as this. On one occasion he intended to visit a very good friend. It was a moonlit night, and the friend saw him coming. There was a cartload of hay in front of the door. Our professor wanted to go straight to the door, found the hay-cart in the way, and tried to move it. When he found he was unable to do so, he went back, returned a little later, tried once more to shift it, found once more that he could not, and went home. The next day his friend asked him what he had been up to the previous evening. He remembered all that had taken place, and said that it had never occurred to him to walk round the hay-cart. I could give examples of this sort of thing from my own experience, as could any of my readers. A person can to a great extent be lacking in outer self-possession without our having to classify him as being positively foolish."

In 1840 G. A. Gabler supplied Rosenkranz with a similar anecdote about *Hegel*: H. Kimmerle 'Hegel-Studien' vol. 4 p. 71, 1967.

359, 33

Pinel 'Traité' (1801) sect. IV no. xix characterizes the specific character of desipience as follows: "Rapid succession or uninterrupted alternation of isolated ideas and evanescent and unconnected emotions. Continually repeated acts of extravagance: complete forgetfulness of every previous

state: diminished sensibility to external impressions: obliteration of the faculty of judgement: continual activity, devoid of purpose and design, and a kind of automatic existence." Hegel's adaptation of this definition, his emphasis upon, "the inability to fix attention upon anything definite", is interesting in that it ignores Pinel's psychological considerations, and takes a simple subject-object antithesis to be central here. It should be remembered, however, that he may not have read Pinel in the original (note 361, 9).

J. C. Prichard (1786–1848) 'A Treatise on Insanity' (London, 1835) pp. 6–7, 83–99, uses Pinel's description of this case as a definition of what he calls 'incoherence or dementia'. For contemporary evidence of the equivalence of 'desipience' and 'Faselei', see James Sims (1741–1820) 'Pathological Remarks upon various kinds of Alienation of Mind' ('Memoirs of the Medical Society of London' vol. V pp. 372–406, 1799) pp. 374/5, and J. B. Friedreich (1796–1862) 'Versuch einer Literärgeschichte' (Würzburg, 1830) p. 532.

361, 9

Pinel 'Traité' (1801; tr. M. Wagner, Vienna, 1801) sect. IV no. xix. Hegel is quoting here not from the German translation, but from the version of Pinel's account given by J. C. Reil (1759–1813), 'Rhapsodieen' (Halle, 1803) pp. 400–1. The original is as follows, "Il s'approche de moi, me regarde, m'accable d'une loquacité exubérante et sans suite. Un moment après, il se détourne et se dirige vers une autre personne qu'il assourdit de son babil éternel et décousu, il fait briller ses regards, et il semble menacer: mais autant incapable d'une colère emportée que d'une certaine liaison dans les idées, ses émotions se bornent à des élans rapides d'une effervescence puérile qui se calme et disparoît d'un clin d'oeil. Entre-t-il dans une chambre, il a bientôt déplacé et bouleversé tous les meubles; il saisit avec ses mains une table, une chaise, qu'il enlève, qu'il secoue, qu'il transporte ailleurs, sans manifester ni dessein, ni intention directe; à peine a-t-on tourné les yeux, il est déjà bien dans une promenade adjacente, où s'exerce encore sa mobilité versatile; il balbutie quelques mots, remue des pierres, et arrache de l'herbe qu'il jette bientôt au loin pour en cueillir de nouvelle: il va, vient et revient sur ses pas; il s'agite sans cesse sans conserver le souvenir de son état antérieur, de ses amis, de ses proches, ne repose la nuit que quelques instans, ne s'arrête qu'à la vue de quelque aliment qu'il dévore, et il semble être entrainé par un roulement perpétuel d'idées et d'affections morales décousues qui disparoissent et tombent dans le néant aussitôt qu'elles sont produites.'

361, 15

This definition of delirium is in substantial agreement with that given by Alexander Crichton (1763–1856), 'An Inquiry into the Nature and Origin of Mental Derangement' (2 vols. London, 1798; Germ. tr. Leipzig, 1798)

I pp. 140–1 (bk. I ch. 5), "The diseased notions which delirious people entertain are of two kinds. Firstly, they are diseased perceptions, referred by the patient to some object of external sense; as when he believes he sees, hears, tastes and smells things which have no real existence... Secondly, they are diseased abstract notions, referable to the qualities and conditions of persons and things, and his relation to them; as when he imagines that his friends have conspired to kill him; that he is reduced to beggary; that he is forsaken by God, etc."

Cf. J. C. Prichard (1786–1848) 'A Treatise on Diseases of the Nervous System' (London, 1822) sect. II pp. 117–9; K. G. Neumann (1772–1850) 'Die Krankheiten des Vorstellungsvermögens' (Leipzig, 1822) pp. 77–85, where the *physiological* foundations of delirium are dealt with.

361, 28

H. B. Weber 'Handbuch der psychischen Anthropologie' (Tübingen, 1829) p. 381: "The main reason for the *talkativeness* and gossiping which are characteristic of so many members of the female sex, is that since speech is so important to them as wives and mothers, in bringing up young children and being immediately responsible for the home, they have a natural gift for it. What is more, it is not only unusual for them to be closely involved in business capable of actively occupying and interesting the mind for any length of time, but unlike men they also have little access to any other means of overcoming the bad effects of boredom. They therefore take to gossiping more readily and easily than men, to discussing the news of the town and other trivialities at interminable length, and not infrequently to scandal-mongering and slander (a foul woman often has a foul mouth)."

Weber goes on to discuss the so-called 'imbecillitas sexus' i.e. the woman's being regarded as legally irresponsible for her actions.

363, 21

Monomania was much discussed in England and France toward the end of the 1820's: see Alexander Morison (1779–1866) 'Cases of Mental Disease' (London, 1828) pp. 55–108; David Scott of Edinburgh, 'A Case of Monomania, caused by circumscribed chronic meningitis' ('Edinburgh Medical and Surgical Journal' no. 96, vol. 30 pp. 37–43, July 1828); John Elliotson's (1791–1868) article in 'The London Medical Gazette' May, 1831: J. L. Michu 'Discussion médico-legale sur la Monomanie homicide' (Paris, 1826); J. E. D. Esquirol (1772–1840) 'Note sur la Monomanie homicide' (Paris, 1827; Germ. tr. Nurnberg, 1831); A. Brierre de Boismont (1797–1871) 'Observations medico-legales sur la monomanie homocide' (Paris, 1827).

365, 2

By the 1820's *empirical observation* of a variety of cases had already given rise to the general idea that fixation upon one thing in such a way as to disrupt

and pervert a balanced and all-round awareness, was the central feature of foolishness properly so called: see Georg Weber 'Geschichte eines Wahnsinnigen mit der fixen Idee des Krankseyn' ('Archiv für medicinische Erfahrung' vol. XIV sect. 1 pp. 124–38, 1810); F. Groos (1768–1852) 'Über den Ursprung und das Wesen der fixen Ideen' (Nasse's 'Zeitschrift für psychische Aerzte' 1822 sect. 4 p. 71); M. E. A. Naumann (1798–1871) 'Etwas über fixe Ideen' (K. Hohnbaum and Ferd. Jahn 'Medicinische Conversationsblatt' 31st July 1830).

It should be noted however, that Hegel is concerned here, not with the clearly infinite complexity of the psychological involvement of such fixations, but simply with the very general factor of, "regarding what is merely subjective as objective." In the sphere of psychology itself, the treatment of the "infinitely numerous images and presentations" preserved within intelligence (§ 453) and of the objectification of such as sign and symbol (§ 457), might be regarded as corresponding to that of fixation here in the Anthropology.

See J. B. Friedreich (1796–1862) 'Systematische Literatur der... Psychologie' (Berlin, 1833) pp. 244–6.

365, 15

Cf. 79, 23–81, 6. The plight of George III after 1788 undoubtedly helped to confirm the view that mental derangement was particularly prevalent in England, as did the fact that the running of private madhouses was a lucrative business: W. Parry-Jones 'The Trade in Lunacy' (London, 1971), and that so many who indulged in it published analytical and theoretical works which were translated into German.

F. B. Osiander (1759–1822), 'Über den Selbstmord' (Hanover, 1813), made the first systematic German attempt to analyze the reasons for this 'situation'. Basing his argument upon an astonishingly detailed and wide-ranging knowledge of English national life, he came to the conclusion that the bad air of the factories, houses and towns, heavy drinking, drugs, obesity, smoking, the educational system, religion, pauperism, gambling, boxing and duels, public entertainments, inborn eccentricity, the death penalty, sexual morality and the idleness of the wealthy were the main factors giving rise to such widespread mental derangement. J. C. Spurzheim (1776–1832), 'Observations on... Insanity' (London, 1817; Germ. tr. Hamburg, 1818) pp. 164–72, simply confirmed Osiander's general analysis, but G. M. Burrows (1771–1846), 'An Inquiry into... Insanity' (London, 1820; Germ. tr. Leipzig, 1822) reacted patriotically to his country's reputation as a hive of insanity and suicide, and dabbled in continental statistics in an attempt to bring other nations into the picture; "Having once imbibed an opinion that the English were peculiarly prone to insanity, it was no violent

assumption to infer that they must consequently be most devoted to the practice of suicide. Accordingly, we find divines, philosophers, poets, and authors of all kinds, adopting it as an historic fact; and attaching this crime as innate in the British character. Even the celebrated Montesquieu has condescended to become a vehicle of this calumny. Feeling as a Briton, jealous of the moral as well as of the religious principles of my countrymen, I have endeavoured to repel this charge" (p. 87). I. Macalpine and R. Hunter, 'George III and the Mad-Business' (London, 1969) p. 294, are of the opinion that Burrows made his point and 'laid the ghost', but it was not until the *end* of the 1820's that reliable surveys and analyses of the whole subject began to make their appearance: see Sir Andrew Halliday (1781–1839) 'A General View of the present state of lunatics and lunatic asylums in Great Britain and Ireland and some other Kingdoms' (London, 1828, cf. J. B. Friedreich's 'Magazin für Seelenkunde' vol. 5 p. 183); 'Report from a select Committee on pauper Lunatics in the County of Middlesex' (House of Commons, 29th June 1827); 'The Lancet' vol. 2 p. 577 (1829–1830); G. M. Burrows 'A Letter to Sir Henry Halford' (London, 1830).

J. C. Prichard (1786–1848) 'A Treatise on Insanity' (London, 1835) pp. 328–51 gives the most accurate and illuminating survey of the whole situation. In 1829 the population of England was about 12,700,000, and 1 in every 1,000 was deranged; Wales had 817,438 inhabitants, 1 in every 800 of whom were deranged; Scotland 3,244,248, 1 in every 574 being deranged. Of the 14,000 deranged persons in England in that year, 11,000 were paupers. In agricultural districts the average ratio of deranged persons in the population was 1 to 820, whereas in industrial districts it was 1 to 1,200. The figures for most other European countries at that time show much the same pattern. In Norway in 1825, for example, there were 1,909 deranged persons in a total population of 1,051,318 i.e. 1 to 551 in a predominantly agricultural society, broadly comparable in nearly every respect with Scotland's: see Frederik Holst (1791–1871) 'Beretning, Betænkning og Indstilling fra en til at undersøge de Sindssvages Kaar i Norge' (Christiania, 1828). For a comprehensive survey of the European literature on the subject see J. B. Friedreich (1796–1862) 'Systematische Literatur der... Psychologie' (Berlin, 1833) pp. 329–51.

Prichard (op. cit. p. 336) gives the main reason for the various 'forms of folly' being apparently 'particularly incident to the English', "Idiots who are at large wander about the country, and the females often bear children. I have frequently seen, in Herefordshire, a female dumb idiot, who was said to have borne several children by unknown fathers. Sir Andrew Halliday has made similar observations. We should hear without surprise of the permission of such things in Turkey or Kafferland, but in a country having police regulations it would not be expected. All pauper idiots and lunatics

ought to be kept in proper asylums, where every possible alleviation of their calamitous lot should be afforded them, and the public should thus be protected against such evils as those just pointed out."

British legislation for dealing with the deranged was not non-existent, no less than eight relevant Acts or amendments were passed between 1744 and 1824, but it was highly ineffectual, and it was not until 1828–1832 that Parliament made effective provision, "for the erection and regulation of county lunatic asylums, and the care and maintenance of pauper and criminal lunatics." See D. H. Tuke 'Chapters in the History of the Insane in the British Isles' (London, 1882); W. Holdsworth 'A History of English Law' (ed. A. L. Goodhart and H. G. Hamburg, London, 1952) vol. X p. 179; A. J. F. Brierre de Boismont (1798–1881) 'Les fous criminels de l'Angleterre.' (Paris, 1869; Germ. tr. 1871); Kathleen Jones 'A History of the Mental Health Services' (London, 1972).

365, 22

Hegel is here referring to what was then a well-recognized category of mental derangement, the *melancholia Anglica* or *morbus Anglicus*. F. B. de Sauvages (1706–1767), 'Nosologia Methodica' (1760; 5 vols. Paris, 1771; Germ. tr. Leipzig, 1790–97) class 8, order i, sect. 3, 'Melancholia anglica. Taedium vitae'; cf. A. C. Lorry (1726–1783) 'De Melancholia et morbis melancholicis' (2 vols. Paris, 1765; Germ. tr. 2 vols. Frankfurt and Leipzig, 1770) pt. II cap. 6 (vol. I p. 380): "Taciturnum est illud atque morosum, circa omnia externa inattentum, iisque familiare, qui nimia meditatione morbum hunc contraxerint, diciturque vicinis nostris Britannis, genti ad scientias promovendas natæ familiare: ita verum est, quod ait Plinius, quod aliquis sit morbus per sapentiam mori."

The primary authority for the formulation of this category by eighteenth century nosologists seems to have been a publication by the *Scotsman* George Cheyne (1671–1743), 'The English Malady' (3 pts. London, 1733): "The title I have chosen for this treatise, is a reproach universally thrown on this island by foreigners, and all our neighbours on the continent, by whom nervous distempers, spleen, vapours, and lowness of spirits, are in derision, called the *English malady*. And I wish there were not so good grounds for this reflection. The moisture of our air, the variableness of our weather, (from our situation amidst the ocean), the rankness and fertility of our soil, the richness and heaviness of our food, the wealth and abundance of the inhabitants (from their universal trade), the inactivity and sedentary occupations of the better sort (among whom this evil mostly rages), and the humour of living in great, populous and consequently unhealthy towns, have brought forth a class and set of distempers, with atrocious and frightful symptoms, scarce known to our ancestors, and never rising to such fatal heights, nor afflicting such numbers in any other known nation. These

nervous disorders being computed to make almost one third of the complaints of the people of condition in England" (preface pp. i–ii).

Cf. B. Fawcett (1715–1780) 'Observations on… Melancholy' (Shrewsburg, 1780; Germ. tr. Leipzig, 1785), the *only* work by means of which Burton's 'Anatomy of Melancholy' (1621; reprinted, 1800) was known in Germany at this time; F. B. Osiander op. cit.; 'General Index to Dodsley's Annual Register 1758–1819' (London, 1826) pp. 602–5; B. G. Lyons 'Voices of Melancholy' (London, 1971); L. S. King 'George Cheyne, Mirror of Eighteenth Century Medicine' ('Bulletin of the History of Medicine' vol. 48 pp. 517–39, 1974).

365, 27

Pinel 'Traité' sect. VI no. vi: 'A literary gentleman, who was given to the pleasures of the table, and who was lately recovered from a tertian fever, experienced in the season of autumn all the horrors of the propensity to suicide. He weighed with shocking calmness the choice of various methods to accomplish the deed of death. A visit which he paid to London, appears to have developed, with a new degree of energy, his profound melancholy and his immovable resolution to abridge his term of life. He chose an advanced hour of the night, and went towards one of the bridges of that capital for the purpose of precipitating himself into the Thames. But at the moment of his arrival at the destined spot, he was attacked by some robbers. Though he had little or no money about him, he felt extremely indignant at this treatment, and used every effort to make his escape; which, however, he did not accomplish before he had been exceedingly terrified. Left by his assailants, he returned to his lodgings, having forgot the original object of his sally. This recounter seems to have operated a thorough revolution in the state of his mind. His cure was so complete that, though he has since been a resident of Paris for ten years, and has subsisted frequently upon scanty and precarious resources, he has not been since tormented by disgust with life. This is a case of melancholic vesania, which yielded to the sudden and unforseen impression of terror."

J. C. Hoffbauer (1766–1827) gives an account of this case in his 'Psychologische Untersuchungen über den Wahnsinn' (Halle, 1807) p. 276. Cf. George Borrow (1803–1881) 'Lavengro' (1851) ch. XXXI.

365, 31

The Portsmouth Case was reported at length in 'The Morning Chronicle' between 13th February and 1st March 1823, and it was almost certainly from this newspaper that Hegel knew of it: see 14th February p. 4, "Jos. Head — (Examination reassumed by Mr. *Wetherell.*) — Returned with Lord Portsmouth, when he went into Hampshire after his second marriage frequently, while there he told witness that Lady Portsmouth ill-treated

him, by horse-whipping and threatening him; said the late Lady Portsmouth had behaved very kindly to him; in the late Lady Portsmouth's life-time witness often went out with Lord P. in his phaeton, both in town and country; they frequently passed a funeral, when his Lordship would sometimes hit at the coachmen driving the mourning-coaches or hearse, and would call them Anthony and Joe; he often ordered his phaeton to follow in the procession, and when it arrived at the burial ground he generally accompanied the corpse into the church and to the ground; witness was frequently at the church at Hurstbourne when the bells were being rung, and his Lordship always rung one; sometimes his Lordship would flog the ringers with the rope; witness once divided a sum of money amongst the ringers, which the clerk brought him, his Lordship's share was fifteen pence, which he took; don't recollect his Lordship's *paying*, but he often *received* his share; when people were ill Lord Portsmouth would very frequently inquire how they were, and orders always were given to the clerk to let him know when they died, that his Lordship might toll the church bell; knows that his Lordship frequently left the house, when so informed, for the purpose of ringing the bell"

John Charles Wallop, third Earl of Portsmouth (1767–1853) married Grace Grantley (1752–1813), 'a pleasant and agreeable lady, but of an age which did not promise prolific consequences' in 1799. She died without issue, and on 7th March 1814 he married Mary Anne Hanson, the daughter of his solicitor. It has been noted that 'so long as the noble lord was sane he took no part in politics', but he had definitely developed an interest by 1820, when he exercised his hereditary right to make decisions bearing upon the fate of his country by voting against Queen Caroline: see H. A. Doubleday 'The Complete Peerage' (London, 1910–1959) vol. 10 p. 612, Lady Anne Hamilton (1766–1846) 'Secret History of the Court of England' (2 vols. London, 1832) vol. II p. 6. Since by this time it was well-known that Lady Portsmouth was the mistress of the earl's physician, that both lovers were in the habit of bullying him, and that the unfortunate nobleman's eccentricity was by no means confined to an interest in politics, and since his estates at the time of his second marriage were worth £17,000–£18,000 per annum, the question of his sanity, and so of the validity of this second marriage was raised.

On Monday 10th February 1823, five commissioners appointed by the Lord Chancellor under a commission de *lunatico inquirendo*, and a jury of twenty-four, met at the Freemasons' Tavern, Great Queen Street, to inquire whether the earl was not of sound mind and capable of conducting his own affairs. The enquiry lasted about a fortnight, and the mass of evidence was greater than in any case which had come before the court in living memory. On 28th February Mr. Commissioner Trawer summed up at great length, "He particularly commented on the evidence of the medical men who had

declared Lord Portsmouth to be of unsound mind, and put it to the jury whether they had seen anything in their examination of his Lordship to lead them to a different conclusion." ('The Gentleman's Magazine' vol. 93 pt. i p. 270, Jan.–June, 1823). The verdict was unanimous, "That John Charles, Earl of Portsmouth, is a man of unsound mind and condition and incapable of managing himself and his affairs; and that he has been so from the 1st Jan. 1809." In May 1828 the marriage was declared null and void on account of the earl's having entered into it when of an unsound mind: 'The Annual Register... of the year 1828' (London, 1829), Chronicle pp. 59–63.

"A Genuine Report of the Proceedings on the Portsmouth Case' (79pp. London, 1823; B.Mus. Cat. 6495 e. 20), see esp. pp. 12, 18; John Johnstone (1768–1836) 'Medical Jurisprudence: on madness' (Birmingham, 1800), the first English work on the medical and psychiatric aspects of crime; Anthony Highmore (1758–1829) 'A Treatise on the Law of Idiocy and Lunacy' (London, 1807); T. E. Tomlins (1762–1841) 'A Law-Dictionary' (4th ed. 2 vols. London, 1835), article 'Idiots and Lunatics'; T.L.S. 11 Dec. 1970 p. 1434.

367, 4

J. C. Reil (1759–1813) 'Rhapsodieen' (Halle, 1803) p. 353, quotes the case of the Englishman recounted by Pinel (Eng. tr. p. 183), and then continues, "Another hanged himself; his servant cut him down, and he survived. At the end of the year he paid his servant his wage, and deducted twopence. The servant asked the reason for this. "Because you cut a rope without my ordering you to", was the answer." Cf. G. I. Wenzel (1754–1809) 'Versuch einer praktischen Seelenarzneikunde. Mit einem Anhange von Krankheitsgeschichten der Seele' (Grätz, 1801) p. 53.

367, 10

Throughout the eighteenth century, the attention that had been paid to the affections and passions by Descartes, 'Les passions de l'âme' (1649), Hobbes 'De homine' (1657), Spinoza 'Ethics' (1677) and Locke 'Human Understanding' (1690), led German psychologists to classify these psychic phenomena as somewhat vaguely related to feeling and to the baser appetitive faculty (Begehrungsvermögen). The passions were ranged in accordance with the exciting or depressing nature, the actual or simply imagined presence of their external causes, and were taken to have a potential both for good and for evil: see Johann Friedrich Zückert (1737–1778) 'Von den Leidenschaften' (Berlin, 1764); C. J. Tissot (1750–1826) 'De l'Influence des Passions de l'Âme dans les Maladies' (Paris and Strassburg, 1798; Germ. tr. J. G. Breiting, Liepzig, 1799); Max Dessoir 'Geschichte der Neueren Deutschen Psychologie' (2nd ed. Berlin, 1902) pp. 439–445

Kant 'Anthropologie' (1798; Prussian Academy ed.) pt. I §§ 73–88 gave

the subject a clearer form by classifying the passions under the appetitive faculty and the affections under feeling. This distinction was generally accepted by early nineteenth century German psychologists: J. G. C. Kiesewetter (1766–1819) 'Erfahrungsseelenlehre' (2 pts. Vienna, 1817) pt. I p. 319 for example, sees the irrational *passion* of motherhood as giving rise to doting and molly-coddling, and the *inclination* to sexual love as giving rise to natural and healthy love between parents and children. Gottlob Ernst Schulze (1761–1833) 'Psychische Anthropologie' (3rd ed. Göttingen, 1826) § 203, like Hegel, recognizes that certain passions may give rise to imbecility and derangement.

367, 13

See note 343, 34. Two cases in which people identified themselves with *Christ* gained some publicity at that time: D. C. Ruggieri 'Geschichte der... zu Venedig... vollzogenen Kreuzigung' (tr. J. H. G. Schlegel, Rudolstadt, 1807; 2nd ed. Meiningen, 1821); Ludwig Meyer 'Schwärmische Greuelscenen, oder Kreuzigungsgeschichte' (1823; 2nd ed. Zürich, 1824). On identification with God, see T. Arnold (1742–1816) 'Observations on... Madness' (Germ. tr. Leipzig, 1784/8) I p. 123, Caelius Aurelianus (fl. c. 450) 'De morbis acutis' (Amsterdam, 1755) I, 5, p.328.

367, 15

See notes 345, 8 and 383, 19. The *barley-corn* case is not simply an invention of Hegel's: see his notes on psychology (1794) ed. Hoffmeister 'Materialien' (1936) line 474. It was quite well-known that Leibniz's friend G. W. Molanus (1633–1722), abbot of Loccum, "in the last years of his life, imagined himself to be a barley-corn. He spoke quite rationally about everything else, and with anyone who visited him, but the lord abbot completely refused to go out of doors, for fear he might be pecked up by chickens." See J. G. Zimmermann (1723–1795) 'Ueber die Einsamkeit' (4 pts. Leipzig, 1784/5) pt. II pp. 76/7. Johannes Broen (1660–1703) mentions a similar case in his 'Animadversiones Medicae' (Leyden, 1695; 2nd ed. Naples, 1721) p. 142, "This explains why some of those suffering from melancholy, when they happen to dwell upon a long nose, are persuaded that their own nose is so long that all who come near them will bump into it; and why others, who happen to concentrate upon butter, glass or corn (frumento), imagine themselves to be like butter, glass or corn, and are therefore afraid of fire, other people or chickens, imagining that they will be destroyed by them."

369, 8

It is almost certain that the ultimate origin of this observation is Pinel's 'Traité' sect. IV no. 11 and sect. V no. 18: "I leave to the historian of the revolution to paint, in its proper and odious colours, that most barbarous

and tyrannical measure which deprived infirmaries and hospitals of their valuable endowments, and abandoned the diseased and the infirm to all the vicissitudes of public fortune." Cf. J. C. Hoffbauer (1766–1827), 'Untersuchungen über die Krankheiten der Seele' (2 pts. Halle, 1802/3) pt. I pp. 176–8; J. C. Reil (1759–1813) 'Rhapsodieen' (Halle, 1803) p. 177; Richard Powell (1767–1834) 'Observations upon the comparative Prevalence of Insanity at different Periods' ('Medical Transactions of the London College of Physicians' vol. 4 pp. 131–59, 1813); G. M. Burrows (1771–1846) 'An Inquiry into... Insanity' (London, 1820; Germ. tr. Leipzig, 1822) p. 89, "At the eventful era of the French revolution, and for some years after, the lunatic establishments of France were inundated by the victims of that great event."

Richard Mead (1673–1754) evidently told J. G. Zimmermann (1728–1795), see his 'Erfahrung in der Arzneiwissenschaft' (2 pts. Zürich 1763/4) pt. II p. 439, that economic crises such as those associated with the South Sea Company (1711–1721) had the effect of filling the madhouses of London with a flood of new patients: G. H. Richerz's (1756–1791) ed. of L. A. Muratori 'Über die Einbildungskraft des Menschen' (2 pts. Leipzig, 1785) pt. II pp. 54–5; Thomas Arnold (1742–1816) 'Observations... on Madness' (1782/6; Germ. tr. Leipzig, 1784/8) Germ. tr. pt. II p. 242; Hoffbauer op. cit. vol. 3 p. 134 (Halle, 1807). Richard Hale (1670–1728) seems to have been the ultimate originator of this observation.

369, 11

Nothing as comprehensive as the analysis of the psychological effect of religion in Robert Burton's (1577–1640) 'The Anatomy of Melancholy' (Oxford, 1621) was available in German at this time. Joachim Friedrich Lehzen (1735–1800) published a translation of Benjamin's Fawcett's (1725–1780) 'Observations on... Religious Melancholy' (Shrewsbury, 1780) at Leipzig in 1785 however, and this work opened up a field of psychological enquiry which was well established in Germany by the time Hegel was lecturing at Berlin: see 'Beobachtungen und Erfahrungen über Melancholische, besonders über die religiöse Melancholie. Von einem Prediger am Zuchthause zu T." (Leipzig, 1799); F. L. H. Bird (1793–1851) 'Über Religiöse Melancholie' (Nasse's 'Zeitschrift für Anthropologie' sect. I p. 228, 1823; sect. 4 p. 279, 1826); J. K. Mezger 'Einige Vorlesungen über religiöse Schwärmerei' (Aarau, 1819); J. B. Friedreich (1796–1862) 'Versuch einer Literärgeschichte der... psychischen Krankheiten' (Würzburg, 1830) pp. 625–35; 'Systematische Literatur der... Psychologie' (Berlin, 1833) pp. 258–60; S. Kornfeld 'Geschichte der Psychiatrie' in T. Puschmann's 'Handbuch der Geschichte der Medizin' vol. 3 pp. 657–8 (Jena, 1905). Cf. note 383, 36.

370, 20

For 'Sehr heiße' read 'Eine sehr heiße.'

371, 8

Several cases of this kind were recorded by C. P. Moritz (1757–1793) and C. F. Pockels (1757–1814) in their 'Magazin zur Erfahrungsseelenkunde' (10 vols. Berlin, 1783–1794) I ii p. 10, III iii p. 35, VI iii p. 47, and were given a wider currency by Alexander Crichton (1763–1856), who quoted them in his 'Inquiry into... Mental Derangement' (2 vols. London, 1798; Germ. trs. 1798, 1809, 1810) vol. II pp. 205–19. Since many other such cases were cited in the psychiatric works of the time, it may be of interest to quote at length that given in the 'Magazine' in vol. VI, pt. iii pp. 47–51. In December 1786, a certain Catherine Hauslerin (b. 1741) of Donauworth had been married for twelve years to a husband who had always treated her severely and who had recently beaten her for stealing milk: "After this treatment she went to bed, trembling for fear, and dreading worse usage the next day. Her daughter, a little girl about seven years old, came to her bedside, and prayed with her. She had formed the resolution of leaving her husband, and asked her daughter if she would stay with her father. This the girl refused to do, as she was afraid of him. After praying devoutly, early in the morning, she left her husband's house, and took her daughter along with her, and also her infant, which was only two months and a half old. As she was about to depart, she again asked her daughter if she would not rather live with her father; but the girl answered that she would rather die. The thoughts which this answer occasioned in the mother's mind, the misery and distress which surrounded her, the fear of what might happen to her children in case she died, and, at the same time, her own ardent wish to finish her existence, all these things caused her to form the barbarous resolution of drowning them. The infant she took in her arms, and being arrived at the border of the Danube, she caused her daughter to kneel down and pray to God to deserve a good death. She then tied the infant in the arms of the girl, blessed them by making the sign of the cross on them, and threw them into the river. She afterwards returned to the village and told what she had done."

Cf. J. C. Spurzheim (1776–1832) 'Observations on... Insanity' (London, 1817; Germ. tr. Hamburg, 1818) pp. 180–6; J. C. Prichard (1786–1848) 'A Treatise on Insanity' (London, 1835) pp. 384–99; Alexander Watson (1799–1879) 'A Medico-Legal Treatise on Homicide by External Violence' (Edinburgh, 1837); J. B. Friedreich (1796–1862) 'Systematische Literatur der... Psychologie' (Berlin, 1833) pp. 400–1.

G. I. Wenzel (1754–1809) 'Unterhaltungen über... Träume und Ahndungen' (1800) pp. 139–40, records the case of a man who, because he,

"wanted to be a second Abraham", slaughtered all his children; cf. Kierkegaard 'Frygt og Bæven' (Copenhagen, 1843).

371, 15

Pinel 'Traité' (1801) sect. I no. 5: "I cannot here avoid giving my most decided suffrage in favour of the moral qualities of maniacs. I have no where met, excepting in romances, with fonder husbands, more affectionate parents, more impassioned lovers, more pure and exalted patriots, than in the lunatic asylum, during their intervals of calmness and reason. A man of sensibility may go there every day of his life, and witness scenes of indescribable tenderness associated with most estimable virtue." Emphasis upon the moral qualities of maniacs was, as Hegel notes (331, 18), central to Pinel's revolutionary approach to mental derangement, and contrasts sharply with the general eighteenth century attitude.

Hegel seems to have come across this passage in Pinel's book itself. The periodic plight of his sister and the fate of Hölderlin may have caused him to take particular note of it: Rosenkranz 'Hegel's Leben' 1844 pp. 424–5; W. Treher 'Hegels Geisteskrankheit oder das verborgene Gesicht der Geschichte' (Emmendingen, 1969) pp. 193–5. Cf. G. Schmidt 'Über den Seelenreiz' (Berlin, 1803) p. 167; C. C. E. Schmid's 'Anthropologisches Journal' vol. 4 no. i pp. 156–67 (Jena, 1804).

371, 22

For general considerations of the influence of the seasons, times of day and atmospheric conditions upon mental derangement: Thomas Forster (1790–1845) 'Observations on... Insanity' (London, 1817; Germ. tr. Leipzig, 1822); Franz Amelung (1798–1849) 'Über den Einfluß der Atmosphäre' (Nasse's 'Zeitschrift für die Anthropologie' 1826 pt. 2 pp. 201–8); M. Allen 'Cases of Insanity' (London, 1831) pp. 13–131. Cf. Phil. Nat. §§ 287, 361, Phil. Sub. Sp. §§ 391–2.

Michael Wagner (1756–1821), in his German edition of Pinel's book, see 'Philosophisch-medicinische Abhandlungen über Geistesverirrungen oder Manie' (Vienna, 1801) makes the following observation in a note (p. 325): "I noticed in the Viennese madhouse this year, that nearly all the insane became unsettled during the solstice. The epileptic attacks were more frequent during July and at the beginning of August; some of the insane became recidivous and nearly all became restless. It was only the weather that was constantly changing, the thermometer and the barometer showed no marked fluctuations. — One also noticed a certain restlessness in the insane when there was a thunderstorm on the way." Pinel (sect. I no. 3, sect. VI no. 20) notes that one should be careful about releasing patients during periods of extreme heat or cold since they are then most likely to lapse into their former illness. This blending of Wagner's notes and Pinel's

observations, and the fact that Hegel took some of his information concerning Pinel's book from J. C. Reil's 'Rhapsodieen' (note 361, 9) probably accounts for the uncertainty in 39, 36.

Heat was generally recognized as tending to augment and aggravate mental derangement: see Joseph Mason Cox (1762–1822) 'Practical Observations on Insanity' (2nd ed. London, 1806; Germ. tr. Halle, 1811) case X p. 92 (a young woman of 22): "At the close of one of the hottest days in July, after a long ramble over rugged steeps, precipices and mountains, in one of the most romantic parts of North Wales, a peasant found her, seated on a hillock, exhibiting all the usual symptoms of furious madness, surrounded by fragments of plants and drawings, making the most frantic gesticulations, vociferating with great vehemence, and spouting parts of Shakespeare." Cf. J. C. Prichard (1786–1848) 'A Treatise on Insanity' (London, 1835) p. 203, "It has been observed that cooks and other persons exposed, in consequence of their employments, to great heat, are for this cause occasionally affected with mania." Vincenzo Chiarugi (1759–1822) 'Abhandlung über den Wahnsinne' (1793; Germ. tr. 3 pts. Leipzig, 1795) pt. III p. 655.

Cold was often observed to be a matter of indifference to the deranged however, see John Haslam (1764–1844) 'Observations on Madness and Melancholy' (2nd ed. London, 1809) p. 84, "Of the power which maniacs possess of resisting cold, the belief is general, and the histories which are on record are truly wonderful: it is not my wish to disbelieve, nor my intention to dispute them; it is proper, however, to state that the patients in Bethlem Hospital possess no such exemption from the effects of severe cold." John Edmonds Stock (1774–1835) 'An Inaugural Essay on the Effects of Cold upon the Human Body' (Philadelphia, 1797), 'Medical Collections on the Effects of Cold as a Remedy in certain Diseases' (London, 1806), basing his theoretical reasoning upon the Brunonian system (Phil. Nat. III.379–80), even advocated its use in curing derangement.

371, 24

J. C. Prichard (1786–1848) 'A Treatise on Insanity' (London, 1835) pp. 165–8: "Idiotism and imbecility are observed in childhood, but insanity, properly so termed, is rare before the age of puberty." Cf. Andrew Harper (d. c. 1830) 'A Treatise on... Insanity' (London, 1789; Germ. tr. Marburg, 1792) p. 23; Kant 'Anthropologie' (1798) § 53.

The connection between insanity and mature sexual desires and activity was widely recognized at this time. P. J. G. Cabanis (1757–1808) 'Traité de ... l'Homme' (Paris, 1802; Germ. tr. Halle, 1824) I.369 mentions castration as a means of preventing madness, V. Chiarugi (1759–1822) 'Della pazzia' (Florence, 1793; Germ. tr. Leipzig, 1795) p. 300 recommends sexual

intercourse as a means of curing it. Cf. Reil 'Rhapsodieen' (1803) pp. 185, 261, 349.

Reil (op. cit. p. 261) and F. A. Carus 'Psychologie' (2 vols. Leipzig, 1808) II p. 332 regard childhood in general as being comparatively free of *mental disturbances*. If Hegel is retailing this view, he is certainly mistaken: J. E. Greding (1718–1775) 'Medicinisch-chirurgische Schriften' (Altenburg, 1781) I.280; W. Perfect (1740–1789) 'Annals of Insanity' (1803) no. 62; R. W. M. Jacobi (1775–1858) 'Sammlungen für die Heilkunde der Gemüthskrankheiten' (Elberfeld, 1822); G. H. Schubert 'Die Geschichte der Seele' (Stuttgart and Tübingen, 1830) pp. 405–6.

371, 27

Pinel 'Traité' (1801) sect. I no. 5:" Men of robust constitutions, of mature years, with black hair, and susceptible of strong and violent passions, appear to retain the same character when visited by this most distressing of human misfortunes (maniacal paroxysms). Their ordinary energy is enhanced into outrageous fury. Violence, on the other hand, is seldom characteristic of the paroxysms of individuals of more moderate passions, with brown or auburn hair. Nothing is more common than to see men, with light coloured hair, sink into soothing and pleasurable reveries; whereas it seldom or never happens that they become furious or unmanageable. Their pleasing dreams, however, are at length overtaken by and lost amid the gloom of an incurable fatuity."

Cf. R. W. M. Jacobi (1775–1858) 'Sammlungen für die Heilkunde der Gemüthskrankheiten' (Elberfeld, 1822) I p. 298; J. C. Prichard (1786–1848) 'A Treatise on Insanity' (London, 1835) p. 169.

371, 31

For Hegel's treatment of the purely *physiological* aspect of the nervous system, see Phil. Nat. § 354. As has already been noticed (note 331, 18), such members of the somatic school as T. A. Ruland (1776–1846) and L. Buzorini (1801–1854) attempted to *reduce* all forms of derangement to neurological considerations. Although Hegel evidently saw the potential of such an endeavour, he probably realized that anatomical neurology itself was in too primitive a state to facilitate much of an advance in this direction, and naturally felt obliged to call attention to the *limited* applicability of anatomy at this level.

373, 10

The meaning of this remark is perfectly clear if we look at the empirical methods of the would-be theoretical psychiatrists of Hegel's day, which closely resembled those apparent in the early papers of the Royal Society. The best German work for getting a comprehensive view of what Hegel has

in mind here is P. J. Schneider's (1791–1871) 'Entwurf zu einer Heilmittellehre gegen psychischen Krankheiten, oder Heilmittel in Beziehung auf psychische Krankheitsformen' (Tübingen, 1824), in which the remedies available are classified as either 'antagonistic', 'antiphlogistic', 'narcotic' or 'exciting'. Insight into the corresponding British attitude may be gained from John Haslam's (1764–1844) 'Observations on Insanity' (2nd ed. London, 1809). See also Andrew Marshal's (1742–1813) 'The Morbid Anatomy of the Brain' (London, 1815), which contains detailed accounts of the post mortem operations carried out at the Bethlehem Hospital.

Case-histories were simply listed under the headings of certain remedies, — arsenic, belladonna, camphor, digitalis, opium, vinegar; blisters, setons, blood-letting, purging, vomiting, castration; cold-bathing, electricity, hunger, the swing, journeys, music, etc. etc. etc. There was quite clearly little point in attempting to elicit a dialectical structure from such a state of affairs.

373, 13

From 1728 until 1816 the position of physician to the Bethlehem Hospital was held by the Monro dynasty: James (1680–1752), John (1715–1791) and Thomas (1759–1833). According to the constitution of the establishment, 'the physician was to attend the said Hospital every Monday and Wednesday, to examine and prescribe for the patients': 'The Report of the Select Committee' (London, 1792) p. 44; 'Standing Rules and Orders for the Government of... Bethlem' (London, 1792; French tr. Paris, 1799). After 1770 the public were no longer allowed in to view the patients for entertainment. Rumours began to circulate as to the way in which the hospital was being run, and Thomas Bowen felt obliged to assure the general public that, "Such is the comfortable subsistence, kind treatment, and able medical aid which the patients here meet with, that many who are intimately acquainted with the conduct of the house have declared, that if ever God should be pleased to visit them with insanity, *Bethlem Hospital* is the place into which they would wish to be admitted': 'An Historical Account of... Bethlem Hospital' (London, 1783) p. 12. In 1804 however, the condition of the building was found to be so dangerous that it was decided that only those patients who had already been petitioned for should be admitted: 'Proceedings of the Committee and Reports from Surveyors respecting the State of Bethlem Hospital' (London, 1805). Parliament authorized the erection of a new building in 1810, and it was finally opened in August 1815.

A Committee of the House of Commons investigated the running of the hospital in 1815, and Hegel is evidently referring to its findings. Dr. Thomas Monro, who had been visiting physician since 1783, gave evidence as follows: "Patients are ordered to be bled about the latter end of May, according to the weather; and after they have been bled, they take vomits,

once a week for a certain number of weeks; after that we purge the patients. That has been the practice invariably for years long before my time; it was handed down to me by my father, and I do not know any better practice." See J. B. Sharpe 'Report... from the Committee appointed to consider... Madhouses in England' (pp. 411, London, 1815); D. H. Tuke 'Chapters in the History of the Insane in the British Isles' (London, 1882) ch. 2; 'Quarterly Review' vol. 15 pp. 387–417 (1816); Sydney Smith (1771–1845) in the 'Edinburgh Review' 1817 p. 443. John Haslam (1764–1844), who had been resident apothecary at the hospital since 1795 also gave evidence in 1816. His 'Observations on Insanity' (London, 1798; 2nd ed. 1809; Germ. tr. Stendal, 1800) give a good idea of the methods of cure used at Bethlehem at that time. He evidently had his doubts as to the efficacy of purging, "Es ist seit vielen Jahren Gebrauch im Bethlem-Hospital, den heilbaren Kranken im Frühlinge jedes Jahres vier oder fünf Brechmittel zu geben; aber ich habe bey dem Nachschlagen meines Krankenbuches nicht gefunden, daß Kranke von dem Gebrauche dieses Mittels besondern Nutzen gehabt haben." (Germ. tr. p. 92). Cf. John Monro (1715–1791) 'Remarks on Dr. Battie's Treatise on Madness' (London, 1758).

Hegel is evidently mistaken in accusing Monro of pluralism.

It is, perhaps, of interest to note that a few years after this Parliamentary investigation, the question arose as to whether or not it was expedient to appoint a resident chaplain at the Bethlehem-Hospital, and that in the ensuing debate the importance of the *moral* treatment advocated by Hegel was emphasized, and Pinel was quoted at length: see, 'Bethlem Hospital. A Letter to the President, upon the state of the question, as to the expediency of appointing a resident chaplain. From a Governor' (London, 1819); 'Bethlem-Hospital. Chaplaincy Appointment. A second postscript to a letter to the president upon the state of this question' (London, 1820).

373, 19

This mistake almost certainly originated in Hegel's faulty note-taking while reading J. M. Cox's (1762–1822) 'Praktische Bemerkungen über Geisteszerrüttung' (London, 1804; 2nd ed. 1806; Germ. tr. A. H. Bertelsman, Halle, 1811; Fr. tr. L. Odier, Geneva, 1816), Eng. 2nd ed. pp. 96–7, Germ. tr. p. 112 (Case XI), "Es ist wohl bekannt, daß Vater Mobillon (sic) dem Trepanieren eine plötzliche Zunahme seiner Geisteskräfte verdankte. Man erzählt, daß ein Sohn des neulich verstorbenen berühmten Dr. Priestley, durch einen Fall aus einem Fenster, vom Blödsinn wieder hergestellt wurde."

Cox was referring to Jean Mabillon (1632–1707), the Benedictine scholar, who was said to have been dull-witted until he fractured his skull by falling down stairs at the age of twenty six: see J. C. Prichard (1786–1848) 'Treatise on Diseases of the Nervous System' (London, 1812) p. 458. Thierry Ruinart

(1657–1709) 'Abrégé de la vie de dom Jean Mabillon' (Paris, 1709) pp. 22–36 gives a somewhat different account of Mabillon's intellectual disability however; cf. 'Grosses vollständiges Universal-Lexikon' vol. 9 col. 19 (Halle and Leipzig, 1739). Bernard de Montfaucon (1655–1741), far from being dull-witted in his youth, was something of an infant prodigy.

Despite the unfortunate example he gives, Hegel is justified in calling attention to such cases, many of which were common currency in the textbooks of the time: see M. Wagner (1756–1821) 'Beiträge zur Philosophischen Anthropologie' (2 vols. Vienna, 1794/6) vol. I pp. 265/6; Georg Thom (1757–1808) 'Erfahrungen und Bemerkungen aus der Arznei-Wundarznei- und Entbindungswissenschaft' (Frankfurt, 1799); G. I. Wenzel (1754–1809) 'Menschenlehre oder System einer Anthropologie' (Linz and Leipzig, 1802) p. 195. D. Tiedemann (1748–1803) 'Handbuch der Psychologie' (Leipzig, 1804) pt. II 84; J. C. Hoffbauer (1766–1827) 'Untersuchungen über die Krankheiten der Seele' (pt. 3 Halle, 1807); J. C. Prichard 'A Treatise on Insanity' (London, 1835) pp. 209–27; F. B. Winslow (1810–1874) 'On obscure Diseases of the Brain and Disorders of the Mind' (London, 1860) pp. 457–9.

373, 26

For instances of cures effected by means of these remedies, see P. J. Schneider (1791–1871) 'Entwurf zu einer Heilmittellehre' (Tübingen, 1824) p. 231 — *blood-letting*; J. P. Frank (1745–1821) 'Kleine Schriften praktischen Inhaltes' (Vienna, 1797) p. 266 — *purging*; J. M. Cox (1762–1822) 'Practical Observations on Insanity' (2nd ed. London, 1806; Germ. tr. Halle, 1811) pp. 139–48 — *plunge-bathing*.

Cf. J. B. Friedreich 'Versuch einer Literärgeschichte' (Würzburg, 1830) pp. 338–83; 'Systematische Literatur der Psychologie' (Berlin, 1833) pp. 176–235.

375, 13

Hegel is here referring to what was generally called 'the moral treatment of insanity.' Pinel gives a full account of it in section two of his 'Traité' (1801). As he acknowledges, he owed some debt to British doctors, to the widely publicized successes of Francis Willis (1718–1807) for example, and to the writings of Richard Fowler (1765–1863), whose essay upon his establishment in Scotland he praises for, 'les principes les plus purs et les plus élevés de la philanthropie, très-heureusement appliqués au traitement moral de la manie'.

This 'moral treatment' involved paying less attention to medicines, drugs, purgatives, emetics, camphor, opium, cold baths, blood-letting, blistering plasters, setons, swings etc.: see the account of the methods then in use in the Bethlehem Hospital given by John Haslam (1764–1844) in his 'Observations on Insanity' (London, 1798; Germ. tr. Stendal, 1800), and

emphasizing the importance of kindliness, tact, cleanliness and humanity in the treatment of the insane. Pinel gives the following account of the French physician who had the greatest influence upon him in this respect, "The gentleman to whom was committed the chief management of the hospital, exercised towards all that were placed under his protection, the vigilance of a kind and affectionate parent. Accustomed to reflect, and possessed of great experience, he was not deficient either in the knowledge or execution of the duties of his office. He never lost sight of the principles of a most genuine philanthropy. He paid great attention to the diet of the house, and left no opportunity for murmur or discontent on the part of the most fastidious. He exercised a strict discipline over the conduct of the domestics, and punished, with severity, every instance of ill treatment, and every act of violence, of which they were guilty towards those whom it was merely their duty to serve. He was both esteemed and feared by every maniac; for he was mild, and at the same time inflexibly firm. In a word, he was master of every branch of his art, from its simplest to its most complicated principles —. Such are the materials upon which my principles of moral treatment are founded."

See: A. Walk 'Some aspects of the "moral treatment" of the insane up to 1850' ('Journal of Mental Science' vol. 100 pp. 807–837, 1954); E. T. Carlson and N. Dain 'The Psychotherapy that was moral treatment' ('American Journal of Psychiatry' vol. 117 pp. 519–24, 1960); W. F. Bynum 'Rationales for Therapy in British Psychiatry 1780–1835' ('Medical History' vol. 18 pp. 317–34, 1974).

375, 16

William Cullen (1710–1790), in his 'First Lines of the Practice of Physic' (4th ed. 4 vols. Edinburgh, 1784) vol. IV pp. 153–4 advocated the *beating* of the insane under certain circumstances: "Fear, being a passion that diminishes excitement, may therefore be opposed to the excess of it; and particularly to the angry and irascible excitement of maniacs... This awe and dread is therefore, by one means or another, to be acquired;... sometimes it may be necessary to acquire it even by stripes and blows." John Haslam (1764–1844) criticizes him for this, and is in full agreement with Pinel and Hegel on the point, "It has been recommended by very high medical authority, to inflict corporal punishment upon maniacs, with a view of rendering them rational by impressing terror. What success may have followed such disgraceful and inhuman treatment I have not yet learned, nor should I be desirous of meeting with any one who could give me the information. If the patient be so far deprived of understanding, as to be insensible why he is punished, such correction, setting aside its cruelty, is manifestly absurd... It should be the great object of the superintendant to gain the confidence of the patient, and to awaken in him respect and

obedience: but it will readily be seen, that such confidence, obedience, and respect, can only be procured by superiority of talents, discipline of temper, and dignity of manners. Imbecility, misconduct, and empty consequence, although enforced with the most tyrannical severity, may excite fear, but this will always be mingled with contempt." 'Observations on Insanity' (London, 1798 Germ. tr. Stendal, 1800) pp. 122–5 (Germ. tr. p. 79–81).

375, 21

Cox op. cit. (1806) pp. 98–9, Case XIII, "Mr. —, an ingenious mechanic, aged 26, sanguineous temperament prone to excesses, especially in sacrificing at the shrines of both Venus and Bacchus... after a week of constant riot and intoxication became insane... His mechanical skill was most ingeniously applied, and his success in removing bolts, locks etc. was inconceivable... He one night opened the roof of his chamber and scaled the top of the house, but, by some accident he fell from a wall ten feet high, bruised his head... Though only the day before the accident he was most furiously insane, no marks of the disease were now obvious, nor could a trace of mental alienation be discovered... He now became a very reformed character, is a great comfort to his friends, and a valuable member of society."

375, 27

Johann Gottfried Langermann (1768–1832) was born in Maxen near Dresden. His intellectual potential attracted the attention of court-marshal von Schönberg, who arranged for him to be educated at the Kreuzschule in Dresden and introduced him to learned and polite society. In 1789 he went up to Leipzig University to read law, history and philosophy, and after finishing these studies took a post as resident tutor in the home of a Leipzig merchant. It was then that he began to take an interest in the natural sciences, and in 1794 he eventually decided to study medicine at Jena. At the University he heard Hufeland, Loder, Stark, Göttling, Scherer and Fichte, and may also have come into contact with Goethe and Schiller.

On 24th June 1797 he defended his thesis 'De methodo cognoscendi curandique animi morbus stabilienda' (Jena, 1797): see J. B. Friedreich 'Literärgeschichte' (Würzburg, 1830) pp. 596–9; T. Puschmann 'Handbuch der Geschichte der Medizin' (Jena, 1905) vol. III pp. 655–6; 'Neues Journal der Erfindungen, Theorien und Widersprüche' vol. II pt. 3 p. 222; 'Med. chir. Zeit.' vol. IV p. 394, 1801. In this work he shows himself to be a disciple of G. E. Stahl (1660–1734) in that he accepts matter as being incapable of animation, and takes the soul and not the body to be the initiating factor in all psychic phenomena. He wants psychiatry to be founded exclusively on observation and induction, and realizes that this will require a new and more effective method of classification, which he then attempts to formulate. Though he emphasizes the central importance of the soul in

diagnosis, he also advocates careful attention to the bodily condition of the patients.

He taught in a medical college for a few years after leaving Jena, and in 1805 was appointed director of the St. Georgen Lunatic Asylum at Bayreuth. At about the same time he published 'Ueber den gegenwärtigen Zustand der psychischen Heilmethode der Geisteskrankheiten und über die erste zu Bayreuth errichtete psychische Heilanstalt' ('Medicinisch chirurgische Zeitung' ed. J. J. Hartenkeil, Salzburg, 1805, vol. 4 no. 83 pp. 90–3). In this article he criticizes Pinel, together with the Brunonian system and cranioscopy and says of his earlier work, "I believe I have shown there, that no philosopher since *Leibnitz* and no physician since *Stahl* has had a correct idea of the nature of psychic diseases, and that even the recent mixture of success and failure in the attempts made by *Willis* constitutes nothing more than such a blind and unmethodical experimentation as was practised in the sixteenth and seventeenth centuries." Despite this criticism however, Hegel is right to notice the similarity between Langermann's central ideas and those of Pinel. Langermann speaks here of, "The power of the psychic forces in man, the possibility of deliberately stimulating and guiding them where they are submerged beneath natural necessity, until reason becomes dominant; the striving toward ethical development, which can never be completely eradicated in any spiritual disturbance, or at least the recognition of the moral law which is traceable even in the greatest depths of insanity..." etc.

The success of the institution at Bayreuth made him famous. In 1810 he became a member of the Prussian Privy Council, with wide responsibilities for the medical services of the kingdom, and from 1812 until 1825 was in constant contact with Goethe: see Ludwig Geiger 'Ein wenig bekannter Freund Goethes' ('Goethe Jahrbuch' vol. 24 pp. 256–61, 1903). In Berlin he wrote very little, but he had a great personal influence, helped to found the medical establishments at Siegburg and Leubus, reformed the veterinary schools of Prussia, and took a particular interest in encouraging the young to take up medicine.

K. W. Ideler (1795–1860): obituary notice in 'Medicinische Zeitung. Herausgegeben von dem Verein für Heilkunde in Preussen' 1st year no. 15 pp. 67–8, Berlin 12th December 1832; 'Langermann und Stahl als Begründer der Seelenheilkunde dargestellt' (Berlin, 1835); W. Leibbrand and A. Wettley 'Der Wahnsinn' (Munich, 1961) pp. 499–502; Alfons Fischer 'Geschichte des Deutschen Gesundheitswesens' (2 vols. Hildesheim, 1965) II.281–4; Martin Schrenk 'Über den Umgang mit Geisteskranken' (Berlin, 1973) pp. 51–3 and 82–92.

377, 15

Pinel 'Traité' (1801) sect. II no. 23, "A young man, already depressed

by misfortune, lost his father, and in a few months after a mother, whom he tenderly loved. The consequence was, that he sunk into a profound melancholy; and his sleep and appetite forsook him. To these symptoms succeeded a most violent paroxysm of insanity. At a lunatic hospital, whither he was conveyed, he was treated in the usual way, by copious and repeated blood-letting, water and shower baths, low diet, and a rigorous system of coercion. Little or no change appeared in the state of the symptoms. The same routine was repeated, and even tried a third time without success, or rather with an exasperation of the symptoms. He was at last transferred to the Asylum of Bicetre, and with him the character of a dangerous maniac. The governor, far from placing implicit confidence in the accuracy of this report, allowed him to remain at liberty in his own apartment, in order more effectually to study his character and the nature of his derangement. The sombrous taciturnity of this young man, his great depression, his pensive air, together with some broken sentences which were heard to escape him on the subject of his misfortunes, afforded some insight into the nature of his insanity. The treatment most suitable to his case was evidently to console him, to sympathise with his misfortunes, and, after having gradually obtained his esteem and confidence, to dwell upon such circumstances as were calculated to cheer his prospects and to encourage his hopes. These means having been tried with some success, a circumstance happened which appeared at once to give countenance and efficiency to the consolatory conversations of the governor. His guardian, with a view to make his life more comfortable, now thought proper to make small remittances for his use; which he promised to repeat monthly. The first payment dispelled, in a great measure, his melancholy, and encouraged him to look forward to better days. At length, he gradually recovered his strength. The signs of general strength appeared in his countenance. His bodily functions were performed with regularity, and reason resumed her empire over his mind."

377, 31

Francis Willis (1718–1807) became famous throughout Europe on account of his handling of George III during the 1788/9 crisis and of Queen Maria of Portugal at about the same time, although it is doubtful whether his success involved any technique other than the exercise of his character. The Willis manuscripts provide a vivid example from April/May 1801 of the sort of situation Hegel probably had in mind in respect of George III, "On the King getting sight of me he seemed surprised and would have hastily passed and escaped out of the room but I prevented him... I spoke to him at once of his situation and the necessity there was that he should be immediately under control again. His Majesty sat down, turning very pale and... looking very sternly at me exclaimed 'Sir, I will never forgive you whilst I live" (British Museum Add. mss. 41692–3).

See Ida Macalpine and Richard Hunter 'George III and the Mad-Business' (London, 1969); note 383, 31.

379, 16

Pinel 'Traité' (1801) sect. II no. 24, uses this case in order to illustrate the truth of the following statement made by Gaspard Charles Delarive (1770–1834) in a letter written from London on 1st July 1798, and published in the 'Bibliothèque Britannique' vol. 8 pp. 300–27, 'Dans le traitement moral, on ne considère pas les fous comme absolument privés de raison, c'est-à-dire, comme inaccessibles aux motifs de crainte, d'espèrance, de sentimens d'honneur... Il faut les subjuguer d'abord, les encourager ensuite.' This letter is translated in full and published as an appendix in M. Wagner's translation of Pinel's work (Vienna, 1801) pp. 376–409.

D. D. Davis (1777–1841) translates Pinel's account as follows: "A gentleman, the father of a respectable family, lost his property in the revolution, and with it all his resources. His calamities soon reduced him to a state of insanity... Never did a maniac give greater scope to his extravagance. His pride was incompressible and his pomposity most laughably ridiculous. To strut about in the character of the prophet Mahomet, whom he believed himself to be, was his greatest delight. He attacked and struck at everybody that he met with in his walks, and commanded their instant prostration and homage. He spent the best part of the day in pronouncing sentences of proscriptions and death upon different persons, especially the servants and keepers who waited upon him... He was desired to be peaceable and quiet. Upon his disobedience, he was ordered to be put into the strait-waistcoat, and to be confined to his cell for an hour, in order to make him feel his dependence. Soon after his detention, the governor paid him a visit, spoke to him in a friendly tone, mildly reproved him for his disobedience, and expressed his regret that he had been compelled to treat him with any degree of severity. His maniacal violence returned again the next day. The same means of coercion were repeated. He promised to conduct himself more peaceably; but he relapsed again a third time... The governor... ordered him to immediate confinement, which he declared should likewise be perpetual, pronounced this ultimate determination with great emphasis, and solemnly assured him, that, for the future, he would be inexorable... His repeated and earnest solicitations were treated with levity and derision. But in consequence of a concerted plan between the governor and his lady, he again obtained his liberty on the third day after his confinement. It was granted him on his expressly engaging to the governess, who was the ostensible means of his enlargement, to restrain his passions and by that means to skreen her from the displeasure of her husband for an act of unreasonable kindness. After this... when he could with difficulty suppress his maniacal propensities, a single look from the governess was sufficient to

bring him to his recollection... His insane propensities and recollections gradually, and at length, entirely disappeared. In six months he was completely restored. This very respectable gentleman is now indefatigably engaged in the recovery of his injured fortune."

379, 29

Hermann Boerhaave (1668–1738) told his nephew Abraham Kaauw Boerhaave (1715–1758) of this case, and the latter's account of it in his 'Impetum faciens dictum Hippocrati per corpus consentiens' (Leyden, 1745) § 406, p. 355 is the ultimate source of Hegel's information: 'Scilicet, praemonitis ephoris, praesentibus omnibus, jussit per cameram disponi fornaces portabiles, prunis ardentibus instructas, atque iis imponi ferreos hamulos, ad certam figuram adaptatos, tum ita mandavit; quia omnia frustra forent, sese aliud nescire remedium, quam, ut qui primus, puer foret vel puella, infausto morbi paroxysmo arriperetur, locus quidam nudati brachii candente ferro ad os usque inureretur, utque gravitate pollebat dicendi, perterriti omnes ad crudele remedium, dum instare sentiunt paroxysmum, omni mentis intentione, & metu dolorificae inustionis, eidem resistunt fortioris oblatione ideae: & certe, quantum valeat hic ab objecto animae intentae revulsio, docet epilepsia diversis modis curata, ut quidem ipse terror (a) eandem sustulerit, febris epidemica (b), quartana (c), ptyalismus (d), matrimonium (e), virga (f).'

This took place in the town *orphanage* at Haarlem. Both *boys* and girls were affected. It was evidently a case of contagious hysteria, no *epilepsy* in the modern sense of the word seems to have been involved.

G. H. Schubert (1780–1860) mentions the case in 'Die Geschichte der Seele' (Stuttgart and Tübingen, 1830) p. 811, and says that it was 'frequently cited', but I have been unable to trace any other contemporary references to it. Cf. G. A. Lindeboom 'Boerhaave in het weeshuis' ('Nederlands Tijdschrift voor Geneeskunde' Jaargang 102, no. 24, 14th June 1958); B. P. M. Schulte 'The Concepts of Boerhaave on Psychic Function and Psychopathology' in G. A. Lindeboom 'Boerhaave and his Time' (Leiden, 1970) pp. 93–101.

379, 34

Hegel probably first noticed this case in the account of it given by J. C. Reil (1759–1813) 'Rhapsodieen' (Halle, 1803) p. 339. It was widely quoted in the general nosological works and textbooks of the time, most of which give Joseph Raulin (1708–1784), 'Traité des Affections vaporeuses du Sexe' (Paris, 1759) sect. 3 ch. i p. 125 as their source: 'Le fameux Nicole racontait que toutes les filles d'une Communauté très-nombreuse étoient saisies tous les jours à la même heure d'un accès très singulier de vapeurs. Il se manifestoit par un *miaulement* général ou toutes avoient part, et qui duroit plusieurs

heures au grand scandale du Couvent, jusqu'a ce qu'on l'eût fait cesser; on verra dans la cure les moyens que l'on prit à cet effet...' Raulin cites Nicole 'Naturalisme des convulsions' (Soleure, 1733) as his source, but I have been unable to trace the work.

379, 36

For other cases of contagious epilepsy, often involving women and girls, see G. H. Schubert (1780–1860) 'Die Geschichte der Seele' (Stuttgart and Tübingen, 1830) pp. 810, 811, 834.

381, 28

This method of cure became widely known on the continent on account of *Pinel's* having mentioned it: see 'Traité' (1801) p. 62, Germ. tr. (1801) p. 67, Eng. tr. (1806) p. 64; cf. J. C. Hoffbauer (1766–1827) 'Psychologische Untersuchungen' (1807) pp. 334–8. He knew of it from an article published by Gaspard Charles Delarive (1770–1834) of Geneva, 'Sur un nouvel éstablissement pour la guérison des alienés' ('Bibliothèque Britannique' vol. I pp. 300–27, Geneva, 1798), "Cette idée d'employer les fous à labourer la terre pour les guérir, n'est pas nouvelle. Le Dr. Gregory raconte qu'un fermier dans le Nord de l'Ecosse avoit acquis une assez grande réputation dans l'art de guérir la folie. Il n'entendoit rien à la Médecine, mais c'étoit un homme de bon sens très vigoreux et assez brutal. Sa méthode consistoit simplement à occuper ses maladies à cultiver ses terres, les uns lui servoient de domestiques de campagne, les autres de bêtes de somme; il les atteloit à sa herse et à sa charrue, après les avoir réduit à l'obéissance la plus complete par une volée de coups qu'il leur donnoit au premier acte de rebellion" (pp. 325–6).

Delarive studied medicine at the University of Edinburgh from 1795 until 1798. During the Winter Terms 1795/6, 1796/7 and 1797/8 he attended the lectures given by James Gregory (1753–1821), and it was evidently there that he heard about the Scottish farmer: see 'Names of the Students attending the Lectures on the Practice of Medicine in the University of Edinburgh 1790–1812' (James Gregory ms. Univ. Edin. Lib.) pp. 56, 67. Unfortunately, the records we have of Gregory's lectures provide us with no clues as to the identity of the farmer: see William Robertson 'Gregory's Lectures on the Practice of Physic' (2 vols. Edinburgh, 1798; ms. Univ. Edin. Lib. Dc. 7. 119) vol. II p. 697, "Maniacs have been cured by being employed at hard labour and great exercise, this will assist them in recovering the proper train of their thoughts. A Journey is good, a great deal more is to be made by gentle means than by any remedies. A maniac is never perfectly cured." Cf. J. H. Goetze 'Notes on the Practice of Physic taken in Dr. Gregory's Lectures — Edinburgh in 1803–4–1808' (ms. Univ. Edin. Lib. 20822) p. 496.

The situation with regard to the treatment of the insane in the north of Scotland was improved by the opening of the Northern Infirmary at Inverness in 1804. On other curious Scottish methods of dealing with insanity, see Robert Heron (1764–1807) 'Observations made in a Journey through the Western Counties of Scotland' (2 vols. Perth, 1793) vol. I pp. 282–4; J. G. Dalyell (1775–1851) 'The Darker Superstitions of Scotland' (Edinburgh, 1834) p. 82; Arthur Mitchell 'On Various Superstitions in the North-West Highlands and islands of Scotland, especially in relation to Lunacy' ('Proceedings of the Antiquarian Society of Scotland' vol. iv, 1862).

J. C. W. Wendt (1778–1838) of Copenhagen and A. L. E. Horn (1774–1848) of Berlin developed special methods of therapy for the insane as the result of Pinel's having pointed out the value of bodily exercise; cf. J. C. Reil (1759–1813) 'Rhapsodieen' (Halle, 1803) p. 244; J. C. Prichard (1786–1848) 'A Treatise in Insanity' (London, 1835) pp. 292–6.

381, 35

Joseph Mason Cox (1762–1822) studied at Leyden, where he was awarded his doctorate on 18th July 1787 after having defended a thesis 'De Mania' (Lugd. Bat. 1787). Soon afterwards he published an article on the efficacy of Digitalis in curing insanity: see Andrew Duncan (1744–1828) 'Medical and Philosophical Commentaries' vol. IV p. 261; 'Medicinische Comment. von einer Gesellschaft Aerzte zu Edinburgh' (Altenburg, 1792) 2nd decad. vol. IV p. 5; 'Medicinisch chirurgische Zeitung' vol. IV p. 141, 1794. He evidently ran a private lunatic asylum at Fishponds near Bristol. It was his 'Practical Observations on Insanity; in which some Suggestions are offered towards an improved Mode of treating Diseases of the Mind, and some Rules proposed which it is hoped may lead to a more Humane and successful Method of Cure: to which are subjoined, Remarks on Medical Jurisprudence as connected with Diseased Intellect' (London, 1804) which brought him fame. Two further English editions were published (1806, 1813), it was well reviewed in the 'Göttingsche gelehrte Anzeigen' 1809 nos. 163, 164, the 'Med. chir. Zeit.' vol. 4 pp. 297–305, 1812, and the 'Halle allg. Lit. Zeit.' no. 3 January 1812 as well as being translated into German by A. H. Bertelsmann (Halle, 1811), and into French (Geneva, 1816) with notes, by L. Odier (1748–1817). The work probably owed its success to Cox's attempt to cut theory to a minimum and be as practical as possible in his approach, "Most medical writers, in detailing the morbid phenomena of the human mind, and the means of removing them, appear to have been more anxious to display their own ingenuity in the result of their abstruse speculations than to furnish the inquiring student with a plain practical manual, to direct his judgement in the treatment of maniacal patients" (p. ix). It was almost certainly this feature of the book which appealed to Hegel most strongly.

Cox gives an account of 'swinging' and eight case-histories to illustrate its effectiveness on pp. 137–76 (1806 ed.), "The... circulating (swing) is easily constructed by suspending a common Windsor chair to a hook in the ceiling, by two parallel ropes attached to the hind legs, and by two others passing round the front ones joined by a sliding knot, that may regulate the elevation of the patient when seated, who, besides being secured in a strait waistcoat, should be prevented from falling out of the chair by a broad leather strap, passed round the waist and buckled behind to the spars, while another strap to each leg may fasten it to the front ones of the chair. The patient thus secured, and suspended a few inches from the ground; the motion may be communicated by an attendant turning him round according to the degree of velocity required... The employment of such Herculean remedies requires the greatest caution and judgement, and should never be had recourse to but in the immediate presence of the physician... The impression made on the mind by the recollection of its action on the body is another very important property of the swing, and the physician will often only have to threaten its employment to secure compliance with his wishes, while no species of punishment is more harmless or efficacious" (pp. 137, 138, 140, 144).

Although Cox became widely known for having thus advocated the use of the swing, he was by no means the first physician to have done so: see Caelius Aurelianus (fl. c. 450) 'De morbis acutis et chronicis' (Amsterdam, 1755); Avicenna (980–1037) 'Canon' (ed. J. B. Pasquati, Patavii, 1659) bk. 3 i tr. 4 c. 17; C. G. Kratzenstein (1723–1795) 'Novum medicinae' (Copenhagen, 1765); J. C. Smyth (1741–1821) 'An Account of the Effects of Swinging on the pulmonary consumption and hectic fever' (London, 1787); Erasmus Darwin (1731–1802) 'Zoonomia' (London, 1794/6; Germ. tr. Hanover, 1795/9) vol. I pp. 245–6. Cf. A. L. E. Horn (1774–1848) 'Glückliche Heilung eines Wahnsinnigen' ('Archiv für med. Erfahrungen' January–February 1813 p. 114); 'Beschreibung der in der Irrenanstalt zu Berlin gebräuchlichen Drehmaschinen' (Nasse 'Zeitschrift für psychische Aerzte' 1818 p. 219); J. C. Prichard (1786–1848) 'A Treatise on Insanity' (London, 1835) pp. 273–4.

By the 1820's the swing was losing favour with German psychiatrists: see P. J. Schneider (1791–1871) 'Krankengeschichte von Irren nebst Bemerkungen' (Nasse's 'Zeitschrift für die Anthropologie' vol. I p. 452, 1823).

383, 19

"A certain patient convinced himself that he had a hay-wain together with two horses and a waggoner in his stomach. His doctor was unable to persuade him that this was not the case. Another person agreed with him, sympathized, checked his stomach, and said that he could distinctly feel the wain and the wheels, the waggoner and the horses. This cheered the

patient up. The doctor then told him of a medicine which was able to reduce the size of such objects, and gave him an emetic. The patient felt ill, the doctor caused him to put his head out of the window, and just as he was in the process of vomiting, a waggoner drove out towards the farm on a haywain. The patient thought that these were the objects he had had in his stomach." J. C. Reil (1759–1813) 'Rhapsodieen' (Halle, 1803) pp. 341–2. Cf. G. I. Wenzel (1754–1809) 'Versuch einer practischen Seelenarzneikunde' (Grätz, 1801) p. 37. Reil makes no mention of this being an English story.

Similar cases involving crickets in the stomach: Michael Wagner (1756–1821) 'Beyträge zur philosophischen Anthropologie' (2 vols. Vienna, 1794–1796) I pp. 279–80, frogs: Felix Platter (1536–1614) 'Observationum in hominis affectibus plerisque' (3 vols. Basel, 1614) vol. I p. 43 etc., were very common in the works on insanity published in the eighteenth century. Since the same cases appear in many places, it is difficult to trace actual sources: see for instance, J. C. Hoffbauer (1766–1827) 'Untersuchungen über die Krankheiten der Seele' pt. I (Halle, 1802) pp. 123–4.

Hegel is clearly right to consider folly of this kind as an 'illness which has already diminished in intensity', and to use it in order to make the transition to a further level of Anthropology. Cases such as those he cites were, in fact, often classified as 'part-fools' (Partial-Narren): see L. A. Muratori (1672–1750) 'Über die Einbildungskraft des Menschen' (ed. Richerz, 2 pts. Leipzig, 1785) pt. II p. 12, "Part-fools, labouring under a single delusion, usually recover if one undertakes to delude them in precisely that respect in which they are deluding themselves. One such person took it into his head that he had acquired horns. When he would not allow himself to be convinced that this was not the case, the doctor offered to cure him by means of a delicate operation. Then, while making sure that the patient saw his saw and knife, he secretly brought in a pair of horns. During the sawing the horns fell to the ground, and to the delight of everyone present the patient jumped up from his couch, cured, and in a much better mood than he had been before the operation. Another person thought he had a snake or some such dangerous animal in his stomach. He was dealt with in the same way, and with the same result." Cf. 'Zur Psychologie... ein Manuskript 1794' p. 182, 19.

383, 31

This is evidently a reference to the way in which George III was treated during his confinement at Kew (29 November 1788–14 March 1789). "24 January 1789. The Chair in which He has now been confined is a new one made on purpose. It is a common chair placed upon a floor of its own, which prevents a Person from moving it, nor can it be thrown down as a common Chair might be. When it was first brought into the Room to be made use of, the Poor King is said to have eyed it with some degree of

Awe... 30 January. The last night has been a very restless one... Spicer had been out for the Arquebusade Bottle, to put from it to his face and skin, having been struck by The King, who it seems had endeavoured, when the shutters of his Windows were opening, to run into the next room to get to his Pages, but had been stopped by Spicer... Dr. Willis had the King confined to his Chair this Morning for a short time, and gave him a severe lecture on his improper conversation, Eliza, etc.; H. My. becoming more loud and impatient under this lecture, Dr. Willis ordered a Handkerchief to be held before his Mouth, and he then continued and finished his Lecture." — 'The Diaries of Colonel the Hon. Robert Fulke Greville' (ed. F. M. Bladon, London, 1930) pp. 187, 198, 199.

The king dubbed this his 'Coronation Chair'. Hegel is perfectly justified in noting its apparent connection with his cure, for he did in fact improve in health soon after this extraordinary treatment. His malady has recently been diagnosed as a particularly virulent form of a rare hereditary metabolic disorder known as porphyria: I. Macalpine and R. Hunter 'George III and the Mad-Business' (London, 1969); J. Brooke 'King George III' (London, 1972) pp. 318–43; T. L. S. January 1970.

383, 36

It is difficult to see why, in the summer of 1825, Hegel should have regarded the adverse psychological effects of religion as a thing of the past. The psychiatric literature of the time is full of passages in which the authors take the excessive dedication and enthusiasm which certain religious movements elicited from their members to be the cause of mental disturbances. W. Pargeter (1760–1810), 'Observations on Maniacal Disorders' (Reading, 1792; Germ. tr. 1793) for example, blames 'Pilgrim's Progress', Watts's hymns and Wesley's sermons for aggravating the insanity rampant in England (p. 31), and his German translator adds a note to the effect that these are English mystical-religious effusions, "an denen es in Teutschland leider auch nicht fehlt" (p. 25). Cf. G. I. Wenzel (1754–1809) 'Unterhaltungen über Ahndungen' (1800) pp. 139–40. Many of the case-histories recorded in the works of the time, and, indeed, quite a few of those actually quoted by Hegel (343, 32; 369, 9; 377, 33; 379, 29; 385, 14), make it quite clear that many of the fixations which he took to be central to derangement arose directly out of the effects of social structure and religion upon the individual.

The connection between religion and mental alienation was already a fairly well established field of research: J. P. Falret (1794–1870) 'De l'Hypochondrie' (Paris, 1822); W. S. Hallaran 'Practical Observations on Insanity' (Cork, 1818); J. M. Leupoldt (1794–1874) 'Heilwissenschaftliche Seelenheilkunde' (Berlin, 1821); R. W. M. Jacobi (1775–1858) 'Sammlungen für die Heilkunde der Gemüthskrankheiten' (Elberfeld, 1822); J.

Guislan (1797–1860) 'Traité sur l'Aliénation Mentale' (2 vols. Amsterdam, 1826); J. C. Prichard (1786–1848) 'A Treatise on Insanity' (London, 1835) pp. 187–201. Hegel would almost certainly have criticized Feuerbach's 'Das Wesen des Christentums' (1841) as an unwarranted attempt to *reduce* religion itself (Enc. §§ 564–71) to anthropology, though he might have had some sympathy with the attack upon institutionalized religion (Phil. Right § 270) undertaken by the early Marxists: H. S. Harris 'Hegel's Development' (Oxford, 1972) pp. 165–6.

385, 12

Levinus Lemnius (1505–1568) of Zieriksee, who studied medicine at Ghent and Louvain, and towards the end of his life was called to Sweden to deal with the eccentricities of Eric XIV, gives an account of this case in his 'De habitu et constitutione corporis' (Antwerp, 1561; Italian tr. Venice, 1567, Germ. tr. Erfurt, 1582) bk. II ch. 6: see the English translation by T. N. 'The Touchstone of Complexions' (London, 1633) pp. 241–2: "After this like sort even within our memory, a certain Gentleman fell into such an agony and fooles paradise, that he thought himselfe dead, and was in himselfe persuaded to bee departed out of this life; and hereupon when his friends and acquaintance with all kinde of faire speeches, flattering terms, and chiding words had assayed to restore him to his former strength and powers now decayed, he turned the deafe eare to all that they said: and refused all that they to him offred, affirming himselfe to be dead, and that a man in his case needed no sustenance or nourishment. So long continued he in this fond humour, till he was ready to starve for hunger.

When the seventh day was near at hand (longer then which day, starved and famished persons cannot live) they began to devise with themselves which way to heale this absurd passion and distemperance of their friend. They used therefore this policy: They caused certaine counterfeit persons lapped in their shrowding sheets, and tyed after the manner of dead Corses that be layed upon Coffins, and carried to buriall, to be brought into a darke Parlour: where these disguised persons sitting downe at the Table, which was well furnished with choice of sundry dishes, fell to their victuals lustily. The passioned party beholding these fellowes, demanded of them whereabout they went, and what kind of people they were: They answered that they were dead men. What? (quoth he) doe dead men eate and drinke? Yea (said they) and that shalt thou prove true, if thou wilt come and sit with us. Straightwayes skipped this pacient out of his Bed, and with the other counterfeit dead men fed very well and largely: and after supper he was brought into a sleepe by a drinke of purpose made for that intent. For they that be distract of their right wits, must be handled artificially, and by no way so soon recured and brought into order, as by sleepe."

On account of the variations in Hegel's version, it seems reasonable to

suppose that he also had in mind the following case, which was frequently cited in conjunction with Lemnius's. It is first recorded by Thomas Heywood (d. 1650?) in 'The Hierarchie of the blessed Angells' (London, 1635) bk. 8 p. 551: "A young man had a strong imagination, that he was dead; and did not only abstain from meat and drink, but importuned his parents, that he might be carried unto his grave and buried before his flesh was quite putrified. By the counsel of physicians he was wrapped in a winding sheet and laid upon a bier, and so carried toward the church upon mens shoulders. But by the way two or three pleasant fellows, suborned to that purpose, meeting the hearse, demanded aloud of them that followed it, whose body it was there coffined and carried to burial? They said it was such a young mans, and told them his name. Surely (replied one of them) the world is very well rid of him, for he was a man of very bad and vicious life; and his friends may rejoice, he hath rather ended his days thus, than at the gallows. Which the young man hearing, and vexed to be so injured, roused himself up upon the bier, and told them, That they were wicked men to do him that wrong, which he had never deserved: and told them, That if he were alive, as he was not, he would teach them to speak better of the dead. But they proceeding to deprave him and give him much more disgraceful and contemptible language, he not able to endure it, leapt from the hearse, and fell about their ears with such rage and fury, that he ceased not buffetting with them, till quite wearied, and by his violent agitation the humours of his body altered, he awakened as out of a sleep or trance, and being brought home and comforted with wholesome diet, he within few days recovered both his pristine health, strength and understanding." Cf. William Pargeter (1760–1810) 'Observations on Maniacal Disorders' (Reading, 1792; Germ. tr. Leipzig, 1793) pp. 32–3; John Conolly (1794–1866) 'An Inquiry concerning the Indications of Insanity' (London, 1830) pp. 311–3; J. C. Prichard (1786–1848) 'A Treatise on Insanity' (London, 1835) pp. 301–2.

385, 17

Joseph Mason Cox (1762–1822) 'Practical Observations on Insanity' (2nd ed. London, 1806; Germ. tr. Halle, 1811) case VII, Eng. p. 66; Germ. tr. pp. 77–8: "The Author recollects a singular instance of a deranged idea of a maniac being corrected by a very simple stratagem. The patient asserted that he was the Holy Ghost, a gentleman present immediately exclaimed, you the Holy Ghost! what proof have you to produce? I know that I am, was his answer; the gentleman said how is this possible, there is but one Holy Ghost, is there? how than can you be the Holy Ghost and I be so too? He appeared surprised and puzzled, and after a short pause said but are *you* the Holy Ghost? When the other observed, did you not know that I was? his answer was, I did not know it before, why then I cannot be the Holy Ghost."

"I have found Religion and Love the most frequent among the exciting causes of madness" says Cox (p. 20), and in the course of his book he proposes five main remedies for religious insanity: the 'antiphlogistic', involving the removal of all stimuli, even light; constant intoxication over a period of several days; reasoning and diversion; liberty, exercise, fresh air and a regular daily routine; and music.

On the Holy Ghost fixation, cf. Johannes Weyer (1515–1588) 'De praestigiis daemonum' (Basel, 1563) book III, cap 7 2, "Three men in Friesland, not far from Groeningen, as I have been informed, were possessed with so great a degree of fanaticism, that they imagined themselves to be the Father, Son and Holy Ghost, and the barn in which they lived to be Noah's ark: to which many others, in the like manner affected, resorted, that they might obtain salvation." Thomas Arnold (1741–1816) 'Observations on... Insanity' (2nd ed. 2 vols. London, 1806) vol. I p. 116; J. C. Spurzheim (1776–1832) 'Observations on... Insanity' (London, 1817) p. 249.

J. G. Dalyell (1775–1851), 'The Darker Superstitions of Scotland' (Edinburgh, 1834) notes that in Ireland fatuity is usually equated with sanctity, and that the, "Arabs have a profound respect for idiots, whom they consider as people beloved of Heaven, and totally unable to think of the things of this world." Cf. J. B. Lucotte du Tilliot 'Mémoires pour servir à l'histoire de la fête des fous' (Lausanne and Geneva, 1741); George Francis Lyon (1795–1832) 'A Narrative of Travels in Northern Africa' (London, 1821); Lionel Trilling 'Mind in the Modern World' (T.L.S. 17th November 1972 p. 1385).

385, 37

Two cases have been confused here. D. Tiedemann (1748–1803), 'Untersuchungen über den Menschen' (3 pts. Leipzig, 1777/8) pt. III pp. 378–9: "The person who was of the opinion that his legs were made of *straw* was cured in the following manner. He was earnestly advised to protect his legs with the sturdiest of boots in order that he might travel into the country for convalescence. He eventually agreed to this, and it was arranged that during the journey he should be attacked by two students in disguise, who should seem to be intent on robbing and murdering him. Frightened as he was, he forgot about his straw legs, jumped out of the carriage, and was cured of his quirk."

The case involving glass *legs* was widely quoted at that time, and originated in Gerard van Swieten's 'Commentaria in Hermanni Boerhaave Aphorismos de Cognoscendis et Curandis Morbis' (5 vols. Lugduni Bat. 1745/72; Eng. tr. 18 vols. London, 1771/3) sect. 113 (vol. II p. 123): "When a man of letters, by over study, fell into the present distemper, he conceited his legs were made of glass, and therefore would not presume to stand or walk upon them, but being carried from the bed to the fire side, sat there from

morning till night. The maid-servant, bringing some wood to keep up the fire, threw it rudely down, so as to put the champion in fear of his glass legs, for which he therefore smartly rebuked her: thereupon, the maid being of an angry temper, and tired of her master's foolishness, struck him a good blow upon the shins with one of the sticks, the smart pain of which rouzed his anger to get up and take revenge for the injury: soon after his anger was over, and he grew well pleased that he could stand upon his legs again; that vain notion being thus suddenly expelled from his fancy."

Cf. Michael Wagner 'Beyträge zur philosophischen Anthropologie' (2 vols. Vienna, 1794/6) vol. II pp. 55–6; J. C. Reil 'Rhapsodieen' (Halle, 1803) p. 341; J. C. Hoffbauer 'Untersuchungen' (Halle, 1807) pt. III p. 245; J. B. Friedreich 'Literärgeschichte' (Würzburg, 1830) p. 260; 'Zur Psychologie... ein Manuskript 1794' p. 182, 19.

387, 3

Pinel 'Traité' (1801): sect. II no. 11, 'A celebrated watchmaker, at Paris... fancied that he had lost his head on the scaffold; that it had been thrown promiscuously among the heads of many other victims; that the judges, having repented of their sentence, had ordered those heads to be restored to their respective owners, and placed upon their respective shoulders; but that, in consequence of an unfortunate mistake, the gentleman who had the management of that business, had placed upon his shoulders the head of one of his unhappy companions... A keen and unanswerable stroke of pleasantry (une plaisanterie fine et sans réplique) seemed best adapted to correct this fantastic whim. Another convalescent of a gay and facetious humour, instructed in the part he should play in this comedy, adroitly turned the conversation to the subject of the famous miracle of Saint Denis. Our mechanician strongly maintained the possibility of the fact and sought to confirm it by an application of it to his own case. The other set up a loud laugh, and replied with a tone of the keenest ridicule: "Insensé que tu es, comment Saint-Denis auroit-il pu baiser sa tête? étoit-ce avec son talon?" This equally unexpected and unanswerable retort, forcibly struck the maniac. He retired confused amidst peals of laughter, which were provoked at his expense, and never afterwards mentioned the exchange of his head." J. B. Friedreich 'Versuch einer Literärgeschichte der Pathologie' (Würzburg, 1830) pp. 447–8. Hegel's immediate source may have been J. C. Reil (1759–1813) 'Rhapsodieen' (Halle, 1803) pp. 85–6.

387, 5

See 'Hegel-Studien' vol. 10 pp. 29–31 (1975) for Hegel's lecture-notes relating to the subject-matter of this Addition. This exposition of mental derangement is in many respects a reproduction at the psychic level of the

treatment of bodily disease at the organic level (Phil. Nat. §§ 371–4). Just as in bodily disease, one part of the organism establishes itself in opposition to the activity of the whole, so in mental disease, "the subject which has developed an understanding consciousness is still subject to *disease* in that it remains engrossed in a *particularity* of its self-awareness which it is unable to work up into ideality and overcome." See W. Jacobs 'Der Krankheitsbegriff in der Dialektik von Natur und Geist bei Hegel' ('Hegel-Studien', Beiheft 11 pp. 165–73); D. von Engelhardt 'Hegels philosophisches Verständnis der Krankheit' ('Sudhoffs Archiv' vol. 59 no. 3 pp. 225–46, 1975).

Since the mental activity of the individual presupposes its functioning as an organism, its mental aberrations are often rooted in the malfunctions of its body. On the other hand, self-awareness is the presupposition of morality, and emphasis upon the potential moral and social capabilities of the deranged can therefore play an important part in rehabilitating them (Pinel). As has already been noticed (note 331, 18), the psychiatrists of Hegel's day tended to lay emphasis upon one or the other of these two aspects of mental derangement. The somatic school concentrated upon the organic presuppositions of derangement, the psychic school upon the higher spiritual activities of which the mentally disturbed were potentially capable. Experience had also taught them that external natural influences had to be taken into account in any comprehensive diagnosis of mental disease (note 371, 22).

Hegel reconciles these differences of approach simply by applying the general principles of his system, — by attempting to give every aspect of the phenomenon its systematic placing, and so indicating the *specific* relevance which each has to an *overall* (i.e. Notional) understanding of it. In respect of the various forms of derangement, this systematic placing involves a classificatory progression from those which are predominantly physical, such as cretinism, to highly intellectual cases involving moral and ethical idealism. The simplicity and effectiveness of Hegel's procedure at this juncture contrasts sharply with the elaborate artificiality of the other attempts at classifying derangement current at the time: see E. Fischer-Homberger 'Eighteenth Century Nosology and its Survivors' ('Medical History' vol. XIV no. 4 pp. 397–403, October 1970).

In the spheres of botany and zoology, the artificial classificatory system of Linnaeus tended to stimulate progressive and fruitful research (Phil. Nat. III.264, 275, 366). In the sphere of nosology however, it encouraged attempts to simplify and impose apparent order upon diseases which were very imperfectly understood, even at a predominantly physical level. In the case of derangement, as in the case of physical diseases, imperfect diagnosis carried out in the light of erroneous, over-simplified and arbitrarily systematized principles, gave rise to much practical inefficiency, and to a

terminological chaos.* The truth of the matter was, that the medical knowledge of the day, unlike the botanical and zoological knowledge, was incapable of providing a satisfactory empirical foundation for the sort of elaborate classificatory system being formulated. For typical eighteenth century attempts at classifying derangement see: A. C. Lorry (1726–1783) 'De Melancholia' (Paris, 1765; Germ. tr. Frankfurt/M., 1770); D. Macbride (1726–1778) 'A Methodical Introduction to... Physic' (London, 1772; Germ. tr. Leipzig, 1773); W. Cullen (1710–1790) 'First Lines of... Physic' (1776; Germ. tr. Leipzig, 1778/85) vol. 4; F. B. de Sauvages (1706–1767) 'Nosologica Methodica' (1760; 5 vols. Paris, 1771); P. Pinel (1745–1826) 'Nosographie philosophique' (Paris, 1798; 6th ed. 3 vols. 1818); J. B. Erhard (1766–1827) 'Versuch über die Narrheit' (M. Wagner's 'Beiträge zur philosophischen Anthropologie' I p. 100, Vienna, 1794).

Although such nosological systems became much less common after the turn of the century, the controversy between the somatic and the psychic schools gave a certain incentive to further artificial systematization: J. F. Fries (1773–1843) 'Handbuch der psychischen Anthropologie' (Jena, 1820; 2nd ed. 1839); C. F. Flemming (1799–1880) 'Beiträge zur Philosophie der Seele' (2 pts. Berlin, 1830).

387, 6

Although there are few similarities between them, §§ 409–10 correspond to §§ 322–5 in the 1817 Encyclopaedia. From the notes published in 'Hegel-Studien' vol. 10 pp. 31–3 (1975), it looks as though the 1820/22 lectures on these paragraphs began by discussing the difficulty of distinguishing between derangement and the limitedness of the understanding, and between derangement and boorishness. Hegel seems to have gone on to discuss the nature of the superstition involved in eating fish on Fridays and refusing to eat pork, and to have touched upon the meaninglessness of rote prayers and the nature of religious customs. These remarks may have been censured by the authorities. In any case, in the 1825 lectures (Tuesday 12th July, Thursday 14th July), they were omitted from the exposition of habit, which was treated as the *antecedent* of mental derangement. Hegel subsequently skipped §§ 322–4, and spent most of the session on Monday 25th July expounding what appears in Boumann's text as the subject-matter of § 410.

387, 18

§ 426 et seq. The containing (gehaltvolle) truth of the specific sensations, desires etc. is their *conscious* incorporation into the *psychology* of individuals,

* See the emphasis upon the importance and difficulty of defining terms in the survey of works by Haslam, Pinel, Cox and Arnold which appeared in the 'Quarterly Review' (vol. II pp. 155–80, 1809). A lexicographical analysis of the Anglo-German psychiatric literature of this period, especially the translations, would be an extremely valuable undertaking.

as, for example in the pursuit of happiness (§ 479). At this level, the self simply *feels* (is aware of) them. Cf. J. F. Fries (1773–1843) 'Neue oder anthropologische Kritik der Vernunft' (1807; 2nd ed. 3 vols. Heidelberg, 1828/31) II pp. 3–4: "The intrinsic content (Gehalt) of the sequence of logical thought consists of the metaphysical cognitions... Sensuous intuition provides us with the first content (Inhalt) of cognition from the outer and inner world, mathematical intuition first connects this material."

'Gehalt' was originally 'what is held', in *custody* for example. Since the fifteenth century it has also meant the *standard* of a precious metal, and this meaning gave rise to Luther's using it in order to refer to the *intrinsic worth* or *merit* of someone or thing. Towards the close of the eighteenth century it was introduced into aesthetics in order to distinguish between the *original living experience* basic to art, and the various artistic forms in which this experience finds expression: see G. Lukács 'Beiträge zur Geschichte der Ästhetik' (Berlin, 1954).

389, 9

On the *physiological* foundations of this, see F. G. de la Roche (1743–1813) 'Analyse des fonctions du système nerveux' (2 vols. Paris, 1778; Germ. tr. Halle, 1794/5) pt. IV ch. 8, in which the connection between the nervous system and habit is carefully investigated.

389, 17

Logic §§ 84–111; Phil. Nat. §§ 254–9.

389, 26

Hegel may well have drawn upon F. A. Carus 'Psychologie' (2 vols. Leipzig, 1808) I.511–2 in formulating this §: "Nature stands in need of being circumscribed by a free being or its substitute, by something which bestows limitation, nisus and unity upon both nature and itself. The original substitute was the blind compulsiveness of instinct. The next is *habit*, which man recognizes as his nurse, that which takes knowledge temporarily in charge and fosters its freedom, that which, though less compulsive and therefore less blind than instinct, is still an unenlightened mentor. *Facility* is more closely associated with nature, but in that it has an affinity with capacity rather than need, it is the immediate anticipation of habit. Similarly, habit is more closely associated with freedom, though with wilfulness rather than the will itself."

391, 22

§ 175 deals with three forms of the judgement of reflection. In the universal form, "(all men are mortal, all metals conduct electricity)... the individuals form the foundation for reflection, and it is only our subjective action which collects and describes them as 'all'."

393, 2

Cicero 'De Finibus' 5.25.74: "Consuetudine quasi alteram quandam naturam effici." Cf. F. A. Carus op. cit. I.514. Hegel (Berlin notes) copied out the following passage from 'Mémoires secrets sur la Russie' (Paris, 1800) II.115: "Le peuple russe, abruti par des siècles d'esclavage, est semblable à ces animaux dégenérés, pour qui la *domesticité* est *devenue une seconde* nature."

393, 37

For contemporary views on the sort of sexuality necessitated by cloistered virtue, see K. G. Neumann (1772–1850) 'Die Krankheiten des Vorstellungvermögens' (Leipzig, 1822) p. 291. Cf. the frightful case diagnosed by P. J. Schneider (1791–1871) 'Krankengeschichten von Irren' (Nasse's 'Jahrbücher für Anthropologie' vol. I pp. 159–62).

397, 19

§§ 452, 461 et seq.

397, 25

125, 9.

403, 22

Phil. Nat. II.224.

403, 26

Matthew VI.11.

405, 4

Phil. Nat. III.131; 319.

405, 15

Sound enough, and with various parallels in the anthropological literature of the time: H. B. von Weber 'Anthropologische Versuche' (Heidelberg, 1810) pp. 230–65; J. F. Fries 'Handbuch der Psychischen Anthropologie' (2 vols. Jena, 1820/1) II.59–96. Cf. L. A. Gölis (1764–1827) 'Vorschläge zur Verbesserung der körperlichen Kinder-Erziehung' (2nd ed. Vienna, 1823); 'Hegel-Studien' vol. 10 p. 32 (1975).

407, 14

Hegel himself found great difficulty in dancing.

407, 24

Note 223, 35.

409, 14

In the 1817 Encyclopaedia (§§ 326–8) this concluding section of the Anthropology was headed 'The actuality of the soul'. As is apparent from

the notes published in 'Hegel-Studien' vol. 10 pp. 34–5 (1975), the subject-matter of the earlier lectures was much the same as that here. In 1825 Hegel devoted part of the afternoon session on Monday 25th July, and part of the following session (26.7) to the subject.

On the juxtaposing of habit and the actuality of the soul, see J. F. Fries 'Handbuch der Psychischen Anthropologie' (2 vols. Jena, 1820/1) II.46–7. Much of the subject-matter treated here by Hegel is to be found illustrating much the same general theme in H. B. von Weber's 'Handbuch der psychischen Anthropologie' (Tübingen, 1829) pp. 63–74, and G. H. Schubert's 'Die Geschichte der Seele' (Stuttgart and Tübingen, 1830) pp. 800–36.

410, 14

For 'vollkommener' read 'vollkommenerer'. Cf. Nicolin and Pöggeler's ed. of the 'Encyclopaedia' (Hamburg, 1959) p. 343.

411, 4

The word 'tone' often occurs in Hegel's Jena writings, but seems to have dropped out of his usual vocabulary after the Bamberg period. It was used to refer to the motion or tension uniting particulars in physical phenomena such as magnetism (Phil. Nat. II.113, 13), to the degree of firmness or tension proper to the organs or tissues of a *healthy* body (G. E. Stahl 'De motu tonico vitali' Jena, 1692), and to a state or temper of *mind* (O.E.D., 1820). It is evidently the second and third of these meanings that Hegel has in mind here.

H. F. Delius (1720–1791) 'Toni theoria, magnum medicinae incrementum' (Erlangen, 1749); F. G. de la Roche (1743–1813) 'Analyse des fonctions du système nerveux' (2 vols. Paris, 1778; Germ. tr. J. F. A. Merzdorff, 2 vols. Halle, 1794/5) pt. III ch. IV, 'Tonische Kraft'; F. A. Mesmer (1734–1815) 'Mémoire... sur ses Découvertes' (Paris, 1799) p. 7: "J'entends par *ton* un mode particulier et déterminé du mouvement qu'ont entre elles les particules qui constituent le fluide." J. F. Pierer (1767–1832) 'Medizinisches Realwörterbuch' vol. 8 pp. 361–2 (Altenburg, 1829).

411, 6

Cf. J. Ith (1747–1813) 'Versuch einer Anthropologie' (2 pts. Berne, 1794/5) II.336: "Das was der Menschheit jenes hohe unnennbare Interesse verschaft, hauptsächlich in den Seeleneinfluß und Seelenausdruck gesucht werden muß. Dieser geistige Abglanz im Körper stellt gleichsam beyde Welten in Harmonie dar, und erzeugt eine mittlere Gattung zwischen sinnlichen und Vernunftgefühlen, in welchen das Angenehme von jenem mit dem Geistigen von diesen ästhetisch verbunden erscheint."

411, 25

Paracelsus (1493–1541) developed the doctrine of the 'signature' of plants, according to which certain parts of a plant resemble the diseases

they are capable of curing. For example, he took the 'yellow-blooded' celandine to be a remedy for jaundice, the cordiform leaves of the lilac to be a cure for heart diseases, and the spotted leaves of the lungwort to be good for chest complaints: see D. Schmaltz 'Pflanzliche Arzneimittel bei Theophrastus von Hohenheim' (Stuttgart, 1941); Elisabeth Rössiger 'Heilplfanzen bei... Paracelsus' (Diss. Munich, 1943). Cf. Oswald Croll (1580–1609) 'De signaturis internis Rerum' (Frankfurt, 1609; Germ. tr. Frankfurt/M., 1623). Phil. Rel. I.280–1, J. Pereira (1804–1853) in 'London Medical Gazette' 1836.

414, 32
Griesheim wrote '*interacsilari*'.

415, 4
'Hegel-Studien' vol. 10 p. 34 (1975): "The question of the difference between human and animal organisms has been raised. It is not a matter of single moments, even of the voice, for birds can imitate, but of the human expression." Cf. Phil. Nat. III.169; 351; G. I. Wenzel (1754–1809) 'Neuen ... Entdeckungen über die Sprache der Thiere' (Vienna, 1800).

415, 6
Aristotle 'On Youth and Old Age' 468 a: "Because of his erect carriage, man of all living creatures has this characteristic most conspicuously, that his upper part is also upper in relation to the whole universe, while in other animals it is midway."

415, 13
Aesthetics 727–50.

415, 17
On the earlier history of this observation, see Theodore Spencer 'Shakespeare and the Nature of Man' (2nd ed. London, 1969) pp. 4–5. It was such a commonplace during the eighteenth century, that there is little point in giving specific references, but see J. F. Blumenbach (1752–1840) 'De Generis Humani varietate nativa' (Göttingen, 1781) § 17; E. A. W. Zimmermann (1743–1815) 'Geographische Geschichte des Menschen' (3 vols. Leipzig, 1778/83) I.124–9; Herder 'Ideen' (Suphan's ed. XIII.110–51).

415, 19
Hegel almost certainly has in mind the well-known illustration in the 'Amoenitates Academicae' vol. vi (Leiden, 1764), published under the auspices of Linnaeus. This shows an Orang-Utang, sitting and holding a staff, a Chimpanzee, a hairy woman with a tail, and another woman more completely coated with hair.

Edward Tyson's (1650–1708) 'Orang-Outang, sive Homo Sylvestris' (London, 1699) had first brought the almost human characteristics of the

creature into general discussion. L. M. J. Grandpré (1761–1846) 'Voyage à la côte d'Afrique' (2 vols. Paris, 1801; Germ. tr. M. C. Sprengel, Weimar, 1801, Eng. tr. 1803), gave a memorable account of a tame female Orang-Utang which did simple jobs on board ship, Pieter Camper (1722–1789) published a monograph on the animal's natural history (Phil. Nat. III.360), J. B. Monboddo (1714–1799) called attention to its significance in both 'The Origin and Progress of Language' (Edinburgh, 1773/92) and 'Antient Metaphysics' (Edinburgh, 1779/99), and Thomas Love Peacock (1785–1866), 'Melincourt' (1817) actually made it the subject of a novel. The result was that nearly every contemporary German work on anthropology made mention of it, usually in order to drive home the same point as that made here by Hegel.

415, 23

See Pietro Moscati's (1739–1824) much discussed suggestion that our upright position is *unnatural*, and the cause of many diseases and infirmities: 'Delle corporee differenze essentiali che passano fra la struttura de' bruti e la umana' (Milan, 1770; Germ. tr. Göttingen, 1771). Cf. C. F. Nasse (1778–1851) 'Die Aufrichtung der Menschengestalt' ('Zeitschrift für die Anthropologie' 1825 ii pp. 237–54).

415, 35

Cf. Phil. Nat. III.305–7. There seems to be some confusion here. Goethe's discovery of the intermaxillary bone was made in *1784*, though his account of it was not published until 1820: 'Zur Naturwissenschaft überhaupt' (Stuttgart and Tübingen, 1820) vol. I sect. ii pp. 199–251.

Goethe's examination of the skull of a wether in the Jewish cemetary in Venice took place in *April 1790*: 'Zur Morphologie' Bd. II Heft i (Stuttgart and Tübingen, 1823) pp. 46–51 (date given –1791); E. Köpke 'Charlotte von Kalb' (Berlin, 1852). It was on the basis of this that he first formulated the theory of the *vertebral analogies of the skull.*

G. Schmid 'Goethe und die Naturwissenschaften' (Halle, 1940) pp. 314–26.

417, 4

Aristotle 'De Anima' 432a: "The soul, then, acts like a hand; for the hand is an instrument which employs instruments." Cf. Blumenbach op. cit. § 18.

W. Liebsch 'Grundriß der Anthropologie' (2 pts. Göttingen, 1806/8) I.275–6; J. Hillebrand 'Die Anthropologie' (Mainz, 1823) pp. 94–5; G. H. Schubert 'Die Geschichte der Seele' (2 vols. Stuttgart and Tübingen, 1830) I.329–30. C. L. Michelet 'Anthropologie' (Berlin, 1840) p. 217 raises the subject of *chiromancy* in this connection: see C. Donati 'Demonstratio Dei ex manu humana' (Wittenberg, 1686).

417, 22

G. L. Staunton (1737–1801) 'An Authentic Account of an Embassy from the King of Great Britain to the Emperor of China' (2 vols. London, 1797; Germ. tr. M. C. Sprengel, 2 pts. Halle, 1798) II.101. This, the first British Embassy to the court of the Grand Cham, arrived at Peking in 1793. When the ambassador George Macartney (1737–1806) discussed the etiquette of the proposed audience with the mandarins: "His Excellency observed, that to his own Sovereign, to whom he was bound by every bond of allegiance and attachment, he bent, on approaching him, upon one knee; and that he was willing to demonstrate in the same manner, his respectful sentiments towards his Imperial Majesty. With this answer the mandarines appeared extremely pleased; and said they would return soon with the determination of the court, either to agree to the reciprocal ceremony as proposed by the Embassador, or to accept of the English obeisance in lieu of the Chinese prostration." The next British embassy, headed by Lord Amherst (1773–1857) in 1817, proved to be less successful in reaching an understanding on matters of etiquette: C. Abel (1780–1826) 'Narrative of a journey in the interior of China' (London, 1818) pp. 83, 355; 'Quarterly Review' vol. 16 pp. 408–14 (January 1817); 'Edinburgh Review' pp. 434–7 (February 1818).

When in 1655 the Russian ambassador refused to comply with the nine prostrations (san-kwei-kew-kow) required for an audience with the Emperor, he was dismissed out of hand. In 1656 the Dutch complied, and established the first European Embassy in China: J. Nieuhoff 'Ambassade... vers l'empereur de la Chine' (Leyden, 1665; Eng. tr. London, 1673) p. 214 (tr. pp. 118/9). On similar kow-towing elsewhere in the East, see Ralph Fitch (d. 1606): J. H. Ryley 'Ralph Fitch' (London, 1899) p. 161 — *Burma*; John Barrow (1764–1848) 'A Voyage to Cochinchina' (London, 1806) pp. 294/5; Hugh Boyd (1746–1794) 'A Journal of an Embassy' (London, 1800; Germ. tr. Berlin and Hamburg 1802) vol. II pp. 124/5 — *Ceylon*; G. Timkowskii 'Travels of the Russian Mission' (2 vols. London, 1827) I.99 — *Mongolia*.

417, 35

For the classic contemporary survey of the physiological differences between man and animals, see J. F. Blumenbach (1752–1840) 'De Generis Humani varietate nativa' (Göttingen, 1781) §§ 11–29.

419, 10

Vico suggested, 'La Scienza Nuova' (1744) § 434, that before language had originated, men could only, "express themselves by gestures." Herder expresses the same view in his 'Fragmente' (1766), and it had become a commonplace by the end of the eighteenth century: B. de Mandeville (1670–1733) 'The Fable of the Bees' (ed. F. B. Kaye, Oxford, 1924) II

284–8; É. B. de Condillac (1715–1780) 'Essai sur l'origine des connaissances humaines' (1746; 'Oeuvres', Paris, 1798) I.260 et seq.; Thomas Reid (1710–1796) 'An Inquiry into the Human Mind' (Edinburgh, 1764) p. 102; J. B. Monboddo (1714–1799) 'The Origin and Progress of Language' (Edinburgh, 1773/92) I.461.

419, 14

John Bulwer (fl. 1654) 'Chirologia, or The Naturall Language of the Hand' (London, 1644) p. 151 provides sketches of the gestures by means of which the hands can express feelings, intentions, questions, etc. An excellent survey of the subsequent development of this field of enquiry, with particular reference to deaf and dumb language, is provided by J. Knowlson 'Universal language schemes in England and France 1600–1800' (Toronto, 1975) pp. 211–23.

419, 22

Directly or indirectly, this paragraph undoubtedly owes a great deal to a work by Johann Jakob Engel (1741–1802), 'Ideen zu einer Mimik' (2 vols. Berlin, 1785/6; Sämmtliche Werke, Berlin 1804 vols. VII and VIII; Eng. tr. Henry Siddons, London, 1807). Engel, — poet, dramatist, tutor to the Humboldt brothers and the Crown Prince of Prussia, was appointed Director of the Berlin Theatre Royal in 1787. In this book, which contains a series of attractive illustrations, he analyzes the ways in which we express ourselves by postures, gestures and facial expressions. It was soon recognized that the subject was of importance as a field of scientific study, see J. F. Pierer 'Medizinisches Realwörterbuch' vol. 5 pp. 311–3 (Altenburg, 1823), although there was much uncertainty about the relationship in which it stood to pathognomy and physiognomy.

Engel is now recognized as one of the forerunners of the modern psychology of expression: Sir Charles Bell (1774–1842) 'The Anatomy of Expression' (London, 1806); K. Bühler 'Ausdruckstheorie' (Jena, 1933) pp. 32–52; S. Honkavaara 'The psychology of expression' ('Brit. J. Psychol. Monogr., Suppl. 32, 1961); R. Kirchhoff 'Methodologische und theoretische Grundprobleme der Ausdrucksforschung' ('Studium Generale' 15 pp. 135–56, 1962). On the French background to Engel's ideas, see H. Josephs 'Diderot's Dialogue of Language and Gesture: Le neveu de Rameau' (Ohio State Univ. Press, 1969) pp. 62–3.

421, 11

A. W. Schlegel (1767–1845), 'Cours de Littérature Dramatique' (3 vols. London, 1814), makes this point, and it is discussed in Hegel's 'Aesthetics' 1187–8. Cf. 'Quarterly Review' vol. 12 p. 121 (October 1814): "This surely is suffering the imagination to get the better of the judgement. The sudden transitions of the countenance from sorrow to joy, or from pity to anger, are

what chiefly determine the genius of the actor... Can any one, who recollects the expressive features of Garrick, and has seen them change with the slightest variation of passion, regret that they were not covered with a mask, and thus deprived of the power of utterance?"

421, 31
Cf. note 163, 27.

423, 4
See the review of 'Hints to the Public and the legislature, on the Nature and Effect of Evangelical Preaching' (4 pts. London, 1808/10), on the *physiological* effect of Methodism: "They have stript religion of all its outward grace, and, in proportion as they overspread the country, the very character of the English face is altered; for Methodism transforms the countenance as certainly, and almost as speedily, as sottishness or opium. Go to their meeting-houses, or turn over the portraits in their magazines, and it will be seen that they have already obtained as distinct a physiognomy as the Jews or the Gipsies — coarse, hard, and dismal visages, as if some spirit of darkness had got into them and was looking out of them." 'Quarterly Review' vol. IV p. 508 (Nov. 1810). Cf. 'Adam Bede' (1859) bk. I ch. 2.

423, 16
Hegel would appear to be mistaken in attributing a *Biblical* origin to this proverb. G. von Gaal 'Sprichwörterbuch in sechs Sprachen' (Vienna, 1830) no. 729 gives a Latin original: "Effuge, quem turpi signo natura notavit" and an English equivalent: "Beware him whom God hath marked." Cf. Genesis IV. 15.

The proverb is quoted by G. I. Wenzel (1754–1809) in his 'Unterhaltungen über die auffallendsten neuern Geistererscheinungen' (1800, no place) p. 49, and discussed at some length *with reference to Socrates* by J. J. H. Bücking 'Medicinische und physikalische Erklärung deutscher Sprichwörter und sprichwörtlicher Redensarten' (Stendal, 1797) no. 14 (pp. 53/4). Cf. M. P. Tilley 'A Dictionary of the Proverbs in England in the Sixteenth and Seventeenth Centuries' (Univ. of Michigan, 1950) G. 177 (p. 260).

423, 19
Logic §§ 172–3. Statements such as 'the rose is red' are assessed as being *correct*, but not *true* in that the predicate is not adequate to the subject i.e. the rose is more than simply red. Similarly, a person with a pretty face will certainly be more than just a pretty face.

423, 24
Johann Kaspar Lavater (1741–1801) was influenced by the biological, physiological and psychological theories of his fellow countryman Charles

Bonnet (1720–1793), which were, in their turn, rooted in Leibnizian metaphysics. The supposed science of physiognomy had been professed throughout the whole of the ancient, mediaeval and early modern period, and had enjoyed a certain amount of standing as a philosophical subject on account of a treatise on it attributed to Aristotle. During the seventeenth and eighteenth centuries its general reputation declined, and by an English Act of 1743, all persons pretending to have skill in it were deemed rogues and vagabonds, and liable to be publicly whipped or sent to a house of correction. Lavater gave the 'science' a new lease of life by means of his 'Physiognomische Fragmente zur Beförderung der Menschenkenntnis und Menschenliebe' (4 vols. Leipzig and Winterthur, 1775/8), which he wrote in conjunction with Goethe. Goethe subsequently lost interest in the subject, and satirized Lavater: E. von der Hellen 'Goethes Anteil an Lavaters Physiognomische Fragmente' (Frankfurt/M., 1888).

During the early decades of the nineteenth century attitudes to the subject varied considerably. Kant had taken it quite seriously in his 'Anthropologie' (1798) pt. 2 A, and soon afterwards Sir Charles Bell (1774–1842) published his 'Anatomy of Expression' (London, 1806). As late as 1840 we find Hegel being criticized for belittling its importance (I. H. Fichte's 'Zeitschrift für Philosophie und spekulative Theologie' N. F. II, i pp. 210–66), but by and large the general attitude was sceptical: see G. C. Lichtenberg's (1742–1799) humorous treatment; 'Blackwood's Magazine' vol. 5 pp. 157–60 (1819), vol. 6 pp. 650–5 (1820).

423, 39

Hist. Phil. I.384–487.

424, 36

The original has 'idielle'.

425, 3

"La parole a étè donnée à l'homme pour désguiser sa pensée." Talleyrand evidently said this to the Spanish ambassador Izquierdo in 1807: see B. Barère (1755–1841) 'Mémoires' (Paris, 1842) vol. 4 p. 447. Hegel came across the remark in the 'Morning Chronicle' of 3rd February 1825 p. 2 col. 2: see 'Hegel-Studien' vol. 11 (1976).

427, 28

§ 382. On 'real possibility' and 'actuality', see Logic §§ 143–7.

429, 3

Cf. note 133, 29.

429, 30

This *conclusion* closely resembles the *beginning* of Kant's 'Anthropology': "Man is raised infinitely higher than all other living beings on Earth in that

he is able to form a conception of the ego. It is in that he does so that he is a *person*, and on account of the unity of consciousness that he is one and the same person throughout all the changes he may undergo... It is noteworthy, however, that although the child begins to speak fairly early on, it is only at a relatively late stage, perhaps as much as a year afterwards, that he begins to talk in terms of *I*. During this period he speaks about himself in the third person, — Charles wants to eat, walk, etc., and it is as if a light has dawned upon him when he begins to talk in terms of I. From that day onwards he never relapses into his former manner of speaking. — Previously, he was simply *aware* of himself, now he *thinks* about himself."

Cf. The notes published in 'Hegel-Studien' vol. 10 p. 35: "Higher *awakening* within itself which is not simply natural, the ego being the root of spiritual life in general." F. A. Carus 'Psychologie' (2 vols. Leipzig, 1808) I.111.

INDEX TO THE TEXT

INDEX TO THE NOTES